土地管理与地籍测量

赵刚 张凯选 鲍勇 编著

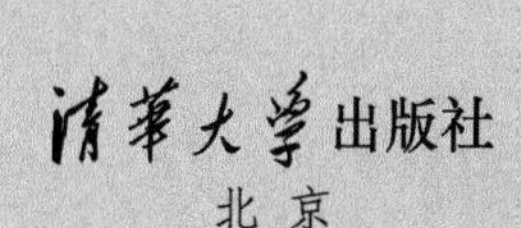

北 京

内容简介

本书以土地调查为核心，系统介绍了基于"3S"技术的土地调查的基本知识、基础理论、作业方式和技术流程。全书共设16章，分别阐述与介绍：土地与土地资源概念，土地管理概念，主要为地籍与地籍管理、土地产权与土地权属管理、土地利用总体规划等；土地调查的理论、技术与方法，包括农村土地调查、城镇地籍调查、基本农田调查、变更地籍调查、土地利用变更调查及动态遥感监测等；地籍测量的理论、技术与方法，包括地籍控制测量、界址点测量、地籍图测绘、土地面积量算等；地籍数据库与管理信息系统、土地调查数据库建设，以及城镇地籍调查成果应用等方面的概念、理论及应用技术与方法。概要叙述土地与土地管理基本概念，重点介绍土地调查、地籍测量、土地调查数据库建设等方面的技术方法，对三维地籍概念、城镇土地利用现状调查与潜力评价等亦有介绍。

本书为高等学校相关专业的教材，也是广大从事测绘工作、土地调查工作的工程技术人员和管理工作者的参考书。

图书在版编目(CIP)数据

土地管理与地籍测量/赵刚等编著. —北京：清华大学出版社，2013.2 (2023.1重印)
ISBN 978-7-302-31257-4

Ⅰ. ①土… Ⅱ. ①赵… Ⅲ. ①地籍管理－高等学校－教材 ②地籍测量－高等学校－教材 Ⅳ. ①P27

中国版本图书馆 CIP 数据核字(2013)第 002184 号

责任编辑：付弘宇 薛 阳
封面设计：何凤霞
责任校对：李建庄
责任印制：朱雨萌

出版发行：清华大学出版社
网　　址：http://www.tup.com.cn，http://www.wqbook.com
地　　址：北京清华大学学研大厦 A 座　　**邮　　编**：100084
社 总 机：010-83470000　　**邮　　购**：010-62786544
投稿与读者服务：010-62776969，c-service@tup.tsinghua.edu.cn
质量反馈：010-62772015，zhiliang@tup.tsinghua.edu.cn
课件下载：http://www.tup.com.cn,010-83470236
印 装 者：北京九州迅驰传媒文化有限公司
经　　销：全国新华书店
开　　本：185mm×260mm　　**印　张**：27　　**字　　数**：675 千字
版　　次：2013 年 2 月第 1 版　　**印　　次**：2023 年 1 月第 11 次印刷
印　　数：6801~7200
定　　价：79.00 元

产品编号：049052-02

前言 FOREWORD

本教材面向测绘专业本、专科学生。编者力求使之成为理论严谨、技术规范、方法实用的本、专科学生的专业课教材和相关专业工程技术人员的专业参考工具书。教材以土地与地籍调查技术基础知识与技能的学习为基础，以数字测绘和数据库建设技术在土地与地籍调查中的应用为核心，以培养学生运用“3S”技术在土地调查中的应用与创新素养和能力为目标：①培养学生具有综合运用土地管理的基本知识和地籍测量的技术与方法，编制土地调查技术方案，及参与组织、实施实际土地调查工作的能力；②掌握与了解有关土地调查数据库及管理系统建设的技术方法及其相关技术应用；③能以法律与科学的态度踏入从事未来的职业道路。

本教材编写组主要由辽宁工程技术大学测绘与地理科学学院多年从事土地管理与地籍测量、数字测图技术与应用、土地信息数据库与管理系统、土地利用动态遥感监测等方面的教学和科研骨干构成，以校“十五”规划教材《数字地籍测量》为基本架构，在总结教学、科研和生产实践最新成果的基础上重新编写，全面系统地介绍基于“3S”技术的土地调查的理论、技术与方法。力求突出重点、点面结合、注重知识的系统性和逻辑性，强调技术与方法的科学性、先进性和实用性。贯彻土地法规和土地调查与地籍测量技术规程、标准，关注学科的发展动态，吸纳新成果，介绍新规定。

本教材结合土地调查和地籍测量工作的特点，共设16章，分别侧重于阐述与介绍：土地与土地资源概念、土地管理的基本理论与概念、土地调查（包括农村土地调查、城镇土地调查、基本农田调查、变更地籍调查）的技术与方法等；地籍控制测量、界址点测量、地籍图测绘、土地面积量算的理论、技术和方法；地籍数据库与管理信息系统、土地调查数据库建设、土地利用动态遥感监测，以及城镇地籍调查成果应用等方面的概念、理论及应用技术与方法。概要叙述土地与土地管理基本概念，重点介绍土地调查、地籍测量、土地调查数据库建设、土地利用动态监测等方面的技术方法，对三维地籍概念、城镇土地利用现状调查与潜力评价等亦有介绍。

本教材由辽宁工程技术大学组织编写，赵刚担任主编，乔仰文教授任主审。其中，赵刚编写第一、二、三、四、五、十、十一、十六章；鲍勇编写第六、七、八、九章；张凯选编写第十三、十四章；赵泉华编写第十五章；吕晓燕编写第十二章；张思慧参与编写第十四章；黄超、彭玉泉参加了部分编写工作。

本教材力求科学性、实用性，简明扼要、条理清楚、概念明确、易于掌握，紧密结合国家现行的规程、规范和标准，力求反映当前生产作业中的新技术、新方法。

编写过程中得到有关土地管理部门和测绘单位的支持，并参阅与节选了兄弟院校教材与有关单位的文献、资料，在此一并致以诚挚谢意。

由于编者理论认识和实际作业经验不足，加之编写时间仓促，还望同行专家对教材中的缺点和错误不吝指正。

编　者

2012年12月于阜新

目录 CONTENTS

第一章

土地与土地资源

第一节　土地的概念及其特性

一、土地的概念

土地是人类赖以生存和进行生产活动的场所，是自然资源和物质生产所必需的物质基础，是社会生产的重要生产资料，又是产生土地关系的客体，当然土地还是土地管理的对象。对土地这一概念，由于认识的不断深化，以及各学科有不同的研究目的而对其有不同的解释，如土壤工作者认为土壤就是土地，而土壤是处于地球陆地的表层的，即土地仅是陆地表面的一部分。地学和生态学者则普遍认为：土地是地球表面陆地部分的整个立体系统，是一个自然、经济、历史综合体。我国地理学家普遍赞成土地是一个综合的自然地理这一概念。认为土地"是地表某一地段包括地质、地貌、气候、水文、土壤、植被等多种自然要素在内的自然综合体"。经济学的观点，如马克思在《资本论》中指出："经济学所说的土地是指未经人力作用而自然存在的一切劳动对象……，土地在经济学中包括着水"。西方经济学把陆地、水面、地上空气层、地下矿物及附着地上的阳光、热能、风力、地心引力、雨水等一切自然物和自然力，都列入土地范畴。

由于土地概念涉及并影响世界各国，所以联合国也先后对土地给出定义。1972 年，联合国粮农组织在荷兰瓦格宁根召开的土地评价专家会议上对土地下了这样的定义："土地包含地球特定地域表面及以上和以下的大气、土壤及基础地质、水文和植被。它还包含这一地域范围内过去和目前人类活动的种种结果，以及动物就它们对目前和未来人类利用土地所施加的重要影响"。1975 年，联合国发表的《土地评价纲要》对土地的定义是："一片土地的地理学定义是指地球表面的一个特定地区，其特性包含着其地面以上和以下垂直的生物圈中一切比较稳定或周期循环的要素，如大气、土壤、水文、动植物密度，人类过去和现在活动及相互作用的结果，对人类和将来的土地利用都会产生深远影响。"

一般地，可以把土地的定义粗略地划分成狭义的和广义的概念。

（一）狭义的土地概念

仅指陆地部分。较有代表性的是土地规划学者和自然地理学家的观点。土地规划学者学者认为："土地是指地球陆地表层，它是自然历史的产物，是由土壤、植被、地表水及表层的岩石和地下水等诸多要素组成的自然综合体……"。自然地理学者认为："土地是由地理环境（主要是陆地环境）中互相联系的各自然地理成分所组成，包括人类活动影响在内的自然地域综合体"。

（二）广义的土地概念

不仅包括陆地部分，而且还包括光、热、空气、海洋……。较有代表性的是经济学家的观点。英国经济学家马歇尔指出："土地是指大自然为了帮助人类，在陆地、海洋、空气、光和热各方面所赠予的物质和力量"。美国经济学者伊利认为："……土地这个词……它的意义不仅指土地的表面，因为它还包括地面上下的东西"。

（三）土地管理所研究的土地概念

从土地管理角度应当怎样定义土地呢？原国家土地管理局 1992 年出版的《土地管理基础知识》中这样定义土地："土地是地球表面上由土壤、岩石、气候、水文、地貌、植被等组成的自然综合体，它包括人类过去和现在的活动结果"。1998 年国务院机构改革，将原地矿部、土地局、海洋局、国家测绘局四部合一，成立了现在的国土资源部。如今，土地管理的范围已不仅仅是陆地区域，而从沿海滩涂扩展至海洋。因此，综合上述观点，近年来土地资源管理学科，从土地资源管理的学术研究角度和土地管理所涉区域对土地给出如下定义：

土地是指地球表层陆地和水面的总称，它是一个空间概念，是由气候、地貌、土壤、水文、岩石、植被、人类活动成果等构成的自然历史综合体。

在这个概念中把土地看作自然历史综合体，由气候、地貌、土壤、水文、岩石、植被、人类活动成果 7 个构成要素组成。其中，气候是指农业气候；地貌是指地表的形态（如山地、丘陵、平原、盆地等）；土壤是指地球陆地上能够生长植物的疏松表层；水文是指地表水和浅层地下水；岩石是指地表岩石；植被是指地面植物覆盖层；人类活动成果是指人类投入土地的物化劳动和活劳动（如施肥、耕作、排灌、土地平整等）。

（四）如何理解土地的概念

土地作为自然历史综合体与构成要素间关系密切，各构成要素均有各自的地位和作用。土地质量和用途取决于全部构成要素的综合影响，然而，离开整体，单个要素都不能理解为土地管理学意义上的土地。正如不能将单棵树木称为森林一样，也不能将土壤、地貌或岩石等理解为土地。

水域（包括内陆水域和海域）作为土地的主要部分，实际上就是地表被水覆盖的低洼区域。水在这里被看做是水域土地的覆盖物或附着物，所谓沧海桑田，水陆是可以互为演化的。也就是说，土地由陆地土地和水域土地两大部分构成。目前而言，我国土地管理考虑的重点区域主要是与人类活动关系密切的陆地与内陆水域。

土地成为空间概念，是人类社会发展的必然。随着社会的发展和科技的进步，人类对土地的利用已从地表迅速向地上空间和地下空间发展，如摩天大楼、海底隧道、城市地铁、立体农业等。因此，对土地的利用与管理是不能离开土地的上下空间的。

二、土地资源与土地资产

（一）土地资源

理解土地资源概念，首先要了解什么是资源。

所谓资源是指“资财之源”，即人类社会财富的源泉。马克思认为创造社会财富的源泉是自然资源和劳动力资源。

马克思在《资本论》中说：“劳动和土地，是财富两个原始的形成要素”。恩格斯的定义是：“其实，劳动和自然界在一起它才是一切财富的源泉，自然界为劳动提供材料，劳动把材料转变为财富。”（《马克思恩格斯选集》第四卷，第 373 页，1995 年 6 月第 2 版）马克思、恩格斯的定义既指出了自然资源的客观存在，又把人（包括劳动力和技术）的因素视为财富的另一不可或缺的来源。可见，资源的来源及组成，不仅是自然资源，还包括人类劳动的社会、经济、技术等因素，而且还包括人力、人才、智力（信息、知识）等资源。

联合国环境规划署认为，自然资源是指在一定时间、地点条件下能够产生经济价值，以提高当前和将来福利的自然环境要素和条件。据此，所谓资源指的是一切可被人类开发和利用的物质、能量和信息的总称，资源广泛地存在于自然界和人类社会中，是一种自然存在物或能够给人类带来财富的财富。或者说，资源就是指自然界和人类社会中一种可以用以创造物质财富和精神财富的具有一定量的积累的客观存在形态，如土地资源、矿产资源、森林资源、海洋资源、石油资源、人力资源、信息资源等。

我国学者刘书楷认为，土地资源是指土地作为生产要素和生态环境要素，是人类生产、生活和生存的物质基础和来源。土地资源是土地成为资产的基础。

综合以上论述，对土地资源概念可得出以下认识：土地资源是将土地作为自然要素看待的；土地作为自然要素通过人类劳动加以利用能够产生财富；土地资源是土地成为资产的基础。因此，我们可把土地资源作如下定义：土地资源是指，土地作为自然要素，于现在或可预见的将来，能为人类所利用并能产生经济效益的那部分土地。

具体而言，作为土地资源的土地，是那些可供农、林、牧业或其他各业利用的土地。土地资源作为人类生存的基本资料和劳动对象，具有质和量两个内容。在其利用过程中，可能需要采取不同类别和不同程度的改造措施；土地资源具有一定的时空性，即在不同地区和不同历史时期的技术经济条件下，所包含的内容可能不一致。如大面积沼泽因渍水难以治理，在小农经济的历史时期，不适宜农业利用，不能视为农业土地资源。但在已具备治理和开发技术条件的今天，即为农业土地资源。由此，有的学者认为土地资源包括土地的自然属性和经济属性两个方面。

（二）土地资产

土地资产是指土地财产，即作为财产的土地。财产对象实体最重要的属性是有限性（稀缺性）、有用性、可占用性和具有价值。土地资源是人类生产和生活的物质基础，当人类对它的需求越来越大时，土地资源出现稀缺性现象，因而被一部分人当作财产而占有。从这个意义上说，土地资产是指具有明确的权属关系和排他性，并具有经济价值的土地资源。是土地的经济形态，是资本的物的表现。

从法律角度看，财产并非是由物组成的，而是由“人对物的权利”所构成的，即财产意味着一种控制经济财物的权利。从这个意义上可以说，地产是产权主体对土地的独占权，或是产权主体对土地资源作为其财产的占有和排他性权利。

土地具有资源和资产的双重属性，前者是指土地作为自然资源，是人类生产和生活的根本源泉；后者是指土地作为财产，具有经济（价值）和法律（独占权）意义。

三、土地的自然与经济特性

土地具有一系列与其他事物相区别的特性，这些特性可以分为自然特性和经济特性两大类。土地的自然特性是土地固有的自然属性，与人类对土地的利用与否及利用方式没有必然的联系，也不以人的意志为转移。土地的经济特性则是在受到人们利用的过程中，出现的一些生产力和生产关系方面的特性，这些特性在土地尚未被利用之前是不存在的。

（一）土地的自然特性

1. 土地面积的有限性

土地面积在地球形成后就基本确定了。人类的移山填海等扩展陆地的活动，大多都只是对土地形态、土地用途的改变，而不能增加土地的总量，或者增加的数量很少。这种改变即使是几百年也只是微乎其微的，而且往往耗资巨大，不能从根本上改变土地面积有限性这一特征。

“人类只有一个地球”。土地不可再生的特征，迫使人类必须十分珍惜和合理利用土地，不断提高土地集约化利用程度，使有限的土地生产出更多的财富，以满足人类社会的需要。

2. 土地利用的永续性

土地作为一种生产要素，“只要处理得当，土地就会不断改良”。在合理使用和保护的条件下，农用土地的肥力可以不断提高，非农用土地可以反复利用，永无尽期。土地的这一自然特性，为人类合理利用和保护土地提出了客观的要求与可能。土地是一种非消耗性资源，它不会随着人们的使用而消失，相对于消耗性资源而言，土地资源在利用上具有永续性。土地利用的永续性具有两层含义，其一是说土地作为自然产物，它与地球共存亡，相对于地球而言永不消失；其二是指土地作为人类的活动场所和生产资料，在使用过程中，只要合理利用，其生产力能够得到保持或不断提高，土地可以年复一年使用下去。土地利用上的这一特性和其他生产资料完全不同，它为人类提出了尊重客观规律、合理利用和科学保护土地的要求，也展示了实现社会、经济可持续发展的可能性。

3. 土地位置的固定性

土地的空间位置是固定的、不可移动的，因此人们把它看作不动产的代表。土地只能就地利用，地理位置不同，土地的有用性会发生很大变化。因此，土地利用与改良的方式方法有着鲜明的地域特点。土地的这一特性要求人们必须科学地制定土地利用规划，因地制宜地利用土地资源。

4. 土地质量(的区域性)差异的普遍性

土地自身条件(地质、地貌、土壤、植被和地理位置等)及所处的气候条件(光照、温度、雨量等)不同,必然造成土地功能和质量上的差异。例如,农业上根据土地生产力的高低将农田划分为高产田、中产田和低产田。当然,这种差异是对土地的特定用途而言的,譬如,某一地块作为农业用地是劣等地,但若用于工业则由于其地理位置优越可能就是优等地。

(二) 土地的经济特性

1. 土地经济供给的稀缺性

能够供人类从事各种活动的土地面积是有限的,即在特定区域内可用于某种用途的土地面积一定,往往不能满足人类对土地多方面的需求。土地经济供给的稀缺性造成土地供不应求,而随着人类物质文化生活水平的不断提高,这种供求矛盾会日益尖锐,这就要求人类必须节约用地,努力提高土地的有效利用率和生产力。

2. 土地用途的多样性

对于某一地块而言,不仅可以用于第一产业、第二产业、第三产业,还可以用于公共用地、居住用地、商业用地等。土地的这一特性使得土地可以从一种用途转换到另一种用途,它要求人类在利用土地时,要本着土地利用综合效益最大化的原则,力求使土地的用途、利用规模和利用方法等均为最佳。

3. 土地用途变更的困难性

土地用途的变换有时比较容易,但是在大多数情况下是十分困难的,这不仅是说变化过程需要付出较大的代价,而且甚至是办不到的。例如,在宜林的山地,经过努力改种农作物是可能的,但某一地块一旦建设成工厂或者矿区,再改作他用如恢复为农田就相当困难了。因此在决定土地用途时,要认真调查研究,充分论证,慎重从事,科学、合理决策,谨防造成损失和浪费。

4. 土地的资产性

土地的资产性是指土地具有经济价值和交换价值,可以作为财产保存,也可以作为生产资料进行买卖和出让,土地可以从一个所有者或使用者手中转移到另一个所有者或使用者手中,这是因为土地具有多种用途又数量稀缺,难以满足人类对土地的各种需求,并且地理位置固定,也不易损坏,购买土地投资的风险相对较小的缘故。土地是财产和财富,千百年来人们就是这样认识和这样做的。

四、土地的功能与作用

(一) 土地的功能

1. 土地的养育功能

土地构成要素土壤中含有丰富的营养元素,养育了地球上的一切植物、动物和人类,使万物生生不息世代繁衍,使地球生机勃勃气象万千。地球上一切生命体均有赖于地球的养育功能。土壤中的有机物质、矿质营养元素、水分等物质和自然界中的光、热及大气中的二氧化碳、氧气等气体是地球上植物及一切生物生存、繁殖的基本条件,也是人类生存、社会发展的物质基础,所以土地首要的功能是作为耕地被用于农业生产。

2. 土地的承载功能

土地是一切生物生存的基础,也是人类活动的场所,没有土地就没有今天的人类。正是土壤和地层良好的机械物理性质,使地面具有承载能力,人类才能够在地面上修建交通道路、高楼大厦等建筑物,人类的生产生活活动才有了必要的场所和空间。

3. 仓储功能(提供生产资料功能)

土地中蕴藏着丰富的金、铜、铁等矿产资源,煤、石油、天然气、水利等能源资源,沙、石、土等建材资源。同时更是农林牧渔的基本生产资料,为人类从事生产发展经济提供物质条件。

4. 土地的景观功能

土地自然形成的各种景观,如秀丽的山川、浩瀚的大海、奔腾的江河、奇峰幽谷等为人类的社会生活提供了丰富的旅游资源。各地区不同的特异的地貌特征、险峻的地势、异常的流水、罕见的动植物,以及其上独特的民俗建筑物,形成优美的景观环境,自然天成了供人们观赏、旅游的功能。

5. 土地的资产功能

由于具有数量有限、空间位置固定、用途多样,以及质量不同等特性,土地具有很强的资产功能。土地作为一种稀缺资源在一定的社会形态下被人类利用,不仅给占有者带来经济利益,同时,由于其稀缺性和作为资产的属性,随着人类对土地需求的不断扩大,土地的价格呈上升趋势,因此投资土地能获得储蓄增值功效。由于这一功能的存在,人们可以跨地区、跨国界通过购买土地所有权或使用权,把大量的货币资产转化为土地资产。

(二) 土地的作用

1. 土地是社会制度演变中的介质

从奴隶社会开始,剥削者与被剥削者大都以土地的占有权为分界。历史上各种农民起义、社会变革直到社会制度的演替,都是反复围绕着土地这一核心进行的。

2. 土地是人类生存的基础,是人类进行物质生产、经济建设的必要条件

首先,土地是人类生存的空间、活动的场所;其次,土地是人类获得食物的最基础的保障;第三,土地是最重要的生产资料,是经济建设中创造财富的本源;第四,人类社会的延续与发展需要依靠自然界中的物质和能量循环,而这种循环只有以土地为基地才能实现。

3. 土地是宏观调控经济发展的手段

某一土地被用于一种产业或用途,就不能用于其他产业。因此,在不同社会发展时期,为了使国民经济各部门协调发展,要求将土地按一定的比例分配给各个产业。所以,一个国家或者一个地区根据社会经济发展的需要,对那些要鼓励发展的产业或部门,可以有计划地适时供给土地促使其发展,而对于那些要限制发展的产业或部门则少供应或不供应土地,从而达到限制其发展的目的。

第二节　我国土地资源现状

一、我国土地资源特征

我国国土辽阔，土地资源总量丰富，而且土地利用类型齐全，这为我国因地制宜全面发展农、林、牧、副、渔业生产提供了有利条件，但是我国人均土地资源占有量小，而且各类土地所占的比例不尽合理，主要是耕地、林地少，难利用土地多，后备土地资源特别是耕地后备资源不足，人与耕地的矛盾尤为突出。呈"土地资源总量大，人均占有量少、人均耕地占有量少、耕地后备资源少"的，所谓"一大三少"特征。我国要以占世界7%的耕地养活占世界20%多的人口，人口增长与耕地减少的矛盾较为突出。归纳起来，我国土地资源国情有如下特征。

（一）土地资源总量大，但人均占有土地少，人均占有耕地更少

我国有960万平方千米的国土面积，是世界第三大国，不可言小。但我国又是世界人口第一大国，拥有十三亿多人口，平均人口密度达到每平方千米一百三十多人，是世界平均人口密度的三倍。我国东南部部分省平均人口密度甚至达到每平方千米600人左右。根据国土资源部公布的数据，2004年我国耕地、林地、牧草地总量分别高达12 244.43万公顷、23 504.7万公顷和26 270.68万公顷，分列世界第4位、第5位和第2位，但人均分别约为当前世界平均水平的38%、31%和35%。以耕地为例，我国一直以不到世界10%的耕地养活世界22%的人口。从1996年到2005年，全国耕地面积由19.51亿亩减至18.31亿亩，仅占全部土地面积的12.84%，是世界上耕地资源消耗速度最快的国家之一。而随着人口不断增加，城市化建设推进，我国人均耕地面积仍将持续下降。截止2005年10月，我国人均耕地面积已由10年前的1.59亩和2004年的1.41亩，逐年减少到1.4亩，仅为世界人均耕地(3.75亩)水平的40%，而人均土地资源才是直接关系一国人均国民收入、土地产品产量的重要指标。

（二）土地类型多，但山地多于平地

我国地域辽阔，南北跨热带、亚热带、温带、寒温带，东西跨滨海湿润区、半湿润区、内陆半干旱区、内陆干旱区，这导致了我国地貌、地形、气候等自然条件十分复杂，形成了多样地形。

从海拔500m以下的东部广大平原、丘陵，到西部海拔1000m以上的山地、高原和盆地，山区多于平原。据统计，我国山地约占全国面积的33%，丘陵占10%，高原占26%，盆地占19%，平原仅占12%。按广义标准计算，我国山区面积约占全部土地面积的三分之二，平原面积仅占三分之一，全国约有三分之一的农业人口和耕地在山区。这种情况造成了我国农林牧业生产条件相对较差的状况。

（三）土地资源的地区分布不平衡，耕地资源总体水平差

按照400mm等降水量线，我国土地一般可划分为东南部和西北部面积大致相等的两

大部分。这条等降水量线习惯上称为“瑷辉-腾冲”线，即由黑龙江省瑷辉起，经大兴安岭、张家口、榆林、兰州、昌都到云南省腾冲止。

“瑷辉-腾冲”线东南部为湿润区(占全国土地总面积的32.2%)、半湿润区(占全国土地总面积的17.8%)；西北部为半干旱区(占全国土地总面积的19.2%)和干旱区(占全国土地总面积的30.8%)。“瑷辉-腾冲”线以南地区，由于受季风环境影响，雨量充沛，并随纬度高低和距海远近，年降水量变动于400～2400mm间，干燥度(最大可能蒸发量与降水量之比)一般低于1.5，雨热同期，全年降水量80%集中于作物生长活跃期。“瑷辉-腾冲”线以北地区，降水量一般小于400mm，低者仅几毫米，干燥度大于1.5，甚者超过20。因此，全国90%以上的耕地和内陆水域分布在东南部地区；一半以上的林地分布并集中于东北部和西南部地区；86%以上的草地分布在西北部干旱地区。人口、工业也都集中于东南部地区。现有耕地中，有灌溉设施的不到40%，还有近亿亩耕地坡度在25°以上，需要逐步退耕。干旱、半干旱地区40%的耕地不同程度地出现退化，全国30%左右的耕地不同程度地受到水土流失的危害。土地资源分布的不平衡和耕地资源的质量不高，决定了我国不同地区土地的人口承载力相差很大和土地利用上的显著差异。

(四) 难以利用的土地资源面积大，后备资源潜力不足，特别是耕地后备资源不足

目前我国土地资源已利用的达到100亿亩左右，占土地面积的三分之二，还有三分之一土地是难以利用的沙漠、戈壁、冰川，以及永久积雪、石山、裸地等。

我国农业开发历史悠久，土地开发程度较高，可利用的土地大多已耕种，可利用尚未利用的土地数量十分有限，而且大多质量差，开发难度大。据有关方面统计，我国目前还有土地后备资源18.8亿亩，但其中可供开垦种植农作物和牧草的宜农荒地仅约5亿亩，而其中宜耕荒地资源只有2.04亿亩。在这全部5亿亩宜农荒地中，现为天然草场的约占40%，即2亿亩。这些荒地即使开垦，一般也应用于种植饲草、饲料。另有1亿亩荒地零星分布在南部山丘地区，应主要用于发展经济林木。实际上可开垦为农用地的不足2亿亩，主要分布在黑龙江、新疆，开垦后仅可得耕地1～1.2亿亩，摊到每个人头上，人均也不足0.1亩。此外，目前还有部分工矿废弃地，但可复垦为耕地的数量不大。根据现有开发复垦能力，我国今后15年最多可开发8000万亩土地。

(五) 土地资源利用程度低，土地浪费严重，人地矛盾尖锐

我国土地资源利用程度低主要表现在土地产出率水平较低。这不仅表现在农业土地单位面积产量尚有提高潜力上(与世界发达国家或世界农业发达国家相比，我国粮食每亩单产低100kg)，而且也表现在非农业建设用地产出率很低上。目前我国很多地区工业用地单位面积产出率每平方千米只有一亿多元，有的地区更低；城镇土地至少有40%以上的潜力可挖，城市用地人均达到133m²，比我国目前规定的人均100m²的控制指标高出30%；村镇居民人均用地达到190m²，超过人均用地控制指标上限(150m²)27%；建设项目用地普遍征多用少，闲置浪费严重，据国土资源部统计，截至2009年年底，全国仍然约有一万公顷闲置土地，其原因大体为两类：一类是企业自身原因造成的，在一万公顷闲置土地中占46%左右；另一类是政府原因、政府有关部门工作原因造成的，包括规划调整、土地经济纠纷造成司法查封等，致使土地不能按期开发，在一万公顷闲置土地中占54%。土地的大量闲置，造成了诸多不良影响，直接导致土地低效利用和资源的浪费，影响了城市空间结构的优化和城市功能的全面提升，不利于房地产市场的健康发展。

近些年，我国人口每年以 1000 多万的速度递增，而耕地以数百万亩的速度递减，人地矛盾越来越尖锐，每年需从国际粮食市场净进口粮食 2500 万吨左右。

据《国家粮食安全中长期规划纲要（2008—2020 年）》（以下简称《纲要》）预测，到 2010 年我国居民人均粮食消费量为 389kg，粮食需求总量达到 5250 亿千克；到 2020 年人均粮食消费量为 395kg，需求总量为 5725 亿千克。同时受到耕地减少、水资源短缺、气候变化等对粮食生产的约束，我国粮食的供需将长期处于紧平衡状态，保障粮食安全面临严峻挑战。《纲要》强调，今后我国粮食自给率要稳定在 95%以上，到 2020 年，耕地面积保有量不低于 18 亿亩，粮食综合生产能力达到 5400 亿千克以上。另据社科院 2011 年发布的《农村经济绿皮书》指出：由于近年来国家出台了一系列促进粮食生产的政策措施，进一步调动农民生产积极性，我国粮食生产能力已经进入到新的提升阶段，基本具备年生产 5.5 亿吨粮食的生产能力，粮食总产量在 5.3 亿～5.7 亿吨之间波动。在正常年景下，粮食总产量能达到 5.5 亿吨，基本满足粮食需求。

但同时，由于人们生活和城市化水平提高，人们对畜产品、奶制品的需求将会迅速增加。饲养业对粮食的需求使粮食生产需要承受越来越大的压力。我国工业用粮每年需新增大约 1200 万吨，而工业所用农产品原料绝大部分来自于耕地。

为保障我国的粮食安全，在目前农业科技水平的条件下，确保足够多的耕地面积是唯一的选择。即使从长远目标来看，我们也需要科学合理地利用土地资源，确保我国人民生活和生产对土地特别是耕地的需求。因此，党中央、国务院提出了以世界上最严格的措施管理土地的方针，并把“十分珍惜、合理利用土地和切实保护耕地”确立为我国的基本国策，明确写进了新修订通过的《中华人民共和国土地管理法》（以下简称《土地管理法》），成为我国第一个写进法律的基本国策。

二、保护利用土地资源的重要性

（一）我国的基本国情决定了必须保护与合理利用土地资源

我国人口众多，而且人口在不断增长，耕地资源稀缺而且还在减少，耕地质量不高，要想在有限的耕地上，养活世界 22%的人口，唯一出路在于保护耕地，只有保护耕地，保护好土地资源，才能提高粮食综合生产能力，才能保证国家粮食的战略安全，才能使社会稳定发展。

（二）有效保护土地资源，才能确保宏观经济平稳运行

近年来推进的工业化、城镇化，不可避免地要占用一些土地。但是乱占滥用耕地、严重浪费土地的现象大量存在。由于大量圈占土地、开发区，房地产建设迅猛发展，城市化进程速度过快，在一定程度上助长了固定资产投资的过快增长，影响了宏观经济的整体平稳运行。珍惜、合理利用土地和切实保护耕地是我国的基本国策，只有管好用好土地，才能提高土地资源对经济社会发展的保障能力。

（三）保护利用土地资源是解决“三农”问题的关键

土地不仅是最重要的农业生产资料，而且是农民最基本的生活保障。而耕地则是广大农民赖以生存的基础。由于大量征占耕地，很多农民失去了土地，而且并没有得到相应的保障，失地农民种田无地、就业无岗、社保无份，生活水平下降。因此，保护耕地，就是为了保障农民的长远生计，为了保障农民的利益，为了改善和提高农民的生活水平，为了让广大农民走上富裕的道路。

（四）有效保护合理利用土地资源，才能保证经济的可持续发展

土地是不可再生资源，而乱占、滥用耕地，没有考虑环境成本，没有考虑对环境资源的保护，一方面，使耕地资源总量减少，另一方面，耕地质量下降，生态环境遭到破坏，直接影响到经济的可持续发展。

第三节　土地、人口、环境与可持续发展

一、人地关系的变化与环境问题

（一）土地与人口的关系主要表现为土地的供求关系

随着人口的增加，人类科学技术水平及生活水平的提高，人类对土地的需求量也越来越大。在渔猎时代，人们不知道农耕，所以无人需要耕地，随着农业的出现，对耕地、林地等的需要量逐渐增大。在现代社会，随着生活水平的提高，人们不再满足吃饱，还要求有宽敞舒适的住宅、公园、草坪、游乐场、车库等，因而，对土地的需求程度也相应增大。土地是自然产物，其自然供给是有限的，然而，土地的经济供给（在土地自然供给与某些自然条件许可的范围内，某种用途土地的供给能够随着土地利用效益的变化而变化的现象称土地的经济供给。例如，旅游业的发展使建设用地的经济供给增加，耕地的经济供给相对减少）却是可以根据需求加以调节的，人们不断调整土地利用结构，增加需求量大且利用效益高的土地的供给。同时，随着科学技术的进步，人们能够将未利用或利用粗放的土地投入利用，并提高利用的集约度，以增大土地的经济供给。

土地比人类早出现四十多亿年，人类的历史仅二三百万年，进入文明社会才几千年，但人口的增长速度是惊人的。自1804年起人口增长的速度逐渐加快，每增加10亿人口的间隔时间分别为126年、30年、16年、11年……。目前，世界人口仍在急剧增长，平均每分钟增加170多人，每天约增加25万人，每月增加700万人，每年增加8500万人。按此速度增长，到2050年世界人口将达到120亿，可谓人口大爆炸。

（二）人口猛增，耕地锐减是造成粮食和环境两个问题的直接原因

大量事实说明，人均耕地数直接影响人均粮食占有量。虽然人均粮食占有量还受单位面积产量水平的影响，但在目前农业技术水平下，单位面积产量不可能有戏剧性的突破，因

此人均粮食占有量的主要影响因素是人均耕地面积。例如，加拿大，人均耕地 1.85hm^2，粮食单产虽仅 2055kg/hm^2，人均粮食占有量却高达 1704kg，名列世界前茅。日本，人均耕地 0.04hm^2，虽粮食单产高达 4845kg/hm^2，但人均粮食占有量仅 113kg。我国属于人多耕地少的国家，人均耕地 0.09hm^2（按土地详查数为 0.106hm^2），粮食单产每公顷 4500kg 左右，人均占有粮食量 1984 年接近 400kg，近年来达到 440kg 左右，但距公认的粮食基本解决的标准水平（即人均 500kg）还相差甚远。

由于粮食问题与耕地关系密切，过去我国不少地区为了弥补粮食的不足，一方面，毁林开荒、滥垦草源、围湖造田……，将林地、草地、水域转变为耕地；另一方面，大量施用化肥、农药以期增产粮食，从而造成土地资源的退化、破坏，使水土流失面积、土地沙化面积、土地污染面积不断扩大，破坏了生态系统的平衡。生态环境的恶化，反过来又危及粮食生产。如此不断往复，必然形成一种恶性循环。

二、土地、人口、环境与可持续发展

由于人口急剧增长、资源不断耗竭、环境日益恶化，经济发展受阻，因此，人口问题、资源问题、环境问题、社会经济发展问题成为当今世界人们密切关注的 4 大问题。为了解决上述问题，20 世纪 80 年代初，联合国大会成立了以当时挪威首相布伦特兰为首的世界环境与发展委员会，该委员会与 1987 年 7 月向联合国提交了《我们共同的未来》的报告，报告中指出，为了人类的未来，必须实施可持续发展战略，并将可持续发展定义为："满足当代人需求，又不损害后代人满足其需求能力的发展"。1989 年联合国环境署通过了《环境署第 15 届理事会关于"可扭亏为盈持续发展"的声明》，对"可持续发展"作出了界定："可持续发展是指满足当前需要而又不削弱子孙后代满足其需要能力的发展"。"可持续发展还意味着维护、合理使用，并且提高自然资源基础，这种基础支撑着生态抗压力及经济的增长。再者，可持续发展还意味着在发展计划和政策中纳入对环境的关注与考虑"。可见可持续发展包含两层含义：一层是经济、社会发展的持久永续；另一层是社会、经济发展赖以支撑的资源、环境的持久永续。

由于土地资源是最重要的自然资源，如何实现土地、人口、环境、经济的可持续发展，也就成了土地科学的研究热点。从土地管理的视角看，应采取以下对策。

（一）树立可持续发展观

可持续发展是以社会、经济、资源、环境、生态的协调发展为目标的，而不是单纯地追求经济增长。这里所说的发展，是指社会与自然所涉及的多个领域的协调发展，从这一目标出发，确定各领域、各行业、各地区发展的比例关系、制约关系、利益关系。

努力做到土地资源可持续利用，是实现社会、经济、资源、环境、生态协调发展的重要环节，为此，首先要树立土地是一种稀缺自然资源的观念，如何支配、使用它，关系到人类当代和后代的生存、福利和幸福，保护土地是当代人的责任。其次，要树立土地、人口、环境、经济、社会发展的系统观，改变就人口论人口，就土地论土地，就环境论环境，就经济论经济的倾向。将通过对土地、环境破坏性的开发、利用来实现发展的现象，转变为既能促进发展，又有利于土地利用、环境保护的可持续发展观。

（二）实现土地、人口、环境、经济的协调发展

土地、人口、环境、社会经济发展是一个开放的复杂巨系统，是一个相互关联的整体，既相辅相成，又相互制约。土地、人口、环境三者中任何一个单独要素，均不具备社会可持续发展的能力，只有三者结合所构成的整体，才能形成可持续发展能力，因此，实现三者与社会经济的协调发展，使系统整体功能作用大于各要素功能作用之和，从而使可持续发展从低级阶段逐步进入高级阶段。

（三）选择与建立可持续发展的土地、人口、环境组合运作模式

（1）要使经济增长与恶化环境的土地投入脱钩。例如，化肥、农药的大量投入，虽能使农作物增产，但也能使土壤结构变坏、环境遭受污染。因此，应使有损土地和环境的投入要素使用量持续下降，直至脱钩，以无污染、无公害的投入要素取而代之。

（2）实行以预防为主的环境政策。要改变治理的"事后战略"，实行以预防为主的环境政策。为此，要实行建设项目"环境影响评估"制度，贯彻"谁污染谁出资防治"的原则，将治理环境的经济负担由建设项目发起人承担。

（3）将土地资源利用的外部性内在化。人们利用土地，从中获得利益，而把由此造成的资源退化、破坏、环境污染转嫁给社会、未来和自然界。例如，盲目毁林开荒、围湖造田……，在获得粮食的同时，却将由此而造成的水土流失、洪水泛滥、大批农田受灾、环境恶化等带给了社会、自然界和子孙后代，而乱垦滥用土地的责任人则不承担任何损失，这种外部性的存在，是造成土地、人口、环境系统失调的基本动因。实行持续发展，要求将土地资源与环境利用的外部性内在化，将破坏土地资源与环境的代价由责任人承担，从而使合理利用和保护土地资源与环境成为人们的自觉行动。

（4）实行有控制的人口转变。由政府对人口转变过程进行合理干预，根据资本积累、技术进步和自然资本变化，使人口规模和增长率与土地人口承载力，人均社会福利最大化相适应。

（5）消除贫困。贫困是"人类-环境"系统恶化的重要动力。为了维持生计，穷人不得不掠夺式地开发资源，致使环境恶化，而这种结果又反过来使贫困人口更加贫困，如此循环下去，使环境更加恶化。因此，实施可持续发展战略，必须要逐步消除贫困。

（四）加强土地资源管理

土地资源可持续利用是经济、社会可持续发展的基础，加强土地资源管理，必须将土地资源置于人口、资源、环境、社会经济发展巨系统中综合考虑。

（1）实现土地资源，特别是耕地的供求平衡，使各区域内的耕地总量不减少。据有关部门测算，我国的土地人口承载力是16亿人口，而到2030年，我国人口就将达到16亿，按每人0.067hm^2粮田做"保命田"计，则需1.067亿公顷粮田，再按粮田面积占耕地面积80％计，则要保证有1.333亿公顷耕地。而据原国家土地管理局土地详查资料，1996年年底，我国的耕地面积为1.3亿公顷。这就是为什么必须保证耕地面积不减少的主要原因。但我国经济正处在高速发展时期，要发展，要建设，就会要占用耕地。这就要求在土地供给方面，严格土地用途管制，建立基本农田保护区，开展土地整理、复垦废弃地，开发、利用海洋，提高土

地质量、提高土地的利用率和生产率。在土地需求方面，做到节约用地和集约用地。总之，在坚持“一要吃饭，二是建设”、“保护耕地”、“占补平衡”的原则下，实现土地，特别是耕地供求动态平衡。

(2) 建立土地数量、质量的调查、监测、预警制度。对建设用地、农地，特别是耕地数量和质量及其变化，要建立规范的调查、监测、预警制度。确定其可持续性的临界水平，环境变化的风险水平和不确定性，以便对出现的严重问题，及时加以控制和纠正。

复习与思考

1. 土地管理意义下土地的概念。
2. 土地资源与土地资产的概念。
3. 可持续发展的含义是什么？
4. 简述土地的自然特性。
5. 简述土地的经济特性。
6. 简述土地的功能和作用。
7. 简述我国土地资源的特征。
8. 简述我国土地利用中存在的问题。
9. 保护与合理利用土地资源的重要性。
10. 试述从土地管理角度出发，实现土地、人口、资源、环境与可持续发展应采取的对策。
11. 如何树立有利于土地利用和环境保护的可持续发展观？
12. 我国加强土地资源管理应主要从哪几方面入手？

第二章

土地管理概述

第一节　土地管理的有关概念

一、土地管理的含义

土地管理是国家的基本职能之一，国家通过立法机构将意志表示规范化，并用法律的形式固定下来，国家管理机关即各级人民政府及土地管理部门来保证法律法规的贯彻执行，从而达到实现土地管理国家职能的目的。土地管理概念定义如下：

土地管理是国家在一定社会环境条件下，综合运用行政、经济、法律、技术等手段，为提高土地利用的生态、经济和社会效益，维护社会中占统治地位的土地所有制，合理组织与监督土地利用，以及开发、整治、保护土地而采取的计划、组织、协调和控制等综合性措施。

对土地管理的上述定义可从以下 6 个方面来理解。

（一）土地管理是一项国家措施，其主体是国家，我国由全国人大代表大会授权国务院代表国家行使管理职能，其行政主管部门是国土资源部

土地管理的主体是国家及代表国家行使管理职能的各级政府的土地行政主管部门及其公务人员。从享有行政权力和具体行使行政权力的角度分析，土地管理的主体又可以分为：政府包括中央政府和地方各级政府；土地行政主管机关；行政首长，土地行政主管机关的首长无论在名义上还是在实际执行上都是行政权力的一种主体；土地行政主管部门的普通公务员，是土地管理的又一主体。他们人数众多，由法律保障其身份和规定其职责。他们的主要职责是处理部门的大量日常事务，具体执行既定的政府政策和首长决定，他们是技术作业层上土地管理的主体，依据“管理就是决策”的观点，他们以其独特的方式、专长和优势，直接影响土地管理的过程和时效性，通过他们的努力，土地管理才能转化为社会过程，产生社会效应。

（二）土地管理的客体是土地，以及土地利用中产生的土地关系

管理的客体即管理的对象和范围。除土地实物外，土地管理的客体还指土地保护和开

发利用活动中的社会公共事务，它们的自然载体是土地，社会载体是从事资源保护和开发利用的社会组织和个人，这些大体可以分为以下5类。①经济性组织。包括一切以资源开发利用为生产经营活动内容，以赢利为目的的组织。政府通过制定政策、行政法规、规程、规范来影响和制约它们的行为，对其不正当的经营行为予以惩处、罚款、限期改正、收回开发许可证、撤销营业执照等。②社会性组织。一般说来，政府对它们的管理以不违反保护和合理利用资源的法律和行政法规为限度。检查监督制度是政府对其管理的主要方式。③教科文卫组织。④新闻性组织。⑤公民。规范上述5类社会公共事务载体在土地保护和开发利用中的行为，也是土地管理的基本任务之一。

土地关系主要是指土地的权属关系，包括土地的所有关系、使用关系等，也包括在土地的开发、利用、整治过程中所发生的各种社会关系，其实质是指在土地利用过程中产生的人与人、人与地、地与地之间的关系。

（三）土地管理的基本任务和目的是维护土地所有制、调整土地关系、合理组织与监督土地利用，以达到不断提高土地利用的生态、经济和社会效益的目的，满足社会可持续发展的要求

调整土地关系是土地管理的重要社会职责，是指对土地的所有权和使用权等的确立与变更关系的调整，也就是在国民经济各部门、各用地单位或个人之间，实现土地的分配与再分配的过程。调整土地关系，一方面应当按照国家有关的法令、法规，遵循土地利用的客观规律完成法律组织程序；另一方面，还要采取一定的技术措施，在土地空间上确定其数量、质量及相关位置，为合理组织土地利用建立良好的组织条件。从这个意义上说，调整土地关系，不仅是一项法律措施，同时也是一项技术措施。例如，某单位需要占用集体所有土地，不仅要通过土地管理部门向县级以上人民政府申请征地，办理有关征地的审批手续，还要通过土地管理部门到现场放线、落实权属地界等。

合理组织土地利用是土地管理的核心，是指遵循自然的、经济的客观规律，科学地确定各项用地数量结构和空间布局的过程。人类利用土地的根本目的是为了创造更多的财富，这一点无论哪个统治阶级都不例外。为了创造更多的财富，合理组织土地利用是基础，是维护土地所有制的具体表现。另外，调整土地关系的过程也就是合理组织土地利用的过程。

土地管理通过调整和理顺土地关系，合理组织土地利用，实现土地资源的最佳配置，以满足统治集团利益，维护占统治地位的土地所有制。

（四）土地管理的手段是综合运用行政、经济、法律、技术等方法管理土地

土地利用本身就是一种社会经济现象，其发展变化受社会生产方式的制约，为社会规律所支配，必须遵循自然和经济规律。合理组织土地利用不但要考虑经济效益，还要考虑社会效益和生态效益，实现三个效益的有机结合，最充分、最合理利用全部土地是土地管理的基本目标。

土地的资源与资产的两重性决定了土地管理除运用行政和经济手段外必须运用法律和技术手段。土地作为资产，其权属的确立与变更，体现了在一定土地制度下的土地分配和再分配过程，在这个过程中，必然要以反映国家意志的土地法律为基本依据和出发点，遵循国家有关的法律规定和法律组织程序。

土地的空间特性，决定了合理组织土地利用，必然要运用工程技术手段，如运用大地测量、航测、遥感等工程技术手段，为在土地空间上确定其数量、质量及相关位置，为土地利用创造良好的技术支撑条件。

（五）土地管理部门的职能是计划、组织、控制与监督

土地管理的职能是指土地管理部门在土地管理活动中所负有的职责和应起的作用。土地管理的职能具有二重性，一方面表现为维护社会主义土地公有制，调整土地关系的社会职能；另一方面表现为合理组织土地利用和提高土地生产力的组织、指挥、协调等职能。土地管理活动过程就是管理者行使各种管理职能的过程。从这个角度讲，土地的宏观管理职能包括决策、计划、组织、协调、控制、宏观调控等职能。且这些职能相互关联交叉，形成连续往复的动态管理过程。

计划、组织、控制、监督等职能，其关系是相辅相成的，从前往后是一个支持和保证的关系。计划完成，需要组织实施计划，实施过程需要控制、监督，才能保证计划得以实现。有了监督，才能反馈计划完成结果，有了控制，才能适时调整计划，有了组织，才能提出计划的可操作性。

（六）土地管理的目的和特点受社会环境制约，其目的和特点受社会环境的制约，特别受社会制度、土地制度的制约

土地的社会经济属性决定了土地管理具有鲜明的阶级性。土地的占有关系是构成社会关系的经济基础，土地的使用方式受社会生产方式的支配。因此，在任何社会制度下，国家实行土地管理的目的，都在于维护代表统治阶级利益的土地所有制，但在不同的社会制度下，对土地利用监督的目的和结果有根本的差别。在资本主义制度下，土地管理的根本目的在于维护土地私人占有制，进行土地利用监督的直接目的是获取最大利润。在社会主义制度下，土地管理是建立在社会主义土地公有制的基础上的，是国家用于维护土地公有制和最大限度地满足社会对土地的需求，实现土地资源合理配置的一项国家措施。

二、土地管理的目的

我国《土地管理法》开篇即明确了土地管理的目的是：加强土地管理，维护土地的社会主义公有制，保护、开发土地资源，合理利用土地，切实保护耕地，促进社会经济的可持续发展。土地管理的具体目的主要包括如下内容。

（一）维护土地公有制

我国实行土地的社会主义公有制，即全民所有制和劳动群众集体所有制。土地公有制是我国土地制度的基础，体现出社会主义制度的基本特征。《土地管理法》第二条规定："实行土地的社会主义公有制，即全民所有制和劳动群众集体所有制"。全民所有制的土地被称为国家所有土地，简称国有土地，其所有权由国务院代表国家行使。《土地管理法》第二条规定："全民所有，即国家所有土地的所有权由国务院代表国家行使。"在实行市场经济的条件下，土地公有制和土地市场化并容，以土地所有权和使用权分离的方式实现土地的商品性。依法维护土地的社会主义公有制具有十分重要的意义。

（二）调整土地关系，提高土地利用的经济效益、生态效益和社会效益

随着经济社会的发展，土地所有权和土地使用权处于经常变动之中。国家必须依照土地管理的目标，采取必要的措施，对客观需要的土地所有权和使用权的变动进行管理、监督和调控，避免盲目性，防止权属混乱及土地纠纷。调整土地关系，增加土地可利用面积，提高土地利用率和产出率，提高土地的集约化利用，促进土地利用的社会效益，经济效益，生态效益三者协调统一。

（三）实现土地资源的可持续利用

当前，走可持续发展的道路已经成为世界各国的共同选择。土地作为一种自然资源，它的存在是非人力所能创造的，土地本身的不可移动性、地域性、整体性、有限性是固有的，人类对其依赖和持续利用程度的增加也是不可逆转的。因此，通过立法强化土地管理，保证对土地的永续利用，以促进社会经济的可持续发展。

三、土地管理的意义

土地是人类生存和发展的物质基础，也是创造社会财富的源泉。对我国而言，保护有限的土地资源，合理组织土地利用，对促进国民经济健康和谐发展，保障人民的基本生存条件等都有着极其重大的现实意义和长远的战略意义。

（一）加强土地管理是贯彻“十分珍惜和合理利用土地，切实保护耕地”基本国策的重要措施

党中央从国家的长远发展出发，提出了“十分珍惜和合理利用土地，切实保护耕地”的基本国策，我国人多地少的国情决定了在相当长时期内，都必须时刻牢记，严格遵守这一基本国策。加强土地管理工作是将这一基本国策切实贯彻落实的重要措施。其意义不仅表现在当代，也是关系到子孙后代的大事。

（二）土地管理是协调用地关系，保证土地得以充分、合理利用的重要手段

土地是人类进行一切物质生产和生活必需的基本条件之一，人类要生活，必须保证有一定数量的土地从事农业生产。但是，随着社会的进步和劳动生产率的提高，非农业建设也必然要占用越来越多的土地，一定数量的农用土地转为非农用途是社会发展的客观需要。我国的基本国情是人多地少，宜农土地面积有限，控制农用土地向非农用途土地的过快转变对我国有着十分重要的意义。加强土地管理的意义之一就是理顺这两种客观需要之间的关系，协调各部门、各单位的用地分配和再分配，建立比较合理的用地结构，使有限的土地资源在不同部门、不同用途之间合理配置，得以最充分、合理的利用，达到经济效益、社会效益和环境效益的有机统一。

（三）土地管理是贯彻执行土地法，维护社会主义土地公有制的组织保证

制定土地法，做到依法管地，是国家运用政权的力量维护社会主义土地公有制的有力保

障。土地法需要通过执法机构来贯彻、执行。加强土地管理工作,建立统一的土地管理机构,健全各项土地管理制度,是切实贯彻落实土地法,维护社会主义土地公有制的客观需要,是实现依法、全面、科学、统一管好用好土地的组织保证。

四、土地管理的内容体系

(一) 土地管理的内容体系

土地管理的内容体系取决于其研究对象和任务。土地具有资源和资产双重属性,相应地,土地管理的内容体系可分为对资源的管理和对资产的管理两大部分。具体说,土地管理的主要内容包括以下 4 部分。

(1) 地籍管理。主要由土地调查、土地登记、土地统计、土地分等定级估价、地籍档案(信息)管理等工作组成。土地调查又包括土地利用现状调查,城镇地籍调查,土地利用条件调查等。地籍管理的中心任务是摸清土地家底,确认土地权属,为土地管理各项工作提供基础资料和科学依据。

(2) 土地权属管理。主要由土地权属的确立与变更、土地权属的监督管理、土地征用、土地划拨、土地出让、转让、抵押、租赁的管理等工作组成。土地权属管理是为贯彻、执行基本国策,维护土地所有制,保护土地所有者和使用者的合法权益而采取的一系列经济的、法律的、行政的和工程技术的手段和措施。

(3) 土地利用管理。由土地利用计划管理,土地利用规划管理,土地开发整治、保护管理,土地利用监测管理等工作构成。土地利用管理的根本任务是合理组织土地利用,实现土地利用的宏观控制和微观利用的合理化,这是土地管理工作的核心内容。

(4) 土地市场管理。市场经济条件下,土地作为重要的生产要素和资产要求通过市场合理流动,土地市场是市场体系中基础性市场之一。其主要任务包括对土地市场供需、土地交易、土地价格、土地市场化配置等进行管理。并从经济角度研究对土地使用权的出让转让、出租抵押、土地价格评估、地产市场的管理、土地使用费(税)的收取等,以实现土地利用经济效益的最优化,这是市场经济条件下,土地作为资产的属性,客观上是对土地管理工作提出的要求和土地管理部门的重要任务。

土地管理作为一项国家措施,其内容不是一成不变的,它将随着社会生产力的发展,土地关系的变革和科学技术的进步,不断地充实和完善,在不同历史时期,其侧重点也会有所不同。

(二) 土地管理内容体系间的相互关系

土地管理的四大内容是相互联系、互相依赖、不可分割的,它们共同构成完整的土地管理的内容体系。其中,地籍管理和土地权属管理是整个土地管理的基础,土地利用管理是核心。地籍管理为其他三项管理工作提供有关土地数量、质量、权属和利用状况及其变化的信息,以及土地权属状态的法律凭证,是搞好其他土地管理工作的基础性工作。

土地权属的变更、土地市场交易必须要符合土地利用的总体规划要求。例如,国家依法征用的土地,依法出让的国有土地,这些土地的位置和征用、出让后的用途必须以土地利用总体规划为依据。同样总体土地利用规划和计划的编制，也必须考虑到土地权属状况和变更计划，以及土地市场状况，才能更科学有效地进行土地利用管理。

从以上四大内容在土地管理中的作用看，地籍管理是基础，土地权属管理和土地市场管理是手段，土地利用管理是核心。这是因为，土地管理的总目标是取得尽可能大的社会、经济和生态效益，实现土地资源的持续利用，这要通过合理组织土地利用来实现。而土地权属管理、市场管理的任务在于正确地调整土地关系，调动权属单位合理用地的积极性，并通过市场机制合理配置土地资源，为实现土地管理的总目标服务。

五、我国土地管理的原则

土地管理的原则，是指土地管理机关及其工作人员从事土地管理活动所必须遵循的基本行为规范，是土地管理各个方面和各个环节之间本质联系的反映，是土地管理活动规律的科学概括。我国的土地管理工作是建立在社会主义土地公有制基础上的，是维护土地公有制，合理利用保护土地，最大限度地满足人民生产和生活需要的国家措施。我国的基本国情决定了土地管理工作必须坚持以下基本原则。

（一）依法管理原则

土地管理必须遵守国家的法律法规。土地管理过程要始终贯彻法制原则，严格实施法律监督，做到有法可依、有法必依、执法必严、违法必究。目前，我国已建立了以《土地管理法》、《中华人民共和国城市房地产管理法》(以下简称《城市房地产管理法》)和《中华人民共和国物权法》为主体的一系列土地法规政策，为依法管理土地提供了法律依据。

（二）统一管理原则

土地利用涉及城乡和各行业、各种用途的用地，必须坚持城乡土地统一管理的原则。一方面，把全国土地作为一个整体，实行城乡地政的统一管理；另一方面，要求在土地管理部门及其工作人员合理分工的基础上进行有效的密切合作，形成一个相互协作、协调统一的管理结构，发挥整体功能，实现土地管理目标。

《土地管理法》规定：我国实行全国土地、城乡地政统一管理。国土资源部是国务院负责全国土地、城乡地政统一管理的职能部门和行政执法部门。所谓统一管理，就是国家规定的 6 个统一：统一负责制订土地政策、法规；统一管理全国土地和城乡地籍、地政工作；统一制订土地资源利用规划、计划和土地后备资源开发规划，计划；统一负责全国土地的征用、划拨、土地使用权出让工作；统一管理土地市场，会同有关部门制订土地市场管理的法规和规章，规范土地市场；统一实施土地监督检察，查处土地权属纠纷等。

（三）维护社会主义土地公有制原则

我国实行土地的社会主义公有制，即全民所有制和劳动群众集体所有制。土地公有制是我国社会主义制度的物质基础，因此，进行土地管理，我们必须坚持和维护社会主义土地公有制。

实行土地公有制是由我国社会主义性质所决定的。我国的土地管理工作，其最终目的是确立、维护、巩固、发展社会主义土地公有制,保护土地资源不被破坏,制止或约束各种侵犯社会主义土地公有制的行为,保护社会主义土地所有者、使用者的合法权益,稳定社会主义土地利用方式。

(四) 充分合理利用和保护土地原则

土地管理的根本目标在于满足经济社会发展对土地的需求,实现土地资源的可持续利用。而要实现这一目标,就必须切实保护好土地,保护好土地生态环境,防止水土流失、土地沙化等破坏土地现象的发生,否则这一目标就难以实现。因此,从这个意义上来说,实现对土地资源的充分、科学、合理、有效利用和保护是土地管理的基本准则。

六、土地管理的职能

管理职能有二重性:一方面,它反映共同劳动和社会化生产的客观要求,表现为指挥、组织、协调各种生产活动的职能;另一方面,它反映实现社会生产目的的客观要求,表现为维护和调整生产关系,实现特定的社会生产目的的职能。

土地管理的职能是指土地管理部门在土地管理活动中所负有的职责和应起的作用。同样具有二重性。一方面表现为维护土地所有制,调整土地关系的社会职能;另一方面表现为合理组织土地利用和提高土地生产力的组织、指挥、协调等职能。

(一) 土地管理的宏观管理职能

土地管理活动过程就是管理者行使各种管理职能的过程。从这个角度讲,土地管理的宏观管理职能包括决策、计划、组织、协调、控制、宏观调控等职能。且这些职能相互关联交叉,形成连续往复的动态管理过程。

(1) 决策。决策是土地管理活动的先导,一方面要结合实际,制定有关政策、法律和规章;另一方面要依据这些政策、法律和规章对各种具体管理活动或行为作出决策。决策职能贯穿于土地管理过程的始终。

(2) 计划。土地管理的计划职能是为实现土地管理目标而拟订方案和措施的过程,它包括预测、决策、计划的编制和计划的实施 4 个步骤。

(3) 组织。土地管理的组织职能就是组织人力、财力、物力,采用先进的科学管理方法和技术,保证计划高质量、高效率地完成。包括建立机构、人员选配、培训和考核、资金安排、物资调配和有效利用、计划实施、监督检查等。

(4) 协调。土地管理的协调职能是土地管理部门纵向、横向之间及其内部组织之间的管理,使之关系顺畅、互相支持、密切配合、步调一致,保证计划目标的顺利完成。

(5) 控制(监督、执法)。土地管理的控制职能是通过确定标准,监督检查、衡量绩效,偏差分析与纠正等过程,保证土地管理活动的结果与预期的计划目标保持一致,确保计划任务的完成。监督检查与执法也是确保土地管理活动的结果与预期的计划目标保持一致的重要措施,同时也是土地管理的控制职能的重要组成部分。

(6) 宏观调控。土地管理的宏观调控职能是随着土地管理事业的不断发展而新注入的职能。是通过土地闸门,运用规划、计划等手段,调控土地供给量,对经济发展速度、规模、结构等进行宏观调控，以达到使国民经济平稳、协调、健康发展的目的。

（二）土地管理的具体职能

根据《国务院办公厅关于印发国土资源部职能配置、内设机构和人员编制规定的通知》的规定，土地管理的具体职能包括如下内容。

（1）拟定有关土地管理的法律法规，发布土地管理的规章；依照规定负责有关行政复议；研究拟定管理、保护与合理利用土地政策；制定土地管理的技术标准、规程、规范和办法。

（2）组织编制和实施国土规划、土地利用总体规划和其他专项规划；参与报国务院审批的城市总体规划的审核，指导、审核地方土地利用总体规划。

（3）监督检查各级国土主管部门行政执法和土地利用规划执行的情况；依法保护土地所有者和使用者的合法权益，承办并组织调处重大权属纠纷，查处重大违法案件。

（4）拟定实施耕地特殊保护和鼓励耕地开发政策，实施农地用途管制，组织基本农田保护，指导未利用土地开发、土地整理、土地复垦和开发耕地的监督工作，确保耕地面积只能增加，不能减少。

（5）制定地籍管理办法，组织土地资源调查、地籍调查、土地统计和动态监测等工作；指导土地确权、城乡地籍、土地定级和登记等工作。

（6）拟定并按规定组织实施土地使用权出让、租赁、作价出资、转让、交易和政府收购管理办法，制定国有土地划拨使用目录指南和乡（镇）村用地管理办法，指导农村集体非农土地使用权的流转管理。

（7）指导基准地价、标准地价评测，审定评估机构从事土地评估资格，确认土地使用权价格。承担报国务院审批的各类用地的审查、报批工作。

（8）组织开展土地资源的对外合作与交流。

七、土地管理的方法

实现土地管理的上述目标，需要综合运用行政、经济、法律、技术等手段和方法管理土地。

（一）行政方法

行政方法指领导者（管理者）运用行政权力，用命令、指示、规定、通知、条例、章程、指令性计划等方式对系统进行控制的方法。行政方法依靠行政权力，具有权威性、强制性、单一性和无偿性等特点。行政方法只有在它符合客观规律，反映人民群众利益时，才能在管理中发挥重要作用。土地登记和分类统计是土地管理的行政手段。土地登记是对土地所有者和使用者的权属及其变动情况的登记，具有法律效力，是保护土地所有者和使用者合法权益的法律依据。土地分类统计是在土地调查、登记基础上，对土地权属以及土地类型、面积和质量的分类统计，为国家管理土地的宏观决策提供依据。

（二）经济方法

经济方法指管理者按照客观经济规律的要求调节和引导土地利用活动，以实现管理职能的方法，管理者用经济利益鼓励、引导、推动被管理者，使其行为和利益与管理者所要达到的目标一致起来，这是一种导向的间接控制方法。经济杠杆是经济方法的工具，在调节经济利益、实现管理目标方面发挥着重要作用。常用的经济杠杆有：地租地价杠杆、财政杠杆、金融杠杆和税收杠杆。其中，通过地租地价杠杆可以实行土地有偿使用，使土地所有权在经济上得以调节土地供需矛盾，指导土地的合理分配和利用，优化土地利用结构，鼓励对土地的投入，提高土地利用的集约度。

（三）法律方法

法律方法是指管理者通过贯彻、执行有关土地的法规，调整人们在土地开发、利用、保护、整治过程中所发生的各种土地关系，规定人们行动必须遵守的准则来进行管理的方法。在土地管理中运用法律方法，主要是运用立法和司法手段，来巩固和调整各方面的土地关系，制定法律必须正确认识和真实反映事物本身的客观规律。法律方法比行政方法具有更大的强制性，严肃性和权威性。

（四）技术方法

技术方法是指管理者按照土地的自然、经济规律，运用遥感、地理信息系统、GPS等高科技数字化技术、系统工程、土地规划等来执行管理职能的方法。土地调查、土地信息与土地评价等是土地管理的技术手段，是一项为土地管理提供土地面积、类型、质量、分布、价格和权属等资料的基础性工作。

综上可见，行政方法、经济方法、法律方法、技术方法各具特色，但又有各自的局限性，土地管理过程中必须综合运用上述方法，才能收到事半功倍的效果。

第二节　土地管理的理论基础、法律依据与技术手段

一、经济学理论

（一）土地肥力学说

肥力是土地（农业土地）的本质属性和质量标志。土地肥力包括自然肥力和人工肥力。自然肥力是人工肥力形成的基础，人工肥力是自然肥力的“加工”，二者结合在一起，综合地形成经济肥力。土地肥力状况主要受社会生产力发展水平和生产关系的影响。土地肥力状况是与社会生产力发展水平相适应的，并随着它的发展而不断得到改善。其原因：一是伴随着社会生产力的提高、科学技术的进步及其在农业上的应用，人们就能更大规模地将劳力、资本投入土地，不断地提高人工肥力；二是随着社会生产力的发展和科学技术的进步，人们有可能将土壤中的营养元素不断地变为植物能够直接吸收利用的形态，从而使土壤的有效肥力和作物产量得到提高。土地肥力状况除了受社会生产力发展水平的影响外，还受生产关系和上层建筑变革的影响。

（二）土地报酬原理

在科学技术水平相对稳定条件下的土地利用中，当对土地连续追加劳动和资金时，起初，追加部分所得的报酬逐渐增多，在投入的劳动和资金超过一定的界限时，追加部分所得的报酬则逐渐减少，从而使土地总报酬的增加也呈递减趋势，这就是通常所说的“土地报酬递增递减现象”。出现土地报酬递增递减现象的原因是多方面的，其中主要原因是，在一定的经济状况和生产技术条件下，土地在客观上存在着受容力的界限，追加投资超过土地受容力便不起作用，从而出现土地报酬起初递增而后递减的现象。研究土地报酬变化规律的意义在于：揭示土地的质量状况；确定土地集约利用的合理界限；提高土地投资的经济效果。

（三）马克思的地租、地价理论

(1) 地租理论。地租是土地所有权在经济上的实现形式，并且以土地的所有权与使用权相分离为条件。也就是说，地租是土地所有者出租他的土地每年获得的定额收入。一切地租都是剩余价值的转化形式。根据近代地租实体——超额利润形成的原因和条件的不同，地租可区分为级差地租、绝对地租和垄断地租。

(2) 地价理论。土地价格是资本化了的地租。土地是一种自然物，不是人类劳动的产物，所以土地没有价值，当然也就没有价格。土地价格是资本化了的地租。土地价格的高低，直接取决于地租的数量和银行存款利率的高低。用公式表示为：土地价格＝地租/利息率。可见，地价不是土地的购买价格，而是地租的购买价格，是将预期的地租系列资本化而形成的，所以，土地价格是资本化了的地租。决定地租产生和存在的是土地所有权的垄断及所有权与使用权的相互分离。

由于土地是数量有限、不可替代的生产资料，所以，土地价格总是随着社会经济发展呈上升趋势。当然，这并不排除在某段时期内，地价出现平稳或下降的情况。

（四）区位理论

区位是指社会、经济等活动在空间上分布的位置。土地位置是固定的，各地段都处在距离经济中心不同的位置上。人类从事生产，需要将资本和劳力带到土地上，并将产品运至市场，为了方便生产和流通，降低产品成本，增加利润，就要按一定的标准选择适宜的空间位置，使比较利益最大化，于是就产生了区位理论。现代区位理论研究的核心是确定最有利的建设场所，选择最低成本的经营区位，适应人们生产、居住、旅行、休养等方面的要求。

依据区位理论可以有效地解决以下问题：确定土地资源在各用途、各部门之间的分配；优化土地利用结构；制定合理用地的政策和规划；确定土地的质量等级；确定不同位置地段的差额税率。

（五）生态经济学原理

作为土地生态经济（既有自然，又有经济）系统运行的四大要素，即物流、能流、价值流和信息流，“土地是一切生产和一切存在的源泉”；作为生态系统，它是地球生态系统的基础和核心；作为社会经济系统，土地是重要的，不可替代的生产资料。不论是劳动力的再生产，还是生物的自然再生产及作为商品交换的经济再生产，都是直接或间接地利用土地。物流、能流、价值流和信息流，都是在土地及其所提供的空间运行的。掌握了生态经济学原理，运用能流、物流有效的流动，达到既有利于生态的良性循环，又取得越来越好的经济效益的目的。

科学的土地管理就是要运用上述原理采取各种措施，合理地利用、保护土地资源。

二、现代管理理论

现代管理理论是近代所有管理理论的综合，是一个知识体系，是一个学科群，它的基本目标就是要在急剧变化的现代社会面前，建立起一个充满创造活力的自适应系统。要使这一系统能够得到持续、高效率的输出，不仅要求有现代化的管理思想和管理组织，还要求有现代化的管理方法和手段来构成现代管理科学。

（一）现代管理理论的基本思想

纵观管理学各学派，虽各有所长，各有不同，但不难寻求其共性，其基本思想可概括如下。

(1) 强调系统化。这就是运用系统思想和系统分析方法来指导管理的实践活动，解决和处理管理的实际问题。系统化，就是要求人们要认识到一个组织就是一个系统，同时也是另一个更大系统中的子系统。所以，应用系统分析的方法，就是从整体角度来认识问题，以防止片面性和受局部的影响。

(2) 重视人的因素。由于管理的主要内容是人，而人又是生活在客观环境中的，虽然他们也在一个组织或部门中工作，但是他们在其思想、行为等诸方面，可能与组织不一致。重视人的因素，就是要注意人的社会性，对人的需要予以研究和探索，在一定的环境条件下，尽最大可能满足人们的需要，以保证组织中全体成员齐心协力地为完成组织目标而自觉作出贡献。

(3) 重视“非正式组织”的作用。即注意“非正式组织”在正式组织中的作用。非正式组织是人们以感情为基础而结成的集体，这个集体有约定俗成的信念，人们彼此感情融洽。利用非正式组织，就是在不违背组织原则的前提下，发挥非正式群体在组织中的积极作用，从而有助于组织目标的实现。

(4) 广泛地运用先进的管理理论与方法。随着社会的发展和科学技术水平的迅速提高，先进的科学技术和方法在管理中的应用越来越重要。所以，各级主管人员必须利用现代的科学技术与方法，促进管理水平的提高。

(5) 加强信息工作。由于普遍强调通信设备和控制系统在管理中的作用，所以对信息的采集、分析、反馈等的要求越来越高，即强调及时和准确。主管人员必须利用现代技术，建立信息系统，以便有效、及时、准确地传递信息和使用信息，促进管理的现代化。

(6) 把“效率”和“效果”结合起来。作为一个组织，管理工作不仅仅是追求效率，更重要的是要从整个组织的角度来考虑组织的整体效果以及对社会的贡献。因此，要把效率和效果有机地结合起来，从而使管理的目的体现在效率和效果之中，也即通常所说的绩效。

(7) 重视理论联系实际。重视管理学在理论上的研究和发展，进行管理实践，并善于把实践归纳总结，找出规律性的东西，所有这些是每个主管人员应尽的责任。主管人员要乐于接受新思想、新技术，并将它们用于自己的管理实践中，把诸如质量管理、目标管理、价值分析、项目管理等新成果运用于实践，并在实践中创造出新的方法，形成新的理论，促进管理学的发展。

(8) 强调“预见”能力。社会是迅速发展的，客观环境在不断变化，这就要求人们运用科学的方法进行预测，进行前馈控制，从而保证管理活动的顺利进行。

(9) 强调不断创新。要积极改革，不断创新。管理意味着创新，就是在保证“惯性运行”的状态下，不满足现状，利用一切可能的机会进行变革，从而使组织更加适应社会条件的变化。

（二）现代管理理论对领导者基本素质的要求

领导者的素质，是指领导者应该具备的基本特征。包括心理素质、知识素质、思想品德修养、身体素质诸方面的基本特征。

(1) 领导者的思想品德与心理素质对其领导行为有重要影响。领导者的人格魅力也来自于好的人品。一个人格高尚的领导者，必然受到群众的尊重和信赖，说话有说服力。只有这样，领导者才能有强烈的事业心和责任感，敢于创新，不怕失败，百折不挠，率领职工去实现组织目标。如果领导者只是依靠权力，而失去人心，说话无分量，身边无群众，必然指挥失灵，领导不力。

(2) 领导者的能力素质直接影响领导绩效。如果领导者具有决策能力，善于审时度势、抓住时机、正确决策等，就会有利于实现有效的领导，提高工作绩效。否则，若优柔寡断、错过“战机”或盲目武断，错误决策，就难以实现有效领导，甚至给组织造成重大损失。

(3) 掌握比较广博的知识，特别是现代管理知识及所负责领域的专业知识、相关学科的知识。现代社会，科学技术高速发展，作为领导者，要实现有效的领导，必须掌握比较广博的知识，特别是现代管理知识及所负责领域的专业知识、相关学科的知识等，建立合理的知识结构。当工作发生变动时，还要及时调整知识结构，以适应岗位需要，并提高对被领导者的影响力。不同行业、不同工作岗位的领导者需要有不同的知识结构，对知识水平的要求也不完全相同。

（三）现代管理理论对领导者能力素质的要求

能力，又称智能、才能、才干等。领导人才主要需要具有领导才能。

(1) 决策能力是领导者必备的重要能力。越是高层次的领导者，越需要具有较高水平的决策能力。领导者在率领群众去实现组织目标时，首先需要善于出主意、想办法、提出行动方案，作出某种决定等，这都需要决策能力。决策能力是一种综合能力，领导者要具有高水平的决策能力，必须具有较强的观察力、分析力、判断力、创造力等，才能远见卓识，及时地作出科学、正确的决策。

(2) 组织指挥能力。领导者要善于运用组织的力量，协调与组织人力、物力、财力、信息，充分发挥人的作用，调动人的积极性，有效地实现组织目标。

(3) 协调能力。领导者需要具有处理好组织内各种关系的能力。这些关系包括上下级、平级的关系，以及组织内各部门间的关系。这需要领导者加强个人品德修养和掌握领导艺术。

(4) 社会活动能力。领导者需要有与社会各有关方面打交道的能力,包括谈判、联合、互助、社会公益事业等,善于处理与社会各有关方面的关系,以促进组织发展,树立良好的社会形象。

(5) 开拓与创新能力。领导者要有善于审时度势,开创新局面的能力。他们需要敢于冲破陈腐的传统观念,在实践中不断创新,跟上时代发展的步伐,从而使组织立于不败之地。

三、土地管理的法律依据

《中华人民共和国土地管理法》(以下简称《土地管理法》)是我国土地管理的主要法律依据。《土地管理法》及其《实施条例》以《中华人民共和国宪法》(以下简称《宪法》)和《中华人民共和国民法通则》(以下简称《民法通行》)为依据和出发点。此外,我国还有其他一些法律法规规范城市国有土地和农村集体土地。如:《城市房地产管理法》、《城市规划法》、《森林法》、《草原法》、《农业法》、《水土保持法》、《担保法》等。

(一) 土地管理法

我国的《土地管理法》是1986年6月25日,由第六届全国人大常委会第十六次会议审议通过,于1987年1月1日起正式施行的。这是新中国第一部土地管理法。为纪念这一天,国家规定每年6月25日为我国"土地日"。1988年4月,第七届全国人民代表大会第一次会议通过了《中华人民共和国宪法修正案》(以下简称《宪法修正案》),对我国的土地制度作了重大修改,确立了土地使用权可以依法转让的制度。为了使《土地管理法》的有关内容与《宪法修正案》相一致,1988年12月29日,第七届全国人大常委会第五次会议审议通过了《关于修改〈中华人民共和国土地管理法〉的决定》。1998年8月29日,第九届全国人大常委会第四次会议审议通过了《土地管理法修订案》,于1999年1月1日起施行。这是对《土地管理法》的一次重大修改,由于这次修改《土地管理法》不是对个别条款的修改,涉及的内容比较多,因此没有采取修改决定的方式,而是采取了修订案的方式。为配合《土地管理法》的实施,国务院于1998年12月24日颁布了《中华人民共和国土地管理法实施条例》和《基本农田保护条例》。

《土地管理法》分为总则、土地的所有权和使用权、土地利用总体规划、耕地保护、建设用地、监督检查、法律责任和附则八章,总计八十八条。《土地管理法》的立法目的主要有五个方面:一是维护土地的社会主义公有制;二是保护、开发土地资源,合理利用土地;三是切实保护耕地;四是促进社会经济的可持续发展;五是根据依法治国、建设社会主义法治国家的治国方略,使土地管理规范化、制度化,纳入法制轨道,依法得到加强。

《土地管理法》的核心内容是切实保护耕地,以立法形式确认了"十分珍惜,合理利用土地和切实保护耕地"是我国的基本国策。围绕"耕地保护"这一主线,明确了省级政府保护耕地的责任,确立了耕地占补平衡制度,规定"国家实行基本农田保护制度",突出了以土地开发复垦整理作为补充耕地的重要手段。此外,还确立了以土地用途管制为核心的新型土地管理制度,为此突出了土地利用总体规划的作用和法律地位,增设了农用地转用审批,强化了土地执法监督。

（二）我国《宪法》有关土地的规定

1982年我国《宪法》正式宣布如下规定。①城市的土地属于国家所有。矿藏、水流、森林、山岭、草原、荒地、滩涂等自然资源，都属于国家所有，即全民所有，由法律规定属于集体所有的森林和山岭、草原、荒地、滩涂除外。②国家保障自然资源的合理利用，保护珍贵的动物和植物。禁止任何组织或者个人用任何手段侵占或者破坏自然资源。③《宪法》第十条　城市的土地属于国家所有。农村和城市郊区的土地，除由法律规定属于国家所有的以外，属于集体所有；宅基地和自留地、自留山，也属于集体所有。④国家为了公共利益的需要，可以依照法律规定对土地实行征收或者征用并给予补偿。⑤任何组织或者个人不得侵占、买卖或者以其他形式非法转让土地。土地的使用权可以依照法律的规定转让。⑥一切使用土地的组织和个人必须合理地利用土地。

（三）《宪法》和其他法律有关集体所有的土地的规定

我国现行规范集体所有的土地的法律主要有《宪法》、《土地管理法》、《森林法》、《草原法》、《农业法》、《水土保持法》、《民法通则》和《担保法》等，有关内容如下。

1. 关于土地的所有

《宪法》第十条规定，农村和城市郊区的土地，除由法律规定属于国家所有的以外，属于集体所有；宅基地和自留地、自留山，也属于集体所有。

《土地管理法》第八条重申了《宪法》第十条的规定。《土地管理法》第十条规定，农民集体所有的土地依法属于村农民集体所有的，由村集体经济组织或者村民委员会经营、管理；已经分别属于村内两个以上农村集体经济组织的农民集体所有的，由村内各该农村集体经济组织或者村民小组经营、管理；已经属于乡（镇）农民集体所有的，由乡（镇）农村集体经济组织经营、管理。

《农业法》第三条规定，农村和城市郊区的土地，除由法律规定属于国家所有即全民所有的以外，属于集体所有。森林、山岭、草原、荒地、滩涂、水流等自然资源都属于国家所有，由法律规定属于集体所有的森林和山岭、草原、荒地、滩涂除外。

《森林法》第三条规定，森林资源属于国家所有，法律规定属于集体所有的除外。

《草原法》第四条规定，草原属于国家所有，即全民所有，由法律规定属于集体所有的草原除外。

2. 关于土地的使用收益

《宪法》第八条规定，农村集体经济组织实行以家庭承包经营为基础、统分结合的双层经营体制。农村中的生产、供销、信用、消费等各种形式的合作经济，是社会主义劳动群众集体所有制经济。参加农村集体经济组织的劳动者，有权在法律规定的范围内经营自留地、自留山、家庭副业和饲养自留畜。

《民法通则》第八十条规定，公民、集体依法对集体所有的或者国家所有由集体使用的土地的承包经营权，受法律保护。承包双方的权利和义务，依照法律由承包合同规定。第八十一条规定，公民、集体依法对集体所有的或者国家所有由集体使用的森林、山岭、草原、荒地、滩涂、水面的承包经营权，受法律保护。承包双方的权利和义务，依照法律由承包合同规定。

《土地管理法》第九条规定，国有土地和农民集体所有的土地，可以依法确定给单位或者个人使用。

《农业法》第十二条规定，集体所有的或者国家所有由农业集体经济组织使用的土地、山岭、草原、荒地、滩涂、水面可以由个人或者集体承包从事农业生产。国有和集体所有的宜林荒山荒地可以由个人或者集体承包造林。个人或者集体的承包经营权，受法律保护。发包方和承包方应当订立农业承包合同，约定双方的权利和义务。第十三条规定，除农业承包合同另有约定外，承包方享有生产经营决策权、产品处分权和收益权，同时必须履行合同约定的义务。承包方承包宜林荒山荒地造林的，按照《森林法》的规定办理。在承包期内，经发包方同意，承包方可以转包所承包的土地、山岭、草原、荒地、滩涂、水面，也可以将农业承包合同的权利和义务转让给第三者。承包期满，承包人对原承包的土地、山岭、草原、荒地、滩涂、水面享有优先承包权。承包人在承包期内死亡的，该承包人的继承人可以继续承包。

《土地管理法》第十四条规定，农民集体所有的土地由本集体经济组织的成员承包经营，从事种植业、林业、畜牧业、渔业生产。土地承包经营期限为30年。发包方和承包方应当订立承包合同，约定双方的权利和义务。承包经营土地的农民有保护和按照承包合同约定的用途合理利用土地的义务。农民的土地承包经营权受法律保护。在土地承包经营期限内，对个别承包经营者之间承包的土地进行适当调整的，必须经村民会议三分之二以上成员或者三分之二以上村民代表的同意，并报乡(镇)人民政府和县级人民政府农业行政主管部门批准。第十五条规定，农民集体所有的土地，可以由本集体经济组织以外的单位或者个人承包经营，从事种植业、林业、畜牧业、渔业生产。发包方和承包方应当订立承包合同，约定双方的权利和义务。土地承包经营的期限由承包合同约定。承包经营土地的单位和个人，有保护和按照承包合同约定的用途合理利用土地的义务。农民集体所有的土地由本集体经济组织以外的单位或者个人承包经营的，必须经村民会议三分之二以上成员或者三分之二以上村民代表的同意，并报乡(镇)人民政府批准。

《土地管理法》第六十二条规定，农村村民一户只能拥有一处宅基地，其宅基地的面积不得超过省、自治区、直辖市规定的标准。农村村民出卖、出租住房后，再申请宅基地的，不予批准。

《森林法》第二十七条规定集体或者个人承包国家所有和集体所有的宜林荒山荒地造林的，承包后种植的林木归承包的集体或者个人所有；承包合同另有规定的，按照承包合同的规定执行。

《草原法》第四条规定，全民所有的草原、集体所有的草原和集体长期固定使用的全民所有的草原，可以由集体或者个人承包从事畜牧业生产。

《水土保持法》第二十六条规定，荒山、荒沟、荒丘、荒滩可以由农业集体经济组织、农民个人或者联户承包水土流失的治理。对荒山、荒沟、荒丘、荒滩水土流失的治理实行承包的，应当按照谁承包治理谁受益的原则，签订水土保持承包治理合同。承包治理所种植的林木及其果实，归承包者所有，因承包治理而新增加的土地，由承包者使用。

3. 关于土地使用权的转让和抵押

《宪法》第十条、《土地管理法》第二条、《农业法》第四条规定，任何组织或者个人不得侵占、买卖或者以其他形式非法转让土地。

《宪法》第十条、《土地管理法》第二条规定，土地的使用权可以依照法律的规定转让。《农业法》第四条规定，国有土地和集体所有的土地的使用权可以依法转让。

《土地管理法》第六十三条规定，农民集体所有的土地的使用权不得出让、转让或者出租用于非农业建设，但是，符合土地利用总体规划并依法取得建设用地的企业，因破产、兼并等情形致使土地使用权依法发生转移的除外。

《土地管理法》第六十五条规定，有下列情形之一的，农村集体经济组织报经原批准用地的人民政府批准，可以收回土地使用权：①为乡（镇）村公共设施和公益事业建设，需要使用土地的；②不按照批准的用途使用土地的；③因撤销、迁移等原因而停止使用土地的。依照第①项规定收回农民集体所有的土地的，对土地使用权人应当给予适当补偿。

《担保法》第三十四条规定，下列财产可以抵押：……⑤抵押人依法承包并经发包方同意抵押的荒山、荒沟、荒丘、荒滩等荒地的土地使用权。第三十六条规定，乡（镇）、村企业的土地使用权不得单独抵押。以乡（镇）、村企业的厂房等建筑物抵押的，其占用范围内的土地使用权同时抵押。

四、土地管理的技术手段及其应用

土地管理是一项非常庞大的工作，有海量的信息需要综合处理和考虑。传统的土地资源信息获取能力有限，管理体制落后，管理能力低下，不能及时、准确、全面地了解资源状况信息，传统的管理模式已不能适应社会经济的发展，急需新的技术手段来满足现代土地资源管理工作的需要。近年来，随着测量学、计算机制图、地理信息系统（Geographic Information System，GIS）、遥感（Remote Sensing，RS）、全球卫星定位系统（Global Positioning System，GPS）、计算机技术和网络技术的发展，RS和GPS等空间技术在土地管理中已经得到广泛应用，大大提高了土地信息获取的效率和准确性，地理信息系统技术、通信和计算机网络等技术的进步，使土地信息的获取、存储、更新、传输和共享服务手段更趋完善。随着第二次全国土地调查的全面完成，利用现代科技，特别是“3S”技术，保证土地管理的从数据调查采集、处理到管理的所谓“高保真”的数字化技术和装备在我国正得到广泛应用与普及。

（一）“3S”技术及其集成

即空间定位系统，主要指GPS全球卫星定位系统、遥感（RS）和地理信息系统（GIS），是目前对地观测系统中空间信息获取、存储管理、更新、分析和应用的三大支撑技术，是将空间技术、传感器技术、卫星定位与导航技术和计算机技术、通信技术相结合，多学科高度集成的对空间信息进行采集、处理、管理、分析、表达、传播和应用的现代信息技术。GPS主要用于实时、快速地提供目标的空间位置，为所获取的空间及属性信息提供实时或准实时的空间定位及地面高程，具有性能好、全天候、高精度、自动化等显著特点；RS用于实时地或准实时地提供目标及其环境的语义或非语义信息，发现地球表面上的各种变化，及时地对GIS进行数据更新，具有宏观、综合、动态、快速的特点，已成为一种影像遥感和数字遥感相结合的先进、实用的综合性对地探测手段；GIS则是对多种来源的时空数据进行综合处理、集成管理、动态存取，为智能化数据采集提供地学知识，以便解决复杂的管理或规划问题。

由于 RS、GIS、GPS 都以地球为研究对象，研究的手段和方法相似，因此，它们能够相互补充和完善。全球定位系统的组合技术系统为遥感对地观测信息提供了准实时或实时的定位信息和地面高程模型；遥感对以地观测的海量波谱信息为目标识别及科学规律的探测提供了定性或定量数据；“3S”的集成使 GIS 具有获取准确、快速定位的现势遥感信息的能力，实现数据库的快速更新和在分析决策模型支持下快速完成多维、多元复合分析。因此，“3S”的集成技术将最终建成新型的三维地理信息和地理编码影像的实时或准实时获取与处理系统，形成快速、高精度的信息处理流程。

（二）“3S”技术用于土地资源调查

传统的土地资源调查是建立在手工操作基础上的，不仅速度慢，工期长，耗费人力物力，而且精度低，工序繁琐，成果的可复制性和变更性差，难以满足现代社会对土地信息的迫切要求。卫星遥感技术的出现，为土地利用调查提供了全新的数据源，特别是高分辨率卫星遥感数据进入民用遥感应用领域，为县级土地利用调查(土地详查)，以及绘制 1∶10 000 甚至更大比例尺的土地利用图提供了便捷、高精度的土地利用信息；GPS 可以实现精确地定位，特别是 GPS/RTK 差分测量技术的应用可以完全解决高精度、大比例尺土地利用调查制图的要求；利用 GIS 强大的空间分析、统计功能以及可视化制图功能为土地资源的统计、大比例尺土地利用图的制作提供了强有力的工具，为土地资源评价、土地等级划分提供方便、高效、智能的方法。总之，以高分辨率遥感影像为基础，基于“3S” 技术，结合地面典型调查的土地资源调查具有客观、快速、省时、省力等优点，是土地监测和管理走向现代化、科学化的发展趋势。

（三）“3S”技术用于城镇地籍调查与测量中

随着“3S”技术广泛应用于地籍测绘工作中，其在采集手段、管理模式、应用方式等方面发生了显著变化。静态 GPS 定位技术为现代地籍基本控制测量提供了快捷、经济的手段；动态 GPS/RTK 技术已在地籍图根控制测量、界址点测量、像控点测量等方面取得较好效果；RS 技术为城市基本地形图、地籍图等基础地理信息的快速更新，包括土地利用等各种专题信息的提取与专题图件的制作等提供了更加高效、方便、经济的手段；GIS 和数据库技术的出现，为地籍的现代化管理提供了坚实的数据基础和优质高效的技术保障。

（四）航空数码遥感技术在土地调查中的应用

航空遥感影像一直是我国城市大比例尺土地利用现状图的主要信息源。航空数码遥感新技术，弥补了传统航空摄影技术的薄弱环节，具有较小依赖机场和天气条件的优势；可实现无或极少地面控制的航片定向，大大缩短航测成图周期，节省成图费用；生成的遥感数据具有高分辨率、高成像质量优势，以及方便计算机处理管理、快速、低成本的特点。航空数码遥感新技术可广泛应用于生产更新大比例尺土地利用图件，如 1∶500、1∶1000、1∶2000 比例尺专题图，尤其适合于快速获取小城镇、村庄、大型厂矿企业的土地利用信息。

（五）土地调查数据库建设

数据库建设主要采用地理信息系统、数据库管理系统和计算机网络等信息技术手段，建设准确、全面和具现势性的城镇地籍管理信息系统和农村地籍管理信息系统及城乡一体化现代地籍信息系统，为土地登记、土地利用以及农用地和集体土地转用征用服务；按照统一的信息化标准和规范，建立市、县互联、结构合理、资源共享的土地利用数据库，满足土地管理各部门对土地利用数据的需求；建设遥感影像纠正控制点库，利用原始影像与控制点图像的纹理及灰度特征实现控制点的自动匹配选取，克服控制资料获取困难、现势性差、保密级别高、资金投入大、选点效率低等弊端；建设覆盖不同区域、多传感器、多时相的土地利用/土地覆被(LU/LC)样本影像数据库，作为统一的作业规范和技术标准，辅助开展土地利用信息提取，提高定点、定性评价信息提取结果的精度；以 GIS 为平台，以土地利用现状数据库为基础资料，进行信息系统的二次开发，建立满足土地利用总体规划编制与管理需要的基础数据库、模型库、规划编制子系统、规划管理子系统和规划成果数据库，以提高土地利用总体规划编制和管理的信息化水平。

（六）利用"3S"技术快速获取与处理土地利用信息

随着"3S"技术的迅猛发展，其在土地管理各项业务中的应用日趋广泛。通过遥感手段和影像解译技术，分析城市土地利用类型和动态变化，监测城市用地范围；将近期的高分辨率遥感影像与历史时期的 GIS 土地利用数据库套合，可快速、准确地更新土地利用现状数据库；通过更新后的土地利用现状数据库可获取土地利用类型的面积和分布数据，掌握产权状况和土地权属信息，为土地规划、利用和管理及经济建设提供科学依据；利用 GIS 强大的空间分析和统计功能选择土地分等定级指标和各自权重值及其他土地利用信息，可为土地评价和农用地分等定级提供方便、高效、智能的方法。

（七）土地利用动态遥感监测

土地利用动态遥感监测是指运用遥感和其他现代科学技术对土地的自然、社会经济状况变化进行的连续调查观测，即以遥感手段为技术依托，对土地资源和土地利用实施宏观动态监测，及时发现实地发生的变化，并做出相应的分析。土地利用动态遥感监测是国土资源大调查的重要组成部分，是国土资源管理的重要手段和有效措施，是为监督控制土地利用服务的重要技术手段。其目的和任务是：复核土地变更调查数据；为配合土地执法检查提供技术支持；为监测城市土地利用规模发展的状况提供资料；检查土地利用规划执行情况；检查年度土地利用执行情况。

第三节　地籍与地籍管理

一、地籍的概念

人口管理，需要有户口，称为户籍。进行土地管理，土地要登记造册，称为地籍，因此有人把地籍称之为土地的户口。在我国历史上,地籍是历代政府登记土地作为征收田赋的清册。随着社会的发展,地籍的概念和内容也发生了变化,现代地籍已不仅指以土地为对象的征税簿册,而且包括了土地产权登记和土地分类面积统计等内容,更重要的是要为土地整理、土地开发、利用与保护,以及全面科学地管理土地提供土地信息。这些使地籍的含义从单一赋税概念扩展成为多用途地籍,以便为国家经济建设各有关部门服务。

(一) 地籍的含义

现代多用途地籍是国家为规划、控制、调节、监督和组织土地利用,以土地权属为核心,以地块为基本单元所建立的记载土地权属、位置、界址、面积、质量、利用现状及附着物等的册簿和图件,是土地的自然和社会经济基本信息的集合。

地籍的这一概念包括了5方面的内容。

(1) 地籍是由国家建立和管理的。地籍自出现至今都是国家为达到征收土地契税或保护土地所有者或使用者的合法权益,或合理开发利用土地的目的而建立的。尤其是19世纪以来,其更明显地带有国家功利性。在国外,地籍测量称作官方测量。在我国解放以前的漫长历史中,地籍的建立历次都是由朝廷或政府下令进行的,其目的是为保证政府对土地的税收和保护土地产权。现阶段我国进行的地籍工作,其根本的目的是为了保护土地产权和合理利用土地。

(2) 地籍的核心是土地权属。土地权属体现了土地作为资产的法律属性,从而在法律上规定了权属主对土地的权利、责任和义务。国土范围内的所有土地地块均有对应的权属主。地籍定义中强调了"以土地权属为核心",即地籍是以土地权属为核心对土地诸要素隶属关系的综合表述,这种表述针对国土范围内的每一块土地及其附着物。不管是所有权还是使用权;是合法的还是违法的;是农村的还是城镇的;是企事业单位、机关、个人使用的还是国家和公众使用的(如道路,水域等);是正在利用的还是尚未利用的或不能利用的土地及其附着物,地籍都是以土地权属为核心进行记载的,都应有地籍档案。

(3) 地籍以地块为基本单元。地块是地籍的最小单元,是地球表面上一块有边界,有确定权属主和利用类别的土地。由此可见,土地管理意义下的地块由三个要素来决定,即:边界、权属主、土地利用类别。一个区域的土地根据被占有、使用等原因被分割成边界明确、位置固定的许多块土地。地籍的内涵之一就是以地块为基础,准确地描述每一块土地的自然属性和社会经济属性。

(4) 地籍要记载地块上附着物的状况。地面附着物(如各种建筑物、构筑物、植被、水系等)直接反映了土地的利用现状和利用类别。地面上的附着物是人类投入土地的物化劳动,是土地的重要组成部分。在城镇,土地的价值是通过附着在地面上的建筑物内所进行的各种生产活动来实现的,建筑物和构筑物是土地利用分类的重要标志。土地和附着物是不可分离的,它们各自的权利和价值相互作用,相互影响。

历史上早期的地籍只对土地进行描述和记载,并未涉及地面上的建筑物、构筑物,但随着社会和经济的发展,尤其产生了房地产市场交易后,由于房、地所具有的内在联系,地籍必须对土地及附着物进行综合描述。

(5) 地籍是土地基本信息的集合。它包括土地调查册簿、土地登记册簿和土地统计册簿,用图、数、表的形式描述了土地及其附着物的权属、位置、数量、质量和利用状况。图、数、表之间通过特殊的标识符（关键字）相互连接，这个标识符就是通常所说的地块号（宗地号或地号）。

这里的“图”是指地籍图，即用图的形式直观地描述土地和附着物之间的相互位置关系，包括分幅地籍图、专题地籍图、宗地图等。“数”是指地籍数据，即用数的形式描述土地及其附着物的位置、数量、质量、利用现状等要素，如面积册、界址点坐标册、房地产评价数据等。“表”是指地籍表，即用表的形式对土地及其附着物的位置、法律状态、利用状况等进行文字描述，如地籍调查表、土地登记表和各种相关文件等。

土地基本信息集合回答了土地及其附着物的六个基本问题。第一，“是谁的”，具体指权属主与土地及其附着物之间的法律关系。第二，“在哪里”，具体指土地及其附着物的空间位置，一般用数据（坐标）和地籍编号进行描述。第三，“有多少”，具体指对土地及其附着物的量的描述，如土地面积、建筑面积、土地和房屋的价值或价格等。第四，“在什么时候”，具体指土地及其附着物的权利和利用的发生、转移、消灭等事件的时间。第五，“为什么”，具体指土地及其附着物的权利和利用的存在依据及其有关说明。第六，“怎么样”，具体指土地及其附着物的权利和利用的发生、转移、消灭等事件的过程说明或依据。

（二）地籍的功能

建立地籍的目的，一般应由国家根据生产和建设的发展需要，以及科技发展的水平来确定。目前，包括我国在内的许多国家建立的地籍已广泛地用于土地税费征收、土地产权保护和土地利用规划编制，同时为政府制定土地制度、社会经济发展目标、环境保护政策等宏观决策提供基础资料和科学依据。概括起来，地籍有以下功能。

(1) 地理性功能。由于应用现代测量技术的缘故，在统一的坐标系内，地籍所包含的地籍图集和相关的几何数据，不但精确表达了一块地（包括附着物）的空间位置，而且还精确和完整地表达了全部地块之间在空间上的相互关系。地籍所具有的提供地块空间关系的能力称为地理性功能。这种功能是实现地籍多用途的基础。

(2) 经济功能。地籍最古老的目的就是用于土地税费的征收。利用地籍提供的土地及附着物的位置、面积、用途、等级和土地所有权、使用权状况，结合国家和地方的有关法律、法规，为以土地及其附着物为标的物的经济活动（如土地的有偿出让、转让，土地和房地产税费的征收，防止房地产市场的投机活动等）提供准确、可靠的基础资料。

(3) 产权保护功能。地籍调查和管理是国家政策支持下的依法行政行为，所形成的地籍信息具有空间性、法律性、精确性、现势性等特征，因而使地籍能为以土地及其附着物为标的物的产权活动（如调处土地争执，恢复界址，确认地权，房地产的认定、买卖、租赁及其他形式的转让；解决房地产纠纷等）提供法律性的证明材料，保护土地所有者和土地使用者的合法权益，避免土地产权纠纷。

(4) 土地利用管理功能。土地的数量、质量及其分布和变化规律是组织土地利用、编制土地利用规划的基础资料。利用地籍资料，能加快规划设计速度，降低费用，使规划容易实现。另外，地籍还能鉴别错误的规划，避免投资失误。

(5) 决策功能。这里所指的决策是指国家制定土地政策、方针，进行土地使用制度改革等方面的决策，也包括国家对经济发展、环境保护、人类生存等方面的决策，以及个人或企业投资等方面的决策。地籍所提供的多要素、多层次、多时态的土地资源的自然状况和社会经济状况，是国家编制国民经济计划，制定各项规划的基本依据，是组织工农业生产和进行各项建设的基础。

(6) 管理功能。地籍是调整土地关系、合理组织土地利用的基本依据。土地使用状况及其经界位置的资料，是进行土地分配、再分配及征拨土地工作的重要依据。由于地籍存在地理性功能和决策功能，公安、消防、邮政、水土保持和以土地及其附着物为研究对象的科学研究和管理等部门可充分利用地籍资料为他们的工作服务。

(三) 地籍的分类

地籍，根据其作用、特点、任务及管理层次的不同，可以分为以下几种类别。

(1) 按地籍的使用目的和作用的不同，可区分为税收地籍、产权地籍和多用途地籍。税收地籍是为征收土地税服务的。它要求准确地记载地块的面积和质量，在此基础上编制的地籍册簿图件，称为税收地籍。

产权地籍也称法律地籍，是以维护土地所有权为主要目的的，它要求准确记载宗地的界线、界址点、权属状况、数量、质量、用途等，在此基础上编制的地籍册簿图件，称为产权地籍。

多用途地籍也称现代地籍，除了为税收和产权服务外，更重要的是为土地整理、土地开发、利用与保护，以及全面科学地管理土地提供土地信息。多用途地籍除了要求准确地记载土地的数量、质量、位置、权属、用途外，还要求记载地块的地形、地貌、土壤、气候、水文、地质等状况。在此基础上编制的地籍册簿图件，称为多用途地籍。

(2) 按开展地籍工作的任务和时间不同，分为初始地籍和日常地籍。

初始地籍是指在某一时期内，对县以上行政辖区内全部土地进行全面调查后，建立的册簿和图件等地籍信息资料。日常地籍也称变更地籍，是针对土地数量、质量、权属及其利用、使用情况的变化，以初始地籍为基础，进行修正、补充、更新的地籍工作。

(3) 按城乡土地的差别，分为城镇地籍和农村地籍。

城镇地籍是以城镇(也可包括村庄和独立工矿区)建成区的土地为对象而编制的册簿和图件等地籍信息资料。城镇地籍的内容较为详细，界址要求较高的精度和较大的图纸比例尺。农村地籍是以除城镇建成区外的广大乡村土地为对象而编制的地籍册簿和图件，其内容与城镇地籍有较大差别，精度要求比城镇地籍要低。

二、地籍管理

地籍管理是指国家为取得有关地籍资料和为全面研究土地的权属、自然和经济状况而采取的以土地调查与测量、土地登记、土地统计和土地分等定级等为主要工作内容的国家措施。

地籍管理的对象是作为自然资源和生产资料的土地，地籍管理的核心是土地的权属问题。建立、健全地籍管理制度，不仅可以及时掌握土地数量、质量的动态变化规律，而且可以对土地利用及权属变更进行监测，为土地管理的各项工作提供、保管、更新有关自然、经济、法律方面的信息。

(一) 地籍管理的内容

地籍管理的内容与一定的社会生产方式相适应。中国现阶段地籍管理的基本内容有：

土地调查、土地登记、土地统计、土地分等定级、地籍档案管理和地籍信息数据库。随着社会经济的发展和国家对地籍资料需求的增长，地籍管理的内容还将随之不断地变化和充实。

（1）土地调查。是以查清土地位置（界线、四至）、利用类型、数量、质量和权属状况为目的而进行的调查。根据调查内容侧重面的不同，可分为土地权属调查、土地利用现状调查和土地条件调查；根据土地利用方式，可分为农村土地调查（土地利用现状调查）、城镇地籍调查、土地条件调查和基本农田调查。

（2）土地登记。是国家为确认土地所有权、使用权以及其他项权利而依法进行的土地权属审核、登记和核发证书的一项法律制度。根据我国具体情况，主要登记国有土地使用权、集体土地所有权、集体土地使用权和他项权利。经过登记的土地所有权、使用权和他项权利受法律保护。

（3）土地统计。是国家对土地的数量、质量、分布、利用类型和权属状况等进行的统计、汇总与分析，并为有关部门提供统计资料的工作制度。土地统计的目的在于及时掌握土地资源的变化信息，准确及时地为政府提供可靠的数据，作为制定政策的依据。

（4）土地分等。是在土地利用分类和土地条件调查的基础上，根据土地的自然经济条件，进一步确认各类土地的等级和基准地价的工作。土地分等定级是实行土地有偿使用的一项基础性工作，为土地管理部门依法对土地使用权出让、转让、出租、抵押等进行监督检查和合理组织土地利用提供科学依据。

（5）地籍档案管理。是将经过土地调查、土地分等定级估价、登记、统计等地籍管理活动的历史记录、文件、数据、图册资料进行立卷归档、保管与提供利用等工作的总称。

上述各项管理工作是相互联系互有衔接的。其中，土地调查和土地分等定级是基础，土地登记、统计是土地调查的后续工作。土地登记一般应在完成土地调查之后进行，才能保证权属登记的稳定性和准确性，否则，土地登记只能先办申报，待调查、核实后再办理登记注册、发证。土地统计在土地登记后进行，以保证土地成果的精确和稳定，也可将土地利用现状调查、土地登记、土地统计同时结合进行。地籍管理的各项工作成果是地籍档案的基本来源，而地籍档案又是地籍管理各项工作成果的归宿，并为开展地籍管理各项工作提供参考和依据。

（二）地籍管理的基本原则

地籍管理是土地管理的基础，也是实现城乡土地、地政统一管理的主要内容和手段，为保证地籍管理工作的顺利开展，在进行地籍管理工作时，一般要遵循以下原则。

（1）地籍管理必须遵循国家统一法规。国家土地管理部门，为地籍管理制定了一系列法规、政策和各种技术规定，地籍管理工作只有按国家统一要求去做，才能实现城乡地政的统一管理，也才能使地籍管理工作达到预期效益。如地籍的簿册、图件等的格式、项目、填写内容，土地登记规则，土地统计报表制度，地籍资料中有关土地分类系统及标准等，均应按统一规定进行。当然国家所作的规定也是随社会的进步和科学技术的发展，不断地进行补充和完善的。

（2）保证地籍资料的连续性和系统性。地籍管理的对象是土地，土地的权属、利用类别等经常发生变动，为保持地籍资料的现势性，在完成初始地籍后，要做好日常的变更地籍工作。初始地籍和变更地籍的簿册、表、图等内容不仅要保持相互对应，而且要保持连贯性和系统性。

(3) 保持地籍资料的可靠性和精确性。鉴于地籍资料在土地管理中和国家经济建设中的重要性以及涉及千家万户的切身利益，所以必须保持地籍资料的可靠性和精确性。为此，对地籍调查和土地分等定级的资料必须要有一定的精度要求和可靠的检核。凡是涉及权属的，必须以相应的法律文件为依据。要做到“权属合法、四至清楚、面积准确”，取得具有法律效力的地籍资料。土地统计的数字必须做到相互校核，准确无误。

(4) 保持地籍资料的概括性和完整性。概括性和完整性，是指地籍管理的对象必须是所管辖的完整的区域，如全国的地籍资料的覆盖面必须是全国各地省级、县级和县级以下的地籍资料的覆盖面，必须分别是省级、县级和县级以下的乡镇村的行政区域范围内的全部土地。所以，在宗地之间、区域之间的地籍资料要采取严格的接边措施，不应出现间断和重漏的现象。

三、我国地籍与地籍测量的发展

我国是一个文明古国，地籍、地籍测量和地籍管理工作在我国有悠久的历史。在农业生产中，为解决分田和赋税问题，不但要进行土地测量，而且还建立了一种以土地为对象的征税簿册。

颜师古对《汉书·武帝纪》中“籍吏氏马，补车骑马”的“籍”注为“籍者，总入籍录而取之”。地籍概念的雏形始于我国的夏朝，即公元前21～16世纪。

商、周时代，建立了一种“九一而助”的土地管理制度，即“八家皆私百亩，同养公亩”的井田制，并相应地进行了简单的土地测绘工作，这可视作我国地籍测量的雏形。据《汉书·食货志》中记述“六尺为步，百步为亩，亩百为夫，夫三为屋，屋三为井，井方一里，是为九夫；八家共之，各受私田百亩，公田十亩，是为八百八十亩，余二十亩以为庐舍”。它较详细地描述了当时的土地管理制度以及量测经界位置和面积的方法。

到了春秋中叶以后(约公元前770～476年)，鲁、楚、郑三国先后进行了田赋和土地调查工作。例如，在公元前548年，楚国先根据土地的性质、地势、位置、用途等划分地类，再拟定每类土地所应提供的兵、车、马、甲盾的数量，最后将土地调查结果作系统记录，制成簿册。

地籍的历史发展与社会生产关系的变化密切相关。随着社会生产力的发展，社会生产关系处于不断变化之中，相应地，地籍的内容也会发生变化，孟子曾说：“夫仁政必自经界始，经界不正，井地不均，谷禄不平；是故暴君污吏，必漫其经界。经界既正，分田制禄，可坐而定也”。在这里，正经界是地籍工作的重要内容，所以地籍在生产关系调节中占有重要地位。公元前216年，《册府元龟》记载：“始皇帝三十一年，使黔首自实田”，即令人民自己申报田产面积进行登记。

如何建立与土地私有制相适应的地籍制度成了历代封建王朝工作的重点。唐德宋建中年间，杨炎推行“两税法”，并进行大规模的土地调查，郑樵《通志》记载：“至建中初，分遣黜陟使，按此垦田田数，都得百十余万顷”。

宋代对地籍管理极为重视，推行的一些整理地籍的办法对后代产生了深远的影响，其经界法地籍整理已具有产权保护的功能。宋代创立了三种地籍测量方法，即方田法、经界法、推排法。

宋代虽然创立了许多地籍管理的办法，但是未完成全国范围的土地清丈，真正完成全国土地清丈，并建立起完善的地籍制度则是在明代。在总结宋代经界法经验的基础上，明代创立了鱼鳞图册(见图 2-1)制度，而且还同时进行了人口普查，将其结果编为黄册，黄册和鱼鳞图册是相互补充的。陆仪的《论鱼鳞图册》记有："一曰黄册，以人户为母，以田为子，凡定徭役，征赋税用之。一曰鱼鳞图册，以田为本，以人户为子，凡分号数，稽四至，则用之。"这时，地籍完全从户籍中独立出来，这是我国地籍制度发展变化的重要里程碑。此后，与封建土地私有制相适应的地籍制度终于形成。

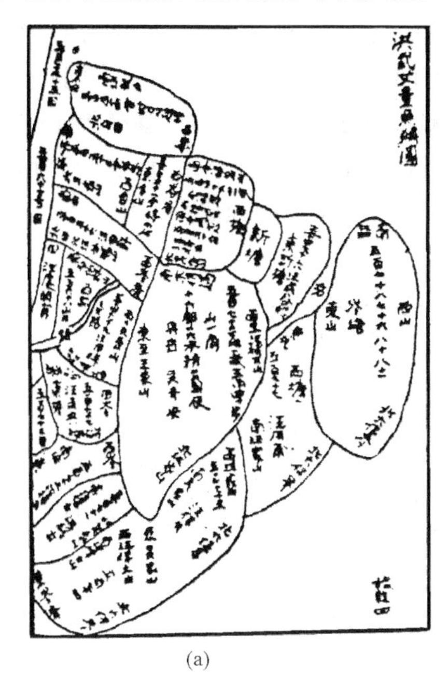

(a)

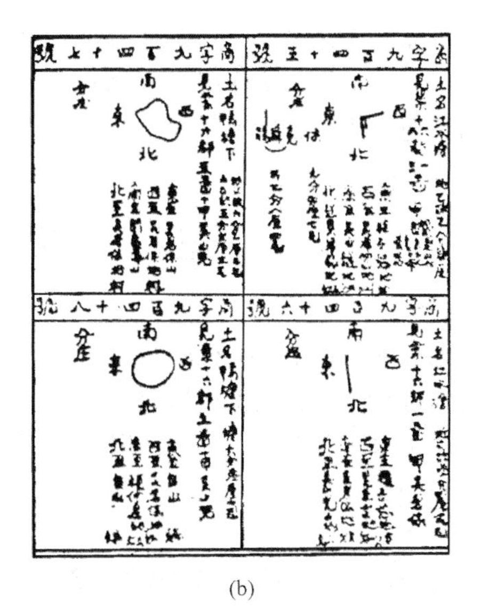

(b)

图 2-1　鱼鳞图

民国初期至解放初期，开始出现产权地籍。它不仅具有传统的税收功能，而且具有产权的功能，并为政府的土地管理服务。

1914 年，国民政府中央设立经界局，其下成立经界委员会，并设测量队，制定了《经界法规草案》。1922 年，国民政府为开展土地测量，聘请德国土地测量专家单维康为顾问。1927 年，上海开始进行土地测量，这是我国用现代技术方法进行的最早的地籍测量。1928 年，国民政府在南京设立内政部，下设土地司，主管全国土地测量。1929 年南京政府决定将陆军测量总局改为参谋部陆地测量总局，兼有土地测量任务。同年，内政部公布《修正土地测量应用尺度章程》。1931 年，陆地测量总局会同各有关部门召开了全国经纬度测量及全国统一测量会议，制定了 10 年完成全国军用图、地籍图的计划，确定用海福特椭圆体、兰勃特投影，改定新图廓。1932 年，陆地测量总局航测队应江西要求，首次在江西省施测了地籍图。以后，还做过无锡及苏北几个县的土地测量。20 世纪 30—40 年代，国民政府为完成地价税收政策之准备工作，并进而开征地价税，推行保障佃农，扶植自耕农，以促进农业生产的目的，调整地政机构，训练地政人员，制造测量仪器，以举办各省、县市地籍整理，进行清理地籍，确定地权，规定地价。1942 年，各省地政局下设地籍测量队，还设立了测量仪器制造厂。1944 年地政署公布了《地籍测量规则》，这是我国第一部完整的国家地籍测量法规，也标志着我国地籍测量发展进入了一个新的阶段。确切地说,我国的现代地籍始于这个时期。

由于历史的原因,至20世纪80年代中期,我国才正式开展地籍测量工作。为适应我国经济发展和改革开放的形势,国家于1986年成立国家土地管理局,并颁布了《中华人民共和国土地管理法》。至此,地籍测量成为我国土地管理工作的重要组成部分。国家相继制定了《土地利用现状调整调查规程》、《城镇地籍调查规程》、《地籍测量规范》、《房产测量规范》等技术规则,开展了大规模的土地利用调查、城镇地籍调查、房产调查和行政勘界工作,同时进行土地利用监测,我们已经比较详细地摸清了土地的家底,理顺了土地权属关系,解决了大量的边界纠纷,达到了和睦邻里关系和稳定了社会秩序的目的。武汉大学等院校相继开设了相关学科专业和课程,培养了大量地籍测量方面的人才并对地籍测量理论和技术进行了大量的研究工作,GPS定位理论和技术已在我国城镇地籍测量和省、市、县勘界工作中得到全面应用。卫星资源遥感用于土地利用监测的技术和理论十几年来一直在发展和完善之中。为治理环境和提高土地生产力,全国各地做了大量的土地整理测量工作。

第四节　土地权属管理概述

土地权属是指土地产权的归属,是存在于土地之中具有排他性的完全权利。它包括土地所有权、土地使用权、土地租赁权、土地抵押权、土地继承权、地役权和他项权利。土地权属管理是国家为合理组织土地利用、调整土地关系而依法对土地所有权和使用权进行的科学管理活动。

一、土地制度与土地权属

(一)土地制度的概念

土地制度是在一定的社会经济条件下土地关系的总和,是关于土地这一基本生产资料的所有、使用、管理的原则、方式、手段和界限等的法律规范和制度化体系。它反映着因利用土地而发生的人与人、人与地之间的社会经济关系。

土地制度既是一种经济制度,又是一种法权制度,是土地经济关系在法律上的体现,是构成上层建筑的有机组成部分。因此,土地制度包括土地经济制度和相应的土地法权制度。土地经济制度是人们在一定的社会制度下,在土地利用关系中形成的土地关系;土地法权制度是人们在土地利用中形成的土地关系的法权体现。土地经济制度是土地法权制度形成的基础,土地经济制度决定土地法权制度,而土地法权制度又反过来具有反映、确认、保护、规范和强化土地经济制度的功能。

土地制度有广义和狭义的概念之分。广义的土地制度是指包括一切土地问题的制度,是人们在一定社会经济条件下,因土地的归属和利用问题而产生的所有土地关系的总称。广义的土地制度包括土地所有制度、土地使用制度、土地规划制度、土地保护制度、土地征用制度、土地税收制度和土地管理制度等。

狭义的土地制度仅仅指土地的所有制度、土地的使用制度和土地的国家管理制度。在新中国成立后的一个很长的历史时期内，在人们的传统观念上，习惯把土地制度理解为狭义的土地制度。改革开放特别是实行社会主义市场经济以后，随着我国社会经济制度的不断变化和发展，人们对我国土地制度含义的理解不断深化和发展，更强调广义的土地制度。在重视土地所有制度、土地使用制度、土地的国家管理制度的同时，更增强了对诸如土地利用制度、土地流转制度、耕地保护制度、土地用途管制制度等新的土地制度的关注程度。

我国现阶段的土地制度是以社会主义土地公有制为基础和核心的土地制度，包括了上述广义土地制度的全部内容。

（二）土地所有制度

土地所有制是指人们在一定社会制度下拥有土地的经济形式。土地所有制是整个土地制度的核心，是土地关系的基础。土地所有权是土地所有制的法律体现形式，土地所有制是土地所有权的经济基础。土地所有权是土地所有者所拥有的、受到国家法律保护的排他性的专有权利。这些权利可细分为占有、使用、收益、处分等权能。土地所有权的主体是土地所有者，客体是土地。土地所有权具有所有权的绝对性、行使的排他性、权能构成的充分性（全面性）和权能组成的可分离性和可复归性等基本属性。

我国《宪法》规定："中华人民共和国实行土地的社会主义公有制，即全民所有制和劳动群众集体所有制"。这是对我国基本土地制度的规定。

（三）土地使用权制度

土地使用权制度是对土地使用的程序、条件和形式的规定，是土地制度的另一个重要组成部分。土地使用权是指依法对一定土地进行占有、使用并取得部分土地收益的权利，是土地所有权的权能之一。土地的使用权是土地所有权派生出来的土地权能构成的重要组成部分，土地使用权具有派生性和独立性、依法从属性、直接支配性、可转让性和有期限性等特征。

（四）土地产权

土地产权是土地制度的核心。土地制度对于土地权利的种种约束表现为土地产权的约束。土地产权也像其他财产权一样，必须得到法律的保证。正如生产资料归谁所有决定着一个社会的生产关系的性质一样，土地归谁所有也就决定了土地制度的性质。

土地产权是有关土地财产的一切权利的总和。一般用"权利束"加以描绘，即土地产权包括一系列各具特色的权利，它们可以分散拥有，当聚合在一起时代表一个"权利束"，它包括土地所有权、土地使用权、土地租赁权、土地抵押权、土地继承权、地役权等多项权利。土地产权必须有法律的认可（登记）方受到法律的保护，即土地产权只有在法律的认可下才能产生。

土地产权的基本特性如下。

(1) 具有排他性。土地产权可以由个体独自拥有，也可由某些人共同享有，而排斥所有其他人对该项财产的权利。因此，界定产权十分必要。

(2) 土地产权客体必须具备可占用性和价值性。土地产权客体指能被占用而且可以带来利益的土地。自然状态下的空气无法行使排他权利，不能称为财产。

(3) 土地产权必须经过登记，才能得到法律的承认，并受到法律的保护。如果通过欺诈、暴力或其他非法手段获得，只能说明具有非法占有权，而不能说明获得了产权。因此，在土地产权合法流转时，必须依照法定程序，到土地产权管理部门办理产权变更登记手续，否则，土地产权无法律保护凭证。

(4) 土地产权的相对性。产权具有排他性，但不是绝对的权利，而是要受到来自社会的或国家的最高权力机关的控制和制约。如在私有制国家，土地所有权主体，即使享有完全所有权，即在法律意义上有权支配、使用其拥有的土地，也必须受到政府的行政管理限制和约束。

（五）土地权属

土地权属，也称地权，是指土地产权的归属。土地权属与劳动人民的生产、生活及社会活动、思想意识等密切相关，是国家经济结构和社会安定的基础。而土地权属主(以下简称权属主或权利人)是指具有土地产权的单位或个人。

目前在我国，根据土地法律的规定，土地权属单位主要有以下几种：①乡、村集体经济组织；②依法直接从国家取得国有土地使用权的单位和个人；③使用集体土地进行非农建设的单位和个人；④跨地区国有工程设施一般以业务主管机关为土地登记单位。非法占用、买卖、租赁土地形成的用地单位，均不能成为土地权属单位。

根据我国基本土地制度，土地权属调查是确定土地权利归属的国家措施。

二、我国现行土地管理制度

中国人多地少，土地管理的基本方针是“十分珍惜每一寸土地”。在这个方针下，我国《土地管理法》以保护耕地为主线，确立了以土地用途管制为核心的土地管理制度。

根据我国《宪法》、《土地管理法》及其《实施条例》的规定，我国土地管理制度的内容主要包括土地的权利归属制度、土地所有权禁止转让制度、土地登记制度、保护耕地制度、有偿使用制度、土地用途管制、土地调查制度和土地统计制度。

（一）土地的权利归属制度

我国《宪法》、《土地管理法》规定：中华人民共和国实行土地的社会主义公有制，即全民所有制和劳动群众集体所有制。全民所有，即土地所有权由国家代表全体人民行使，具体由国务院代表国家行使，用地单位和个人只拥有国有土地的使用权；农民集体所有的土地依法属于村农民集体所有。同时，我国《宪法》、《土地管理法》和《土地管理实施条例》及其他有关法律中分别明确了我国国有土地所有权和使用权、集体土地所有权和使用权的主体和客体。

（二）土地所有权禁止转让制度

任何单位和个人不得侵占、买卖，或者以其他形式非法转让土地。土地使用权可以依法转让。国家为公共利益的需要，可以依法对集体所有的土地实行征用。

（三）土地登记制度

国家实行土地登记制度。县级以上人民政府对所管辖的土地进行登记造册，属于国有土地的，由县级以上人民政府登记造册，核发证书，确认使用权。其中，中央国家机关使用的国有土地的具体登记发证机关，由国务院确定核发《国有土地使用证》。属于集体所有土地的，由县级人民政府登记造册，核发证书，确认所有权。农民集体所有的土地依法用于非农业建设的，由县级人民政府登记造册，核发证书，确认建设用地使用权。依法登记的土地所有权和使用权受法律保护，任何单位和个人不得侵犯。依法改变土地权属和用途的，应当办理土地变更登记手续。

（四）保护耕地的制度

国家实行保护耕地的制度。国家保护耕地，严格控制耕地转为非耕地。同时还规定，国家实行占用耕地补偿制度。非农业建设经批准占用耕地的，按照“占多少，垦多少”的原则，由占用耕地的单位负责开垦与所占用耕地的数量和质量相当的耕地。没有条件开垦或者开垦的耕地不符合要求的，应当按照省、自治区、直辖市的规定缴纳耕地开垦费，专款用于开垦新的耕地。禁止任何单位和个人闲置、荒芜耕地。已经办理审批手续的非农业建设占用耕地，一年内不用而又可以耕种并收获的，应当由原耕种该耕地的集体或者个人恢复耕种，也可以由用地单位组织耕种；一年以上未动工建设的，应当按照省、自治区、直辖市的规定缴纳闲置费。连续两年未使用的，经原批准机关批准，由县级以上人民政府无偿收回用地单位的土地使用权，该土地原为农民集体所有的，应当交由原农村集体经济组织恢复耕种。

在城市规划区范围内，以出让方式取得土地使用权进行房地产开发的闲置土地，依照《城市房地产管理法》的有关规定办理。承包经营耕地的单位或者个人连续两年弃耕抛荒的，原发包单位应当终止承包合同，收回发包的耕地。

（五）国有土地有偿有限期使用制度

国家实行国有土地有偿有限期使用制度。除国家核准的划拨土地外，凡新增土地和原使用的土地改变用途或使用条件、进行市场交易等，均实行有偿有限期的使用。

（六）国家实行土地用途管制制度

《土地管理法》第四条规定，国家编制土地利用总体规划，规定土地用途，将土地分为农用地、建设用地和未利用地。严格限制农用地转为建设用地，控制建设用地总量，对耕地实施特殊保护。各级人民政府根据国民经济和社会发展规划、国土整治和环境保护的要求、土地供给能力以及各项建设对土地的需求，组织编制本地区的土地利用总体规划。土地利用总体规划的规划期限由国务院确定；下级土地利用总体规划依据上一级土地利用总体规划编制；土地利用总体规划实行分级审批，经批准的土地利用总体规划的修改须经原批准机关批准。使用土地的单位和个人必须严格按照土地利用总体规划确定的用途使用土地。

（七）土地调查制度和土地统计制度

国家建立土地调查制度和土地统计制度。为监测土地利用状况，国家建立土地调查制度、土地统计制度和全国土地管理信息系统。由县级以上人民政府土地行政主管部门会同同级有关部门进行土地调查。土地所有者或者使用者应当配合调查,并提供有关资料。县级以上人民政府土地行政主管部门会同同级有关部门根据土地调查成果、规划土地用途和国家制定的统一标准,评定土地等级。

三、我国土地所有权的主体与客体

我国实行土地的社会主义公有制,具体表现为两种形式,即全民所有制和劳动群众集体所有制,反映在所有权上的是国家土地所有权和农民集体土地所有权。

(一)我国国有土地所有权的主体与客体

(1) 国家土地所有权。国家土地所有权是指国家对全民所有的土地享有占有、使用、收益和处分的权利。国家土地所有权是我国社会主义土地公有制的法律表现之一,是我国法律确认和保护全民所有制财产的重要法律制度。在我国,全民所有制也称为国家所有制,全民所有的土地也称为国有土地,这是法律赋予国家对全民所有的土地行使所有权的法律制度。

(2) 我国国有土地所有权的主体。我国国有土地属于全民所有,国有土地所有权唯一的主体是代表全国人民意志和利益的国家。《土地管理法》第二条规定:"国家所有土地的所有权由国务院代表国家行使"。也就是说由国务院代表国家依法行使对国有土地的占有、使用、收益和处分的权利,除此之外的任何其他机关、组织、单位和个人,都不能成为国有土地所有权的主体,因此,都无权擅自处置国有土地。

(3) 我国国有土地所有权的客体是一切属于国家所有的土地。法律规定,我国国有土地包括:①城市市区的土地;②法律规定属于国家所有的农村和城市郊区的土地;③法律规定国家征收的土地;④依照宪法规定属于国家所有的荒山、荒地、林地、山岭、滩涂等土地。

(二)我国农村集体土地所有权的主体与客体

(1) 集体土地所有权。集体土地所有权,是指劳动群众集体对属于其所有的土地依法享有的占有、使用、收益和处分的权利,是土地集体所有制在法律上的表现,集体所有的土地也称为集体土地。

(2) 集体土地所有权的主体。我国农村集体土地所有权的主体是农民集体。《土地管理法》第十条规定:"农民集体所有的土地依法属于村农民集体所有的,由村集体经济组织或者村民委员会经营、管理;已经分别属于村内两个以上农村集体经济组织的农民集体所有的,由村内各该农村集体经济组织或者村民小组经营、管理;已经属于乡(镇)农民集体所有的,由乡(镇)农村集体经济组织经营、管理"。所谓农民集体应具备三个条件:第一,必须有一定的组织形式,组织机构,如农民集体经济组织、村民委员会或村民小组;第二,具有民事主体资格,依法享受权利和承担义务;第三,集体成员应为长期生活于该集体内的农业户口的村民。

(3) 我国农民集体分三种类型。①村农民集体。村的概念在法律上是指自治村(俗称行政村），即设立村民委员会机构的农民集体，大致相当于计划经济时代的生产大队。村农民集体土地所有权属于全村农民所有，集体经济组织或者村民委员会只能作为集体土地的经营和管理者。②村内农民集体（村民小组）。指行政村内两个以上各自独立的农村集体经济组织，一般为过去的生产队。这种村内的农村集经济组织是否具有集体土地所有权主体的特征，主要从两个方面去考察，一是各个农村集体经济组织之间是否有明确的土地权属界线；二是这些农村集体经济组织对已确定的界线内的土地有无法定的土地所有权，农林牧渔等用地承包经营的发包权，以及国家建设征用土地时的独立受偿权等。③乡（镇）农民集体。乡（镇）农民集体经济组织指全乡（镇）性的，包括乡（镇）全体农民在内的经济组织。

（4）集体土地所有权的客体：是指属于上述三种农民集体所有的一切土地。农村和城市郊区的土地，除法律规定属于国家所有的以外，原则上属于农民集体所有；宅基地和自留地、自留山，属于农民集体所有。

四、我国土地使用权的主体与客体

土地使用权是民事主体（国家机关、企事业单位、社会团体、农村集体经济组织和公民个人）在法律允许的范围内对国有土地或集体土地占有、使用、收益的权利和承担一定的义务。土地使用权按照其所依附的土地所有权的不同，分为国有土地使用权和集体土地使用权。

（一）国有土地使用权的主体与客体

（1）国有土地使用权：是指依法使用国家所有土地（国有土地）的权利。国家通过行政手段，如划拨或有偿出让体国家意志，但并不直接参与土地的使用而从中获得利益。国有土地所有权在很大程度上是通过国有土地使用权来实现的。我国国有土地使用权根据不同获取方式分为划拨、出让、入股、租赁、授权经营国有土地使用权5种。

（2）我国国有土地使用权的主体，根据《土地管理法》第九条的规定，可以是任何依法取得国有土地使用权的单位和个人。

（3）我国国有土地使用权的客体是国家依法提供给单位和个人使用的国有土地。

（二）集体土地使用权的主体与客体

（1）集体土地使用权。国家对取得集体土地使用权有较为严格的限制范围。一般情况下，除农民集体办乡（镇）村企业和农民建住宅使用本村集体土地和乡（镇）村公共设施和公益事业建设使用集体土地外，其他任何单位或个人都只能使用国有土地，即不能取得集体土地使用权。其他单位或个人建设需要使用集体土地，应当通过土地征用，使之转为国有土地后才能依法取得使用权。但目前也有例外情况，如通过兼并、联营、破产、拍卖等形式获得集体土地使用权。

（2）我国农村集体土地使用权的主体，是依法使用农民集体所有土地的单位和个人。其中，承包地使用权的主体是本集体经济组织的成员以及依法取得承包经营权的其他单位或个人；自留地、自留山的土地使用权的主体是本集体经济组织的成员；农村宅基地使用权的主体是本集体经济组织的成员且符合立户条件的户主；农村集体建设用地使用权的主体是依法取得农村集体建设用地使用权的单位或个人。此外，农民集体所有的土地由本集体经济组织以外的单位或者个人承包经营的,必须经村民会议三分之二以上成员或者三分之二以上村民代表同意,并报乡(镇)人民政府批准。

(3) 我国农村集体土地使用权的客体是上述使用权主体依法取得的包承地、自留地、自留山、宅基地和农村集体建设用地等。

五、土地权属管理的任务和内容

(一) 土地权属管理的任务

土地权属管理是国家为合理组织土地利用、调整土地关系而依法对土地所有权和使用权进行的科学管理。是土地管理中十分重要的工作内容,其基本任务是:①巩固、维护和不断完善社会主义土地公有制;②保护土地所有者和使用者的合法权益,调动其合理开发、利用土地的积极性;③调整土地关系。

(二) 土地权属管理的内容

土地权属管理的内容主要包括以下几个方面。

(1) 依法确认土地权属。国家依法对土地所有权、土地使用权和他项权利进行确认、确定。即国家依法对每宗地的土地权属的确认要经过土地申报、地籍调查、审核批准、登记发证等法律程序。依照土地产权性质的不同,土地权属确认分为国有土地所有权和使用权的确认和集体土地所有权和使用权的确认。

(2) 依法管理土地权属变更。土地权属变更主要有以下几种情况。①土地所有权变更。主要是国家征收集体土地,除此还有国家与集体、集体与集体之间调换土地等。②土地使用权设立和变更。主要形式有:土地划拨、土地使用权出让、转让,因赠与、继承、买卖、交换、分割地上附着物而涉及土地使用权变更的,以及因机构调整、企业兼并等原因而引起土地使用权变化的。③他项权利变更及主要用途变更等。

土地权属及主要用途变更应向县级以上土地管理部门申报变更登记,经过批准,方具有法律效力。

(3) 依法调查、处理土地权属纠纷。保护土地所有者、使用者的合法权益,保障土地的合理利用。

第五节 土地利用总体规划

一、土地利用总体规划的概念

土地利用总体规划是在一定区域内,根据国家社会经济可持续发展的要求和当地自然、经济、社会条件,对土地的开发、利用、整理、保护在空间上、时间上所作的总体安排和布局,是国家实行土地用途管制的基础。土地利用总体规划主要明确一定区域内各类用地的数量结构、空间布局和时序安排三个方面的内容。它是土地管理参与宏观调控的重要手段,是从严从紧控制建设用地规模的前提，是合理用地、促进科学发展的保障，是关系国家和人民长远利益的重要工作。

通过土地利用总体规划，国家将土地资源在各产业部门之间进行合理配置，首先是在农业与非农业之间进行配置，其次在农业与非农业内部进行配置，如在农业内部的种植业、林业、牧业之间配置。另外，我国《土地管理法》还明确规定：国家编制土地利用总体规划，规定土地用途，将土地分为农用地、建设用地和未利用地。严格限制农用地转为建设用地，控制建设用地总量，对耕地实行特殊保护。因此，使用土地的单位和个人必须严格按照土地利用总体规划确定的土地用途使用土地。

土地利用总体规划是土地利用管理的"龙头"，通常由各级人民政府组织编制，在我国土地管理事业中具有极其重要的地位。其核心是确定或调整土地利用结构和用地布局；其实质是对有限的土地资源在国民经济部门间进行合理配置，并具体通过土地利用结构加以反映。土地利用结构是指国民经济各部门占地的比重及其相互关系。土地利用结构可视为土地利用类型按照一定的构成方式所组成的集合，即各类用地之间的比例。土地利用结构是客观存在的，关键在于其结构是否合理。根据系统论的观点，结构决定功能，只有合理的土地利用结构，才能保证一定地域内土地利用系统的良性循环，这就是土地利用总体规划的目标。

土地利用总体规划属于宏观土地利用规划，是各级人民政府依法组织对辖区内全部土地的利用以及土地开发、整治、保护所作的综合部署和统筹安排。根据我国行政区划，规划分为全国、省（自治区、直辖市）、市（地）、县（市）和乡（镇）5 级，即 5 个层次。上下级规划必须紧密衔接，上一级规划是下级规划的依据，并指导下一级规划，下级规划是上级规划的基础和落实。土地利用总体规划的成果包括规划文件、规划图件及相应的附件。土地利用总体规划实行分级审批制度。

二、土地利用总体规划的特点

土地利用总体规划具有整体性、长期性、战略性和控制性。

(1) 整体性。土地利用总体规划的对象是规划区域内的全部土地资源，而不是某一种用地。在总体规划中要全面考虑土地资源的合理配置，要把时间结构、空间结构和产业结构与土地的开发、利用、整治和保护结合起来，进行统筹安排和合理布局。此外，还应该综合各部门对土地的需求，协调各部门用地矛盾，对土地利用结构和土地利用方式作出调整，使之符合经济和社会发展目标，以促进国民经济持续、高速、健康地发展。

(2) 长期性。土地利用总体规划一般以 10～15 年为时段，要与土地利用有关的重要经济和社会活动（如工业化、城镇化、农业现代化、旅游事业的发展、国内外贸易的发展和人口增长等）紧密结合，并对土地利用做出远景预测，制订长远的土地利用方针、政策和措施，并将其作为中、短期土地利用计划的基础。

(3) 战略性。土地利用总体规划的战略性表现在它所研究的问题具有战略意义，如经济、社会各部门的用地总供给与总需求的平衡问题；土地利用结构与用地布局的调整问题；土地利用方式的重大变化等。

(4) 控制性。土地利用总体规划的控制性主要表现在两个方面：从纵向来讲，下一级的土地利用总体规划受到上一级土地利用总体规划的指导和控制，下一级土地利用总体规划又是一上级土地利用总体规划的反馈，在全国范围内形成一个有机联系的土地利用总体规划体系；从横向来讲，一个区域的土地利用总体规划，对本区域内国民经济各部门的土地利用起到宏观控制作用。

三、土地利用总体规划编制的原则

《土地管理法》第十九条规定了土地利用总体规划的编制原则。

(1) 严格保护基本农田，控制非农业建设占用农用地。土地利用总体规划编制中要严格控制城市、集镇和村庄建设用地规模。在我国，城市、村庄和集镇规划中建设用地规模偏大的原因：一是人口规模偏大，二是人均用地标准偏高。一些城镇为了扩大用地规模，在人口规模上做文章，盲目追求所谓的“深圳速度”，即几年内人口就翻一番，甚至出现了区域内城镇人口大于该区城乡总人口的怪现象。为了指导城市规划的编制，国家颁布了《城市用地分类与规划建设用地标准》(GBJ 137—90)和《村镇规划标准》(GB 50188—93)，在土地利用总体规划编制中要认真执行，另外，为严格保护基本农田，首先在土地利用分区时，应根据有关法律法规要求，科学划分基本农田保护区，然后制定分区管制措施和规则，严格实施。

(2) 提高土地利用率。在土地利用总体规划的编制中，要认真分析城乡各类用地特别是建设用地的潜力，在此基础上严格控制城镇、村庄的用地规模，促使土地的集约利用。据对上海等 12 个城市的调查，城市建成区内部土地利用潜力在 25%以上，这些潜力包括城市内部的空闲地、低效利用地和旧城改造的潜力。全国土地调查表明，我国农村居民点用地达 16 万平方千米，人均用地达 $192m^2$。如按人均 $120m^2$ 计，现在农村居民点土地利用潜力达 38%，约 600 多万公顷，随着城市化水平的提高，农村人口将有所下降，农村居民点用地潜力会增大。此外，在我国大部分地区，农田中不同程度地分散着一些闲散地、废沟塘、取土坑等。据调查，通过农村土地整理，可增加 5%～10%的耕地。因此，在土地利用总体规划的编制中，要通过建设用地控制指标、土地开发指标，以及严格控制城镇村庄用地规模来体现提高土地利用率的要求。

(3) 统筹安排各类、各区域用地。土地利用总体规划要在国民经济和社会发展规划以及国家产业政策的指导下，在保护耕地的前提下进行编制，并认真听取各产业部门和各地区的意见，统筹安排农、林、牧、渔、建等各业用地，在各行业部门间合理配置土地资源。粮食调出地区的土地利用总体规划，要进一步优化土地利用结构，提高单产，力争增加粮食调出量；粮食调入地区的土地利用总体规划，要切实保护耕地，力争减少粮食的调入量。

(4) 保护和改善生态环境，保障土地的可持续利用。在土地利用总体规划编制中，要体现全国和各省、自治区、直辖市的耕地保有量只能增加，不能减少的原则。保证必要的耕地面积，这是我国社会经济可持续发展的基础和前提。在确定耕地开发区时，要经过环保论证，充分考虑开发活动带来的环境影响，避免因耕地开发造成新的水土流失、土地沙化等问题。

(5) 占用耕地与开发复垦相平衡。在土地利用总体规划编制中，特别是全国规划和省市级土地利用总体规划的编制中，要体现占用耕地与补充耕地的平衡原则，这不仅是指标上的平衡，还应在土地利用分区上得到反映，一是要划出足够面积的基本农田保护区和一般耕地区，二是要划出与耕地占用相匹配的耕地开发区和土地整理区，使占地者知道到哪里去新补充耕地。

四、土地利用总体规划的类型

我国的土地利用总体规划由国家、省、地（市）、县（市）、乡（镇）五级组成，形成了完整的土地利用总体规划体系。土地利用总体规划由各级人民政府组织编制，报有批准权的人民政府批准实施。

（1）宏观控制性规划。全国和省、地级土地利用总体规划属宏观控制性规划，主要任务是在确保耕地总量动态平衡和严格控制城市、集镇和村庄用地规模的前提下，统筹安排各类用地。上级土地利用总体规划通过规划指标和规划分区对下级土地利用总体规划和专项用地规划进行指导和控制。

（2）实施性规划。县、乡级土地利用总体规划属实施性规划，其主要任务是按照上级土地利用总体规划的指标和布局要求，划分土地利用区，明确各利用区土地的主要用途和区内土地使用条件。

五级规划中，县级规划是关键，它起到承上启下的作用，它既要落实上级下达的各项控制指标，又要依据实际情况将之分解到各乡镇；既要对全县土地利用进行数量结构优化，又要对全县土地利用进行空间定位与布局。

五、土地利用总体规划的任务与内容

（一）土地利用总体规划的任务

土地利用总体规划的主要任务是：①通过对涉及公共利益和具有特殊功能的重要土地资源如耕地、林地、湿地和自然保护区用地等进行严格保护，维护粮食安全、公共安全和社会稳定，协调人与自然和谐发展；②通过对建设用地规模、结构、布局、开发次序的控制，防止盲目低水平重复建设、无序开发和粗放利用，保障宏观经济平稳运行，促进城乡、区域、经济社会协调发展；③组织需要政府投资的重大土地利用、整治工程和项目，引导国土均衡开发，提高土地利用综合效益。

土地利用总体规划的具体任务是：①提出规划期内的土地利用方向、目标和基本方针；②协调各部门的用地需求，提出各部门用地的控制性指标；③对土地资源进行合理分配，调整土地利用结构与布局；④合理组织土地的开发、利用、整治与保护；⑤提出规划实施的政策、措施和步骤，以达到土地资源充分、科学、合理利用，不断提高土地利用率和生产率。

（二）国家、省、地级土地利用总体规划的任务和内容

国家、省、地级土地利用总体规划的任务是：①在对本行政区域内土地资源利用现状、潜力和各业用地需求量进行综合分析研究的基础上，确定规划期内土地利用目标和方针；②协调各部门用地，统筹安排各类用地；③逐级分解规划确定的各类用地控制指标，重点确定城镇用地规模控制指标，落实重点建设项目和基本农田等重要用地的区域布局；④提出

实施规划的政策措施。

省级规划应实现省域内耕地总量动态平衡，重点控制城市用地规模；地级规划应当重点安排好城乡结合部分土地利用，合理规定城镇建设用地范围。

国家、省、地级土地利用总体规划内容，主要应当包括下列各项：①土地利用现状分析，分析土地利用自然与社会经济条件，土地资源数量、质量，土地利用动态变化规律，土地利用结构和分布状况，阐明土地利用特点和存在的问题；②确定规划目标，在分析土地利用现状、供需趋势的基础上，提出土地利用远期和近期目标；③土地供需分析，分析现有建设用地、农用地整理、后备土地资源开发利用潜力，预测各类用地可供给量；分析研究国民经济和社会发展规划及各业发展规划对用地的需求，预测各类用地需求量；根据土地可供给量和各类用地需求量，分析土地供需趋势；④编制规划供选方案，根据土地利用调控措施和保证条件，拟定供选方案，并对每个供选方案实施的可行性进行分析评价，提出推荐方案；⑤拟定实施规划的政策措施。

（三）县、乡级土地利用总体规划的任务和内容

县级规划的主要任务是：①根据上级规划要求和本地土地资源特点，分解落实土地利用各项指标；②组织划分土地利用区，重点是城镇村镇建设用地区、独立工矿用地区、农业用地区等，落实能源、交通、水利等重点建设项目规模和布局，为土地用途管制提供依据。

乡级规划的主要任务是：①按照县级规划要求，将各类用地指标、规模和布局等落到实地；②将农业用地区、村镇建设用地区、独立工矿用地区等落实到乡级土地利用总体规划图上。

县级土地利用总体规定内容，主要应包括下列各项：①确定全县土地利用规划目标和任务；②合理调整土地利用结构和布局，制定全县各类用地指标，确定土地整理、复垦、开发、保护分阶段任务；③划定土地利用区，确定各区土地利用管制规则；④安排能源、交通、水利等重点建设项目用地；⑤将全县土地利用指标落实到乡、镇；⑥拟定实施规划的措施。

乡级土地利用总体规划内容，应当在分析乡、镇区域内土地利用现状和问题的基础上，重点阐明落实上级规划和各类土地利用区的途径和措施。

六、土地利用总体规划编制的基本程序

土地利用总体规划的全部工作一般可分为4个阶段：准备阶段、调查研究分析阶段、编制规划阶段、规划审批和公布实施阶段。

（一）准备阶段

准备阶段主要要做好工作计划、工作方案，并报同级人民政府批准，落实规划经费和人员，组成领导小组，成立规划办公室和工作班子，以及业务培训等项工作。具体包括如下工作。

(1) 组织准备。成立土地利用总体规划领导小组和总体规划办公室。由政府主管领导牵头(任组长)，吸收土地、农业、建设等其他有关部门领导参加，组成总体规划领导小组，负责规划的组织领导和协调工作；领导小组办公室设在土地管理部门，负责日常工作，规划中

的重大决策由领导小组决定，规划办公室是具体编制规划的工作班子，应吸收各主要部门的科技人员，尤其是要有适合做综合工作的专家参加。土地管理部门的主要领导和技术负责人一定要参与规划的编制，把编制规划的任务全部承包给别的单位的做法是不可取的。

（2）业务准备。业务准备包括制定工作计划和工作方案、业务培训、落实规划经费等。工作计划的内容主要包括编制总体规划的任务、规划时间进度表、规划工作人员分工、编制规划各项经费预算、必须的规章制度等。工作方案的内容主要包括编制总体规划的目的、规划的范围、时间期限、总体规划的内容、编制规划的方法、编制规划的技术路线、规划工作步骤、规划成果要求，以及领导小组和工作班子的组成等。

在规划领导小组、工作班子及联络员小组成立后，要分别召开领导小组、工作班子、联络员会议，审议和讨论工作计划、工作方案，同时通过学习有关开展土地利用总体规划工作的文件，统一思想，提高认识，明确任务，为搞好规划打下良好的思想基础。

（二）调查研究分析阶段

主要工作是收集、整理和分析有关自然资源、土地资源、土地利用和社会经济等方面的数据、图件、文件等资料，已有资料的不足部分或不准确部分。然后，应对规划区进行必要的实地调查或核实。有专题研究的，要在这个阶段完成。

（1）资料的收集。资料的收集、整理和分析工作是土地利用总体规划最基础的工作，根据编制整个规划的需要一般需收集以下资料，并进行整理和分析。应收集的资料主要有：规划区的自然状况资料（如地形、地貌、气候、水文地质、土壤、植被、矿藏等）；规划区内土地资源、土地利用的现状及历史资料，以及有关的图表等；经济、社会、人口发展统计资料；国民经济和社会发展计划和长远规划、各部门的发展计划规划、国土规划、农业区划、农业综合开发规划、城镇规划、村镇规划、各种保护区规划等资料；有关土地利用总体规划的其他资料。资料的收集、整理和分析工作一定要有的放矢，要有针对性，不能盲目地进行，资料的质量对分析研究的结论有决定性影响。因此，要通过资料的整理和对比分析，选择其中可靠程度高者加以应用。

（2）实地调查。规划工作人员一般通过对规划区有关资料的整理分析来了解情况，但是这样往往了解得很不全面，如果已有的资料不足或不准确，就需要工作人员到实地进行补查和核实。

（3）专题研究。土地利用总体规划的专题研究不是搞独立的研究课题，它是为总体规划服务的，因此要有的放矢，按照规划的实际需要来设置。通过专题研究，要对规划区域土地利用状况、土地资源的优势和潜力，以及今后各项事业的土地需求量作出确切的估量，找出土地利用上存在的主要问题和应采取的方针与政策，为编制总体规划提供可靠的依据。根据总体规划的需要一般设置以下几个课题进行研究。

土地利用现状分析——通过现状分析，提供土地利用的基础数据，分析土地利用结构和布局、土地利用历史变化情况，总结土地利用变化的规律和经验教训，找出土地利用当前存在的和规划期间可能出现的主要问题，提出合理利用土地的建议。

土地利用潜力分析——土地利用潜力分析包括土地开发利用潜力分析（后备土地资源开发利用潜力分析、土地资源再开发潜力分析）、土地生产潜力分析和土地人口承载力分析。通过此项专题研究，摸清规划区内土地在开发利用上究竟还有多大潜力，为在编制土地利用总体规划中如何提高土地的利用率、土地生产力、土地利用效益指明方向，为编制土地开发利用方案提供依据。

土地需求量预测——通过土地需求量预测的研究，摸清各个部门对各种用地的需求量，为在编制总体规划中安排各项用地指标，确定土地利用结构，协调各部门之间和产业用地之间的矛盾提供科学依据。

土地适宜性评价——通过土地适宜性评价的研究，了解各种适宜性用地的数量和分布情况，为分析土地利用的潜力，确定土地利用方向，调整土地利用结构和布局提供科学依据。

需特别强调的是，县级土地利用总体规划可供选择的专题主要有：土地利用现状分析，土地适宜性评价，土地需求量预测。这是因为编制规划必须对全县土地利用程度，土地资源优势和土地利用存在的问题，全县土地都适合作什么，以及规划期间各类用地需求增加的数量等有一个充分的了解。但几个专题是否都要搞，每个专题搞到什么深度，都应从实际出发，不可千篇一律。

（三）编制规划阶段

这个阶段主要是在资料整理分析和必要的专题研究的基础上，搞好用地分区，拟定用地指标，把各项规划内容综合成规划(初稿)、规划说明和总体规划图。有几个供选方案的，要筛选其中之一作为正式方案。规划(初稿)要在产业主管部门之间、省市(地)县乡之间进行协调，还要邀请有关部门领导、专家以及有关人员进行论证，把好方针、政策和技术关。论证之后，规划(初稿)要送交同级政府审议，根据审议结果修改成规划送审稿，依法报上级政府审批。具体要进行以下几方面工作。

(1) 确定土地利用战略方针和目标。首先在资料的整理、分析和专题研究工作的基础上，总结出本地区土地资源的优势和土地利用上存在的问题，然后从发挥土地资源优势，解决土地利用的问题，为国民经济和社会发展的长远战略目标创造良好用地条件出发，确定土地利用的战略方针和战略目标。土地利用的战略方针和目标，是对土地利用起宏观控制和指导作用，也是确定土地利用结构、土地利用各项具体指标以及土地利用分区的重要依据。

(2) 调整土地利用结构和布局。根据土地利用现状分析、土地利用潜力分析、土地需求量预测结果，以及土地利用的战略方针、目标，调整土地利用结构用地布局，综合平衡国民经济各部门用地，编制土地利用结构平衡表，确定各项用地规划指标。土地利用平衡表包括各类用地平衡表和各地区土地利用平衡表。在全国规划中应列出各省的土地利用平衡表；在省级规划中应列出市、县的土地利用结构平衡表；市、县规划应列出乡镇的土地利用结构平衡表。下达到下一级行政单位的分解用地指标，是下级行政单位规划各类用地的控制性指标和编制土地规划的依据。

(3) 确定重点基础设施建设和重大工程项目用地的规模和布局。根据土地需求量预测和水利、交通、工矿等部门的用地计划，确定重点基础设施建设和重大工程项目用地规模，并进行合理布局，保证基础设施建设和重点工程的进展。

(4) 土地利用分区。根据土地适宜性评价成果(评价报告、土地适宜性评价图)和土地利用长远规划指标，对土地利用进行分区，通过土地利用分区将规划的目标、内容、土地利用结构和布局的调整及实施的各项措施，落到实处，以利于规划的实施。全国总体规划一般划分土地利用地域；省级规划除划分土地利用地域外，有时还在划分地域的基础上进一步划分各类用地区，提出各区土地利用的特点、结构和今后利用的方向及提高土地利用率的主要措施；市(地)级规划分区可结合具体情况，参照省级规划要求进行；县级规划一般只划分各类用地区，提出土地利用的具体主导用途、利用的要求、限制条件和管理的具体措施等。用地区一般分以下几种。

城镇用地区——即现在的城镇建成区及规划期间准备进行城镇工业建设和开发新的生活居住区的区域，该区域应同城镇规划区用地范围相一致，这个区域可以再划分城市区、城镇区、集镇区和工矿区等。

农业用地区——指用于发展农业的区域。根据需要，该用地区可以再分为菜田保护区、基本农田区等。

林业用地区——指用于发展林业的区域。林业用地区内可分为优质林保护区、用材林区、经济林区和其他林区。

牧业用地区——指用于发展牧业的区域。可分为优质草原保护区和其他一般草原区等。

特殊用地区——可分为风景名胜区、自然保护区、文物保护区、军事用地区等。

划区以后，必须对每种用地区土地利用的要求和限制条件加以规定。城镇用地区内的土地应当符合城镇规划要求；农业用地区内的土地利用应当遵循农业区划提出的方向，可以进行农田基本建设及农田建设，但要限制非农业建设项目占用土地；林业用地区内土地利用应当遵循林业规则，不得随意更改土地利用方向，其中保护区除更新需要外不准采伐，用材林用地区内则要有计划采伐；特殊用地区的土地利用既要符合总体规划的方针，又要满足其特殊用地的要求，如此等。这些土地利用要求和限制条件要用地方性法规的形式规定下来，作为土地管理的依据。

(5) 提出几个供选规划方案。在编制土地利用总体规划方案时，一般情况是编制几种不同的规划方案，进行比较，然后选择其中一个方案作为规划方案。规划区域可能存在许多土地利用问题，但很难找到一个能够解决所有土地利用问题的理想规划方案，一种规划方案，在规划期间，对众多的土地利用问题只能解决其中的几个。社会、经济、科学技术的发展速度和水平，有时是难以预料的，在编制规划方案时，比较客观实际的做法是，对发展水平多做几种可能性的估测，这样就需要相应做出几个不同的规划方案。如国民经济的发展计划，对农产品发展目标已经确定，但由于科学技术发展的速度和水平有一定的不可预料性，耕地未来的单位面积产量也就不好测算出比较确切的数字，那么最实际的做法是，对科学技术发展速度和水平做几种可能性估测，然后再根据几种可能，预测耕地规划方案，最后对几个方案的科学性、可行性进行比较，从中选出较好的方案，作为规划方案。

(6) 编绘土地利用总体规划图。土地利用总体规划图，主要是落实土地利用分区成果，反映各类土地利用区，以及重点工程项目用地的范围和布局。有了总体规划图，就便于总体规划的实施，也便于对土地利用的监督和管理。

(7) 编写土地利用总体规划报告。规划方案确定以后，即可编写总体规划报告(草稿)，规划报告(草稿)完成以后，召开有关部门、地方政府有关人员和专家等人参加的评审会，对报告草案进行审议。根据审议的意见，修改后形成送审稿。

(四) 规划审批和公布实施阶段

《土地管理法》规定：土地利用总体规划实行分级审批。省、自治区、直辖市的土地利用总体规划报国务院批准。省、自治区人民政府所在地的市区人口在一百万以上的城市以及国务院指定的城市的土地利用总体规划，经省、自治区人民政府审查同意后，报国务院批准。其他市(地)县(区)地区的土地利用总体规划，逐级上报省、自治区、直辖市人民政府批准，其中，乡(镇)土地利用总体规划可由省级人民政府授权设区的市、自治州人民政府批准。土地利用总体规划一经批准，必须严格执行。

上述工作程序，在实际工作中应灵活掌握。①不要把一、二、三阶段，特别是二、三阶段的工作截然分开，有些工作可以根据实际情况穿插进行。例如：专题研究与编制规划二者关系密切，对专题研究未能满足编制规划要求的内容，在第三阶段就应随时加以补充。②制定县级规划时，在上一级规划已经下达了控制指标的情况下，二、三阶段的工作不一定完全按照上述程序进行。

七、土地利用总体规划的成果

(一) 国家、省、地级土地利用总体规划成果内容

(1) 规划文件：包括规划文本和规划说明两部分。其中，规划文本的内容应当包括下列各项：①前言——简述规划的目的、任务、依据和规划期限；②土地资源现状——简述土地资源利用现状、潜力和土地利用存在的主要问题；③规划目标和方针——简述土地利用目标和方针，展望远景土地利用；④土地利用结构和布局——简述各类用地数量、结构变化，各区域土地利用方向、原则，重点建设项目和重点土地利用区的规模、布局；⑤规划指标分解——简述根据上级规划确定的各类用地控制指标，平衡土地需求的意见，提出各类用地控制性指标的分解方案和依据；⑥实施规划的政策措施。

规划说明的内容包括下列各项：①编制规划的简要过程；②编制规划的指导思想、原则和任务；③编制规划过程中若干具体问题的说明，包括基础数据来源，重要规划指标和用地布局调整的依据，供选方案的可行性和效益评价，推荐方案的理由，实施规划的条件和其他需要说明的事项。

(2) 规划图件：包括土地利用现状图和土地利用总体规划图。国家级规划图件比例尺为1∶400万，省级为1∶20万～1∶100万，地级为1∶10万～1∶50万。

(3) 规划附件：包括专题研究报告和其他有关规划的图件资料。

(二) 县、乡级土地利用总体规划成果内容

(1) 规划文件：包括规划文本和规划说明。其中，规划文本的主要内容有：①前言——简述规划目的、任务、依据和规划期限；②土地资源利用状况——简述土地资源利用现状和潜力，阐明土地利用中存在的主要问题；③规划目标与方针——阐述规划目标、近期规划任务和土地利用方针，展望远景土地利用；④土地利用结构调整——阐述规划期各类用地调控数量、结构变化，各类土地利用原则、调控措施；⑤土地利用分区——阐明各类土地利用区的面积、分布和分区土地用途管制原则；⑥重点建设项目用地布局——简述重点建设项目用地配置情况；⑦土地保护、整理、复垦、开发的区域范围、利用方向和目标，重点项目概况，分期实施计划，管理措施；⑧乡(镇)土地利用——简述各乡(镇)、村土地利用调控指标

分解方案；⑨实施规划的措施——简述实施规划的行政、经济、法规和技术手段。

规划说明与国家、省、地级规划相同，如果是修编规划，需说明上一轮规划的实施情况、存在问题及修编的必要性。

(2) 规划图件：包括土地利用总体规划图、土地利用现状图。比例尺为1∶2.5万～1∶5万。

(3) 规划附件：包括专题研究报告、基础资料和图件、工作报告等。

八、土地利用总体规划图件的编制

(1) 土地利用现状图。土地利用现状图反映规划地区规划基期年土地利用现状。应采用土地利用现状变更调查后的土地利用现状图，主要内容包括：行政界线，权属界线，地类界线，重要线性地物和明显地物点，丘陵、山区的主要地貌等。

(2) 土地利用规划图。土地利用总体规划图以土地利用现状图为底图进行编制，其依据是规划的最终方案，因此，规划图必须与规划送审稿统一。土地利用总体规划图的主要内容主要有：行政界线以及大用地单位的土地权属界线；土地利用区及界线；地类界线、重要的线状地物或面状地物等；等高线。图面配置应包括图名、图廓、图例、坐标系统、高程系统、比例尺、编图单位、编图时间等。土地利用总体规划图的编制方法如下。

① 转绘底图。与规划图比例尺相同的最新地图或土地利用现状图均可作为转绘的底图。转绘前要检查底图的精度，一般要求图上方格网的实际长度符合方格网转绘时的精度要求即可。底图选定以后，可用坚实的图纸透绘相关要素，主要有：规划区域的境界、下级行政区划的界线、铁路、公路、河流、渠道、湖泊、水库、城镇居民点、主要农村居民点、等高线等内容。转绘时，应根据实际需要，并按照保持图面协调、清晰的要求，有选择地绘入规划图。对于图面上规划地区以外的范围，一般只需标明与规划地区同级的境界、单位名称即可。

② 确定土地利用区的界线。其基本步骤为：首先确定地域界线，然后确定用地区界线，最后再确定功能区界线。一般情况下，土地利用分区界线可以直接从土地利用分区图上转绘。

不论采用什么方法确定土地利用区的界线，均应符合以下要求：各级土地利用区的面积应与方案中设计的面积相一致；所有分区界线都应闭合；低层次分区界线与高层次分区界线重合时，只绘高层次界线；分区界线与规划地区境界重合时，以境界代替分区界。

③ 重点工程项目布局。在土地利用总体规划图上，对交通、水利等重点建设项目布局的精度没有严格的要求，一般只要表示出其位置、走向即可。其绘制方法可以用成果转绘法，即把各部门对有关项目的规划成果直接转绘到规划图上，或者先在地形图、现状图上，根据工程项目的大致走向确定其在图上的位置，再把它转绘到规划图上。

④ 着色。土地利用总体规划图一般应是彩色图，这样看起来更形象直观、鲜明生动。省级规划图可以对用地区和功能区着色，不同土地利用区颜色不同，相同用地区颜色统一。颜色选择依据《县级土地利用总体规划编制规程》(试行)。

对规划图着色时要按一定的顺序进行。在色别上可以先着浅色、透明色，然后着深色。应先着用地区内的颜色，再对线状地物着色，最后用与用地区色别相同但颜色较深的颜色绘出用地区界线。整幅规划图应色调和谐，一般以浅色为基调，各用地区的颜色要均匀统一，要避免相邻土地利用区不同颜色的相互渗透。

当用颜色不能明显区分用地区、功能区时，可用相应符号加以说明。

⑤ 整饰。整饰的内容包括图廓、图名、图例、图签、比例尺、指北针等。图廓线的粗细视图的大小而定。图名一般放在图的上端中央，也可视图面在左、右侧放置或放置在左上方。图签主要用以说明规划图的制图、描绘、校对、审核人员及规划单位和日期等，可绘制在图的右下角。比例尺可以放在图名下面或图的下方。指北针一般在图的右上方。图例、规划面积的统计表、图幅结合表等可放在图的适宜位置上。

编制土地利用总体规划图时，也可以先直接在地形图、现状图上确定用地区界线、规划的线状地物等，然后再转绘成规划图底图，经着色，整饰后形成土地利用总体规划图。实际工作中，可根据需要选择不同的程序。

复习与思考

1. 土地管理的定义。
2. 如何理解土地管理的定义？
3. 如何理解土地管理的二重性？
4. 土地管理的目的是什么？
5. 简述土地管理的内容体系及其相互关系。
6. 我国土地管理的原则是什么？
7. 土地管理的方法和手段有哪些？
8. 简述区位理论。
9. 简述现代管理理论的基本思想。
10. 现代管理要求领导者应具备哪些基本素质？
11. 土地管理的法律依据有哪些？
12. 土地管理的技术手段是什么？主要应用在哪些方面？
13. 简述现代多用途地籍的概念与作用。
14. 简述地籍管理的内容体系。
15. 地籍管理的原则是什么？
16. 土地产权包括哪些权利？
17. 试述我国国有土地所有权的主体和客体。
18. 试述我国集体土地所有权的主体和客体。
19. 试述我国集体土地使用权的主体和客体。
20. 简述我国现行的土地管理制度有哪些。
21. 土地利用总体规划的概念及其特征是什么？
22. 土地利用总体规划的任务是什么？
23. 简述土地利用总体规划的内容。
24. 试述土地利用总体规划编制的基本程序。

第三章

土地调查概述

第一节 土地调查的概念、目的与意义

土地是民生之本、发展之基，是人类赖以生存的物质基础。古人云“夫仁政必自经界始”。说的是要想治理好国家，造福于人民，必须从土地的调查确权做起。准确掌握土地利用状况，不仅可为土地管理部门制订土地利用总体规划、合理利用和开发土地资源提供可靠依据，同时也为各级政府部门在制订计划和规划时提供准确的参考基础。因此，土地调查在国民经济生活中的地位举足轻重，与国计民生密切相关。作为一项重大的国情国力调查，土地调查已成为我国法定的一项重要制度。

一、土地调查的概念

一般而言，土地调查是针对土地的自然属性(面积、位置、形状、适应性条件等)和社会属性(权属、价格、等级、其他经济关系和法律关系等)及其变化情况和趋势的调查。土地调查是一项国家措施，是土地管理的基础性工作，其任务是为土地管理和资源配置提供基础资料。

土地调查通过勘测调查手段，查清国家、地区土地的数量、质量、分布、利用类型和权属状况，是一项集技术、行政和法律于一体的国家措施。在不同的发展阶段，土地调查的侧重点不同，根据调查内容的侧重不同，土地调查分为农村土地调查(亦称土地利用现状调查)、基本农田调查、城镇土地调查、土地条件调查。

(一) 农村土地调查

农村土地调查，是土地调查的重点任务之一，是指为查清土地利用状况、各类用地数量及其分布而进行的土地资源调查。我国 20 世纪 80 年代开展第一次土地详查时将这项工作称之为土地利用现状调查，2007 年开展的第二次全国土地调查将其称之为农村土地调查。农村土地调查以查清土地资源家底为基本宗旨，以为土地管理服务为首要目标。

我国农村土地调查(土地利用现状调查)分概查和详查两种。概查是为满足国家编制国

民经济长远规划、制定农业区划和农业生产规划的急需而进行的土地利用现状调查。详查是为国家计划部门、统计部门提供各类土地详细、准确的数据，为土地管理部门提供基础图件和数据资料而进行的土地利用现状调查。

农村土地调查以县为调查单位开展，其调查对象是行政辖区内除城市、建制镇以外的地域。农村土地调查由权属调查和地类调查两项工作内容构成。权属调查以查清农村集体土地所有权和国有农、林、牧、渔场等国有土地使用权权属状况为主要任务；地类调查以查清各级行政区域农村集体土地及国有农、林、牧、渔场每一块土地的土地利用类别(地类)、位置、范围、面积、分布等利用状况，获取各类土地利用信息及其空间分布状况为主要任务。

根据调查时期和任务的不同，农村调查分为初始调查和土地利用变更调查。初始农村土地调查是指对调查区范围内全部土地进行的全面性调查，但并不专指历史上的第一次调查。土地利用变更调查是指在完成土地利用现状调查和建立初始地籍后，国家每年对土地权属和土地用途发生变化的土地进行连续调查、全面更新土地用地资料的过程。

（二）城镇土地调查

城镇土地调查即城镇地籍调查(以下简称地籍调查)。地籍调查是指国家采用科学方法，依照有关法定程序，以查清城市土地和农村非农建设用土地的权属、位置、界线、数量、用途及附着物等基本情况而进行的调查。其调查区域是城市、城镇建成区、村庄、独立工矿区、风景名胜及特殊用地内部的土地。地籍调查既是一项政策性、法律性和社会性很强的基础工作，又是一项集科学性、实践性、统一性、严密性于一体的技术工作。

地籍调查是一项国家措施，是地籍管理的重要内容之一，是土地调查的组成部分，也是土地管理基础建设的项目之一，其直接的作用是为土地登记奠定基础。地籍调查由权属调查和地籍测量两项工作构成。权属调查是整个地籍调查的基础环节，有序地、准确地确定宗地的界址、权属等是其工作的核心。地籍测量在权属调查基础上，以形成地籍图和取得宗地面积为其主要成果。权属调查和地籍测量相互衔接，共同完成地籍调查任务。

根据调查时期和任务的不同，地籍调查分为初始地籍调查和变更地籍调查。变更地籍调查是指为了保持地籍的现势性和及时掌握地籍信息的动态变化而进行的经常性的地籍调查，是在初始地籍的基础上进行的，是地籍管理的日常性工作。

（三）土地条件调查

土地条件调查是土地调查的重要组成部分，是指对土地自然和与土地利用直接有关的社会经济条件的调查。主要包括对土地的土壤、植被、地貌、气象、水文和水文地质状况等土地的自然条件，以及对包括交通、区位、投入、产出、收益等土地的社会经济条件的调查。其侧重点是调查了解土地质量及其分布状况，发现土地利用潜力，评价土地利用水平，分析土地利用影响因素。其目的是摸清土地的质量及其分布状况，为土地评价或土地分等定级、土地估价等提供基础资料和依据。

二、土地调查的目的

我国土地调查的目的是全面查清土地资源和利用状况，掌握真实准确的土地基础数据，为科学规划、合理利用、有效保护土地资源，实施最严格的耕地保护制度服务，为加强和改善宏观调控提供依据，为促进经济社会全面协调可持续发展服务。

（一）全面查清土地资源和利用状况，掌握真实准确的土地基础数据

准确、翔实的土地基础数据是制定国民经济与社会发展战略决策的依据，是保障国民经济持续、协调、全面发展的基础。定期开展土地调查，是世界各国通行的国际惯例。在我国，随着市场经济的发展，土地的资产价值更加显化。土地管理的重要性已深入民心。各级政府高度重视土地问题，在土地的重要性认识上已经达成共识。开展土地调查是国家进行宏观经济调控，促进国民经济健康平稳运行的需要；是落实最严格的耕地保护措施，保障国家粮食安全的需要；是落实“三农”政策，保持社会稳定的需要；是保障土地信息共享，促进资源、环境和社会持续协调健康发展的需要；也是进一步完善土地调查制度，确保国家直接准确掌握土地基础数据的需要。

（二）为科学规划、合理利用、有效保护土地资源，实施最严格的耕地保护制度服务

土地调查，是加强国土资源管理的需要。通过定期的全国性土地调查，查清我国的土地利用类型、面积、分布、权属和利用状况，摸清我国土地资源家底。通过每年进行的全国土地利用变更调查，反映出土地利用的变化状况，为国家的宏观调控以及国土资源的规划、管理、保护和合理利用提供不可缺少的重要基础数据。同时，通过综合运用法律、行政、技术和经济多重手段，规范土地调查和土地变更调查，确保土地数据的真实性。

（三）为加强和改善宏观调控提供依据，为促进经济社会全面协调可持续发展服务

土地数据是制定土地政策，进行经济宏观调控的重要依据。近年来，土地管理已经成为参与国家经济宏观调控的一项重要手段。只有获取真实准确的土地基础数据，国土资源管理才能够充分履行参与经济宏观调控的职能，促进国民经济健康平稳运行。对我国而言，通过土地调查，准确掌握耕地现状，及时监督耕地和基本农田保护状况，才能为保障国家粮食安全提供基础信息支持，落实好“切实保护耕地”的基本国策。同时，通过土地调查，进一步查清农村集体土地的权属状况，才能够依法保护农民合法权益，维护社会的长治久安。

三、土地调查的意义

（一）土地调查成果直接为国土资源科学管理、社会经济宏观决策提供基础依据，对国民经济生活影响极为深远

多年来，我国土地调查成果不仅为土地利用规划修编、建设用地审批、耕地及基本农田保护、土地开发整理复垦，以及农业产业结构调整等提供了第一手基础资料，促进了国土资源的科学管理，土地数据还成为国家实施土地监管、有效参与国民经济宏观调控的基本依据。土地调查为各级人民政府日常决策和制定社会经济发展规划提供了重要的依据，特别是每年的变更调查成果已经成为衡量国民经济建设和社会发展、有效参与国民经济宏观调控、国土资源管理事业发展不可缺少的重要基础数据。

（二）土地调查为加强土地调控，实施严格的土地管理政策，制定国民经济发展决策提供真实的土地数据和科学依据

加强土地管理和调控，既是制约经济社会发展的重要因素，又是国家加强宏观调控，抑制经济增长过快、固定资产投资增长过快的迫切需求。土地问题影响着国家经济安全、粮食安全、生态安全，关系到经济社会发展全局。中央领导强调："在土地问题上，我们绝不能犯不可改正的历史性错误，遗祸子孙后代"。加强土地调控，实施严格的土地管理政策，迫切需要真实的土地数据为制定国民经济发展决策提供科学依据。只有通过全面、扎实的土地调查，掌握准确、翔实的全国土地调查数据，才能为有效保护和严格管理土地资源提供科学支撑。全面查清与掌握我国土地利用状况，对于贯彻落实科学发展观，严把土地"闸门"，发挥土地在宏观调控中的特殊作用，保障国家粮食安全和国民经济持续、协调、全面发展，无疑都具有十分重要的意义。

（三）土地调查与百姓生产生活息息相关，对农民土地权益的保护尤其至关重要

土地调查也与百姓生活密切相关。土地调查的一项重要内容是查清城乡各类土地的所有权和使用权状况，促进土地登记发证工作。开展土地权属调查，明确土地权属界线，离不开土地权利人的参与、配合。必须通过相邻土地权利人的共同指界，签订土地权属协议书，才能最终明确土地界线。土地调查成果，是土地确权、登记发证工作的依据，是依法明确土地产权归属、保护土地权利人合法权益的基础。从这个意义上说，土地调查与百姓生产生活息息相关，对农民土地权益的保护尤其至关重要。如 2007 年开展第二次土地调查的《总体方案》要求，要全面查清农村集体土地所有权、农村集体土地建设用地使用权和国有土地使用权权属状况，及时调处各类土地权属争议，全面完成集体土地所有权登记发证工作，依法明确农民合法土地权益。可以说，土地调查也是有效保护农民权益、维护社会和谐稳定、统筹城乡发展的一项重要工作。

四、土地调查的基本原则

现阶段，我国土地调查应遵循如下原则。

(1) 实事求是原则。土地调查必须坚持实事求是的调查原则，要防止和排除来自行政、技术等各方面的干扰，做到数据、图件、实地三者一致。绝不允许人为弄虚作假、不如实上报数据、随意更改调查数据等行为。同时，国家也将采用遥感技术，加大核查力度，保障调查数据的真实性和可靠性。

(2) 统一要求原则。土地调查中必须全面、严格执行调查规程规定的调查内容、技术要求、调查方法、精度指标、成果内容，保证全国调查成果的统一性、规范性。对先期完成的调查成果，要认真对照调查规程的内容、标准、要求等，本着"凡缺必补"的原则，对先期完成的调查成果进行全面的补充调查和完善。

(3) 数字化调查原则。整个调查工作以现代信息技术为支撑，从调查底图制作、实地调查、数据库建设到调查最终成果形成等，全面实现数字化。实现国家、省、市、县四级调查成果的互联互通和快速更新。满足管理对调查成果查询、汇总、统计、分析的需要。

(4) 继承性原则。对以往调查形成的成果,如确权登记发证资料、土地权属界线协议书等,经核实无误的可继承使用,既提高调查工作效率,又保持成果延续性。

(5) 充分利用已有调查成果原则。土地调查应充分利用以往调查成果,如土地利用数据库、土地利用图、地籍信息数据库、地籍图、土地变更调查成果等,发挥它们在地类、界线、属性等调查中的辅助作用,提高调查的准确性和效率。

五、我国土地调查史回顾

我国土地调查的历史源远流长,最早可追溯到原始社会末期。据《史记》载,大禹治水时,就曾对土地进行过粗略的调查,包括对9个州的农地进行了分等定级,按等级和地域物产确定了征收赋税的数量和品种,同时调查了水陆交通的情况。

进入阶级社会,历朝历代都很重视土地调查,但其目的单一,主要是为了征收赋税。我国到北宋时土地调查基本形成制度。明代时已建立了较为完整的地籍图册——鱼鳞图册。中华民国成立后,孙中山提出"平均地权",主张通过查明田亩、核定地价,按价收税、增价收归国有的办法,解决土地问题。1914年成立经界局,次年公布《经界条例》、《经界条例施行细则》和《经界调查章程》,在中国历史上首次以法律形式确定了土地调查的范围、地类、测量方法和精度要求等。抗日战争全面爆发后,土地调查乃至地政管理陷于停滞局面。抗战胜利后,公布并施行新《土地法》和《土地法施行法》。

土地调查制度伴随着社会制度的成熟、国家体制的健全、科技水平的不断发展而日趋完善。新中国成立后,土地调查事业迎来了春天。20世纪80年代至20世纪90年代,我国开展了第一次全国土地利用现状调查即土地详查。这次详查历时12年,于1996年结束。共调动五十多万调查人员,投入十几亿元资金,基本查清了城乡土地权属、面积和分布情况,获得了近百万幅土地利用现状图和地籍图,结束了我国长期以来土地利用数据不准、权属不清的局面,在中国历史上第一次摸清了全国(未含港、澳、台地区)的土地家底,为全国乃至各地经济社会的发展提供了丰富的土地基础数据和国家资料。这也是新中国成立以来的第一次土地详查,具有全国统一标准、采用大比例尺图件、调查方法和手段先进、成果资料齐全等特点。中央领导高度评价这项工作。调查结果于1999年由国土资源部、国家统计局、全国农业普查办公室联合向社会公布,成为国家法定数据。第一次土地详查成果在国民经济各行业得到了广泛应用,成为我国五年计划纲要的重要背景资料,为制定国家资源安全战略和相关行业发展计划提供了依据,并为我国建立土地市场奠定了基石。

然而,在新中国成立后的近50年间,无论是在行政上还是在法律上,都没有建立土地调查制度。1998年9月,九届全国人大四次会议在修正后的《土地管理法》中增补了"国家建立土地调查制度"的条文。从此,我国土地调查制度的完善步入法制轨道。

随着我国国民经济的快速发展,第一次土地详查和之后的更新调查成果已难以满足国民经济发展的需要。但多年来国家已经开展的土地资源概查、全国土地利用现状调查、耕地后备资源调查、土地利用动态遥感监测等一系列土地调查工作,在土地调查工程的组织实施、技术流程、质量控制等方面都积累了极为丰富的宝贵经验。第一次全国土地调查和多年来开展的全国土地资源概查,以及耕地后备资源调查等一系列土地调查工作,形成了覆盖全国区域的系列基础图件和资料。年度土地变更调查以及二十一世纪以来的土地利用动态遥感监测等工作，形成了丰富的统计汇总数据和遥感监测成果。这些都为第二次土地调查工作的全面开展和及时完成奠定了基础资料基础。同时，随着现代科学技术的进步，航空、航天遥感技术和全球定位技术大大提高了土地信息获取的效率和准确性；地理信息系统技术、通信与计算机网络等技术的进步，使土地信息的获取、存储、更新、传输和共享服务等手段更趋完善。这些都为准确、高效地开展新一轮土地调查提供了坚实的技术支撑。为此，国务院决定于2007年至2010年间开展新一轮全国土地调查，即第二次全国土地调查。与第一次土地调查相比，第二次全国土地调查任务目标更加丰富、技术手段更加先进、组织方式更加科学有效。

第二节　土地调查的目标、任务与主要成果

一、土地调查的目标

我国土地调查的目标是采用先进技术方法，在已有土地调查成果的基础上，按照有关土地调查技术规程和规范的要求，在一定时期内全面查清土地利用状况，掌握准确的各类土地数据；全面查清集体土地所有权、国有土地使用权状况，调处土地权属纠纷，建立和完善土地调查及变更调查、土地统计和土地登记制度；建设各级土地利用数据库，形成权属清楚、地类明确、图数一致、数据可靠的土地利用信息成果，对土地利用状况和变化情况实行信息化管理与共享服务；为实施土地宏观调控、加强土地集约利用、开展村庄土地整理、推动新农村建设，以及落实各项土地管理措施提供保障，为实现土地资源信息的社会化服务，满足经济社会发展及国土资源管理的需要。

二、土地调查的主要任务

土地调查主要任务包括：农村土地调查，查清农村各类土地的利用状况；城镇土地调查，掌握城市建成区、县城所在地建制镇建成区的土地利用状况；基本农田调查，查清全国基本农田状况；建设土地调查数据库，实现调查信息的互联共享。在调查基础上，建立土地资源变化信息的调查统计、及时监测与快速更新机制。具体任务如下。

(1) 农村土地调查。以1∶1万比例尺为主，以县级行政区为基本单位，按照统一的土地调查技术标准，以正射影像图为调查底图，逐地块实地调查土地的地类、位置、范围和面积等利用状况，查清国有土地使用权和集体土地所有权状况。

(2) 城镇土地调查。对城镇范围以内的土地开展大比例尺调查。充分利用已有地籍调查成果，调查城市、建制镇内部每宗土地的界址、范围、界线、地类和面积等利用状况，以及土地的所有权和使用权状况。

(3) 基本农田调查。在农村土地调查基础上，依据土地利用总体规划，按照基本农田保护区(块)划定和调整资料，将基本农田保护地块(区块)落实至土地利用现状图上，汇总统计基本农田的分布、面积、地类等状况，并登记上证、造册。

(4) 专项用地统计调查。在农村土地调查和城镇土地调查基础上，收集利用有关资料，

统计工业、基础设施、金融商业服务、开发园区和房地产等用地的利用状况。

(5) 建立土地调查数据库及管理系统。在农村土地调查和城镇土地调查基础上，建立国家、省、市(地)、县四级集影像、图形、地类、面积和权属于一体的土地调查数据库及管理系统。

三、土地调查的主要成果

通过全国性的土地调查工作，国家将全面获取覆盖全国的土地利用现状信息和集体土地所有权登记信息，形成一系列不同尺度的土地调查成果。具体成果主要包括：数据成果、图件成果、相关文字成果和土地数据库成果等。

(1) 数据成果：包括各级行政区各类土地面积数据、基本农田面积数据、城镇土地利用分类面积数据、各类土地的权属信息数据、不同坡度等级的耕地面积数据。

(2) 图件成果：包括各级土地利用现状图件、各级基本农田分布图件、市县城镇土地利用现状图件、土地权属界线图件、土地调查图集。

(3) 文字成果：分为综合报告和专题报告两类。综合报告有各级土地调查工作报告、土地调查技术报告、土地调查成果分析报告。专题报告有各级基本农田状况分析报告和各市县城镇土地利用状况分析报告。

(4) 数据库成果：形成集土地调查数据成果、图件成果和文字成果等内容为一体的各级土地调查数据库。主要包括：各级土地利用数据库、各级土地权属数据库、各级多源、多分辨率遥感影像数据库、各级基本农田数据库、市(县)级城镇地籍信息系统。

第三节　技术路线、工作程序与组织实施

多年来我国通过开展土地资源概查、全国土地利用现状调查、耕地后备资源调查、土地利用动态遥感监测等一系列土地调查工作，在土地调查的组织实施、技术流程、质量控制等方面积累了极为丰富的宝贵经验。特别是第二次全国土地调查，全面应用航空、航天遥感技术、全球定位技术、地理信息系统技术、通信与计算机网络技术，形成了一整套先进、科学、完善的土地信息获取、存储、更新、传输和共享服务的技术路线与技术方法。

一、土地调查技术路线

(一) 农村土地调查技术路线

围绕土地调查总体目标和主要任务，农村土地调查按照土地调查技术规程规范，充分利用已有土地调查成果，采用无争议的权属资料，运用航天航空遥感、地理信息系统、全球卫星定位和数据库及网络通信等技术，采用内外业相结合的调查方法，形成集信息获取、处理、存储、传输、分析和应用服务为一体的土地调查技术流程，获取调查区每一地块土地的类型、面积、权属和分布信息，建立网路联通的“国家-省-市-县”四级土地调查数据库。

（二）城镇土地调查技术路线

城镇土地调查，严格按照全国城镇土地调查的有关标准，开展地籍权属调查和地籍测绘工作，现场确定权属界线，实地测量界址和坐标，计算机自动量算土地面积，并以调查信息为基础，建立城镇地籍数据库和管理信息系统。

二、基本要求

土地调查的基本要求是指对基本调查单元、调查采用的土地利用分类标准、图件比例尺、数学基础等的规范性要求。对此我国《第二次全国土地调查技术规程》做了如下规定。

（1）基本调查单位。我国土地调查的基本调查单位是完整县级行政辖区。

（2）土地利用现状分类。我国土地调查采用《土地利用现状分类》(GB/T 21010—2007)国家标准。即，采用二级分类，其中一级类 12 个，二级类 57 个。具体分类的编码、名称及含义见表 3-1 和表 3-2。

（3）比例尺。农村土地调查以 1∶10 000 比例尺为主，荒漠、沙漠、高寒等地区可采用 1∶50 000 比例尺，经济发达地区和大中城市城乡结合部，可根据需要采用 1∶2000 或 1∶5000 比例尺。城镇土地调查以 1∶500 为基本比例尺。

（4）数学基础。平面坐标系统：农村土地调查采用“1980 西安坐标系”，城镇土地调查自行确定。高程系统：采用“1985 国家高程基准”。投影方式：标准分幅图采用高斯-克吕格投影。1∶500、1∶2000 标准分幅图或数据按 1.5°分带（可任意选择中央子午线）。1∶5000、1∶10 000 标准分幅图或数据按 3°分带。1∶50 000 标准分幅图或数据按 6°分带。

三、土地调查技术方法

（一）以航空、航天遥感影像为主要信息源

农村土地调查以 1∶1 万比例尺为主，充分应用航空、航天遥感技术手段，及时获取客观现势的地面影像作为调查的主要信息源。采用多平台、多波段、多信息源的遥感影像，包括航空、航天获取的光学及雷达数据，以实现在较短时间内对(全国)各类地形及气候条件下现势性遥感影像的全覆盖；采用基于 DEM(Digital Elevation Model)和 GPS 控制点的微分纠正技术，提高影像的正射纠正几何精度；采用星历参数和物理成像模型相结合的卫星影像定位技术和基于差分 GPS/IMU 的航空摄影技术，实现对无控制点或稀少控制点地区的影像纠正。

（二）基于内外业相结合的调查方法

（1）农村土地调查。农村土地调查以 1∶1 万比例尺为主，以正射影像图作为调查基础底图，充分利用现有资料，在 GPS 等技术手段引导下，实地对每一地块土地的地类、权属等情况进行外业调查，并详细记录，绘制相应图件，填写外业调查记录表，确保每一地块的地类、权属等现状信息详细、准确、可靠。以外业调绘图件为基础，采用成熟的目视解译与计算机自动识别相结合的信息提取技术，对每一地块的形状、范围、位置进行数字化，准确获取每

一块土地的界线、范围、面积等土地利用信息。

(2) 城镇地籍调查。城镇土地调查以1∶500比例尺为主,充分运用全球定位系统、全站仪等现代化测量手段,开展权属调查及大比例尺地籍测量,准确确定每宗土地的位置、界址、权属等信息。地籍界址点测定尽可能采用解析法。

(3) 土地调查数据库建设。分为农村土地调查数据库建设和城镇地籍调查数据库建设。农村土地调查数据库建设依据国家相关标准规范,以现势性的遥感数据,制作数字正射影像图数据;在此基础上,结合外业调查成果,采集土地利用和土地权属数据;以基本农田划定和调整资料为基础,采集基本农田数据;以上述各数据为基础,建立一体化的农村土地调查数据库。城镇地籍调查数据库建设以县(区、市)为单位,根据城镇地籍调查、地籍测量和土地登记成果,建立城镇土地调查数据库。在县级数据库的基础上,通过格式转换、数据抽取、整合集成等工序,形成市(地)级、省级、国家级土地调查数据库。

(4) 土地调查数据库管理系统。以地理信息系统为图形平台,以大型的关系型数据库为后台管理数据库,存储各类土地调查成果数据,实现对土地利用的图形、属性、栅格影像空间数据及其他非空间数据的一体化管理,借助网络技术,采用集中式与分布式相结合方式,有效存储与管理调查数据。考虑到土地变更调查需求,采用多时序空间数据管理技术,实现对土地利用数据的历史回溯。另外,由于土地调查成果包括了土地利用现状数据、遥感影像数据、权属调查数据以及土地动态变化数据等,数据量庞大,记录繁多,采用数据库优化技术,提高数据查询、统计、分析的运行效率。

(三) 基于网络的信息共享及社会化服务技术方法

借助已有国土资源信息网络框架,采用宽带网络技术,建立先进、高速、大容量的全国土地利用信息管理、更新的网络体系,按照"国家-省-市-县"四级结构分级实施,实现各级互联和数据的及时交换与传输,为国土资源日常管理提供信息支撑。同时,借助已有信息网络及服务系统,依托国家自然资源和空间地理基础数据库信息平台,实现与各行业的信息共享与数据交换,为各相关部门和社会提供土地基础信息和应用服务。

四、土地调查工作程序

(一) 农村土地调查程序与步骤

农村土地调查分为县级调查与县级以上各级汇总两个阶段。其中县级调查的基本程序与步骤如下。

(1) 准备工作。主要包括领导机构组建、落实经费、专业队伍确定、工作方案制订、宣传发动、人员培训、收集资料、仪器设备准备等工作。

(2) 工作底图制作。主要包括数字正射影像图制作和辅助信息的叠加。

(3) 外业调查。主要包括土地利用调查、土地权属调查、地籍测量、表格填写、现场记录等相关工作。

(4) 数据库建设。主要包括土地调查数据库及管理信息系统建设等。

(5) 成果制作。主要包括土地调查图件,以及表格的制作、报告编写等。

(6) 检查验收。主要包括对调查成果的自检、预检、验收、核查确认等各项工作。一般由县级组织自检,市级组织复查,省级组织验收,国家组织核查、确认。

(7) 成果资料归档和汇交。主要包括各项土地调查成果的存档、汇交,以及数据安全工作。县级以上各级汇总主要包括建立各级数据库及管理系统,开展数据和成果汇总。

(二) 城镇土地调查的程序与步骤

城镇土地调查分为城镇地籍调查和汇总两个阶段,基本程序与步骤如下。

(1) 准备工作。主要包括组织准备、专业队伍确定、制订方案、技术培训、资料收集与踏勘、落实经费、宣传发动等。

(2) 权属调查。主要包括宗地权属状况调查、界址调查、绘制宗地草图、填写地籍调查表等。

(3) 地籍测量。主要包括地籍控制测量、测定界址点、测绘地籍图、制作宗地图、面积量算等。

(4) 数据库建设。主要包括城镇地籍数据库建设及城镇地籍信息系统建设等。

(5) 检查验收。主要包括对调查成果的自检、预检、验收、核查确认等各项工作。

(6) 汇总分析。主要包括形成工业用地、基础设施用地、金融商业服务用地、房地产用地、开发园区等用地汇总数据。其中开发园区用地可以用已完成的调查成果。

(三) 基本农田调查的程序

(1) 资料收集与整理。充分收集基本农田相关资料,并对资料进行整理。

(2) 调查上图。将基本农田保护片(块)等相关信息落实到分幅土地利用现状图上,确定基本农田图斑。并依据相关标准和规范,检查基本农田要素层的数据格式、属性结构、上图精度等是否符合要求。

(3) 基本农田认定。由基本农田规划、划定等相关部门共同检查基本农田片(块)的位置、界线、分布是否与基本农田划定及调整资料相一致。

(4) 数据检查入库。经过认定的数据质量进行检查,包括矢量数据几何精度和拓扑检查、属性数据完整性和正确性检查、图形和属性数据一致性检查、接边精度和完整性检查等,检查合格的数据方可入库。

(5) 图件编制与数据汇总。编制基本农田分布图,并进行面积统计和逐级汇总。

(6) 检查验收。由调查领导小组办公室组织相关人员,对最终形成的基本农田图件、数据成果进行检查验收。

(四) 土地调查数据库建设程序步骤

土地调查数据库建设主要分四个阶段。

第一阶段为建库准备:包括建库方案制订、人员准备、数据源准备、软硬件准备、管理制度建立等。

第二阶段为数据采集与处理:包括基础地理、土地利用、土地权属、基本农田、栅格等各要素的采集、编辑、处理和检查等。

第三阶段为数据入库:包括矢量数据、DEM、DOM(Document Object Model)、栅格数据、属性数据，以及各元数据等的检查和入库。

第四阶段为成果汇交：包括数据成果、文字成果、图件成果和表格成果的汇交。

五、土地调查组织实施

全国土地调查采用分级负责的形式组织实施。

（一）国家负责

全国土地调查由国家负责土地调查方案和技术标准、技术规程的制定，负责全国的技术指导、省级培训和质量抽查，组织建设国家级土地利用数据库等。同时，国家负责 1∶1 万比例尺，以及小于 1∶1 万比例尺的遥感影像配置及正射影像图的制作，为农村土地调查提供基础图件。另外，国家对农村土地调查成果进行全面的内业检查。对重点地区和重点地类将开展外业实地核查，以保证调查成果真实、准确。

（二）地区负责

各省（区、市）负责本地区土地调查工作的组织实施。各省（区、市）按照国家统一要求，根据本地区的土地利用特点，编制本地区的实施方案，报国土资源部批准。各省（区、市）在土地调查实施方案的基础上制订土地调查的实施细则，通过招投标方式统一选择专业队伍，利用国家下发的基础图件，负责组织各地实地开展土地调查及数据库建设工作，主要包括农村土地调查、基本农田状况调查，以及城镇土地调查等。另外，省级负责对各县（市）土地调查工作的质量检查和成果验收。

第四节　全国土地利用分类

土地利用是人类根据土地的自然特点，按一定的经济、社会目的，采取一系列生物、技术手段，对土地进行长期性或周期性经营管理和治理改造的活动。简单地说土地利用就是人类有目的地开发利用土地资源的一切活动。而土地利用现状是土地资源的自然属性和经济特性的深刻反映。从某种角度看，土地利用现状也是社会的一面镜子。

就我国而言，土地利用分类是进行土地利用现状调查统计及对土地实施有效管理的基础和前提，以为土地行政管理服务为主要目的的土地利用分类体系的优劣，直接关系到土地管理部门的工作质量与效率。因此，结合我国国情，根据实际应用特别是土地管理方面的需要，并适当兼顾分类体系逻辑严密性的要求，制定一个相对科学、完整、代表性广、实用性强的全国统一分类体系是十分必要的。

一、土地分类体系

由于土地所处环境和地域的不同，它们在形态、色泽、肥力等方面千差万别，加之人类生活、生产对土地的需求和施加的影响，因而导致了土地生产能力和利用方式上的差异。土地分类是指按一定的分类标志(指标),将土地划分出的若干类型。按照统一规定的原则和分类标志,将分类土地有规律地、分层次地排列组合在一起,就叫做土地分类体系(或土地分类系统)。土地分类是国家掌握土地资源现状、制定土地政策、合理利用土地的重要基础工作之一。

土地不仅具有自然特性,还具有社会经济特性。根据土地的特性及人们对土地利用的目的和要求不同,就形成了不同的土地分类体系。我国运用较多的土地分类体系,归纳起来,大致有以下三种。

(1) 土地自然分类体系。土地自然分类系统又称土地类型分类系统。指主要依据土地的自然属性的相同性和差异性对土地进行分类。一般按地貌、土壤、植被为具体标志进行分类。例如,按土地的地貌特征分类,可将土地分为平原、丘陵、山地、高山地。其目的是揭示土地类型的分异和演替规律,遵循土地构成要素的自然规律,最佳、最有效地挖掘土地生产力。如我国 1∶100 万土地资源图上的分类就是按土地的自然综合特征进行分类的。

(2) 土地评价分类系统。土地评价分类系统又叫土地生产潜力分类系统。指主要依据一些评价指标的相同性和差异性对土地进行分类。一般按土地生产力水平、土地质量、土地生产潜力、土地适宜性等为具体标志进行分类,也称为土地的经济特性分类。其分类的主要依据是土地的自然属性和社会经济属性,其目的是为开展土地条件调查和适宜性调查服务,为实现土地资源最佳配置服务。土地评价分类系统是划分土地评价等级的基础,是确定基准地价的重要依据,主要用于生产管理方面。

(3) 土地综合分类系统。指主要依据土地的自然特性和社会经济特性、管理特性及其他因素对土地进行综合分类。土地利用分类是土地综合分类的主要形式。土地利用分类一般按土地利用现状、土地覆盖特征、土地利用方式、土地用途、土地经营特点、土地利用效果等为具体标志进行分类。其目的是了解土地利用现状,反映国家各项管理措施的执行情况和效果,为国家和地区宏观管理和调控服务。土地利用分类系统具有生产的实用性,利用它可以分析土地利用现状,预测土地利用方向。

在这三种分类中,土地利用分类即土地综合分类是在土地资源管理中应用最广、全覆盖的基础分类。掌握土地利用现状是国家制定国民经济计划和有关政策,发挥土地资源在经济社会发展中的宏观调控作用,加强土地管理,合理利用土地资源,切实保护耕地的重要基础。

二、土地利用分类

土地利用分类是一项重要的基础性工作。不同的应用目的和审视角度,不同的文化传统和分类理念,以及进行分类的地域对象的自然与社会经济状况的不同,可以产生风格和内容各具特色的土地利用分类体系。

(一) 土地利用分类的作用与特点

土地利用分类是为完成土地资源调查或进行统一的科学土地管理,从土地利用现状出发,根据土地利用的地域分异规律、土地用途、土地利用方式等,将一个国家或地区的土地利用情况,按照一定的层次等级体系划分为若干不同的土地利用类别。

土地利用分类是土地利用研究的重要内容，也是确定土地利用统计体系和土地利用图制图单元的基础和依据。科学地进行土地利用分类，不仅有助于提高土地利用调查研究与制图的质量，也有利于因地制宜、合理地组织土地利用和布局生产。在土地利用分类中，既要突出利用程度上的差别和加强利用的可能性，又必须考虑一定层次等级的系统性。

土地利用分类具有如下特点：是在自然、经济和技术条件的综合影响下，经过人类的劳动所形成的产物；在一定的空间分布上服从社会经济条件，因此，它们在地域分布上不一定连成片；土地划分的种类、数量、分布是随着社会经济技术条件的进步而变化的。

（二）国内外土地利用分类

国外土地分类工作至今约有半个多世纪的历史，到20世纪60年代和20世纪70年代就出现了各种土地分类系统。国外土地利用分类多数以土地利用现状作为分类依据，具体到各国又有差异，如美国主要以土地功能作为分类的主要依据，英国和德国以土地覆盖（是否开发用于建设用地）作为分类依据，俄罗斯、乌克兰和日本以土地用途作为分类的主要依据，印度则以土地覆盖情况（自然属性）作为划分利用分类的依据。

我国土地分类研究起步较迟，而且主要工作是在新中国成立以后。我国土地利用分类依据与国外基本相同，也是以土地利用现状作为分类依据的，如土地利用现状调查（详查）采用的土地利用现状分类以土地用途、经营特点、利用方式和覆盖特征为分类依据，城镇地籍调查采用的城镇土地分类以土地用途为分类依据，中科院中国土地利用分类以利用方式和土地覆盖为分类依据。虽然国内外土地利用分类依据基本相同，但由于国情差异，在具体划分的类型上却不尽相同，如我国是农业大国，人多地少，因此对农用地的分类较细，而国外则相对较粗。

三、我国土地利用分类的发展过程

实行统一的土地利用现状分类标准，在发达国家已成惯例。我国早在1984年就印发了《土地利用现状分类及含义》，1993年6月原国家土地管理局在颁布的《城镇地籍调查规程》中又制定了《城镇土地分类及含义》。多年来我国一直坚持以这两标准来开展国土资源调查和管理工作。多年的调查实践和成果应用证明，上述两个土地分类具有较强的科学性和实用性，基本上满足了土地管理及社会经济发展的需要。但由于客观历史原因，长期以来，我国的土地资源分类标准不统一，国土、农业、林业、建设、水利、交通等相关部门，按照部门的职能分工和管理需求，分别建立了不同的土地调查、统计分类体系。由于各部门的土地分类内涵、体系、口径不同，对同一地类的认定、调查、统计结果往往相差很大，加之专业调查难以做到全覆盖，造成土地统计重复、数出多门、数据矛盾等问题。土地分类标准不统一，一方面严重制约了国土资源统一规范管理，另一方面也导致国家难以全面、系统、准确掌握全国土地资源利用现状，给国家宏观管理、科学决策带来了不利影响。

新世纪以来，随着经济社会的发展，土地利用状况日益复杂。国土资源管理在国家宏观经济发展中的地位越来越重要，掌握真实可靠的土地资源数据，成为加强和改善宏观调控、落实最严格的土地管理制度的关键。中国在加入世贸组织之后，社会经济领域标准化建设也亟须与国际接轨。在新形势、新任务面前，土地利用现状分类标准的不统一，越来越难以适应宏观调控形势和发展的需要。为摸清土地资源家底，科学掌握土地利用现状，亟须站在国家层面上，制定系统的、科学的、统一的、权威的国家土地利用现状分类标准。《国务院关于深化改革严格土地管理的决定》明确提出"国土资源部要会同有关部门，抓紧建立和完善统一的土地分类、调查、登记和统计制度"。为此，国土资源部 2001 年 8 月发布了《全国土地分类(试行)》。并从 2002 年起就开始致力于《土地利用现状分类》国家标准的编制工作。经过深入调研、广泛征求意见和多次反复修改完善，充分吸收有关部门的有关分类做法，对现有土地分类进一步充实、完善，特别是在国务院的直接协调下，各部门最终达成了一致意见，《土地利用现状分类》国家标准正式出台。

2002 年前，我国进行城镇地籍调查(包括农村居民点)时，采用城镇土地利用现状分类标准；对农村地区进行土地调查时，采用土地利用现状分类标准。十多年的调查实践和成果应用证明，上述两个土地分类具有较强的科学性和实用性，基本上满足了土地管理及社会经济发展的需要。但是，在市场经济条件下，为贯彻中央落加强土地管理、切实保护耕地的重大决策，为满足经济、社会可持续发展，对土地分类标准提出的新要求，对前两个土地分类体系进行适当修改和完善，制定了新的土地分类，并在国内部分地区试行。

从 20 世纪 80 年代初期以来，根据土地管理的需要，我国土地调查采用了不同的分类，2007 年 8 月颁布的《土地利用现状分类》国家标准(GB/T 21010—2007)之前共采用过三个分类。分别是：1984 年全国农业区划委员会发布的《土地利用现状调查技术规程》中制定了《土地利用现状分类及其含义》；1993 年 6 月原国家土地管理局颁布的《城镇地籍调查规程》中制定的《城镇土地分类及含义》；2001 年 8 月国土资源部发出的《新土地分类》通知制定的《全国土地分类(试行)》。

四、我国几种土地利用分类概述

(一) 1984 年土地利用现状分类

1984 年由全国农业区划委员会发布的《土地利用现状调查技术规程》制定了《土地利用现状分类及其含义》。其分类的主要依据是土地的用途、经营特点、利用方式和覆盖特征等因素。采用两级分类，其中一级分为耕地、园地、林地、牧草地、居民点及工矿用地、交通用地、水域、未利用土地共 8 类，二级分为 46 类，地方可根据需要设置三级类。土地利用现状分类用于土地利用现状调查(简称详查)和土地变更调查。从 1984 年发布开始，一直沿用到 2001 年 12 月。

(二) 1989 年城镇土地分类

1984 年土地利用现状分类主要针对农村土地调查，对城镇内部土地未进行详细分类。1989 年 9 月原国家土地管理局发布的《城镇地籍调查规程》制定的《城镇土地分类及含义》，其城镇土地分类主要根据土地用途的差异，将城镇土地分为商业金融业用地、工业仓储用地、市政用地、公共建筑用地、住宅用地、交通用地、特殊用地、水域用地、农用地和其他用地 10 个一级类，24 个二级类。城镇土地分类用于城镇地籍调查和城镇地籍变更调查。从 1989 年颁布开始，一直沿用到 2001 年 12 月。

限于20世纪80年代的条件，土地利用现状调查是把城镇和农村居民点按建成区先圈起来，然后按圈外、圈内分别进行土地利用现状调查和城镇地籍调查。通过实践和应用发现，这样归类存在一定缺陷，一是建成区界线难以统一界定，也很难统一规范其划界操作，各地的实际圈法差异较大。二是由于建成区界线经常变动，城乡调查时间又先后不一，两项调查的范围界线难以统一。三是独立工矿用地包括的范围太杂，获得的资料难以分析、应用。

（三）全国土地分类（试行）

《全国土地分类》（试行）是城乡一体化土地分类，对于全面完成城镇和村庄地籍调查的，可直接执行《全国土地分类》（试行）。它采用三级分类。其中一级分农用地、建设用地和未利用地三类，也就是《土地管理法》的三大类。二级分耕地、园地、林地、牧草地、其他农用地、商服用地、工矿仓储用地、公用设施用地、公共建筑用地、住宅用地、交通运输用地、水利设施用地、特殊用地、未利用土地和其他土地15类。三级分71类。

（四）全国土地分类（过渡期间适用）

由于全面实施城乡统一的土地分类的必要条件是全面完成土地利用现状调查和城镇、村庄地籍调查。我国城镇和村庄地籍调查工作尚未完成，土地利用现状调查中圈起来的城市、建制镇和农村居民点范围还不能打开。因此，土地变更调查和城镇、村庄地籍调查仍需要采用不同的土地分类标准。国土资源部在《全国土地分类》（试行）的基础上，制定了《全国土地分类》（过渡期间适用），将全国土地分为3个一级类、10个二级类、52个三级类，其中农用地和未利用地部分与试行土地分类相同，建设用地部分作了归并。《全国土地分类》（过渡期间适用）自2002年8月起使用至2007年8月，实践中主要用于土地利用现状变更调查、规划修编、土地征收、土地整理、土地统计等工作。

五、《土地利用现状分类》（GB/T 21010—2007）国家标准

由于客观历史原因，多年来，中国土地资源分类标准不统一，土地资源基础数据数出多门、口径不一、数据矛盾，给国土资源规范化管理和国家宏观管理科学决策带来了不利影响。土地利用现状分类标准的统一，将避免各部门因土地利用分类不一致而引起的统计重复、数据矛盾、难以分析应用等问题，对于科学划分土地利用类型、掌握真实可靠的土地基础数据、实施全国土地和城乡地政统一管理乃至国家宏观管理和决策具有重大意义。

为此，土地利用现状分类国家标准制订工作从2000年开始筹备，并于2002年列入国家标准计划，正式启动标准编制工作。2005年7月18日，土地利用现状分类国家标准通过标准审查会审查，完成了分类标准报批稿的编制，并正式报国家标准委审批。2007年8月5日，《土地利用现状分类》（GB/T 21010—2007）国家标准正式颁布执行，标志着中国土地利用现状分类第一次拥有了全国统一的国家标准。2007年10月开始的第二次全国土地调查直接采用了《土地利用现状分类》（GB/T 21010—2007）国家标准。

该分类标准既能与各部门使用的分类相衔接，又满足当前和今后需要，为土地管理和调控提供基本信息，还可根据管理和应用需要进行续分。同时，该分类系统能够与以往的土地分类进行有效衔接，不至于造成土地基本信息“断档”。

（一）分类方法

《土地利用现状分类》(GB/T 21010—2007)国家标准考虑到国家和部门管理需求，采用土地综合分类即土地利用分类，侧重土地的实际利用现状，根据土地的实际利用和覆盖特征对土地利用类型加以归纳和分类。首先考虑分类的科学性和合理性，对地类的含义和概念进行系统界定，保证地类全覆盖和不交叉，同时还要在科学性和合理性基础上，保证分类的实用性，并与其他部门的相关规定及国际惯例保持一致，对已运用并无争议的分类，尤其本部门成熟的分类予以继承应用。

该标准严格按照管理需要和分类学的要求，对土地利用现状类型进行归纳和划分。一是区分“类型”和“区域”，按照类型的唯一性进行划分，不依“区域”确定“类型”；二是按照土地用途、经营特点、利用方式和覆盖特征四个主要指标进行分类，一级类主要按土地用途，二级类按经营特点、利用方式和覆盖特征进行续分，所采用的指标具有唯一性；三是体现城乡一体化原则，按照统一的指标，城乡土地同时划分，实现了土地分类的“全覆盖”。

（二）分类的依据和原则

分类主要依据土地的自然属性、覆盖特征、利用方式、土地用途、经营特点及管理特性等因素进行。具体分类原则如下。

(1) 科学性原则。依据土地的自然和社会经济属性，运用土地管理科学及相关科学技术，采用多级续分法，对土地利用类型进行归纳、分类。

(2) 实用性原则。分类体系力求通俗易用、层次简明，易于判别，便于掌握和应用。

(3) 开放性原则。分类体系应具有开放性、兼容性，既要满足一定时期国家宏观管理及社会经济发展的需要，同时也要有利于进一步完善。

(4) 继承性原则。借鉴和吸取国内外土地利用分类经验，继承应用效果好的分类。

(5) 服务于国土资源管理工作，满足国土资源参与国民经济宏观调控需要的原则。

（三）分类的基本框架

《土地利用现状分类》国家标准采用二级分类体系。一级类 12 个，二级类 57 个。

(1) 一级类的设定：①依据土地利用用途和利用方式，考虑到农、林、水、交通等有关部门需求，设定“耕地”、“园地”、“林地”、“草地”、“水域”、“交通运输用地”；②依据土地利用方式和经营特点，考虑有关部门管理需求，设定“商服用地”、“工矿仓储用地”、“住宅用地”、“公共管理与公共服务用地”；③为了保证地类的完整性，对上述一级类中未包含的地类，设定“其他土地”。

(2) 二级类的设定：二级类是依据自然属性、覆盖特征、用途和经营目的等方面的土地利用差异，对一级类具体细化。

（四）分类的地类含义

按《土地利用现状分类》(GB/T 21010—2007)规定，我国土地利用现状分类的地类名称、编码和含义见表 3-1 和表 3-2。

表 3-1　土地利用现状分类和编码

一级类		二级类		含　义
编码	名称	编码	名称	
01	耕地			指种植农作物的土地，包括熟地，新开发、复垦、整理地，休闲地(含轮歇地、轮作地)；以种植农作物(含蔬菜)为主，间有零星果树、桑树或其他树木的土地；平均每年能保证收获一季的已垦滩地和海涂；耕地中包括南方宽度＜1.0m，北方宽度＜2.0m 固定的沟、渠、路和地坎(埂)；临时种植药材、草皮、花卉、苗木等的耕地，以及其他临时改变用途的耕地
		001	水田	指用于种植水稻、莲藕等水生农作物的耕地。包括实行水生、旱生农作物轮种的耕地
		012	水浇地	指有水源保证和灌溉设施，在一般年景能正常灌溉，种植旱生农作物的耕地。包括种植蔬菜等的非工厂化的大棚用地
		013	旱地	指无灌溉设施，主要靠天然降水种植旱生农作物的耕地，包括没有灌溉设施，仅靠引洪淤灌的耕地
02	园地			指种植以采集果、叶、根、茎、汁等为主的集约经营的多年生木本和草本作物，覆盖度大于 50%和每亩株数大于合理株数 70%的土地。包括用于育苗的土地
		021	果园	指种植果树的园地
		022	茶园	指种植茶树的园地
		023	其他园地	指种植桑树、橡胶、可可、咖啡、油棕、胡椒、药材等其他多年生作物的园地
03	林地			指生长乔木、竹类、灌木的土地及沿海生长红树林的土地。包括迹地，不包括居民点内部的绿化林木用地、铁路、公路征地范围内的林木，以及河流、沟渠的护堤林
		031	有林地	指树木郁闭度≥0.2 的乔木林地，包括红树林地和竹林地
		032	灌木林地	指灌木覆盖度≥40%的林地
		033	其他林地	包括疏林地(指树木郁闭度 10%～19%的疏林地)、未成林地、迹地、苗圃等林地
04	草地			指生长草本植物为主的土地
		041	天然草地	指以天然草本植物为主，用于放牧或割草的草地
		042	人工牧草地	指人工种植牧草的草地
		043	其他草地	指树木郁闭度＜0.1，表层为土质，生长草本植物为主，不用于畜牧业的草地
05	商服用地			指主要用于商业、服务业的土地
		051	批发零售用地	指主要用于商品批发、零售的用地。包括商场、商店、超市、各类批发(零售)市场、加油站等及其附属的小型仓库、车间、工场等的用地
		052	住宿餐饮用地	指主要用于提供住宿、餐饮服务的用地。包括宾馆、酒店、饭店、旅馆、招待所、度假村、餐厅、酒吧等
		053	商务金融用地	指企业、服务业等办公用地，以及经营性的办公场所用地。包括写字楼、商业性办公场所、金融活动场所和企业厂区外独立的办公场所等用地
		054	其他商服用地	指上述用地以外的其他商业、服务业用地。包括洗车场、洗染店、废旧物资回收站、维修网点、照相馆、理发美容店、洗浴场所等用地
06	工矿仓储用地			指主要用于工业生产、采矿、物资存放场所的土地
		061	工业用地	指工业生产及直接为工业生产服务的附属设施用地
		062	采矿用地	指采矿、采石、采砂(沙)场，盐田，砖瓦窑等地面生产用地及尾矿堆放地
		063	仓储用地	指用于物资储备、中转的场所用地

续表

一级类		二级类		含　义
编码	名称	编码	名称	
07	住宅用地			指主要用于人们生活居住的房基地及其附属设施的土地
		071	城镇住宅用地	指城镇用于生活居住的各类房屋用地及其附属设施用地。包括普通住宅、公寓、别墅等用地
		072	农村宅基地	指农村用于生活居住的宅基地
08	公共管理与公共服务用地			指用于机关团体、新闻出版、科教文卫、风景名胜、公共设施等的土地
		081	机关团体用地	指用于党政机关、社会团体、群众自治组织等的用地
		082	新闻出版用地	指用于广播电台、电视台、电影厂、报社、杂志社、通讯社、出版社等的用地
		083	科教用地	指用于各类教育,独立的科研、勘测、设计、技术推广、科普等的用地
		084	医卫慈善用地	指用于医疗保健、卫生防疫、急救康复、医检药检、福利救助等的用地
		085	文体娱乐用地	指用于各类文化、体育、娱乐及公共广场等的用地
		086	公共设施用地	指用于城乡基础设施的用地。包括给排水、供电、供热、供气、邮政、电信、消防、环卫、公用设施维修等用地
		087	公园与绿地	指城镇、村庄内部的公园、动物园、植物园、街心花园和用于休憩及美化环境的绿化用地
		088	风景名胜设施用地	指风景名胜(包括名胜古迹、旅游景点、革命遗址等)景点及管理机构的建筑用地。景区内的其他用地按现状归入相应地类
09	特殊用地			指用于军事设施、涉外、宗教、监教、殡葬等的土地
		091	军事设施用地	指直接用于军事目的的设施用地
		092	使领馆用地	指用于外国政府及国际组织驻华使领馆、办事处等的用地
		093	监教场所用地	指用于监狱、看守所、劳改场、劳教所、戒毒所等的建筑用地
		094	宗教用地	指专门用于宗教活动的庙宇、寺院、道观、教堂等宗教自用地
		095	殡葬用地	指陵园、墓地、殡葬场所用地
10	交通运输用地			指用于运输通行的地面线路、场站等的土地。包括民用机场、港口、码头、地面运输管道和各种道路用地
		101	铁路用地	指用于铁道线路、轻轨、场站的用地。包括设计内的路堤、路堑、道沟、桥梁、林木等用地
		102	公路用地	指用于国道、省道、县道和乡道的用地。包括设计内的路堤、路堑、道沟、桥梁、汽车停靠站、林木及直接为其服务的附属用地
		103	街巷用地	指用于城镇、村庄内部公用道路(含立交桥)及行道树的用地。包括公共停车场、汽车客货运输站点及停车场等用地
		104	农村道路	指公路用地以外的南方宽度≥1.0m、北方宽度≥2.0m的村间、田间道路(含机耕道)
		105	机场用地	指用于民用机场的用地
		106	港口码头用地	指用于人工修建的客运、货运、捕捞及工作船舶停靠的场所及其附属建筑物的用地,不包括常水位以下部分
		107	管道运输用地	指用于运输煤炭、石油、天然气等管道及其相应附属设施的地上部分用地

续表

一级类		二级类		含　义
编码	名称	编码	名称	
11	水域及水利设施用地			指陆地水域，海涂，沟渠、水工建筑物等用地。不包括滞洪区和已垦滩涂中的耕地、园地、林地、居民点、道路等用地
		111	河流水面	指天然形成或人工开挖河流常水位岸线之间的水面，不包括被堤坝拦截后形成的水库水面
		112	湖泊水面	指天然形成的积水区常水位岸线所围成的水面
		113	水库水面	指人工拦截汇集而成的总库容≥10 万立方米的水库正常蓄水位岸线所围成的水面
		114	坑塘水面	指人工开挖或天然形成的蓄水量<10 万立方米的坑塘常水位岸线所围成的水面
		115	沿海滩涂	指沿海大潮高潮位与低潮位之间的潮浸地带。包括海岛的沿海滩涂。不包括已利用的滩涂
		116	内陆滩涂	指河流、湖泊常水位至洪水位间的滩地；时令湖、河洪水位以下的滩地；水库、坑塘的正常蓄水位与洪水位间的滩地。包括海岛的内陆滩地。不包括已利用的滩地
		117	沟渠	指人工修建，南方宽度≥1.0m、北方宽度≥2.0m 用于引、排、灌的渠道，包括渠槽、渠堤、取土坑、护堤林
		118	水工建筑用地	指人工修建的闸、坝、堤路林、水电厂房、扬水站等常水位岸线以上的建筑物用地
		119	冰川及永久积雪	指表层被冰雪常年覆盖的土地
12	其他土地			指上述地类以外的其他类型的土地
		121	空闲地	指城镇、村庄、工矿内部尚未利用的土地
		122	设施农用地	指直接用于经营性养殖的畜禽舍、工厂化作物栽培或水产养殖的生产设施用地及其相应附属用地，农村宅基地以外的晾晒场等农业设施用地
		123	田坎	主要指耕地中南方宽度≥1.0m、北方宽度≥2.0m 的地坎
		124	盐碱地	指表层盐碱聚集，生长天然耐盐植物的土地
		125	沼泽地	指经常积水或渍水，一般生长沼生、湿生植物的土地
		126	沙地	指表层为沙覆盖、基本无植被的土地。不包括滩涂中的沙地
		127	裸地	指表层为土质，基本无植被覆盖的土地；或表层为岩石、石砾，其覆盖面积≥70%的土地

表 3-2 城镇村及工矿用地

一级		二级		含义
编码	名称	编码	名称	
20	城镇村及工矿用地			指城乡居民点、独立居民点以及居民点以外的工矿、国防、名胜古迹等企事业单位用地,包括其内部交通、绿化用地
		201	城市	指城市居民点,以及与城市连片的和区政府、县级市政府所在地镇级辖区内的商服、住宅、工业、仓储、机关、学校等单位用地
		202	建制镇	指建制镇居民点,以及辖区内的商服、住宅、工业、仓储、机关、学校等单位用地
		203	村庄	指农村居民点,以及所属的商服、住宅、工业、仓储、学校等单位用地
		204	采矿用地	指采矿、采石、采砂(沙)场,盐田,砖瓦窑等地面生产用地及尾矿堆放地
		205	风景名胜及特殊用地	指城镇村用地以外用于军事设施、涉外、宗教、监教、殡葬等的土地,以及风景名胜(包括名胜古迹、旅游景点、革命遗址等)景点及管理机构的建筑用地

注:开展农村土地调查时,对《土地利用现状分类》中 05、06、07、08、09 一级类和 103、121 二级类按表 3-2 进行归并。

(五)土地利用现状分类与三大类对照

我国土地管理法中把我国土地分为农用地、建设用地和未利用地三大类。国标《土地利用现状分类》(GB/T 21010—2007)与其对应转换关系见表 3-3。

表 3-3 土地利用现状分类与三大类对照表

三大类	土地利用现状分类			
	一级类		二级类	
	类别编码	类别名称	类别编码	类别名称
农用地	01	耕地	011	水田
			012	水浇地
			013	旱地
	02	园地	021	果园
			022	茶园
			023	其他园地
	03	林地	031	有林地
			032	灌木林地
			033	其他林地
	04	草地	041	天然牧草地
			042	人工牧草地
	10	交通用地	104	农村道路
	11	水域及水利设施用地	114	坑塘水面
			117	沟渠
	12	其他土地	122	设施农用地
			123	田坎

续表

三大类	土地利用现状分类			
	一级类		二级类	
	类别编码	类别名称	类别编码	类别名称
建设用地	05	商服用地	051	批发零售用地
			052	住宿餐饮用地
			053	商务金融用地
			054	其他商服用地
	06	工矿仓储用地	061	工业用地
			062	采矿用地
			063	仓储用地
	07	住宅用地	071	城镇住宅用地
			072	农村宅基地
	08	公共管理与公共服务用地	081	机关团体用地
			082	新闻出版用地
			083	科教用地
			084	医卫慈善用地
			085	文体娱乐用地
			086	公共设施用地
			087	公园与绿地
			088	风景名胜设施用地
	09	特殊用地	091	军事设施用地
			092	使领馆用地
			093	监教场所用地
			094	宗教用地
			095	殡葬用地
	10	交通运输用地	101	铁路用地
			102	公路用地
			103	街巷用地
			105	机场用地
			106	港口码头用地
			107	管道运输用地
	11	水域及水利设施用地	113	水库水面
			118	水工建筑物用地
	12	其他土地	121	空闲地
未利用地	11	水域及水利设施用地	111	河流水面
			112	湖泊水面
			115	沿海滩涂
			116	内陆滩涂
			119	冰川及永久积雪
	04	草地	043	其他草地
	12	其他土地	124	盐碱地
			125	沼泽地
			126	沙地
			127	裸地

第五节　土地调查地类认定

一、耕地认定

耕地指种植农作物的土地，包括熟地，新开发、复垦、整理地，休闲地(含轮歇地、轮作地)；以种植农作物(含蔬菜)为主，间有零星果树、桑树或其他树木的土地；平均每年能保证收获一季的已垦滩地。耕地中南方宽度＜1.0m、北方宽度＜2.0m 的沟、渠、路和地坎(埂)；临时种植药材、草皮、花卉、苗木等的耕地，以及其他临时改变用途的耕地。

(一) 下列土地确认为耕地

(1) 种植农作物的土地。包括粮食作物、经济作物、饲料作物及蔬菜作物。粮食作物包括稻类、麦类、杂粮类、豆类、薯类等。经济作物包括纤维类(如棉花)、油料类、糖料类等。饲料作物指纯牧区以外的饲料、绿肥作物等。

(2) 新增耕地。通过土地开发、土地复垦、土地整理和农民自主开发变为耕地的土地。

(3) 不同耕作制度，以种植和收获农作物为主的土地。耕作制度主要包括轮作、间作、混作、套作(也称套种)、轮歇等。

(4) 被临时占用的耕地。①由于季节、经济利益、暂时需要等原因，在耕地上临时种植的苗圃(育苗地)、草皮、花卉、果树、美化绿化用树木等的土地，并在调查底图、外业调查手簿、数据库中注记实际用途，如“苗”。②在耕地上从事水产养殖未破坏耕作层的土地。在调查底图、外业调查手簿、数据库中注记“渔”。

(5) 耕地受灾但耕作层未被严重破坏、可以恢复耕种的土地。

(6) 耕地被人为撂荒的土地。

(7) 其他情况。①在江、河、湖等围垦地上种植农作物三年以上，且平均每年能保证收获一季的土地。②在耕地上大面积种植果树、经济林、茶园、苎麻的土地，确认为耕地，并在调查底图、外业调查手簿、数据库中注记实际用途，如“桔”、“杨”、“茶”、“苎麻”等。③25°以上的梯田，以及土层较厚、能常年耕种、有稳定产量的坡地。④按照国家退田还湖政策，规定实施双退，现仍在常年耕种的土地，确认为耕地，并在调查底图、外业调查手簿、数据库中注记“双退”。⑤铁路、公路、大堤控制建设范围内实际耕种的土地。⑥江、河、湖、水库以外实际种植农作物的低洼地。⑦裸岩石砾地中种植农作物，耕地面积比例大于70%的土地。裸岩石砾地面积用比例系数扣除。⑧油桐与农作物间作，油桐郁闭度小于40%的土地。

(二) 水田

下列土地认定为水田。①常年种植水稻、茭白、菱角、莲藕(荷花)、荸荠(马蹄)等水生农作物的耕地。②因气候干旱或缺水，暂时改种旱生农作物的耕地。③实行水稻等水生农作物和旱生农作物轮种的(如水稻和小麦、油菜、蚕豆等轮种)耕地。

(三) 水浇地

一般年景能够保证灌溉、种植旱生作物的耕地。非工厂化的简易温室、塑料大棚，用于培育蔬菜秧苗、栽培蔬菜，以及种植草皮、花卉等的耕地。

（四）旱地

除水田、水浇地以外的耕地。

（五）“批而未用”耕地处理

耕地已被征用，有完整、合法用地手续，调查时实地没有实质性建设的，称为“批而未用”土地。“批而未用”土地按建设用地确认。调查时，按提供的批地文件，确定其位置、范围和地类。对“批而未用”土地，在调查底图、外业调查手簿注“批”，数据库中对应字段处填写批准文号。

（六）下列土地不能确认为耕地

①已开始实质性建设（以施工人员进入、工棚已修建、塔吊等建筑设备已到位、地基已开挖等为标志，下同）的土地。②江、河、湖等常水位线和水库正常蓄水位线以下种植农作物的土地。③路、渠、堤、堰等种植农作物的边坡、斜坡地。④农民庭院中种植农作物，如蔬菜等的土地。⑤由于工程需要、改善生存环境等因素，整建制移民造成耕地荒芜的土地。⑥在耕地上，建造保护设施，工厂化种植农作物等的土地。如长期固定的日光温室、大型温室等。⑦临时开垦种植农作物，不能正常收获的土地，包括临时种植农作物的坡度大于25°的陡坡地，以及在废旧矿区等地方临时开垦种植农作物的成片或零星土地。⑧坡度25°以上已实际退耕还林的土地。

二、园地认定

指种植以采集果、叶、根、茎、汁等为主的集约经营的多年生木本和草本植物，覆盖度大于50%和每亩株数大于合理株数70%的土地。包括用于育苗的土地。园地中与前面耕地定义有重复的部分，按耕地定义核定地类。

（一）下列土地确认为园地

①集约经营果树、茶树、桑树、橡胶树及其他园艺作物，如可可、咖啡、油棕、胡椒、药材等的土地。②果农、果林、果草间作、混作、套种、套栽，以收获果树果实为主的土地。③园地中，直接为其服务的用地，如粗加工场所、简易仓库等附属用地。④城近郊区建设的非工厂化采摘园的土地。⑤专门用于果树苗木培育、林业苗圃以外花圃（简易塑料大棚温室），如制作花茶用花圃等的土地。⑥科研、教学建筑物（如教学、办公楼等）等建设用地范围以外的，以种植果树为主的园艺作物的，直接用于科研、教学、试验基地的土地。

（二）下列土地不能确认为园地

果林间作，果树覆盖度或合理株数小于标准指标时的土地。粗放经营的核桃、板栗、柿子等干果的土地。农民在自家庭院种植果树的土地。具有工厂化设施建筑物采摘园的土地。

（三）果园

种植果树的园地，包括生产食用果实的木本植物和少部分多年生草本植物的园地。

（四）茶园

用于种植茶树的园地。

（五）其他园地

下列园地确认为其他园地：集约经营桑树、橡胶树的园地。种植可可、咖啡、油棕、八角、胡椒、药材等园艺作物的园地。除林业苗圃以外，专门用于各种果树苗木培育的苗圃。

三、林地认定

林地，指生长乔木、竹类、灌木的土地（包括迹地），不包括居民点内部的绿化林木用地和铁路、公路征地范围内的林木，以及河流、沟渠的护堤林木。林地中与前面耕地定义有重复的部分按耕地定义核定地类。

（一）下列土地确认为林地

（1）生长郁闭度大于等于0.1的乔木、竹类、沿海红树林。（2）生长覆盖度大于等于40%灌木的土地。（3）林木被采伐或火烧后五年未更新的土地。（4）粗放经营的核桃、板栗、柿子等干果果树的土地。（5）林地中，修筑直接为林业生产服务的设施，如培育苗木（苗圃）、种子生产、存储种子等的土地。（6）林地用于树木科研、试验、示范基地的土地（不包括其教学楼、实验楼等建设用地）。（7）林地中，不以交通为主要目的的集材道、运材道等的土地。（8）铁路、公路等建设用地已征用，征地范围以外生长乔木、竹类、灌木并符合林地标准的土地。（9）铁路、公路等建设用地未征用，农村道路、沟渠等，其两侧毗邻用于防护行树以外生长乔木、竹类、灌木的土地。防护行树一般不多于两行且行距≤4m，或林冠宽度（林冠垂直投影）≤10m；防护灌木林带一般不多于两行且行距≤2m（下同）。（10）林带覆盖的土地。乔木林带，一般指乔木两行以上（含两行）且行距≤4m时，林冠宽度（林冠垂直投影）小于图上2mm，且连续面积大于等于图上15mm^2。当乔木林带的缺损长度超过林带宽度三倍时，应视为两条林带，两平行林带的带距≤8m时按片状乔木林调查。灌木林带，一般指灌木两行以上（含两行）且行距≤2m时，覆盖宽度小于图上2mm且连续面积大于等于图上15mm^2，当灌木林带的缺损长度超过林带宽度三倍时，应视为两条林带，两平行灌木林带的带距≤4m时按片状灌木林调查。（11）农村居民点以外森林公园、自然保护区、地质公园等中生长乔木、竹类、灌木的土地。（12）固定用于林木育苗的土地。（13）农村居民点四周用于防风的林地。（14）林果间作，以林为主的土地。

（二）下列土地不能确认为林地

（1）城市、建制镇内部，种植树木用于空地等绿化、公园内绿化的土地。（2）与农村居民点四周相连（距最外围界线不大于图上0.2mm）且不够最小上图标准，生长零星乔木、竹类、灌木的土地。(3)林带一般为一行乔木或灌木的土地。(4)墓地中生长乔木、竹类、灌木的土地。(5)森林公园、自然保护区、地质公园等中修建的建(构)筑物的土地。(6)在耕地上，临时用于树木育苗的土地。(7)林农间作，以农作物为主的土地。(8)林区专用公路。

（三）有林地

郁闭度大于等于0.2的林地。对于林木、灌木、草本植物混合生长无法区分，且土壤厚度大于15cm以林木为主的土地。

（四）灌木林地

灌木覆盖度大于等于40%的林地。对于林木、灌木、草本植物混合生长无法区分，且以灌木林为主的土地。

（五）其他林地

郁闭度大于等于0.1，小于0.2的林地。砍伐迹地、火烧迹地。专门用于林业苗圃的土地。

四、草地

指生长草本植物为主的土地。

（一）下列土地确认为草地

① 以自然生长草本植物为主的土地。②人工种植、管理，生长草本植物的土地。③草本植物、林木、灌木生长在一起无法区分，以草本植物为主的土地。④草地中，直接用于放牧、割草等服务设施的土地。⑤用于对草本植物进行科学研究、试验、示范的土地(不包括其教学、实验用等的建设用地)。⑥由于工程需要、改善生存环境等因素，农民整建制或部分移民，造成居民点和耕地自然生长或人工种植草本植物的土地。⑦在废弃的砖瓦窑、铁路、公路、农村道路、采矿地范围内，自然生长草本植物的土地。⑧在居民点外的铁路、公路、渠道两侧(征地范围外或未征地的道沟外)，用于固定的、人工种植用于美化环境、绿化，生长草本植物的土地。

（二）下列土地不能确认为草地

①城镇内部、公园内用于美化环境和绿化的土地。②在路、渠、堤、堰等的边坡、斜坡和田坎上生长草本植物的土地。③草本植物、树木、灌木生长在一起无法区分，且以林木、灌木为主的土地。④由于自然灾害造成耕地耕作层破坏，而自然生长草本植物的土地。⑤墓地等自然或人工种植生长草本植物的土地。⑥耕地人为撂荒，自然生长草本植物的土地。⑦在天然牧草地、人工牧草地上修筑用于非畜牧业生产的建筑物、构筑物的土地。⑧在科学研究、试验、示范基地中，用于教学、实验等建筑物的土地。

（三）天然牧草地

(1) 下列草地确认为天然牧草地。①天然生长用于放牧(包括轮牧)的草地。②天然草地中，直接为其服务设施，如储存饲草饲料、牲畜圈舍、人畜饮水、药浴池、剪毛点、防火等的土地。③天然草地与树木、灌木生长在一起无法区分，以放牧为主的草地。

(2) 下列草地不能确认为天然牧草地。①在天然牧草地上修筑用于非畜牧业生产的建筑物、构筑物的土地。②不用于畜牧业或放牧的草地。

(四) 人工牧草地

(1) 下列草地确认为人工牧草地。①用于畜牧业而采用农业技术措施人工栽培而成的草地(实地一般有铁丝网等围栏拦挡)。②在人工牧草地范围内，用于修建生产、储存、圈养、剪毛、药浴、饮水、灌溉等设施的土地。③主要采用补播或者施肥等措施，对天然牧草地进行改良的土地。④直接用于牧草的科研、试验、示范的草地(不包括其教学、试验用等的建筑物用地)。

(2) 下列草地不能确认为人工牧草地。①在科学研究、试验、示范基地中，用于教学、实验等建筑物的土地。②在人工牧草地上，用于修筑非畜牧业生产建筑物的土地。

(五) 其他草地

天然牧草地、人工牧草地以外的草地。

五、交通运输用地

指用于运输通行的地面线路、场站等的土地。包括民运机场、港口、码头、地面运输管道和各种道路用地。

(一) 下列土地确认为交通运输用地

①地面上用于旅客和货物转运输送线路的土地。②地面上用于旅客和货物转运输送的站场、设施、航空港、码头、港口及管道运输等的土地。③公路、铁路穿越隧道部分用虚线表示，标注隧道两端位置。

(二) 铁路用地

(1) 下列土地确认为铁路用地。①用于线路(包括路堤、路堑、道沟、桥梁、护路树木)及与其相连附属设施等的土地。有批地文件的，按批地文件范围确认；没有批地文件的，按现状确认。②用于与铁路线路相连的车站、站前广场、站台、货物仓库，与车站相连的机车检修(修理)库房、给水设施、通信设施、电气化铁路的供电设备等有关附属设施的土地。③废弃的铁路用地。④城市建成区以外，用于轨道交通地上线路及附属设施的土地。⑤用于高架铁路线路的土地。有征地文件的，为征地文件范围内的土地；没有征地文件的，为路基垂直投影范围内的土地。

(2) 下列土地不能确认为铁路用地。①工矿企业内部的铁路线路及与其相连附属设施的土地。②机车(列车)制造厂、专门修理厂等的土地。③铁路线路穿过隧道时，隧道内的铁路线路。④铁路废弃后，其土地所有权已转为当地集体所有的土地。

（三）公路用地

（1）下列土地确认为公路用地。①用于公路线路及与其相连附属设施的土地。有批地文件的，按批地文件范围确认；没有批地文件的，按现状确认。②用于公路渡口码头的土地。③废弃的公路用地。④用于高架公路线路的土地。有征地文件的，按征地文件范围内确认；没有征地文件的，按路基垂直投影范围确认。

（2）不能确认为公路的用地。

公路穿越隧道时，隧道内的公路线路。

（四）农村道路

（1）下列土地确认为农村道路。①乡级以下，宽度大于等于1.0m，用于村间、田间等交通运输的土地。包括其两侧的道沟和防护行树。②耕地中，以通行为主，宽度大于等于1.0m的地坎或地埂。③坑塘之间以通行为主的埂或堤。

（2）下列土地不能确认为农村道路：农村居民点内部的道路用地。

（五）机场用地

（1）下列土地确认为机场用地。①专供飞机起降活动的飞行场所用地。包括跑道、塔台、停机坪、航空客运站、维修厂及与机场相连且直接为机场服务的设施用地。②用于工厂、体育俱乐部、农业、森林防火、航空救护等专用机场的土地。

（2）下列土地不能确认为机场用地。①军用机场、军民合用机场用地。②临时性机场用地。③独立于机场外，并为机场服务的设施、建筑物用地，如食品加工厂等用地。

（六）港口码头用地

（1）下列土地确认为港口码头用地。①江、河、湖、水库沿岸，人工修建的供船舶出入和停泊、货物和旅客集散场所的陆上部分的土地。靠水一侧一般以码头前沿线为界，陆地上包括码头、仓库与堆场、铁路和道路、装卸机械及其他生产设施的土地。②港口码头范围内或相连的修理厂陆上部分的土地。③设施较完善的避风港陆上部分的土地。

（2）下列土地不能确认为港口码头用地。①军港、军用码头用地。②独立的造船厂和修理厂用地。③与港口毗邻的保税区、加工区等用地。

（七）管道运输用地

（1）下列土地确认为管道运输用地。①地面上，用于布设管道线路的土地。②地面上，与管道运输配套的设施用地（主要包括加压、阀门、检修、消防、加热、计量、收发装卸等）。③与管道运输配套设施相连的用于管理的建筑物用地。

（2）下列土地不能确认为管道运输用地。①过隧道的管道用地。②地面上，布设军用管道线路及配套设施的土地。

六、水域及水利设施用地

指陆地水域，沟渠、水工建筑物等用地。不包括滞洪区和已垦滩涂中的耕地、园地、林地、居民点、道路等用地。

（一）下列土地确认为水域及水利设施用地

①长年被水(液态或固态)覆盖的土地,如河流、湖泊、水库、坑塘、沟渠、冰川等。②季节性干涸的土地,如时令河等。③沿海(含岛屿)潮水常年涨落的区域。④常水位线以上,洪水位线以下的河滩、湖滩等内陆滩涂。⑤为了满足发电、灌溉、防洪、挡潮、航行等而修建各种水利工程设施的土地。

（二）下列土地不能确认为水域及水利设施用地

①因决堤、特大洪水等原因临时被水淹没的土地。②耕地中用于灌溉的临时性沟渠。③城镇、农村居民点、厂矿企业等建设用地范围内部的水面,如公园内的水面。④修建以路为主海堤、河堤、塘堤的土地。

（三）河流水面

(1) 下列土地确认为河流水面。①河流、运河常水位线以下的土地。河流参照《中国河流名称代码》(中华人民共和国行业标准,目前最新版本为 1999.12.28 发布)确定。《中国河流名称代码》中未列出的河流,可参照当地水利部门资料确定。②时令河(也称间歇性河流、偶然性河流),正常年份(非大旱大涝年份)水流流经的土地。③河流常水位线以下种植农作物的土地。④河流入海口处两岸突出岬角连线以内的土地。

(2) 下列土地不能确认为河流水面。①地下河。②穿越隧道的河流。

（四）湖泊水面

下列土地确认为湖泊水面。①湖泊常水位线以下的土地。大于 $1km^2$ 湖泊,参照《中国湖泊名称代码》(中华人民共和国行业标准,目前最新版本为 1998.11.02 发布)确定。小于 $1km^2$ 湖泊,可参照当地水利部门资料确定。②由于季节、干旱等原因,在常水位线以下种植农作物等的土地。③湖泊范围内生长芦苇、用于网箱养鱼等的土地。④河流与湖泊相连时,划定湖泊常水位线内的土地。

（五）水库水面

下列土地确认为水库水面。①水库正常蓄水位岸线以下的土地。水库参照《中国水库名称代码》(中华人民共和国行业标准,目前最新版本为 2001.01.20 发布)和当地水利部门资料确定。②由于季节、干旱等原因,在正常蓄水位岸线以下种植农作物的土地。③水库范围内生长芦苇,用于网箱养鱼等的土地。④河流与水库相连时,划定水库正常蓄水位岸线以内的土地。

（六）坑塘水面

(1) 下列土地确认为坑塘水面。①陆地上人工开挖或在低洼地区汇集的,蓄水量小于 10 万立方米,不与海洋发生直接联系的水体,常水位岸线以下,用于养殖或非养殖的土地。包括塘堤、人工修建的塘坝、堤坝。②坑塘范围内生长芦苇的土地。③坑塘范围内,由于干旱、季节性等原因造成临时性干枯或生长农作物的土地。④连片坑塘密集区，坑塘之间只能用于人行走的埂。

(2) 不能确认为坑塘水面的土地：坑塘之间可用于交通(通行机动车)的埂或堤。

(七) 沿海滩涂

(1) 下列土地确认为沿海滩涂。①大陆(包括海岛)沿海大潮高潮位与低潮位之间的土地。②与大陆或海岛不相连的大潮低潮位以上的土地。

(2) 下列土地不能确认为沿海滩涂。①滩涂上已围垦的土地。②滩涂已用于养殖的土地。

(八) 内陆滩涂

(1) 下列土地确认为内陆滩涂。①大陆、海岛内，河流、湖泊(包括时令河、时令湖)常水位至洪水位间的土地。②大陆、海岛内，水库、坑塘正常蓄水位与洪水位间的土地。

(2) 下列土地不能确认为内陆滩涂。①滩涂上已围垦的土地。②滩涂已用于养殖、建设等利用的土地。

(九) 沟渠

(1) 下列土地确认为沟渠。①人工开挖、修建，长期用于引水、灌水、排水水道的土地。渠槽宽度(含护坡)南方≥1.0m、北方≥2.0m，确认为沟渠。②与渠槽两侧毗邻，种植防护行树、防护灌木林带的土地。③支承渡槽桩柱的土地。④地面上，敷设倒虹吸管的土地。

(2) 下列土地不能确认为沟渠。①耕地、园地、草地等内，开挖临时性水道的土地。②沟渠穿过隧洞(道)时，隧洞(道)内的土地。

(十) 水工建筑用地

(1) 下列土地确认为水工建筑用地。①修建水库挡水和泄水建筑物的土地，如坝、闸、堤、溢洪道等。②沿江、河、湖、海岸边，修建抗御洪水、挡潮堤的土地。③修建取(进)水的建筑物的土地，如水闸、扬水站、水泵站等。④用于防护堤岸，修建丁坝、顺坝的土地。⑤修建水力发电厂房、水泵站等的土地。⑥修建过坝建筑物及设施的土地，如船闸、升船机、筏道及鱼道等。⑦坝或闸与道路结合，以坝或闸为主要用途的土地。

(2) 下列土地不能确认为水工建筑用地。①用于临时性堤坝的土地。②沟渠两岸人工修筑护岸的土地。③以交通为主要目的堤、坝或闸。

(十一) 冰川及永久积雪

被冰体覆盖和雪线以上被冰雪覆盖的土地，确认为冰川及永久积雪。一般按最新地形图上标绘的冰川及永久积雪确定其范围。

七、其他土地

上述确认的土地以外的其他类型的土地。

（一）设施农用地

(1) 下列土地确认为设施农用地。①修建具有较正规固定设施，如日光温室、大型温室（具有加热、降温、通风、遮阳、滴灌等控制系统）、水产养殖建筑物（或温室）和设备（如控温、控氧、控流速设备等）、畜禽舍建筑物，用于工厂化作物栽培、水产养殖、畜禽养殖的土地。②农村居民点以外，固定用于晾晒场的土地。

(2) 下列土地不能确认为设施农用地。①搭建的简易塑料大棚，用于农作物、蔬菜等育秧（栽培）的土地。②农作物被地膜覆盖的土地。③农村居民点以外，用于临时性晾晒场的土地。④农村居民点内部，用于晾晒场的土地。

（二）田坎

(1) 下列土地确认为田坎。①耕地中南方宽度≥1.0m、北方宽度≥2.0m，不以通行为主地坎占用的土地。②种植农作物等的地坎。

(2) 下列土地不能确认为田坎。①用于灌溉、施肥等临时性的地坎占用的土地。②地坎与农村道路结合，以农村道路为主的土地。

（三）盐碱地

(1) 确认为盐碱地的土地。地表盐碱聚集（一般地表呈白色），基本没有植被或植被很少或只生长耐盐植物的土地。

(2) 下列土地不能确认为盐碱地。①土壤中盐碱含量低（轻度盐碱地），基本不影响种植农作物或其他作物的土地。②个别大旱年份，土壤里含盐碱量暂时提高而不能种植的土地。

（四）沼泽地

土壤经常被水饱和、地表积水或渍水，一般生长沼生、湿生植物的土地，确认为沼泽地。

（五）沙地

(1) 确认为沙地的土地。地表层被沙（细碎的石粒）覆盖、基本无植被的土地，如沙漠、沙丘等，确认为沙地。

(2) 下列土地不能确认为沙地。①地表层被沙覆盖，但树木郁闭度，灌木、草本植物覆盖度符合相应地类标准的土地。②滩涂中的沙地。③戈壁。④仍耕种的沙漠化、沙化的耕地。

（六）裸地

下列土地确认为裸地。①长年地表层为土质，基本无植被覆盖的土地。②地表层为岩石、石砾，覆盖面积大于等于70%的土地，如裸岩、戈壁等。

（七）空闲地

城镇、村庄、工矿内部尚未利用的土地。重点建设项目（如武广铁路）区域附近的堆放场、预制场、临时建筑等难以恢复的土地。

八、城镇村及工矿用地

指城乡居民点、独立居民点，以及居民点以外的工矿、国防、名胜古迹等企事业单位用地，包括其内部交通、绿化用地。

（一）城市

（1）下列土地确认为城市用地。①国家行政建制设立市建成区的土地（包括建成区内的集体土地）。②与城市建成区连片的区政府、县政府、乡镇政府所在地的土地。③与城市建成区不连片的市辖区政府所在地建成区的土地。④与城市建成区不连片，且属于城市用于以非农业人口集聚为主建成区的土地，如卫星城、大学城或学校、居住社区等。⑤与城市建成区不连片，且属于城市用于非农业生产的土地，如工业用地、开发区、仓储用地、休闲娱乐场所用地等。

（2）下列土地不能确认为城市用地。①城市用地以外，修建铁路、公路等的土地。②城市用地以外，用于军事设施、使领馆、监教场所、宗教、殡葬等特殊用地的土地。③非城市所属的建设用地，如不与建成区连片的农村居民点。④城市建成区内大片的耕地、园地等农用地，水域（大型的江、河、湖泊）。

（二）建制镇

（1）下列土地确认为建制镇用地。①国家行政建制设立镇建成区的土地（包括建成区内的集体土地）。②与建制镇建成区连片乡政府所在地的土地。③与建制镇建成区不相连，且所属建制镇用于以非农业人口集聚为主的土地，如居住社区、学校等。④与建制镇建成区不相连，且所属建制镇用于非农业生产的土地，如工业用地、仓储用地、休闲娱乐场所用地等。

（2）下列土地不能确认为建制镇用地。①与建制镇不相连，且非建制镇所属的建设用地。②穿过建制镇铁路、公路、河流、干渠的用地。③建制镇用地以外，用于军事设施、使领馆、监教场所、宗教、殡葬等特殊用地的土地。

（三）村庄

（1）下列土地确认为村庄用地。①农民用于建设居民点集聚居住的土地。②与农村居民点不相连，且所属农村居民点非农业生产的土地，如居住、工业、商服、仓储、学校用地等。

（2）下列土地不能确认为村庄用地。①与村庄不相连，且非村庄所属的建设用地。②穿过农村居民点铁路、公路、河流、干渠的用地。③村庄以外，用于军事设施、使领馆、监教场所、宗教、殡葬等特殊用地的土地。

（四）采矿用地

（1）下列土地确认为采矿用地。①用于直接开采自然资源和存放开采物的土地，如用于露天煤矿采煤、山体表面开采矿石等在地表面开采矿藏的土地，石油抽油机、山体内部采矿出入口、地下采矿出入口等非地表面开采矿藏的地面用地。②生产砖瓦的土地,包括烧制砖瓦的窑址、制作和存放砖瓦坯子、取土等的土地。③用于固定采砂(沙)场的土地。④用于堆放各种尾矿的土地。⑤与采矿用地相连,用于对开采物进行简单处理、粗加工的土地。⑥用于盐田的土地,包括储水池、蒸发池、结晶池等的用地。⑦盐田密集区,各盐田之间只能用于人行走的埂。

(2) 下列土地不能确认为采矿用地。①地下采矿、山体内部采矿用地。②在水中捞沙的土地。③用于管理、办公、生活等的建筑用地。④临时晒盐场用地。⑤各盐田之间可用于交通(通行机动车)的埂或堤。

(五) 风景名胜及特殊用地

(1) 下列土地确认为风景名胜及特殊用地。①城市、建制镇、村庄用地以外(下同),古代流传下来著名建筑物等名胜古迹用地及管理机构的建筑用地。②用于游览、参观等风景旅游景点及管理机构的建筑用地。③用于陵园、革命遗址、墓地的土地。④直接用于军事设施的土地。如军事训练,武器装备的研制、试验、生产,军事物资的储备和供应,国防设施,国防工业用地等。⑤军队农场中的建设用地。⑥涉外、宗教、监教、殡葬用地。

(2) 下列土地不能确认为风景名胜及特殊用地。①城市、建制镇、村庄用地内部的风景名胜及特殊用地。②风景名胜及特殊用地区域范围内的林地等非建筑物的土地。③军事管理(管制)区中,直接用于军事目的的建筑物、构筑物以外的区域。④军队农场中,用于建设用地以外的土地。

复习与思考

1. 简述土地调查的概念。
2. 简述土地调查的目的和意义。
3. 土地调查的目标与任务是什么?
4. 农村土地调查的任务是什么?
5. 城镇土地调查的任务是什么?
6. 基本农田调查的任务是什么?
7. 土地调查的主要成果有哪些?
8. 概述农村、城镇土地调查的技术路线。
9. 试述土地调查的技术方法。
10. 试述农村土地调查的工作程序与步骤。
11. 试述城镇土地调查的工作程序与步骤。
12. 我国运用较多的土地分类体系有哪几种?
13. 试述土地利用分类的概念。
14. 试述土地利用现状分类国家标准的基本框架。

第四章

农村土地调查

第一节 概 述

一、农村土地调查的概念

农村土地调查是土地调查的重要任务之一。农村土地调查是指对城市、建制镇以外的土地,以查清土地利用和权属状况为宗旨,以提供客观、真实的土地基础数据和图件,满足国土资源日常管理和社会经济发展需要为目的开展的调查。

农村土地调查以县为基本调查单位,按照调查内容,分为农村土地权属调查和农村土地利用现状调查(即地类调查)。

二、农村土地调查的范围与内容

农村土地调查的范围是完整的行政辖区,其调查内容,包括土地权属调查和地类调查(也称土地利用现状调查)。

(一)农村土地调查的范围

农村土地调查覆盖完整的调查区域,其中城市、建制镇、村庄、采矿用地、风景名胜及特殊用地,依据《规程》(《城市地籍调查规程》)规定的"城镇村及工矿用地"划分要求,按单一地类图斑调查。上述区域以外的其他土地,依据《土地利用现状分类》标准进行细化调查。

(二)农村土地权属调查的内容

以宗地为调查单元,充分利用已有权属调查成果,查清农村集体土地所有权状况;查清国有农、林、牧、渔场(含部队、劳改农场及使用的土地)的国有土地使用权状况;查清公路、铁路、河流的权属状况;查清其他地类的国有、集体权属性质;依法调处调查中发现的土地权属争议。

（三）农村土地利用现状调查的内容

以县区为基本单位，以1∶1万比例尺为主，依据统一的土地调查技术标准，在近期正射影像图(DOM)基础上，充分利用已有调查成果资料，实地调查城镇以外的每块土地的地类、位置、范围、面积、分布等利用状况，查清耕地、园地、草地、林地、农村居民点等各类土地的分布和利用现状，汇总形成各级行政区域土地利用现状数据。

三、农村土地调查的程序与步骤

县级农村土地调查程序主要分为准备阶段、权属调查阶段、外业地类调查阶段、内业阶段、成果检查验收和核查等阶段。其作业步骤可细分为：①准备工作；②正射影像图制作；③内业解译；④外业调查与核实；⑤外业调查成果检查验收；⑥建设或更新土地利用数据库；⑦数据库预检；⑧编写土地调查报告；⑨成果检查验收；⑩成果资料归档。

（一）准备阶段

调查准备工作包括技术、人员、仪器设备准备；资料收集与分析；调查底图制作等内容。技术准备主要是制订方案、标准、规范和细则等；人员准备主要是确定调查队伍和人员培训；资料准备主要任务是收集与分析基础地理资料、遥感资料、界线资料、权属资料、基本农田资料、已有的土地调查资料及土地管理有关资料等；仪器设备准备主要是内外业用测绘仪器和设备等。调查底图制作的任务是以正射影像图为基础，充分利用已有土地利用资料套合制作外业调绘用调查工作底图。

调查准备工作做得越细、越周到、越充分，调查的质量和效率就越高；反之未准备充分就开展调查，一是效率低，二是可能增加不必要的返工和重复工作。

（二）权属调查阶段

主要工作是按宗地开展集体土地所有权和国有土地使用权调查，将权属界线调绘或标绘在调查底图上或数据库中的土地利用现状图上，处理和调处土地权属争议，签订《土地权属界线协议书》或《土地权属界线争议原由书》。

（三）外业地类调查阶段

主要工作是在确定的行政区域界线、土地权属界线范围内，根据实地地物的影像特征，经实地核实确认，将地类、界线、权属，以及必要的注记等调绘、标绘、标注在调查底图上或《农村土地调查记录手簿》上。对于影像上未反映的，采用测绘技术方法，将新增地物补测到调查底图上或使用GPS等仪器，采集新增地物主要界址点坐标，并输入数据库，直接补测在土地利用现状图上。

（四）内业阶段

内业阶段主要有三方面的工作，一是整理外业调查成果，形成原始调查图件和资料；二是依据原始调查图件和资料，建设农村土地调查数据库，汇总输出土地利用图件和土地统计表；三是编写调查报告，总结经验，提出合理利用土地资源的建议等。

（五）成果检查验收和核查阶段

调查成果的检查验收是保证调查数据真实、可靠的主要手段之一。依据国家有关土地调查成果检查验收办法，县级调查成果在经过自检及省级国土资源管理部门组织的预检和验收基础上，全国土地调查办组织全面核查。对检查验收的成果资料进行归档。

四、数学基础与技术要求

（一）数学基础

全国土地二调时国家制定了相关技术规范，对农村土地调查的数学基础进行统一规定：比例尺以 1∶1 万为主，荒漠、沙漠、高寒等地区可采用 1∶5 万比例尺，经济发达地区和大中城市城乡结合部，可根据需要采用 1∶2000 或 1∶5000 比例尺；坐标系统统一采用 1980 西安坐标系 3°带；高程基准采用“1985 国家高程基准”；投影带，标准分幅图采用高斯-克吕格投影；分幅与编号统一采用国家基本比例尺地形图的分幅与编号，即新的行列式编号，而不用旧图号。

（二）技术要求

(1) 方案制定。开展农村土地调查，各市、县（市、区）和土地调查任务专业承担单位要编制农村土地调查技术方案，报省级土地调查办审批后方可实施。技术方案内容主要包括调查区基本情况、资料情况、调查底图、技术方法、技术流程、时间安排、组织实施，质量监控及主要成果等内容。

(2) 作业要求。内业要充分利用已有土地调查成果；外业调查必须实地逐图斑调查，必须做到走到、看清、问明、记全、画准。权属界线应认定合法、位置准确、表示规范；图、数、实地三者应一致。

(3) 分类与图式。采用国标土地利用现状分类，即二级分类，其中一级类 12 个，二级类 57 个；采用全国土地调查图式。

(4) 坡度测算。每块耕地需进行耕地坡度量算。用于耕地坡度量算的数字高程模型(DEM)由省土地管理部门统一提供。

(5) 田坎系数。坡度小于 2°时，不扣除耕田坎系数，坡度大于 2°时，扣除耕地田坎系数。

(6) 土地面积。农村土地调查面积采用椭球面面积（而城镇土地调查面积采用高斯投影面积）。

(7) 数据取位。图幅理论面积计算单位为平方米(m^2)，保留一位小数。长度、面积的单位为米(m)或平方米(m^2)，保留一位小数。统计、汇总面积单位为公顷或亩，保留一位小数。

(8) 质量检查。农村土地调查要建立承担单位自检、乡镇检查、县检、市检四级检查制度，各级检查均需提交检查报告和检查记录。

(9) 应用软件。采用经国土资源部测评通过的正版软件。

五、技术路线与方法

（一）技术路线

农村土地调查应充分利用原1∶1万土地利用现状数据和近期航空航天遥感正射影像图等基础资料，采用全国土地利用分类标准，按照规程规定的统一调查内容、方法和要求，先进行室内遥感影像解译，找出发生变化和未发生变化的地块；然后，外业逐地块实地调查核实变化与未变化的所有土地的地类、范围和权属；再对原土地利用现状数据库成果进行修改、补充、完善，在此基础上，进行数据汇总、统计、分析，从而完成查清各类土地的权属和利用现状的农村土地调查工作。农村土地调查主要技术流程如图4-1所示。

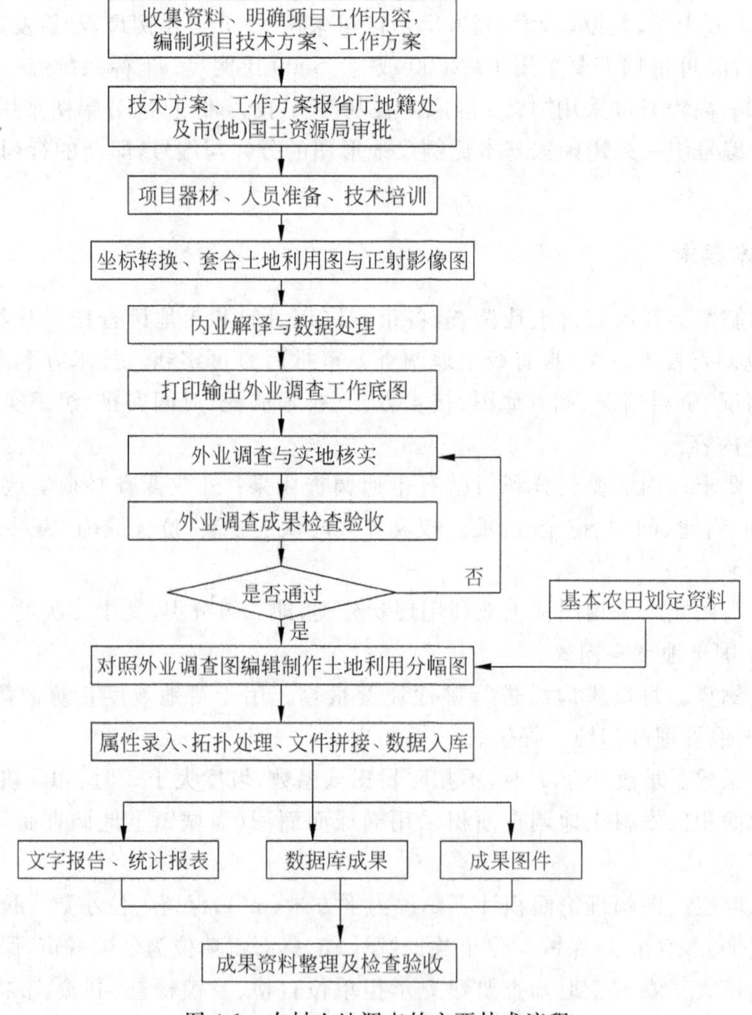

图4-1 农村土地调查的主要技术流程

（二）技术方法

以正射影像图为基础并充分利用已有资料制作调查底图，采用GPS等测量技术手段，实地对每一地块土地的地类、权属等情况进行外业调查，并详细记录，绘制相应图件，填写外业调查记录表，确保每一地块的地类、权属等现状信息详细、准确、可靠。以外业调绘图件为基础，采用成熟的目视解译与计算机自动识别相结合的信息提取技术，对每一地块的形状、范围、位置进行数字化，准确获取每一块土地的界线、范围、面积等土地利用信息。

（三）主要作业步骤

农村土地调查有影像解译、影像解译信息的实地核实与调查、调绘信息提取、成果修改完善等主要作业步骤。

(1) 影像解译。以县为调查单位，以1∶1万航空或航天遥感正射影像图及1∶2000航空影像为主要信息源，采用统一的全国土地利用分类标准，按照规定的调查内容、方法和要求，先进行室内解译预判，根据影像成像规律与特征，与已完成的土地利用更新调查数据库比较，结合新地形图、土地详查数据等资料进行地类判读。

(2) 影像解译信息的实地核实与调查。县级农村土地调查以乡、镇为单位，以村为基本单元，由相邻乡镇共同确定相邻村权属界线，再根据明显线状地物进行分割，分片进行调查。在GPS等技术手段引导下，实地对每一块土地的类型、权属、范围等情况进行外业调绘，详细记录、标绘调绘信息，填写外业调查记录表，确保每一地块的地类、权属、范围等现状信息详细、准确、可靠。

(3) 调绘信息提取。以外业调绘图件为基础，采用目视解译与计算机自动识别相结合的信息提取技术，对每一地块的界线、位置、属性进行数字化，准确获取每一地块的界线、范围、面积等土地利用信息。系统整理外业调查记录、逐图斑录入调查记录，并对土地利用图斑的图形数据和图斑属性的表单数据进行联结，形成集图形、影像、属性、文档为一体的土地利用数据库。经逐级汇总后，形成数据、图件、文字和数据库成果。

(4) 成果修改完善。对土地利用现状数据库的成果进行修改、补充、完善，在此基础上，进行数据汇总、统计、分析。

第二节　农村土地调查准备工作

农村土地调查准备工作包括组织准备、方案制定、人员培训、资料收集与分析、仪器设备准备，及外业调查底图制作等。

一、组织准备

（一）组织准备

包括建立领导机构、组织专业队伍、建立工作责任制等。农村土地调查由当地政府组织实施，成立专门的领导机构，负责组织专业技术队伍、筹集经费、审定工作计划、协调部门关系、裁定土地权属等重大问题。同时，为确保调查的质量及进度，还应组建一支以土地管理技术人员为主，由水利、农业、计委、城建、统计、民政、林业、交通等部门抽调的技术干部组成的专业队伍。专业队设队长、技术负责人、技术指导组、若干作业组、面积量算统计组、图件编绘组等。为增强调查人员责任感，还应建立各种责任制，如技术承包责任制、阶段检查验收制、资料保管责任制等。

（二）制订方案

根据调查地区的实际情况，制订土地调查方案。主要内容包括调查区基本情况、资料情况、技术路线、技术方法、技术流程、时间安排、经费预算、组织实施、质量控制及主要成果等。

（三）人员培训

在开展土地调查前，应对参加调查的人员进行技术培训，规范调查程序，统一调查方法和要求等。各级组织机构都要有负责人，并且要做到职责明确，分工有序，使地籍调查工作的质量有管理上的保证。

（四）开展试点

先开展调查试点工作。在试点基础上，全面开展调查工作。

二、资料收集与分析

（一）资料收集

调查前需要收集的有关资料主要包括权属调查和地类调查方面的资料。

1. 权属调查方面的资料

权属调查方面应收集的资料主要有：以往调查编制的权属界线图；以往调查签订的《土地权属界线协议书》、《土地权属界线争议原由书》；县级(含)以上人民政府确定国有土地、集体土地的登记资料；政府最新划定、调整、处理争议权属界线的图件、说明及有关文件等确权资料；集体土地登记发证资料；土地的征用、划拨、出让、转让等相关资料；建设用地审批文件等资料；城镇、村庄地籍调查资料；相关法律、法规、政策规章，主要包括《中华人民共和国宪法》、《中华人民共和国民法通则》、《中华人民共和国土地管理法》、《中华人民共和国土地管理法实施条例》、《确定土地所有权和使用权的若干规定》、《土地权属争议处理暂行办法》等法律法规；已颁发的铁路、公路、水利、电力等的《国有土地使用证》；林地、草地登记发证资料；以往调查时，将国有荒山、荒地、河流、滩涂、农民集体使用的国有土地等错划为集体土地，或对其所有权是否有争议等情况；以往调查未处理或历史遗留的土地权属争议情况；与调查要求有关的其他权属调查资料和情况。

2. 地类调查方面的资料

依据国家统一的《土地利用现状分类》标准，对地类进行认定是土地调查的重要内容。在实地进行地类认定时，不但要看现状还要定性，如同样的道路，是确认为公路还是农村道路，需要其他资料作旁证。根据以往的调查情况，县级国土资源管理部门应收集或配合调查人员收集下列有关资料。

(1) 公路资料。随着经济的发展，农村道路修建的规格越来越高(发达地区更是如此)，从外观看，与公路很难区分，但与公路的权属性质完全不同(一般农村道路为集体所有，公路为国家所有)。为了将公路用地认定准确，调查前，应向当地交通主管部门咨询，收集本调查区域公路的位置、名称、权属等方面的图件、文字等资料，根据这些资料结合实地现状再开展调查，避免调查结果与主管部门掌握的不一致。

(2) 河流资料。收集水利部制定的《中国河流名称代码》(中华人民共和国行业标准，目前最新版本是1999.12.28发布的)，对较大河流，应参照该标准的名称确认；对《中国河流名称代码》未列出的较小河流，应向当地水利主管部门咨询，收集相关资料。同时收集流经本调查区域河流的管理范围及依据，根据这些资料结合实地现状开展调查，确定本调查区域河流的位置、名称、范围等。

(3) 湖泊资料。收集水利部制定的《中国湖泊名称代码》(中华人民共和国行业标准，目前最新版本是1998.11.02发布的)，对大于1km^{2}湖泊，应参照该标准的名称、位置等确认；对《中国湖泊名称代码》未列出的小于1km^{2}湖泊，应向当地水利主管部门咨询，收集相关资料，根据这些资料结合实地现状开展调查，确定本调查区域湖泊的位置、名称、范围等。

(4) 水库资料。收集水利部制定的《中国水库名称代码》(中华人民共和国行业标准，目前最新版本是2001.01.20发布的)，参照该标准结合实地现状开展调查，对水库的名称、位置、范围进行确认。

(5) 各种界线资料。包括国界线资料、沿海海涂界线(含海岛滩涂界线)资料、民政部门的行政区域勘界资料。其中，国界线资料、沿海海涂界线(含海岛滩涂界线)资料、省级行政区域勘界资料由全国土地调查办收集和提供使用。县级行政区域勘界资料，由省级土地调查办收集和提供使用。乡镇级行政界线由县级土地调查办提供。

(6) 土地开发、复垦、整理、生态退耕的设计、验收的图件、文字等资料。

(7) 以往土地调查资料。以往土地利用现状调查、土地变更调查、城镇地籍调查与变更调查等形成的土地利用数据库、土地利用现状图、调查手簿、田坎系数测算原始资料、城镇地籍调查图件、工作总结、技术总结等资料。

(8) 根据本调查区域需要收集的与调查要求有关的其他资料。如农业结构调整，土地承包，新建的水库、机场、港口、铁路、公路、住宅区、高尔夫球场、休闲度假村等大型建设用地的审批资料、设计图、竣工图等资料。

(9) 调查工作底图。航空或航天正射影像图(DOM)一般由省级土地管理部门统一提供，须经省测绘产品质量检验授权站检验通过，生产单位使用前也应检查每幅图的质量。农村土地调查工作底图，由原土地利用现状数据库与正射影像图套合处理形成。对于城镇土地调查工作边线，可在已有地籍图或数据库中调取工作边线作为与1∶1万地形图无缝拼接的依据；对无上述图件的地区，可按街坊或小区现状绘制宗地关系位置图，作为该区域调查工作底图，避免重漏。

(二) 资料分析

资料分析要作记录，并由分析人员签名，作为验收的依据。

(1) 现有数据库成果分析。根据国土资源部制定的《县(市)级土地利用数据库标准》、《城镇地籍数据库标准》、《1∶1万土地利用现状建库管理办法》、《县(市)级土地利用数据库建设技术规范(试用)》,检查现有土地利用现状数据库和城镇地籍数据库的权属、分类、要素、内容、属性结构、数学要素、逻辑一致性、拓扑关系、输出打印、统计功能等是否满足要求。如林地不可能有田坎系数、耕地的田坎系数不能为零等。

(2) 控制面积分析。对照原土地利用现状调查统计的村控制面积与数据库统计的村土地面积,检查村控制面积的正确性。

(3) 田坎系数分析。从土地利用现状数据库中导出田坎扣除系数,与省土地调查办测定的田坎系数进行对比。

(4) 城镇土地调查资料分析。分析坐标系统、投影变形、控制网布设和精度、界址点观测方法和精度等。

(5) 权属资料分析。分析城镇地籍调查与土地利用现状调查时形成的土地权属资料内容是否齐全、程序是否合法、手续是否完备。

(6) 基本农田数据库分析。分析基本农田数据库与土地利用现状数据库中耕地的位置、范围是否一致。

(7) 统计数据分析。检查汇总数据中是否出现了本地没有的地类,如盐碱地、山区有芦苇地等。有些地类的面积明显异常,比重过大或过小。

三、界线及面积控制

土地调查涉及的各级界线包括国界线、陆海分界线、各级行政区域界线。各级界线的应用和辖区控制面积均采用自上而下逐级提供的方式。

(一) 我国政区域界线及行政区域勘界情况

行政区域界线,是指国务院或者省、自治区、直辖市人民政府批准的行政区域毗邻的各有关人民政府行使行政区域管辖权的分界线,包括省级、地级、县级、乡级。行政区域界线是国家实施有效行政管理必不可少的依据。

我国于 1995 年 11 月首次启动了全国勘界工作,在国务院统一部署下,由民政部组织实施,至 2002 年年底圆满完成了省、县两级陆地行政区域界线的勘定工作,共计勘定省级界线 68 条,总长 62 097 千米,县级界线 6300 千米,总长 41.6 万千米,形成了以具有法律效力的各级行政区域界线协议书及附图、界桩成果表、界桩登记表、界桩照片和文字记录等为主的行政勘界成果。此后,各省按要求相继开展了行政区域界线信息管理系统建设,通过建立行政区域界线地图图库、行政区域界线和界桩数据库、协议书和有关文字资料的文档数据库,采取分级负责、分步实施的方法,完成了省级行政区域界线信息管理系统的建设和县级行政区域界线信息管理系统的建设。

(二) 国界线

我国陆地边界线总长约 22 000 千米。涉及周边国家的边界线 14 条。国界线的确定采用主管部门认可的最新边界条约附图、协定书附图、联检议定书附图上的国界线。土地调查中使用的国界线由国家土地调查办统一提供,使用过程中发现问题,应及时报国家土地调查办处理。

(三) 沿海滩涂界线和海岛资料

沿海滩涂界线,由海域测绘主管部门的海洋基础测绘资料确定,由国家土地调查办统一收集资料，提供的相应地区使用，使用过程中发现问题，应及时报国家土地调查办处理。

海岛是指四面环水，在大潮平均高潮时露出水面的陆地。调查时，只对大于或等于 500m^2 的海岛进行调查与统计汇总。由于围海造地、修建港口、筑坝、建堤（修桥除外）等原因，与大陆相连的海岛将视为大陆的一部分，不作为海岛调查。全国土地调查办向海域测绘主管部门收集海岛的名称、位置、面积等资料，提供给相应地区使用。

（四）各级界线在调查中的应用

各级界线包括国界线、陆海分界线、各级行政区域界线。在调查时，采用自上而下逐级提供相应界线的方式。

国家土地调查办负责提供国界线、陆海分界线、省级行政区域界线，作为省级调查范围的控制界线，并将上述界线统一矢量化，制作标准分幅矢量数据，提供给相应地区使用。各省土地调查办，负责提供本省内县级行政区域界线，作为县级调查范围的控制界线，并将界线统一矢量化，制作标准分幅矢量数据，提供给相应地区使用。各县土地调查办，负责确定本县内乡镇行政区域界线。

对提供的界线，不得擅自修改，但应进行复核，当发现问题时，应及时报提供界线的部门处理。

（五）标准分幅界线图制作及辖区控制面积的确定

国家土地调查办负责制作国界线、沿海（含海岛）滩涂界线和省级行政区域界线的标准分幅矢量界线图，确定省级调查区域控制面积。省土地调查办负责制作县级行政区域界线的标准分幅矢量界线图，确定县级调查区域控制面积。具体方法和要求如下。

(1) 行政区域界线标准分幅矢量界线图制作。依据民政部门行政区域勘界图件，界线为矢量数据的可以直接利用，为纸介质的，通过扫描矢量化和接边处理变为矢量数据。按照调查比例尺要求，将矢量数据落到标准分幅图上，矢量数据坐标系与土地调查不一致的应首先进行坐标转换，建立标准分幅行政界线层数据（包括线层和面层两种），作为调查范围的控制界线。

(2) 计算图幅内控制面积。以标准分幅图为单位，以图幅理论面积为控制，对标准分幅的矢量界线数据按椭球面积计算公式，计算图幅内各方控制面积，使图幅内各方控制面积之和等于图幅理论面积，并将计算的各方控制面积保存在标准分幅行政界线层数据中，作为图幅中各行政区域的控制面积，由此得到各行政区域界线所在图幅的破幅控制面积。图幅理论面积单位为平方米（m^2），保留一位小数。图幅理论面积计算方法与要求可参考有关教材。也可以从《第二次全国土地调查技术规程》的附录 D.2 的表 D2～D4 中按比例尺和纬度查找。

(3) 计算调查区域控制面积。以行政区域界线（国界线或零米线）为控制依据，制作图幅理论面积与控制面积接合图表（简称接合图表）。根据接合图表分别计算本行政区域的破幅控制面积之和，及整幅图理论面积之和，二者之和即为该调查区域控制面积。下级行政区域控制面积之和等于上级行政区域控制面积。

接合图表（见表 4-1）可依据确定的界线、破幅控制面积、图幅理论面积制作。通过接合图表计算本行政区域的控制面积。接合图表的主要内容包括，经纬度、图幅编号、图幅理论面积、界内外控制面积、界内横向累加值、界内总面积（合计）。

表 4-1 ________图幅理论面积与控制面积接合图表[1)]

单位：平方米(0.0)

图幅理论面积		纬度	经度			纬度	界内横向累加值	
1∶1万	1∶5千		110°00′ 110°01′52.5	110°03′45″	110°07′30″		1∶5千	1∶1万
25 951 520.0	6 487 028.3	36°20′00″	4 343 484.2 *a* 2 143 544.1	1 987 605.8 *b* 4 499 422.5 (5)	8 858 101.1　××县 (6) ××县 (49 118 878.3)　5 505 227.6 11 588 191.3	36°20′00″	6 642 966.6	11 588 191.3
	6 488 731.7	36°18′45″	3 015 748.4 *c* 3 472 983.3	*d*		36°18′45″	9 504 480.1	
25 965 140.9		36°17′30″ 36°15′00″	2 059 410.2 13 590 201.3 (13) ××县 10 315 529.4		7 793 039.0 (14) 18 172 101.9	36°17′30″ 36°15′00″		21 383 240.3
		纬 度	110°00′ 110°01′52.5″ 经度	110°03′45″	110°07′30″	纬度		
界内纵向累加值		1∶5千	5 159 292.5	10 988 154.2		小计	16 147 446.7	32 971 431.6
		1∶1万	13 590 201.3		19 381 230.3			
界内总面积(合计)			49 118 878.3					

注：1)________位置填写具体行政区域名称。　　　编制单位：　　　日期：

接合图表的制作要求是：国家级接合图表以省为基本单位编制，省级接合图表以县为基本单位编制；按照调查比例尺编制，境界线用相应符号表示；界内纵向累加值之和与横向累加值之和必须相等，并为界内总面积（合计）；不同比例尺图接边时，大比例尺控制面积不变（视为"真值"），小比例尺图控制面积等于该图幅理论面积减去大比例尺图控制面积；在破图幅中，行政界线内外控制面积之和必须等于该图幅的图幅理论面积。

(4) 界线数据提供。行政区域所涉及的标准分幅界线数据文件（含分幅控制面积）、辖区控制面积，由上级向下级分别提供给相应地区，作为土地调查各级调查区域控制界线和控制面积。

具体调查时，将提供的标准分幅界线层数据与正射影像图套合制作调查底图，开展本行政辖区内的土地调查。

四、外业调查底图的制作

外业调查底图用于外业调绘和接边，其制作的主要工作内容包括：境界、权属界线与DOM影像套合后的位置修订；线状地物及面状地类与DOM影像套合核对后的位置修订、图斑的补充、删除、更新，以及错误的修改等。位置修订主要针对LUDLG各类地物的类型总体正确，但其界线或图斑边界与DOM影像套合后存在一定误差，精度不能满足要求的边界错误；地物的补充主要针对过去土地调查遗漏的线状地物及面状地类图斑；图斑的删除主要针对影像中明显不存在的多余图斑；地物的更新主要针对历年年度变更的遗漏图斑；错误的修改主要针对前次土地调查或年度变更中的错误图斑。

（一）基本概念

1. 数字正射影像图

数字正射影像图（Digital Orthophoto Map，DOM）是对航空照片或卫星图像，进行数字微分纠正和镶嵌，按一定图幅范围裁剪生成的数字正射影像集，是既具有地图几何精度又具有影像特征的图件。DOM可作为独立的背景层与地名注记、图廓线、公里格网及其他要素层复合，制作综合的影像地形图或各种专题影像图。DOM具有精度高、信息丰富、直观逼真、获取快捷等优点，可作为地图分析的背景控制信息，评价其他数据的精度、现势性和完整性。也可从中提取自然资源和社会经济发展的历史信息或最新信息，为防治灾害和公共设施建设规划等应用提供可靠依据；还可从中提取和派生新的信息，实现地图的修测更新。

DOM的技术特征是：数字正射影像，地图分幅、投影、精度、坐标系统与同比例尺地形图一致，图像分辨率为输入大于400dpi，输出大于250dpi。由于DOM是数字的，在计算机上可局部开发放大，具有良好的判读性能、量测性能和管理性能等，因此，在农村土地调查时，可用于确认宗地界址并数字化其点位坐标、地类调查等。

2. 遥感影像对地物的识别精度

遥感影像对地物的识别精度主要取决于空间分辨率。空间分辨率是指地面上多大的地物在图像上反映为一个像元点。反之，也可以说图像上的一个像元代表地面上多大的一块面积。如法国的SPOT-5卫星数据和印度的IRS-P5卫星数据的空间分辨率均为2.5m，黑白航片的空间分辨率为1.0m左右。

3. 土地利用现状数字线画图（LUDLG）

土地利用现状数字线画图(Landuse Digital Line Graphic,LUDLG)是以DOM为依据，参照土地利用数据库和年度变更调查等成果，按地类调查和土地利用数据库建库要求，在计算机和相关软件支持下，通过人机交互式解译(预判)，绘制而成的图件。LUDLG的质量取决于室内遥感解译的准确性。

4. 室内遥感解译

遥感解译又称图像判译、判读、识别等，是指从图像中获取信息的基本过程。即根据土地调查的要求，运用图像解译标志(色调、纹影、形状等)，结合土地专业知识和实践经验，通过逻辑推理对影像特征进行研究，判别地物类型、圈定地物界线的过程。

5. 外业调查底图

农村土地调查的外业调查底图是以1∶1万标准分幅数字正射影像图(DOM)为载体，套合省、市、县等各级境界与乡、村等土地权属界线，以及土地利用现状数字线画图(LUDLG)等已有土地利用资料，并附以村级以上必要的地名制作而成。外业调查底图的质量不仅与DOM、LUDLG的质量密切相关，还受到图件整饰情况，以及输出设备、输出纸张等影响。

(二) DOM精度指标

《第二次全国土地调查技术规程》对作为调查工作底图的DOM的精度做了规定。

1. 平面位置精度

DOM地物点相对于实地同名点的点位中误差，不得大于表4-2之规定。特殊地区可放宽0.5倍。规定两倍中误差为其限差。

表4-2 DOM平面位置精度 单位：m

DOM比例尺	平地、丘陵地	山地、高山地
1∶500	0.30	0.40
1∶1000	0.60	0.80
1∶2000	1.20	1.60
1∶5000	2.50	3.75
1∶10 000	5.00	7.50
1∶50 000	25.00	37.50

2. 镶嵌限差

利用航空影像制作DOM时，像片或影像之间镶嵌限差见表4-3。

表4-3 像片或影像镶嵌限差 单位：m

DOM比例尺	平地、丘陵地	山地、高山地
1∶500	0.1	0.15
1∶1000	0.2	0.3
1∶2000	0.4	0.6
1∶5000	1.0	1.5
1∶10 000	2.0	3.0
1∶50 000	10.0	15.0

利用卫星影像制作 DOM 时，景与景之间的镶嵌限差见表 4-4。

表 4-4　景与景镶嵌限差　　单位：m

DOM 比例尺	平地、丘陵地	山地、高山地
1∶2000	1.0	1.6
1∶5000	2.5	4.0
1∶10 000	5.0	8.0
1∶50 000	25.0	40.0

利用不同分辨率影像（包括航空影像和卫星影像）制作 DOM 时，二者之间的镶嵌限差见表 4-4。

（三）基础资料的处理

1. 坐标转换与标准图幅分割

农村土地调查采用“1980 西安坐标系”，如原土地利用数据库为“1954 北京坐标系”，必须进行坐标转换。坐标转换后，需要重新进行标准图幅分割。如所用的 GIS 平台难以直接完成坐标转换，可通过如下方法完成。

① 利用专门软件转换：利用国家土地调查办提供的坐标转换专门软件直接进行坐标转换。

② 利用图幅四角的 Tic 点坐标进行转换（农村土地调查用于标准图幅转换的 Tic 点，通常由省级土地调查办统一提供）。

2. 境界的处理

境界是指省、市、县、乡级行政区域界线。按规定收集民政部门最新勘界的行政区域界线（图件、界桩坐标、文字说明等），作为调查范围的控制界线。遥感解译前，先将上述境界套合于 DOM 上，再进行解译。

民政行政勘界成果中，作为边界协议书附件的边界线地形图的比例尺一般为 1∶5 万，是经勘界双方签字确认具有法律效力的边界线标准划界底图，国家《行政区域界线管理条例》规定，任何组织或者个人不得擅自变更行政区域界线。

而土地利用现状图上已有的行政境界和新行政勘界成果可能存在一定的差异。如原行政境界与新行政境界不重叠，使得境界附近的土地权属归宿极其复杂。作为能反映土地权属情况的原行政境界，具有法律效力的土地确权文书，不能随意更改；最新行政境界是规定的调查范围控制界线，必须使用。针对上述情况，遥感解译中以最新行政境界围限的区域为遥感解译范围，土地权属情况仍然按已有的权属资料为准。或者说，最新行政境界只作为调查范围的控制界线，不作为境界上权属界线的依据。

3. 权属界线处理

① 对于前次土地详查以来土地权属界线没有发生变化，且和 DOM 套合后吻合程度较高者，直接引用。②对于撤乡并镇者，删除对应的乡级或村级权属界线。③对于权属性质发生变化的原国有农场、林场、渔场、厂矿等，依据土地转让时的宗地权属、确权登记等资料，修改权属性质。④当权属界线没有变化，但和 DOM 套合后与地物或影纹不能吻合时，对位置偏离小于 100m 者，根据 DOM 的影纹特征与《土地权属界线协议书》进行修正；对位置偏离

大于100m者，先根据DOM的影纹特征与《土地权属界线协议书》的文字记载进行修正，待野外调查时予以核对。

4. 正射影像图与土地利用现状数据库套合

正射影像图与调整后的原土地利用现状数据库套合，各种明显界线的位移不得大于图上±0.2mm，不明显界线的位移不得大于图上±1.0mm。

5. 逻辑错误等的纠正

根据分析结果，修改、补充、完善农村土地数据库。对下列问题应予以纠正。①沟渠作河流水面统计的要纠正。②大坝上游河流水面作水库水面统计的要纠正。③田坎没有扣除系数或扣除不正确或扣除偏大的要纠正。2°以下扣除了田坎系数的要删除。④农村道路调绘成公路的应纠正。⑤对土地利用现状调查与土地利用现状数据库统计的村控制面积差距大，属土地利用现状数据库建库错误的，应对数据库进行调整。⑥对错误的土地权属界线进行纠正。⑦对属性错误、逻辑错误进行纠正。⑧其他发现的错误应对其进行纠正。

（四）遥感解译制作外业调查底图技术流程

遥感解译制作外业调查底图的总体技术流程是：利用MapGIS系统的编辑功能，逐幅将原1∶1万土地利用现状图与1∶1万DOM影像图叠加放大进行分析比较，将二者之间不一致的土地信息直接在影像上进行勾绘，形成一幅与1∶1万DOM影像图套合后高度吻合的土地利用矢量图层(技术流程见图4-2)。由于有的图斑界线是以线状地物为图斑边界的，所以解译的顺序是先解译线状地物，后解译图斑。

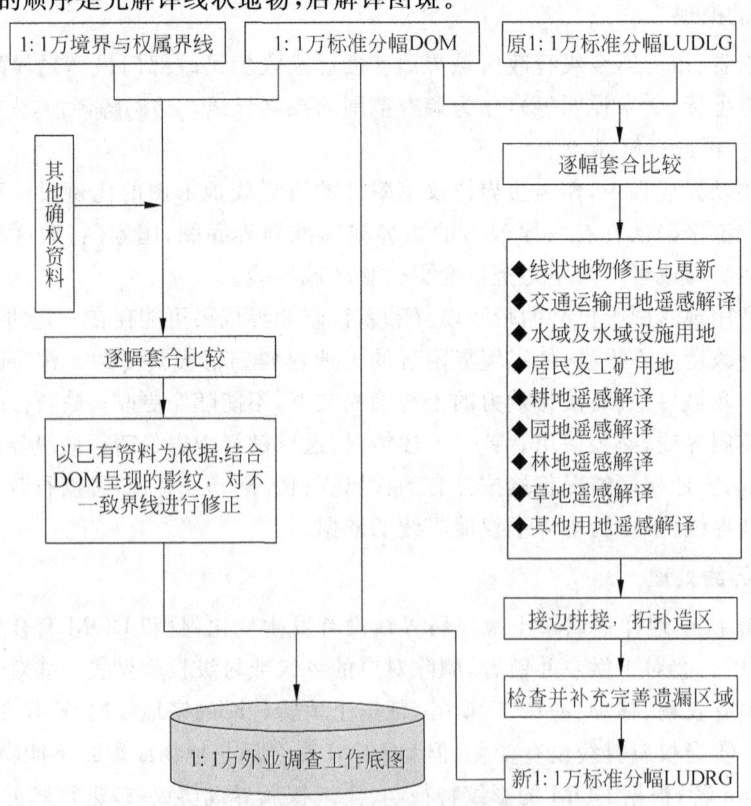

图4-2 外业调查工作底图制作技术流程图

遥感解译的基本步骤是：①将境界（行政、权属）文件改成线状地物的属性结构；②将线状地物添加；③剪断，修改以线状地物为权属界的界线与线状地物不重合的线；④线状地物的解译；⑤图斑的解译，矢量化地类界线；⑥查错、修改；⑦分层。

（五）遥感解译技术方法

农村土地调查遥感解译技术方法分为：单线线状地物的解译、面状地类的解译、零星地物的解译和复杂情况的处理等。

1. 技术要求

无论哪种情况，解译须遵循以下技术要求：①遥感解译标绘的各种明显界线移位不得大于图上±0.3mm；②不明显界线移位不得大于图上±0.5mm；③地物补测的地物点与其四周已知明显地物点之间的距离误差，平地不得大于图上±0.5mm，丘陵、山区不得大于图上±1.0mm。

2. 单线线状地物的解译

《规程》明确规定，南方宽度大于等于1m小于20m的河流、铁路、公路、林带，固定的农村道路、沟、渠、田坎和管道用地等为单线线状地物。

线状地物解译比较简单，主要把握一个原则是明显的或者通过相关地物可以判断出来错误的（如线状地物不能走在房子上，农路不能走到水塘里，靠山边的房子前一般有路通过等），严格按照影像上的解译矢量化，影像上看不出来的，以原来的现状图为准。在线状地物解译时，一定要继承原来线状地物的属性。新增的线状地物要单独存放在一个层里，以方便提取处理，在外业时调查其地类和量测其宽度。具体如下。

①从原LUDLG中提取所有的单线线状地物，并与对应的DOM套合。②原LUDLG中单线线状地物与DOM套合后吻合程度较好者，直接引用。③原详查时遗漏的、详查以来新增的，以及已经规划并正式报批的单线线状地物，根据DOM呈现的信息，结合用地报批图件予以补充。④原详查时多余勾绘的、或者详查以来消失的单线线状地物，予以删除。⑤单线线状地物实际没有变化，但经DOM套合后与影纹不能吻合时，参照DOM显现的单线线状地物进行系统的位置修正。⑥原详查以来宽度增加，大于20m的线状地物，根据DOM的影纹标志，更新为双线线状地物。

3. 面状地类的解译

为了简单明了地开展遥感解译，针对已有的1∶1万LUDLG与DOM套合比较后的错漏程度，宜采用多层次的方法进行。即按不同的地类类别，在已经修正更新境界、权属界线，并解译完成单线线状地物的基础上，先解译建设用地、耕地等高精度要求的地类，后解译林地、草地等低精度要求的地类。

分层处理后的原LUDLG与对应的DOM套合后，面状地类与DOM的吻合程度将出现不同的情况，遥感解译中采用不同的方法予以处理。

①原LUDLG中面状地类与DOM套合后吻合程度较好者，直接引用。②原土地详查时遗漏的图斑，详查以来新增的但年度变更调查中漏报、少报、瞒报等土地变更不彻底的图斑，以及已经规划并正式报批的面状地类，根据DOM呈现的信息，结合用地报批图件予以补充。③原土地详查时多余勾绘的图斑，或者详查以来消失的图斑，以及年度变更调查中人为多报的图斑，予以删除或合并。④原土地详查与年度变更调查中的错误图斑，按DOM呈

现的地物进行纠正。⑤面状地类的类型正确,但地类界线和 DOM 套合后与影纹不能吻合,位置发生偏移的情况,是最常见的现象。参照 DOM 显现的地类边界,逐界线进行位置修正。为了图斑属性信息的继承,解译时原来图斑的属性可以生成 label 点,图斑边界变化比较大时需要移动 label 点,图斑合并时需要删除 label 点。

4. 零星地物的解译

零星地物是指小于最小上图标准的地类图斑。《规程》明确,零星地物原则上不作调查,但对某些地类图斑多为破碎的地区,可对涉及高精度地类的零星地物开展调查。①零星地物的最小标注面积为图上 1.0mm^2(相当于 0.15 亩)。②居民及工矿用地、耕地在其他地类中以零星地物出现时,予以解译。③林地、园地、居民及工矿用地在耕地中以零星地物出现时,予以解译。

5. 复杂情况的处理

①线状地物穿过城镇时,线状地物一般断在城镇外围界线处。②河流、铁路、高速公路、国道、干渠、县(含)以上公路等线状地物穿过农村居民点时,线状地物应连续标绘。③农村道路、沟渠等线状地物穿过农村居民点时,线状地物可断在居民点外围界线处。④双线表示的线状地物与农村居民点并行,当间距大于等于图上 2mm 时,双线线状地物、居民点边线均应标绘在准确位置,其间的地类按现状调查;当间距小于图上 2mm 时,双线表示的线状地物标绘在准确位置,其某一边线可作为居民点图斑界线。⑤单线表示的线状地物与农村居民点并行,当间距大于等于图上 2mm 时,单线线状地物、居民点边线均应调绘在准确位置,其间的地带按现状调查;当间距小于图上 2mm 时,单线表示的线状地物调绘在准确位置,并可作为居民点图斑界线。⑥解译时地类未发生变化,只是有移位,修改移位的界线不修改线参数,地类合并、非常确定的变化地类也不修改线参数。地类发生变化、不能确定属于何种地类的可将线参数修改以便提出,并重点标识,以便外业人员重点调查。⑦双线公路要画防护林,排水沟,水系不能穿过水库、坑塘,应该在其边界处断掉。

(六) 外业调查底图制作

以 1∶1 万标准分幅 DOM 为载体,套合处理后的境界/权属界线与遥感解译后的 LUDLG,按《规程》要求进行制作。

①借助 Map GIS 软件的图像处理模块,输出 geo tiff 格式的 1∶1 万标准分幅 DOM。②借助 Map GIS 软件的图形处理模块,分别输出 EPS 格式的 1∶1 万标准分幅境界/权属界线图和遥感解译后的 LUDLG。③在 PhotoShop 中,按相同的分辨率打开上述 DOM、境界/权属界线图和 LUDLG,进行严格的套合,并附注村级以上等必要的地名,按 tiff 格式存储。④外业调查底图采用数字激光相纸打印输出。

第三节 农村土地权属调查

农村土地权属调查包括集体土地所有权和国有土地使用权调查。其目的是在充分利用土地详查,土地更新调查和集体土地登记发证等权属调查成果基础上,查清农村集体土地所有权和农、林、牧、渔场等国有土地使用权状况，并依法调处调查中发现的土地权属争议。同时，利用权属调查成果，推进农村土地登记发证，完善和更新农村集体土地所有权登记发证工作。

农村土地权属调查，必须由国土资源管理部门组织开展，由承担调查任务的专业技术人员参与配合。对集体土地所有权、国有土地使用权土地的确权，是指对土地位置、界址（包括界址点、界址线、界标）、权属性质、权属主及其身份等的认定。

一、原则与任务

（一）农村土地权属调查原则

农村土地权属调查以县（市、区）为单位，对辖区内的权属调查状况进行全面清理、核实，按下列原则开展。

(1) 继承性原则。登记资料或签订的《土地权属界线协议书》，经复核手续完备且与实地一致的，可直接利用原资料，不需要重新进行权属调查。

(2) 完善性原则。登记资料或签订的《土地权属界线协议书》，经复核有误或手续不完备的，可开展补充调查、补办手续，重新进行登记或进行变更登记、完善《土地权属界线协议书》。

(3) 重新确权原则。登记资料或签订的《土地权属界线协议书》，经复核存在错误或实地界线已变化或未开展过权属调查地区或未调查到村民小组并能够调查到村民小组的地区，需按《规程》要求重新开展权属调查，并签订《土地权属界线协议书》。

（二）农村土地权属调查任务

(1) 查清农村集体土地所有权状况。以县（市、区）为调查单位，对村或村民小组集体土地所有权的土地进行确权划界，并与相邻权属单位签订《土地权属界线协议书》；对存在的土地权属争议进行调处和处理，签订《土地权属界线协议书》，使农村集体土地所有权登记发证率达到总量的90%以上。

(2) 查清国有农、林、牧、渔场国有土地使用权状况。对国有农、林、牧、渔场（含部队、劳改农场及使用的土地）用地进行确权划界，并与相邻的集体土地所有权土地签订《土地权属界线协议书》；对存在的土地权属争议进行调处和处理，签订《土地权属界线协议书》。

(3) 查清公路、铁路、河流国有土地使用权状况。对公路、铁路、河流国有土地使用权土地进行确权划界，并与相邻的集体土地所有权土地签订《土地权属界线协议书》；对存在的土地权属争议进行调处和处理，签订《土地权属界线协议书》。

(4) 查清其他土地权属性质状况。对上述以外土地可不进行确权划界（有条件地区可开展），只按用地现状调查其范围和国有或集体权属性质。

二、调查单元划分与编号

农村土地权属调查单元是宗地。《规程》规定按如下规则进行宗地划分、宗地编号和宗地界址点编号。

(一) 宗地划分

农村土地权属调查按下列原则划分宗地。①凡被权属界址线封闭的土地为一宗地。包括集体土地所有权宗地和国有土地使用权宗地。②同一所有者的集体土地被铁路、公路,以及国有河流、沟渠等线状地物分割时,应分别划分宗地。③对于河流、铁路、公路等带状土地,如其过长或图形很复杂,可分段设定宗地。④有多个土地所有者共有的土地,如难以分清,可作共有宗地处理,但必须分清国有土地与集体土地。⑤有争议土地,且一时难以调处解决的,可将争议土地单独划"宗",待争议调处后划入相关宗地或单独划宗。

(二) 宗地编号

以县级行政区为单位,采用乡(镇)、行政村、宗地三级编号,宗地号按从左到右、自上而下,由"1"开始顺序编号。如:

02—04—005 表示××省××县(县级市)第 2 乡(镇),第 4 行政村,第 5 号宗地。

(三) 界址点编号

农村土地权属调查界址点以宗地为单位编号,按顺时针方向由"1"开始顺序编号,界址点坐标可用图解或实测坐标。

三、权属界线表示方法

(一) 界址点的选取、表示和点位说明

土地权属界线在平原,一般是沿着沟、渠、路、河流、田坎、耕地等地块边缘、居民点边缘(有的也从居民点中穿过)、企事业单位围墙边缘等明显地物走向;在丘陵山区,除沿着明显地物走向外,还沿着山脊、山沟等不明显地物走向。当土地权属界线与境界线重合(一致)时,规定不表示土地权属界线,而用境界线代替土地权属界线。

1. 界址点的选取

土地权属界线由曲线和折线组成。在权属界线上,界线的转折点、与其他地物的交叉点,是起到控制界线位置和走向的关键点位,这些关键点位就称为界址点(也称为拐点)。界址点一般都依附于明显地物,因此需先将明显地物的位置调绘准确,然后再选取界址点。界址点的选取原则,一是实地点位明显,便于找寻;二是便于用文字描述其位置。

下列地物点一般可选为界址点:①土地权属界线与沟、渠、路、河流、田坎等线状地物的交叉点。②土地权属界线的转折点。③土地权属界线经过固定的房角、墙角、地角点等。④土地权属界线经过的山顶。⑤能够至少用两个(最好为三个)不同方向的其他明显固定地物点交会出来的点位。⑥其他明显点位。

2. 界址点的表示

界址点选定后,其点位在调查工作底图相应位置用直径 0.1mm 的点表示,并用半径为 0.8mm 的圆圈圈定标注,界址点编号用 Jn 表示,n 为 1、2、3…,界址点编号可以空号但不能重号。界址点密度要兼顾能够控制权属界线的位置和走向及图面清晰易读,界址点间距一般以

大于图上10mm为宜。当界址点过密时，应适当取舍，保持图面清晰；当界址点过疏时，应适当增加界址点，以控制界线位置和走向。对于特殊情况，界址点间距也可小于10mm。

3. 界址点的说明

对每个选定的界址点的具体位置都要用文字进行描述说明，描述界址点位置时一定要依据界址点在实地的位置进行描述，如J5号界址点位于××山顶最高处；J3号界址点位于××工厂围墙西北角处；J8号界址点位于农村道路与××公路交叉点中心；J10号界址点位于××承包田西南角等。对于不便于用文字描述其具体位置的界址点，可实测其解析坐标或图解坐标表示其位置，如J9号界址点位于图解坐标 X：××××××.×m、Y：××××××.×m处。对于能够用文字描述其具体位置的界址点，也可辅助其坐标用于说明界址点位置。

这里要强调的是，界址点具体位置的描述一定要准确，如××界址点位于1号路与2号路的交叉处，这样的描述是不准确的，因为交叉处的范围很大，是交叉处的中央还是交叉处某一具体位置必须说清楚，如图4-3所示界址点位置，应描述成J3号界址点位于1号路与2号路的交叉处的1号路的北侧、2号路的中央处。

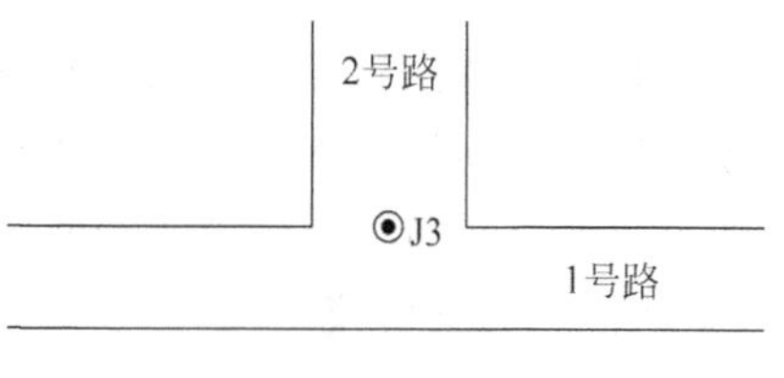

图4-3　界址点位置

（二）界址线表示和说明

界址线指相邻两界址点的连线。界址线一般主要有三种形式，一是依附于沟、渠、路、河流、田坎、地块边缘、居民点边缘、单位围墙外边缘等明显地物走向；二是依附于山脊、山沟等不明显地物走向；三是不依附于任何地物走向，如在两界址点间连直线。

1. 界址线的表示

根据界址线的表现形式，界址线的画法也不同。对上述第一种形式，首先要将所依附的沟、渠、路、河流、田坎、地块、居民点、单位围墙等明显地物的位置、形状调绘准确，然后再用图示规定的权属界线符号（界址线），根据界址线与地物的相对位置关系，标绘在这些地物的中心或某一侧（距依附地物边线0.2mm）。

对第二种形式，首先要判读山脊线（分水线）、山谷线（合水线）的准确位置，但在有森林等植被覆盖的山体上，判读山脊线或山谷线的准确位置有一定难度，这时可借助立体观察或参照地形图将山脊线或山谷线标绘准确，准确的山脊线或山谷线就是界址线的位置。

对第三种形式，只要将界址点位置调查准确，连接两界址点间的直线即为界址线，这种情况，界址点的位置准确尤为重要。

2. 界址线的说明

对每条界址线的具体位置都要用文字进行描述说明，如J1—J2，由J1沿××公路中央走向至J2；J4—J5，由J4沿山脊线至J5；J9—J10，由J9沿××学校东侧围墙至J10等。

（三）界址点、界址线精度要求

界址点点位精度，与影像对比，标绘的明显位置的界址点移位不得大于图上±0.1mm；

不明显位置移位不得大于图上±0.3mm；标绘的明显界址线移位不得大于图上±0.2mm；不明显界址线移位不得大于图上±0.8mm。

四、权属确认方式

农村土地权属调查必须由当地国土资源管理部门主持，土地权利人(或授权委托人)、相邻土地权利人(或授权委托人)、权属调查人员及其他必要人员到场，经过审阅提供的权属资料、到实地指界等阶段，依法对土地进行确权划界。确权后的界址点是否设界标和实测坐标、图解坐标由各地区根据需要自行确定。

(一) 权源确认方式

权利人能够出示被现行法律法规所认可的权源文件的，可根据权源文件上记载土地的位置、界址(包括界址点、界址线、界标)、权属性质、土地用途等信息，将土地权属界线直接标绘或到实地经过指界由调查人员将界线调绘在调查底图准确位置上，并与相邻权属单位签订《土地权属界线协议书》。当权利人出示的权源文件不能够被现行法律法规所认可时，权源文件只能作为参考，用其他方式进行确权。

(二) 指界确认方式

这种方式是基于双方均不能出示被现行法律法规所认可的权源文件，并且双方边界没有争议。可采用双方共同到实地指界，确认权属界线。通过指界，由调查人员将界线调绘在调查底图准确位置上，签订《土地权属界线协议书》。

这里要强调的是，通过双方指界不能将没有法律依据的国有土地，如森林、山岭、草地、荒地、滩涂、水流等国有土地划为集体土地。在以往调查时，已将国有土地划为集体土地的，必须改正。因此，在集体土地所有权确权时，县级国土资源管理部门应把握住不能将国有土地划为集体土地这一关。

集体土地与没有明确使用者的国有土地权属界线，由集体土地指界人指界、签字，根据有关法律法规和实地调查结果予以确认。

(三) 协商确认方式

这种方式是基于双方均不能提供权源文件，并且双方边界有争议。采用这种方式时，可由双方本着互谅、互让、团结、相互尊重的精神，自行协商确权，也可由上级主管部门人员在场主持协商确权，通过实地指界，将双方共同认定的土地权属界线由调查人员调绘在调查底图准确位置上，并双方签订《土地权属界线协议书》。使用这种方式的基本原则是，一是尊重历史，实事求是；二是相邻权属单位认可，指界签字，防止错误认定；三是不违背现行法律法规和政策，如不能将国有土地通过双方协商指界划为集体土地。

违约缺席指界的，如一方违约缺席，以另一方所指界线确定；如双方违约缺席，根据实际使用状况确定界线；指界人认定界址后不签字的，按违约处理。调查结果以书面形式送达违约方。违约方在15日内未提出异议或未提出重新指界的，按调查结果认定权属界线。

(四) 仲裁确认方式

这种方式是基于双方权属有争议情况，当权属有争议且双方不能出示权源文件或双方出示不一致的有关文件，且双方又互不相让时，上级主管部门可充分听取双方对土地权属的申述，经综合分析，合理地进行裁决确权，确认土地所有权或使用权界线和归属。采用这种方式时，上级主管部门应约定时间、地点、应到场人员，在充分听取各方对土地权属的申述后，依据有关法律、法规和有关政策，对争议界线进行裁决。对不服从裁决的，可以向法院申诉，通过法律程序解决。

农村地区(含城市郊区)土地所有权和使用权的确认涉及村与村、乡与乡、乡村与城市、村与独立工矿及事业单位的边界等，不但形式复杂，而且往往用地手续不齐全。因此，应将权源文件确认、惯用确认、协商确认或仲裁确认几种方式结合起来确认农村集体土地所有权和使用权。对于曾开展土地利用现状调查的地区，其调查成果的表册和图件是很有说服力的确权文件的，应予承认。

五、权属争议处理

我国土地权属主体、客体既有国家的，又有集体的，还有个人的，既有所有权，又有使用权，由此形成了土地权属争议主体、客体的多样性。经过国土资源管理部门多年的努力工作，目前遗留的土地权属争议大都表现为情况复杂、年代久远、查证较难、政策性强等特点。土地权属争议的处理是一项法律性、政策性、复杂性很强的工作。同时，旧的土地权属争议处理了，新的问题和争议又会不断地产生。因此，土地权属争议的处理是国土资源管理部门一项长期的、经常性的工作。根据《土地权属争议处理办法》(2003 年 1 月 3 日国土资源部令 17 号公布，自 2003 年 3 月 1 日起施行)，在农村土地调查中，土地权属争议按下列原则处理：

(1) 协商解决。因权属界线不清、权属不明引起的土地所有权或使用权争议，各方当事人应依据现行的法律法规、规章和有关规范性文件等，本着尊重历史、面对现实、从实际出发、互谅互让、团结友善、有利于社会稳定、有利于国土资源管理的原则，经友好协商解决争议，划定土地权属界线，明确土地权属归属，签订《土地权属界线协议书》。

(2) 行政处理。《中华人民共和国土地管理法》第十六条规定：“土地所有权和使用权争议，由当事人协商解决；协商不成的，由人民政府处理。单位之间的争议，由县级以上人民政府处理；个人之间、个人与单位之间的争议，由乡级人民政府或者县级以上人民政府处理。”当事人对有关人民政府的处理决定不服的，可以自接到处理决定通知之日起 30 日内，向人民法院起诉。在土地所有权和使用权争议解决前，任何一方不得改变土地利用现状。

(3) 搁置争议。对土地权属争议，有的较容易解决，有的调处是非常复杂的，不可能通过土地调查解决所有的土地权属争议。但是，为了不影响整个调查工作的总体安排，对争议的土地权属界线，当在短时间内难以协商、处理的，可保留搁置争议。但为了保证土地面积量算的不重不漏，须协商或由上一级国土资源管理部门暂时画定一条工作界线，并签订《土地权属界线争议原由书》。工作界线只作为面积量算的依据，不作为今后确权、划定土地权属界线的依据。

六、权属界线调查

开展农村土地权属调查应制定工作计划(必要时应提前与权属单位沟通),在当地国土管理部门的配合下向土地权利人发放指界通知书,明确本宗及相邻宗的土地权利人或委托代表到现场指界的时间、地点和需带的身份证明与权源材料。对认定的权属界线,由调查人员按照实地走向标绘在调查底图上,同时填写土地权属界线协议书(或确认书)。

在实地认定权属界线时对权属界线所依托的地类同时标绘在工作底图上,为了确保权属界线的正确位置,权属界线所依托的线状地类不作综合。当权属界线所依托的线状地类小于上图规定时仍要据实表示。

(一) 镇集体土地权属界线调查

镇集体土地由村委会代表与镇集体资产管理部门代表双方指界,有批文的按批文确界;批文与现状不完全一致的,按现状定界;无批文但符合《确权规定》相应条款的,按实际使用现状范围定界并确定权属界线。

由镇筹资修建、管理的公共设施(如公路、河流、沟渠和水工建筑等),公益事业用地,镇办企事业单位等用地,在征得村同意后确定为镇集体所有土地。为安置农村拆迁户,由镇统筹建设的农村居民点,按实际使用范围定界,对未办理征地手续但已兑现用地补偿的居民点按镇集体土地调查确界,既未办理征地手续也未进行用地补偿的农村居民点仍按原权属调查确界。

(二) 村集体土地权属界线调查

由村集体经济组织或村民委员会经营、管理的土地,主要包括由村统筹建设的村委会办公处、村办厂、学校、老年活动中心、道路、水利设施和河流沟渠等土地。调查人员参照有关权源材料,调查认定为村集体所有的土地,并按实际使用范围定界。

(三) 村民小组土地权属界线调查

由村民小组成员承包经营的责任田、自留地及居民点等调查为村民小组集体所有权土地,调查人员会同村委会代表和临界各方村民小组代表共同参加指界。界线确认后及时在调查底图上标绘清楚。

(四) 国有土地权属界线调查

农村地区的国有土地使用者(含独立工矿、机关事业单位、部队等)按提供的权源材料确权,对权源材料不齐全的,按《确权规定》要求或实际使用现状及权属双方协商结果确界。多个独立工矿毗连一起,相邻之间能够分清界线的,按土地使用权利人分别划分宗地,国有土地按要求不填写地籍调查表,只填国有土地与集体土地之间的土地权属界线确认书,确认书中注名权属单位名称。

对“批而未用”的国家征用土地,在调查时,按建设用地确认,按批文确定其权属界线位置、范围和地类,并在农村土地调查记录手簿上注明相应的批文号和土地批而未用的性质,其中临时种植农作物的土地不作为耕地表示。

（五）国有铁路、公路、水域等权属界线调查

铁路、公路、军队、风景名胜区和水利设施等用地，其所有权属国家，使用权归各管理部门。由于这些用地分布广泛，并且比较零乱，其权属边界比较复杂。土地权属调查时，按照土地使用原则和征地或拨地文件确认土地的使用权和所有权。

对国有铁路、公路、水域等土地，按相关管理部门提供的权源材料定界，权源材料不齐时，按实际使用现状或临界双方协商的结果确定国有土地与集体土地之间的界线。对现场无明确使用者指界的国有公路、水域等与集体土地间的权属界线，由集体土地权属单位单方指界。

对居民点外的高压线塔、微波塔、地上管道等建设用地，已办征用手续的按国有土地确权，未办理征用手续的仍按原权属调查，仅作地类图斑表示。

对于1962年“四固定”时未明确给农民集体的土地和农民集体提供不出土地权属证明材料的河流、湖泊水域，均确定为国家所有，作为未确定使用权的国有土地。

（六）权属界线协议书制作

权属界线协议书是土地权属调查确定权属界线的原始记录，权属界线的叙述以三交点为起点，现场以“实地边走边叙法”由上至下顺时针方向叙述界址点、界线，至三交点结束。叙述时采用八方位（东、南、西、北、东北、西北、西南、东南）叙述方向。在不同类线状地物的交点或是相同类但不同方位、不同属地的线状地物的交点上设置界址点；同一河流、道路的中心线、边线，同一湖泊、坑塘、水库的岸边线不标注界址点。

权属界线协议书附图采用1∶10 000～1∶5000的比例尺绘制，依据权属单位现场指界的实际情况，绘制界线附图，界线附图上标注界址点位置和界址点（线）与相邻地物的关系，且标明正北方向。

权属界线协议书的文字内容采用电脑打印，并加签打字员姓名。权属界线协议书的签字盖章由权属双方法定代表人或委托代理人签名及单位盖章，再报送上级主管机关审核盖章。土地权属界线协议书一式四份，双方权属单位、乡（镇）土管所、县（市）国土资源局各执一份；权属界线涉及上一级权属界线时，土地权属界线协议书相应增加一份。

（七）权源材料的整理

调查中所搜集的权源材料（含复印件），如初始和日常变更土地利用调查图件、调查记录、权属界线协议书（或确认书）、批文、宗地草图、身份证、征用地合同等，分别按其权属性质整理，并以乡（镇）为单位汇总归档。

（八）权属界线绘制

权属调查结束后，先将行政界线着墨清绘在工作底图上，清绘顺序由高级到低级直至村界线，行政界线与内图廓相交时，标注界端注记，然后将国有、镇有、村有、组有宗地清绘上图，宗地内标注权属单位名称。

权属线确定后，在乡（镇）境界内形成由行政村所有权界线、村民小组界线、铁路、公路、水域等权属界线、村庄外企事业单位权属界线、国营农、林、场、渔、牧权属界线、剩余国有土地界线构成的无缝隙、无重叠的界线关系。

第四节　农村土地地类调查

地类调查是在土地权属调查的基础上，按照《土地调查技术规程》及《全国土地利用分类(国标)》的要求，以接受勘测定界委托时间(或指定时间)为调查时点，利用数字正摄影像图和已有土地调查成果等资料制作的外业调查工作底图，通过现场调查及实地判读，按现状实地调查地类及其界线。将用地范围内及其附近的各地类界线测绘或转绘在工作底图上。地类调查至《土地利用现状分类》的二级类。在地类调查的同时，实地调绘基本农田界线和农用地转用范围界线。地类调查包括线状地物调查、图斑调查、零星地物调查和地物补测等内容。

一、概述

(一) 地类划分依据

《土地利用现状分类》标准(见表 3-1)是地类调查的依据。农村土地调查中，由于调查比例尺所限，城镇等建设用地内部不能使用《土地利用现状分类》标准。因此，为了适应农村土地调查需要，对《土地利用现状分类》标准中有关建设用地进行了归并，制定了《城镇村及工矿用地》(见表 3-2)。《城镇村及工矿用地》是将《土地利用现状分类》标准中的铁路、公路等建设用地以外的建设用地划分为城市用地、建制镇用地、村庄用地、采矿用地、风景名胜及特殊用地 5 个地类。调查中，在具体确认地类时，可参照第三章第五节的主要地类认定标准。

《土地利用现状分类》标准制定中，除根据土地的覆盖特征、利用方式、现状用途、经营特点等制定外，还参照了农、林、水、交通、建设等直接与土地有关部门的现行法律法规及分类，并借鉴了国外的一些分类方法。因此，在具体认定与这些部门有关地类时，也要注意参考这些部门已制定的国家标准、行业标准。但是，调查中认定的地类不涉及土地适宜性分类，如宜林地，和土地利用规划，如城市规划区等，更不能据此划分部门的管理范围。

农村土地调查地类，依据《土地利用现状分类》标准和《城镇村及工矿用地》采取两级分类，统一编码排序。由于我国地域广阔、东西南北差异大，全国的统一分类不可能完全反映各地具体情况，有的地类本省没有，有的需要增加。因此，各省可根据本省的具体情况充分反映地方特色，可在全国统一的二级地类基础上，根据从属关系续分三级类，并进行编码排列，例如，需要增加荔枝地类，可在编码 021“果园”地类下面续分编码 0211“荔枝”地类。但要注意的是，无论地类的增加或减少，都不能打乱全国统一的编码排序及其所代表的地类及含义。

(二) 地类调查的基本方法

调绘是地类调查的基本方法。调绘包括四个主要方面：一是当影像底图上地类界线与实地一致时，将地类界线直接调绘到调查底图上；二是当影像不清晰或实地地物与影像不一致时，采用实地测量方法补测到调查底图上；三是当有设计图、竣工图等有关资料时，可将地类界线直接补测在土地利用现状图上，但必须实地核实确认；四是将地物的坐落、权属性质、权属单位、图斑编号、地类编码、耕地类型、线状地物宽度等的属性标注在调查底图或《农村土地调查记录手簿》上。常用的调绘方法有综合调绘法和全野外调绘法。

（1）全野外调绘法。持调查底图到实地，将影像所反映的地类信息与实地状况一一对照、识别，将权属界线、地类界线用规定的线划、符号在调查底图上表示出来，并将地物属性标注在调查底图或调查手簿上，形成调查区域内的土地利用状况的原始调查图件和资料，作为内业数据库建设的依据。这种调绘方法的主要作业都在野外实地进行，因此称为全野外调绘法。

全野外调绘法调绘工作可一次性全部完成，精度高但用时较长且工作强度大，适用于影像分辨率较低、影像信息现势性差及影像解译能力较差、调查经验不足的人员采用。

（2）综合调绘法。综合调绘法也称内外业结合调绘法，是通过内业对影像解译和外业核实、补充调查相结合的调绘方法。首先在室内直接对 DOM 影像进行解译或参照所收集的原调查成果，如土地利用数据库、土地变更调查图件等对影像进行解译，将能够确定的、不能够确定的、无法解译的界线、地类等在调查底图上标绘出来，然后再到实地，将内业标绘的界线、地类等内容逐一进行位置、界线、地类的核实、修正、补充调查。内业解译正确的予以肯定、不正确的予以修正、新增加的地物予以补测，并用规定的线划、符号在调查底图上表示出来，地物属性标注在调查底图或调查手簿上，最终形成调查区域内土地利用状况的原始调查图件和资料，作为内业数据库建设的依据。

综合调绘法内外业结合，能充分发挥内业优势，精度高又可节省时间且工作强度较低，适用于 DOM 影像信息现势性较好、影像分辨率较高及具有影像解译和一定调查经验人员采用。但要强调的是，对内业解译的所谓确定的内容也都必须到实地核实确认。

（三）地类界线调绘精度要求

（1）与影像对比，标绘的各种明显界线移位不得大于图上±0.3mm。当影像反映的界线与实地一致时，标绘的界线应严格与影像反映的该界线一致（重合），精度要求不得移位大于图上±0.3mm，否则应重新标绘。当调查底图为航空摄影影像或高分辨率航天遥感影像时，一般均能达到；中分辨率航天遥感影像，只要认真调绘也能达到要求。

（2）不明显界线移位不得大于图上±1.0mm。如影像反映的界线与实地不一致（与线状地物并行的两侧行树、道沟、沟渠、其他地类等是否单独调查或与线状地物调绘在一起等）、影像不清晰、不同地类分界线不明显（林地与疏林地界线等）时，其界线必须在实地依据实地情况或综合判读标绘，判读标绘的界线相对于实地确定的界线精度要求不得移位大于图上±1.0mm。

（四）实地调绘基本程序

土地调查中，无论采取综合调绘法还是全野外调绘法，外业实地调查是不可忽视的重要阶段。外业调查方法、程序、步骤因人而异不尽相同，但选择合理的方法、程序、步骤，对保证调查质量和提高调查效率、减轻劳动强度将发挥重要作用。外业调查的基本程序和要求如下。

1. 设计调绘路线

在外业实地核实、调查前,在室内首先要设计好调绘路线。调绘路线以既要少走路又不至于漏掉要调绘的地物为原则,并做到走到、看到、问到、画到(四到)。这里走到是关键,只有走到才能看到、看清、看准地物的形状特征、地类、范围界线与其他地物的关系等,才能依据影像将地类界线标绘在影像的准确位置(画准)。对于影像不清晰、实地发生了变化、地理名称、双方飞地、权属性质、隐蔽地区(如林地中有无道路、山沟深处有无耕地等)地类等都要向向导或当地群众一一询问清楚,既不漏掉应该调查的内容又提高了调查精度和效率。

根据上述调查要求,平坦地区通视良好,调绘路线一般沿居民点外围和主要道路调绘。居民点分布零乱的可采用"放射花形"或"梅花瓣形"的调绘路线,见图 4-4,不走重复路;丘陵山区可沿连接居民点的道路调绘或沿山沟调绘,同时对两侧山坡上的地类也一并进行调绘,从山沟进入走到山脊,从山脊再下到另一条山沟形成之字形路线。当山坡调绘内容较多时,一般沿半山腰等高线调绘,以便兼顾看到山脊和山沟的地物。城市、建制镇、农村居民点、其他独立建筑用地无需进入,只需沿其外围行进并调绘其外围界线。河流、铁路、公路等线状地物可沿着线状地物边走边调绘。

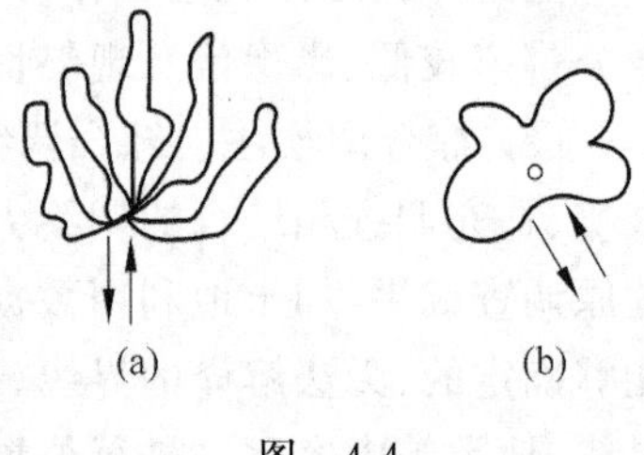

图 4-4

2. 确定站立点

为了提高调绘的质量和效率,按计划路线调绘时,要向两侧铺开,尽量扩大调绘范围,这时站立点选择非常重要。到达调查区域后,首先要确定站立点在图上的位置,站立点一般要选择在易判读的明显地物点上,地势要高,视野要广,看得要全,如路的交叉点、河流转弯处、小的山顶、居民点、明显地块处等。确定站立点后,找出一两个实地,图上能对应起来的明显地物点进行定向,把调查底图方向和实地方向标定,使其一致。

3. 核实、调查

站立点确定后,要抓住地物的特点,核实、调查应采取"远看近判"的方法,即远看可以看清物体的总体情况及相互位置关系,近判可以确定具体物体的准确位置,将地类的界线、范围、属性等调查内容调绘准确。通过"远看近判"相结合,将视野范围内的内业解译内容依据实地现状进行核实,当解译的界线、线状地物、地类名称等与实地一致时,则在图上进行标注确认;当不一致时,依据实地现状对解译的界线或线状地物或地类名称等进行修正确认;对未解译的,将视野范围内需调绘的界线、线状地物、地类名称等内容标绘在调查底图准确位置上。同时,将调查内容的属性标注在调查底图或调查手簿上。

每完成一站立点、一天的调绘工作都要认真检查,没有问题时再进行下一站立点、明天的工作,否则要进行修改、补充、完善、甚至返工,以保证每一站立点、每一天调绘内容的准确。

4. 边走边调查

掌握调查底图比例尺,建立实地地物与影像之间的大小、距离的比例关系,在到达下一站立点途中,要边走、边看、边想、边判、边记、边画,在到达下一站立点后,再进行核实、调绘。这里要注意的是,两个站立点之间所标绘的各种界线、线状地物、地类名称、权属性质等调绘内容须衔接,不能产生漏洞。

5. 询问

在调查过程中应向当地群众多询问，一是及时发现隐蔽地类，如林地中被树木遮挡的道路、山顶上的地类、山沟深处有无耕地等重要地类等；二是核实注记地理名称或依据名称寻找实地位置；三是通过询问确定工矿企业及各种调查内容的国有或集体权属性质。为了保证调查的准确，对询问的内容要反复验证。通过询问，可以发现一些隐蔽的地物和属性的确认或核实，这也是提高工作效率、保证调查质量的重要手段。

以上调查的方法、程序、步骤不是机械地分开，而是有机地结合，视情况灵活掌握，交叉进行，以及根据自己的习惯、经验综合应用的。

二、线状地物调查

线状地物是地类调查的重要内容，是图斑划分的重要依据。线状地物包括河流、铁路、公路、管道用地、农村道路、林带、沟渠和田坎等。

（一）基本要求

(1) 线状地物宽度大于等于图上 2mm 的，按图斑调查。

(2) 线状地物宽度小于图上 2mm 的，调绘中心线，用单线符号表示，称为单线线状地物（以下未作特殊说明的线状地物均指单线线状地物），单线线状地物除调查其地类外，还须实地量测宽度，用于线状地物面积计算。宽度量测方法和要求为，在实地线状地物宽度均匀处（一般不要在路口量测）量测宽度，精确到 0.1m，并在调查底图对应实地位置打点标记量测点及其宽度值。当线状地物宽度宽窄变化大于 20%，形成不同宽度的线状地物时，须分别量测线状地物宽度，并在实地变化对应调查底图位置垂直线状地物绘一短实线，分隔不同宽度的线状地物；线状地物与土地权属界线、地类界线重合时，线状地物调绘在准确位置上，其他界线只标绘最高级界线。

(3) 在以系数扣除田坎的地区，田坎不调绘。但作为权属界线和行政界线的田坎应调绘其准确位置，但不参与面积计算。

(4) 上簿标准为长度小于 100m 的线状地物，不予调绘，面积达到上簿标准的，作零星地类登记。地类界与线状地物重合时，只表示线状地物。沟渠上的农村宅基地，表示为农村宅基地。

（二）线状地物认定与要求

1. 线状地物认定原则

根据《土地利用现状分类》中的主要地类认定，正确认定河流、铁路、公路、管道用地、农村道路、林带、沟渠和田坎等线状地物。线状地物调查包括其地类、界线和权属三个方面，在实际调查中，分为三种情况。

(1) 已登记发证的，如铁路、公路、管道用地等，须严格按登记资料确定线状地物的范围界线、地类和权属性质，将线状地物标绘在调查工作底图上或在内业直接标绘在土地利用现状图上。

(2) 未登记发证的，首先应对其进行确权，按确权后的线状地物范围界线、地类、权属性质进行调查。

(3) 在短期内难以确权的，为了不影响调查的整体进度，可暂时按线状地物用地现状范围进行调查，待确权后，再对调查结果进行调整。

2. 狭长地类处理

在实际调查中，经常会遇到宽度小于图上 2mm，类似于线状地物的其他狭长地类，如狭长的耕地、园地、草地等。可按下列原则处理：

(1) 狭长地类面积小于最小上图标准面积时，可综合到相邻地类中，不进行单独调查。综合时尽可能不要综合到耕地地类中。

(2) 当狭长地类面积大于最小上图面积时，可以按零星地物的调查方法，在狭长地类中心位置，打点注记。实地丈量其面积并记录在调查手簿上，内业面积量算时扣除。

（三）线状地物范围的确定与调绘处理

以图斑表示线状地物的面积由图上量算获得；单线线状地物在图上呈单线线性形状，其面积由在实地实量线状地物宽度乘以在图上量算的线状地物长度计算获得。线状地物长度一般在内业沿着影像在图上量算，精度是有保证的。而实地线状地物是宽窄不一、形状复杂的，其两侧地物哪些应包括在宽度内哪些不包括，会造成调绘在图上的宽度范围、实地量测的宽度值有不同的结果。因此，线状地物宽度范围的确定，是影响其面积准确性和精度的主要因素。为了保证线状地物面积的准确性和精度，统一规定线状地物宽度范围的确定方法和要求是十分必要的。下面介绍对经常遇到的部分线状地物宽度的确定方法和要求。

1. 按图斑表示的线状地物宽度范围的确定和要求

(1) 河流水面。河流的横断面，主要有如图 4-5 和图 4-6 所示的无堤和有堤两种类型。由图 4-6 河流横断面看，河流主要由水面、河滩、河堤构成。图 4-7 为河流两侧与成行的树木、耕地紧邻情形。河流水面调查，是指将常水位线调绘在调查底图上。一般情况下，大部分河流的常水位线与近期影像基本一致，可按影像调绘；特殊情况下，可参照近期地形图等资料标绘常水位线。河流滩涂（内陆滩涂）指的是河流的常水位线与一般年份的洪水位线（不是历史最高洪水位）之间的区域，调查时，可按实地现状或在当地了解情况或向有关部门咨询调绘或标绘。

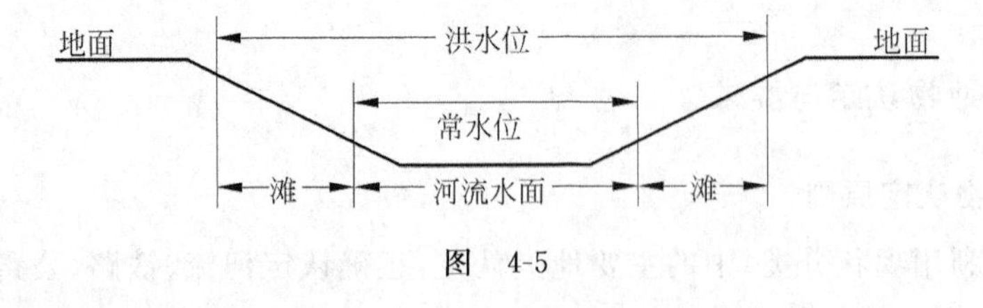

图 4-5

具体调绘时注意以下问题的处理：

—— 当河滩不能够依比例尺调绘时，可综合到河流水面中。

—— 对于人工修建（水泥结构）的主要用于挡水的堤，不能够依比例尺调绘时，可综合到河滩中。

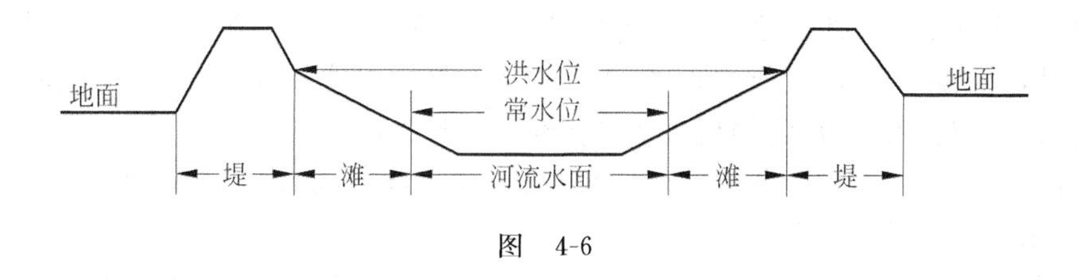

图　4-6

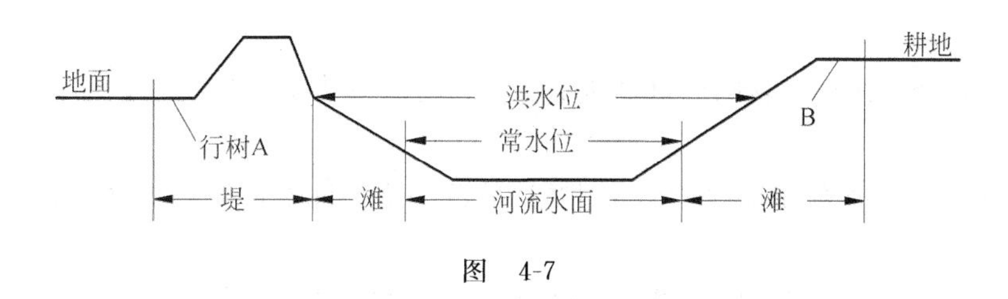

图　4-7

—— 对于主要用于交通的堤，按交通用地调绘。

—— 对于建在堤上的居民点，按居民点要求调绘。

—— A 处用于护堤的零星或成行的树木，当乔木不多于两行，且行距≤4m 时，或者灌木不多于两行，且行距≤2m 时，可综合到堤中。否则，按林带或林地调查。

—— 对于 B 处的范围，当不能够依比例尺调绘时，可综合到堤或河滩中。

(2) 铁路(公路、农村道路)。铁路、公路、农村道路类型相似，主要有与地面一致、高于地面和低于地面三种表现形式，从横断面结构看，主要为有无路基、有无道沟(主要用于护路的沟)之分，见图 4-8，以铁路为例进行介绍。

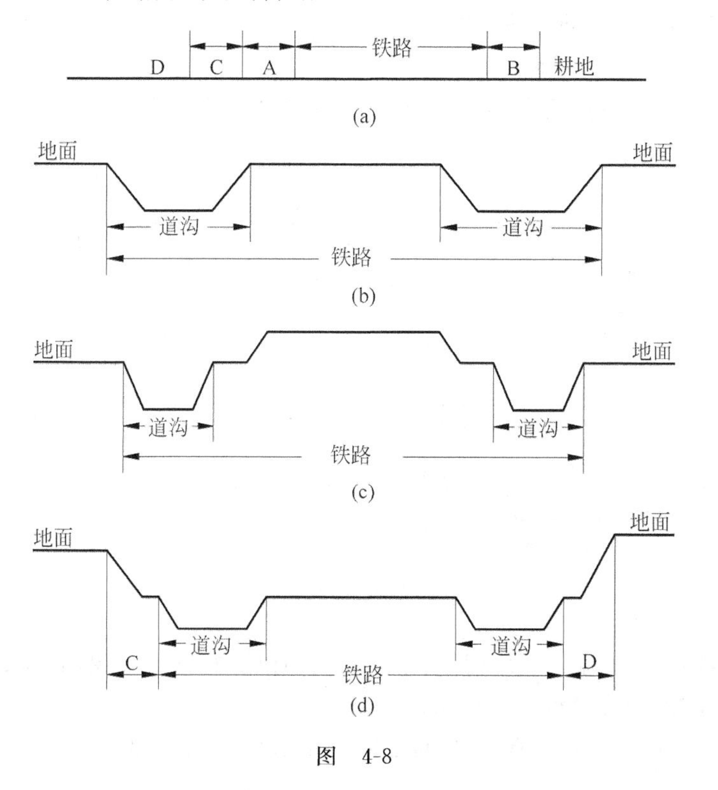

图　4-8

由图 4-8 可看出，铁路(公路、农村道路同)用地由路基、道沟、紧邻的成行护路树木等组成。调查时，对铁路用地已确权的，按确权范围进行调查；对未确权的，参照影像，在实地按现状，将铁路(公路、农村道路同)用地范围调绘在工作底图上。

具体调绘时，以图 4-8(a)为例说明按现状调绘时需注意的几个问题的处理，图 4-8(b)、图 4-8(c)、图 4-8(d)情形类似。

—— 当 A 处为成行树木不多于两行，且行距≤4m 时，可综合到铁路用地中，否则按林带或林地调查。

—— 当 B 处范围外(右侧)相邻耕地，且 B 范围当不能够依比例尺调绘时，B 可综合到铁路用地中。

—— 当 D 处为耕地、园地等农业用地，C 处范围当不能够依比例尺调绘时，C 可综合到 A 中。

—— 当 C、D 均为非耕地、园地等农业用地，C 处范围当不能够依比例尺调绘时，C 应综合到 D 中。

2. 单线半依比例尺线状地物宽度范围的确定和要求

为了量算单线半依比例尺线状地物面积，需要在实地丈量线状地物宽度，在图上量算线状地物长度，用矩形面积公式长乘宽计算线状地物面积。线状地物一般在宽度基本一致的地方量取，并在图上相应位置标注量测点和宽度数据。由于线状地物两侧，有时种植着成行的树木、紧邻着耕地及其他地类，因此在实地量测线状地物宽度时，要处理好线状地物与行树、耕地、其他地类的关系。调查时，当对线状地物用地已进行确权的，按确权范围量算其宽度；当不进行确权时，参照影像，在实地按现状量算其宽度。这里主要介绍按现状量测线状地物宽度时需注意的几个问题的处理。

(1) 河流、沟渠宽度的量测

河流、沟渠宽度一般量其河(沟、渠)槽的上沿宽度为河流、沟渠宽度，见图 4-9。

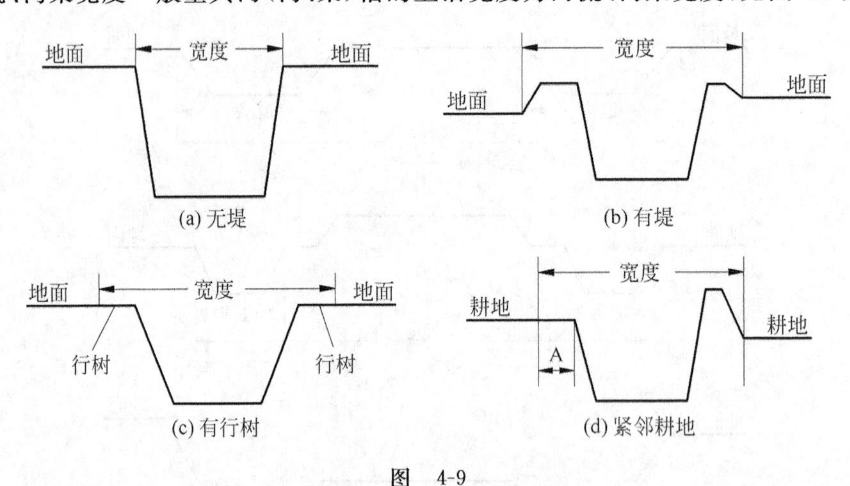

图 4-9

由图 4-9 可看出，河流、沟渠主要包括无堤的、有堤的、紧邻行树的、紧邻耕地的 4 种类型。具体实地量测，应注意以下几个问题的处理。

—— 河流、沟渠无论是否有水，均量测其上沿宽度，当有堤时量测到堤外侧坡脚处，如

图 4-9(a)和图 4-9(b)所示。

—— 当河流、沟渠紧邻行树，行树不多于两行，且行距≤4m 时，河流、沟渠宽度包括行树，如图 4-9(c)所示。

—— 当河流、沟渠紧邻耕地、园地等农业用地时，分具体情况处理。一般情况下，宽度量测到耕地边缘处，如图 4-9(d)右侧情形所示。当 A 处为非耕地，且不能够依比例尺调绘时，可视其为河流、沟渠范围，河流、沟渠宽度包括 A，当能够依比例尺调绘时，须单独调绘，河流、沟渠宽度不包括 A。

—— 对于主要用于交通的堤，按交通用地调绘。

—— 对于人工修建(水泥结构)的主要用于挡水的堤，不能够依比例尺调绘时，可视为河流、沟渠宽度的一部分。

(2) 铁路(公路、农村道路)等道路宽度的量测

现以结构典型的道路用地为例说明道路宽度的量测方法和要求，见图 4-10。具体实地量测道路宽度，以图 4-10 为例说明需注意的几个问题的处理。

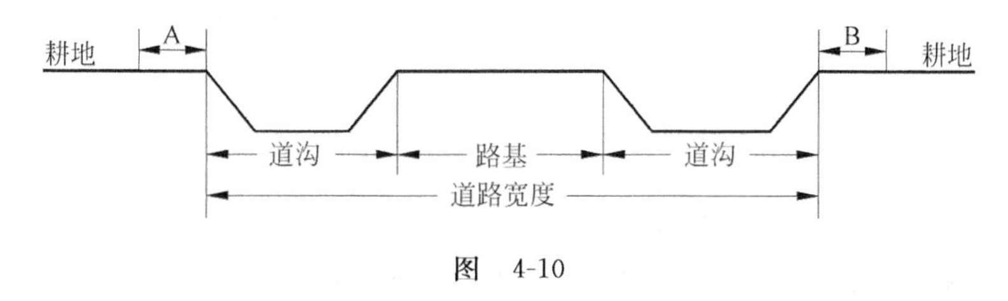

图　4-10

—— 当道路的每一侧为同一地类时，即 A、B 不存在时，道路实量宽度如图 4-10 所示。这是最简单的一种情况。实地上，情况复杂得多，即 A、B 范围内地类都与紧邻的地类不一致，需视不同情况处理。

—— 当 A 处为成行树木，不多于两行，且行距≤4m 时，道路宽度应包括行树，否则不包括行树，A 处按林带或林地调查。

—— 当 B 处为非耕地，且不能够依比例尺调绘时，道路宽度应包括 B。否则不包括 B，B 处按实地现状地类调绘。

(四) 线状地物与权属界线关系的处理

线状地物与土地权属界线重合时，线状地物调绘在准确位置上，其他界线只标绘高一级界线。行政区域界线或土地权属界线符号，视下列不同情况标绘。

1. 权属界线位于双线线状地物中心

以双线依比例尺线状地物中心为界的，权属界线符号标绘在其中心线上，见图 4-11。

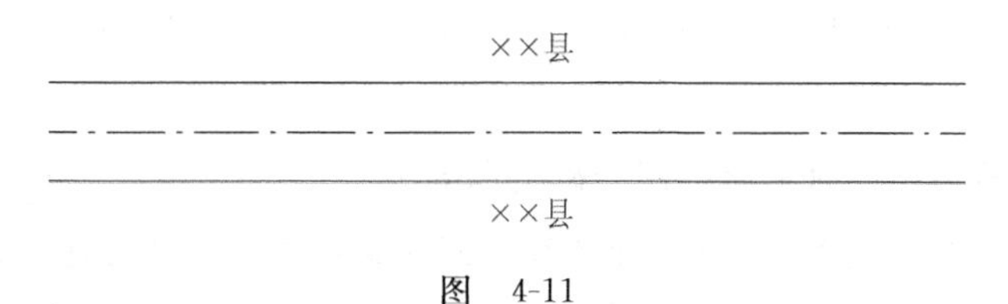

图　4-11

2. 权属界线位于双线线状地物一侧

以双线依比例尺线状地物一侧为界的，权属界线符号离该侧边界 0.2mm 标绘，见图 4-12。

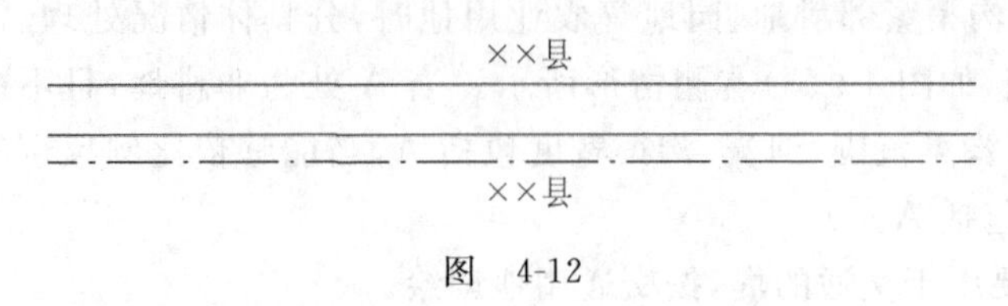

图 4-12

3. 权属界线位于单线线状地物中心

以单线线状地物中心为界的，权属界线符号离线状地物 0.2mm，交错标绘在其两侧，见图 4-13。

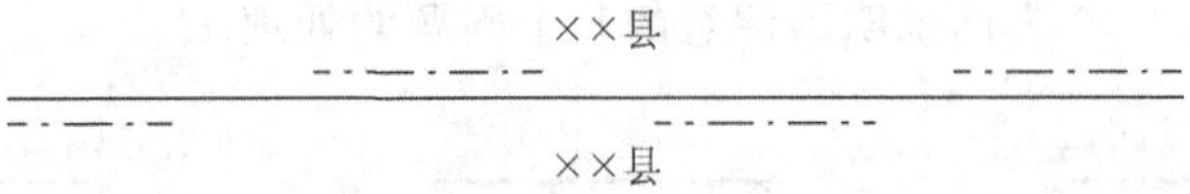

××县
××县

图 4-13

4. 权属界线位于单线线状地物一侧

以单线线状地物一侧为界的，权属界线符号离线状地物 0.2mm 标绘在该侧，见图 4-14。

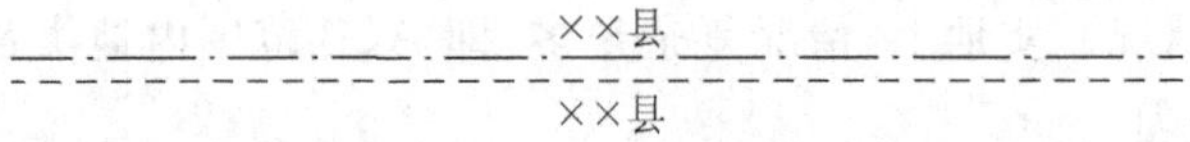

××县
××县

图 4-14

5. 小于上图标准的线状地物

当以长度小于 100m，不满足上图标准的线状地物为权属界线时，线状地物也必须调绘和表示，并处理好线状地物与权属界线的位置关系。

（五）线状地物之间关系的处理

线状地物在图上的表现形式有两种，一种为线状地物宽度大于或等于图上 2mm 的，用双线依比例尺按图斑调绘和表示；另一种为线状地物宽度小于图上 2mm 的，用单线符号半依比例尺调绘和表示。因此，为了使图面清晰、表示合理及面积量算的方便等，应合理处理线状地物之间的关系。线状地物之间关系处理主要为不同线状地物并行时宽度范围的确定和要求。

1. 不同线状地物并行时宽度范围的确定和要求

在实地，单一线状地物是较少的，而各种不同线状地物并行情形比比皆是。如何合理确定线状地物并行时各线状地物宽度范围，是线状地物调查时的重要内容。由上述可知，单一线状地物宽度范围确定方法已基本明确，而并行线状地物各自宽度范围确定的方法比单一的要复杂些。其核心问题是如何处理并行线状地物之间的地类，即是综合到相邻地类还是作为独立地类。

现以河流、道路、沟渠并行时为例，说明线状地物并行时的主要处理方法和要求。图 4-15 为河流、道路、沟渠并行时的横断面。处理的基本原则是，一般不进行取舍，而是根据不同采取不同的处理方式。

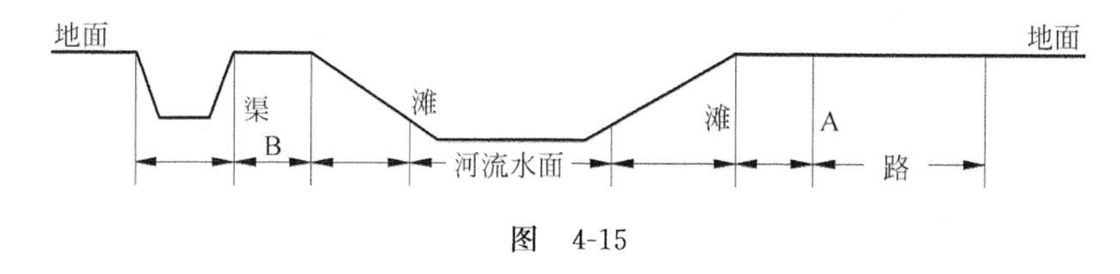

图　4-15

(1) 河流、道路、沟渠均为双线依比例尺线状地物时，均要调绘在工作底图准确位置上。线状地物之间的 A 或 B 处的各种地类视影像分辨地类清晰程度处理原则如下。

——按实地现状进行调绘。

——当 A 或 B 不存在，即并行线状地物基本连为一体时，路或渠的一条边线(一般为人工修建的)可代替滩的一条边线。

——可按主要地类进行综合。如主要为生长的杂草，掺杂一些耕地(小于最小上图标准的)等其他零星地类，则可综合为“其他草地”地类。

——A 或 B 处为紧邻线状地物的行树且不超过(一般起保护作用)各 1/2 综合到线状地物中，大于两行，且行距＞4m 时按林带或林地调查。

——当 A 或 B 处地类为大于最小上图标准的耕地、园地，且为狭长形状时，图上难以表示清楚的，可实测面积记录在调查手簿上，内业面积量算时扣除。

(2) 双线线状地物与单线线状地物并行，如河流为双线、渠为单线时，双线线状地物调绘在工作底图准确位置。单线线状地物视与双线线状地物的相对位置关系不同，采取不同的处理方法。其处理原则是，按准确位置调绘或离双线线状地物边界 0.2mm 标绘，以双线线状地物为图斑界线。线状地物之间地类的处理。线状地物间距大于等于图上 2mm 时，中间的地类按现状调查；线状地物间距小于图上 2mm 时，中间的地类作零星地类调查上簿。

——单线线状地物标绘在准确位置。A 处的地类按上述方法处理。

——当 B 不存在，即并行线状地物基本连为一体时，单线线状地物离双线线状地物边线 0.2mm 标绘，并以边线准确的双线线状地物边线为图斑界线。在内业面积量算时要注意，不要搞错。

(3) 均为单线线状地物并行。依河流、铁路、高速公路、国道、干渠、县(含)以上公路、农村道路、沟渠、林带、管道等为主次顺序，主要线状地物调绘在工作底图准确位置，并为图斑界线，次要线状地物按准确位置调绘或离主要线状地物 0.2mm 标绘。以单线线状地物中心为界的，权属界线符号离线状地物 0.2mm，交错标绘在其两侧。

(4) 田间非机耕农村道路和非主要排灌沟渠并行时，可以只表示农村道路或沟渠，道路或沟渠宽度标注农村道路和沟渠的总宽度。

2. 线状地物交叉时的处理

线状地物交叉时，从上向下俯视，上面的线状地物连续表示，下面的断在交叉处，见图 4-16。面积计算时，只计算上面线状地物的面积。

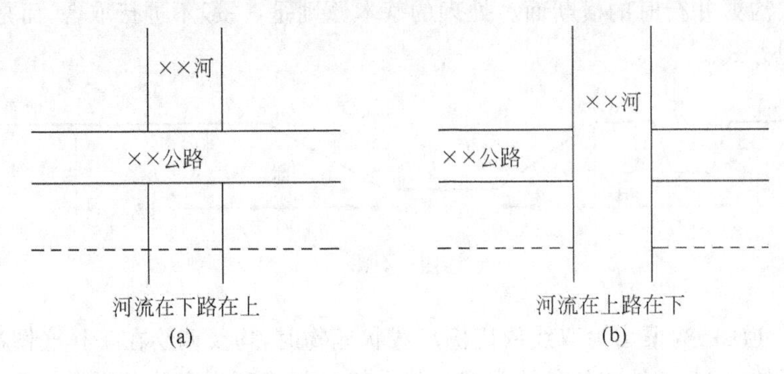

图 4-16

（六）线状地物与其他地物间关系的处理

线状地物在图上的表现形式有两种，一种为线状地物宽度大于或等于图上 2mm 的，用双线依比例尺按图斑调绘和表示；另一种为线状地物宽度小于图上 2mm 的，用单线符号半依比例尺调绘和表示。因此，为了使图面清晰、表示合理及面积量算的方便等，应合理处理线状地物之间、线状地物与其他地物之间的关系。河流、铁路、高速公路、国道、干渠、县(含)以上公路穿越城市、居民点的应连续调绘并计算面积，其他线状地物断在城市或居民点的外围界线处，且不参与面积计算。城镇内部的街道不表示。

1. 线状地物与居民点关系的处理

(1) 线状地物穿过城市时，线状地物一般断在城市外围界线处，见图 4-17。

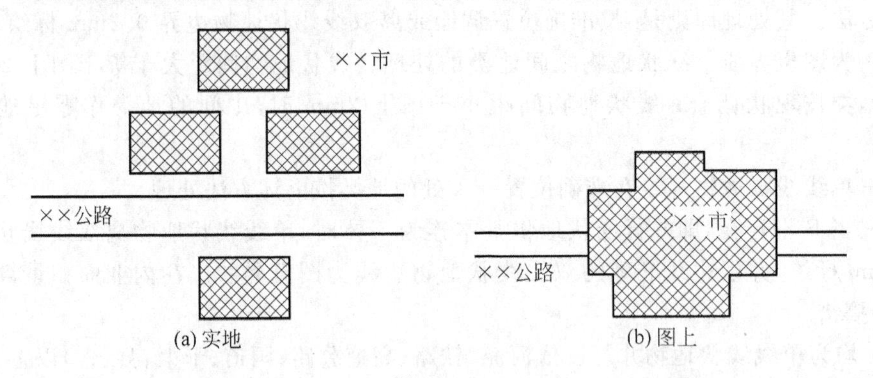

图 4-17

(2) 河流、铁路、高速公路、国道、干渠、县(含)以上公路等线状地物穿过农村居民点时，线状地物应连续调绘并计算其面积，见图 4-18。

(3) 农村道路、沟渠等线状地物穿过农村居民点时。线状地物可断在居民点外围界线处，见图 4-18。

(4) 双线依比例尺线状地物与居民点并行时，当间距大于等于图上 2mm 时，双线线状

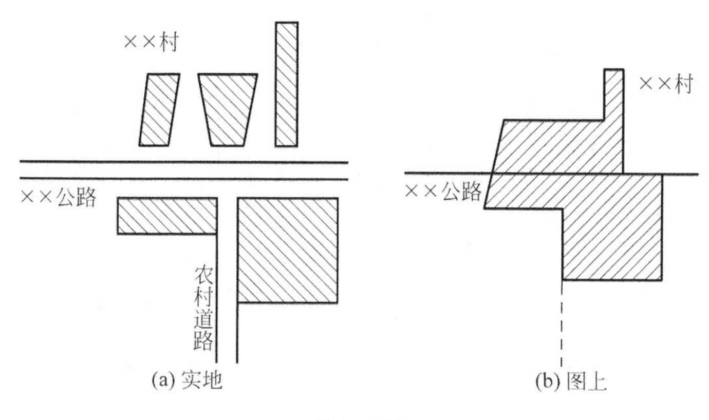

图　4-18

地物、居民点边线均应调绘在工作底图准确位置，其间的地类按现状调查，见图 4-19。

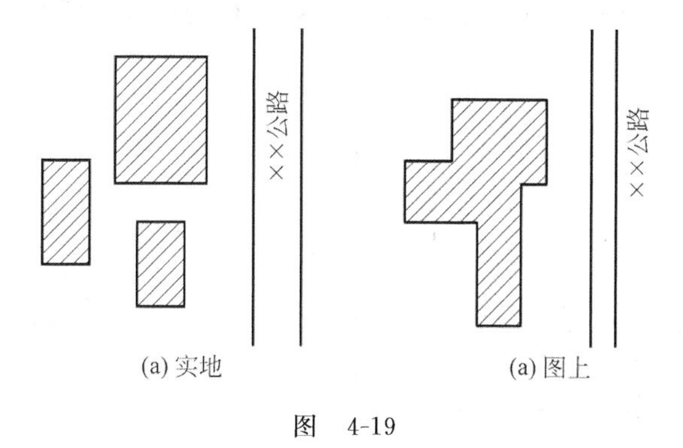

图　4-19

当间距小于图上 2mm 时，双线线状地物调绘在工作底图准确位置，其某一边线可作为居民点界线，见图 4-20。

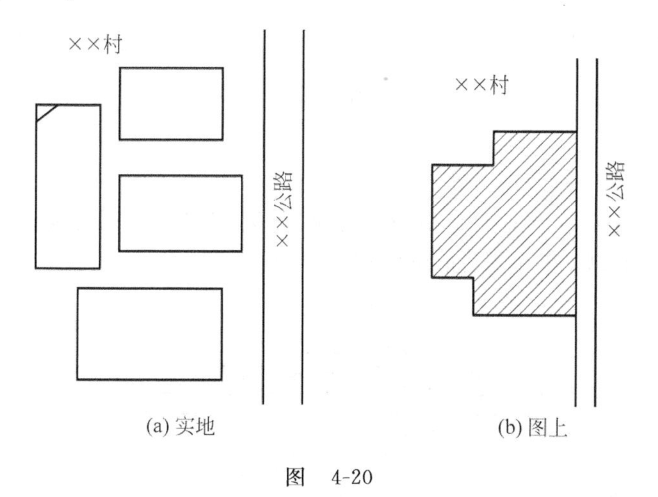

图　4-20

(5) 单线半依比例尺线状地物与居民点并行时，当间距大于等于图上 2mm 时，单线线状地物、居民点边线均应调绘在工作底图准确位置，之间的地类按现状调查见图 4-21。

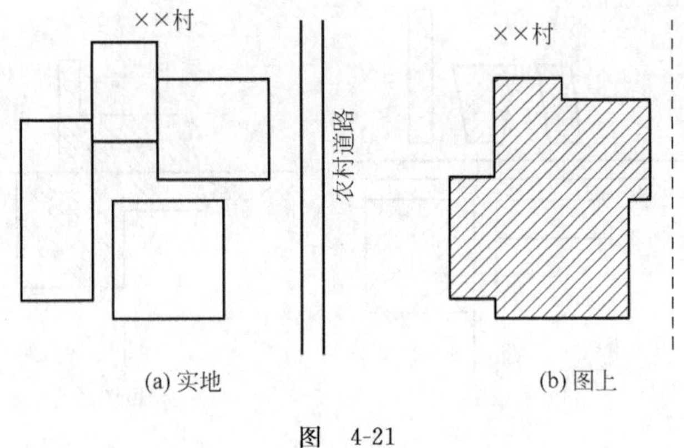

(a) 实地　　(b) 图上

图 4-21

当间距小于图上 2mm 时，单线半依比例尺线状地物调绘在工作底图准确位置，并可作为居民点界线。面积量算时，居民点图斑面积应扣除作为图斑界线线状地物面积的一半，见图 4-22。

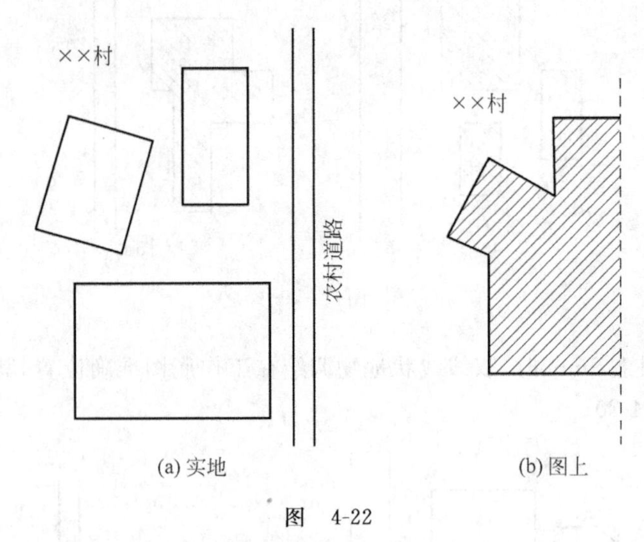

(a) 实地　　(b) 图上

图 4-22

2. 线状地物穿过隧道时的处理

线状地物穿过隧道时，线状地物断在隧道两端，隧道内线状地物可用虚线表示，见图 4-23。面积计算时，隧道内线状地物面积不计算。

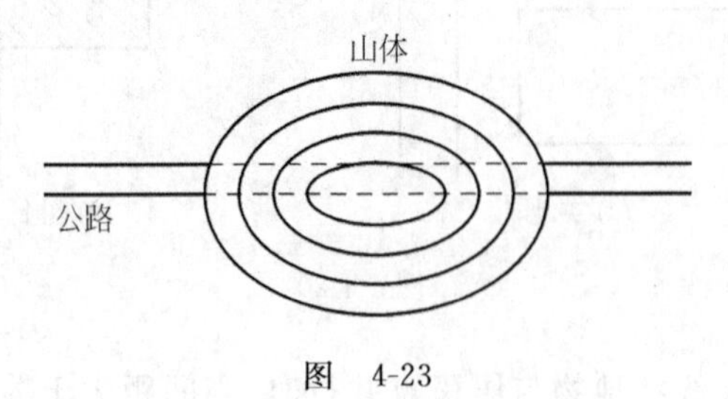

图 4-23

（七）线状地物编码注记与要求

线状地物属性主要包括：线状地物的坐落、权属单位、权属性质、类型、面积等，这些属性注记在数据库中，为了读图、用图的方便，在图上只对部分属性进行编码注记。编码采用 *ab*/*c* 形式，*a*——地类编号，*b*——权属性质，国有为 G、集体为 J 或不注，*c*——单线线状地物宽度。编码标注方法，在宽度量测点上平行线状地物标注，字头朝北（东北）或西（西北）；在非宽度量测点上只标注其宽度（主要用于面积计算方便）。

单线线状地物在实地宽度均匀处量测其宽度到 0.1m，并在工作底图对应实地位置打点标记量测点和其宽度值；当线状地物宽度变化大于 20%时，分别量测线状地物宽度，并在实地变化对应工作底图位置垂直线状地物绘一短实线，分隔宽度不同的线状地物。当线状地物较长时，为了用图方便，相隔一段距离可注记其宽度，但不需打点以示区别。具体注记方式见图 4-24。

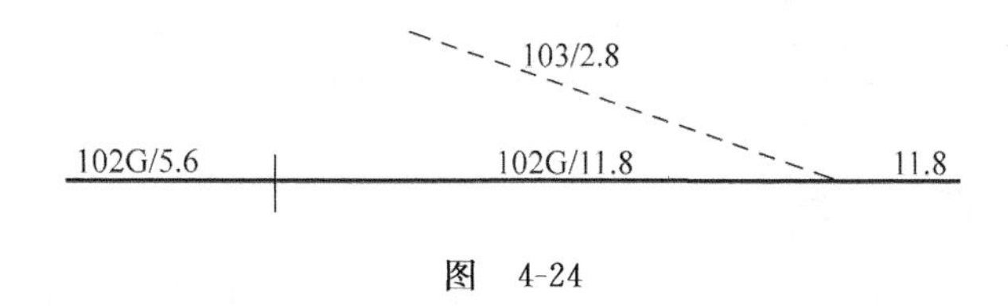

图　4-24

三、图斑调查

图斑调查包括三方面内容，一是图斑划分；二是图斑地类认定；三是确定属性。实际调查中，由于对图斑的理解不完全一致，对图斑的划分结果也不一样。为保证调查成果的统一性，便于成果的使用、变更及管理，根据图斑的定义，需统一图斑划分的基本标准和基本要求。

（一）图斑定义

单一地类地块以及被行政界线、土地权属界线或线状地物分割的单一地类地块称为图斑。

（二）图斑划分

（1）下列地块划分为图斑。①城市、建制镇、农村居民点、其他独立建设用地等外围闭合界线形成的地块。②双线线状地物形成的地块。③被行政界线、土地权属界线或双线线状地物分割的单一地类地块。④被分类界线、不同土地权属性质界线分割而成的地块。

（2）较大的林地、耕地图斑，可以以线状地物为界，划分为几个图斑。

（3）农村工矿用地面积大于 2.25 亩，内部有其他地类的，要分别将各种地类调查上图。

当各种界线重合时，依行政区域界线、土地权属界线、地类界线的高低顺序，只表示高一级界线。行政区域界线、土地权属界线作为符号使用时不视为图斑界线，作为非符号使用时视为图斑界线。

（三）精度要求

明显界线与DOM上同名地物的移位不得大于图上0.3mm，不明显界线不得大于图上1.0mm。

（四）上图、上簿标准

地类图斑最小上图、上簿标准见表4-5。

表4-5 地类图斑最小上图、上簿标准

地类类别	最小上图图斑面积		上簿面积		备注
	图上/mm^2	实地/亩	图上/mm^2	实地/亩	
城镇村及工矿用地	4.0	0.6	1.0	0.15	
耕地、园地耕地	6.0	0.9	1.0	0.15	
林地、草地等其他地类	15.0	2.25	6.0	0.90	

（五）图斑编码注记与要求

为了读图、用图的方便，对数据库输出的土地利用图，以村或村民小组（宗地）为单位，从上到下、从左到右对每一个图斑都要标注一个不重复的编码。图斑属性一般包括图斑的坐落、权属单位、权属性质、地类编号、顺序编号、图斑面积等。当图斑为耕地时，还包括基本农田、耕地坡度分级、梯田、坡耕地、田坎系数等。编码采用AB/CD形式，A——图斑顺序编号（不能重复）；B——图斑为基本农田时注J，否则为空；C——图斑地类编号（二级分类）；D——耕地坡度分级代号（用Ⅰ、Ⅱ、Ⅲ、Ⅳ、Ⅴ代表5个坡度级）。当图斑较小时，编码用引线引出，标注在图斑外。

（六）城镇、村庄等图斑划分

如前所述，农村土地调查比例尺较小，不能直接使用城乡统一的《土地利用现状分类》标准，而将建设用地划分为城市用地、建制镇用地、村庄用地、采矿用地、风景名胜及特殊用地、铁路、公路等用地。因此，图斑划分也依此进行。

(1) 城市图斑。根据建设部门定义，以非农业和非农业人口聚集为主要特征的居民点称为城市，包括按国家行政建制设立的市。

① 城市建成区图斑划分。城市建成区，指市政府所在地的基础设施和地面建（构）筑物已经配套建成的地区，并具备城市功能，建筑连接基本成片并由市政部门直接管理的区域。

按下列原则划分其用地范围：A. 以近期的遥感影像为依据，以市中心向外，建筑物基本连成一片的，其边缘界线为城市用地图斑；B. 参照市政部门直接管理的区域，其边缘界线为城市用地图斑；C. 城市基础设施比较完备区域边缘界线为城市用地图斑。城市建成区内的农村居民点（城中村）视为城市建成区。建成区内的耕地、园地等农用地，水域（江、河、湖泊）不视为城市建成区。

② 其他城市建设用地图斑。其他城市建设用地，指与城市建成区不相连，且附属于城市的建设用地。如近郊区已基本具备城市功能，基础设施和地面建筑物（构筑物）已经配套

建成的区域、卫星城、大学城、开发区、住宅社区、休闲度假场所、工业用地、仓储用地等的建设用地也视为城市建成区。其外围界线划为城市用地图斑。

(2) 建制镇图斑。镇是经国家批准设镇建制的行政地域。镇是建制镇的简称。我国的镇包括县人民政府所在地的建制镇(不含县城关镇)和县以下的建制镇。建制镇是城市的范畴。建制镇用地与城市用地类似,建制镇用地调查分为两部分,一部分为镇政府所在地建成区,一部分为附属于建制镇的其他建制镇建设用地。

① 建制镇建成区图斑划分。镇政府所在地建成区外围界线为建制镇建成区图斑。不包括穿过建制镇的河流、公路、铁路及农用地。建制镇建成区内的农村居民点视为建制镇建成区。

② 其他建制镇建设用地图斑划分。其他建制镇建设用地,指与建制镇建成区不相连,且附属于建制镇的建设用地界线为建制镇用地图斑。如工业用地、住宅小区、仓储用地等的建设用地。

(3) 村庄图斑。城市和建制镇用地以外的乡、村非农建设用地。包括连片的农村居民点,附属于农村居民点且不与其相连的其他非农建设用地,如住宅用地、工业用地、仓储用地等建设用地范围界线为村庄用地图斑。

下列土地划分为村庄用地图斑:

①农村居民点内外并所属的为其服务的学校、村办企业、供销社等用地。②农村居民点内的国有土地,如信用社等非农建设用地。③与农村居民点边缘相连的零星树木、晾晒场、猪圈、堆草用地等。④村庄用地范围内外的农业建设用地不视为村庄用地。

(4) 采矿用地图斑。采矿用地是指用于采矿(如露天煤矿)、采石、采砂(沙)场、盐田、砖瓦窑等地面生产用地及尾矿堆放地(如露天煤矿剥离土堆放地)。不包括采矿的地下部分,及用于加工、办公、生活、交通等的建设用地。实际采矿用地(不是设计范围)范围界线为采矿用地图斑。

(5) 风景名胜及特殊用地图斑。该地类图斑指城镇村庄用地以外,包括名胜古迹、旅游景点、革命遗址、自然保护区、地质公园等风景名胜区域的管理机构、住宿餐饮、休闲娱乐等;军事设施、涉外、宗教、监教、殡葬等的建设(建筑物、构筑物)用地界线。该区域建设用地以外的地类按《土地利用现状分类》标准划分。

其他建设用地图斑指上述建设用地以外的铁路、公路等的建设用地。铁路、公路等建设用地图斑划分方法和要求见线状地物认定标准。

四、地物补测

(一) 补测内容

农村土地调查地物补测是指将实地相对调查工作底图(DOM)发生变化的部分补测到调查底图上的工作。需要补测的内容包括 DOM 成像之后地类变化较大的区域和出现的新增地物;由于影像底图比例尺较小无法直接解译调绘的地物;被阴影、云影遮盖而未成像的地物等。

(二) 技术要求

土地调查规程规定补测的地物点的位置相对邻近明显地物点位置的距离限差,平地、丘陵不超过图上0.5mm；山地不超过图上1.0mm。依比例尺标绘的地物，需测定地物的边线，其他地物需测定地物中心线(点)的位置。用皮尺或钢尺丈量距离时，单位为米，保留一位小数。往返或单程两次丈量的相对误差不大于1/200。

（三）技术方法

地物补测技术是指在航空摄影测量中，由于航摄漏洞或影像资料上存在大面积的阴影造成无法在测图仪器上准确采集地物，或是在航空摄影完成后地物发生变化时，在实地应用测绘技术进行测量后，将地物准确补测到相应地图上的方法。

土地调查规程对地物补测的规定是："补测实地相对DOM发生变化的部分"，即在土地调查中的地物补测是指将调查底图上影像不清晰影响地物边界识别或相对于影像实地已发生变化的地物，应用测绘技术补测到调查底图上的方法。

地物补测方法很多，根据被补测地物大小、形状、难易、被补测地物四周已知明显地物点状况等采用不同的补测方法。常用的补测方法主要有简易补测法和仪器补测法。

1. 简易补测法

简易补测法是地物补测的常用方法，它利用几何原理，采用简单测量工具，如钢尺或皮尺、圆规、笔、三角尺等，通过测量待补测地物点与其附近图上已有地物点的关系距离等，对待补测地物进行补测。主要有截距法、距离交会法、直角坐标法等，适用于补测地物较小或较规整，而且四周有较多的与影像对应的实地明显地物点作为控制的地区。

三种简易补测方法，各有优缺点。距离交会法施测简单，精度较高，但结果为双解，补测时应注意，它适用于待补测地物周围已知地物较多的情况。直角坐标法施测简单，易懂易做，且精度高，但是目标点到垂足的距离受获取的垂足点位置精度的限制，仅适用于实地可以建立直角坐标系的情况。截线法精度高，但操作较其他简易补测方法复杂，适用于待补测地物周围已知地物较多的情况。在实际应用中可以几种方法综合运用。

(1) 截距法。截距法指能够确定已知点，量取已知点到新增地物点距离，确定新增地物在图上位置和范围的方法。如图4-25所示，已知条件为图斑P中，有一新增地物X，P北边为一公路、西边为一农村道路，DA、CB垂直于公路。根据已知条件，只需补测A、B点位置就可将新增地物X补测到图上。

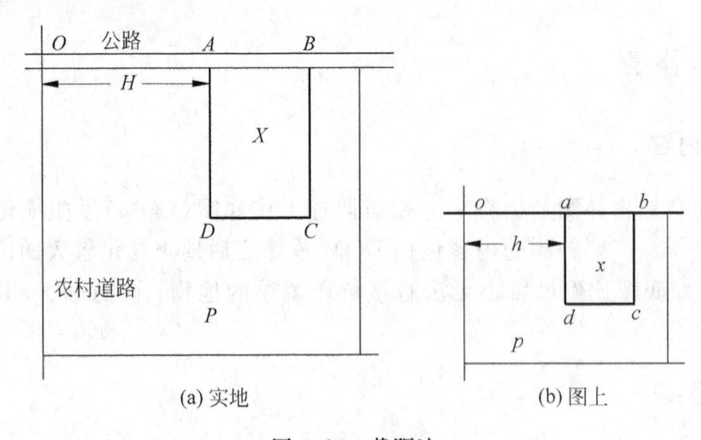

图4-25 截距法

截距法的补测方法步骤如下。

第1步，确定已知点。在实地确定未变化公路和农村道路的交叉点 O 在图上的位置。

第2步，在实地量取距离 H 为 O 点到 A 点的距离，并根据工作底图比例尺将 H 换算为图上距离 h。

第3步，在图上由 o 点起用比例尺或直尺沿公路向东量取距离 h 就确定了 A 点在图上的点位 a，同样图上 b 点也可以确定。

第4步，在实地量取 AD、BC 距离，并换算为图上距离 ad、bc。

第5步，以图上 a 点、b 点为起点，画垂直于公路的直线并等于 ad、bc。

第6步，连接 d、c 两点，至此得到了需要补测的新增地物 X 在图上 x 的位置和范围。

(2) 距离交会法。距离交会法指至少能确定位于需补测新增地物点不同方向的两个明显地物点，量取明显地物点至新增地物点距离，交会出新增物点的方法，如图4-26所示。

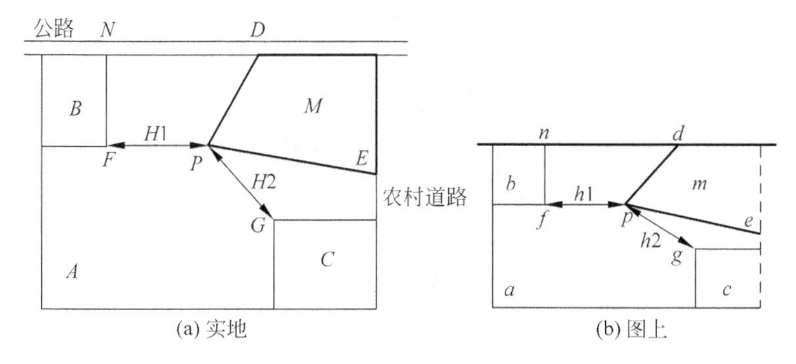

图4-26　距离交会

已知条件为，图斑 A 中有一不规则新增地物 M，图斑 B、C 为已知图斑。由图看出，只要将 D、P、E 三点的位置补测到图上，新增地物图斑 M 就可补测到图上。实际上 D 和 E 两点由截距法便可补测到图上，P 点需采用距离交会法补测，具体作业方法和要求如下。

第1步，确定实地未变化 F 点、G 点在图上的位置 f、g。

第2步，在实地量测 F 点、G 点到 P 点的距离 $H1$、$H2$，并根据工作底图比例尺换算为图上距离 $h1$、$h2$。

第3步，在底图上以 f 点、g 点为圆心，以 $h1$、$h2$ 为半径画弧交于一点，该点即为所需补测的 P 点。

为了保障补测精度，一般应再以第三个已知点如 N 点进行检核。当无误后方可确定所需补测点 P 的位置。

2. 直角坐标法

直角坐标法也称截距法，是截距法的特殊情况。指由一个已知点，通过量取未知点的直角坐标，确定未知点位置的方法，如图4-27所示。

已知条件是实地图斑 K 和对应图上图斑 k。实地和图上经核实均有相一致的公路和农村道路且垂直相交于 O、o，P 为一新增地物，由图看出，只要将 A、B、C 三点的位置补测到图上，新增地物图斑 P 就可补测到图上。以 A 点为例说明补测方法。

第1步，由 A 点量测到公路中心线的垂直距离 $H2$ 交于公路上 A' 点。

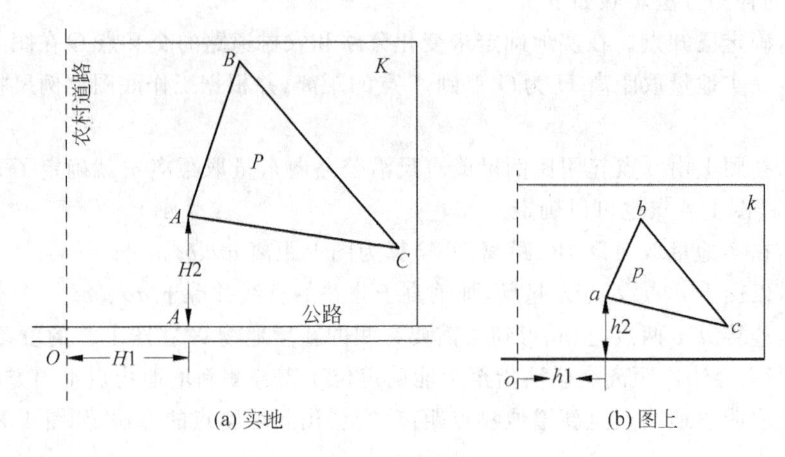

(a) 实地　　(b) 图上

图 4-27　直角坐标法

第 2 步，由 O 点量测到 A' 的距离 $H1$。

第 3 步，根据调查工作底图比例尺，将 $H1$、$H2$ 换算成图上距离 $h1$、$h2$。

第 4 步，由对应实地 O 点的图上已知点 o 为起点，借助三角尺，量取图上 $h1$ 和垂直于公路的 $h2$，则点 a 即为所需补测点 A 在图上的位置。

同理，可将 B、C 也补测到图上，参照实地界线走向，连接 a、b、c 三点，则 p 为补测的新增地物。

3. 仪器补测法

仪器补测法是指利用平板仪、全站仪、GPS 等仪器设备，进行地物补测的方法。仪器补测法适用于所有地物的补测，但由于价格高，一般只应用于简易补测法无法补测情况，如道路、大面积建筑等的补测。

(1) 平板仪补测法。只需将平板仪直接定位于待补测地物附近的明显地物点上即可利用仪器进行补测，补测方法有极坐标法和前方交绘法。

(2) 全站仪补测法。利用全站仪确定待补测地物附近的控制点上相对于待补测地物的边界点坐标增量，再计算待补测地物边界点的坐标值直接插入底图中即可。

(3) GPS 补测法。采用 GPS 技术补测精度高并适用于任何情况的补测。GPS 可在实地直接获得待补测地物的边界点坐标，再按边界点坐标值直接插入调查底图中即可。GPS 测量的方法分为静态、后差分和 RTK(载波相位动态实时差分，Real-time kinematic)三种定位方法。静态定位方法需要几台 GPS 同时观测时间几十分钟甚至几小时，不适合地物补测。后两种方法则可在一分钟内观测完毕。

(4) 特殊 GPS 后差分补测法。具体做法有两种。一种是在待补测地物附件选择一明显地物点建立基准站，同时用移动站在待补测地物的边界点上观测。然后将所有 GPS 观测值做成一个文件(块)，在计算机上一并插入调查底图中，再将明显地物点移到底图对应位置上即可。另一种是在建立基准站和观测后，以明显地物点的观测值作为坐标原点，求得待补测地物边界点的坐标增量，然后与明显地物点的底图坐标值相加，得到待补测地物边界点的底图坐标值，再插入底图中即可。

仪器补测法中平板仪补测法，利用常规仪器，精度高，操作较其他仪器补测法复杂，适用于范围不太大时的地物补测。全站仪补测法，精度高，但需两个控制点，可采用在计算机上读取实地明显地物点坐标的方法获得控制点数据，仪器操作简便，适用于地形环境复杂，特别是 GPS 信号接收不好时的地物补测。GPS 补测是仪器补测法中采用较多的一种，但需要控制点，可采用上述特殊 GPS 后差分补测法解决。

五、零星地类调查

零星地类是指耕地中小于最小上图图斑面积的非耕地或非耕地中小于最小上图图斑面积的耕地。零星地类可不调查。对于零星地类较多地区，可根据本地区实际情况统一制订具体调查方法，开展调查。例如，规定在调查工作底图上要标注零星地类的位置等。

在进行零星地类、零散分布地类调查时可能会遇到以下方面的问题，可参考下述方法处理。

（一）农村居民点按最小上图标准无法调查上图时的处理

在 1∶1 万调查区有部分农村居民点，在 1∶5 万调查区大部分农村居民点按最小 $4mm^2$ 的上图标准无法调查上图，此时可按下述方法处理。

1∶1 万调查区的如农村宅基地不能上图，可将宅基地周围预留的生活、绿化（面积较小达不到林地上图标准的）用地包含在宅基地中一起上图；1∶5 万调查区不能上图的农村居民点采用实地简易测量方法，在图上标注定位符号、面积和地类，并记载外业调查手簿。

（二）零星地类不调查将影响耕地调查准确性时的处理

国家“规程”未明确规定零星地类调查，但部分地区零星地类较多，如果不调查将影响耕地调查的准确性。据第一次土地调查统计分析，1∶1 万调查区的零星地类面积占所属地类（主要是指耕地）面积比重很小，调查工作量又较大，对农村土地调查准确性和精度影响不大，因此，某些省市规定不调查（指 1∶5 千和 1∶1 万调查区）。如果个别县不能上图的零星地类（如农村居民点）较多，也可进行调查。1∶5 万调查区大量的农村居民点和河谷地带的耕地、园地、建设用地不够调查上图标准，但应按零星地类调查。

（三）山区零散耕地的调查

在山区、高山峡谷地区，很多耕地零散分布于裸地、草地、灌丛之间，没有明显田土坎，这部分耕地可按下述方法调查。

六、特殊情况地类认定

地类认定一般应严格执行第三章第四节有关地类认定的规程规定，但在进行具体的农村土地地类调查时，针对某些特殊情况亦可按下述原则认定地类。

（一）“可调整地类”的认定

未完成农村土地调查的地区由国土资源部门组织，在实地对耕地改为园地、林地、草地和坑塘水面，认定土壤耕作层没有被破坏的，调绘为可调整耕地。对认定的可调整地类由调查人员调绘上图。

已完成农村土地调查地区，由国土资源部门组织熟悉当地情况人员，按照可调整地类含义，内业在图上或数据库中认定可调整地类，补充可调整地类内容；对于在内业难以认定的，应到实地进行补充调查。

（二）某些介于耕地与非耕地的地类认定

(1) 对于在退耕还林规划范围内的耕地，未实施的，按现状进行调绘，不应调绘成林地。已实施退耕还林规划，并已种植规定密度林木的，调绘成林地。在国家退耕还林还草规划范围内已实施退耕还草的按现状调绘。

(2) 对于河滩地上的耕地，在常年洪水位以下的，归入滩涂；在常年洪水位以上的调查成耕地。

(3) 对撂荒耕地的认定。撂荒耕地是指原为耕地，但现状是未利用的土地，因此，撂荒耕地应认定为耕地。

(4) 对于高原及盆地周边山区的轮歇耕地，如在国家退耕还林还草规划范围内已实施退耕还草的按现状调绘，而轮歇耕地应仍认定为耕地。

(5) 对部分地区农民在自己承包耕地(包括水田、水浇地)上种植桉树、银杏等乔木树种等，如不够上图标准(图上 $15mm^2$)归入耕地；够上图标准的归入可调整林地。

（三）某些农村非农土地的地类认定

(1) 对于“批而未用”的土地，应根据相关农用地转征用批文资料确定图斑范围，标注 G(国有土地)，地类按实际情况分别认定为“城市”或“建制镇”、“采矿用地”、“风景名胜及特殊用地”等地类，同时，在外业调查手簿中记载说明批文情况。

(2) 对于“用而未征”的土地，按建设用地现状调绘，同时，对该图斑在外业手簿中记载说明。

(3) 对农村“农家乐”土地，其中的建设用地认定为村庄，其他农用地按土地利用现状分类调绘。

（四）遭受地震等自然灾害地区土地的地类认定

(1) 因地震造成的崩塌、滑坡、泥石流、洪水淹没形成的裸土、裸岩、石砾地的土地认定为裸地。

(2) 地震造成村庄损毁的土地仍然认定为村庄。

(3) 对异地新建设的农村居民点土地，认定为村庄。

(4) 对灾毁灭失的耕地，认定为裸地。

(5) 对抗震救灾用地，如使用耕地造成耕作层被破坏，并长期使用的抗震救灾建设用地调绘为建设用地，未破坏的仍调绘为耕地。

(6) 在非耕地上，因救灾需要临时性搭建帐篷、板房、施工取土及交通绕道用地认定为裸地。

上述情况均需在外业手簿中记载变更地类的灾毁原因。

(五) 高原、山区、丘陵地区地类认定

(1) 山区、丘陵区的农村居民点与成片林地在一起的情况较多，但是，不能调绘为一个图斑，应以调查图上农村居民点外缘 3mm 作为地类界区分村庄与林地。

(2) 根据高原、山区卫星影像判读解译地类认定时，主要依据的标志主要有：影像色调、纹理、地物形态、地理背景、植被分布等因素。此时，特别要重视掌握植被分布与地理、地貌地形的相互关系规律，例如，在不同海拔高度上、南北(阴阳)坡上会有不同的林地、灌木林、其他林地、牧草地、其他草地的分布规律。这些分布规律需要向当地的农林水专家了解，并到实地建立高原、山区卫星影像判读解译地类的标志，指导土地调查。

第五节 耕地坡度分级

一、概述

耕地坡度调查是农村土地调查的一项重要内容。坡度是评价耕地质量的主要指标，也是衡量土地利用是否合理的一个关键因子。准确掌握坡耕地数量、质量及其空间分布，对制订农业发展战略、实施国土资源整治和开发，以及生态环境建设等方面具有重要的意义。农村土地调查将耕地坡度划分为≤2°、2°～6°、6°～15°、15°～25°、>25°等 5 个级别，耕地坡度可通过 1∶1 万地形图坡度尺直接从图上量取，也可采用 DEM 量取。耕地图斑坡度量算的主要方法有：外业目测法、坡度图法、DEM 生成法。由于外业目测法和坡度图法工作量大、工作效率低、量取精度取决于作业人员的技术水平，且容易出错，因此，近年来多采用 DEM 生成法。在我国，多数省区已完成了 1∶5 万数字高程模型(DEM)数据库和 1∶1 万数字高程模型(DEM)数据库建设，为应用 DEM 量算坡度奠定了数据基础。

本教材着重阐述利用数字高程模型(DEM)确定耕地坡度分级的目的、内容、方法、指标、流程、成果及要求等。

(一) 基本概念

数字高程模型，简称 DEM——是定义在 X、Y 域(或经纬度域)离散点(矩阵或三角形)上以高程表达地面起伏形态的数据集。

格网——与特定参照系相对应的空间的规则化棋盘状布置。

格网单元——用来表示栅格数据的最小单元。

坡度——表示地表面该点在特定区域内倾斜程度的一个量，定义为水平面与局部地表面之间的夹角。

坡度栅格数据图——利用 DEM 数据，通过数学模型计算每个格网坡度值，形成的坡度栅格数据。

坡度分级图斑——由同一坡度级界线构成的封闭单元。

坡度分级图——依据坡度栅格数据图,按照有关土地调查技术规程规定的耕地坡度分级,对地面坡度进行分级,形成覆盖完整调查区域的坡度分级数据。

耕地坡度分级图——根据坡度分级图,赋予不同类型耕地图斑对应的坡度级,并着色形成的专题图。耕地坡度分级图是农村土地调查部分的一项重要内容,是反映耕地地表形态、耕地质量、生产条件、水土流失的重要指标之一,是制订耕地保护和生态退耕政策的主要依据,也是衡量土地利用是否合理的一个关键因子。

(二) 基本要求

耕地坡度分级的目的在于全面查清不同坡度分级耕地的分布,计算不同坡度分级和类型耕地的面积。农村土地调查的耕地坡度分级工作通常由省(区、市)土地调查办公室负责组织制作本辖区的坡度分级图,县级土地调查办公室负责组织将坡度分级图与耕地图斑叠加,确定耕地坡度级,并制作耕地坡度分级图。

(1) DEM的选用。耕地坡度分级工作所采用的DEM应选择最新的1∶1万或1∶5万DEM,选用的DEM原则上应能够反映本地区的地貌特征,地形地貌复杂破碎地区宜选用1∶1万DEM。

(2) 数学基础。耕地坡度分级图比例尺应与当地农村土地调查比例尺一致,其数学基础应与农村土地调查保持一致。

(3) 资料收集。在资料收集方面,应收集测绘主管部门生产的最新的DEM,或根据相关测绘标准要求组织DEM生产。所收集或生产的DEM原则上应通过省级以上测绘产品质检部门的验收。

(4) 调查界线。行政区域调查界线应与农村土地调查所采用的行政区域调查界线一致。

此外,不同地区可根据国家耕地坡度分级规定,结合本地区实际情况制订补充规定。

(三) 耕地坡度分级技术路线及流程

应用DEM,逐格网计算坡度,进行坡度分级和相关数据处理,生成坡度分级图,将坡度分级图与耕地图斑叠加,确定耕地图斑的坡度级,作业流程见图4-28。

二、坡度分级图生成

(一) DEM预处理

(1) 数据检查。主要是对DEM的质量、完整性等进行检查。检查已有DEM数据质量,并控制其精度。对DEM数据进行精度、接边、数学基础、格网间距等数据检查,看是否存在高程异常、高程过渡是否平滑、数据接边是否正确、数据是否完整等问题,使其满足DEM数据分析所规定的数据质量要求,控制源数据质量将能保证生成坡度图数据的精度要求。

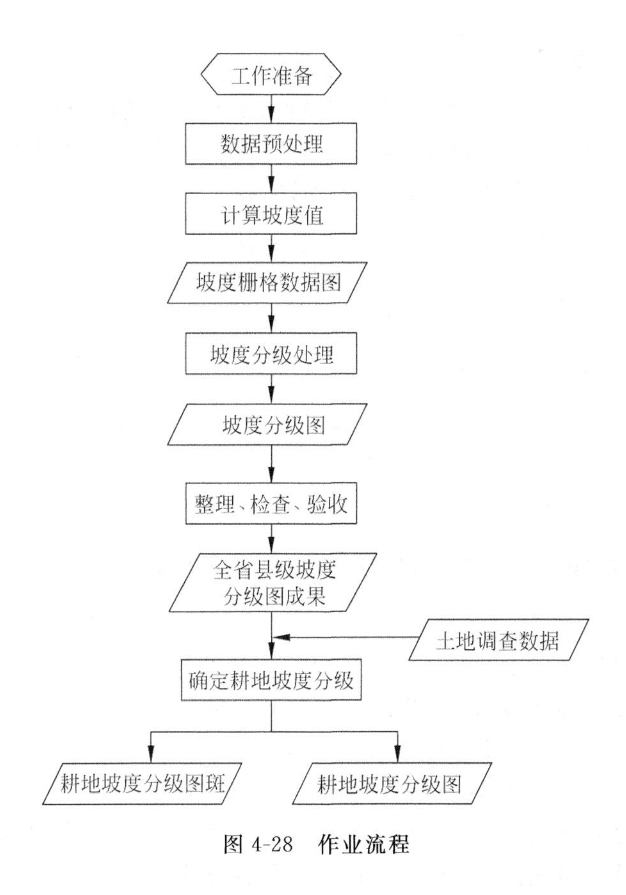

图 4-28 作业流程

(2) 数据转换。对 DEM 不符合调查要求的数据格式、坐标系统、高程基准、投影带等进行转换。

(3) 拼接。将标准分幅 DEM 拼接覆盖完整调查区域(省级或分县或分区域)。DEM 拼接图格网尺寸与调查区域主比例尺 DEM 格网大小应一致。

(二) 坡度计算

以 DEM 栅格数据为基础进行地形坡度分析时,DEM 图像必须具有投影地理坐标,而且其中高程数据及其单位必须是已知的,然后计算坡度得到栅格数据格式的坡度图。

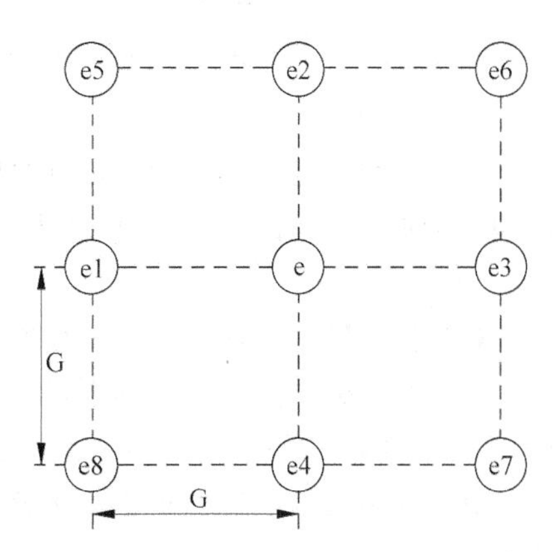

图 4-29 DEM 3×3 局部移动窗口

1. 坡度计算公式

按公式(4-1)计算坡度:

$$\tan(P)=\sqrt{\left(\frac{\partial z}{\partial x}\right)^2+\left(\frac{\partial z}{\partial y}\right)^2} \qquad (4\text{-}1)$$

式中$\frac{\partial z}{\partial x}$、$\frac{\partial z}{\partial y}$分别表示 x,y 方向的偏导数,P 为坡度。

图 4-29 中 G 表示格网尺寸。ei(i=1,2,…,8)分别表示中心点 e 周围格网点的高程。

2. 生成坡度栅格数据图

利用坡度计算公式计算出每个格网的坡度值,生成坡度栅格数据图。计算时采用 3×3 窗口(见图 4-29),利用坡度计算模型(见表 4-6)计算坡度值。模型的选取应根据调查区域的地形地貌特征,选取符合本调查区域的坡度计算模型。

表 4-6 坡度计算模型

$\partial z/\partial y$	$\partial z/\partial x$
(e1－e3)/2G	(e4－e2)/2G
(e8－e7＋2(e1－e3)＋e5－e6)/8G	e7－e6＋2(e4－e2)＋e8－e5)/8G
(e8－e7＋e1－e3＋e5－e6)/8G	(e7－e6＋e4－e2＋e8－e5)/8G

(三) 坡度分级图生成

将坡度栅格数据图进行分级并做矢量化处理,形成坡度分级矢量数据,即坡度分级图。

1. 主要作业步骤

先对坡度栅格数据图按照耕地坡度分级要求进行分级,生成坡度分级栅格数据图;再对坡度分级栅格数据图进行矢量化,生成坡度分级矢量化数据;然后,对矢量化数据进行坡度综合、图斑合并、界线平滑、拓扑重建、数据裁切等处理。

(1) 坡度综合。如采用的 DEM 格网间距为 Xm。则一个格网所能表示的最小面积为 $X*X\text{m}^2$。为了比较准确地反映其地貌特征,需要对生成的坡度分级图进行适当的调整。因为在生成坡度分级图的过程中,产生了许多面积较小的分级图斑,需要适当降低消除这些小面积图斑。

(2) 图斑合并。对生成的坡度图进行重分类,然后按照坡度分级范围选择图斑面,有些相邻的面属性相同,这时需合并具有相同属性的相邻图斑面,在合并的同时应清除悬挂弧段和伪节点。

(3) 界线平滑处理。由于需要根据坡度分级图确定土地更新详查的图斑(按土地用途不同进行分类)的坡度级别,因此其坡度图本身必须与调查的图斑高度拟合,此时,必须对数据进行必要的抽稀。具体的抽稀距离通常需经多次与图斑的套合检查来确定。

2. 技术要求

(1) 将图上面积小于 30mm^2 的坡度分级图斑按坡度级就低不就高原则并入邻近图斑。地貌复杂地区(如喀斯特地貌、黄土地貌),最小上图面积可适当降低,以反映其特殊地貌特征。

(2) 将宽度小于或等于一个格网的线状坡度图斑按平均配赋原则合并至相邻图斑中。

(3) 坡度分级矢量数据的图斑界线与坡度分级栅格数据空间位置偏移一般不超过一个格网,最大偏移量不得超过两个格网。

(4) 分县、分区处理的坡度分级矢量数据,须进行接边处理,接边限差不得超过两个格网。

(5) 坡度分级矢量数据的属性结构见表 4-7(a)。

(6) 以县级行政调查区域为基本单位管理坡度分级矢量数据。

三、确定调查区耕地坡度分级

（一）耕地坡度级确定方法

根据省级土地调查办统一制作的坡度分级图，在县级农村土地调查数据库中，将坡度分级图与地类图斑叠加，确定耕地图斑的坡度级，并在地类图斑层中对耕地图斑赋耕地坡度级属性（见表 4-7(b)）。

表 4-7　坡度分级要素属性表

表 4-7(a)　坡度分级图斑属性结构描述表（属性表名：PDT）

序号	字段名称	字段代码	字段类型	字段长度	小数位数	值域	约束条件	备注
1	标识码	BSM	Int	10		＞0	M	
2	要素代码	YSDM	Char	10		1000780000	M	
3	坡度级别	PDJB	Char	2		1～5	M	见《土地利用数据库标准》表 35

表 4-7(b)　地类图斑属性结构描述表（属性表名：DLTB）

序号	字段名称	字段代码	字段类型	字段长度	小数位数	值域	约束条件	备注
1	标识码	BSM	Int	10		＞0	M	
2	要素代码	YSDM	Char	10		见《土地利用数据库标准》表 1	M	
3	图斑预编号	TBYBH	Char	8		非空	O	
4	图斑编号	TBBH	Char	8		非空	M	
5	地类编码	DLBM	Char	4		见本表注 1	M	
6	地类名称	DLMC	Char	60		见本表注 1	M	
7	权属性质	QSXZ	Char	3		见《土地利用数据库标准》表 34	M	
8	权属单位代码	QSDWDM	Char	19		见本表注 3	M	
9	权属单位名称	QSDWMC	Char	60		非空	M	
10	坐落单位代码	ZLDWDM	Char	19		见本表注 3	M	
11	坐落单位名称	ZLDWMC	Char	60		非空	M	
12	耕地类型	GDLX	Char	2		见本表注 7	O	
13	扣除类型	KCLX	Char	2		见本表注 8	O	
14	耕地坡度级	GDPDJ	Char	2		见《土地利用数据库标准》表 35	O	耕地必选
15	扣除地类编码	KCDLBM	Char	4		见本表注 1	O	
16	扣除地类系数	TKXS	Float	5	2	＞0	O	
17	图斑面积	TBMJ	Float	15	2	＞0	M	单位：平方米
18	线状地物面积	XZDWMJ	Float	15	2	≥0	O	单位：平方米
19	零星地物面积	LXDWMJ	Float	15	2	≥0	O	单位：平方米
20	扣除地类面积	TKMJ	Float	15	2	≥0	O	单位：平方米
21	图斑地类面积	TBDLMJ	Float	15	2	≥0	M	单位：平方米

续表

序号	字段名称	字段代码	字段类型	字段长度	小数位数	值域	约束条件	备注
22	批准文号	PZWH	Char	50		非空	O	见本表注 11
23	变更记录号	BGJLH	Char	20		非空	O	
24	变更日期	BGRQ	Date	8		YYYYMMDD	O	

注 1：地类编码和名称按《土地利用现状分类》(GB/T 21010—2007)执行。

注 2：图斑以村为单位统一顺序编号。变更图斑号在本村最大图斑号后续编。

注 3：权属单位代码和坐落单位代码到村民小组级，权属单位代码和坐落单位代码按照地籍号的编码规则(见《土地利用数据库标准》表 14 注 1)编码，其中：行政村相当于街坊，村民小组(或其他农民集体经济组织)相当于宗地，村民小组级编码由"基本编码(4 位数字顺序码)＋支号(3 位数字顺序码)"组成；使用村民小组级基本编码最大号递增编码的，数据库中的支号(后 3 位码)仍然要补齐"000"。

注 4：坐落单位代码指该地类图斑实际坐落单位的代码，当该地类图斑为飞入地时，实际坐落单位的代码不同于权属单位的代码。

注 5：图斑面积指用经过核定的地类图斑多边形边界内部所有地类的(如地类图斑含岛、孔，则扣除岛、孔的面积)。

注 6：线状地物面积指该图斑内所有线状地物的面积总和。

注 7：当地类为梯田耕地时，耕地类型填写 T。

注 8：扣除类型指按田坎系数(TK)、按比例扣除的散列式其他非耕地系数(FG)或耕地系数(GD)。

注 9：扣除地类面积：当扣除类型为 TK 时，扣除地类面积表示扣除的田坎面积；当扣除类型不为 TK 时，扣除地类面积表示按比例扣除的散列式其他地类面积。

注 10：图斑地类面积＝图斑面积－扣除地类面积－线状地物面积－零星地物面积。

注 11：批准文号是指：一块图斑已被批准为建设用地但现状仍为其他地类时的批准书文件号。

(二) 要求

(1) 原则上不能打破调查的耕地图斑界线，每个耕地图斑确定一个坡度级。

(2) 当调查的耕地图斑涉及两个以上坡度级时，面积最大的坡度级为该耕地图斑的坡度级。

(3) 当耕地图斑面积较大(如从山顶到山底为一个图斑)、含有两个以上坡度级，且各坡度级耕地面积相当时，可参照坡度分级界线，依据调查底图(DOM)上明显地物界线，将该耕地图斑划分为两个以上不同坡度级的图斑。

(4) 对于破碎耕地，其整体视为一个图斑，按上述要求确定坡度分级。

当 DEM 存在缺陷时，应通过其他手段补充、完善，确定耕地图斑坡度级。

(三) 编制耕地坡度分级图

编制耕地坡度分级图的基本方法是以县级土地利用现状图为底图，对耕地图斑赋予确定的耕地坡度级，生成耕地坡度分级图。

耕地坡度分级图编制的技术要求如下。

(1) 耕地坡度分级图的比例尺与土地利用现状图的比例尺一致。

(2) 以土地利用现状图为底层，保留地类编码或符号、地类图斑界线，对耕地以外地类图斑不赋色。

(3) 耕地坡度分级图是对地类图斑层中耕地图斑，按耕地坡度级属性字段中的坡度级分别赋色，耕地坡度级按附录 B 图式图例要求表示。当耕地图斑为梯田时，该图斑中加注字母 T 表示，如：Ⅲ-T 表示耕地坡度为三级的梯田，坡耕地不加注字母。耕地图斑的图斑编号、地类编码等与土地利用现状图一致。

（4）图幅左下角注明主要资料来源和时间、数学基础等信息，图幅右下角注明编制时间。

四、耕地坡度分级成果

（一）坡度分级图成果

（1）县级坡度栅格数据图。坡度分级栅格数据图作为中间成果应单独整理保存，用于检查验收使用。

（2）县级坡度分级图（矢量数据）。

（3）县级坡度分级元数据文件。依据生产情况，制作坡度分级矢量数据元数据文件，内容见表 4-8。

表 4-8　坡度分级元数据文件

序　　号	元数据项名称	元数据内容	序　　号	元数据项名称	元数据内容
1			16	最小上图图斑	
2	图名		17	图斑综合方法	
3	比例尺分母		18	矢量平滑算法	
4	DEM 比例尺		19	数据格式	
5	DEM 格网宽度		20	制作日期	
6	高程数据取位		21	制作单位	
7	平面坐标系统		22	版权单位	
8	高程系统		23	采样间隔	
9	DEM 数据来源		24	最北端坐标	
10	投影方式		25	最南端坐标	
11	投影带号		26	最东端坐标	
12	中央子午线		27	最西端坐标	
13	分带方式		28	质量检查单位	
14	采用软件		29	验收单位	
15	坡度计算模型		30	验收结论	

（4）技术总结报告。主要内容包括：①任务来源；②资料收集与分析，DEM 的来源、格式、比例尺、质量和完整性等；③技术路线与技术方法，采用的软件、数学模型、计算方法等；④作业流程；⑤质量控制，检查内容、检查结论等；⑥成果说明，数学基础、指标、数据格式、文件名等；⑦遇到的问题与处理方法、遗留问题等。

（二）耕地坡度分级图成果

（1）耕地坡度级数据。土地利用数据库中，赋予耕地坡度级属性的地类图斑层。

（2）耕地坡度分级图。依据耕地坡度级制作的耕地坡度分级图。耕地坡度分级图式图例如图 4-30 所示。

坡度级	式样	R G B[数据]
1级	Ⅰ	R255 G240 B0
2级	Ⅱ	R170 G220 B0
3级	Ⅲ	R255 G160 B0
4级	Ⅳ	R200 G200 B255
5级	Ⅴ	R255 G40 B0

注：当耕地为梯田耕地时，图中加注T，如：Ⅲ-T表示坡度为三级的梯田耕地。

图4-30 耕地坡度分级图式图例

五、耕地坡度分级的检查验收

（一）坡度分级图

(1) 检查验收内容：①成果的完整性和规范性；②采用的DEM是否符合规定；③作业流程是否符合要求；④坡度分级是否正确；⑤坡度分级图斑综合取舍是否符合要求；⑥坡度分级图斑界线与坡度栅格数据图套合误差是否在限差范围以内；⑦坡度分级图矢量数据是否按要求进行接边；⑧文字报告内容是否齐全，表述是否清楚。

(2) 要求。生产单位对各个生产环节中间成果及最终成果进行100%检查。省(区、市)土地调查办组织抽查和验收，抽查比例不得小于10%。国家在省级验收合格基础上进行抽查确认，具体抽查确认视情况单独进行或与农村土地调查成果检查验收同时进行。

（二）耕地坡度分级图

(1) 检查验收内容：①耕地坡度分级方法是否正确；②耕地坡度分级属性结构、属性值是否正确；③数据拓扑结构是否正确；④耕地坡度分级图编制是否符合要求。

(2) 要求。耕地坡度分级图成果的检查验收按照农村土地调查要求，与农村土地调查成果检查验收同时进行。

坡度分级元数据文件见表4-9。

表4-9 坡度分级元数据文件

序　号	元数据项名称	元数据内容
1	图名	
2	行政辖区	
3	比例尺分母	
4	DEM比例尺	
5	DEM格网宽度	
6	高程数据取位	
7	平面坐标系统	
8	高程系统	
9	DEM数据来源	

续表

序　　号	元数据项名称	元数据内容
10	投影方式	
11	投影带号	
12	中央子午线	
13	分带方式	
14	采用软件	
15	坡度计算模型	
16	坡度计算窗口大小	
17	最小上图图斑	
18	图斑综合方法	
19	矢量平滑算法	
20	数据格式	
21	制作日期	
22	制作单位	
23	版权单位	
24	采样间隔	
25	最北端坐标	
26	最南端坐标	
27	最东端坐标	
28	最西端坐标	
29	质量检查单位	
30	验收单位	
31	验收结论	

第六节　田坎系数测算

一、概述

田坎系数是影响耕地面积的重要数据。为保证耕地田坎系数测量的规范、科学，保障土地调查中耕地调查数据的准确、可靠，《第二次全国土地调查技术规程》规定，由省（区、市）统一组织田坎系数测算，测算方案及结果报国土资源部备案。

（一）基本概念

(1) 田坎。国标《土地利用现状分类》定义，田坎是指耕地中南方宽度大于等于 1 米，北方宽度大于等于 2 米的田埂、地埂等统称田坎。田坎宽度指田坎底部宽度，即田坎占地宽度。

(2) 田坎系数。是指耕地图斑中田坎面积与耕地图斑面积的比例(%)。这里的耕地图斑面积是指已扣除其他线状地物，但还含有田坎的面积。耕地图斑地类面积是指已扣除其他线状物和田坎及其他应扣除面积后的耕地净面积。

(3) 田坎系数类型。田坎系数类型分为梯田田坎系数和坡耕地田坎系数。

梯田田坎系数——梯田图斑中田坎面积与梯田图斑面积的比例(%)。

坡耕地田坎系数——坡耕地图斑中田坎面积与坡耕地图斑面积的比例(%)。

(4) 耕地坡度分级。我国耕地分5个坡度级(上含下不含)。坡度≤2°的视为平地,其他分为梯田和坡地两类。耕地坡度分级及代码见表4-10。

表4-10 耕地坡度分级及代码

坡度分级	≤2°	2°~6°	6°~15°	15°~25°	>25°
坡度级代码	Ⅰ	Ⅱ	Ⅲ	Ⅳ	Ⅴ

农村土地调查数据库建成后,应用DEM生成坡度图,可计算不同坡度级的耕地面积。

(5) 地貌类型。分为平地、丘陵、山区。

(6) 耕地类型。分为梯田、坡耕地。

(7) 耕地田坎调绘与面积扣除。耕地坡度(地面坡度)大于2°时,可测算耕地田坎系数,利用田坎系数扣除田坎面积;对耕地坡度(地面坡度)小于等于2°的耕地中的田坎,须外业实地逐条调绘在调查底图上,内业面积量算时逐条扣除。耕地划分为梯田和坡耕地两种类型,由于梯田、坡耕地中的田坎数量、表现形式、规律等差异很大。因此,需要对梯田、坡耕地分别测算田坎系数和扣除,以保证测算田坎系数和扣除田坎面积的准确。

(8) 面积数据。要测算的田坎面积和耕地图斑的面积应为同一投影面的面积。

(9) 精度要求。外业实测田坎和耕地图斑界线拐点坐标时,其各项技术要求按1∶2000比例尺地形图测量规范执行。田坎宽度量取至厘米。

(二) 耕地田坎系数测算的技术路线与方法

坡度大于2°时,需测算耕地田坎系数。按耕地分布、地形地貌相似性等特征,对完整省(区、市)辖区进行分区;区内按不同坡度级和坡地、梯田类型分组,选择样方、测算系数。样方应均匀分布,每组数量不少于30个,单个样方不小于0.4 hm^2;然后,实测样方中的田坎面积,计算样方田坎系数,即田坎面积占扣除其他线状地物后样方面积的比例(%)。当同组样方田坎系数相对集中、最大值不超过最小值的30%时,取其算术平均数,作为该组田坎系数。原有的田坎系数,经核实符合要求,可继续使用。

二、地貌类型及区域划分

(一) 地貌类型的分区

(1) 地貌类型分区。根据地貌特征,以各区域地面相对高度(米)确定地貌类型。在地面坡度大于2°、地面相对高度小于200米为丘陵;地面相对高度大于200米的为山区。区号:可规定丘陵区为“1”,山区为“2”。

(2) 地貌类型分区的基本范围。田坎系数值受很多因素的影响。主观因素影响来自于样方选取的代表性和测量的精确性。客观因素影响,包括地貌类型、地面坡度和耕地类型。为了保证田坎系数使用的统一、便捷,可以完整的县(市、区)辖区作为基本的地貌类型的分区范围。如少数县(市、区)辖区范围地貌类型复杂，若只按一个地貌类型分区，难于反映耕地田坎状况，影响田坎系数合理使用时，也可以按完整的乡(镇)辖区范围进一步细分地貌类型区域，但应经上级土地调查办公室上报省级土地调查办批准。

(二) 地貌类型分区的基本原则

可以按如下原则进行地貌类型分区：

(1) 县(市、区)辖区范围内，大部分为山区，确定为山区。

(2) 县(市、区)辖区范围内，大部分为山区，部分为丘陵、平地，确定为山区。

(3) 县(市、区)辖区范围内，大部分为丘陵，部分为山区、平地，确定为丘陵。

(4) 县(市、区)辖区范围内，大部分为平地，局部为山区或丘陵，可以按完整的乡(镇)辖区范围细分地貌类型区域。也可以直接使用丘陵区域内各组田坎系数。

(三) 对调查区地貌类型实施分区

通常以省级行政辖区为单位进行地貌类型分区，分别对各分区地貌类型进行定性，分别得出辖区内平地地区(包括有局部丘陵、山区)的数量、丘陵地区(包括有局部山区)的数量、山区地区的数量。

三、耕地田坎系数样方的分布与选取

(一) 样方的含义

为测算耕地田坎系数，在不同的地貌类型分区内和不同的地面坡度等级中，所选取的典型耕地图斑，称为样方。

(二) 样方的区域分布

为使样方选择的区域能代表省级调查区从平地经丘陵到山区的地貌类型特点，样方应分布在辖区范围较大的若干个县(市、区)内，即应有属于山区地貌类型的县(市、区)，也应有属于丘陵地貌类型的县(市、区)。并在每所选县(市、区)范围内选取 1∶10 000 比例尺图幅 4 幅，保证具体样方位置的选取。

(三) 耕地图斑样方的坡度级的确定

(1) 使用 1∶10 000 或 1∶50 000 比例尺、25 米格网间距的 DEM 数据生成坡度图。

(2) 坡度图与相应本幅正射影像图叠加套合，确定各耕地图斑的坡度级。

(3) 样方应在不同坡度级的耕地图斑中选取。

(四) 样方分组

在每个地貌类型分区中，再根据不同的坡度级和耕地类型组合分组。样方分组见表 4-11。

表 4-11 样方分组表

地面坡度 / 样方类型分组 / 地貌	2°＜Ⅱ≤6°		6°＜Ⅲ≤15°		15°＜Ⅳ≤25°		25°＜Ⅴ	
	梯田	坡地	梯田	坡地	梯田	坡地	梯田	坡地
丘陵	1(1)	1(2)	1(3)	1(4)	1(5)	1(6)	1(7)	1(8)
山区	2(1)	2(2)	2(3)	2(4)	2(5)	2(6)	2(7)	2(8)

（五）样方选定的方法和要求

(1) 将 1∶10 000 万比例尺坡度图叠套在该幅正射影像图上，按照不同的坡度等级，根据图上影像特征分别选定梯田、坡耕地的图斑样方。当在现有的 120 幅图上选择样方后，仍难于保证品种和数量要求时，应增加图幅数量，扩大选择范围。

(2) 样方选取要注意分布均匀，不应集中连片地选定同组样方。

(3) 选取样方时，应选择完整的图斑和形状较为正规的图斑，以便提高测量的精度。

(4) 样方应选择在一个坡度级别范围内的图斑，不能选取跨坡度级的图斑。

(5) 样方选定后，应在正射影像图上标注“预编号”，以保证样方品种齐全、数量足够。如 1(1)－1；2(2)－15；样方实测后，再在正射影像图上正规编号注记。

(6) 每组有效样方数量不得少于 40 个，单个样方面积不得小于图上 40 平方毫米(6 亩)。

四、田坎系数测算

（一）田坎测量

(1) 在确定的样方内，实测每条田坎的长度及宽度，计算每条田坎的面积。

(2) 田坎的宽度指田埂、地埂底部的宽度。当一条田坎的宽度不均匀或非直线型时，应分段测量其长、宽，并计算面积。

(3) 样方内可调绘上图的线状地物(沟渠、农道等)应单独进行测量，其面积在样方面积内扣除，线状地物面积也不得计入该样方的田坎面积中，避免重复扣除面积。

(4) 当样方边界线是田坎时，该田坎面积的 1/2 应计入本样方的田坎面积中。

(5) 不论田坎在工作底图上的影像是否清晰，均不得在图上量取田坎长度。

(6) 长度单位为米，量取至 0.1 米，面积单位为平方米，计算至 0.1 平方米。

(7) 田坎测量的各项数据填写在“样方田坎系数测算表”中。

（二）样方的面积测量

样方的面积包括了该样方中的田坎面积＋净耕地面积＋线状地物面积。

(1) 样方面积应实地测量，内业量算面积进行检核。

(2) 使用全站仪等实地解析法测量样方图斑界线拐点坐标，用解析坐标计算样方面积。拐点坐标测定精度按 1∶2000 比例尺地物点测定精度要求。

(3) 样方的图斑界线拐点位置应选定在界线的中心线位置。样方的图斑界线为其他线状地物时,在线状地物面积扣除时按 1/2 扣除。

(4) 测定样方拐点的坐标时,测站点与样方最近拐点的距离不大于 50 米,且在明显地物点上。测站位置应实地打木桩,并在正射影像图上相应的位置刺点,测站点点位坐标可假定。

(5) 样方测量完成后,按 1∶2000 比例尺绘制样方平面图,包括样方内田坎和其他线状地物位置,并注记样方分组号,样方所在图号、样方面积、测量者、检查者等,平面图附在该样方田坎系数测算表后。

(三) 田坎系数计算

(1) 田坎系数应逐个样方计算。

(2) 样方田坎系数=样方田坎总面积/样方耕地图斑面积(%),耕地图斑面积=样方面积-样方内其他线状地物面积。

(3) 每组样方都要计算出该组样方的平均田坎系数,同一组样方中田坎系数最大值与最小值相差 30%的视为粗差,经复查,计算无误时应将相差最大的样方剔除,样方数量不足时,再补选样方测算。

(4) 符合要求的同组样方田坎系数达到 30 个时,取其算术平均值为该组样方的平均田坎系数。平均田坎系数计算填写在"田坎系数表"中。

五、上交成果、成果验收与质量评定

(一) 上交成果与资料

(1) 样方所在的 1∶10 000 标准分幅坡度图。

(2) 相应图幅号内,标注有样方位置、分组编号的正射影像图。

(3) 样方区域分布图(样方注标在全省 1∶10 000 比例尺标准分幅图图幅结合表上)。

(4) 全省地貌类型区域划分一览表。

(5) 样方田坎系数测算表(附有样方平面位置图),及本组平均田坎系数计算表(按照分组编号装订)。

(6) 田坎系数表(统计表),按照二大地貌类型汇总。

(7) 田坎系数测定工作报告。

(8) 电子图数据(附数据说明)。

(二) 成果验收及质量评定

(1) 检查验收的主要内容

主要检查验收以下内容:①各项成果是否齐全,各图表绘制与填写是否规范;②地貌类型的划分是否合理;③样方数量是否满足要求;④样方是否具有代表性;⑤田坎与样方面积测量方法与精度是否符合要求。

(2) 检查验收的比例

对检查验收的比例要求如下:①自检比例应为 100%。②项目承担单位的质检部门,内业 100%检查,外业抽检 10%。③验收:抽样 10%;对抽样:内业 100%检查,实地丈量检查 8 个样方(每个坡度级 2 个,其中梯田、坡耕地各 1 个)。

(三)质量评定

(1) 质量只评定是否合格。合格则上交使用,不合格则责令返工或修改完善。

(2) 成果齐全且样方选取有较好的代表性,样方数量满足要求,样方各项数据的测量与计算正确,可提供使用即为合格。

复习与思考

1. 试述农村土地调查的范围和内容。
2. 概述农村土地调查的程序和主要作业步骤。
3. 我国农村土地调查的数学基础是什么?
4. 概述农村土地调查的技术要求。
5. 简述农村土地调查的技术方法。
6. 对收集的资料应做哪几方面的分析工作。
7. 如何确定辖区控制面积?
8. 试述农村土地调查外业调查底图的制作过程。
9. 农村土地权属调查的原则是什么?
10. 概述农村土地调查的任务。
11. 如何进行农村宗地的划分与编号。
12. 试述权属界线的表示方法。
13. 农调时如何出来权属争议?
14. 简述权属界线协议书的制作。
15. 试述地类调查的综合调绘法。
16. 概述实地地类调绘的基本程序。
17. 线状地物调查的基本要求有哪些?
18. 哪些地块应划分为图斑?
19. 何谓地物补测,简述其内容、技术要求与主要方法。
20. 何谓零星地物?其处理原则是什么?
21. 为什么要进行耕地坡度调查?我国耕地坡度是如何划分的?
22. 试述 DEM 法耕地坡度分级的技术路线及流程。
23. 何谓田坎系数?分为哪几类?为什么要进行田坎系数测算?
24. 简述耕地田坎系数测算的技术路线与方法。

第五章

城镇地籍调查

第一节 概　　述

城镇地籍调查即城镇土地调查(本教材简称地籍调查)。地籍调查是一项国家措施,是地籍管理的重要内容之一,是土地调查的组成部分,也是土地管理基础建设的项目之一,其直接的作用是为土地登记奠定基础。城镇地籍调查由权属调查和地籍测量两项工作构成。权属调查是整个地籍调查的基础环节,有序地、准确地确定宗地的界址、权属等是其工作的核心。地籍测量在权属调查基础上,以形成地籍图、宗地图和取得宗地面积为其主要成果。权属调查和地籍测量相互衔接,共同完成地籍调查任务。

一、基本概念

(一) 地籍调查

地籍调查,是对城市、建制镇内部和农村居民地等非农建设用地,以土地权属为核心开展的调查。其主要任务是查清每一宗土地的权属、位置、界线、数量和用途等基本情况。其调查范围与农村土地调查确定的城镇范围相互衔接。根据调查时期和任务的不同,地籍调查分为初始地籍调查和变更地籍调查,分别在初始和变更土地登记前进行。

(二) 调查目的

通过地籍调查查清调查范围内土地的利用状况,掌握土地的所有权和使用权状况,包括集体土地所有权、国有土地使用权及其用地方式(如划拨、出让等),建立准确、完整的地籍卡、册、图等地籍档案和城镇地籍调查管理信息系统,为地政管理、土地利用、土地储备、土地登记、房地产市场管理等提供真实准确的基础数据,实现城镇地籍调查成果与土地管理业务的衔接和资源共享,满足国土资源管理和经济社会发展的需要。

（三）调查内容

城镇地籍调查包括权属调查、地籍测量、城镇地籍调查数据库建设等项工作，是土地管理的基础工作。

(1) 权属调查。指通过对宗地权属及其权利所及的界线的调查，在现场依规定程序标定土地权属界址点、线，绘制宗地草图，调查土地用途（地类），填写地籍调查表。内容包括宗地权属状况调查，界址点确认调查和土地使用状况调查，填写相应的调查表格，查清调查区内所有已登记土地、未登记已批准土地及其他土地状况。

(2) 地籍测绘。指在土地权属调查的基础上，借助仪器，以科学的方法，测量宗地的权属界线、界址位置、形状等，计算面积，测绘地籍图和宗地图，为土地登记提供依据。内容包括地籍控制测量，宗地界址点测量，地籍细部测量，地籍图、宗地图的绘制，宗地面积量算与汇总及土地分类面积统计等。

(3) 城镇地籍调查数据库建设。以调查形成的遥感影像、正射影像图、土地利用调查成果、土地权属调查和地籍测量成果为数据源，利用计算机、GIS、数据库和网络等技术手段，建立城镇地籍调查数据库和管理系统，将调查区内所有已登记土地、未登记已批准土地及其他土地状况信息纳入数据库管理。

权属调查和地籍测量为地籍数据库建设提供数据源，地籍数据库为二者提供先进的数据资料存储与管理方式。本章将重点介绍初始权属调查的相关内容，地籍测量与地籍数据库建设方面的内容将在后续章节介绍。

（四）初始地籍调查范围

依据城镇化程度不同，初始地籍调查分为城镇初始地籍调查和村庄初始地籍调查。城镇初始地籍调查的范围是：城市、建制镇和独立工矿的用地。村庄初始地籍调查的范围是：城镇郊区、集镇、村庄，国营农、林、牧、渔场和农民集体经济组织使用的非农业建筑用地。

在我国，按地籍信息化建设开展程度可分为已建立地籍管理信息系统地区、已开展地籍调查但未建立地籍管理信息系统地区和未开展地籍调查地区。

（五）地籍调查单元

地籍调查的单元是宗地。宗地是被土地权属界线封闭的地块，是土地登记的基本单元，也是地籍调查的基本单元。宗地的划分以方便地籍管理为原则，《规程》规定，一般将具有独立使用权的地块划为一个宗地。

二、基本要求

（一）比例尺

由于城镇土地利用率高、建筑物密集、土地价值高等因素，对城镇地籍测量的精度要求也比较高，地籍调查在城市和城镇建成区采用 1∶500 作为基本比例尺，其他区域也可采用

1∶1000 或 1∶2000 比例尺。农村村庄地籍图一般采用 1∶2000 比例尺。

（二）数学基础

地籍调查的平面坐标系统可自行确定，应尽可能采用 1980 西安坐标系，以利于与农村土地调查成果相衔接，高程系统采用 1985 国家高程基准。对投影方式，标准分幅图采用高斯-克吕格投影，1∶500、1∶2000 标准分幅图或数据按 1.5°分带（可任意选择中央子午线）。长度单位采用米（m），保留两位小数；面积计算单位采用平方米（m^2），保留一位小数。

（三）土地分类

土地分类以土地用途为主要依据，与批准用途不符的，应特别备注。分类体系执行《土地利用现状分类》（GB/T 21010—2007），调查至二级。

（四）作业依据

城镇地籍调查的作业依据主要为：《城镇地籍调查规程》TD 1001－93；《第二次全国土地调查技术规程》TD/T 1014—2007；《土地利用现状分类》GB/T 21010—2007；《城镇地籍数据库标准》TD/T 1015—2007；《城市测量规范》CJJ 8—99；《全球定位系统（GPS）测量规范》GB/T 18314—2001；国家三、四等水准测量规范》（GB 12898—91）；《第二次全国土地调查成果检查验收办法》；其他相关法律法规和技术文件。

三、调查原则

为了保证地籍管理工作顺利开展，避免不应有的矛盾，地籍调查应遵循以下原则。

（1）以符合国家土地、房地产和城市规划等有关法律为原则。

（2）以尊重历史，实事求是为原则。调查以已确权界址成果为依据，以用地现状为参考开展工作，在依法与现状结合的前提下，充分考虑历史背景，做好调查成果与历史档案的衔接、比对工作。

（3）以符合地籍管理为原则。以地籍制度为基础，保证地籍调查成果资料的现势性与系统性、可靠性与精确性、概括性与完整性。

（4）以符合多用途为原则。以地块（宗地）为单元开展地籍调查，收集有关测绘、地政、房地产产权产籍、规划、建筑物报建等资料，采用空间上全覆盖的调查方法，调查区域内每一个宗地的情况都要调查清楚，包括道路、桥梁、河流、水面等，调查结果要做到图形、数据、簿册之间具有清晰的一一对应关系。

四、技术路线与方法

针对地籍开展程度的不同，地籍调查可采取不同的技术路线和技术方法。

（一）技术路线

城镇土地调查通常的技术路线是，严格按照全国城镇土地调查的有关标准，开展地籍权属调查和地籍测绘工作，现场确定权属界线，实地测量界址点坐标，计算机自动量算土地面积，并以调查信息为基础，建立城镇地籍信息系统。具体的可视开展地籍调查的程度采取如下技术路线。

（1）对已建立城镇地籍管理系统的地区。利用已有的数据成果，对数据格式进行标准化；将近期宗地界址成果转换到统一的坐标系统（如1954北京坐标系转换至1980西安坐标系），并将转换成果叠加制作城镇土地调查工作底图；以宗地为单元开展权属调查，实地逐宗核定地类、权属界线表达及基础测绘成果的正确性；在进行必要的地籍平面控制测量基础上，对发生变化的宗地进行补充调查和修测补测，完善原有的城镇地籍数据库管理系统。

（2）对地籍资料基础较好但尚未建立城镇地籍管理系统的地区。充分利用已有地籍调查成果和基础测绘资料，将现有宗地权属界线与基础测绘数据相叠加制作调查工作底图；以宗地为单元开展权属调查，实地逐宗核定地类、权属界线表达及基础测绘成果的正确性；在进行必要的地籍平面控制测量基础上，对发生变化的宗地进行补充调查和修测补测，完善地籍信息数据，保证其真实准确；按照标准数据格式建立城镇地籍信息数据库管理系统。

（3）对未开展地籍调查的地区，或者原有地籍资料现势性差、精度低或城市改造、扩张较大，又没有相应的地形图资料的地区。进行城镇地籍初始调查，采用全解析法或重新进行航空摄影，充分应用GPS、全站仪等测量技术，开展外业全数字化测量，确定宗地位置、界址、权属等有关信息，并对基础测绘成果发生变化的区域进行修补测，系统整理外业调查记录，按照标准数据格式建立城镇地籍信息系统。

（二）技术方法

（1）对于未开展地籍调查的地区，开展初始权属调查，确定宗地位置、界址、权属等有关信息；采用全解析法实测界址点坐标，充分应用"3S"技术手段，采用全野外数字测量方法测制数字线划图（Digital Line Graphic，DLG），将解析法实测界址点及其他地籍要素与数字线划图（DLG）套合，经整饰后制作地籍图，然后按照标准数据格式建立城镇地籍信息数据库系统。

（2）对于已建地籍管理信息系统的地区，要充分应用已有的数据成果资料，进行变更地籍调查。按相关要求，对数据格式进行标准化，并采用先进的测量手段进行修测、补测。对界址点和主要地籍要素进行实测，一般地籍要素利用已有的成果资料进行套合整饰，形成地籍图，然后按标准数据格式更新地籍信息数据库。对于已具有现势性好的大比例尺DOM的地区，可以将解析法实测界址点、其他有关地籍要素与大比例尺数字正射影像图（DOM）套合，经整饰后直接制作成地籍数字正射影像图。

五、地籍调查程序与主要成果

（一）调查的程序

城镇地籍调查是一项综合性、系统性的工程，以初始地籍调查为例，其调查程序主要包含调查准备、权属调查、地籍测量、文字报告、成果检查验收、资料归档等几个步骤，其作业流程如图 5-1 所示。

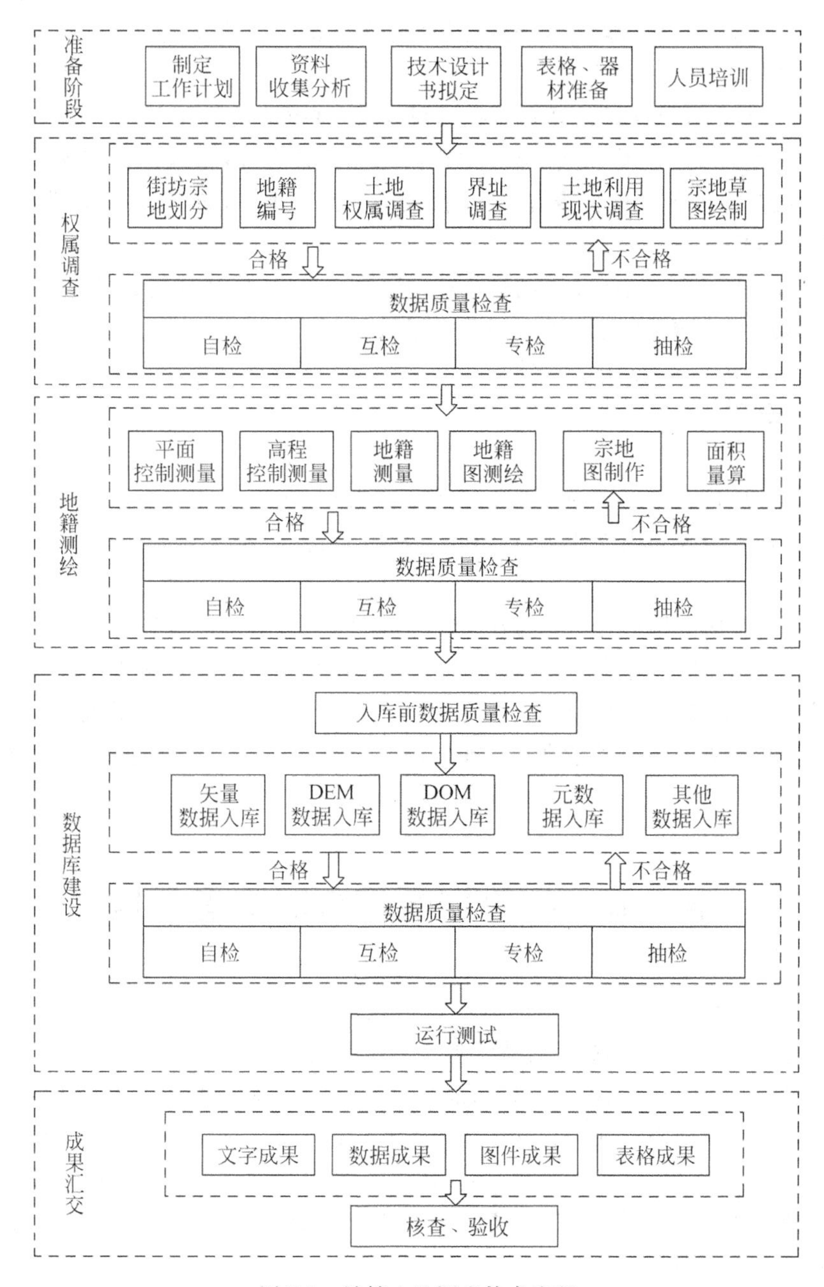

图 5-1　**城镇土地调查技术流程**

（二）初始地籍调查主要成果

城镇地籍调查工作结束后应提交以下成果资料。

(1) 地籍调查成果。包括地籍调查底图；地籍调查表(附法人身份证明、指界委托书、权源材料)；宗地草图(附边长堪丈记录)；控制测量、细部测量的原始记录；控制点网图、点之记；控制点成果表、平差资料；仪器鉴定资料；街道、街坊分布图；以街坊为单位的宗地面积计算表,解析界址点成果表；以街道为单位宗地面积汇总表；城镇土地分类面积统计表；土地变更情况登记表；地籍图、地形图及其结合表,宗地图；违法用地、闲置土地分布图；专题调查图。

(2) 文档资料。包括城镇地籍调查技术设计书、城镇地籍调查实施方案、城镇地籍调查技术总结、城镇地籍调查工作报告、城镇地籍调查监理报告、城镇地籍数据库建库及基础测绘数据库更新报告、其他专题报告、内外业自检、互检、专检、检查等资料、内业成图、数据入库等重要的过程数据。

(3) 数据成果资料。包括城镇地籍及基础测绘数据库、控制测量成果、细部测量成果数据、各类图形报表电子数据、各类文字报告电子数据。

六、检查验收

检查验收是地籍调查工作的一个重要环节,其任务在于保证地籍调查成果的质量并对其进行评定。检查验收采用作业人员自检、作业组互检、作业队专检、省级验收的多级检查验收制度。

自检按作业工序分别进行,每完成一道工序即随时对本工序进行全面检查。互检的主要检查项目与自检相同。先进行内业检查,后进行外业检查。内业检查出的问题应做好记录,待外业检查时重点核对,需要纠正改动的,由检查人员会同作业人员确认后实施。专检是对经过自检和互检的调查成果进行全面的内业检查和重点的外业检查。验收在三级检查的基础上进行。

第二节　初始地籍调查的准备工作

初始地籍调查是土地总登记前的区域性普遍调查,其调查的成果是产权管理、地政管理、税收、统计、规划及建立地籍信息系统的重要基础资料,是地籍管理的一项重要的基础工作。初始地籍调查涉及司法、税务、财政、规划、房产等多方面,规模大、范围广、费用巨大,内容浩繁而复杂,因此,作为一项综合性的系统工程,在开展调查前,应做好充分的准备工作,以便确保工作严谨、有序、高效地进行,确保调查成果质量符合要求。初始地籍调查的准备工作主要包括：组织准备、宣传工作、试点工作、技术培训、仪器设备、资料收集与踏勘、制订初始地籍调查技术方案等。

一、组织、宣传、试点与培训

(一) 组织准备

初始地籍调查工作由当地政府组织开展,成立专门的领导机构,并责成调查辖区内各级国土资源行政主管部门成立相应的工作机构,负责本辖区内地籍调查工作的实施,组织调查队伍,对辖区内的地籍调查工作进行技术指导、组织协调及检查验收。各级组织机构要选定负责人，职责明确，分工有序，使调查工作的质量有管理上的保证。因此，调查工作开展之前，必须制订组织方案。该方案包括调查的区域范围、时间、经费、方法、程序、人员组织等。科学的计划可以加速工作的进程，节省人力、物力、财力，并可减少不必要的浪费。

初始地籍调查工作是否顺利开展，调查队伍是关键。调查队伍应由土地行政管理人员和专业技术人员组成，人员包括土地管理、法律、测量、计算机等专业人员。

（二）宣传工作

初始地籍调查工作牵涉千家万户，需要土地权利人的密切配合。为了得到广大群众对这项工作的理解和支持，要充分利用新闻媒体进行宣传、报道。各级政府应召开本辖区内的用地单位领导动员大会，要求用地单位派专人协助初始地籍调查工作。通过宣传发动工作，使用地单位对初始地籍调查的意义及重要性有较为深刻的理解，得到他们的大力支持。

（三）试点工作及技术培训

由于地籍调查涉及许多方面的法规政策，各地区情况有不同的特殊性，同时地籍调查工作涉及不同专业，为使调查工作在行政管理、技术标准上统一，开展初始地籍调查工作前，应进行试点工作和技术培训，为顺利开展初始地籍调查工作提供技术准备。

(1) 试点工作。通过试点，可以发现本地区的特殊情况，根据技术规程，结合本地区的实际情况，制订适合于当地情况的初始地籍调查规定。试点区的调查工作应严格按照《城镇地籍调查规程》及技术设计书的有关要求实施，严把质量关，不断地总结经验。在试点获得一定经验并通过验收后，方可全面开展工作。城镇初始地籍调查工作开始前，作为试点选择一个街道或 $1km^2$ 左右的调查范围为宜。试点区内地类应比较丰富，能反映当地的用地特点。

(2) 技术培训。初始地籍调查工作政策性、技术性强，专业面广。因此在初始地籍调查工作开始前，应对地籍调查工作人员、技术人员进行业务培训，使其熟悉有关法律、法规和政策；熟悉地籍调查的技术规程和程序；熟悉掌握日常地籍调查技术和方法；能正确处理作业过程中出现的特殊情况。同时，注意培训方式应理论与实际相结合。理论学习与实地作业应穿插进行，以便学员理解和掌握。应逐级培训，根据不同的行政区域，确定调查范围，采用从上级到下级逐步培训的方式。

培训内容主要为，学习《中华人民共和国土地管理法》、《中华人民共和国土地管理法实施条例》、《土地登记规则》、《城镇地籍调查规程》、《城市测量规范》，有关土地调查的技术规范和标准，以及有关确权的文件等，掌握地籍调查程序、内容和方法，仪器的操作技能和作业要求等。

二、确定调查区域

初始地籍调查分为城镇初始地籍调查和村庄初始地籍调查。城镇初始地籍调查的范围是：城市、建制镇和独立工矿的用地，具体是指城市建成区、县（区）政府所在地建制镇建成区，有条件的地区把一般建制镇也列入。村庄初始地籍调查的范围是：城镇郊区、集镇、村庄，国营农、林、牧、渔场和农民集体经济组织使用的非农业建筑用地。即在农村土地调查时依据《规程》规定按单一图斑调查的城市、建制镇、村庄、采矿用地、风景名胜及特殊用地等的内部土地。

（一）有关资料收集

确定调查区需收集有关资料。其中，涉及城市规划部门的相关资料有：大比例尺地形图、城市近远期规划图、城市地图等。涉及国土资源部门的相关资料有：更新调查图件资料、最新 DOM、土地利用总体规划图件资料、地籍图等。

（二）确定原则

建成区确定的基本原则，一是集中连片，指城市行政区内实际已成片开发建设，形成规模，与城市连为一体；二是基础设施基本齐全，具备城市功能（具体见本教材第四章第四节中城镇、村庄等图斑划分的有关规定）。

（三）应注意的问题

调查区确定应注意下述问题：城中村应纳入城市、集镇调查；城镇边缘与城市紧密相连的村庄应作为城镇调查；对于城市边缘与城市紧密相连征而未用的建设用地，应纳入城市调查；城镇地籍调查范围要与农村土地调查范围不重不漏互相衔接，做到无缝拼接，实现地籍地政管理城乡一体。考虑到城镇规模的不断发展扩大，地籍控制网应覆盖城镇规划区。

三、资料收集与踏勘

（一）资料收集

（1）收集与初始地籍调查有关的政府文件、技术规程和规定。

（2）收集有关权属界线的资料。如历年来调查区域所有已登记及已批准土地资料（尤其是征而未用的）；已登记（含变更）宗地明细表及界址档案资料；近年来政府批地单位明细表及定界成果等；城镇建成区村庄权属界线资料等。

（3）收集能用于初始地籍调查工作的图件。如调查区近期土地利用现状图、地形图、房屋普查图、航空摄影及卫星遥感资料等。

（4）收集调查区域内的控制网点资料。主要有控制点的坐标（包括成果表、控制网图、点之记、技术总结）、坐标系统的投影带、坐标系统的各项改正数、投影面等资料。对已有控制测量成果应分析其精度、密度，确定能否满足调查需要。

（5）收集调查区内的各种用地资料和建筑物、构筑物的产权资料等。不同部门应分别收集。

（二）实地踏勘

初始地籍调查的踏勘就是根据调查区域范围，实地了解调查区域内的基本情况及控制点的完好情况，以使所制定的调查技术方案科学合理、符合实际。

四、制定初始地籍调查技术方案

初始地籍调查技术方案不但指导着开展调查的工作程序，而且还指导着怎样开展调查。方案制定的合理与否，直接关系着整个初始地籍调查的质量。因此，一定要认真编写。只有经有关部门批准的技术方案，方可实施。

（一）技术方案的编写单位

初始地籍调查技术方案一般由承担调查任务的实施单位负责编写。

（二）技术方案的提纲

技术方案的提纲包括调查区域的基本情况、权属调查方案、地籍测量技术设计、权属调查和地籍测量的分工和衔接、应提交的成果资料。

（1）调查区域的基本情况：调查区域的地理位置、范围、行政隶属、用地概况、技术方案编写的依据、地籍调查工作程序、人员组成、经费安排、时间计划等。

（2）权属调查方案：确权规定（依据）、工作底图、调查区的划分、地籍编号的要求、调查指界方法和要求、界标设置要求、宗地草图勘丈方法及要求等。

（3）地籍测量技术设计：已有控制点及其成果资料的分析和利用、控制网采用的坐标系统、控制网的布设方案、控制点的埋设要求、各项技术参数的改正、观测方法、计算方法、采用的数据采集软件、界址点的观测方法及精度要求、地籍图的成图方法、地籍图的比例尺、面积量算方法及精度要求等。

（4）城镇地籍数据库建设方案：包括建设数据库的内容、基本要求、数据源处理、数据采集与处理、数据检查与入库、数据库更新、数据库管理系统建设等。

（三）技术设计的审批

调查技术方案需由上一级的人民政府土地管理部门审批，审批后的调查技术方案可以实施。在实施过程中，若有重大的变动、修改，还须经原审批部门批准。

第三节　城镇土地权属调查

一、权属调查的内容

土地权属调查是地籍调查的重要环节，是地籍测量的前提和基础。其基本任务是针对土地使用者的申请，对权属主、宗地位置、界址、用途等情况进行实地核定、调查和记录。土地权属调查成果经土地使用者确认，便可同地籍测量的成果一并作为审核和制作土地权属法律文书的依据。土地权属调查是地籍调查的核心，其中界址调查是权属调查的关键。

初始权属调查通过调查的准备工作、实地调查（宗地权属状况调查、土地用途及土地坐落的调查、界址调查）、绘制宗地草图、权属调查文件资料的整理归档等作业步骤来完成。

二、权属调查准备工作

在进行初始权属调查前应首先确定调查的范围，收集调查范围内的相关图件制作工作底图，在工作图上划分地籍街道、街坊和宗地，宗地的划分情况给每宗地的土地权利人发送调查指界通知，根据调查范围的大小及时间进度要求，成立若干个初始权属调查小组。

（一）确定调查范围、制作调查工作底图

(1) 调查底图制作方法。对于已有全覆盖地籍图的调查区域，或者仅有大比例尺地形图或较大比例尺正射影像图等基础资料的调查区域，均需将已收集的登记界址成果、定界成果等通过转换叠加到该地籍图、地形图或影像图上，根据街道状况统一划分街坊、宗地，制作调查底图。对以地籍图作为底图制作的基础资料，则在调查底图上应采用绿、红两种颜色区分宗地的法定界线(登记界址界线、定界界线)和地籍更新调查测定的界线。

(2) 范围确定原则。初始地籍调查的范围确定，一般要覆盖城镇的规划区，考虑到城镇规模的不断发展扩大，地籍测量控制网应覆盖城镇的规划区。而权属调查、地籍细部测量可只到建城区边缘。但在城乡结合部地区，亦应按《城镇地籍调查规程》进行地籍调查。

(3) 相关图件选取。确定调查范围后，收集调查区内的相关图件作为初始地籍调查的工作底图。如：大比例尺地形图、航片，原有地籍图。调查工作底图可不需要较高的精度，只要现势性好，能反映宗地间的位置关系即可，其作用主要是为了按计划正确地指导调查工作，避免调查工作中的重漏现象。如果调查范围内没有相应图件可作调查工作底图，可用概略比例尺草绘宗地位置关系图作为地籍调查的工作底图。

(4) 调查底图的作用。当调查工作底图现势性强且精度满足要求时，可根据权属调查结果，进行补测，在地籍调查底图基础上编制地籍图。当调查范围内的调查底图现势性及精度不能满足要求或没有相应的调查底图时，也可先按地籍测量的要求进行测量，形成图件，再利用这些图件进行权属调查，然后，根据权属调查结果编制地籍图。

（二）地籍街道范围确定、地籍街坊划分

为了便于开展调查工作，根据调查范围的大小，可将整个调查区逐级划分成若干个小区域，即采用街道-街坊-宗地三级划分。

(1) 地籍街道确定。城镇地籍调查的地籍街道范围一般以民政部门确定的城镇行政管理的街道界线为准。对街道界线发生变化的区域，应以最新的街道界线作为该街道划分街坊的控制界线。在准备好的初始地籍调查工作底图上，勾绘出划分街道的界线，再根据划分的街道，进行街坊的划分。

(2) 地籍街坊划分。地籍街坊是指在街道界线控制范围内，由道路、河流、沟渠等线状地物封闭起来的地块。一般一个地籍街坊范围内的宗地数量控制在100个以内为宜。当自然街坊面积较小时，可将几个自然街坊合并为一个地籍街坊；如果一个自然街坊面积较大、宗地数量较多，也可将一个自然街坊分成多个地籍街坊。

(3) 地籍街坊编号。地籍街坊划分后，在所属地籍街道内按由西向东，从北到南，由“1”开始统一编排地籍街坊号。

（三）宗地的划分与编号

(1) 宗地的划分。凡被权属界址线封闭的地块划为一宗地；一个地块内由几个土地使用者共同使用而其间又难以划清权属界线的划为共用宗地；大型单位用地内具有法人资格的独立经济核算单位用地，或被道路、围墙等明显线状地物分割成单一地类的地块亦单独分

宗；难以调处的争议地，以及未确定使用权的土地(如河流、公路等公共基础设施用地)应按用地范围单独划宗(调查时不调查使用权人，仅调查地类)。

(2) 宗地编号。在地籍街坊内对划分的宗地按由西向东、从北到南、由"1"开始统一顺编宗地号。

(四) 地籍编号

(1) 基本规则。地籍编号以区市行政区为单位，按街道、街坊、宗地三级编号。编号形式为：*XXXXXX—XXX—XXX—XXXX*，其中第一段6位为区(市)编码，如崂山区编码370212；第二段三位编码为街道办事处编码，如中韩街道001；第三段三位编码为街坊编码，第4段4位编码为宗地编码。

(2) 预编宗地号。初始权属调查时，调查人员应将接受的土地登记申请书及权属来源证明材料，按初始登记预编的文件序号，将每一宗地勾绘到调查底图上，并用铅笔注明编号。当一个地籍街坊全部勾绘结束后，对地籍街坊内宗地按由西到东、从北到南规则统一预编宗地号，并标注到《地籍调查表》(见表5-4)及登记申请书上。当某宗地分布于多幅图时，则每幅图内均需注明该宗地编号。为方便工作，也可将调查底图拼成街坊图(即街坊岛图)。按上述方法预编的宗地号，能基本与调查结束后的正式宗地号一致，这有利于后续工作。预编宗地号后，调查底图即制作完成。将申请书分发至初始权属调查作业小组，按规定办理接收手续，进行移交登记。

(五) 调查通知

为使权属调查工作顺利进行，在进入实地调查前，调查人员应按调查计划、工作进度等，确定实地调查时间，并通知相关土地使用者及相邻宗地土地使用者按时到现场指界。通知可采用亲自登门送达或挂号邮寄"地籍调查通知书"方式，送达的应由土地使用者签名存根备查；也可采用电话通知方式，但须有电话记录；也可根据实际情况，采用公告的方法通知。对单位土地使用者，必须将"指界委托书"、"法人代表身份证明书"连同"地籍调查通知书"一并送达，并签名存根备查。

(六) 实地调查前的准备

(1) 了解登记资料。调查人员在进行初始权属调查实地调查前，应仔细阅读每一宗地的土地登记申请书、权源证明材料，特别是对权属状况复杂、有权属争议的宗地，要认真研究，以便实地调查时能做出正确结论。

(2) 设计调查路线。权属调查时，要安排好调查路线，以便节省时间、提高工作效率。

(3) 备好资料工具。调查人员要带好调查工作底图、土地登记申请书、地籍调查表、丈量工具等，按指界通知书规定的时间，准时到达现场。采用电话通知的，还需携带地籍调查通知书、法人代表身份证明书及指界委托书。

(4) 调查作业分工。调查作业小组一般由三人组成，一人负责调查记录、绘制宗地草图及检核，两人负责丈量及设置界址标志等。也可根据实际情况及调查人员的熟练程度，来确定作业小组的人员数量。

三、权属调查原则与处理

(一) 权属调查基本原则

(1) 维护法律法规的严肃性。结合确权,严肃查处侵占、乱占、多占土地等违法行为。

(2) 尊重历史事实。贯彻"实事求是"原则进行确权,而不是"悬而不决"。

(3) 充分考虑提高土地利用和使用效益。

(4) 严格依照《规程》技术要求,确保确权工作质量,减少人为误差。

(二) 已登记发证宗地调查及处理

(1) 向用地单位送发《关于协助开展城镇土地调查工作函》。

(2) 实地调查土地登记与实际状况差异。

(3) 权属界线严格按照最近一次登记范围的界址确定。

(4) 若宗地实际用地范围与登记范围一致,填写《城镇土地调查已登记宗地调查记录表》(见表 5-5);超出登记范围,且超出面积大于地籍变更调查规定误差的,则需测定超出面积,并填写《无用地手续土地调查记录表》(见表 5-6),超占面积以超占部分用地现状界线与权属界线围成的范围确定。

(5) 实地核实中其他地籍要素发生了变化,均应在所填表格中记录;涉及图形更新的,须在调查底图上标出变化概略位置。

(6) 已登记发证宗地间出现权属界线重叠、交叉情况,原则上以先发证宗地界线为准,在《城镇土地调查已登记宗地调查记录表》调查记录栏中特别注明。

(三) 未确权登记但已有政府批文及定界资料的宗地

此类用地权属界线严格按照政府批文定界范围的界址确定。调查程序遵照《城镇地籍调查规程》地籍调查程序执行,最终所形成的地籍调查成果应规范、完整、准确,满足土地登记要求。

(四) "批而未用"土地

"批而未用"土地按照已批准土地界线确定用地范围,地类调查为空闲地。

(五) 无用地手续的土地

以用地现状确定用地界线,填写《无用地手续土地调查记录表》。

四、宗地权属情况调查

宗地权属状况调查指调查人员现场对所调查的宗地的土地使用者性质、土地权属性质、权属来源情况、宗地使用权情况(含共同使用情况)、他项权利状况、权源证明材料上的使用者和申请书上的使用者一致性、土地实际用途与批准用途及申请书上填写用途一致性等进行调查核实。核实无误后,调查人员现场填写地籍调查表(见表 5-4),并收集相应的权源证明材料。权属调查结束后,审核人对调查结果进行全面审核,核实结果无误,审核人在地籍调查表的意见栏填写合格，否则填写不合格，并指出错误所在及处理意见，审核者签字盖章。

（一）查核土地使用者的基本情况

土地使用者情况调查是指调查核实土地使用者名称、单位全称或户主姓名、单位性质、土地使用者通信地址及联系电话、与申请文件中所载土地使用者有行政、资产等关系的上级主管部门全称、土地使用者单位法人代表等情况，并将调查核实结果填写在地籍调查表上。

具体核查内容为：①权利人的名称与营业执照、身份证等记载的名称是否一致，单位名称必须采用全称，不得使用简称；②权利人的性质，全民单位、集体单位、股份制企业、外资企业、个体企业和个人等具体情况，以及与此有关的主管部门、通信地址、联系电话等；③查核申请者的法人资格；④共有宗地的其他共有人情况。

（二）土地权属性质调查

土地权属性质调查是指调查核实宗地的权属来源证明材料，确定宗地的土地权属性质，并将调查核实结果填写在地籍调查表上。

我国的土地权属性质分为：国有土地所有权、国有土地使用权、集体土地所有权、集体土地使用权及土地他项权利等。土地权属性质是土地登记的一项重要内容。我国的土地除集体所有的以外，均为国家所有，所以在对所有权性质登记时，我国只对集体土地所有权和国有土地使用权进行登记，而不对国有土地所有权进行登记。另外，对土地他项权利的登记，一般记载在土地登记簿的“登记的其他内容及变更登记事项”栏，而不记载在“土地权属性质”栏。因此，城镇地籍调查时土地权属性质调查分三种：国有土地使用权、集体土地所有权及集体土地使用权。集体土地使用权又分为：集体土地农用地使用权、集体土地建设用地使用权、集体土地未利用地使用权。集体农用土地使用权主要是指对农业用地的承包经营权，也包括依法取得的“四荒地”使用权。集体土地建设用地使用权可进一步分为农村居民宅基地使用权和乡村企事业建设用地使用权。

具体调查内容如下：①查清土地的所有权性质。国有土地还是集体所有土地。对集体所有土地应查清土地的所有权及其界线、界址点。②查清土地的使用权情况。国有土地使用权、还是集体土地使用权。对国有土地使用权还应查清用地方式，即划拨用地、出让用地。③查清土地的共有使用权情况。独自使用权、共有使用权及其分配情况。

（三）土地权属来源合法性调查

土地权源调查是指调查人员现场调查核实宗地的土地权属来源情况、土地使用权类型，初步核实土地权源证明材料是否齐全、合法性及与实际情况的一致性，将调查核实结果填写于地籍调查表上，并收集各种权源证明材料，作为土地登记审查依据。

国有土地使用权类型有5种，即：划拨国有土地使用权、出让国有土地使用权、国家作价出资（入股）国有土地使用权、国家租赁国有土地使用权、国家授权经营国有土地使用权。权属调查时，一般只涉及划拨国有土地使用权和出让国有土地使用权。

具体调查内容为：①查清宗地权属来源的具体方式，划拨、出让、转让、入股、兼并、继承等；②查核土地权属来源的合法性、真实性；③批准用地的面积、用途，实际使用的面积、用途等；④违法用地的数量、用途、性质。

（四）坐落、土地利用类别（用途）及共有使用权情况调查

土地用途调查是指调查人员依照《土地利用分类》规定，调查宗地的实际使用用途，调查至末级类，并将调查情况填写到地籍调查表上。

（1）土地坐落调查。调查人员根据调查底图，现场核对宗地坐落的道路名称、门牌号码与申请书是否一致，同时调查宗地四至具体情况。

（2）土地利用类别（用途）调查。土地利用类别按宗地的实际使用用途，依照《土地利用现状分类》规定调查至二级分类。如果申请书填写的土地类别与实地一致，则将申报类别抄录到表上。如果申报土地类别或批准用途与实地调查不一致，则须注明原因，并按实际类别或用途填写。如果宗地的建设用地批准用途（如综合用地）与《土地利用现状分类》规定的土地分类不对应，可将批准用途和实际使用用途填写表上，并在说明栏内按《土地利用现状分类》规定的二级类，说明该宗地的主要使用用途和其他使用用途。

（3）共有使用权调查。共用宗地是指几个使用者共同使用一块地，并且相互之间界线难以划清的宗地。共有使用权情况调查指现场调查宗地共有使用者各自使用的土地面积和建筑面积及其共同使用的土地面积和建筑面积等情况，将调查结果及确定的每个使用者的共用分摊面积填写到地籍调查表上。

（五）他项权利调查

他项权利调查指调查申请内容是否与实际情况一致，并将调查情况填写到地籍调查表上。

（1）土地他项权利。是指其他土地使用者在本宗地拥有的权利，即土地所有权和土地使用权以外与土地有密切关系的权利。主要包括地役权、地上权、空中权、地下权、土地租赁权、土地借用权、耕作权和土地抵押权等。他项权利又分为用益物权和担保物权。

（2）用益物权。是指权利人依法对他人的不动产或者动产享有占有、使用和收益的权利，比如土地承包经营权、建设用地使用权、宅基地使用权。权属调查时主要包括：通行权、地上权、地下权等。其中通行权是指民事权利人以他人土地供自己土地通行之用的权利；地上权（地下权）是指在他人土地指定的地表上下有建筑物、其他构筑物或以种植树木为目的而使用其土地的独立物权。

（3）担保物权。是指以确保债务清偿为目的而在债务人的特定物或权利上设定的定限物权，主要包括：抵押权、质权、留置权等。土地抵押权是指债务人或第三人（抵押人）将其土地作为债权的担保，在债务人不履行债务时，债权人（抵押权人）享有的依法从该土地处理后所得的价款中优先受偿的权利。

五、界址调查

界址调查是权属调查的核心，也是地籍调查的核心工作。界址调查是指对相邻各方的界址情况进行的现场指界、认定、设标、勘丈等的实地调查过程。调查成果经审核后进行土地登记，经土地登记的界址调查成果，具有法律效力，受法律保护。实践证明，土地纠纷中大多数是界址纠纷。土地使用者最关心的通常也是权属界址认定。

（一）界址调查程序与内容

（1）本宗地、相邻宗地权利人及调查人员共同到现场，由本宗地及相邻宗地权利人指界、认定界址点及界址线。如本宗地及相邻宗地的权利人同时到现场指界、认定困难（有纠纷的除外）的，可分别到现场指界、认定后送达另一方确认。

（2）界址认定后，调查人员会同双方指界人，对认定的界址点现场设界标，绘制宗地草图，勘丈界址边长及关系边长，并将界标种类、现场界址调查勘丈成果填写到地籍调查表上并签字盖章。

（二）界址认定要求

（1）相邻宗地界址线间距小于0.5m时，宗地界址必须由本宗地及相邻宗地的使用者亲自到现场指界、认定。宗地界址临街、临巷、相邻宗地界址线间距大于0.5m或土地使用者已有建设用地批准文件且用地图上的界线与实地界线吻合时，可只由本宗地指界人指界。

（2）单位使用的土地，应由单位法人代表持法人代表身份证明书及本人身份证明出席指界；个人使用的土地，应由户主持户口簿及其身份证明出席指界。法人代表或户主不能亲自指界的，可由其委托代理人持法人代表身份证明书、指界委托书及本人身份证明代理指界（见表5-1和表5-2）。

表5-1　地籍调查法人代表身份证明书

同志，在我单位任　　职务，是我单位法人代表，特此证明。 单位全称（盖章） 年　月　日

表5-2　指界委托书

县（市、区）国土资源局： 今委托　　同志（性别：　年龄：　职务：　）全权代表本人出席　区　街　号土地权属界线现场指界。 委托人（盖章） 单位（盖章） 委托代理人（盖章） 委托日期：　年　月　日

附注：①该法人代表人办公地点；　　联系电话：

②企事业单位，机关、团体的主要负责人为本单位的法定代表人。

(3) 两个以上土地使用者共同使用的宗地,应共同委托代表指界,指界时委托代理人需出具指界委托书及本人身份证明。

(4) 经双方认定的界址,必须由双方指界人共同在地籍调查表上签字盖章;仅由本宗地指界人指界的,本宗地指界人签字盖章即可。如果户主不识字,可由调查人员代签,户主按手印或户主盖章并按手印。

(5) 土地使用者已有建设用地批准文件,对"少批多用的",宗地界线按批准用地界线确定,多用部分在调查表中注明,待后处理。对"批多用少的",原则上按实际使用范围定界。代征的市政建设用地宗地,按规定扣除代征地后,确定该宗地的界址。

(6) 历史用地、没有权属文件的宗地,单位用地由其上级主管部门出具证明,个人用地由街道委员会或村民委员会出具证明,经审核后,按土地使用现状确定权属界址。

(7) 宗地界址有争议的,调查人员应在现场调解处理。现场调解不了时,在调查记事栏上写明双方争议的原因,并标出有争议的地段,退回上一程序处理。

(8) 一个宗地有两个以上土地使用者时,能查清各自的使用部分和共同使用部分界线的,要查清。

(9) 所有宗地界址点,都要按规定设置界标。

(三) 对指界人缺席或不签字的处理

权属调查时,对指界人缺席或不在地籍调查表上签字的,可按如下规定处理。

(1) 如一方缺席,其宗地界线以另一方所指界线确定。

(2) 如双方缺席,其宗地界线由调查人员根据现状及地方习惯确定。

(3) 将现场调查结果及违约缺席指界通知书(见表 5-3)送达违约缺席者。违约缺席者对调查结果如有异议,须在收到调查结果之日起 15 日内重新提出划界申请,并负责重新划界的全部费用。逾期不申请者,则(1)、(2)两条确定的界线自动生效。

表 5-3 违约缺席指界通知书

×× 现寄去地籍调查表一份(复印件),内有定界结果。如有异议,必须在通知收到后 15 日内提出划界申请,并负责重新划界的全部费用。逾期不申请,则以地籍调查表上定界结果为准。 市(县)国土资源局 年 月 日

(4) 指界人认界后,无任何正当理由,不在地籍调查表上签字盖章的,可参照缺席指界的有关规定处理。

（四）界址标志的设定

界标是权属界线的法律实地凭证，是处理土地权属纠纷的依据。设置界标的主要作用在于：①防止权属调查、勘丈绘制宗地草图与地籍测量对界址点的判别错误；②便于对地籍测量成果进行实地检查；③便于土地使用者依法利用土地，减少违法占地和土地纠纷；④设置界标有利于日常地籍管理工作。

界址认定后，在各方指界人均在场的情况下，调查人员应对所认定的界址点在实地现场按照《城镇地籍调查规程》的要求设置界标。必须对所有界址点设置标志。界标设置要因地制宜，注意市容美观，便于保存。

六、宗地草图绘制

宗地草图是描述宗地位置、界址点、界址线和相邻宗地关系的实地记录，是宗地的原始描述，是土地权属调查的重要成果。权属调查时，调查人员在核实、填写所调查的各项内容并实地确定了界址点位置之后，根据宗地实地状况现场绘制宗地草图，标注用来表示宗地现状、界址点与邻近重要地物之间的"关系距离"数据和界址点的"几何条件"等。宗地草图的特点是：草图现场绘制、图形比例近似，数据实地勘丈。

为什么要标注关系距离和几何条件？土地使用者往往关心的是界址点相对于相邻界址点和相邻地物的关系，同时对界址线的直角、平角几何条件也是敏感的。在恢复界址点或解决权属纠纷时，除利用界址点解析坐标外，还常常利用界址边长、界址点与邻近重要地物之间距离数据、界址点的几何条件作为依据。因此，地籍测量中很重要的是界址点的相邻精度和几何条件。界址点的相邻精度是指在界址点之间、界址点与邻近重要地物之间距离数据的相关精度。界址点的几何条件是指能确定界址点位置、界址线走向的直角和平角等条件，例如，几个界址点是否在一条直线上（平角），界址线与界址线是否垂直（直角）等。

进行权属调查时，调查人员在地籍调查表上填写并核实所需的各项内容及实地设置界址标志后，根据需要现场及时丈量界址边长及界址点与邻近重要地物之间的距离数据，丈量的界址边长填写到地籍调查表相应位置。然后，利用工作底图或申请人提供的图件，结合实地现状及实地丈量数据绘制宗地草图，在宗地草图上注明界址点的几何条件，标注界址边长及界址点与邻近重要地物之间的关系距离数据。

（一）宗地草图的作用

宗地草图作为权属调查原始资料其作用在于：①宗地草图为界址点的维护、恢复和解决权属纠纷提供依据；②为测定界址点坐标，制作宗地图提供初始信息；③可用于检核地籍图上宗地的几何关系，保证地籍图质量。

（二）宗地草图的内容

宗地草图的内容有：①本宗地号和门牌号、相邻宗地的宗地号和门牌号；②本宗地使用者名称、相邻宗地使用者名称；③本宗地界址点、界址点编号及界址线；④宗地内及宗地外紧靠界址点(线)的主要建筑物和构筑物；⑤界址边边长、界址点与相邻地物的关系距离及建筑物边长；⑥界址点的几何条件；⑦指北线、丈量者、丈量日期等。

(三) 宗地草图绘制要求(见图 5-2)

宗地草图的绘制要求是：①宗地草图必须实地绘制,一切注记均应为实地丈量数据,不得涂改,不得复制；②要认真仔细,一丝不苟,可收集其他参考图件作为绘制宗地草图的底图；③勘丈数据精确,量点到位,绘图清晰,书写清楚；④草图用纸质地要好,能长期保存,规格为 32,16,8 开,特大宗地可分幅绘制；⑤用 2H 或 H 铅笔绘制,数字、注记的字头向北、向西书写；⑥所有勘丈数据都要注记,界址边全长注记在界址线外,分段边长注记在界址线内。

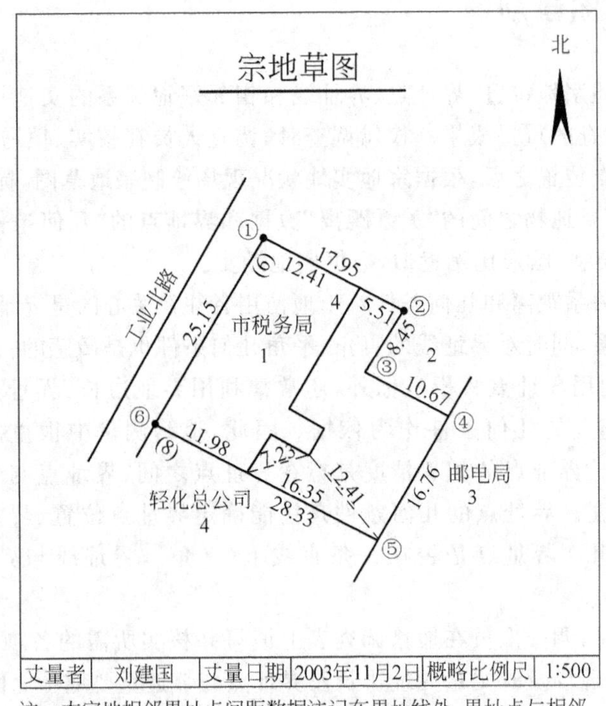

注：本宗地相邻界址点间距数据注记在界址线外,界址点与相邻地物的关系距离及建筑物边长注记在界址线内或相应的位置上。1、2、3、4为宗地号,(6)、(8)为门牌号。①、②、③为界址点号。

图 5-2 宗地草图样图

七、地籍调查表填写

调查人员现场将权属调查的结果填写在地籍调查表上(参考样式见表 5-4、表 5-5 和表 5-6)。地籍调查表上填写的宗地内容见附表。经双方认可的无争议的界址,须由双方指界人在地籍调查表上签字盖章。有争议的界址,调查现场处理不了的,也可填写土地纠纷原由书,说明有争议土地的位置和双方意见及调查员意见,并草绘界址纠纷示意图,送登记办公室处理。调查人员绘制的宗地草图应附在地籍调查表上。

表 5-4　地籍调查表

编号：09-08-12

地 籍 调 查 表

风南　区(县)光明　街道12　号

2002　年　03 月　15 日

土地使用者	名称		科华工贸公司		
	性质		个体企业		
上级主管部门					
土地坐落			××市风南区光明路 12 号		
法人代表或户主			代理人		
姓名	身份证号码	电话号码	姓名	身份证号码	电话号码
李宝华	××××××××××××××××××	6582145			
土地权属性质			国有土地使用权		
预编地籍号			地籍号		
09-08-12			09-08-12		
所在图幅号			43-40-50.50		
宗地四至			东至光明小学　南至光明路　西至光明路派出所　北至求学路		
批准用途			实际用途		使用期限
工业			工业(30)		终止日期：2032 年 6 月 12 日止
共有使用权情况					
说明					

续表

界址标示																	
界址点号	界标种类						界址间距/m	界址线类别						界址线位置			备注
	钢钉	水泥桩	石灰桩	喷涂				围墙	墙壁					内	中	外	
J1				√			32.50		√							√	
J2	√						21.50	√							√		
J3			√				26.00	√							√		
J4	√						63.52		√						√		
J5				√			52.10	√								√	
J6	√						43.21	√								√	

界址线		邻宗地			本宗地		日期
起点号	终点号	地籍号	指界人姓名	签 章	指界人姓名	签章	
J1	J2	09-08-13	李春江		李宝华		2002 年 2 月 10 日
J2	J3	09-08-11	刘强		李宝华		2002 年 2 月 10 日
J3	J4	09-08-11	刘强		李宝华		2002 年 2 月 10 日
J4	J5	09-08-25	李春江		李宝华		2002 年 2 月 10 日
J5	J6	09-08-09	王刚		李宝华		2002 年 2 月 10 日
J6	J1	09-08-09	王刚		李宝华		2002 年 2 月 10 日
界址调查员姓名		刘伟					

权属调查记事及调查员意见：

经现场核实，申请书上有关栏目填写和实际情况一致；本宗地及相临宗地指界人到现场指界，调查员对 6 个界址点均设置界址标志，实地丈量了 6 条界址边长，建筑物边长及界址点的相关距离等。

经核查该宗地可进行细部测量。

调查员签名　刘伟　　　　日期 2002.2.10

续表

地籍勘丈记事： 经现场检查，界址点设置齐全完好。本宗地采用 PTS-V2 型全站仪，配合 E500、NF 电子手簿极坐标法测定界址点坐标。 勘丈员签名　王山　　　　日期 2002.2.14
地籍调查结果审核意见： 合　格 审核人签章　刘书明　　　　审核日期 2002.2.18

地籍调查表填写说明

权属调查时，应在现场填写地籍调查表，地籍调查表填写说明如下：

（一）封面

1. 编号

这是宗地的正式地籍号，但区（县）编号可省去括号，如 9-08-12。

2. 区（县）　　街道　　号

该宗地使用者的通信地址。

3. 年　　月　　日

现场权属调查时间。

（二）地籍调查表

1. 初始、变更

若初始地籍调查时，在"变更"二字上划一从左上至右下的斜杠，反之则在"初始"二字上划斜杠。

2. 土地使用者

(1) 名称——单位全称（即该单位公章全称）、个人用地则填户主姓名；

(2) 性质——全民单位、集体单位、股份制企业、外资企业、个体企业或个人等。

3. 上级主管部门——与单位有行政、资产等关系的上级主管部门；个人用地时，此栏可以不填。

4. 土地坐落

此宗地的坐落。

5. 法人代表或户主

单位主要负责人（与"地籍调查法人代表身份证明书"一致）或户口簿上的户主。

6. 土地权属性质

包括国有土地使用权或集体土地建设用地使用权或集体土地所有权。其中，国有土地使用权又分：划拨国有土地使用权、出让国有土地使用权、国家作价出资(入股)国有土地使用权、国家租赁国有土地使用权、国家授权经营国有土地使用权。对国有土地使用权需填写具体的土地使用权类型。

7. 预编地籍号、地籍号

预编地籍号是指在工作用图上预编此宗地的地籍号。地籍号是指通过调查正式确定的地籍号。

8. 所在图幅号

(1) 未破宗时,即为此宗地所在的图幅号;

(2) 破宗时,应该包括此宗地各部分地块所在的图幅号。

9. 宗地四至

具体填写邻宗地的地籍号及四至情况或注"详见宗地草图"字样。

10. 批准用途、实际用途、使用期限

批准用途是指权属证明材料中批准的此宗地用途。实际用途是指现场调查核实的此宗地主要用途,即地类名称。使用期限是指权属证明材料中批准此地块使用的期限,如"20年"或"50年"等,没有规定期限的,可以空此栏。

11. 共有使用权情况

指共用宗地时,使用者共同使用此宗地的情况。

12. 说明

说明初始地籍调查时,注记此宗地局部改变的用途等;变更地籍调查时,注明原使用者、土地坐落、地籍号及变更的主要原因;宗地的权属来源证明材料的情况说明。

13. 界址种类、界址线类别及位置

根据现场调查结果,在相应位置处注"√"符号,也可在空栏处,填写表中不具备的种类、类别等。

14. 界址调查员姓名

指所有参加界址调查的人员姓名。

15. 指界人签章

指界人姓名、签章,原则上不得空格,且指界人必须签字、盖章或按手印。

16. 权属调查员记事及调查员意见

(1) 现场核实申请书中有关栏目填写是否正确,不正确的作更正说明;

(2) 界址有纠纷时,要记录纠纷原因(含双方各自认定的界址),并尽可能提出处理意见;

(3) 指界手续履行等情况;

(4) 界标设置、边长丈量等技术方法、手段;

(5) 评定能否进入地籍测量阶段。

17. 地籍勘丈记事

(1) 勘丈前界标检查情况;

(2) 根据需要,适当记录勘丈界址点及其他要素的技术方法、仪器;

(3) 遇到的问题及处理的方法;

(4) 尽可能提出遗留问题的处理意见。

18. 地籍调查结果审核意见

审核人对地籍调查结果进行全面审核,如无问题,即填写合格;如果发现调查结果有问题,应填写不合格,并指明错误所在及处理意见。

审核人签章:审核者签字盖章。

(三) 填表要求

1. 表中内容填写处原则上不得空项。

2. 表中填写项目不得涂改,每一处只允许划改一次,并在划改处盖章,以示负责;全表划改超过两处时,整个表作废。

3. 填写时，需使用蓝黑墨水或碳素墨水，字迹工整、清晰、整洁。

4. 不得使用谐音字、国家未批准的简化字或缩写名称。

5. 地籍调查表按一宗地一个土地使用者填写，共有宗地按共有土地使用者的个数逐户填写。界址调查表可以续页，宗地草图可以附贴，凡续页或附贴的，必须加盖管理机关的印章。

表 5-5　城镇土地调查已登记宗地调查记录表

编号：________　　　　　　　　　　　　　　　　　　　　　　　　　单位：平方米

项 目 名 称	原 有 状 况		调 查 记 录
基本信息	宗地编号		
	所在图幅号		
	用地单位名称		
	土地坐落		
	权属证明文件		
	使用权类型		
	批准/实际用途	/	
	批准/实用面积	/	
	地形要素		
	四至情况	东：	东：
		南：	南：
		西：	西：
		北：	北：
档案资料	1.		
	2.		
	3.		
	4.		
	5.		
	6.		
	7.		
	8.		
	9.		
	10.		
	需补充完善的资料：		
调查记录	调查员(签名)　　　　　　　　年　　月　　日		

续表

项目名称	原有状况	调查记录
复查意见	复查员(签名)　　　　年　月　日	
处理结果及质量评价	核查员(签名)　　　　年　月　日	

表 5-6　无用地手续土地调查记录表

No. ________　　　　　　　　　　单位：平方米

使用单位					
土地坐落					
法人代表或户主			代理人		
姓名	身份证号	电话号码	姓名	身份证号	电话号码
土地性质			调查编号		
用途及代码	(　)		所在图幅		
用地时间	年　月		用地面积		
土地四至	东至： 南至： 西至： 北至：				
用地示意图					
调查记录	调查员(签字)：　　　　年　月　日				
备注					

第四节　地籍调查成果整理归档与检查验收

一、地籍调查成果整理归档

地籍调查成果资料是指在调查过程中直接形成的文字、图、表等一系列成果的总称，它是广大地籍工作者辛勤劳动的结晶，也是国家的财富，应立卷、归档妥善加以管理。档案只许借阅不许改动是档案管理的重要原则之一。

（一）基本要求

始地籍调查工作开展时，应对主要的任务下达文件、技术材料等立卷归档，指定专人负责资料的收集、保管，调查结束时及时整理归档。

立卷归档的资料必须齐全、完整，字迹清楚、纸张良好，书写的材料必须用碳素墨水或蓝黑墨水，严禁将圆珠笔或复写纸书写的材料归档。

归档材料必须系统整理，做到分类清楚、编目完善、排列有序。

初始地籍调查成果经验收合格后，可提供社会使用。在提供使用时，应根据有关规定，办理必要的手续实行有偿服务。

（二）初始地籍调查后应归档的成果

初始地籍调查后归档的成果内容包括：初始地籍调查技术设计书、工作总结报告、技术总结报告、检查验收报告；地籍平面控制测量的控制点网图、记录手簿、平差计算资料、控制点成果表及点之记或点位说明；初始地籍调查表原件；地籍图原图、地籍图分幅图；面积计算的原始资料、面积成果表、面积统计表；土地登记申请表、审批表、权属来源证明文件，以及土地有偿出让或转让的有关合同、批准书等；有关土地经济活动（抵押、出租等）的合同书、有关土地权属纠纷处理的协议书和判决书等；其他一切有保存价值的书面资料都应归档保存。

（三）动态的地籍资料

动态的地籍资料是指为维护档案的严肃性、适应土地流转、土地市场活动的需要，及时地进行土地变更登记、更新所涉及的地籍资料等。因此，建议在基层地籍管理部门建立系统的动态地籍资料。

动态地籍资料内容如下：

地籍测量控制点网图、控制点成果表和点之记的复印件；地籍图；初始地籍调查表复印件，以街坊为单位活页装订成册；宗地图复印件，以街坊为单位装订成册；界址点成果表和细部点成果表复印件，以街坊为单位装订成册；土地登记卡，以街坊为单位活页装订成册；土地归户卡，以街坊或街道为单位活页装订成册。

上述诸卷宗以街坊号为序，按街道（或镇）集中排列，汇总为区（县、市）的资料。这些资料在日常地籍管理中频繁使用，伴随土地变更登记工作，地籍资料应及时变更，而变更之前有关土地使用的历史情况等必须归档保存，不断补充、丰富档案，留在地籍科室的地籍资料是有待变更的资料以及需经常使用的资料复印件。

二、地籍调查成果的检查验收制度

为了保障调查成果质量，全国土地调查对调查成果实行自检、预检、验收、核查确认的检查验收制度，对汇总成果实行自检和上级验收的检查验收制度。调查成果的检查验收工作分别由各级土地调查办负责，县级负责自检，省级负责预检和验收，国家负责核查确认。自检、预检、验收、核查确认工作分工序、分阶段进行，检查合格后方可转入下一工序、下一阶段，不合格的应予修改或返工，保证把差错消灭在本工序、本阶段上。

城镇土地调查成果实行区市级土地调查办检查、市级部门核查、省级部门验收的两级检查一级验收制度。检查验收全过程应当有记录，包括质量问题、问题处理以及质量评价等的记录。记录必须及时、认真、规范。

（一）区市级自检检查

区市土地调查办选定调查区域进行自检试点，待试点结果经市级审核后再开展下一步工作。由区市土地调查办负责对当地权属调查、地籍勘丈、内业计算与成图、地籍管理信息系统建设、成果编制等步骤进行全面质量检查，达到规定要求的报市土地调查办核查。

（二）市级核查

市土地调查办公室在各区市检查合格的基础上，对各区市城镇土地调查的组织实施、技术方法、作业精度和质量等进行核查，确认是否按规定完成各项成果，是否满足所确定的成果标准，是否达到报请省级验收的要求，并初步确定成果等级，达到规定要求的报请省土地调查办验收。

（三）省级验收

省级部门接到市级土地调查办申请验收报告后，组织验收组进行验收。验收合格的，出具验收合格报告。验收不合格的，责令其进行返工，并由市级土地调查办监督，完善后再次提请验收。

（四）汇总成果检查验收

市(地)级和省级土地调查办组织调查承担单位及相关部门，对市(地)级、省级汇总成果进行自检，形成自检报告，并接受上级土地调查办的验收。

三、城镇地籍调查成果检查验收的内容与方法

城镇地籍调查成果内业抽取 30%～50%进行检查，外业抽查比例视内业抽检情况确定，一般为3%～5%。

（一）权属调查成果检查

①检核权属调查结果。主要检核街道、街坊、宗地划分是否正确合理；权属调查确认的土地所有者、使用者与土地登记申请书是否一致；认定界址的法律手续是否完整、规范、有效；界址点的实地位置是否准确，有无固定标志；界址边的走向是否合理；界址点有无遗漏等。②检查地籍调查表。主要检查填写方法是否正确，填写内容是否符合《城镇地籍调查规程》要求。③检查宗地草图。主要检查勘丈数据是否齐全，有无检核条件；注记是否清晰，整饰是否规范；宗地坐落、门牌号、宗地号、界址点号、相邻宗地界址点、四至、指北方向、作业日期等要素有无遗漏。④检查地类划分。检查地类划分是否符合《全国土地利用现状分类》规定。

（二）地籍控制测量成果检查

①坐标系统选择是否合理、长度变形是否超限。②起算数据是否可靠，首级控制等级选择是否适当，施测方法是否正确。③各级控制网布设、点位密度是否适当，精度是否符合要求，是否能同时满足界址点测定，地籍图测绘和像片联测要求。④首级控制、加密控制与图根控制施测方法是否正确，精度和密度是否符合要求。⑤平差方法、数据处理方法是否符合《城镇地籍调查规程》要求。⑥观测记录数据是否齐全、规范。⑦高程基准选择是否正确、施测精度是否能够满足内业要求。⑧资料是否齐全、内容是否完整规范。

（三）数字正射影像图检查

①数学要素精度和内容是否符合《规程》规定。②影像美观、色调协调、反差等方面是否符合要求。③界址点间距、界址点与邻近地物点间距等各项精度是否符合规定。④影像与界址点、界址边套合是否合理。⑤图幅接边是否无误，是否存在移位、属性不一致和逻辑错误。

（四）细部测量检查

主要检查手簿及各项精度是否符合要求。

（五）地籍图检查

①地籍图和地籍数字正射影像图是否同时具备。②数学精度是否符合《规程》要求（包括数学基础、平面位置精度）。③图式使用是否正确，各种注记、编码有无遗漏，图面整饰是否清晰完善。④图幅间接边是否合理、有无不接现象、逻辑错误。⑤界址点、地物点点位精度、邻近点精度是否符合《规程》要求。

（六）面积量算及汇总统计

①面积量算方法是否正确，误差是否在限差内。②汇总统计表格是否齐全，数据是否正确。③表内的纵向、横向数据是否平衡。④表间的衔接是否严密。⑤表间逻辑关系是否正确。

（七）室外检查

在室内全面检查的基础上，按要求随机抽取一定数量的图幅，赴实地重点核实和检测、检查以下内容，并做好记录。

(1) 权属调查检查。界址点、界址线位置是否与实地一致；各类间距勘丈数据误差是否符合要求；地籍调查表填写内容是否与实地一致；地类认定、土地利用情况认定是否准确；界址点、界址线、宗地有无遗漏，位置是否正确；界址点标志是否完整、规范；街道、街坊、宗地划分是否合理、正确、标注是否无误。

(2) 像控点及地籍控制点检查。像控点与实地是否相对应，判读是否无误，刺点位移是否超限；地籍控制点位置是否适当，标志设置是否规范，与点之记描述是否一致；GPS控制点观测条件是否符合《规程》要求；地籍控制点与像控点观测条件和精度是否一致；外业检测精度是否符合要求。

(3) 地籍图、地籍数字正射影像图检查。界址点、界址线位置是否正确、有无遗漏，界址点标志设置是否规范；建筑物结构、层次是否正确；地物要素有无遗漏，取舍是否恰当；界址点坐标、界址点间距、界址点与邻近地物点间距、地物点相邻间距等实地检测精度是否符合要求；各点位精度是否符合要求；图上数据与实地勘丈数据之差是否符合要求。

(4) 细部测量检查。外业选择适当的测站，利用全站仪、光电测距仪等仪器采用高精度或同精度方法检测，界址点、地物点实地检测点数均不少于25个，并与已有坐标进行比较，评定精度。

界址点点位中误差是否超限，最大误差是否超限；地物点点位中误差是否超限，邻近地物点间距是否超限；界址点与邻近地物间距误差是否超限。

（八）检查方法及要求

城镇地籍更新调查成果必须依一定比例进行内外业检查，针对有关内容的检查方法和要求如下。

1. 解析界址点点位误差检查与精度评定

解析界址点点位误差检查必须野外进行，尽量以与原测站不同的已知点为依据，利用高精度或同精度方法重新施测25个以上解析界址点的坐标进行比较，填写表5-7并计算中误差。

表5-7 解析界址点点位精度检查记录表（外业检查） 单位：(cm)

街坊号	宗地号	界址点号	原测坐标		检测坐标		坐标较差		$\Delta^2(d^2)=\Delta_x^2+\Delta_y^2$
			x	y	x'	y'	Δx	Δy	
检查结果		$[\Delta\Delta]=\sum\Delta^2=$				解析点位中误差 $m=\pm$			

检查者： 年 月 日

说明：1. 界址点按街坊编号时，宗地号可不填。

2. 高精度方法检测时，$[\Delta\Delta]$为Δ^2之和，中误差m计算公式为：$m=\pm\sqrt{\frac{[\Delta\Delta]}{n}}$，$m\leqslant\pm 5\text{cm}(\pm 7.5\text{cm})$。同精度方法检测时，$[dd]$为$d^2$之和，中误差计算公式为：$m=\pm\sqrt{\frac{[dd]}{2n}}$，$m\leqslant\pm 5\text{cm}(\pm 7.5\text{cm})$。

3. 允许误差为2倍中误差。

4. 允许误差的$\sqrt{3}$倍视为粗差，粗差率不得大于检查数量的5%。

5. 括号内的数据适用于街坊内部隐蔽的界址点。

2. 宗地草图精度检查

(1) 界址点间距误差检查

宗地草图上的界址点间距误差检查通常采用原勘丈距离或解析反算边长与实地检测距离或检测坐标反算边长相比较，填写表 5-8，并计算中误差。

表 5-8　宗地草图精度界址点间距检查记录表(室外检查)

街坊号	宗地号	界址点号		原测距离/m	比较距离/m	较差 d/cm	d^2
检查结果		$[dd]=\sum d^2=$				解析点位中误差 $m=\pm$	

检查者：　　　　　　　　　　　　　　　　　　　　　　年　　月　　日

说明：1. $m=\pm\sqrt{\frac{[dd]}{2n}}$，要求 $m\leqslant\pm 5$cm(± 7.5cm)；

2. 允许误差 Δ 允$\leqslant\pm 10\sqrt{2}$cm($\pm 15\sqrt{2}$cm)；

3. 允许误差的$\sqrt{3}$倍视为粗差，粗差率不得大于检查数量的 5%。

(2) 界址点与邻近地物点关系距离检查，见表 5-9。

表 5-9　界址点与邻近地物点关系距离检查记录表(外业检查)

街坊号	宗地号	界址点号		原测距离/m	比较距离/m	较差 d/cm	d^2
检查结果		$[dd]=\sum d^2=$				解析点位中误差 $m=\pm$	

检查者：　　　　　　　　　　　　　　　　　　　　　　年　　月　　日

说明：1. $m=\pm\sqrt{\frac{[dd]}{2n}}$，要求 $m\leqslant\pm 5$cm(± 7.5cm)；

2. 允许误差 Δ 允$\leqslant\pm 10\sqrt{2}$cm($\pm 15\sqrt{2}$cm)；

3. 允许误差的$\sqrt{3}$倍视为粗差，粗差率不得大于检查数量的 5%。

3. 地籍图精度检查

(1) 图上界址点间距、界址点与邻近地物点关系距离、邻近地物点间距误差检查，是将图解距离与相应的解析反算边长或检测距离、宗地勘丈数据进行比较。用表 5-10 进行记录，用相应公式计算中误差，并与规定允许误差进行比较。

表 5-10 地籍图精度检查记录表(室内检查)

街坊号	宗地号	界址点号		图解距离/m	比较距离/m	较差 Δ/cm	Δ^2
检查结果	$[\Delta\Delta]=\sum\Delta^2=$					解析点位中误差 $m=\pm$	

检查者：　　　　　　　　　　　　　　　　　　　　年　　月　　日

说明：1. 间距中误差 m 为：$m=\pm\sqrt{\frac{[\Delta\Delta]}{n}}$，要求 $m\leqslant\pm0.3$mm。

2. 表 4 也可用于界址点与邻近地物点关系距离误差、邻近地物点间距误差检查。

3. 图上界址点间距允许误差 Δ允$\leqslant\pm0.6$mm；图上界址点与邻近地物关系距离 Δ允$\leqslant\pm0.6$mm；图上邻近地物点距离中误差 $mt\leqslant\pm0.4$mm，Δ允$\leqslant\pm0.8$mm。

4. 允许误差的$\sqrt{3}$倍视为粗差，粗差率不得大于检查数量的 5%。

(2) 图上地物点点位精度检查

利用野外检测坐标与图上坐标进行比较，填写表 5-11。

表 5-11 图上地物点点位精度检查记录表(室内检查)

街坊号	宗地号	界址点号	图解坐标		检测坐标		坐标较差		Δ^2
			x	y	x'	y'	Δx	Δy	
检查结果	$[\Delta\Delta]=\sum\Delta^2=$						解析点位中误差 $m=\pm$		

检查者：　　　　　　　　　　　　　　　　　　　　年　　月　　日

说明：1. 点位中误差 $m=\pm\sqrt{\frac{[\Delta\Delta]}{n}}$，要求 $m\leqslant\pm0.5$mm；允许误差 Δ允$\leqslant\pm1.0$mm。

2. 允许误差的$\sqrt{3}$倍视为粗差，粗差率不得大于检查数量的 5%。

宗地内房屋信息调查表见表 5-12。

表 5-12 宗地内房屋信息调查记录表　　　　宗地编号：________

楼栋	门牌号	建成年代	单元数量	房屋用途		层数		备注
				名称	代码	地上	地下	
								自编号
								自编号
								自编号

复习与思考

1. 何谓地籍调查？地籍调查的目的和内容是什么？
2. 初始地籍调查的范围是什么？
3. 地籍调查的单元是什么？如何划分？

4. 试述地籍调查的技术路线与方法。
5. 初始地籍调查的主要成果有哪些？
6. 概述城镇地籍调查的技术流程。
7. 地籍街道、地籍街坊和宗地如何确定与划分？
8. 国有土地使用权有哪几种类型？
9. 何谓他项权利？举例说明。
10. 简述界址调查的程序和内容。
11. 何谓宗地草图？绘制要求是什么？
12. 初始地籍测量工作包括哪几方面内容？
13. 初始地籍调查应归档的成果有哪些？
14. 试述权属调查成果检查的内容。
15. 试述地籍控制测量成果检查的内容。
16. 试述解析界址点点位误差检查与精度评定方法。

第六章

地籍测量概述

第一节　地籍测量的性质

一、地籍测量的含义

地籍测量是借助测绘、计算机等技术，对有关土地及其附着物的权属信息、空间信息、时间信息进行的采集、加工处理和分析利用的过程。权属信息主要指土地权属界线、位置、面积等；空间信息指土地及其附着物的空间位置、形状、分布特征等；时间信息指土地权属、用途随时间变化而变化的过程。地籍测量是服务于土地管理工作的专业性测量，是支撑土地管理的关键技术之一。地籍测量成果是土地登记的依据。

二、地籍测量的分类

按土地登记的种类，地籍测量分为初始地籍测量和变更地籍测量；按测量对象的特征分为农村地籍测量和城镇地籍测量。

三、地籍测量的特点

地籍测量与基础测绘和专业测量有着明显不同，主要表现为凡涉及土地及其附着物权利的测量都可视为地籍测量。地籍测量的主要特点有以下几个方面。

(一) 地籍测量是一项基础性的具有政府行为的测绘工作，是政府行使土地行政管理职能具有法律意义的行政性技术行为

在国外，地籍测量被称作官方测绘。在我国，历次地籍测量都是由朝廷或政府下令进行的，其目的是为了保证政府对土地的税收和保护土地产权。现阶段我国进行地籍测量工作

的根本的目的是保护土地、合理利用土地及保护土地所有者和土地使用者的合法权益，为社会发展和国民经济计划提供基础资料。

（二）地籍测量为土地管理提供了精确、可靠的地理参考系统

由地籍和地籍测量的历史可知，测绘技术一直是地籍管理的基础技术之一。地籍测量不但为土地的税收和产权保护提供了精确、可靠并能被法律接受的数据，而且借助现代先进的测绘技术为地籍管理提供了一个大众都能接受的具有法律意义的地理参考系统。

（三）地籍测量是在权属调查的基础上进行的

在对完整的地籍调查资料进行全面分析的基础上，可以根据不同土地管理和房地产管理或其他相关的要求来提供不同形式的图、数、册等资料。

（四）地籍测量具有勘验取证的法律特征

无论是产权的初始登记，还是变更登记或他项权利登记，在对土地权利的审查、确认、处分过程中，地籍测量所做的工作就是利用测量技术手段对权利提出的权利申请进行现场的勘查、验证，为土地权利的法律认定提供准确、可靠的物权（不动产）证明材料。

（五）地籍测量的技术标准既要符合测量学的观点，又要反映相关土地法律的要求

地籍测量的图件成果不仅表达人与地物、地貌的关系和地物与地貌之间的联系，而且同时反映和调节着人与人、人与社会之间的以土地产权为核心的各种关系。

（六）地籍测量工作有非常强的现势性

由于社会发展和经济活动使土地的利用和权利经常发生变化，且土地管理也要求地籍资料有非常强的现势性，因此必须对地籍测量成果进行适时更新，从而使地籍测量工作比一般基础测绘工作更具有经常性的一面，且不可能人为地固定更新周期，只能及时、准确地反映实际变化情况。地籍测量工作始终贯穿于建立、变更、终止土地利用和权利关系的动态变化之中，并且是维持地籍资料现势性的主要技术之一。

（七）地籍测量技术和方法是当今测绘技术和方法的应用集成

地籍测量技术是包括 GPS、RS、GIS 的“3S”为代表的现代测绘技术的集成式应用。根据土地管理和房地产管理对图形、数据和表册的综合要求，组合不同的测绘技术和方法。

（八）从事地籍测量的技术人员应有丰富的土地管理知识

从事地籍测量的技术人员，不但应具备丰富的测绘知识，还应具有不动产法律知识和地籍管理方面的知识。地籍测量工作从组织到实施都非常严密，它要求测绘技术人员要与地籍调查人员密切配合，细致认真地作业。

第二节 地籍测量的内容和方法

一、地籍测量的任务和内容

初始地籍测量是建立基础地籍档案的重要技术手段。其主要任务是根据土地总登记(初始登记)经初始地籍调查依法确认的土地权属界址和使用状况,按《城镇地籍调查规程》(以后简称《规程》)要求测绘地籍原图、计算宗地面积并填写地籍登记表、地籍册和地籍卡,并最终建立地籍管理信息系统。地籍测量的基本内容为:

(1) 进行地籍控制测量,测量地籍基本控制点和地籍图根控制点;

(2) 界线测量,测定行政区划界线和土地权属界线的界址点坐标;

(3) 地籍图测绘,测绘分幅地籍图、土地利用现状图、房产图、宗地图等;

(4) 建立并维护地籍管理信息系统;

(5) 面积测算,测算地块和宗地的面积,进行面积的平差和统计;

(6) 进行土地信息的动态监测,进行地籍变更测量,包括地籍图的修测、重测和地籍簿册的修编,以保证地籍成果资料的现势性与正确性;

(7) 根据土地整理、开发与规划的要求,进行有关的地籍测量工作。

同其他测量工作一样,地籍测量也遵循一般的测量原则,即先控制后碎部、由高级到低级、从整体到局部的原则。

二、地籍测量方法

地籍原图是土地行政管理使用的基本图件,一般都是实测成图。成图方法可以概括为三种,即解析法(解析法地籍测量)、图解法(图解勘丈法地籍测量)和 GPS-RTK 方法。其中解析法和 GPS-RTK 方法最为常用。

(一) 解析法

解析法又可分为全解析、解析和部分解析法地籍测量。

(1) 全解析法。全解析法是在地籍平面控制测量基础上,使用经纬仪和钢尺测量控制点到待定点的角度和距离,按解析公式计算全部界址点和主要地物点坐标的方法。或者使用全站型电子速测仪安置在控制点上直接测定界址点和地物点的坐标。由于每个界址点和主要地物都测定了坐标值,根据坐标值可展绘不同比例尺的地籍图,即有实测坐标的地籍图。

(2) 解析法和部分解析法。将全部宗地界址点用实测值按解析公式求得坐标的方法称为解析法。将部分界址点用实测值按解析公式求得坐标,其余界址点位依靠测量值确定,称部分解析法。

(二) 图解法

图解法是指全部或大部分界址点应用实测数据在图上用几何制图方法确定界址点位置的方法。但界址边和条件关系距离必须实地丈量。

（三）GPS-RTK 方法

GPS-RTK 方法采用 GPS 相位差分技术，能够高精度、快速地测得未知点的坐标。目前该方法已经成为测绘行业的一种主流技术。

按地籍调查《规程》规定，我国现阶段可根据各地不同情况和要求综合应用以上几种方法。

三、地籍测量发展综述

测绘技术产生之初的主要应用之一就是解决土地的划分和测算田亩的面积。约在公元前 30 世纪，古埃及皇家登记的税收记录中，有一部分是以土地测量为基础的，在一些古墓中也发现了土地测量者正在工作的图画。公元前 21 世纪尼罗河洪水泛滥时就曾以测绳为工具用测量方法测定和恢复田界。据《中国历代经界纪要》记载："中国经界，权舆禹贡"。从商周时代实行井田制开始了对田地界域进行了划分和丈量。从出土的商代甲骨文中可以看出耕地被划分呈"井"字形的田块，此时已用"规"、"矩"、"弓"等测量工具进行土地测量，已有了地籍测量技术和方法的雏形。

公元 11 世纪前，不管土地管理制度如何改变或不同，地籍测量的简单技术、方法和工具都是量测土地经界和面积的有力手段。1086 年，一个著名的土地记录——汤姆斯代（The Doomsday Book）在英格兰创立，完成了大体覆盖整个英格兰的地籍测量，遗憾的是这个记录没有标在图上。1387 年，中国明代开展地籍测量，编制鱼鳞图册，以田地为主，绘有田块图形，分号详列面积、地形、土质以及业主姓名，作为征收田赋的依据。到 1393 年完成全国地籍测量并进行土地登记，全国田地总计为 8 507 523 顷。1628 年，瑞典为了税收目的，对土地进行了测量和评价，包括英亩数和生产能力并绘制成图。1807 年，法国为征收土地税而建立地籍，开展了地籍测量；1808 年，拿破仑一世颁布全国土地法令。这项工作最引人注目的是布设了三角控制网作为地籍测量的基础，并采用了统一的地图投影，在 1∶2500 或 1∶1250 比例尺的地籍图上定出每一街坊中地块的编号，这样在这个国家中所有的土地都做到了唯一划分。这时的法国已建立了一套较完整的地籍测量理论、技术和方法。现在许多国家仍在沿用拿破仑时代的地籍测量思想及其所形成的理论和技术。

19 世纪和 20 世纪中叶以前是地籍测量理论和技术不断发展完善的阶段。20 世纪以来，由于社会的不断变革和发展，人口的急剧增长和建设事业的迅猛发展，迫切要求及时解决土地资源的有效利用和保护等问题，由此对地籍测量提出了更高的要求，各国政府对此项工作也普遍重视。而计算机技术、光电测距、航空摄影测量与遥感技术、GPS 定位技术，以及卫星监测技术的迅速发展，也使得地籍测量理论和技术得到不断发展，可对社会发展过程中出现的各种问题做出及时的解决。现在，发达国家都陆续开展了由政府监管的以地块为基础的地籍或土地信息系统的建立工作。

复习与思考

1. 地籍测量的特点主要体现在哪几方面？
2. 地籍测量的基本内容是什么？
3. 简述地籍测量的主要方法。

第七章

地籍平面控制测量

第一节　地籍控制测量概述

地籍控制测量分为地籍平面控制测量和高程控制测量。地籍测量主要是测绘地籍要素及必要的地形要素，形成以地籍要素为主的平面图，一般不要求高程控制，本章仅讲述地籍平面控制测量，主要对地籍控制测量的原则、精度要求、采用的坐标系等进行说明，而对地籍控制测量的方法只作一般介绍，有关此部分的详情请参阅有关书籍。

一、地籍控制测量的含义及特点

地籍控制测量是地籍图件的数学基础，是关系到界址点精度的带全局性的技术环节。它是根据界址点及地籍图的精度要求，结合测区范围的大小、测区内现有控制点数量和等级情况，按控制测量的基本原则和精度要求进行技术设计、选点埋石、野外观测、数据处理等测量工作。

地籍控制测量包括地籍基本控制测量和图根控制测量，前者为测区的首级控制点，后者则为直接用于测图服务的扩展控制点，两者构成了测区控制网的两个不同层次。这样，既可保证测区控制点精度分布均匀，又可满足测区设站的实际要求。

地形控制网点一般只用于测绘地形图，而地籍控制网点不但要满足测绘地籍图的需要，还要以厘米级的精度(城镇)用于土地权属界址点坐标的测定和满足地籍变更测量的需求。因此，地籍控制测量除具有一般地形控制测量的特点之外，在质和量上又有别于地形控制测量。

地籍控制测量具有如下主要特点。

(1) 因地籍图的比例尺比较大(1∶500～1∶2000)，故平面控制测量精度要求高方能保证界址点和图面地籍要素的精度要求。

(2) 地籍要素之间的相对误差限制较严，如相邻界址点距离、界址点与邻近地物点间距的误差不超过图上0.3mm。因此，应保证平面控制测点有较高的精度。

(3) 城镇地籍测量由于城区街区街巷纵横交错，房屋密集，视野不开阔，故一般采用导线测量建立平面控制网。

(4) 为了保证实地勘丈的需要，基本控制和图根控制点必须要有足够的密度，方能满足细部测量要求。

(5)《规程》中规定一级界址点相对于邻近控制点的点位中误差为±5cm，因此，高斯投影的长度变形是可以忽略不计的。当城市位于3°带的边缘时，则可按城市测量规范来采取适当的措施。

(6) 地籍图根控制点的精度与地籍图的比例尺无关。地形图根控制点的精度一般用地形图的比例尺精度来要求(地形图根控制点的最弱点相对于起算点的点位中误差为0.1mm×比例尺M)。界址点坐标精度通常以实地具体的数值来标定，而与地籍图的比例尺精度无关。一般情况下，界址点坐标精度要等于或高于其地籍图的比例尺精度，如果地籍图根控制点的精度能满足界址点坐标精度的要求，则也能满足测绘地籍图的精度要求。

二、地籍平面控制网的布设原则

地籍控制测量的布网要遵循"从整体到局部，先控制后碎部"和"分级布网，逐级控制"(应用GPS也可越级布网)的原则，尽可能地利用已有的等级控制网来布设或加密建立。

地籍平面控制网的布设原则如下。

(一) 地籍控制点要有足够的精度

地籍控制网、点的精度应以满足最大比例尺(1∶500)地籍测图的需要为基本条件。根据《规程》要求，四等三角网中最弱相邻点的相对点位中误差不得超过5cm；四等以下网最弱点(相对于起算点)的点位中误差不得超过5cm。

(二) 地籍控制点要有足够的密度

地籍测量工作，不仅要测绘地籍图和界址点坐标，而且要频繁地对地籍资料进行变更。因此，地籍控制点的密度与测区的大小、测区内的界址点总数和要求的界址点精度有关，地籍控制点最小密度应符合《城市测量规范》的要求。但是，地籍控制点的密度与测图比例尺无直接关系，这是因为在一个区域内，界址点的总数、要求的精度和测图比例尺都是固定的，必须优先考虑要有足够的地籍控制点来满足界址点测量的要求，再考虑测图比例尺所要求的控制点密度。地籍控制点埋石的密度同样遵循以上原则。

为满足日常地籍管理的需要，在城镇地区，应对一、二级地籍控制点全部埋石。在通常情况下，地籍控制网点的密度为①城镇建城区，100～200m布设二级地籍控制点；②城镇稀疏建筑区，200～400m布设二级地籍控制点；③城镇郊区，400～500m布设一级地籍控制点。

在旧城居民区，内巷道错综复杂，建筑物多而乱，界址点非常多，在这种情况下应适当地增加控制点和埋石的密度和数目，才能满足地籍测量的需求。

(三) 各级控制网要有统一的规格

根据《城镇地籍调查规程》和测区的实际情况，制定出《技术设计书》，对整个测区控制网的布网精度及方法应作出明确的规定。在获得批准后，应严格按章作业。

（四）地籍基本控制网的布设应考虑发展规划区，地籍图根控制要考虑日常地籍工作的需要

基本控制网的布设不仅在城镇建成区进行，应尽可能地覆盖该城镇中、长期规划区域。应优先以GPS网形式布设，特殊情况下也可用导线网、边角网或三角网等地面控制网布设方法。而地籍图根控制不仅要为当前的地籍细部测量服务，同时还要为日常地籍管理（各种变更地籍测量、土地有偿使用过程中的测量等）服务，因此地籍图根控制点原则上应埋设永久性或半永久性标志。地籍图根控制点在内业处理时，应有示意图、点之记描述。

（五）地籍基本（首级）控制网应一次性全面布设

测区的首级控制网应一次性布设，加密网可根据情况分期分区布设。

三、地籍控制测量的精度

地籍控制测量的精度是以界址点的精度和地籍图的精度为依据而制定的。根据《地籍测绘规范》规定，地籍控制点相对于起算点中误差不超过±0.05m。各等级地籍基本控制网点的主要技术指标见表7-1至表7-5。

地籍图根控制点的精度与地籍图的比例尺无关。地形图根控制点的精度一般用地形图的比例尺精度来要求（地形图根控制点的最弱点相对于起算点的点位中误差为0.1mm×比例尺M）。界址点坐标精度通常以实地具体的数值来标定，而与地籍图的比例尺精度无关。一般情况下，界址点坐标精度要等于或高于其地籍图的比例尺精度，如果地籍图根控制点的精度能满足界址点坐标精度的要求，则也能满足测绘地籍图的精度要求。

（1）各等级三角网的主要技术规定见表7-1。

表7-1 各等级三角网的主要技术规定

等级	平均边长/km	测角中误差/(")	起始边相对中误差	导线全长相对闭合差	水平角观测测回数			方位角闭合差/(")
					DJ$_1$	DJ$_2$	DJ$_3$	
二等	9	±1.0	1/30 000	1/120 000	12			±3.5
三等	5	±1.8	1/200 000（首级） 1/120 000（加密）	1/80 000	6	9		±7.0
四等	2	±2.5	1/120 000（首级） 1/80 000（加密）	1/45 000	4	6		±9.0
一级	0.5	±5.0	1/80 000（首级） 1/45 000（加密）	1/27 000		2	6	±15.0
二级	0.2	±10.0	1/27 000	1/14 000		1	3	±30.0

(2) 各等级三边网主要技术规定见表 7-2。

表 7-2 各等级三边网主要技术规定

等级	平均边长/km	测距相对中误差	测距中误差/mm	测距仪等级	测距测回数	
					往	返
二等	9	1/300 000	±30	Ⅰ	4	4
三等	5	1/100 000	±30	Ⅰ、Ⅱ	4	4
四等	2	1/120 000	±16	Ⅰ	2	2
				Ⅱ	4	4
一级	0.5	1/33 000	±15	Ⅱ	2	2
二级	0.2	1/17 000	±12	Ⅱ	2	2

(3) 各等级测距导线主要技术规定见表 7-3。

表 7-3 各等级测距导线主要技术规定

等级	平均边长/km	附合导线长度/km	测距中误差/mm	测角中误差/"	导线全长相对闭合差	水平角观测测回数			方位角闭合差/"
						DJ_1	DJ_2	DJ_3	
三等	3.0	15.0	±18	±1.5	1/60 000	8	12		$\pm 3\sqrt{n}$
四等	1.6	10.0	±18	±2.5	1/40 000	4	6		$\pm 5\sqrt{n}$
一级	0.3	3.6	±15	±5.0	1/14 000		2	6	$\pm 10\sqrt{n}$
二级	0.2	2.4	±12	±8.0	1/10 000		1	3	$\pm 16\sqrt{n}$

注：n 为导线转折角个数。当导线布设网状，节点与节点、节点与起始点间的导线长度不超过表中的附合导线长度的 0.7 倍。

(4) 各等级 GPS 相对定位测量的主要技术规定见表 7-4 和表 7-5。

表 7-4 各等级 GPS 相对定位测量的主要技术规定(1)

等级	平均边长 D/km	GPS 接收机性能	测量量	接受机标称精度优于	同步观测接收数量
二等	9	双频(或单频)	载波相位	$10mm+2\times10^{-6}$	≥2
三等	5	双频(或单频)	载波相位	$10mm+3\times10^{-6}$	≥2
四等	2	双频(或单频)	载波相位	$10mm+3\times10^{-6}$	≥2
一级	0.5	双频(或单频)	载波相位	$10mm+3\times10^{-6}$	≥2
二级	0.2	双频(或单频)	载波相位	$10mm+3\times10^{-6}$	≥2

表 7-5 各等级 GPS 相对定位测量的主要技术规定(2)

项目	等级				
	二等	三等	四等	一级	二级
卫星高度角	≥15°	≥15°	≥15°	≥15°	≥15°
有效观测卫星数	≥6	≥4	≥4	≥3	≥3
时段中任一卫星有效观测时间/min	≥20	≥15	≥15		
观测时间段	≥2	≥2	≥2		
观测时段长度/min	≥90	≥60	≥60		
数据采样间隔	15～60	15～60	15～60		
卫星观测值象限分布	3 或 1	2～4	2～4	2～4	2～4
点位几何图形强度因子/PDOP	≤8	≤10	≤10	≤10	≤10

四、地籍控制点之记和控制网略图

地籍控制点若需要作永久性保存的就必须在地上埋设标石(或标志)。基本控制点的标石往往埋设在地表之下(称暗标石)而不易被发现。一、二级地籍控制点的标石的大部分被埋设在地表之下,在地表的上面仅留有很少一点(约 2cm 高)。为了今后应用控制点寻找方便,必须在实地选点埋石后,对每一控制点填绘一份点之记。所谓点之记,一般来说,就是用图示和文字描述控制点位与四周地形和地物之间的相互关系,以及点位所处的地理位置的文件(见表 7-1)。该文件属上交资料。

表 7-6 控制点之记

<table>
<tr><td>点名</td><td>余山</td><td>等级</td><td>四等</td><td>标志类型</td><td>水泥现浇瓷质标志</td></tr>
<tr><td>点号</td><td colspan="3">4</td><td>觇标类型</td><td>钢质寻常标</td></tr>
<tr><td>所在地</td><td colspan="3">东乡县东坊镇南面幸福村</td><td>交通路线</td><td>由本县开往铜县长途汽车路往幸福村</td></tr>
<tr><td colspan="5">与本点有关的方向和距离</td><td>点位略图</td></tr>
<tr><td colspan="5">2 王坑
5 李庄
余山 4
8 东山
6 黄家店</td><td>幸福村
余山
100m
1: 25 000</td></tr>
<tr><td colspan="2">有关问题说明</td><td colspan="4">本点在旧有点位上重选重埋</td></tr>
</table>

为了更好地了解整个测区地籍控制网点分布情况,检查控制网布网的合理性和控制点分布等情况,必须绘制测区控制网略图。控制网略图就是在一张标准计算用纸(方格纸)上,选择适当的比例尺(以能将整个测区画在其内为原则),按控制点的坐标值直接展绘纸上,然后用不同颜色或不同线型的线条画出各等级的网形。控制网略图要做到随测随绘,也就是当完成某一等级控制测量工作后,立即按点的坐标展出,再用相应的线条连接,这样不断地充实完成。地籍控制测量工作完成,控制网略图也相应地完成。

地籍控制网略图是上交资料之一,无论测区大小都要做好这项工作。地籍控制网略图见图 7-1。

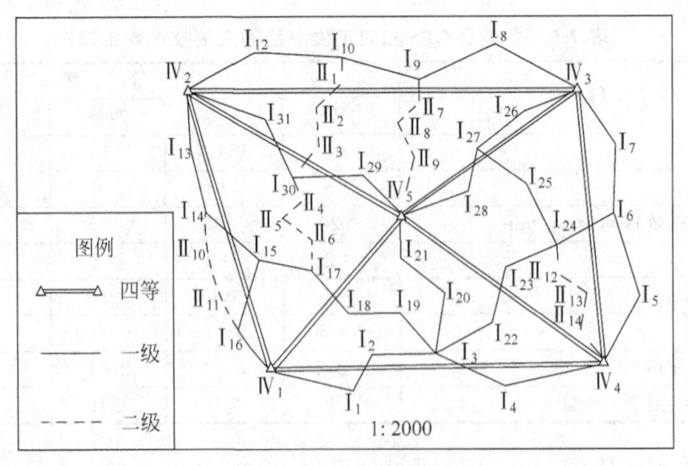

图 7-1 地籍控制网略图

第二节　地籍测量坐标系

凡是用来确定地面点的位置和空间目标的位置所采用的参考系都称为坐标系。由于使用目的不同，所选用的坐标系也不同。与地籍测量密切相关的有大地坐标系（俗称地理坐标系）、平面直角坐标系和高程系。

一、大地坐标系

大地坐标系是以参考椭球面为基准的，其两个参考面为：一个是通过英国格林尼治天文台与椭球短轴（即旋转轴）所作的平面（即子午面），称为起始子午面（如图7-2中的 P_1GP_2 平面所示），它与椭球表面的交线称为子午线；另一个是过椭球中心 O 与短轴相垂直的平面，即 Q_1EQ_2 平面，称为赤道平面。

过地面点 P 的子午面与起始子午面之间的夹角，称为大地经度，用 L 表示，并规定以起始子午面为起算，向东量取为东经（正号），由 0°～+180°；向西量取为西经（负号），由 0°～−180°。

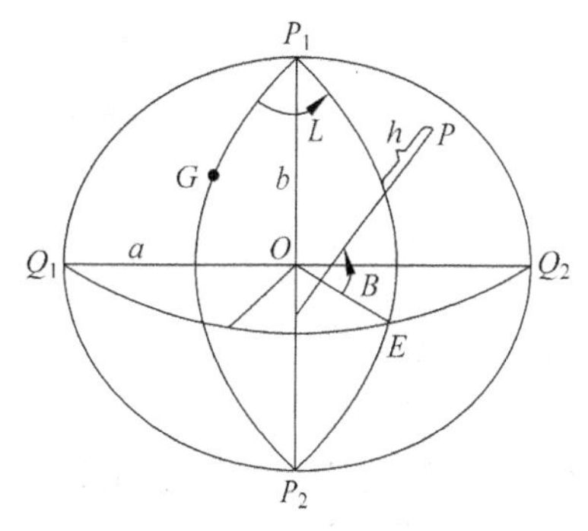

图7-2　大地坐标系

地面点 P 的法线（过 P 点与椭球面相垂直的直线）与赤道平面的交角，称为大地纬度，用 B 表示，并规定以赤道平面为起算，向北量取为北纬（正号），由 0°～+90°；向南量取为南纬（负号），由 0°～−90°。

地面点 P 沿法线方向至椭球面的距离，称为大地高，用 h 表示。

例如，$P(L,B)$ 表示地面点 P 在椭球上投影点的位置，而 $P(L,B,h)$ 则表示地面点 P 在空间的位置。

二、高斯平面直角坐标系

将旋转椭球当作地球的形体，球面上点的位置可用大地坐标 (L,B) 来表示。球面是不可能没有任何形变而展开成平面的，而在地籍测量中，如地籍图，往往需要用平面表示，因此就存在如何将球面上的点转换到平面上去的问题。解决的方法就是通过地图投影方法将球面上的点投影到平面上。地图投影的种类很多，地籍测量主要选用高斯-克吕格投影（简称高斯投影），以高斯投影为基础建立的平面直角坐标系称为高斯平面直角坐标系。

（一）高斯平面直角坐标系的原理

高斯投影就是运用数学法则，将球面上点的坐标 (L,B) 与平面上坐标 (X,Y) 之间建立起一一对应的函数关系，即

$$
\begin{aligned}
X &= f_1(L,B) \\
Y &= f_2(L,B)
\end{aligned}
\tag{7-1}
$$

从几何概念来看，高斯投影是一个横切椭圆柱投影。将一个椭圆柱横套在椭球外面（如图 7-3 所示），使椭圆柱的中心轴线 QQ_1 通过椭球中心 O，并位于赤道平面上，同时与椭球的短轴（旋转轴）相垂直，而且椭圆柱与球面上一条子午线相切。这条相切的子午线称中央子午线（或称轴子午线）。过极点 N（或 S）沿着椭圆柱的母线切开便是高斯投影平面（见图 7-4）。中央子午线和赤道的投影是两条互相垂直的直线，分别为纵轴（X 轴）和横轴（Y 轴），于是就建立起高斯平面直角坐标系。其余的经线和纬线的投影均是以 X 轴和 Y 轴为对称轴的对称曲线。

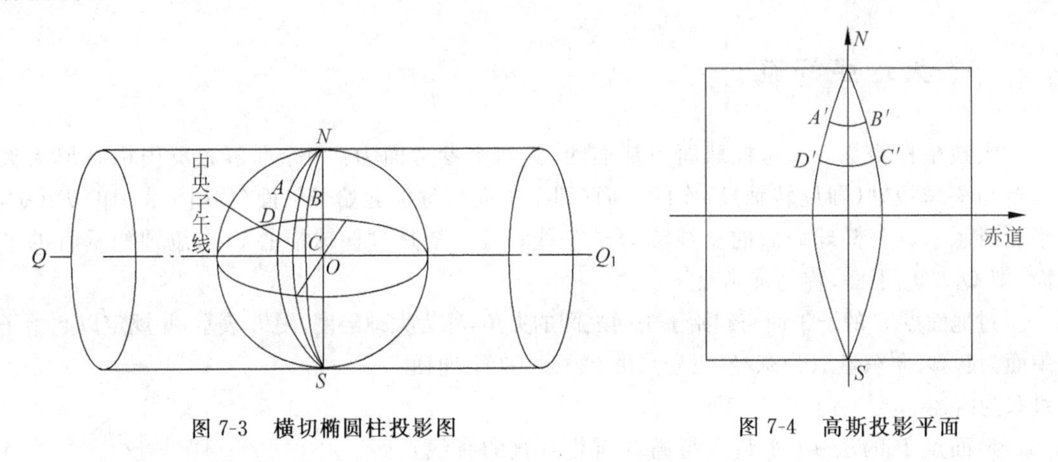

图 7-3　横切椭圆柱投影图　　　　图 7-4　高斯投影平面

（二）高斯投影带的划分

高斯投影属等角（或保角）投影，即投影前、后的角度大小保持不变，但线段长度（除中央子午线外）和图形面积均会产生变形，离中央子午线愈远，则变形愈大。变形过大将会使地籍图发生“失真”，因而失去地籍图的应用价值。为了避免上述情况的产生，有必要把投影后的变形限制在某一允许范围之内。常采用的解决方法就是分带投影，即把投影范围限制在中央子午线两旁的狭窄区域内，其宽度为 6°、3°或 1.5°。该区域即被称为投影带。如果测区边缘超过该区域，就使用另一投影带。

国际上统一分带的方法是：自起始子午线起向东每隔 6°分为一带。称为 6°带，按 1，2，3，…顺序编号（即带号）。各带中央子午线的经度 L_0 按下式计算 $L_0=6\times N-3$，式中 N 为带号。

经差每 3°分为一带，称为 3°带。它是在 6°带基础上划分的，就是 6°带的中央子午线和边缘子午线均为 3°带的中央子午线。3°带的带号是自东经 1.5°起，每隔 3°按 1，2，3，…顺序编号，各带中央子午线的经度 $L°$ 与带号 n 的关系式为 $L°=3\times n$。

若某城镇地处两相邻带的边缘时，也可取城镇中央子午线为中央子午线，建立任意投影带，这样可避免一个城镇横跨两个带，同时也可减少长度变形的影响。

每一投影带均有自己的中央子午线、坐标轴和坐标原点，形成独立的但又相同的坐标系统。为了确定点的唯一位置并保证 Y 值始终为正，则规定在点的 Y 值（自然值）加上 500km，再在它的前面加写带号。例如某控制点的坐标（6°带）为 X=47 156 324.536m、Y=21 617 352.364m，根据上述规定可以判断该点位于第 21 带，Y 值的自然值是 117 352.364m，为正数，该点位于 X 轴的东侧。

分带投影是为了限制线段投影变形的程度的，但却带来了投影后带与带之间不连续的缺陷，如图7-5所示。同一条公共边缘子午线在相邻两投影带的投影则向相反方向弯曲，于是，位于边缘子午线附近的分属两带的地籍图就拼接不起来。为了弥补这一缺陷，则规定在相邻带拼接处要有一定宽度的重叠(见图7-6)。重叠部分以带的中央子午线为准，每带向东加宽经差30′，向西加宽经差7.5′。相邻两带就是经差为37.5′宽度的重叠部分。

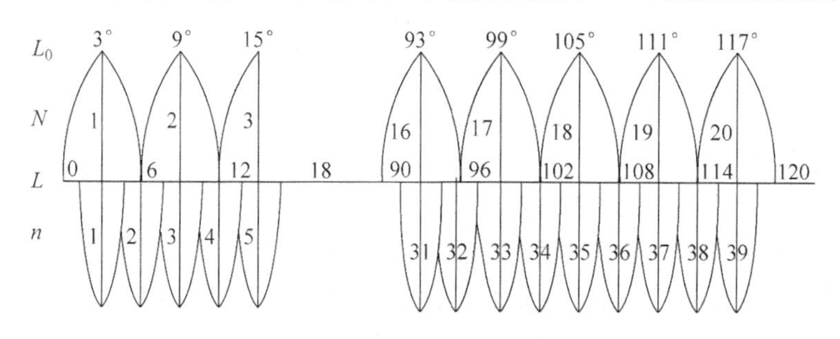

图7-5　投影带的划分

位于重叠部分的控制点应具有两套坐标值，分属东带和西带，地籍图、地形图上也应有两套坐标格网线，分属东、西两带。这样，在地籍图、地形图的拼接和使用，控制点的互相利用以及跨带平差计算等方面都是方便的。

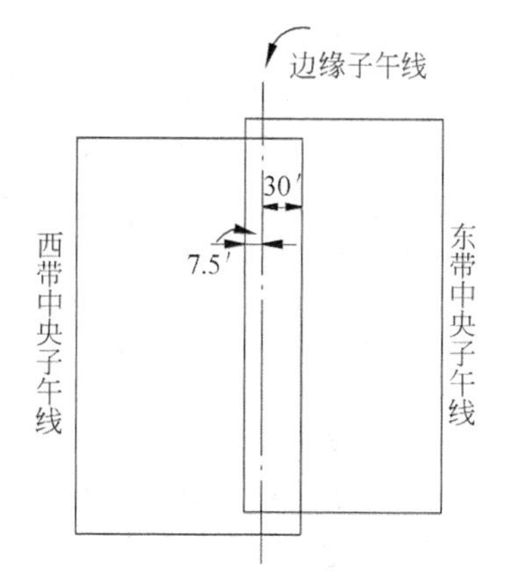

图7-6　相邻两带的拼接

(三) 高斯投影长度变形

地面上有两点A、B，已知它们的平面直角坐标分别为$A(X_A, Y_A)$、$B(X_B, Y_B)$，则可由式(7-2)计算出AB间的距离S：

$$S = \sqrt{(X_B - X_A)^2 + (Y_B - Y_A)^2} \tag{7-2}$$

S仅表示在高斯投影平面上两点间的距离。若用测量工具(如钢尺、测距仪器等)在地面直接测量这两点的水平距离S_1，是不会与S相等的，它们之间的差值就是由长度变形所引起的。

测量工作总是把直接测得的边长首先归算到参考椭球面上，然后再投影到高斯投影平面上去，无论是归算还是投影过程总要产生变形。这种变形有时达到不能允许的程度，特别是在进行大比例尺的地籍图测绘工作时，必须考虑这一问题。

假如某两点平均高程为H_m，平均水平距离为S_m，归算到参考椭球面所产生的变形大小用式(7-3)计算：

$$\Delta S = -\frac{H_m}{R}S_m + \frac{H_m^2}{R^2}S_m + \frac{S_0^2}{24R^2} \tag{7-3}$$

式中：$H_m = (H_A + H_B)/2$ww。

H_A、H_B——分别为A、B两点的高程；

R——平均曲率半径；

S_0——两点投影到参考椭球面上的弦长。

式(7-3)右端前两项是当地面距参考椭球面有一定的高度(即$H_m \neq 0$)时产生的变形。

H_m 越大，变形也越大，所以在高原地区进行测量工作要特别重视这种变形的影响。右端第三项是由地球曲率所引起的。例如，某两点平均高程为 $H_m=500\text{m}$，平均水平距离为 $S_m=1000\text{m}$，按式(7-3)计算得：

$$\Delta S=-78.5\text{mm}+0.006\text{mm}+0.001\text{mm}=-78.5\text{mm}$$

参考椭球面上的长度投影到高斯平面上所产生的变形，用式(7-4)计算：

$$\Delta S=\frac{1}{2}\left(\frac{Y_m}{R}\right)^2\times S \tag{7-4}$$

式中：Y_m——两点的横坐标(自然值)的平均值；

R——平均曲率半径；

S——两点(长度)归算到参考椭球面上的长度。

由式(7-4)可知，线段离中央子午线愈远(即 Y_m 愈大)，所产生的变形愈大。

例如，已知 A、B 两点在参考椭球面上的长度 $S=1000\text{m}$，$Y_A=75\,124.5\text{m}$，$Y_B=75\,523.4\text{m}$，两点的平均纬度 $B_m=31°14'$，将它投影到高斯投影平面上所产生的变形，按式(7-4)计算得：$\Delta S=+70\text{mm}$。

为减少因长度变形而引起的误差，一般采用如下方法：若因测区地面平均高程引起的变形大于 2.5cm/km 时，则采用测区平均高程面作为归算面以减少变形，这是因为 H_m 值变得很小；由式(7-4)可知，ΔS 必然也很小；若因测区偏离中央子午线而引起的投影变形大于 2.5cm/km 时，则应选择测区中央的某一子午线为投影带的中央子午线，带宽为 3°，由此建立的投影带称为任意投影带。

（四）平面坐标转换

坐标转换是指某点位置由一坐标系的坐标转换成另一坐标系的坐标的换算工作，也称为换带计算。它包括 6°带与 6°带之间、3°带与 3°带之间、3°带与 6°带之间，以及 3°(6°)与任意投影带之间的坐标转换。

坐标转换计算(也称换带计算)利用高斯正、反算公式(即高斯投影函数式)进行。具体做法是：先根据点的坐标值(X,Y)，用投影反算公式计算出该点的大地坐标值(L,B)，再应用投影正算公式换算成另一投影带的坐标值(X',Y')。

三、高程基准

在通常的情况下，地籍测量的地籍要素是以二维坐标表示的，不必测量高程。但地籍测量规程规定，在某些情况下，土地管理部门可以根据本地实际情况，有时要求在平坦地区测绘一定密度的高程注记点，或者要求在丘陵地区和山区的城镇地籍图上表示等高线，以便使地籍成果更好地为经济建设服务。

一个国家确定的某一个验潮站所求得的平均海水面，即大地水准面，将作为全国高程的统一起算面——高程基准面。我国 1957 年确定了青岛验潮站为我国的基本验潮站，并以该站 1950 年至 1956 年 7 年间的潮汐资料求得平均海水面，作为我国高程基准面，并命名为“1956 年黄海高程系统”，水准原点位于青岛附近，青岛水准原点高程为 72.289m。全国各地的高程都是以它为基准测算出来的。“1956 年黄海高程系统”所确定的高程基准面，历史上曾起到了统一全国高程的重要作用。

但是，"1956 年黄海高程系统"限于当时采用的验潮资料时间较短等历史条件，并不十分完善。因此又根据青岛验潮站 1952 年至 1979 年之间二十多年的验潮资料重新计算确定了平均海水面，以此重新确定的新的国家高程基准称为"1985 国家高程基准"，并于 1987 年开始启用。"1985 国家高程基准"水准原点高程为 72.260m，水准原点与"1956 年黄海高程系统"相同。

两个高程基准相差 0.029m，这对于地形图上测绘的等高线基本无影响。

四、地籍测量平面坐标系的选择

（一）1954 年北京坐标系

1954 年北京坐标系在一定意义上可看成是前苏联 1942 年坐标系的延伸，是一个参心（坐标原点为参考椭球中心）大地坐标系。

1954 年北京坐标系的建立方法是，依照 1953 年我国东北边境内若干三角点与前苏联境内的大地控制网连接，将其坐标延伸到我国，并在北京市建立了名义上的坐标原点，并定名为 1954 年北京坐标系。以后经分区域局部平差，扩展、加密而遍及全国。因此，1954 年北京坐标系，实际上是前苏联 1942 年坐标系，原点不在北京，而在前苏联的普尔科沃。

1954 年北京坐标系采用了克拉索夫椭球元素（a=6 378 245m，α=1/298.3）。

几十年来，我国按 1954 年北京坐标系建立了全国大地控制网，完成了覆盖全国的各种比例尺地形图，满足了经济、国防建设的需要。

由于各种原因，1954 年北京坐标系存在如下主要缺点和问题。

(1) 克拉索夫斯基椭球体长半轴（a=6 378 245m）比 1975 年国际大地测量与地球物理联合会推荐的更精确地球椭球长半轴（a=6 378 140m）大 105m；

(2) 1954 年北京坐标系所对应的参考椭球面与我国大地水准面存在着自西向东递增的系统性倾斜，高程异常（大地高与海拔高之差）最大为＋65m（全国范围平均为 29m），且出现在我国东部沿海经济发达地区，见图 7-7；

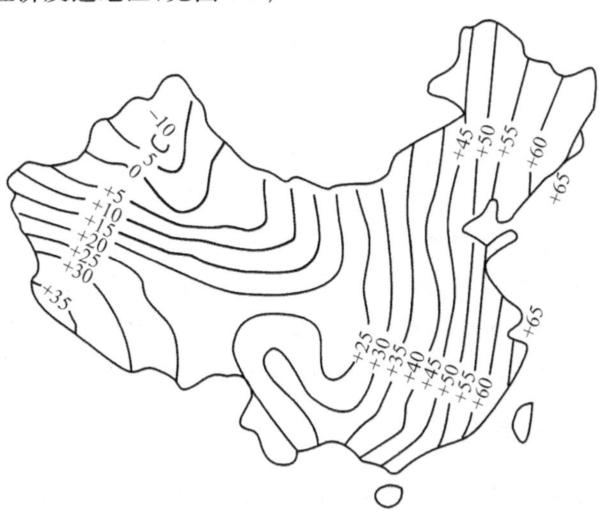

图 7-7　1954 年北京坐标系大陆部分的大地水准面图

(3) 提供的大地点坐标,未经整体平差,是分级、分区域的局部平差结果。使点位之间(特别是分别位于不同平差区域的点位)的兼容性较差,影响了坐标系本身的精度。

(二) 1980 年西安坐标系

针对 1954 年北京坐标系的缺点和问题,1978 年我国决定建立新的国家大地坐标系,该坐标系统取名为 1980 年国家大地坐标系。大地坐标是原点设在处于我国中心位置的陕西省泾阳县永乐镇,它位于西安市西北方向约 60km 处,简称西安原点。

1980 年国家大地坐标系有下列主要优点。

(1) 地球椭球体元素,采用 1975 年国际大地测量与地球物理联合会推荐的更精确的参数,其中主要参数为:

长半轴 a=6 378 140m; 短半轴 b=6 356 755.29; 扁率 α=1∶298.257。

(2) 椭球定位按我国范围高程异常值平方和最小为原则求解参数,椭球面与我国大地水准面获得了较好地吻合。高程异常平均值由 1954 年北京坐标系的 29m 减至 10m,最大值出现在西藏的西南角(+40m),全国广大地区多数在 15m 以内,见图 7-8。

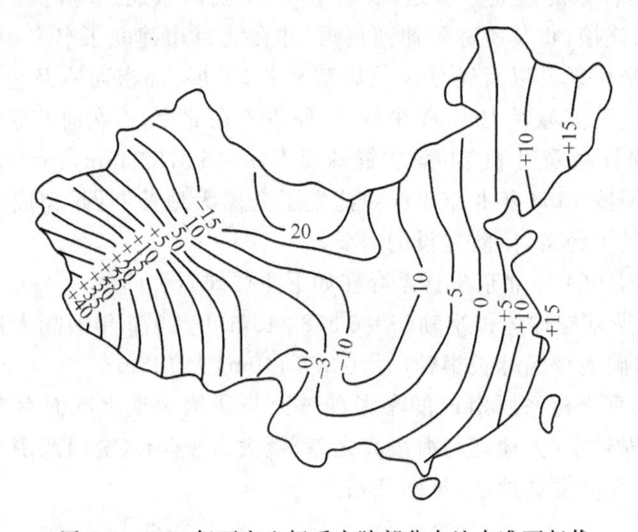

图 7-8 1980 年西安坐标系大陆部分大地水准面起伏

(3) 全国整体平差,消除了分区局部平差对控制的影响,提高了平差结果的精度。

(4) 大地原点选择在我国中部,缩短了推算大地坐标的路程,减少了推算误差的积累。

不可否认,建立 1980 年国家大地坐标后,也带来了新的问题和附加工作。主要体现在地形图图廓线和方里网线位置的改变,改变大小随点位而异,对我国东部地区其变化最大约为 80m,平均约为 60m。图廓线位置的改变,使新旧地形图接边时产生裂隙。如 80m 的变化,在 1∶5 万地形图上表现为 1.6mm,在 1∶1 万地形图上表现为 8mm。方里线位置的改变,不仅与坐标系的变化有关,而且还将包括椭球参数的改变所带来的投影后平面坐标变化的影响。

(三) 新 1954 年北京坐标系

由于 1980 年西安坐标系与 1954 年北京坐标系的椭球参数和定位原点均不同,因而大地控制点在两坐标系中的坐标存在较大差异,最大的达 100m 以上,这将引起成果换算的不便和地形图图廓和方格线位置的变化，且已有的测绘成果大部分是1954年北京坐标系下的。所以，作为过渡，产生了所谓的新1954年北京坐标系。

新1954年北京坐标系是通过将1980年西安坐标系的三个定位参数平移至克拉索夫斯基椭球中心，长半径与扁率仍取克拉索夫斯基椭球几何参数确定的。而定位与1980年大地坐标系相同(即大地原点相同)，而坐标值与旧1954年北京坐标系的坐标接近。

(四) 任意投影带独立坐标系

当测区(城、镇)地处投影带的边缘或横跨两带时，长度投影变形一定较大或测区内存在两套坐标，这将给使用造成麻烦，这时应该选择测区中央某一子午线作为投影带的中央子午线，由此建立任意投影带独立坐标系。这既可使长度投影变形小，又可使整个测区处于同一坐标系内，无论对提高地籍图的精度还是拼接，以及使用都是有利的。

(五) 独立平面直角坐标系

在不具备经济实力的条件下，而又要快速完成本地区的地籍调查和测量工作，可考虑建立独立平面坐标系，建立方法如下。

1. 起始点坐标的确定

(1) 在图上量取起始点平面坐标。先准备一张1∶1万(或1∶2.5万)的地形图，在图上标绘出所要进行地籍测量的区域。在此区域内选择一适当的特征点，例如，主要道路交叉点或某一固定地物作为起始待定点，然后对实地进行勘察，认为可行后，做好长期保存的标志，并给予编号。回到室内后，在地形图上量取该点的纵横坐标作为首级控制网的起始点坐标。

(2) 假定坐标法。如果在地籍测量区域搜集正规分幅的地形图有困难，也可直接假定起始点坐标。例如，计划施测九峰乡全乡宅基地地籍图，以便核发土地使用证，经研究确定采用独立坐标系。在实地踏勘后，认为该区域西南角之水塔作为坐标起始点较为合适，并令它的坐标值为$x=1000.00$，$y=2000.00$。数值是任意假定的，但必须注意，用它发展该地区的控制点和界址点，应不使其坐标出现负值。

(3) 采用交会或插点的方法确定原点坐标。在施测农村居民地地籍图中，一般使用岛图形式，并不要求大面积拼接。因此，当本地无起始点，而在几公里范围内找得到大地点时，可采用交会或插点的方法确定一点的坐标，做好固定标志后，用它作为该地独立坐标系的起始点，这样既经济又简便。

2. 起始方位角的确定

由坐标计算基本原理知，当假定了一点的坐标后，例如，图7-9中的A点(水塔)，还必须有一个起始方位角和一条起始边，方能发展新点，进行局部控制测量。起始边长用红外测距仪测距或钢尺量距(具体方法见测量学方面的教材)，而方位角可由以下几种方法确定。

(1) 量算方位角。在准备好的地形图上标出起始点和第一个未知点，例如，图7-9中的A点(水塔)和B点(乡政府楼上)，用直线连接两点，过A点作坐标纵线，将透明量角器置于其上，测出其夹角α_{AB}即可。

(2) 磁方位角计算法。在起始点A设置带有管状罗针的经纬仪(或罗盘仪)，按有关测量学教材的方法测出磁北M至B点的磁方位角m，然后按下式计算出方位角α。

$$\alpha = m + \delta - \gamma - \Delta\gamma \tag{7-5}$$

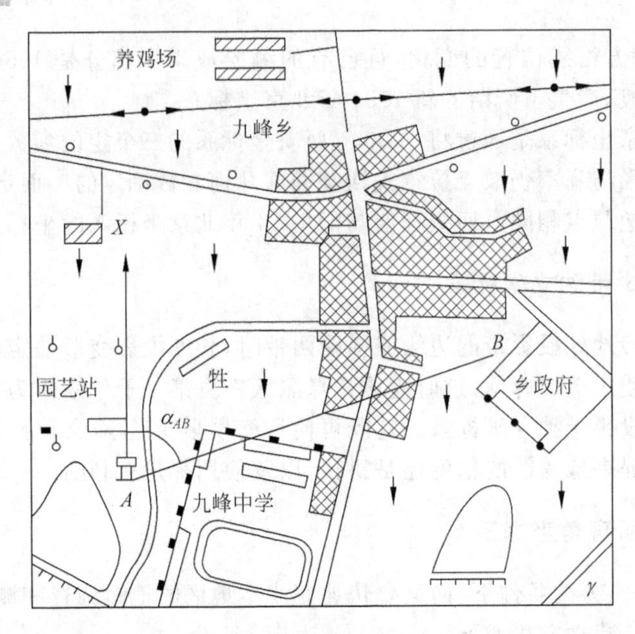

图 7-9　独立坐标系的建立

式中：δ——磁偏角，可从地磁偏角等线图上查取；

γ——子午线收敛角，可用该地的经纬度计算；

$\Delta\gamma$——罗针改正数，用作业罗针与标准罗针比较而得，当定向角的精度要求不高或罗针磁性较强时可省略此项。

五、不同坐标系统之间的转换

1954 年北京坐标系、1980 年西安坐标系和 WGS84 坐标系统由于参考椭球和基准面不一样，没有现成的严密的公式来进行转换。地方独立坐标系统与上述坐标系统如果没有严密的数学关系，也只能按照下述方法来进行。

坐标系之间的转换一般采用七参数法或三参数法，其中七参数为 X 平移、Y 平移、Z 平移、X 旋转、Y 旋转、Z 旋转，以及尺度比参数，若忽略旋转参数和尺度比参数则为三参数方法，三参数法为七参数法的特例。具体做法就是选取几个同名点的不同坐标系统，然后推算出相关七参数或者三参数，这样就可以建立两个坐标系统之间的转换函数模型，从而进行两个系统之间的转换。这个转换函数模型可能只能在一定范围内满足精度要求。

除了上述七参数和三参数模型外，现在也有人提出相关的改进模型，但其原理都一样。

第三节　地籍控制测量的基本方法

一、利用 GPS 定位技术布测城镇地籍基本控制网

（一）GPS 用于城镇地籍控制测量的可行性

在一些大城市中，一般已经建立城市控制网，并且已经在此控制网的基础上作了大量的

测绘工作。但是，随着经济建设的迅速发展，已有控制网的控制范围和精度已不能满足要求，为此，迫切需要利用GPS定位技术来加强和改造已有的控制网作为地籍控制网。

(1) 由于GPS定位技术的不断改进和完善，其测绘精度、测绘速度和经济效益，都大大地优于目前的常规控制测量技术，GPS定位技术可作为地籍控制测量的主要手段。

(2) 对于边长小于8～10km的二、三、四等基本控制网和一、二级地籍控制网的GPS基线向量，都可采用GPS快速静态定位的方法。由试验分析与检测证明，应用GPS快速静态定位方法，施测一个点的时间，从几十秒到几分钟，最多十几分钟，精度可达到1～2cm左右，完全可以满足地籍控制测量的需求，可以成倍地提高观测时间和经济效益。

(3) 建立GPS定位技术布测城镇地籍控制网时，应与已有的控制点进行联测，联测的城镇控制点最少不能少于两个。

二、利用已有城镇基本控制网

(1) 凡符合1985年发布的《城市测绘规范》要求的二、三、四等城市控制网点和一、二级城市控制网点都可利用。

(2) 对已布设二、三、四等城市控制网而未布设一、二级控制网的地区，可以以其为基础，加密一级或二级地籍控制网。

(3) 对已布设有一级城市控制网的地区，可以以其为基础，加密二级地籍控制网。

(4) 在利用已有控制成果时，应对所利用的成果有目的地进行分析和检查。在检查与使用过程中，如发现有过大误差，则应进行分析，对有问题的点(存在粗差、点位移动等)，可避而不用。

三、一、二级导线地籍控制网的布设

目前各大中城市所建立的质量良好的城市控制网，基本能满足建立地籍控制网的需要。可直接在城市控制网的基础上进行一、二级地籍控制测量。

城镇地籍控制测量应以光电测距导线布设，其布设规格和技术指标见表7-7。

表7-7　光电测距导线的布设规格和技术指标

等级	平均边长/km	附合导线长度/km	每边测距中误差/mm	测角中误差/″	导线全长相对闭合差	水平角观测测回数		方位角闭合差/″	距离测回数
						DJ_2	DJ_6		
一级	0.3	3.6	±15	±5.0	1/14 000	2	6	$\pm10\sqrt{n}$	2
二级	0.2	2.4	±12	±8.0	1/10 000	1	3	$\pm16\sqrt{n}$	2

四、图根控制测量

(一) 图根地籍控制网的布设

城镇地籍测绘中控制网的布设，重点是保证界址点坐标的精度，界址点坐标的精度有了保证，地籍图的精度自然也就得到了保证。目前一、二级导线的平均边长都在100m以上，这样的控制点密度用于测定复杂隐蔽的居民地的界址点势必要做大量的过渡点(多为支导线形式)，不但工作量大，作业效率低，在精度方面也不能保证。因此，经济而又可靠的方法是布网时增加控制点的密度。可在二级导线以下，根据实际需要布设适合的图根导线进行加密。图根导线的测量方法有闭合导线、附合导线、无定向附合导线、支导线等。在首级控制许可的情况下，尽可能采用附合导线和闭合导线，但如果控制点遭到破坏，不能满足要求，可考虑无定向附合导线、支导线。表7-8提供了两个等级的图根导线的技术指标，作业时可选用其中的一个。

表7-8 图根导线技术参数表

等级	平均边长/m	附合导线长度/km	测距中误差/mm	测角中误差/″	导线全长相对闭合差	水平角观测测回数		方位角闭合差/″	距离测回数
						DJ_2	DJ_6		
一级	100	1.5	±12	±12	1/6000	1	2	$\pm24\sqrt{n}$	2
二级	75	0.75	±12	±20	1/4000	1	1	$\pm40\sqrt{n}$	1

图根导线的边长已充分考虑复杂居民点的实际情况，目的是在控制点上能够直接测到界址点，对于特别隐蔽的地方，界址点离开控制点的距离也会约束在较短的范围内。

(二) 无定向导线

由于在日常地籍工作中，一些地籍要素需要经常测绘，而且当城镇原有的地籍控制点被严重破坏时，则很难找到两个能相互通视的点，如果在加密控制点时仍然采用附(闭)合导线或附(闭)合导线(网)或支导线，势必会增加费用，延长时间，难以及时满足变更地籍测绘的要求。虽然无定向导线(如图7-10所示)也是一种控制加密手段，但与其他种类的导线相比，却存在精度难以估算，检核条件少等问题，故在一些测绘规范中并未作为一种加密方法被提及。随着测角、测距技术和仪器的发展，在满足一定的条件下，也可布设无定向导线。

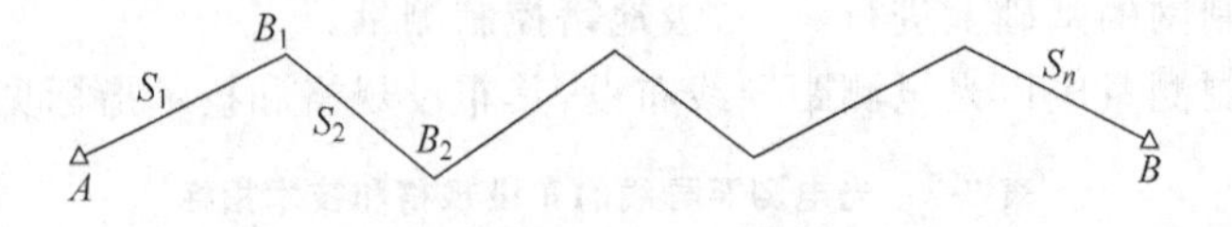

图7-10 无定向导线的一般形式

无定向导线检核条件少，在具体应用时要求注意如下几点。

(1) 首先对高级点作仔细检测，确认点号正确，点位未动时方可使用。

(2) 应采用高精度仪器作业。

(3) 无定向导线中无角度检核，因此在进行角度测绘时应特别当心。一般说来，转折角应盘左和盘右观测，距离应往返测，并保证误差在相应的限差范围内。

(4) 无定向单导线有一个多余观测，即有一个相似比 M 的，规定 $|1-M|<10^{-4}$ 的无定向导线才是合格的。

(5) 对无定向导线采用严密平差软件或近似平差软件进行平差计算，软件中最好有先进的可靠性分析功能。

（三）支导线的运用

在实际工作中，支导线的应用非常普遍。在一些较隐蔽处，支导线的边数可能达到三条或更多，因缺乏检核条件致使支导线出现粗差和较大误差也不能及时发现的，造成返工，给工作带来损失。因此，应加强对支导线的检核，采取一些措施以保证支导线的精度，从而保证界址点的测量精度。

1. 闭合导线法

如图 7-11 所示，M,N,Q 为已知点，为求出界址点 B 的坐标，首先要求出 A 点的位置。P_1,P_2,P_3,P_4,P_5 为只起连接作用的导线点，且 P_1 与 P_2，P_4 与 P_5 的距离很近。导线点观测顺序为 M,P_1,P_2,P_3,P_4,P_5,A，类似闭合导线的观测方法，但又与闭合导线的观测顺序不同。当观测结束后，按闭合导线 M、P_1、P_3、P_5、A、P_4、P_3、P_2、M 计算。这时 P_3 可以得到两组坐标，起到一种检核作用。然后根据 A 的坐标可以很方便地求出界址点 B 的坐标。这种方法虽然增加一点外业工作量，但较好地解决了位于隐蔽处界址点的施测问题，同时导线点也得到了检核和精度保证。

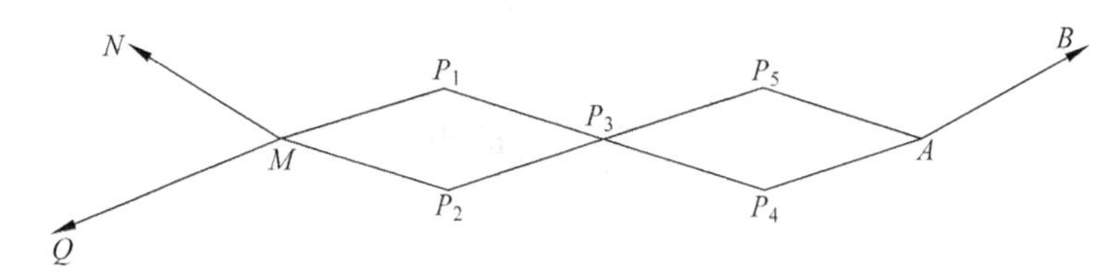

图 7-11 闭合导线法图示

2. 利用高大建筑物检核

高大建筑物，如烟囱、水塔上的避雷针和高楼顶上的共用天线等，在地籍控制测绘中有很好的控制价值。作业时，高大建筑物的交会随首级地籍控制一次性完成，这样做工作量增加不多。用前方交会求出高大建筑物上的避雷针等的平面位置后，即可按下面的方法施测支导线。

如图 7-12 所示，M,N,Q 为已知点，B 为高大建筑物上的避雷针，且平面位置已知。为了求出 A 点的坐标，需观测 β_4。根据测得的角度和边长计算各导线点坐标。

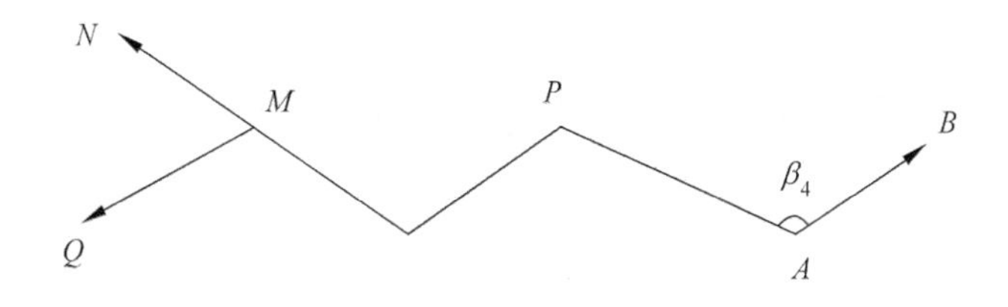

图 7-12 高大建筑物检核

求 AP 和 AB 边的坐标方位角：

$$\alpha_{AP} = \arctan((Y_P - Y_A)/(X_P - X_A))$$

$$\alpha_{AB} = \arctan((Y_B - Y_A)/(X_B - X_A))$$

设 $\beta_4'=\alpha_{AB}-\alpha_{AP}$，$\beta_4'$ 与观测值 β_4 比较，当 $|\beta_4'-\beta_4|$ 小于限差时，成果可以采用。该法能够发现观测和计算中的错误，起到了检核支导线的作用。

3. 双观测法

如图 7-13 所示，因受地形条件的限制，布设支导线时，可布设不多于 4 条边、总长不超过 200m 的支导线。为了防止在观测中出现粗差和提高观测的精度，支导线边长应往返观测，角度应分别测左、右角各一测回，其测站圆周角闭合差不应超过 40″。此法在计算中容易出现错误，因此在计算各导线点的坐标时一定要认真检查，仔细校核，尤其在推算坐标方位角时更要细心。

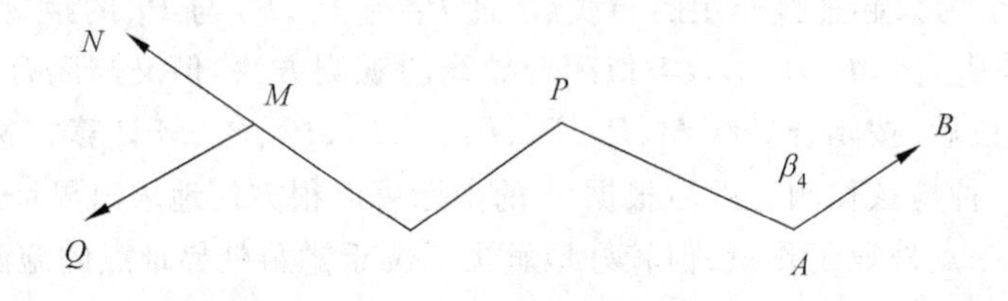

图 7-13　双观测法图示

复习与思考

1. 什么是地籍控制测量？地籍控制测量的原则是什么？

2. 为什么地籍图根控制点的精度与地籍图比例尺无关？

3. 地籍控制测量常用的坐标系有哪些？

4. 什么是大地坐标系？大地坐标系参考面和基准面是什么？

5. 什么是高斯平面直角坐标系？有什么特点？

6. 地籍控制点的密度是如何确定的？

7. 地籍图根控制网的特点是什么？

8. 简述在工作实践中提高支导线精度的方法。

9. 使用国家统一坐标系有哪些优点？

10. 面积小于 $25km^2$ 的城镇，如果不具备与国家控制网点的联测条件，如何建立独立坐标系？

11. 地球表面、椭球面、高斯平面三个面上的距离有何关系？

第八章

界址点测量

第一节　界址点测量精度要求

一、界址点概念

界址点又称地界点，是土地权属界线上的转折点，其作用是确定每宗土地的权属范围。界址点坐标是在某一特定的坐标系中界址点地理位置的数学表达，是确定土地权属界线地理位置的依据，是计算宗地面积的基础数据，其精度将直接影响土地面积的计算精度。界址点坐标对实地的界址点起着法律上的保护作用。一旦界址点标志被移动或破坏，则可根据已有的界址点坐标，用测量放样的方法恢复界址点的实地位置。因此在地籍测量中必须重视界址点测量的解析精度，而且也要特别重视相邻界址点之间及界址点与其邻近地物点间的相邻精度。所以无论从土地管理角度考虑还是从土地权属主的切身利益考虑，在地籍测量中，测量人员必须对界址点测量精度予以足够的重视。

二、界址点精度

界址点测量的精度，一般根据土地经济价值和界址点的重要程度来加以选择。欧洲的德国、奥地利、荷兰等国家对界址点的精度要求很高，一般为±3～5cm。亚洲的日本则把界址点分为6个等级，见表8-1。表中列出的界址点位置误差是指界址点相对于邻近控制点的误差。其具体的施测精度等级由日本国土厅官房长官确定。

表8-1　日本地籍测量规范中对界址点测量精度的规定

精度等级	界址点位置限差	
	中误差/cm	最大限差/cm
甲1	2	6
甲2	7	20

续表

精度等级	界址点位置限差	
	中误差/cm	最大限差/cm
甲 3	15	45
乙 1	25	75
乙 2	50	150
乙 3	100	300

在我国，考虑到地域广大和经济发展不平衡，对界址点精度的要求有不同的等级，我国《城镇地籍调查规程》的具体规定见表 8-2。

表 8-2 《城镇地籍调查规程》中对界址点测量精度的规定

级别	界址点相对于邻近控制点的点位中误差/cm		相邻界址点之间的允许误差/cm	界址点与邻近地物点关系距离允许误差/cm	适用范围
	中误差	允许误差			
一	±5.0	±10.0	±10	±10	城镇街坊外围界址点街坊内明显的界址点
二	±7.5	±15.0	±15	±15	城镇街坊内部隐蔽的界址点及村庄内部界点

注：① 界址点相对于对邻近控制点的点位中误差是指采用解析法测量的界址点应满足的精度要求；界址点间距允许误差是指采用各种方法测量的界址点应满足的精度。

② 中误差与允许误差之间的关系：界址点中误差为 5cm；界址点允许误差是中误差的两倍即 10cm；如果检测了 100 个界址点坐标或 100 条界址边长，则合格成果的误差分布；绝对值 0.0～5.0cm，多于 67 个点(边)，绝对值 5.0～10.0cm，少于 33 个点(边)，绝对值大于 10.0，少于 3 个点(边)时，则成果视为合格。

第二节 界址点测量方法

一、概述

在城镇地籍调查中，当在实地确认了界址点位置并埋设了界址标志后，通常都要求实测界址点坐标。由于界址点的重要性，在地籍细部测量中首先要考虑界址点测量。实测中一般在测站点(各等级控制点、图根点)先对界址点进行测量，再进行碎部点测量，之后再将得到的地籍要素和必要的地形要素展绘成地籍图。界址点测量时，一般可用地面直接解析法来获取界址点坐标，可满足表 7-2 规定的对一类界址点坐标的精度要求；对表 7-2 中的二类界址点，可采用间接解析法获取点位坐标；直接解析法和间接解析法统称为解析法，并分为极坐标法、交会法、内外分点法、直角坐标法等。在野外作业过程中可根据不同的情况选用不同的方法。对于部分隐蔽的界址点坐标，直接实测有困难或精度要求较低时，也可采用图解法获取界址点坐标。界址点坐标取位至 0.01m。

(一) 直接解析法

根据角度和距离测量结果按公式解算出界址点坐标的方法叫解析法。地籍图根控制点及以上等级的控制点均可作为测量界址点解析坐标的起算点。可采用极坐标法、正交法、截距法、距离交会法等方法实测界址点与控制点或界址点与界址点之间的几何关系元素，再按相应的数学公式求得界址点解析坐标。《规程》规定对于要求界址点坐标精度为±0.05m的一类界址点必须采用解析法测量。解析法所使用的测量仪器可以是光学经纬仪、全站型电子速测仪、电磁波测距仪和电子经纬仪或GPS接收机等。

解析法是施测界址点的主要方法，最常用的是极坐标法或支导线等方法，有些界址点也可和图根测量一起，纳入到图根导线中。使用全站仪时，可以将测站选定在高层建筑物的平顶上，扩大视野，视线放长，用极坐标法可施测到视野内的大部分界址点，实践证明，这种做法不但提高了效率，精度也可保证。当不具备这些设备而使用钢尺量距时，钢尺必须检定并对丈量结果进行尺长改正，丈量距离通常不超过一个尺段(30m 或 50m)，这无疑要增加较多测站点，图根点的密度要加大。解析法适用于较大宗地明显界址点的测量，如机关，团体，企事业单位的界址点测量，街坊外围界址点及街坊内部明显界址点的测量。经实测检验，解析法施测界址点完全可以满足表 7-2 中第一类界址点±5cm 的精度要求。

（二）间接解析法

间接解析法又称部分解析法。在实际工作中，由于受到地形条件限制，一些隐蔽界址点无法直接在图根点施测，故经常采用间接解析法，根据待测界址点的分布情况，通过已测界址点或地物点测算待测界址点的坐标。这种方法适用于施测界址点比较困难的地区，即街坊内隐蔽的界址点。如未经改造的旧城区、成片的公建房和自建房私人宅地，尤其后者，最为复杂，各户宗地面积小又十分密集，界址点多且隐蔽。对此类地区，可以外围小街巷为界将成片住宅划分为若干“区块”(一般构不成一个街坊)，施测时，将全站仪测站设在较高建筑物上，观测区块内部宗地可直接观测的界址点及隐蔽界址点附近地物点，之后，对其余不能直接施测的隐蔽界址点，再以“区块”外围和内部已测的解析点为基础，用钢尺勘丈关系距离和条件距离，可以得出几何勘丈值。再通过相应的公式计算这些隐蔽界址点的解析坐标。

由于该法中的解析坐标计算公式所依据的是实际勘丈值，只要在勘丈时注意点标志准确，认真按要求进行丈量，则解算界址点坐标的精度是比较高的，但因其是在非图根点基础上通过勘丈而扩展的解析点，其精度较直接解析法低些，可以满足二类界址点±7.5cm 的精度要求。

（三）图解法

在地籍图上量取界址点坐标的方法称图解法。此法精度较低，适用于农村土地调查时界址点的测量，并且是在要求的界址点精度与所用图解的图件精度一致的情况下采用。作业时，要独立量测两次，两次量测坐标的点位较差不得大于图上 0.2mm，取中数作为界址点的坐标。采用图解法量取坐标时，应量至图上 0.1mm。

二、极坐标法

极坐标法是测定界址点坐标最常用的方法(如图 8-1 所示)，其原理是根据测站上的一个已知方向，测出已知方向与界址点之间的角度和测站点至界址点的距离，来确定出界址点的位置。

已知数据 $A(X_A,Y_A)$，$B(X_B,Y_B)$，观测数据 β，S，则界址点 P 的坐标 $P(X_P,Y_P)$ 为

$$\begin{aligned} X_P &= X_A + S\cos(\alpha_{AB}+\beta) \\ Y_P &= Y_A + S\sin(\alpha_{AB}+\beta) \end{aligned} \tag{8-1}$$

其中，$\alpha_{AB}=\arctan\dfrac{Y_B-Y_A}{X_B-X_A}$

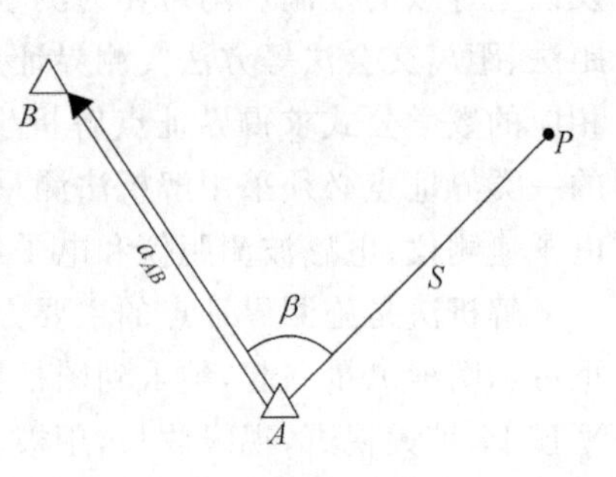

图 8-1 极坐标法图示

测定 β 角的仪器有光学经纬仪、电子经纬仪、全站型电子速测仪等，S 的测量一般都采用电磁波测距仪、全站型电子速测仪或鉴定过的钢尺。

这种方法灵活，量距、测角的工作量不大，在一个测站点上通常可同时测定多个界址点，因此，它是测定界址点最常用的方法。极坐标法的测站点可以是基本控制点或图根控制点。

三、交会法

交会法可分为角度交会法和距离交会法。

（一）角度交会法

角度交会法是分别在两个测站上对同一界址点测量两个角度进行交会以确定界址点的位置。如图 8-2 所示，A、B 两点为已知测站点，其坐标为 $A(X_A、Y_A)$、$B(X_B,Y_B)$，观测 α、β 角，P 点为界址点，其坐标计算公式（公式推导见有关测量学教材）如下：

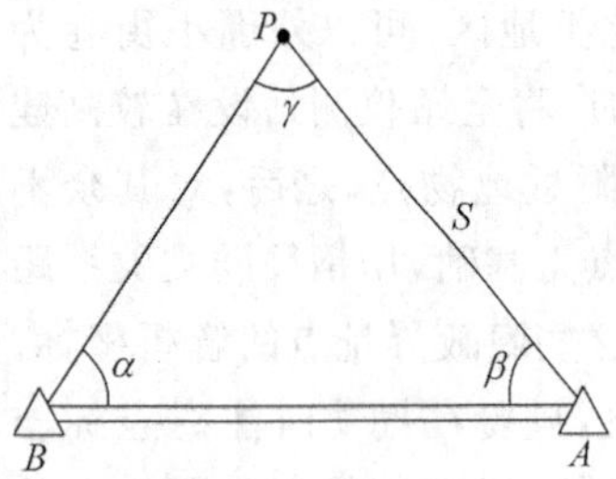

图 8-2 角度交会

$$\left.\begin{aligned} X_P &= \frac{X_B\cot\alpha + X_A\cot\beta + Y_B - Y_A}{\cot\alpha+\cot\beta} \\ Y_P &= \frac{Y_B\cot\alpha + Y_A\cot\beta - X_B + X_A}{\cot\alpha+\cot\beta} \end{aligned}\right\} \tag{8-2}$$

也可用极坐标法公式进行计算，此时图 8-2 中的 $S=S_{AB}\sin\alpha/\sin(180-\alpha-\beta)$。其中 S_{AB} 为已知边长，把图 8-2 与图 8-1 对照，将其相应参数代入极坐标法计算即可。

角度交会法一般适用于在测站上能看见界址点位置，但无法测量出测站点至界址点的距离的情况。交会角$\angle P$ 应在 30°～150°的范围内。A、B 两测站点可以是基本控制点或图根控制点。

（二）距离交会法

距离交会法就是从两个已知点分别量出至未知界址点的距离以确定出未知界址点的位置的方法。如图 8-3 所示，已知 $A(X_A,Y_A)$，$B(X_B,Y_B)$，观测 S_1、S_2，P 点为界址点，其坐标计算公式（公式推导见有关测量学教材）如下：

$$\left.\begin{aligned} X_P &= X_B + L(X_A-X_B) + H(Y_A-Y_B) \\ Y_P &= Y_B + L(Y_A-Y_B) + H(X_B-X_A) \end{aligned}\right\} \tag{8-3}$$

式中：

$$\left.\begin{aligned}L &= \frac{S_2^2 + S_{AB}^2 - S_1^2}{2S_{AB}^2} \\ H &= \sqrt{\frac{S_2^2}{S_{AB}^2} - L^2}\end{aligned}\right\} \tag{8-4}$$

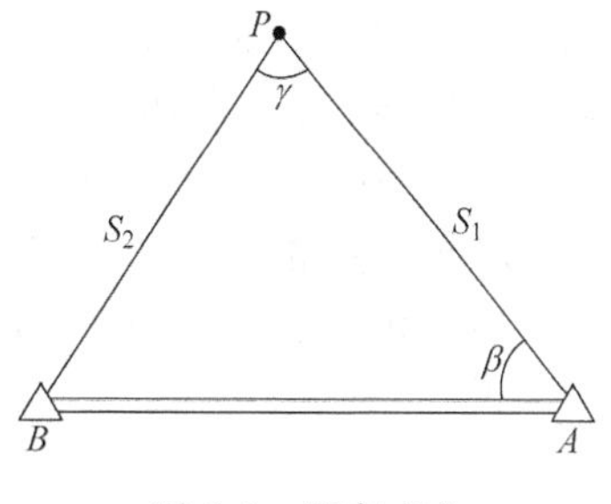

图 8-3　距离交会

由于测设的各类控制点有限，因此可用这种方法来解析交会出一些控制点上不能直接测量的界址点。A、B 两已知点可能是控制点，也可能是已知的界址点或辅助点（为测定界址点而测设的）这种方法仍要求交会角$\angle P$ 在 30°～150°之间。

以上两种交会法的图形顶点编号应按顺时针方向排列，即按 B、P、A 的顺序。进行交会时，应有检核条件，即对同一界址点应有两组交会图形，计算出两组坐标，并比较其差值。若两组坐标的差值在允许范围以内，则取平均值作为最后界址点的坐标。或把求出的界址点坐标和邻近的其他界址点坐标反算出的边长与实量边长进行检核，其差值如在规范所允许范围以内，则可确定所求出的界址点坐标是正确的。

四、内外分点法

当未知界址点在两已知点的连线上时，分别量测出两已知点至未知界址点的距离，从而确定出未知界址点的位置。如图 8-4 所示，已知 $A(X_A、Y_A)$，$B(X_B、Y_B)$，观测距离 $S_1=AP$，$S_2=BP$，此时可用内外分点坐标公式和极坐标法公式计算出未知界址点 P 的坐标。

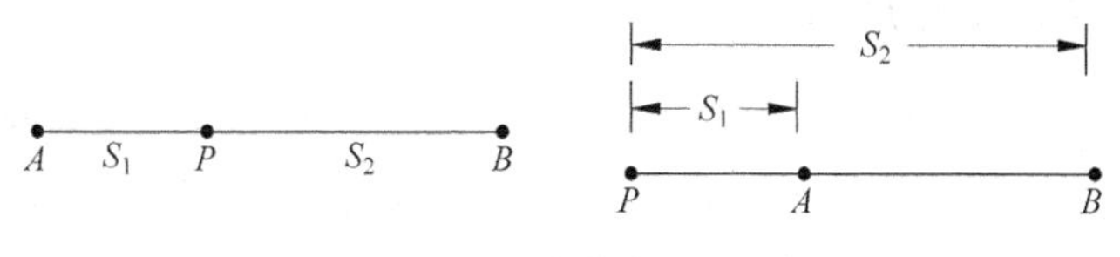

图 8-4　内外分点法

由距离交会图可知：当 $\beta=0°$，$S_2<S_{AB}$ 时，可得到内分点图形；当 $\beta=180°$，$S_2>S_{AB}$ 时，可得到外分点图形。

从公式中可以看出，P 点坐标与 S_2 无关，但要求作业人员量出 S_2 以供检核之用，以便发现观测错误和已知点 A、B 两点的错误。

内外分点法计算 P 点坐标的公式为

$$\left.\begin{aligned}X_P &= \frac{X_A + \lambda X_B}{1+\lambda} \\ Y_P &= \frac{Y_A + \lambda Y_B}{1+\lambda}\end{aligned}\right\} \tag{8-5}$$

式中：内分时，$\lambda=S_1/S_2$；外分时，$\lambda=-S_1/S_2$。由于内外分点法是距离交会法的特例，因此距离交会法中的各项说明、解释和要求都适用于内外分点法。

五、直角坐标法

直角坐标法又称截距法，通常以一导线边或其他控制线作为轴线，测出某界址点在轴线上的投影位置，量测出投影位置至轴线一端点的位置。如图 8-5 所示，$A(X_A,X_B)$，$B(X_B,Y_B)$为已知点，以 A 点作为起点，B 点作为终点，在 A、B 间放上一根测绳或卷尺作为投影轴线，然后用设角器从界址点 P 引设垂线，定出 P 点的垂足 P_1 点，然后用鉴定过的钢尺量出 S_1 和 S_2，则计算公式如下：

$$S = S_{AP} = \sqrt{S_1^2 + S_2^2}, \quad \beta = \arctan\left(\frac{S_2}{S_1}\right)$$

将上式计算出的 S、β 和相应的已知参数代入极坐标法计算公式即可。

这种方法操作简单，使用的工具价格低廉，要求的技术也不高，为确保 P 点坐标的精度，引设垂足时的操作要仔细。

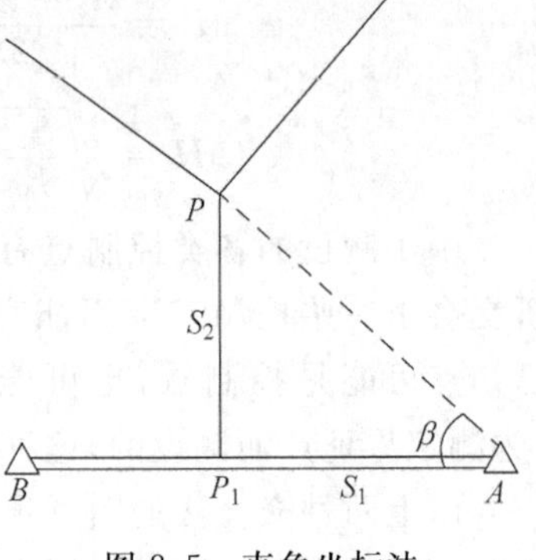

图 8-5　直角坐标法

六、GPS-RTK 方法

目前，GPS-RTK 技术已被广泛应用于地形图测绘、工程放样、控制测量、地籍测量，以及导航等方面，其作业优势是：快速高效，通常条件下，几秒钟即可获得一个点的三维坐标；定位精度高，减少了测量误差传播和积累；操作简便，使用方便，且能全天候、全天时地作业。

（一）GPS-RTK 的工作原理

GPS-RTK 的工作原理是将一台接收机作为基准站，另一台或几台接收机作为流动站，基准站和流动站同时接收同一时间相同 GPS 卫星发射的信号，基准站所获得的观测值与其已知位置信息进行比较，得到 GPS 差分改正值。然后将改正值即时通过无线电数据链电台传递给流动站以精化其 GPS 观测值，得到经差分改正后流动站较准确的实时位置数据。利用相对定位原理，将这些观测值进行差分，削弱和消除轨道误差、钟差、大气误差等的影响，从而使实时定位精度大大提高。

（二）GPS-RTK 测量界址点

(1) 设置基准站。基准站的安置是顺利进行 RTK 测量的关键，应避免选择在无线电干扰强烈的地区，基准站站址及数据链电台发射天线必须具有一定的高度；为防止数据链丢失，以及多路径效应的影响，周围应无 GPS 信号反射物(大面积水域、大型建筑物等)。

(2) 求取坐标转换参数。作业所使用的 WGS-84 大地坐标系到城市坐标系转换参数，可以利用测区已有 WGS-84 大地坐标系资料在内业求取，也可采用外业实地采集按点校正方式获取。进行厘米级定位，不论采用何种方式，求解转换参数的校正点应均匀分布且能控制整个测区，平面校正点不得少于 3 个，高程校正点不得少于 4 个(所求得的转换参数仅适用于校正点包含区域)，一般而言，校正点水平最大残差不应大于 5cm，垂直最大残差不应大于 8cm。在同一测区应采用相同的转换参数，以保证成果的一致性。

(3) 测量界址点坐标。应用 GPS-RTK 采集界址点只需一人持仪器(流动站)在待测的界址点上停留 1～2s，同时输入特征编码，用电子手簿或便携机记录，在满足点位精度要求下，将区域内的地籍要素和必要的地形要素测定后，在野外或回到室内，通过专业测图软件绘制所需要的地籍图。

（三）利用 GPS-RTK 技术进行作业应注意的问题

(1) 基准站的设置要合理。基准站的上空尽可能开阔，周围约 200m 的范围内不得有强电磁波干扰源，如大功率无线电发射设施，高压输电线等。

(2) 作业前，使用随机软件做好卫星星历的预报，应选择卫星数较多，Pdop(Position Dilution of Precision)值较小的时段进行测量。

(3) 对于影响 GPS 卫星信号接收的遮蔽地带，即使接收到 5 颗或更多的卫星，也会因接收卫星信号不好而难以得到"固定解"，此时应使用全站仪、经纬仪、测距仪等测量工具，采用解析法或图解法进行细部测量。

第三节　界址点测量实施

一、测前准备工作

界址点测量的准备工作包括资料准备、野外踏勘、资料整理和误差表准备。

（一）界址点位置资料准备

土地权属调查时填写的地籍调查表详细地记载了界址点实地位置情况，并有界址边长丈量数据、预编宗地号和宗地草图等。这些资料是进行界址点测量所必需的。

（二）界址点位置野外踏勘

踏勘时最好有参加权属调查的工作人员引导，实地查找界址点位置，了解宗地范围，并在界址点观测底图上(最好是现势性强的大比例尺图件)用红笔清晰地标记界址点和界址线位置。如无参考图件，则要详细画好踏勘草图。对于面积较小的宗地，最好能在一张纸上连续画上若干个相邻宗地的用地情况，应特别注意界址点的共用情况。对于面积较大的宗地，要认真注记好四至关系和共用界址点情况。在画好的草图上标记权属主的姓名和预编宗地号。在"未定界线"附近可选择若干固定地物点或埋设参考标志，实测时按界址点坐标的精度要求测定这些点的坐标，待权属界线确认后，可据此补测确认后的界址点坐标。这些辅助点也要在底图(或草图)上标注。

（三）踏勘后资料整理

这里主要是指预编界址点号和制作界址点观测及面积计算底图。进行地籍调查时，一般不知道各地籍调查区内的界址点数量，只知道每宗地有多少界址点，其编号也只标识本宗地的界址点。因此，应对地籍调查区编制野外界址点观测底图，并统一编预编界址点号，在观测底图上注记权属调查的界址边实量边长及预编宗地号或权属主名称，主要目的是为外业观测记簿和内业计算带来方便。

二、界址点外业观测

界址点坐标的测量应有专用的界址点观测手簿。记簿时，界址点的观测序号直接用观测底图上的预编界址点号。观测用仪器设备有光学经纬仪、钢尺、测距仪、电子经纬仪、全站型电子速测仪和GPS接收机等，使用前应进行严格的检验。

测角时，应尽可能地照准界址点的实际位置读数。角度观测测一回，距离读数至少两次。如使用钢尺量距，其量距长度不能超过一个尺段，钢尺必须检定，丈量结果应进行尺长改正。

使用光电测距仪或全站仪测距，可以隔站观测，不受距离长短的限制。但此时，由于目标是一个有体积的单棱镜，因此有时会产生目标偏心的问题，从而影响测距精度。偏心有两种情况：其一为横向偏心，如图8-6所示，P点为界址点位置，P'点为棱镜中心位置，A为测站点，要使$AP=AP'$，则在放置棱镜时必须使P、P'两点在以A点为圆心的圆弧上，在实际作业时达到这个要求并不难；其二为纵向偏心。如图8-7所示，P、P'、A同前，此时要求在棱镜放置好之后，能读取PP'，再用测距仪所测距离加上或减去PP'，以尽可能减少测距误差。当界址点P位于墙角时，常会出现上述情况。

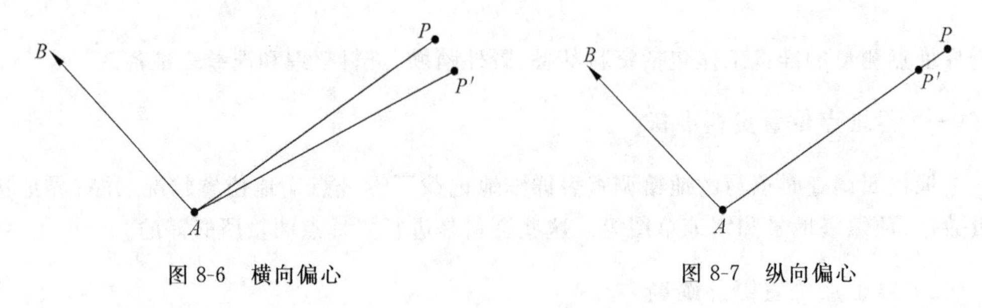

图8-6　横向偏心　　图8-7　纵向偏心

三、观测成果内业整理

界址点的外业观测工作结束后，应及时计算界址点坐标，并反算相邻界址点边长，填入界址点误差表中，计算每条边的坐标反算边长与实量边长之差Δ_1。如Δ_1的值超出限差，应按照坐标计算、野外勘丈、野外观测的顺序进行检查，发现错误及时改正。

当一个宗地的所有边长都在限差范围以内时才可以计算面积。当一个地籍调查区内的所有界址点坐标(包括图解的界址点坐标)都经过检查合格后，按界址点的编号方法编号，并计算全部的宗地面积，然后把界址点坐标和面积填入标准的表格中，并整理成册。

四、界址点误差检验

界址点误差包括界址点点位误差、界址间距误差。表8-3中Δ_s为界址点点位误差，表8-4中的ΔS_1表示界址点坐标反算出的边长与地籍调查表中实量边长之差，ΔS_2表示检测边长与地籍调查表中实量的边长之差。ΔS_1 和 ΔS_2 为界址点间距误差。

表 8-3　界址点坐标误差表

界址点号	测量坐标		检测坐标		比较结果		
	X/m	Y/m	X/m	Y/m	Δ_x/cm	Δ_y/cm	Δ_s

表 8-4　间距误差表

界址边号	实量边长/m	反算边长/m	检测边长/m	ΔS_1/cm	ΔS_2/cm	备注

在界址点误差检验时常用的中误差计算公式为

$$m=\pm\sqrt{\frac{[\Delta\Delta]}{2n}}=\pm\sqrt{\frac{\sum_{i=1}^{n}\Delta_i^2}{2n}} \tag{8-6}$$

复习与思考题

1. 土地权属界址点坐标的作用是什么？
2. 制定界址点坐标精度的依据是什么？
3. 我国把界址点分几类，对界址点坐标精度是如何规定的？
4. 简述间接解析法测定界址点坐标的原理、适用哪类界址点。
5. 试述界址点测量的作业程序。

第九章

地籍图及其测绘

第一节 概　　述

一、地籍图的概念

按照特定的投影方法、比例关系和专用符号把地籍要素及其有关的地物和地貌测绘在平面图纸上的图件称地籍图。地籍图是土地管理的专题图，是地籍测量的主要成果之一，是进行土地登记和土地统计的主要依据，它能直观地反映地籍要素和必要的地形要素，便于应用。地籍图、地籍数据和地籍表册通过特定的标识符建立有序的对应关系。

二、地籍图的特点

地籍图具有国家基本图的特性。一个国家的整个国土范围由于被占有或使用或利用而被分割成许多地块和土地权属单位，并且无一遗漏，整个国土面积，不论城镇、农村，还是边远地区，均必须测设地籍图。

地籍图既要准确完整地表示基本地籍要素和必要的地形要素，又要使图面简明、清晰，便于用户根据图上的基本要素去增补新的内容，加工成用户各自所需的专用图。

由于地籍图一方面受到比例尺的限制，另一方面还应符合图的可读性和美学要求。因此，一张地籍图，并不能表示出所有应表示或描述的地籍要素。在图上主要直观地表达自然的或人造的地物、地貌，以及各类地物所具有的属性。地籍图上用各种符号、数字、文字注记表达制图内容并与地籍数据和地籍簿册建立了一种有序的对应关系，从而使地籍资料有机地联系在一起。

三、地籍图的分类

多用途地籍图有很多的功能，可供许多部门使用。使用地籍图和地籍资料的部门，关心的只是符合自己要求的那一部分，但有一部分内容是所有用户都需要的，即所谓的“基本内容”。由基本内容构成的地籍图就是按《规程》要求测绘的基本地籍图。这样的地籍图仍具有多用途的特性，其最直接的功能就是它可为各种用户提供一个良好的地理参考系统。使用者可在基本地籍图的基础上添加表示和描述各自所需的专题内容，为己所用。因此，多用途地籍图不能理解为一张谁都可以用的万能图，而是各类地籍图的集合。在这个集合中，按表示的内容可分为基本地籍图和专题地籍图，按城乡地域的差别可分为农村地籍图和城镇地籍图，按图的表达方式可分为模拟地籍图和数字地籍图，按用途可分为税收地籍图、产权地籍图和多用途地籍图；按图幅的形式可分为分幅地籍图和地籍岛图。

在地籍图集合中，我国现在主要测绘制作的有：城镇分幅地籍图、宗地图、农村居民地地籍图、土地利用现状图、土地所有权属图等。

我国城镇地籍调查测绘的地籍图为：宗地草图、基本地籍图和宗地图。

四、地籍图比例尺

地籍图比例尺的选择应满足地籍管理的需要。地籍图需准确地表示土地的权属界址及土地上附着物等的细部位置，为地籍管理提供基础资料，特别是地籍测量的成果资料将提供给很多部门使用，故地籍图应选用大比例尺。考虑到城乡土地经济价值的差别，农村地区地籍图的比例尺比城镇地籍图的比例尺可小一些。即使在同一地区，也可视具体情况及需要采用不同的地籍图比例尺。

（一）选择地籍图比例尺的依据

相关规程或规范对地籍图比例尺的选择规定了一般原则和范围。但对具体的区域而言，应选择多大的地籍图比例尺，必须根据以下的原则来考虑。

1. 用图目的和经费来源

总的来说，地籍图是为地籍管理、房地产管理和城市规划服务的。但在实际工作中，具体的服务对象是有区别的，比如，特大城市与中小城市不一样，前者为市、区两级管理：市国土资源局颁发国有土地使用证，而县（区）国土资源分局颁发集体土地使用证。前者在作权属管理时，1∶2000 比例尺的地籍图是较合适的；后者分户颁发土地使用证以 1∶500 为宜。例如，某单位权属面积达几千亩，施测解析界址点后计算面积由市局发放土地使用证，有 1∶2000 的地籍图即可，比例尺太大而图幅较多反而使用不便。但对该单位内的职工住房发放土地使用证时，就必须加测一部分 1∶500 的地籍图，才能核实分户用地面积，否则无法办理发证。

此外，经费来源也是必须考虑的。如果国家投资，对于特大城市，例如，武汉市城区面积 863.62km^2（1991 年统计年鉴），占 1∶500 图幅将近 1 万 4 千幅，投资太大；但 1∶2000 的图就只有 800 多幅，所需经费就少得多。因此，以 1∶2000 的图作为基础覆盖整个城区，再对重点地区加测 1∶500 的图是较合适的。

2. 繁华程度和土地价值

就土地经济而言，地域的繁华程度与土地价值密切相关，对于城镇尤其如此。城镇的商业繁华程度主要是指商业和金融中心。如武汉市的建设路和中南路,上海市的南京路等。显然,对城镇黄金地段,要求地籍图对地籍要素及地物要素的表示十分详细和准确,因此必须选择大比例尺测图,如1∶500、1∶1000。

3. 建设密度和细部粗度

一般来说,建筑物密度大,其比例尺可大些,以便使地籍要素能清晰地上图,不至于使图面负载过大,避免地物注记相互压盖。若建筑物密度小,选择的比例尺就可小一些。另外,表示房屋细部的详细程度与比例尺有关,比例尺越大,房屋的细微变化可表示得更加清楚。如果比例尺小了,细小的部分无法表示,影响房产管理的准确性。

4. 地籍图的测量方法

按城镇地籍调查规程的规定,地籍测量采用模拟测图和数字测图方法。当采用数字测图方法测绘地籍图时,界址点及其地物点的精度较高,面积精度也较高,在不影响土地权属管理的前提下,比例尺可适当小些。当采用传统的模拟法测绘地籍图时,若实测界址点坐标,比例尺大则准确,比例尺小则精度低。

(二) 我国地籍图的比例尺系列

世界上各国地籍图的比例尺系列不一,目前比例尺最大的为1∶250,最小的为1∶5万。例如,日本规定城镇地区为1∶250～1∶5000,农村地区为1∶1000～1∶5000;德国规定城镇地区为1∶500～1∶1000,农村地区为1∶2000～1∶5万。

根据国情,我国地籍图比例尺系列一般规定为:城镇地区(指大、中、小城市及建制镇以上地区)地籍图的比例尺可选用1∶500、1∶1000、1∶2000,其基本比例尺为1∶500;农村地区(含土地利用现状图和土地所有权属图)地籍图的测图比例尺可选用1∶5000、1∶1万、1∶2.5万、1∶5万,其中土地利用现状图的基本比例尺为1∶1万。

为了满足权属管理的需要,农村居民地及乡村集镇可测绘农村居民地地籍图。农村居民地(或称宅基地)地籍图的测图比例尺可选用1∶1000或1∶2000。急用图时,也可编制任意比例尺的农村居民地地籍图,以能准确地表示地籍要素为准。

五、地籍图的分幅与编号

(一) 城镇地籍图的分幅与编号

城镇地籍图的幅面通常采用50cm×50cm和50cm×40cm分幅,分幅方法采用有关规范所要求的方法,便于各种比例尺地籍图的连接。当1∶500、1∶1000、1∶2000比例尺地籍图采用正方形分幅时,图幅大小均为50cm×50cm,图幅编号按图廓西南角坐标公里数编号,X坐标在前,Y坐标在后,中间用短横线连接,如图9-1所示。

1∶2000比例尺地籍图的图幅编号为689-593;

1∶1000比例尺地籍图的图幅编号为689.5-593.0;

1∶500比例尺地籍图的图幅编号为689.75-593.50。

当1∶500、1∶1000、1∶2000比例尺地籍图采用矩形分幅时,图幅大小均为40cm×50cm,图幅编号方法同正方形分幅,如图9-2所示。

1∶2000 比例尺地籍图的图幅编号为 689-593；

1∶1000 比例尺地籍图的图幅编号为 689.4-593.0；

1∶500 比例尺地籍图的图幅编号为 689.60-593.50。

若测区已有相应比例尺地形图，地籍图的分幅与编号方法可沿用地形图的分幅与编号，并于编号后加注图幅内较大单位名称或著名地理名称命名的图名。

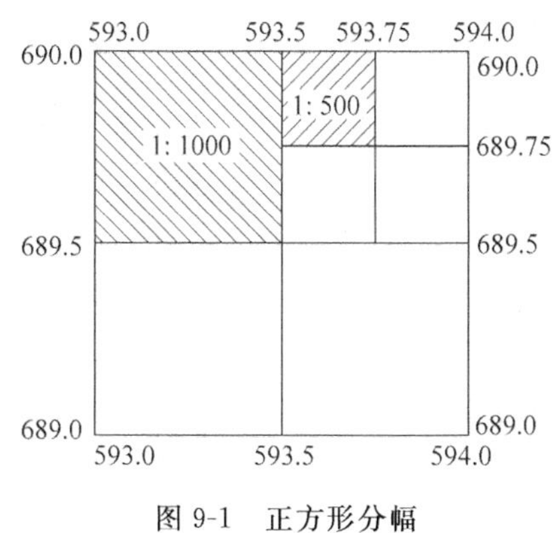

图 9-1　正方形分幅

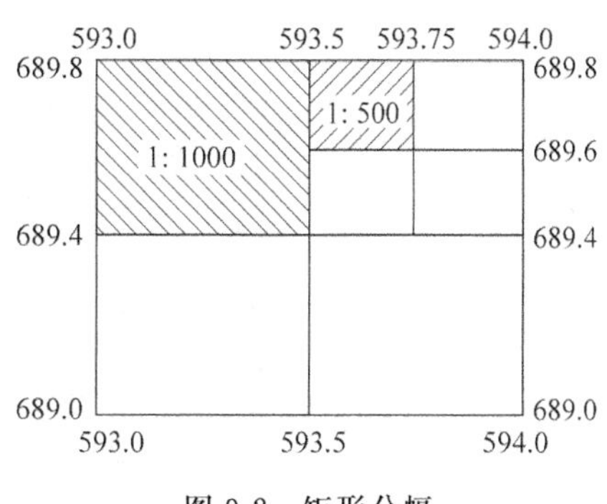

图 9-2　矩形分幅

（二）农村地籍图的分幅和编号

农村居民地地籍图的分幅和编号与城镇地籍图相同。若是独立坐标系统，则是县、乡（镇）、行政村、组（自然村）给予代号排列而成。

农村土地利用现状图和土地所有权属图按国际标准分幅编号，其具体方法见有关《标准》或测量学教材，这里不再详述。

无论是城镇地籍图，还是农村地籍图，均应选取本幅图内最著名的地理名称或企事业单位、学校等名称作为图名，之前已有的图名一般应沿用。

六、地籍图的内容

地籍图上表示的内容分为地籍要素、地物要素和注记要素。其中，一部分可通过实地调查得到，如街道名称、单位名称、门牌号、河流、湖泊名称等，而另一部分内容则要通过测量得到，如界址位置、建筑物、构筑物等。城镇地籍图和农村地籍图样图分别见图 9-3 和图 9-4。

（一）地籍图内容的基本要求

（1）以地籍要素为基本内容，突出表示界址点、线；

（2）有较高的数学精度和必需的数学要素；

（3）必须表示基本的地理要素，特别是与地籍有关的地物要素应予表示；

（4）地籍图图面必须主次分明、清晰易读，并便于根据多用户需要加绘专用图要素。

（二）城镇地籍图的基本内容

1. 地籍要素

（1）界址：包括各级行政境界和土地权属界址。不同级别的行政境界相重合时只表示

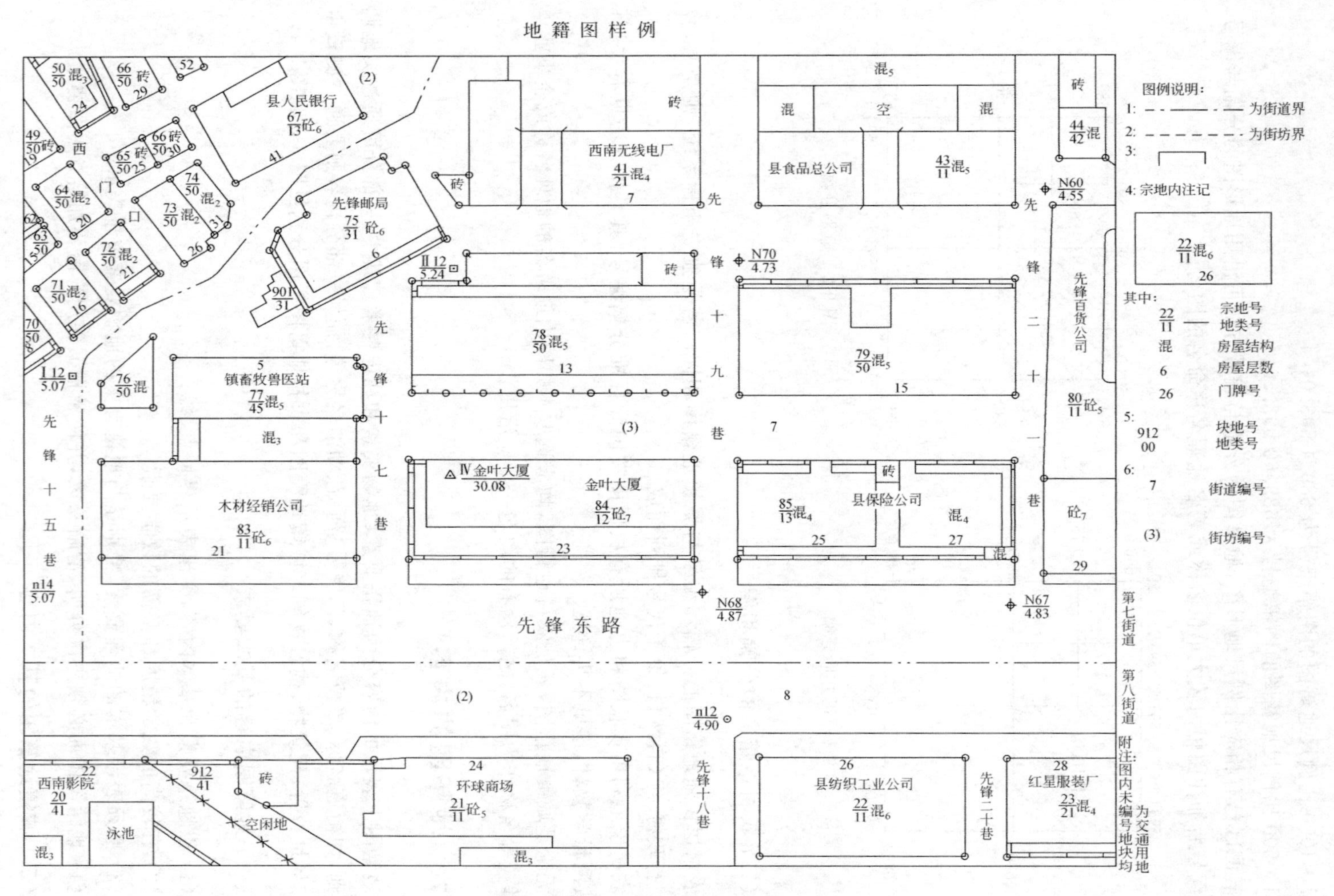
地籍图样例
图例说明：
1: 为街道界
2: 为街坊界
3: 宗地内注记
4: 宗地内注记
宗地号
地类号
房屋结构
房屋层数
门牌号
块地号
地类号
街道编号
街坊编号
先锋东路
县人民银行
先锋邮局
镇畜牧兽医站
木材经销公司
金叶大厦
西南无线电厂
县食品总公司
县保险公司
先锋百货公司
红星服装厂
县纺织工业公司
环球商场
西南影院
泳池
空闲地
第七街道
第八街道

图9-3 城镇地籍图样图

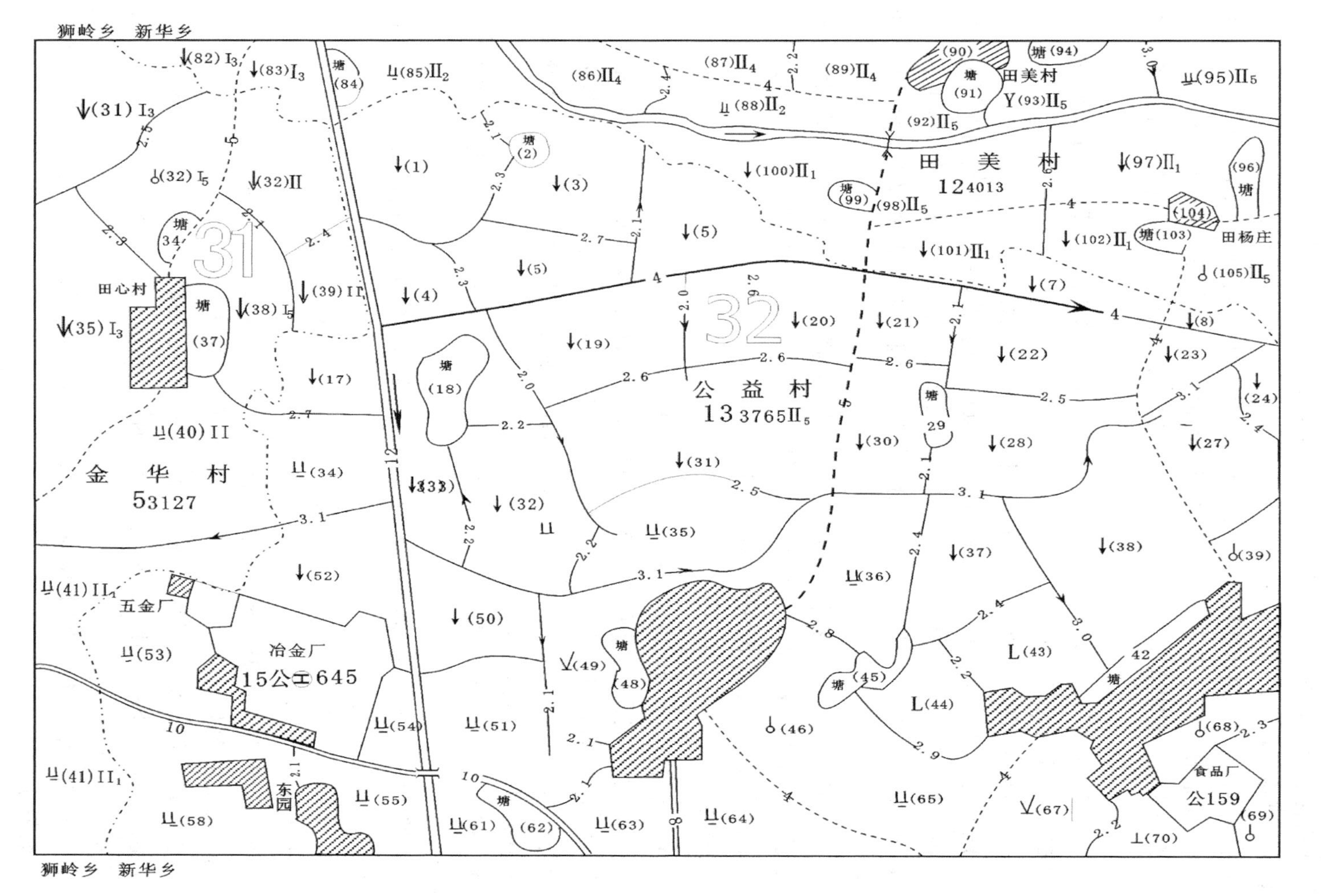

狮岭乡　新华乡
田美村
124013
田美村
田杨庄
公益村
133765Ⅱ5
金华村
53127
田心村
五金厂
冶金厂
15公工645
东园
食品厂
公159
狮岭乡　新华乡

图 9-4　农村地籍图样图

高级行政境界，境界线在拐角处不得间断，应在转角处绘出点或线。当土地权属界址线与行政界线、地籍街道界或地籍子街坊界重合时，应结合线状地物符号突出表示土地权属界址线，行政界线可移位表示。

(2) 地籍要素编号：包括地籍街道号、地籍街坊号、宗地号或地块号、房屋栋号、土地利用分类代码、土地等级等，分别注记在所属范围内的适中位置，当被图幅分割时应分别进行注记。如宗地或地块面积太小注记不下时，允许移注在宗地或地块外空白处并以指示线标明。

(3) 土地坐落：由行政区名、街道名(或地名)及门牌号组成。门牌号除在街道首尾及拐弯处注记外，其余可跳号注记。

(4) 土地权属主名称：选择较大宗地注记土地权属主名称。

(5) 土地利用类别：土地利用类别经调查后，以相应的符号表示在地籍图上。城市是按土地利用一级分类的图式符号，在宗地号后加注分类符号；乡村主要是按乡村土地利用现状二级分类的图式符号，在地块号旁加注分类符号。对非农业用地，则是按城市一级分类的图式符号注记。

(6) 土地等级：经土地管理部门划定的土地等级，按规定的符号表示在地籍图上。城市是在街道(街坊)号后或者是在宗地号后加注等级字符；乡村通常是在宗地号后加注土地等级字符；特殊情况下，也可在地块号后加注等级的字符。

2. 地物要素

(1) 作为界标物的地物如围墙、道路、房屋边线及各类垣栅等应表示。

(2) 房屋及其附属设施：房屋以外墙勒脚以上外围轮廓为准，正确表示占地状况，并注记房屋层数与建筑结构。装饰性或加固性的柱、垛、墙等不表示；临时性或已破坏的房屋不表示；墙体凸凹小于图上 0.4mm 不表示；落地阳台、有柱走廊及雨篷、与房屋相连的大面积台阶和室外楼梯等应表示。

(3) 工矿企业露天构筑物、固定粮仓、公共设施、广场、空地等绘出其用地范围界线，内置相应符号。

(4) 铁路、公路及其主要附属设施，如站台、桥梁、大的涵洞和隧道的出入口应表示，铁路路轨密集时可适当取舍。

(5) 建成区内街道两旁以宗地界址线为边线，道牙线可取舍。

(6) 城镇街巷均应表示。

(7) 塔、亭、碑、像、楼等独立地物应择要表示，图上占地面积大于符号尺寸时应绘出用地范围线，内置相应符号或注记。公园内一般的碑、亭、塔等可不表示。

(8) 电力线、通信线及一般架空管线不表示，但占地塔位的高压线及其塔位应表示。

(9) 地下管线、地下室一般不表示，但大面积的地下商场、地下停车场及与他项权利有关的地下建筑应表示。

(10) 大面积绿化地、街心公园、园地等应表示。零星植被、街旁行树、街心小绿地及单位内小绿地等可不表示。

(11) 河流、水库及其主要附属设施如堤、坝等应表示。

(12) 平坦地区不表示地貌，起伏变化较大地区应适当注记高程点。

(13) 地理名称注记。

3. 数学要素

(1) 图廓线、坐标格网线及坐标注记。

(2) 埋石的各级控制点位及点名或点号注记。

(3) 图廓外测图比例尺注记。

第二节　分幅地籍图的测制

分幅地籍图又称基本地籍图。测绘地籍图的方法有平板仪测图、航测法成图、绘编法成图和全野外数字测图等。本节仅对前三种方法加以介绍,全野外数字测图可参阅有关测绘教材。

一、基本要求

(一) 地籍图的精度要求

通常地籍图的精度包括绘制精度和基本精度两个方面。

1. 绘制精度

绘制精度主要指图上绘制的图廓线、对角线及图廓点、坐标格网点、控制点的展点精度,通常要求是:内图廓长度误差不得大于±0.2mm,内图廓对角线误差不得大于±0.3mm,图廓点、坐标格网点和控制点的展点误差不得超过±0.1mm。

2. 基本精度

地籍图的基本精度主要指界址点、地物点及其相关距离的精度。通常要求如下。

(1) 相邻界址点间距、界址点与邻近地物点之间的距离中误差不得大于图上±0.3mm。依测量数据装绘的上述距离中误差不得大于图上±0.3mm。

(2) 宗地内外与界址边相邻的地物点,不论采用何种方法测定,其点位中误差不得大于图上±0.4mm,邻近地物点间距中误差不得大于图上±0.5mm。

(二) 地物测绘的一般原则

地籍图上地物的综合取舍,除根据规定的测图比例尺和规范的要求外,还必须首先充分根据地籍要素及权属管理方面的需要来确定必须测绘的地物,与地籍要素和权属管理无关的地物在地籍图上可不表示。对一些有特殊要求的地物(如房屋、道路、水系、地块)的测绘,必须根据相关规范和规程在技术设计书中具体指明。

(三) 图边的测绘与拼接

为保证相邻图幅的互相拼接,接图的图边一般均须测出图廓线外5～10mm。地籍图接边差不超过规范规定的点位中误差的$2\sqrt{2}$倍。小于限差平均配赋,但应保持界址线及其他要素间的相互位置。避免有较大变形,超限时需检查纠正。如采用全野外数字化测图技术或数字摄影测量技术,则无接边要求。

（四）地籍图的检查与验收

为保证成果质量,须对地籍图执行质量检查制度。测量人员除平时对所观测、计算和绘图工作进行充分的检核外,还需在自我检查的基础上建立逐级检查制度。图的检查工作包括自检和全面检查两种。检查的方法分室内检查、野外巡视检查和野外仪器检查。在检查中对发现的错误,应尽可能予以纠正。如错误较多,则按规定退回原测图小组予以补测或重测。测绘成果资料经全面检查认为符合要求的,即可予以验收,并按质量评定等级。技术检查的主要依据是技术设计书和测量技术规范。

二、平板仪测图

平板仪测图的方法,一般适用于大比例尺的城镇地籍图和农村居民地地籍图的测制,是传统的测图方法。这种方法通常包括：大平板仪测绘法；经纬仪配合小平板仪测绘法；经纬仪配合量角器测绘法；光电测距仪配合小平板仪测绘法等。

平板仪测图的作业顺序为测图前的准备(图纸的准备、坐标格网的绘制、图廓点及控制站的展绘),测站点的增设,碎部点(界址点、地物点)的测定,图边拼接,原图整饰,图面检查验收等工序。

三、航测法成图

摄影测量在地籍测量中的应用主要有：测制多用途地籍图；用于农村土地调查、制作农村地籍图和土地利用现状图；加密界址点坐标(主要用于农村地区土地所有权界址点)；作为地籍数据库的数据采集站。当用于制作城镇地籍图时,通常用于确定地物要素,而用全站仪实测宗地界址点坐标。

摄影测量作为有别于普通测量技术的另一种测量技术,已从传统的模拟法过渡到解析法并向数字摄影测量方向发展,并广泛应用于地籍测量工作中。无论摄影测量处于何种发展阶段,制作地籍图和其他图件的作业流程大致如图 9-5 所示。

现阶段,摄影测量技术主要用于测制农村地籍图。对农村地籍,界址点的精度要求较低,一般为 0.25～1.50m(居民点除外),因此可在航片上直接描绘出土地权属界线的情况。如有正射像片或立体正射像片,则可直接从中确定出土地利用类别和土地权属界线,并方便地测算出各土地利用类别的面积和土地权属单位的面积。借助数字摄影测量系统可制作出数字线划土地利用现状图和农村土地权属图。

本节未涉及的摄影测量在地籍测量中的应用,可参考有关摄影测量教材,在此不再重述。

四、编绘法成图

大多数城镇已经测制有大比例尺的地形图、正射影像图,在此基础上按地籍的要求编绘地

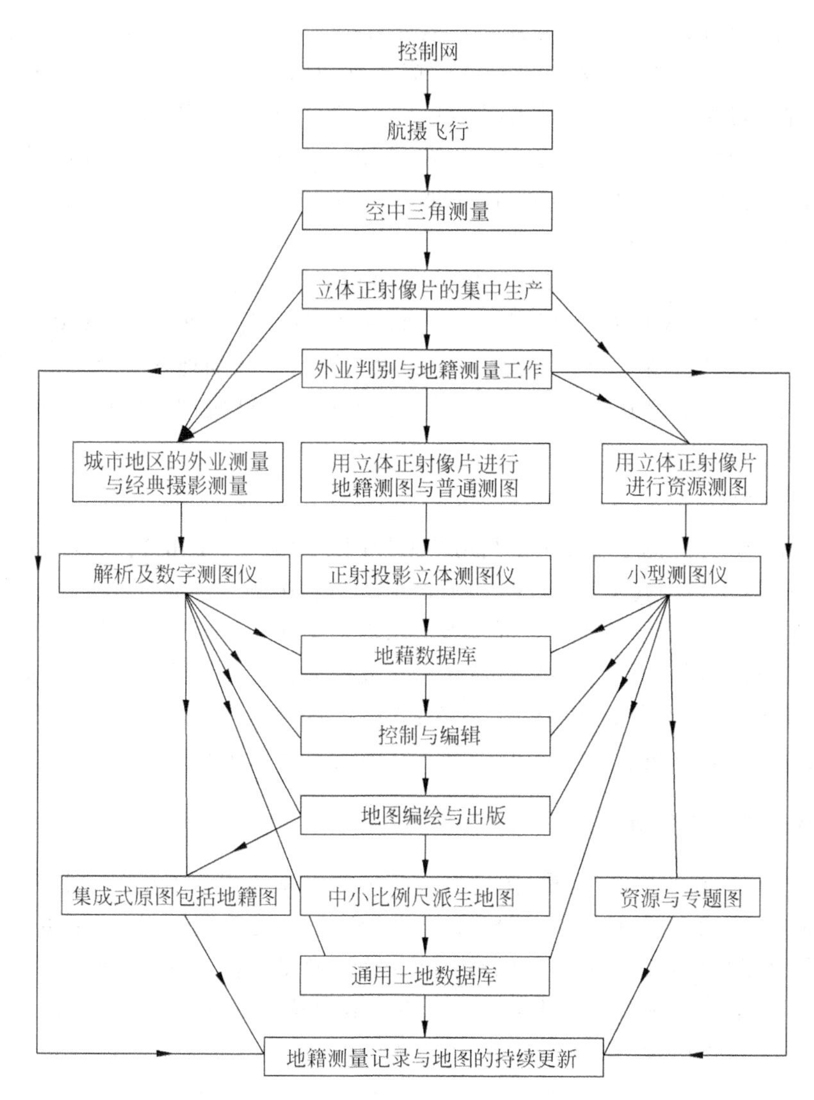

图 9-5　包括地籍测量在内的集成式测图系统的作业框图

籍图，是快速、经济、有效的方法。如果地形图已数字化，则可直接在计算机上编绘地籍图。

（一）模拟地籍图的编绘

1. 作业程序

(1) 选定工作底图。首先选用符合地籍测量精度要求的地形图、影像平面图作为编绘底图(即地形图或影像平面图地物点点位中误差应在±0.5mm 以内)。编绘底图的比例尺大小应尽可能与编绘的地籍图所需比例尺相同。

(2) 复制二底图。由于地形图或影像平面图的原图一般不能提供使用，故必须利用原图复制成二底图。复制后的二底图应进行图廓方格网变化情况和图纸伸缩的检查，当其限差不超过原绘制方格网、图廓线的精度要求时，方可使用。

(3) 外业调绘工作可在该测区已有地形图(印刷图或紫、蓝晒图)上进行，按地籍测量外业调绘的要求执行。外业调绘时,对测区的地物的变化情况加以标注,以便制订修测、补测的计划。

(4) 补测工作在二底图上进行。补测时应充分利用测区内原有控制点,如控制点的密度不够时应先增设测站点。必要时也可利用固定的明显地物点,采用交会定点的方法,施测少量所需补测的地物。测绘补测的内容主要有界址点的位置、权属界址线所必须参照的线状地物、新增或变化了的地物等地籍和地形要素。补测后相邻界址点和地物点的间距中误差,不得大于图上±0.6mm。

(5) 外业调绘与补测工作结束后,将调绘结果转绘到二底图上,并加注地籍要素的编号与注记,然后进行必要的整饰、着墨,制作成地籍图的工作底图(或称草编地籍图)。

(6) 在工作底图上,采用薄膜透绘方法,将地籍图所必须的地籍和地形要素透绘出来,舍去地籍图上不需要的部分(如等高线)。蒙透绘所获得的薄膜图经清绘整饰后,即可制作成正式的地籍图。

2. 编绘的精度

模拟地籍图编绘的精度取决于所利用的地形图或影像平面图的精度。当地形原图的精度超过一定限值时,该图就不适用于编绘地籍图。当利用测区已有较小一级比例尺地形图放大后编制地籍图,如用 1∶1000 比例尺地形图放大为 1∶500 比例尺来编绘 1∶500 比例尺地籍图时,首先必须考虑放大后地形原图的精度能否满足地籍图的精度要求。通常模拟编绘的地籍图上,界址点和地物点相对于邻近地籍图根控制点的点位中误差及相邻界址点的间距中误差不得超过图上±0.6mm,具体公式推导见有关书籍。

(二) 数字地籍图的编绘

如图 9-6 所示,利用地形(地籍)图编制数字地籍图就是以现有的满足精度要求的大比例尺地形(地籍)图为底图,结合部分野外调查和测量对上述数据进行补测或更新,然后数字化,经编辑处理形成以数字形式表示的地籍图。为了满足地籍权属管理的需要,对界址点通常采用全野外实测的方法。编制数字地籍图的基本步骤为准备阶段、数字化阶段、数据编辑处理阶段和图形输出阶段。

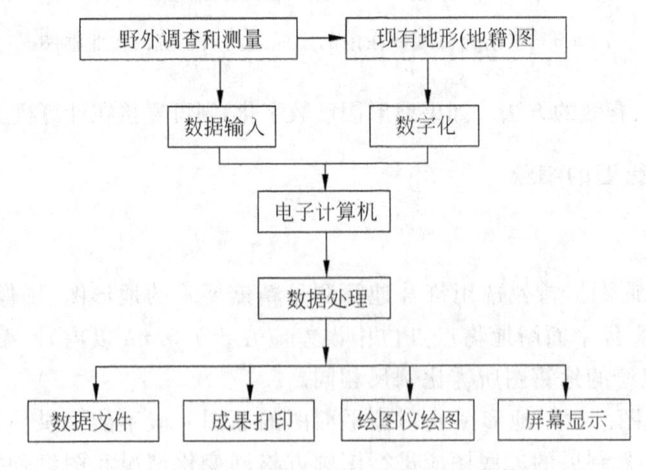

图 9-6 利用地形(地籍)图编制数字地籍图

第三节　宗地图的测制

一、宗地图的概念

宗地图是以宗地为单位编绘的地籍图，是土地证书和宗地档案的附图，是描述宗地位置、宗地界址点线和相邻宗地关系的实地纪录。宗地图一经土地登记认可，便具有法律效力。宗地图是在地籍测绘工作的后阶段，在对界址点坐标进行检核、确认准确无误，并且在其他地籍资料也正确收集完毕之后，依照一定的比例尺制作而成的。日常地籍工作中，一般逐宗实测绘制宗地图。宗地图样图见图 9-7。

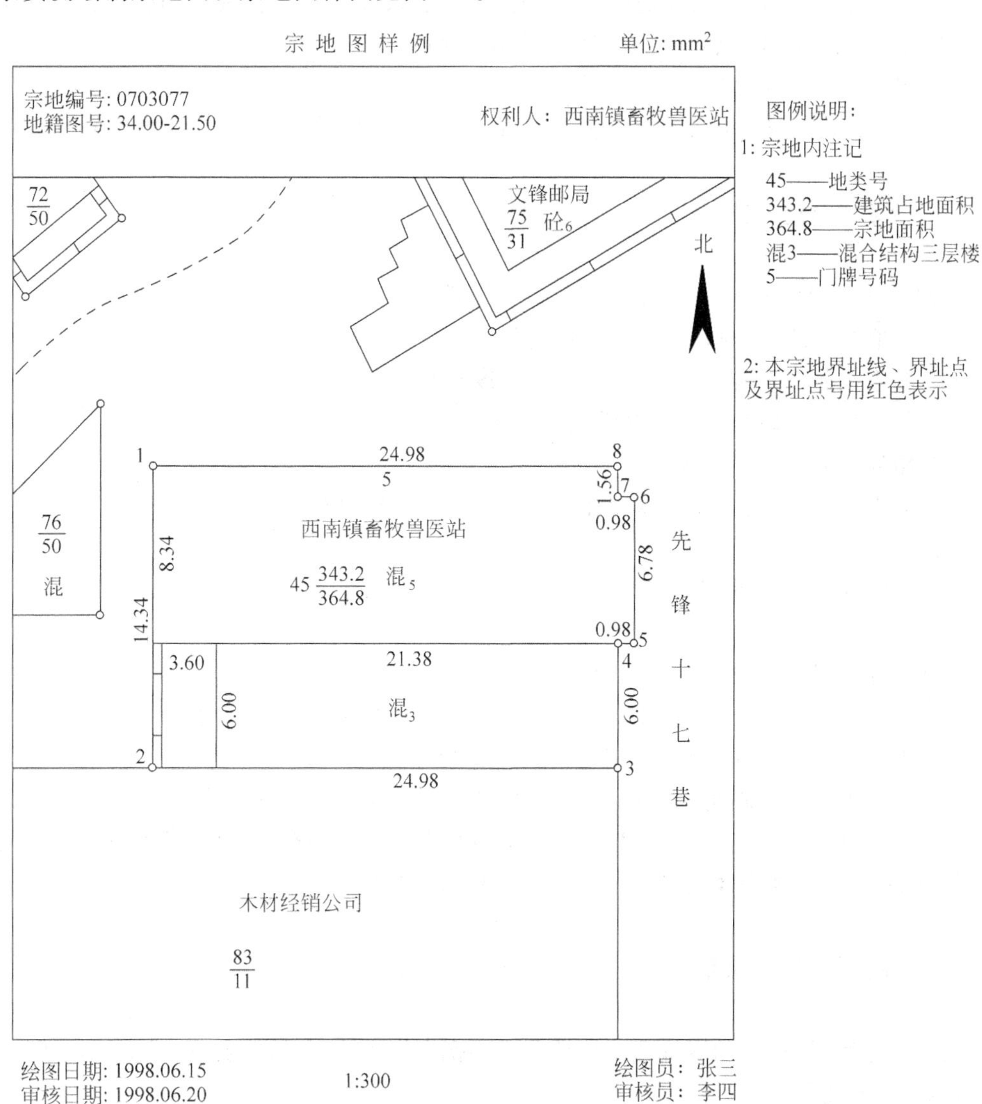

图 9-7　宗地图样图

二、宗地图的内容

通常要求宗地图的内容与分幅地籍图保持一致，具体内容如下。

(1) 所在图幅号、地籍区(街道)号、地籍子区(街坊)号、宗地号、界址点号、利用分类号、土地等级、房屋栋号。

(2) 用地面积和实量界址边长或反算的界址边长。

(3) 邻宗地的宗地号及相邻宗地间的界址分隔示意线。

(4) 紧靠宗地的地理名称。

(5) 宗地内的建筑物、构筑物等附着物及宗地外紧靠界址点线的附着物。

(6) 本宗地界址点位置、界址线、地形地物的现状、界址点坐标表、权利人名称、用地性质、用地面积、测图日期、测点(放桩)日期、制图日期。

(7) 指北方向和比例尺。

(8) 为保证宗地图的正确性，宗地图要检查审核，宗地图的制图者、审核者均要在图上签名。

三、宗地图的特性

根据宗地图的概念和内容，宗地图有以下特性。

(1) 是地籍图的一种附图，是地籍资料的一部分。

(2) 图中数据都是实量或实测得到的，精度高并且可靠。

(3) 其图形与实地有严密的数学相似关系。

(4) 相邻宗地图可以拼接。

(5) 标识符齐全，人工和计算机都可方便地对其进行管理。

四、宗地图的作用

基于以上特性，宗地图有以下作用。

(1) 宗地图是土地证上的附图，通过土地登记过程的认可，使土地所有者或使用者对土地的合法权益有可靠的法律保证，宗地草图却不能做到这一点。

(2) 是处理土地权属纠纷的具有法律效力的图件，比宗地草图更能说明问题。

(3) 在变更地籍调查中，通过对数据的检核与修改，可以较快地完成地块的分割与合并等工作，能直观地反映宗地变更的相互关系，便于日常地籍管理。

五、宗地图的绘制

绘制宗地图时，应做到界址线走向清楚，坐标正确无误，面积准确，四至关系明确，各项注记正确齐全，比例尺适当。

宗地图图幅规格根据宗地的大小选取，一般为32开、16开、8开等，界址点用1.0mm直径的圆圈表示，界址线粗0.3mm，用红色或黑色表示。

宗地图在相应的基本地籍图或调查草图的基础上编制，宗地图的图幅最好是固定的，比例尺可根据宗地大小选定，以能清楚表示宗地情况为原则。若分幅地籍图的比例尺不能满足宗地图比例尺要求，可采用复制放大或缩小的方法加以解决。

第四节　土地利用现状图与农村居民地地籍图的编制

一、土地利用现状图概念

土地利用现状图是农村土地调查的主要成果之一，是地籍管理和土地管理工作的重要基础资料，必须认真编制。土地利用现状图是以地图形式，全面地系统地反映本行政辖区的土地利用类型、分布、利用现状，以及与自然、社会经济等要素的相互关系的专题地图。土地利用现状图有两种类型：一种为标准分幅土地利用现状图，是基本图件，与调查底图比例尺相同；另一种为按行政区域编制的土地利用挂图。县级土地利用挂图以标准分幅土地利用现状图为基础编制，县级以上各级土地利用挂图由下一级土地利用挂图编制。

依据标准分幅土地利用现状图和各级土地利用挂图，可派生出耕地坡度分级图、基本农田分布图、土地利用图集等各种类型图件。可根据需要编制，派生图件应与标准分幅土地利用现状图或土地利用挂图比例尺一致。

（一）比例尺与图幅

(1) 标准分幅图。县级标准分幅土地利用现状图的成图比例尺与调查底图比例尺一致，即以 1∶1 万为主，荒漠、沙漠、高寒等地区采用 1∶5 万。

(2) 各级挂图。①乡级土地利用现状挂图比例尺，农区 1∶1 万、重点林区 1∶2.5 万、一般林区 1∶5 万、牧区 1∶5 万或 1∶10 万，图面开幅可根据面积大小、形状、图面布置等分为全开或对开两种。②县级挂图除面积较大或形状窄长的县用 1∶10 万比例尺图外，通常以 1∶5 万比例尺成图，采用全开幅。市(地)级挂图比例尺一般选为 1∶10 万或 1∶25 万。③省级挂图比例尺一般选为 1∶50 万或 1∶100 万；全国土地利用挂图比例尺一般选为 1∶250 万或 1∶400 万，可根据具体情况选择。

（二）图的内容

土地利用现状图上应反映的内容有：图廓线及公里网线、各级行政界、水系、各种地类界及符号、线状地物、居民地、道路、必要的地貌要素、各要素的注记等。为使图面清晰，平原地区适当注记高程点，丘陵山区只绘计曲线。

二、标准分幅土地利用现状图的编制

标准分幅土地利用现状图以县为单位编制，是以土地调查底图为基础，统一采用《规程》规定的图示图例，由数据库生成含有行政区域界线、权属界线、地类界线、地类属性、地理名称注记等要素的标准分幅土地利用现状电子图。标准分幅土地利用现状图比例尺和调查内

容应与原始调查图件一致。标准分幅土地利用现状图是各级图件编制的基础。

三、土地利用挂图的编制

土地利用挂图分为县级、市(地)级、省级、全国土地利用挂图。上一级土地利用挂图应在下一级土地利用挂图基础上编制。

(一) 图件编绘基本要求

土地利用挂图编绘的基本要求是：①全面反映制图区域的土地利用现状、分布规律、利用特点和各要素间的相互关系；②体现土地调查成果的科学性、完整性、实用性和现势性；③土地利用现状分类按《规程》执行，地类图斑应有统一的选取指标，定性、定位正确；④广泛收集现势资料，对新增重要地物，要根据有关资料进行修编，提高图件的现势性；⑤在土地调查数据库基础上，采用人机交互编制方法，形成数字化成果；⑥内容的选取和表示要层次分明，符号、注记等正确，清晰易读。

(二) 图件编绘准备

各级土地利用挂图电子图，利用计算机辅助制图等技术，采用缩编等手段，通过制图综合取舍编制而成。

(1) 地图投影。①土地利用挂图的地图投影可根据制图区域的面积、形状等实际情况，参考相关的地图资料综合确定；②坐标系采用 1980 年西安坐标系；③高程系采用 1985 国家高程基准。

(2) 成图比例尺选择。根据制图区域的大小和形状，按县级、市(地)级、省级、国家级，依据前述规定制图比例尺确定成图比例尺。

(3) 编图资料收集。①标准分幅土地利用现状图数据；②选择与成图比例尺相同的测绘部门地图，作为挂图编制的地理底图(电子图或加工成电子图)，主要用于保证挂图的数学精度，选取地貌内容、经纬网及注记等基础地理信息；③下一级土地利用挂图电子图；④根据制图需要的其他有关资料。如最新的行政区划、交通、水利等专题图。

(4) 拟定编辑设计书。编辑设计书是指导编绘作业的技术文件，是制作编绘原图的基本依据，编图单位要根据《规程》和有关规定的要求，结合制图区域的实际情况、特点编写。

设计书内容一般为：①制图区域范围、图幅数量、完成的期限和要求；②制图资料的分析、评价，确定基本资料、辅助资料、参考资料；③制图区域土地利用特点，为反映这一特点应采取的技术措施；④作业方案、工艺流程；⑤对地类的综合取舍和相互关系的处理原则及要求，对《规程》和有关规定中未涉及的特殊问题作出补充规定；⑥图历簿填写的具体要求。

(三) 编制方法

(1) 缩小套合。将下一级挂图(或标准分幅土地利用现状)缩小与地理底图套合，当主要地物，如铁路、公路等与底图相应地物目视不重合(大于 0.2mm，新增地物除外)时，应以地理底图为控制，对土地利用现状图进行纠正。

(2) 综合取舍。综合取舍的原则是,上图图斑应与调查图斑的地类面积比例保持一致,形状相似;道路、河流等应成网状,充分反映不同地区分布密度的对比关系及通行状况。

① 图斑最小上图指标。城镇村及工矿用地为 2～4mm^2;耕地、园地及其他农用地为 4～6mm^2;林地、草地等为 10～15mm^2。小于上图指标的一般舍去或在同一级类内合并。对特殊地区的重要地类,如深山区中的耕地、园地等,可适当缩小上图指标。

② 道路选取。铁路、乡(含)以上公路应全部选取。平原中的农村道路可适当选取,丘陵、山区的小路应全部选取。对土地调查中以图斑表示的交通用地,按《规程》中相应的图式图例符号表示。

③ 河流沟渠选取。河流应全部选取,沟渠可适当选取。

④ 水库、湖泊、坑塘选取。水库、湖泊应全部选取,图上坑塘面积大于 1mm^2 的一般应选取;坑塘密集区,可适当取舍,但只能取或舍,不能合并。

⑤ 岛屿选取。图上岛屿面积大于 1mm^2 的依比例尺(形似)表示,小于 1mm^2 的用点状符号表示。

⑥ 注记。对居民点,路、渠、江、河、湖、水库等有正式名称的应注记名称。

⑦ 对图上的保密内容须作技术处理,以防失密。

(3) 主要整饰内容如下。

① 图名。统一采用"××县土地利用图"、"××市土地利用图"、"××省土地利用图"名称,配置于北图廓正中处。

② 比例尺。统一采用数字比例尺,配置于南图廓正中处。

③ "内部用图,注意保存"字样,配置于北图廓右上角。

④ 图廓四角、经纬网注记经纬度坐标。

⑤ 编制单位。"××县国土资源局"等,配置于西图廓左下角。

⑥ 图示图例可根据辖区形状合理配置。

⑦ 土地利用现状截止期、成图时间及说明配置于南图廓左下角。

各地区根据实地情况制定图件编制细则。

四、土地所有权属图的编制

(一) 分幅土地权属界线图的编制

土地权属界线图是地籍管理的基础图件,也是农村土地调查的重要成果之一。土地权属界线图与其他专题地图一样,除了要保持同比例尺线划图的数学基础、几何精度外,在专题内容上,应突出土地的权属关系。它以土地利用现状调查成果图为依据,用界址拐点、权属界址线相应的地物图式符号及注记。

分幅土地权属界线图与土地调查工作底图比例尺相同。土地权属界址线、界址拐点可利用分幅土地调查底图得到。编制要求与内容如下。

(1) 界址点用直径 0.1mm 的小圆点,并用半径 1mm 的圆圈整饰。无法用圆圈整饰时,需以 0.3mm 小圆点表示权属界线,用 0.2mm 粗的实线绘制。同一幅图内各界址点用阿拉伯数字顺序编号。图上界址点密集,两界址点间的距离小于 10mm 时,可用 0.3mm 小圆点只标界址点位置,不画界址点圆圈。

(2) 县、乡、村等各行政单位所在地表示出建成区的范围线。并分别注记县、乡村名。

(3) 图上面积小于 $1cm^2$ 的独立工矿用地及居民点以外的机关、团体、部队、学校等企事业单位用地,界址点上不绘小圆圈,只绘权属界线,并在适当集团注记土地使用者的名称。

(4) 依比例尺上图的线状地物,在对应的两侧同时有拐点且其间距小于 2mm 时,只透绘拐点,不绘小圆圈。依比例尺上图的铁路、公路等线状地物,只绘界址线,不绘其图式符号,但应注记权属单位名称。

(5) 不依比例的单线线状地物与权属界线重合,用长 10mm、粗 0.2mm、间隔 2mm 的线段沿线状地物两侧描绘。当行政界线与权属界线重合时,只绘行政界而不绘权属界。行政界线下一级服从于上一级。

(6) 飞地用 0.2mm 粗的实线表示,并详细注记权属单位名称,如县、乡、村名。

(7) 增绘。根据需要,可增绘对权属界址点定位有用的相关地物及说明权属界线走向的地貌特征。

(二) 土地证上所附的土地所有权界线图的蒙绘

土地证上所附的土地权属界线图,以 0.05mm 厚的聚酯薄膜蒙在分幅的 1∶1 万比例尺土地利用现状图上,将本村权属界址点刺出,以半径 1mm 小圆圈整饰并编号,用 0.2mm 红实线表示界址线。从拐点引绘出四至分界线,用箭头表示分界地段,并注明相邻土地所有权单位和使用单位名称。

五、农村居民地地籍图

农村居民地是指建制镇(乡)以下的农村居民地住宅区及乡村圩镇。由于农村地区采用 1∶5000、1∶1 万较小比例尺测绘分幅地籍图(土地利用现状图和土地权属图),因而地籍图上无法表示出居民地的细部用地状况,不便于村民宅基地的土地使用权管理,故需要测绘大比例尺农村居民地地籍图,用作农村地籍图的加细与补充,是农村地籍图的附图(见图 9-8),以满足地籍管理工作的需要。

农村居民地地籍图的范围轮廓线应与土地利用现状图上所标绘的居民地地块界线一致,可采用自由分幅以岛图形式编绘。城乡结合部或经济发达地区一般采用 1∶1000 或 1∶2000 比例尺,按城镇地籍图测绘方法和要求测绘。急用图时,也可采用航摄像片放大,编制任意比例尺农村居民地地籍图。居民地内权属单元的划分、权属调查、土地利用类别、房屋建筑情况的调查与城镇地籍测量相同。

农村居民地地籍图的编号应与土地利用现状图中该居民地的地块编号一致,居民地集体土地使用权宗地编号按居民地的自然走向 1,2,3,…顺序进行编号。居民地内的其他公共设施,如球场、道路、水塘等,不作编号。

农村居民地地籍图表示的内容一般包括:①自然村居民地范围轮廓线、居民地名称、居民地所在的乡(镇)、村名称,居民地所在农村地籍图的图号和地块号;②集体土地使用权宗地的界线、编号、房屋建筑结构和层数、利用类别和面积;③作为权属界线的围墙、垣栅、篱笆、铁丝网等线状地物;④居民地内公共设施、道路、球场、晒场、水塘和地类界等;⑤居民地的指北方向;⑥居民地地籍图的比例尺等。

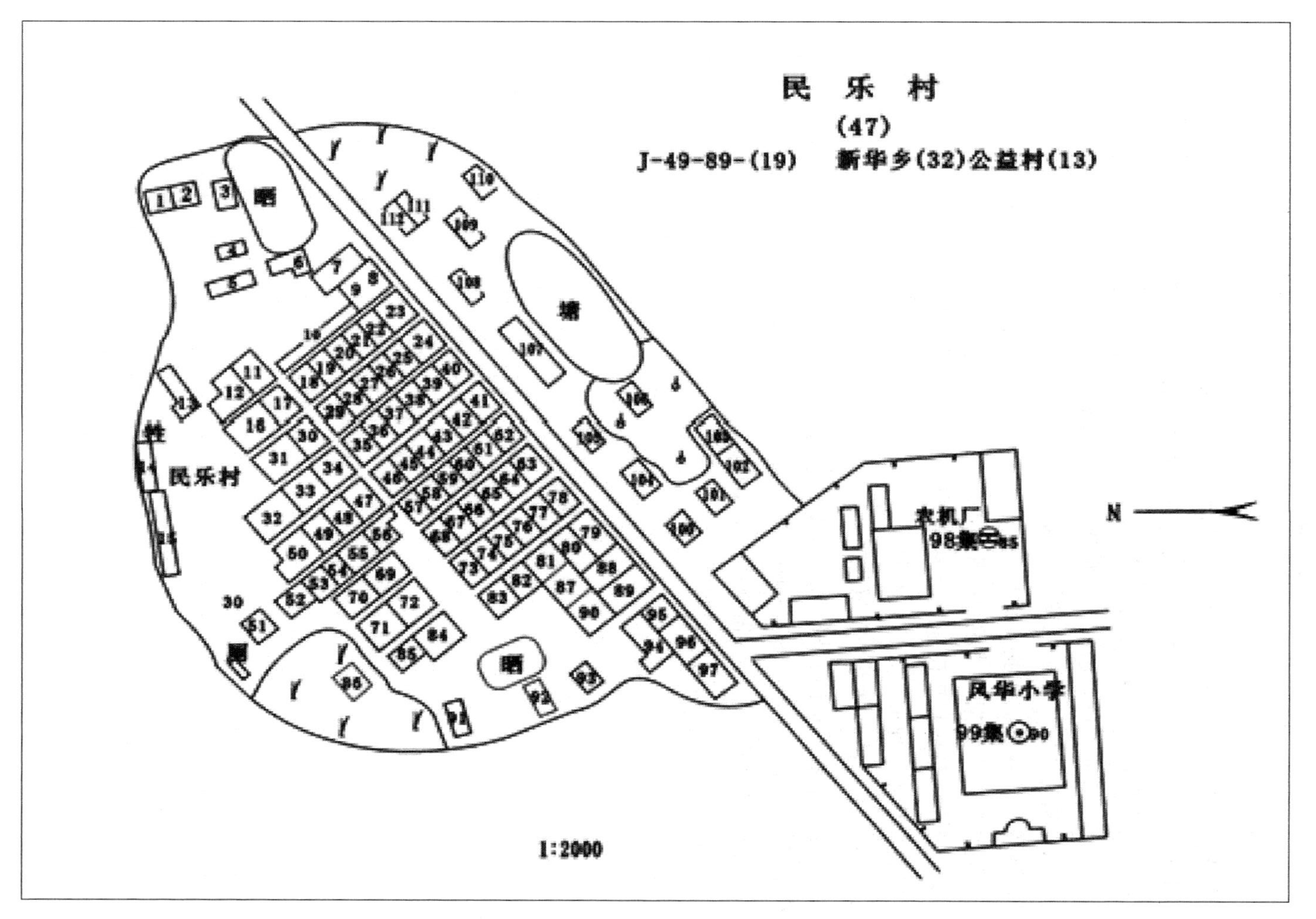

图 9-8　农村居民地地籍图样图

复习与思考

1. 什么是地籍图？我国测绘制作的地籍图主要有哪些？
2. 试述选择地籍图比例尺的依据和我国的地籍图比例尺系列。
3. 简述地籍图内容选取的基本要点。
4. 地籍图上应表示的地籍要素有哪些？如何表示？
5. 什么是宗地图？比较宗地图与宗地草图。
6. 简述编绘法成图的作业步骤。
7. 简述野外采集数据机助成图的作业流程。
8. 为什么要测绘农村居民地地籍图(岛图)？其主要内容有哪些？
9. 试述地籍图和地形图有什么不同。
10. 分幅地籍图的测制方法有哪些？
11. 宗地图的特性和作用是什么？如何制作？
12. 什么是土地利用现状图？有哪几种？其表示的内容是什么？
13. 编制土地利用挂图需要做哪些准备工作？
14. 简述分幅土地权属图的编制要求。

第十章

土地面积量算

第一节　概　述

土地面积量算是指依据实测的或图解的土地地块的几何要素数据、界址点坐标数据进行测算、统计与汇总各类土地面积的工作。土地面积量算是土地调查中一项不可缺少的基本工作内容，主要包括行政管辖区面积、宗地面积、土地利用分类图斑面积等的量算。准确的土地面积数据是进行土地管理、土地规划、编制国民经济计划、工程建设规划等的基础数据，也是加强地籍工作、合理征收土地税费的重要依据。根据土地调查区域和权属界址获取方法与精度要求的不同，土地面积量算可分为农村土地面积量算和城镇土地面积量算。

一、基本原则

（一）基本原则

土地面积量算的基本原则是由整体到局部层层控制，先控制后碎部分级量算，块块检核逐级按比例平差。

土地的特性之一就是面积的有限性。只要地块边界固定不变，土地面积就是一个定值。基于这一特性，土地面积量算是通过分级量算和逐级限差来实现的。分级量算是指从大范围（高层次）到小范围（低层次）逐级进行，低层次总是在高层次的控制下量算和平差。逐级限差是指相邻层级之间、同层次分量之和与总量之差额由规定的允许限差来控制。只有在控制限差允许范围内才可平差，平差后的面积又可对其下一级量算起控制作用。

（二）基本控制

土地面积量算以基本控制范围的总面积作为最可靠的控制面积值。基本控制面积有两种。

（1）图幅理论面积。不论矩形分幅还是梯形分幅，每幅图都有其理论面积，这一面积值不受量算工具与方法的影响，精度很高，因而可以看做标准值作为面积量算的基本控制。

(2) 解析坐标计算的总面积。通过解析坐标计算的土地面积，其精度与量算工具和方法无关，仅受解析坐标的测量精度影响，因而精度高，可作为面积的基本控制。

二、土地面积量算与统计的基本要求

(1) 农村土地调查面积计算方法，应严格按照《规程》要求，采用椭球面积计算公式计算图斑面积。城镇土地调查面积计算方法，应根据地籍测量采用的方法确定。

(2) 图斑地类面积应为图斑面积减去实测线状地物、按系数扣除的田坎和其他应扣除的面积。

(3) 面积统计是对调查区域范围内所有的图斑地类面积、线状地物面积、按系数扣除的田坎面积和其他应扣除面积的统计，其面积之和应与本调查区的控制面积相等。

(4) 面积汇总以各级行政区域为单位进行，统计本行政区域界线范围内的各类土地。飞入地面积统计在本行政辖区内，飞出地面积统计在所在行政辖区内。争议区按划定的工作界线范围统计汇总。

(5) 农村土地调查行政区域内各地类面积之和(不含海岛)等于本行政界线范围内的辖区控制面积。

(6) 城镇土地调查的范围应与农村土地调查确定的城镇范围相一致。

(7) 城镇土地调查将农村土地调查中的单一地类图斑，按《土地利用现状分类》进行细化调查。在农村土地调查中按单一地类调查的城市、建制镇、村庄、采矿用地、风景名胜及特殊用地图斑的范围和面积，应与城镇土地调查一致，其面积作为城镇土地调查区的控制面积。各地类面积之和等于城镇调查区控制面积。

(8) 海岛面积应以岛为单位分地类单独进行面积统计汇总。有县级归属的海岛，以县为单位在县级汇总时填写海岛面积汇总表；无县级归属的海岛，由省级进行汇总，以省为单位填写海岛面积汇总表。

(9) 各级行政辖区地类面积应由本行政区域内下级行政单位各类土地面积汇总形成。汇总的末级行政区划单位为：县级汇总，填表至行政村，汇总至乡镇和县；市(地)级汇总，依据县级相应汇总表填写，填表至乡镇，汇总至县和市(地)；省级汇总，依据市(地)级相应汇总表填写，填表至县，汇总至市(地)和省。

《规程》规定面积计算单位采用平方米(m^2)，面积统计、汇总单位采用公顷(hm^2)和亩。在数据汇总时，由于单位换算造成的数据取舍误差，也应进行强制调平。

三、量算方法

土地面积量算的方法很多，根据被测对象的基础数据条件、待测面积的大小和不同的精度要求，可以选择某种量算方法，也可以结合不同方法综合运用。概括起来，土地面积量算方法有三种，即解析法面积量算(简称解析法)、图解法面积量算(简称图解法)和器械法面积量算(简称器械法)。

（一）解析法

根据实测的基础测量数值计算面积的方法称解析法面积量算。包括几何要素解析法和坐标解析法，是城镇地籍调查普遍采取的面积量算方法。

几何要素解析法是根据实地测量有关的边、角元素进行面积计算的方法。当地块图形简单规则时，可直接利用实地丈量的边长和夹角计算面积。其方法是，将规则图形分割成若干简单的矩形、梯形或三角形等几何图形，根据几何图形要素（边、角），分别计算面积再加总得到所需面积的数据。

坐标解析法是根据土地边界转折点坐标计算面积的方法。当地块图形复杂，且已经实测土地边界转折点坐标时，则可利用坐标法面积计算公式计算出该地块的面积。

解析法的最大优点是面积精度只受实地测丈精度的影响，而不受成图精度的影响，其他方法则全面地受上述各方面精度之影响。

（二）图解法

图解法是指在图纸上量取地块边长，通过几何图形面积公式计算面积的方法。图解法之所以只量取线长计算面积，是因为在图上量取边长比量取角度更容易也更准确。图解法适用于外形规整的各种图形的面积量算。

运用图解法时，对于较为复杂的图形，可将其分割成几个简单的几何图形，如三角形、梯形等，通过量测简单图形的边长、高等，求出各简单图形面积再加总。为了提高量算精度，分割图形时应当尽量使它的图形个数最少，而同一几何图形内量取几何要素时，应尽可能使选取的各要素长度相近，如三角形的底与底、梯形的中线与高等，尽量接近 1∶1。量算时，要求对同一几何图形，利用不同要素，量算两次。两次结果在允许范围内方可取其平均值。

还有一种图解法称为坐标图解法，其方法与坐标解析法相似，只是前者是在图上量取图解坐标，而后者为实测数据（即解析坐标）。

（三）器械法

器械法又可分为沙维奇法、求积仪法、膜片法、电算法等数种。其共同特点是可以很快地得到图形的面积，没有复杂的计算，但面积量算的精度比解析法低。

（四）方法选择

面积量算方法的选择主要由面积量算的精度要求决定，同时考虑面积的大小和设备条件。解析法精度高于图解法的精度；电算法精度高于沙维奇法精度；沙维奇法精度又高于求积仪法精度；求积仪法精度高于膜片法精度。不过，太小的面积不适于求积仪法，而采用膜片法比较有效。

第二节　土地面积量算原理

一、几何要素法

所谓几何要素法是指将多边形划分成若干简单的几何图形，如三角形、梯形、四边形、矩形等，在实地或图上测量边长和角度，分别计算出各简单几何图形面积，再加总计算多边形面积的方法。

（一）三角形

如图 10-1 所示，三角形面积计算公式为

$$P = \frac{1}{2}ch_c = \frac{1}{2}bc\sin A = \sqrt{p(p-a)(p-b)(p-c)} \tag{10-1}$$

其中，$p=(a+b+c)/2$。

（二）四边形

如图 10-2 所示，四边形面积计算公式为

$$P = \frac{1}{2}(ad\sin A + bc\sin C) = \frac{1}{2}d_1 d_2 \sin\varphi \tag{10-2}$$

（三）梯形

如图 10-2 所示，梯形面积计算公式为

$$P = \frac{d^2 - b^2}{2(\cot A + \cot D)} \tag{10-3}$$

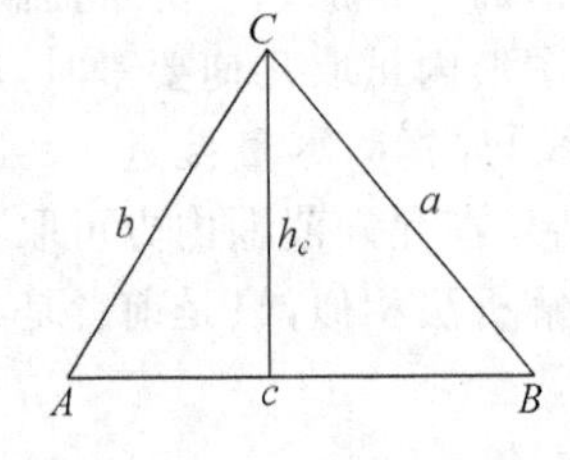

图 10-1 三角形面积

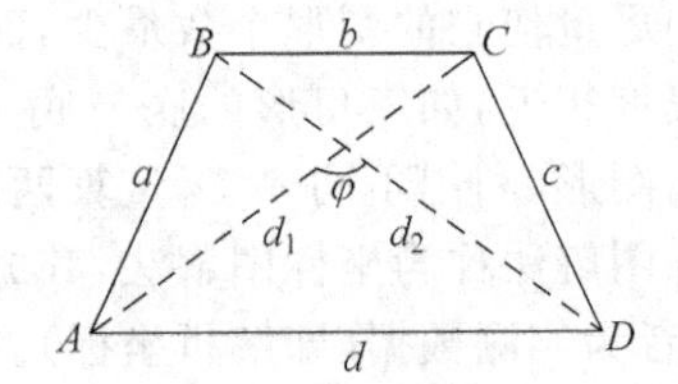

图 10-2 四边形面积

二、膜片法

膜片法是指用伸缩性小的透明的赛璐珞、透明塑料、玻璃或摄影软片等制成等间隔网板、平行线板等膜片，把膜片放在地图上适当的位置进行土地面积测算的方法。常用的方法有格值法（包括格网法和格点法）、平行线法等，在此着重介绍格值法。所谓格值法是指在膜片上建立了一组有单位面积值的格子或点子，然后用这些不连续的格子或点子去逼近一个连续的图斑（地块），从而完成图上面积测算的方法。

（一）格网法（方格法）

在透明板材上建立起互相垂直的平行线，平行线间的间距为 1mm，则每一个方格是面积为 1mm^2 的正方形，把它的整体称为方格网求积板。

图 10-3 中 *abmn* 为要量测的图形，可将透明方格网置于该图形的上面，首先累积计算图形内部的整方格数，再估读被图形边线分割的非整格面积，两者相加即得图形面积。

（二）格点法

将上述方格网的每个交点绘成 0.1mm 或 0.2mm 直径的圆点，称为格点。去掉互相垂直的平行线，则点值（每点代表图上的面积）就是 1mm^2；若相邻格点的距离为 2mm，则点值就是 4mm^2。

图 10-4 中 $abcd$ 为待测的图形，将格点求积板放在图上数出图内与图边线上的格点，则按下列公式可求出图形面积：

$$P=\left(N-1+\frac{1}{2}L\right)D \tag{10-4}$$

式中：N 为图形内的格点数；L 为图形轮廓线上的格点数；D 为点值。从图 10-4 中得出：

$$N=11, L=2, \text{设 } D=1\text{mm}^2, \text{则 } P=11.0\text{mm}^2$$

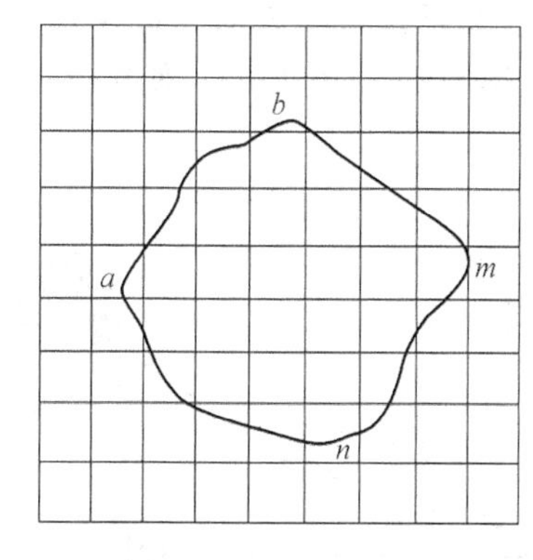

图 10-3　格网法图示

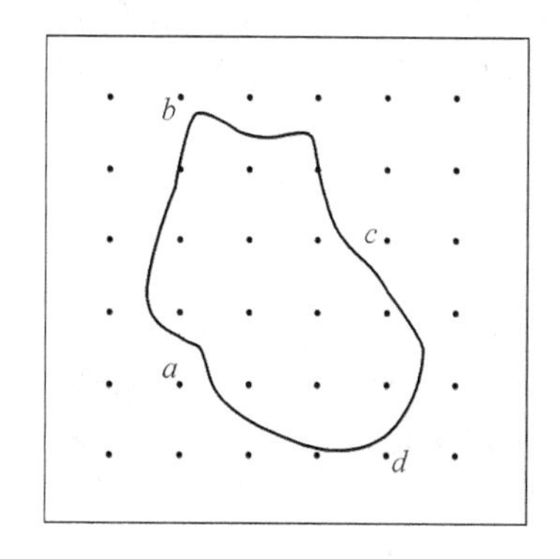

图 10-4　格点法图示

三、沙维奇法

沙维奇法是以求积仪为工具，利用坐标格网的理论面积来控制计算不规则图形面积的方法。沙维奇法适用于大面积的测算，其优点在于减少了所量图形的面积，因而提高了精度。其原理如图 10-5 所示。构成坐标方里网整数部分面积 P_0 不量测，只需测定不足整格部分 P_{a1}、P_{a2}、P_{a3} 与 P_{a4} 的面积和与之对应构成整格的补格部分 P_{b1}、P_{b2}、P_{b3}、与 P_{b4} 的面积。从图上可以看出整格面积 $P_1=P_{a1}+P_{b1}$，$P_2=P_{a2}+P_{b2}$，$P_3=P_{a3}+P_{b3}$，$P_4=P_{a4}+P_{b4}$。

设 P_{a1}、P_{a2}、P_{a3}、P_{a4} 面积的相应的求积仪分划数为 a_1、a_2、a_3、a_4；P_{b1}、P_{b2}、P_{b3}、P_{b4} 面积相应分划数为 b_1、b_2、b_3、b_4；整格面积的分划数为 a_1+b_1，a_2+b_2，a_3+b_3，a_4+b_4。

已知面积与求积仪分划值读数之间有下列正比关系：

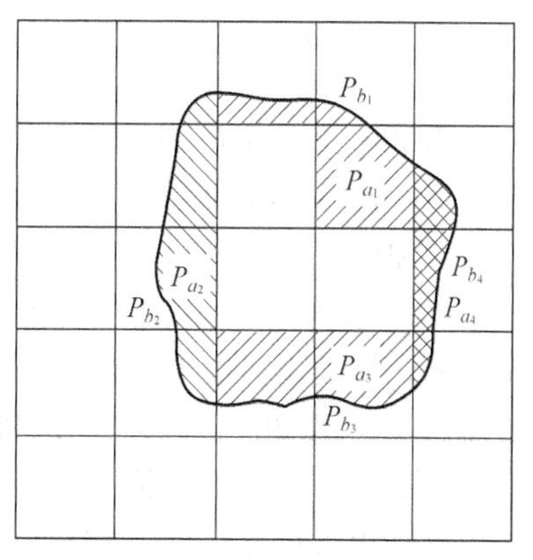

图 10-5　沙维奇法

$$P_{a_i}=\frac{P_i}{a_i+b_i}a_i \quad 和 \quad P_{b_i}=\frac{P_i}{a_i+b_i}b_i$$

则用上式可计算分区不足整格部分的面积，故所求图形面积为

$$P=P_0+P_{a_1}+P_{a_2}+P_{a_3}+P_{a_4}=P_0+\sum_{i=1}^{n}P_{a_i} \tag{10-5}$$

四、求积仪法

求积仪是一种以地图为对象测算土地面积的仪器，最早使用的是机械求积仪，由于技术进步，近几年来研制出多种数字式求积仪，如数字求积仪、光电求积仪等。

（一）数字求积仪

在国内市场上，此种仪器来源于日本的测机舍，主要型号有三种：定极式 KP-80（见图 10-7）、动极式 KP-90（见图 10-6）和多功能 X-PLAN360i（见图 10-8）。使用方法见有关仪器说明书。

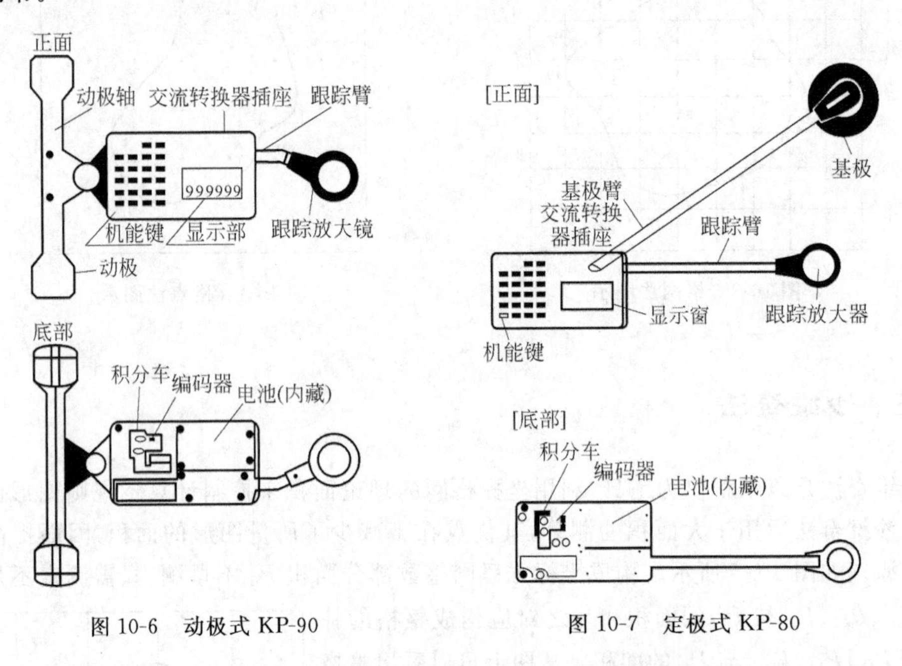

图 10-6　动极式 KP-90　　图 10-7　定极式 KP-80

用 KP-80 和 KP-90 可求出任意闭合图形的面积，可进行面积的累加计算，可给出多次量测值（可多达 10 次）的平均值。测算时可选择比例尺和面积单位，测量精度在±0.2%以内。

X-PLAN360i 是一种多功能的仪器，它集数字化和计算处理功能于一体，是一种十分方便的量测工具。X-PLAN360i 可以量测面积、线长（直线或曲线）、坐标、弧长和半径等，并通过小型打印机打印出量算结果，同时也可通过 RS-232C

图 10-8　多功能 X-PLAN360i

接口接收来自计算机的指令或向计算机输出量测结果。直线量测时，只需对准其端点；规则曲线的量测只需对准其端点和一个中间点，便可快速地量算出曲线的半径和弧长；对于不规则曲线可通过跟踪的方式进行量测，其长度量测的分辨率可高达 0.05mm。由于该仪器具有数字功能，可以计算出图纸上任意点的坐标。

（二）光电求积仪

光电求积仪主要有光电面积量测仪与密度分割仪两种，具有速度快、精度高(当然低于解析法)等优点，但仪器价格昂贵。

光电求积仪是利用光电对地图上要量测的地块图形进行扫描，并通过转换处理，变成脉冲信号，从而计算出地块的面积。

五、坐标法

通常一个地块的形状是一个任意多边形，其范围内可以是一个街道的土地，也可以是一个宗地或一个特定的地块。坐标法是指按地块边界的拐点坐标来计算地块面积的方法。其坐标可以在野外直接实测得到，也可以是从已有地图上图解得到的，面积的精度取决于坐标的精度。

当地块很不规则，甚至某些地段为曲线时，可以增加拐点，测量其坐标。曲线上加密点愈多，就愈接近曲线，计算出的面积愈接近实际面积。

许多地块都会被图廓线分割，通常需要计算出地块在各图幅中的地块面积，此时应计算出界址线与图廓线交点的坐标，然后分别组成地块，并计算出面积。由平面解析几何可知，界址线由相邻的两个已知界址点相连，故可建立一个以斜率表示的直线方程如 $Y=k_1X+a$；同理，图廓线由两图廓点相连，利用图廓点坐标亦可建立一个方程如 $Y=k_2X+b$。这两个方程联立求出交点坐标，分割后的地块面积即可求出。

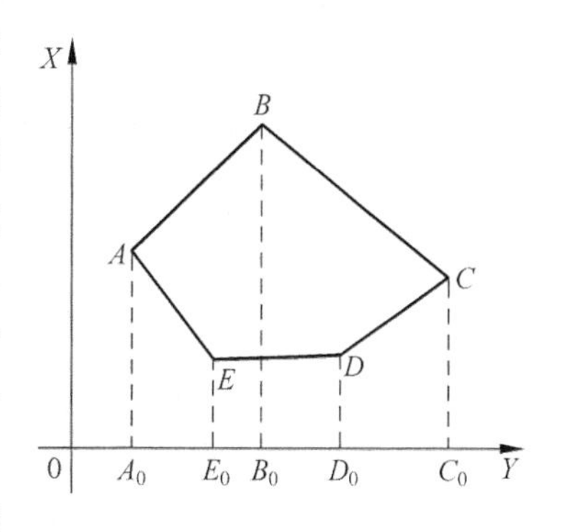

图 10-9　坐标法面积计算图示

如图 10-9 所示，已知多边形 $ABCDE$ 各顶点的坐标为 (X_A, Y_A)，(X_B, Y_B)，(X_C, Y_C)，(X_D, Y_D)，(X_E, Y_E)，则多边形 $ABCDE$ 的面积：

$$\begin{aligned} P_{ABCDE} &= P_{A_0ABCC_0} - P_{A_0AEDCC_0} = P_{A_0ABB_0} + P_{B_0BCC_0} - (P_{CC_0D_0D} + P_{DD_0E_0E} + P_{EE_0A_0A}) \\ &= (X_A + X_B)(Y_B - Y_A)/2 + (X_B + X_C)(Y_C - Y_B)/2 + (X_C + X_D)(Y_D - Y_C)/2 \\ &\quad + (X_D + X_E)(Y_E - Y_D)/2 + (X_E + X_A)(Y_A - Y_E)/2 \end{aligned}$$

化成一般形式：

$$\begin{aligned} 2P &= \sum_{i=1}^{n}(X_i + X_{i+1})(Y_{i+1} - Y_i) \\ 2P &= \sum_{i=1}^{n}(Y_i + Y_{i+1})(X_{i+1} - X_i) \end{aligned} \tag{10-6}$$

$$2P = \sum_{i=1}^{n} X_i (Y_{i+1} - Y_{i-1})$$
$$2P = \sum_{i=1}^{n} Y_i (X_{i-1} - X_{i+1}) \tag{10-7}$$

其中，X_i，Y_i 为地块拐点坐标。当 $i-1=0$ 时，$X_0=X_n$；当 $i+1=N+1$ 时，$X_{N+1}=X_1$。

六、任意图斑椭球面积计算

我国基本比例尺地形图、地籍图、土地利用现状图均采用高斯-克吕格投影，其在长度和面积上变形很小，计算的图斑面积大多为平面面积，而标准分幅的图幅理论面积是椭球面积，为保证土地利用数据库各图斑面积和图幅理论面积的计算方法一致，农村土地调查采用《规程》规定的公式计算图斑的椭球面积，作为土地利用数据库中的图斑面积。

任意封闭图斑椭球面积计算的原理是将任意封闭图斑高斯平面坐标利用高斯投影反解变换模型，将高斯平面坐标换算为相应椭球的大地坐标，再利用椭球面上任意梯形图块面积计算模型计算其椭球面积，从而得到任意封闭图斑的椭球面积。

（一）坐标变换

高斯投影反解变换（$x, y \to B, L$）模型为

$$y' = y - 500\,000 - \text{带号} \times 1\,000\,000$$
$$E = K_0 x$$
$$B_f = E + \cos E(K_1 \sin E - K_2 \sin^3 E + K_3 \sin^5 E - K_4 \sin^7 E)$$
$$B = B_f - \frac{1}{2}(V^2 t)\left(\frac{y'}{N}\right)^2 + \frac{1}{24}(5 + 3t^2 + \eta^2 - 9\eta^2 t^2)(V^2 t)\left(\frac{y'}{N}\right)^4 - \frac{1}{720}(61 + 90t^2 + 45t^4)(V^2 t)\left(\frac{y'}{N}\right)^6$$
$$L = \left(\frac{1}{\cos B_f}\right)\left(\frac{y'}{N}\right) - \frac{1}{6}(1 + 2t^2 + \eta^2)\left(\frac{1}{\cos B_f}\right)\left(\frac{y'}{N}\right)^3 + \frac{1}{120}(5 + 28t^2 + 24t^4 + 6\eta^2 + 8\eta^2 t^2)\left(\frac{1}{\cos B_f}\right)\left(\frac{y'}{N}\right)^5 \tag{10-8}$$

式中：$t = \mathrm{tg}B$；L_0 为中央子午线的经度值（弧度）；

$\eta^2 = e'^2 \cos^2 B$；

$N = C/V, V = \sqrt{1+\eta^2}$；

K_0, K_1, K_2, K_3, K_4 为与椭球常数有关的量。

（二）椭球面积计算

椭球面上任一梯形图块面积计算模型

$$S = 2b^2 \Delta L \Big[A\sin\frac{1}{2}(B_2 - B_1)\cos B_m - B\sin\frac{3}{2}(B_2 - B_1)\cos 3B_m + C\sin\frac{5}{2}(B_2 - B_1)\cos 5B_m - D\sin\frac{7}{2}(B_2 - B_1)\cos 7B_m + E\sin\frac{9}{2}(B_2 - B_1)\cos 9B_m \Big] \tag{10-9}$$

其中：A,B,C,D,E 为常数，按下式计算

$$e^2=\frac{a^2-b^2}{a^2};\qquad A=1+\frac{3}{6}e^2+\frac{30}{80}e^4+\frac{35}{112}e^6+\frac{630}{2304}e^8;$$

$$B=\frac{1}{6}e^2+\frac{15}{80}e^4+\frac{21}{112}e^6+\frac{420}{2304}e^8;\qquad C=\frac{3}{80}e^4+\frac{7}{112}e^6+\frac{180}{2304}e^8;$$

$$D=\frac{1}{112}e^6+\frac{45}{2304}e^8;\qquad E=\frac{5}{2304}e^8$$

式中：a 为椭球长半径（单位：米），b 为椭球短半径（单位：米）；ΔL——图块经差（单位：弧度）；(B_2-B_1)——图块纬差（单位：弧度）；$B_m=\frac{B_1+B_2}{2}$。计算公式中所用的椭球体参数等常数数值应与图幅理论面积计算相同。

（三）任意区域椭球面积计算

任一封闭区域总是可以分割成有限个任意小的梯形图块的，因此，任一封闭区域的面积为

$$P=\sum_{i=1}^{n}S_i$$

式中，S_i 为分割的任意小的梯形图块面积（$i=1,2,\cdots,n$）用公式（10-9）计算。

求如图 10-10 所示多边形封闭区域 $ABCD$ 的面积，其具体方法为：

(1) 对封闭区域（多边形）的界址点连续编号（顺时针或逆时针）$ABCD$，提取各界止点的高斯平面坐标 $A(X_1,Y_1)$，$B(X_2,Y_2)$，$C(X_3,Y_3)$，$D(X_4,Y_4)$；

(2) 利用高斯投影反解变换模型公式（10-8），将高斯平面坐标换算为相应椭球的大地坐标 $A(B_1,L_1)$，$B(B_2,L_2)$，$C(B_3,L_3)$，$D(B_4,L_4)$；

(3) 任意给定一经线 L_0（如 $L_0=60°$），这样多边形 $ABCD$ 的各边 AB、BC、CD、DA 与 L_0 就围成了 4 各个梯形图块（ABB_1A_1、BCC_1B_1、CDD_1C_1、DAA_1D_1）；

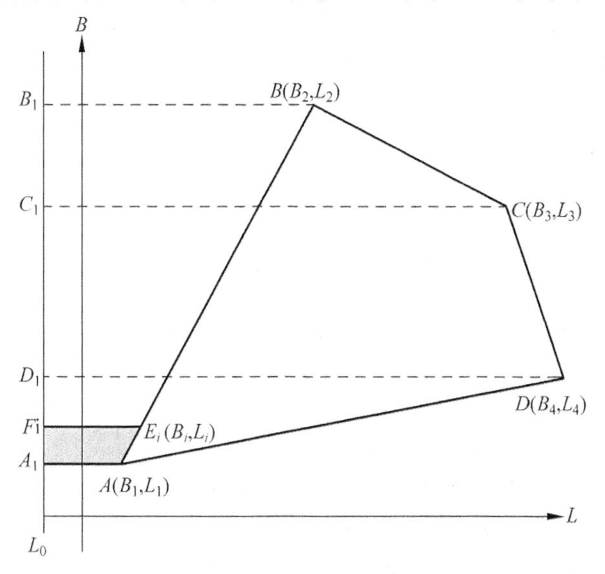

图 10-10　椭球面上任意多边形计算面积

(4) 由于在椭球面上同一经差随着纬度升高，梯形图块的面积逐渐减小，而同一纬差上等经差梯形图块的面积相等，所以，将梯形图块 ABB_1A_1 按纬差分割成许多个小梯形图块 $AE_iF_iA_1$，用公式(10-9)计算出各小梯形图块 $AE_iF_iA_1$ 的面积 S_i，然后累加 S_i 就得到梯形图块 ABB_1A_1 的面积，同理，依次计算出梯形图块 BCC_1B_1、CDD_1C_1、DAA_1D_1 的面积(注：用公式(10-9)计算面积时，B_1、B_2 分别取沿界址点编号方向的前一个、后一个界址点的大地纬度，ΔL 为沿界址点编号方向的前一个、后一个界址点的大地经度的平均值与 L_0 的差)；

(5) 多边形 $ABCD$ 的面积就等于 4 个梯形图块(ABB_1A_1、BCC_1B_1、CDD_1C_1、DAA_1D_1)面积的代数和。

则任意多边形 $ABCD$ 的面积 P 为

$$P = ABCD = BCC_1B_1 + CDD_1C_1 + DAA_1D_1 - ABB_1A_1$$

七、消除图纸变形对面积测算的影响

当用图解法或器械法量算面积时，图纸变形自然会影响到图形面积的精度。设 L 为图纸变形后量得的直线长度，L_0 为相应的实地水平距离图上长度，r 为变形系数，则有 $r=(L_0-L)/L$。改正后的面积为

$$P_0 = P + 2Pr \tag{10-10}$$

其中，P 为测算出的面积，P_0 为改正之后的面积。公式(10-10)适用于任何形状的图形面积，并且与图形所处的方位无关。

八、求地块在某一投影面的面积

地形图和地籍图的投影面一般是与大地水准面符合相当好的参考椭球面。在有的地方(如我国海拔较高的西部地区)，也用与参考椭球面相平行的椭球面作为投影面，以方便地形图和地籍图的施测和使用。在地籍管理工作中，往往需要测算地球表面的水平面面积。在局部地区，投影面可近似看成水平面，如图 10-11 所示。

设 L 为地球表面的水平长度，L_0 为 L 投影到投影面的长度，H 为地表水平面到投影面的高程，R 为地球半径，则有：

$$\frac{L}{L_0} = \frac{R+H}{R} = 1 + \frac{H}{R}$$

由于相似图形面积之比等于其相应边平方之比，则有：

$$\frac{P}{P_0} = \left(\frac{L}{L_0}\right)^2 = 1 + \frac{2H}{R} + \frac{H^2}{R^2}$$

略去微小项，则得：

$$P = P_0\left(1 + \frac{2H}{R}\right) \tag{10-11}$$

式中：P 为地球表面的图形面积，P_0 为图形在投影面上的面积，$2H/R$ 为图形面积由地面高程引起的改正系数。

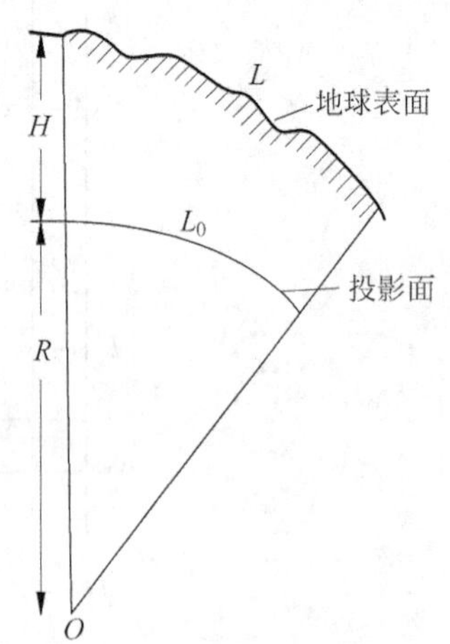

图 10-11 面积投影图示

利用不同的高程 H，可以得出不同的改正数。从表 10-1 可以看出，如果要求测定面积的误差不大于 1/2000，则在图上

量测海拔 1500m 以内高程面上的面积时,可以不考虑高程影响改正。

表 10-1 海拔高度对投影面积的影响

H/m	$2H/R$	H/m	2H/R
100	1∶32 000	2000	1∶1600
500	1∶6400	2500	1∶1270
1000	1∶3200	3000	1∶1060
1500	1∶2100	3500	1∶910

九、求地球表面倾斜面的面积

这是一个比较复杂的问题。通常地面不是一个平面,更不是一个水平面,但如果地面起伏不大,可近似地看成水平面,这里所讲的是求一个倾斜面或近似的倾斜面的面积。

如图 10-12 所示,设 P_α 为自然地表倾斜面的面积,P_0 为 P_α 所对应的水平面积,其倾斜角为 α(单位为 rad),则

$$P_\alpha = b \times L_\alpha = b \times \frac{L_0}{\cos\alpha} = \frac{P_0}{\cos\alpha} \qquad (10\text{-}12)$$

$$\cos\alpha = 1 - \frac{\alpha^2}{2!} + \frac{\alpha^4}{4!} - L$$

式中,α 为弧度,取前两项,可得近似公式:

$$P_\alpha \approx \frac{P_0}{1-\frac{\alpha^2}{2}} \approx P_0\left(1+\frac{\alpha^2}{2}\right) \qquad (10\text{-}13)$$

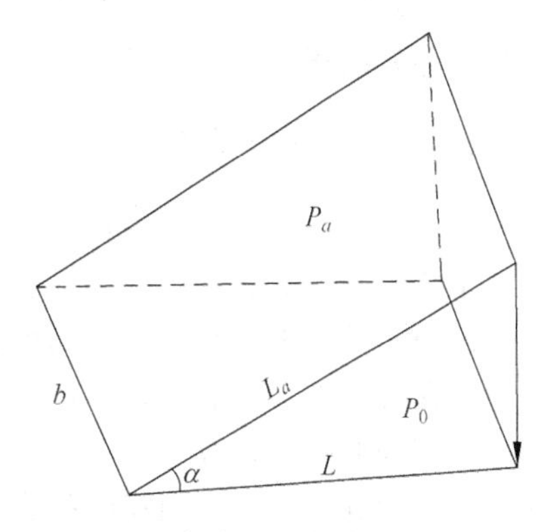

图 10-12 倾斜面积与水平面积图示

其中,$\alpha^2/2$ 即为倾斜自然地表面图形面积的改正数。用不同的 α,则可算出 α 的大小对面积的影响情况,如表 10-2 所示。

表 10-2 倾斜面积计算时弧度 α 大小对面积的影响

α	$2/\alpha^2$	α	$\alpha^2/2$	α	$\alpha^2/2$	α	$\alpha^2/2$	α	$\alpha^2/2$
0.6	1∶18240	4.0	1∶410	7.4	1∶120	10.8	1∶56	14.0	1∶33
1.1	1∶5427	4.6	1∶310	8.0	1∶103	11.3	1∶51	14.6	1∶31
1.7	1∶2272	5.1	1∶252	8.5	1∶91	11.9	1∶46	15.1	1∶29
2.3	1∶1241	5.7	1∶202	9.1	1∶79	12.4	1∶43	15.6	1∶27
2.9	1∶781	6.3	1∶165	9.6	1∶71	13.0	1∶39	16.2	1∶25
3.4	1∶568	6.8	1∶142	10.2	1∶63	13.5	1∶36	16.9	1∶23

注:α 以度为单位计算。

第三节 农村土地面积量算

农村土地面积量算是指对城市、建制镇以外区域各类土地面积进行的量算、统计与汇总工作,是农村土地调查的一项重要工作。农村土地面积量算的原则是:由整体到局部,先控制后

碎部；以图幅理论面积为基本控制，分幅进行量算，依面积比例进行平差，自下而上逐级汇总。

一、量算原则

农村土地调查面积量算原则是以图幅理论面积为基本控制，分幅量算，依面积比例平差，自下而上逐级汇总。

（一）图幅为基本控制

农村土地调查中，面积量算工作都是在土地利用现状图和土地权属图上进行的，这些图件的每一幅都有一定的理论面积。根据图幅编号或图廓的经纬度，从高斯投影图廓、坐标表中可以查取到图幅的理论面积，这一面积值不受量算工具与方法的影响，精度很高，可以看做标准值。

以图幅的理论面积为基本控制，是指一切量算工作最终都要吻合于图幅理论面积，这样可使各部分面积的可靠性最高。

（二）分幅进行量算

由于每幅图有其自身的理论面积，因而面积量算工作应当一幅一幅地进行。即使一个行政单位的土地分布在相邻的两张图内，也必须先将它们视为两块或几块，分别在所在图幅理论面积的控制下量算出正确的面积，然后方可加总在一起。绝不允许将工作底图拼接在一起后在拼接图上量算土地使用单位的总面积。

运用分幅进行量算不仅有利于分布在不同图幅的单位汇总出可靠的总面积，也有利于同图幅内相邻单位量测面积的闭合工作。

（三）按面积比例平差

在同一图幅内的同一级面积量算中，除道路、河流等线状地物外，其他同一级内的各部分面积都应参加量算、平差。由于面积量算存在误差，因此各部分量算面积之和与控制面积之间总会出现闭合差，当闭合差超过允许误差时，需要重新量算。当闭合差小于允许误差时，可以进行平差。为了简便且比较合理配赋，可采取按面积比例平差的办法，将不符值按各部分面积大小进行分配改正，直到消除不符值为止。

（四）自下而上逐级汇总

在分幅分级量算工作全部结束后，应自下而上逐级汇总，按村、乡、县（行政系统）逐级将分布在相邻图幅上的同一单位的面积汇总成整体面积，同时按地类进行汇总。自下而上的汇总保证了全部量算面积处于同等精度的基础之上。

二、量算步骤与精度

（一）基本步骤

为顺利开展面积量算工作，保证量算结果的质量，《规程》设计了一个面积量算系统，各过程的工作内容和相互关系见图 10-13 的框图。这是一个三阶段六步骤的作业程序流程图。总的程序是先进行县、乡、村控制面积量算，再进行碎部面积量算，最后按汇总系统自下而上逐级汇总统计。

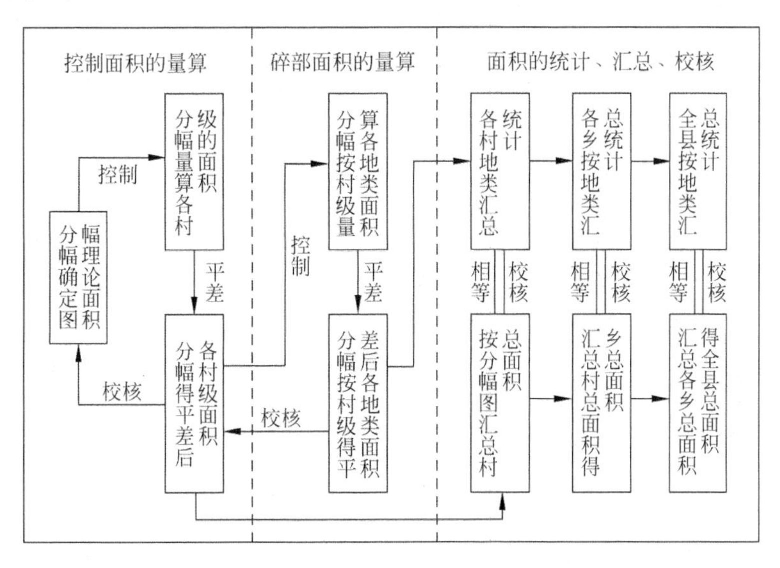

图 10-13 土地面积测算程序

控制面积是指在整个面积量算系统中的一级土地面积，它在系统中对其以下的土地面积量算工作起到总量控制的作用，具体是指图幅理论面积和各行政单位的总面积。

碎部面积是指相对于控制面积而言的末级量算单元的面积，即通常所说的图斑面积。量算系统还包括对量算允许误差的规定、平差过程的规定和面积汇总的规定。

为了标明调查地区范围内图幅间的关系位置，避免在工作中出现差错，量算前要编制图幅接合图表(见图表 10-1)。该作业流程的基本步骤如下。

(1) 从高斯投影图幅面积表中查取地形图幅的理论面积，作为量算基本控制。

(2) 量算图幅内各乡(村)的土地面积，当各乡(村)的量算面积之和与图幅理论面积之间的误差小于允许值时，以图幅理论面积为一级控制，对各乡(村)的量算面积进行比例平差，得图幅内分区控制面积。

(3) 当图幅内乡(村)数少，图斑多时，可利用地物界线分片量算面积，按上述程序对各片的量算面积进行比例平差。

(4) 量算图幅内各乡(村)的地类图斑面积，当图斑量算面积之和与分区控制面积间的误差小于允许值时，以分区控制面积为二级控制，对乡(村)内的图斑量算面积进行比例平差。

(二) 量算精度

(1) 分区面积量算允许误差(一级控制)按公式(10-14)计算。

$$F_1 < \pm 0.0025P_1 \tag{10-14}$$

式中：F_1 为与图幅理论面积允许误差(亩)，P_1 为图幅理论面积(亩)。

图表 10-1 ________图幅理论面积与控制面积接合图表

图幅理论面积		纬度	经度			纬度	界内横向累加值	
1∶1万	1∶5千		110°00′	110°01′52.5	110°03′45″ 110°07′30″		1∶5千	1∶1万
25 951 520.0	6 487 028.3	36°20′00″	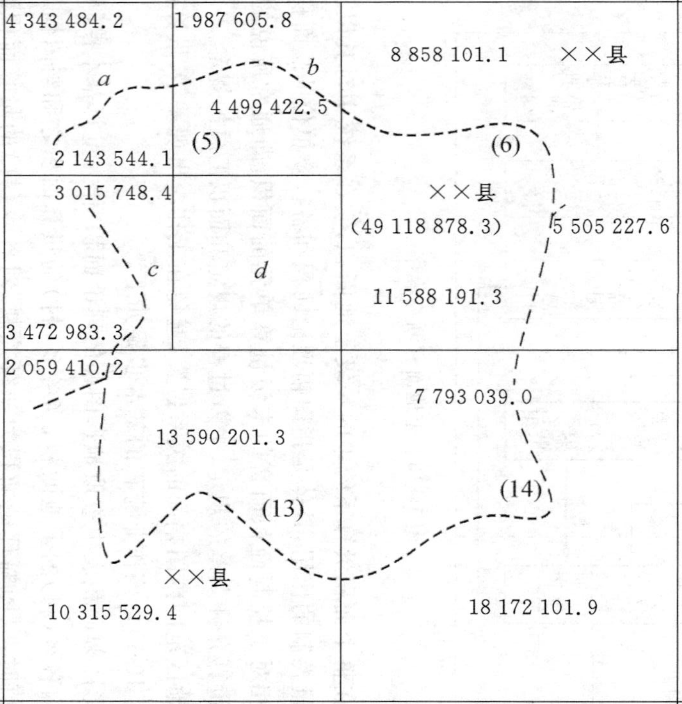 4 343 484.2 *a* 2 143 544.1	1 987 605.8 *b* 4 499 422.5 (5)	8 858 101.1 ××县 (6)	36°20′00″	6 642 966.6	11 588 191.3
	6 488 731.7	36°18′45″	3 015 748.4 *c* 3 472 983.3	*d*	××县 (49 118 878.3) 5 505 227.6 11 588 191.3	36°18′45″	9 504 480.1	
25 965 140.9		36°17′30″ 36°15′00″	2 059 410.2 13 590 201.3 (13) ××县 10 315 529.4		7 793 039.0 (14) 18 172 101.9	36°17′30″ 36°15′00″		21 383 240.3
		纬度	110°00′	110°01′52.5″	110°03′45″ 110°07′30″	纬度		
			经度					
界内纵向累加值		1∶5千	5 159 292.5	10 988 154.2		小计	16 147 446.7	32 971 431.6
		1∶1万	13 590 201.3		19 381 230.3			
界内总面积(合计)			49 118 878.3					

(2) 地类面积量算允许误差(二级控制),因量算方法的不同,分别按公式(10-15)、公式(10-16)、公式(10-17)计算。

求积仪法:

$$F_2 \leqslant \pm 0.08 \frac{M}{10\,000} \sqrt{15P_2} \tag{10-15}$$

图解法:

$$F_3 \leqslant \pm 0.06 \frac{M}{10\,000} \sqrt{15P_2} \tag{10-16}$$

方格法、网点板法、平行线法:

$$F_4 \leqslant \pm 0.1 \frac{M}{10\,000} \sqrt{15P_2} \tag{10-17}$$

式中:F_2、F_3、F_4——不同量算方法与分区控制面积允许误差,亩;

M——地形图比例尺的分母;

P_2——分区控制面积;亩。

(3) 求积仪量算面积,同一图斑两次求积仪分划值的允许误差不超过表10-3规定。

表10-3　求积仪量算面积允许误差

求积仪分划值	允许误差	备　注
<200	2	亦适用于重复绕圈的累计分划值
200～2000	3	同上
>2000	4	同上

(4) 其他方法量算面积,同一图斑两次量算面积较差与其面积之比应小于表10-4规定。

表10-4　图解法等其他非求积仪方法两次量算面积允许误差

图上面积/mm^2	允许相对误差	备　注
<100	1/30	图上面积甚小的图斑,可适当放宽
100～400	1/50	
400～1000	1/100	
1000～3000	1/150	
3000～5000	1/200	
>5000	1/250	

(三) 量算记录与统计

土地二调《规程》规定面积计算单位采用平方米(m^2),面积统计、汇总单位采用公顷(hm^2)和亩,准确到小数点后一位,其后数字按四舍五入处理面积量算数据直接填入规定表格,不许涂改。错字用水平线划掉,在其上方或旁边重记,并注明原因。土地利用现状面积统计表等需认真核算,准确无误。

三、控制面积量算

控制面积量算是整个量算工作的首要环节,也是确保量算工作科学、可靠的基础环节。

农村土地调查中为土地面积量算建立起的控制体系是以图幅理论面积作为总的控制的。由图幅理论面积来控制县的面积、乡的面积直至村的面积。一般图幅需设立二级控制，第一级是图幅理论面积，第二级或是乡土地总面积或是村土地总面积。只有那些分布有县界的图幅，才需设置三级控制，即按图幅理论面积-县土地面积-乡(或村)土地面积的顺序设置控制。

控制是相对的，二级被一级控制，同时又对下一级起控制作用。控制级别越高，精度要求就越高。县、乡、村控制面积的量算工作依次由上一级部门负责进行。量算方法应尽可能用精度较高的方法。

(一) 图幅理论面积的查取

图幅理论面积是根据地形图投影原理解析而来的，不受图件制作精度的影响，是最精确的面积数据。对于全国统一分幅的地形图，可以从《高斯投影图廓坐标表》中查取要量算图幅的理论面积。《规程》也提供了查取表。但查找的引数不是图幅号，而按比例尺和上、下图廓线的纬度查找。图幅理论面积单位为平方米(m^2)，保留一位小数。

(二) 确定量算工具的单位面积值

量算工具的单位面积值是指各种量测工具的量算单位所代表的实地面积数，如求积仪的分划值、方格法的单格值、格点法的点值等。若使用机械式求积仪，最好用公里网格法来测算分划值，这种方法可消除图纸伸缩变形的影响。方格蒙片单格值的测定有两种方法可选：一种方法是将图廓线都透绘在计算纸上，然后量算出全图总格数，并依据图幅理论面积和总格数求算出单格值；另一种方法同求积仪法相似，在图幅的不同部位选择若干公里网格，用透明方格纸量算出它们的格数，计算单格值。

(三) 控制区界线确定

县、乡、村控制面积是指各县、乡、村在某一幅图内的面积，这样才符合土地面积量算中“以图幅为基本控制”的原则。控制区界线一般为相应的县界、乡界和村界。但有时(特别是在县、乡级时)按县、乡界划分会形成一个很大的控制区，使得量算工作难于进行。此时可把这种过大的控制区划小为两个或多个控制区，使控制区规模合适，形状比较规矩(长、宽比接近，避免狭长的条形)。控制区界线的确定应遵循如下原则。

(1) 如果只作两级控制，则应以村界或相当于村界的权属界线作为控制区界线，若作三级控制则还应以县界作为控制区界线。

(2) 当外县(或外乡)插入的土地(即飞地)面积较大时，应作为一个独立控制区，划定界线参加量算和平差，否则可作为碎部图斑量算。以多大规模为准，《规程》未作规定，有的地方规定以大于图幅理论面积的1%为准，也有的地方以达到当地末级控制面积大小为准。

(3) 对于小片国有土地应并入村内量算，直接扣除；大片国有土地可作为一个独立控制区对待，参加量算和平差。大片的界定也可参照上条的规定。

(4) 当图幅内村(乡)数少，图斑过多时，可利用地物界线分片划定界线，分片量测，对各片按面积比例平差。据有关文献，为防止粗差的引入，一般一个控制区域内下级量测图斑数达到百个以上时视为图斑过多，应分片量测。但我国一些地区图斑十分细碎，故可适当放宽。

(5) 如果一个村庄被其他单位(或双线河流)分割成独立的两部分,而且两部分面积比例的差异不太大,则可以分片划定界线,分片量算面积,分片平差。

(6) 一幅图内若有外单位(外县、外乡)的土地,则也应单独作一个控制区对待,进行量算,参与平差。

(四) 控制面积量算

不论采用什么方法量算控制面积,都必须独立量算两次。两次量算的较差未超过限差时,取两次量算的平均值。

(1) 计算图幅内控制面积。当完成土地利用数据库后,以标准分幅图为单位,以图幅理论面积为控制,对标准分幅的矢量界线数据按椭球面积计算公式计算图幅内各方控制面积,使图幅内各方控制面积之和等于图幅理论面积,并将计算的各方控制面积保存在标准分幅行政界线层数据中,作为图幅中各行政区域的控制面积,由此得到各行政区域界线所在图幅的破幅控制面积。

(2) 计算调查区域控制面积

以行政区域界线(国界线或零米线)为控制依据,制作图幅理论面积与控制面积接合图表(简称接合图表,见图表 10-1)。根据接合图表分别计算本行政区域的破幅控制面积之和及整幅图理论面积之和,二者之和即为该调查区域控制面积。下级行政区域控制面积之和等于上级行政区域控制面积。

(五) 平差计算

1. 计算闭合差

一幅图内各控制区量测值面积之和与该图幅的理论面积之差称闭合差,用 ΔP 表示。闭合差计算公式:

$$\Delta P = \sum P' - P_0 \tag{10-18}$$

式中:$\sum P'$——各控制区面积量测值之和;P_0——图幅理论面积。

根据《规程》规定,一级控制面积量算闭合差的允许误差为 $F_1 < \pm 0.002\,5P_0$,因此,ΔP 必须小于 $\pm 0.002\,5P$。方可进行平差计算。

2. 计算改正系数 *k*

改正系数是闭合差与量测面积总和之比,符号相反。即改正系数:

$$k = -\Delta P / \sum P' \tag{10-19}$$

3. 计算各控制区平差改正值

根据“按面积比例平差”的原则,每个控制区的改正值等于各控制区量算面积乘改正系数。即按公式(10-20)计算

$$\Delta P' = k \times P' \tag{10-20}$$

式中 $\Delta P'$ 为控制区改正值;P' 为控制区量测面积。

4. 计算各控制区平差后面积

改正后面积等于量算面积加上改正值，即：

$$P = P' \pm \Delta P' \tag{10-21}$$

式中 $\sum P$—— 平差后面积（即平差改正后面积）。

5. 校核控制区面积

各控制区平差改正后面积之和应等于该图幅的理论面积，即：

$$\sum P = P_0 \tag{10-22}$$

式中 $\sum P$ 为平差后面积之和。

验算结果，只有两者完全相等才符合要求，否则，检查原因，重新配赋，直至 $\sum P$ 完全等于 P_0。

四、碎部面积量算

碎部是相对于整体而言的，是指基层的具体图斑。碎部图斑量算受控于末级控制区（通常为村）的面积。在控制面积量算的基础上进行碎部面积量算，分控制区进行，逐一对区内各地类的独立图斑进行量算。量算结果受各图幅末级控制分区平差后的面积控制。

（一）量算单元（图斑）

外业调绘和转绘的结果在图上划分了许多图斑，但同时也有一些成不了图斑的地物，如道路、沟渠等线状地物，用打点注记方式表达的零星地类等。为了使面积量算不重不漏，要将它们分别归属于邻近的某个图斑来形成“求积图斑”。划分求积图斑要有一定的规则，也即找到它们的界线即求积线，要便于量算，也便于面积汇总统计。

1. 量算单元及其求积线

碎部面积量算单元是指末级控制区内最基本的、实施地类面积量算的单元。一般来讲量算单元与外业调绘时的图斑是一致的。因此为了使每幅图中各部分土地面积都能量算清楚，使量算工作不重不漏、准确可靠、结果便于汇总，应将图上各个量测对象（不管是斑状的，线状的，还是点状的）都归入到一个面状图形（图斑）之中，对这些图斑进行量算之后，再将非斑状的量测对象面积从所在图斑内扣除。只有这样，才能做到量算工作不重不漏，量测结果准确可靠。为此，在开始碎部面积量算之前，必须先明确量测图斑，也就是明确图斑的求积线。图斑的求积线主要依靠外业调绘的图斑界线来确定，但需要遵循以下原则：

(1) 求积线与线状地物重合，且线状地物两侧图斑属同一权属单位（如同村）。此时，若线状地物符号为单线符号，则求积线就是该线状符号。在确定求积线的同时应标记该线状地物的面积将在那块图斑内扣除。若两侧图斑为同一权属的，则线状地物的面积可在其中的任意一块图斑中扣除，但不得重复扣除或漏扣。当线状地物符号为双线符号时，首先确定该线状地物在量算时并入哪个相邻图斑一同量测，然后将合并后的外围界线作为求积线进行量算，量出面积后再将线状地物面积扣除。

(2) 当线状物与境界线（或权属界线）重合时，应根据线状地物符号与境界线符号（或权属界线符号)的关系,判断线状地物的归属,来确定求积线是线状符号还是境界符号。有三种情况。

A. 当境界符号(或权属界线符号)连续或断续地绘在线状符号的一侧,表示线状地物为一方所有,应以境界符号(或权属界线符号)紧邻的线状地物线作为求积线。

B. 当境界线符号(或权属界线)在线状地物符号两侧跳绘,或境界符号(或权属界线)在线状符号内连续或断续绘出,表示以线状地物中心为界,线状地物为双方共同所有。应以地物符号的中心线作为求积线或取标绘于中心的境界线作为求积线。

C. 当境界符号(或权属界线符号)绘在依比例尺表示的线状符号两侧,说明线状地物为第三方所有,可划归相邻某一个图斑,以合并后的外围界线作为求积线,但应根据外业调绘说明和注记正确计算线状地物面积后予以扣除。

(3) 标定求积线的同时,标定线状地物的归属。

2. 图斑编号

图斑编号不仅是量算工作的需要,也是面积汇总工作的需要和管理上的需要。编号的基本原则是按权属单位(例如村)统一进行编号,从上到下,从左到右连续编号。但为了便于应用,在进行编号前应对以下方面有所考虑。

(1) 分布在不同图幅上的同一权属单位的图斑的编号。大多数地方都采取统一编号,不重号、不漏号的办法。这样可一目了然该权属单位共有多少个图斑。也有的地方强调不重号,但不强调不漏号。

(2) 实地上的同一个地类图斑在图上被图廓线分割成两块或多块。在量算面积时它们按原则不能拼接量算,因而是分别量算的,量算记录表上也是分别记录的。但它们的编号如何处理,各地不一样。实践中出现过三种方式:其一,分别作为一个独立图斑编号;其二,都编成同一个号;其三,主号相同,支号相异。相同可以体现它们是同一个地类图斑,但不能反映出它们分属于不同的图幅;编号不同,则不利于反映出它们同属一个地类图斑的性质。

(3) 图斑编号采用的数码应当位数越少越好,过于冗长会给制图带来不便,不利于用图。

(二) 碎部面积量算

碎部图斑的量算工作沿求积图斑界线进行,不得出现重漏。做好记录。严格控制闭合误差,并按原则进行平差。

1. 量算方法的基本要求

根据图斑的形状、大小、分布位置等具体情况,采用本章第二节所述的面积量算方法,逐一量算图斑面积。不论采用什么量算方法,每个图斑必须量算两次。两次量测较差在限差(见表10-3和表10-4)之内时,取其平均值。当图斑面积为1～2cm^2时,用求积仪每次至少绕图形两圈取其中数作为一次读数;当图斑面积小于1cm^2或者为狭长的图斑时不能用求积仪,应用方格法或求积圆盘等测量。对具有几何图形的图斑可使用图解法,但如果一幅图内图解法运算的图斑过多,则应注意图纸伸缩对图斑面积造成的影响,因为图解法不能自动消除图纸伸缩的影响。

2. 闭合差和平差

碎部图斑面积量算方法过程与量算控制区面积基本相同。所不同的是：①平差依据的控制面积不是图幅面积，而是末级控制区面积；② $\sum P$ 是指末级控制区内各图斑面积量测值之和；③碎部面积量算的闭合差限差 f 不同。《规程》规定，限差 f 应分别满足公式(10-15)、公式(10-16)、公式(10-17)的要求。

3. 线状地物面积的量算

线状地物的面积均按矩形面积计算公式计算。矩形宽度数据来自于外业调绘时的实地量测的数据，长度取自图上(在分段实测宽度的情况下，长度应分段量取)。图上宽度≥2.0mm时，按图斑编号，单独量算面积，参与平差。

国有铁路、公路、渠道等，应按征用土地的宽度计算面积，这样才能保证计算的面积与征地面积相符，以便满足地籍管理的需要。

同一图斑内有多条线状地物时，宜各条分别量算面积。即使宽度相同，也不宜只计总面积，这样有利于管理。

4. 图斑地类面积计算

一个图斑求积线内往往会包含有其他地类的小图斑、线状地物或零星地类等，为了能准确统计各地类面积，应从图斑量测面积中扣除这些小图斑面积、线状地物面积及零星地类面积，余值为该图斑地类的面积。小图斑面积和线状地物面积由上述方法量得，零星地类面积从外业手簿中查取。耕地图斑地类面积的计算还应根据田坎系数从图斑面积中扣除田坎面积。

5. 耕地分坡度级面积的量算

《规程》规定耕地面积应按坡度级进行量算统计。耕地坡度分级标准及统计表见表10-5。经量算面积和平差后的耕地地类图斑，均应应用坡度尺或通过计算等高线间距来划分坡度线，并计算各坡度级面积。

表10-5 耕地坡度分级标准及统计表

地面倾角	坡度值	平 地	梯 田	坡 地
＜2	＜0.035			
2～6	0.035～0.105			
6～15	0.105～0.268			
15～25	0.268～0.466			
＞25	＞0.466			

注：坡度及坡度值上含下不含。

(1) 当整个耕地图斑属同一坡度级时，该地类图斑各项(线状地物、零星地类、田坎)扣除项后的面积即为耕地面积，不必另行测算。

(2) 当一个耕地地类图斑面积属两个或两个以上坡度级时，在图斑内勾画出坡度级界线，分别量测各部分面积，并用图斑扣除各应扣除项后的面积作控制进行配赋，从而求得各坡度级的面积。

(3) 不上图的零星地类耕地应在外业调绘时调查清楚，并记入外业调绘手簿。汇总耕地坡度级面积时，从外业手簿中查取。

五、土地面积的统计、汇总

控制面积和碎部面积测算工作结束之后，要对测算的原始资料加以整理、汇总。整理、汇总后的面积才能作为土地登记、土地统计的基础数据。

面积汇总、统计与面积量算的程序及原则有关，汇总内容取决于社会对资料的需求。汇总工作分两个阶段进行：第一阶段为村、乡、县土地总面积的汇总，可在控制面积测算之后进行，它是第二阶段的控制基础；第二阶段为村、乡、县分类面积汇总，在碎部面积测算之后，按权属单位及行政单位汇总、统计分类土地面积，它是第一阶段工作的继续。两个阶段的工作不一定相继进行，但两者汇总、统计结果应起到相互校核的作用，发现问题应及时处理。

（一）村、乡、县土地总面积汇总

村、乡、县土地总面积汇总以分幅图上的村级控制面积测算原始记录为汇总的基本单元，自下而上，按行政界线汇总出村、乡、县三级行政单位的土地总面积。先以乡为单位填写，汇总各村及乡的土地总面积，然后以县为单位，汇总各乡及县的土地总面积。汇总过程中，用图幅理论面积作校核。

县、乡土地总面积，往往分布在较大数量的图幅上，为便于检查接边，必须标出土地调查单位所在图幅间的关系，避免面积测算和汇总过程中因图幅数量太多而出现遗漏或重复。因此，在面积量算前，要预先编制县、乡级图幅控制面积接合图表(见图表 10-1)。

县(乡)级图幅控制面积接合图表上应标出县(乡)界、相邻县(乡)的名称及图幅号。有县(乡)界穿越的图幅，需按图幅测算出县(乡)内、外面积，并标在图幅上。无县(乡)界穿越的图幅，可直接标出该县(乡)行政范围所包括的图幅数，编制图幅控制面积接合图表(见图表 10-1)，计算出该县(乡)行政范围所包括的图幅数，以汇总土地总面积。

（二）分类土地面积统计、汇总

第二阶段汇总工作以碎部面积测算成果为对象，分别按土地权属单位和行政单位整理、汇总统计分类土地面积及土地总面积。以县级行政辖区面积为控制，按宗地或权属单位、行政村、乡镇、县分别进行统计。统计内容包括土地权属单位分类面积的统计汇总和村、乡、县行政界内分类面积统计汇总。

1. 土地权属单位分类面积的统计汇总

土地权属单位分类面积汇总，按村、乡两级进行。先汇总出村级土地权属单位分类面积，再汇总出乡级不同所有制性质的土地总面积。

(1) 村级土地权属单位面积汇总。村级土地权属单位面积是指村集体经济组织所有的集体土地、国营农、林、牧、渔场分场等使用的国有土地、乡镇级各用地单位使用国有或集体土地的面积。以碎部面积测算原始记录表中的图斑为基本单元进行汇总。它们直接为土地登记和土地统计提供依据。

(2) 乡界内土地权属单位分类面积汇总。在村界内土地权属单位土地面积的基础上，乡(镇)行政界内土地总面积等于集体所有土地、使用国有土地、国家后备土地及乡界内的飞地的面积总和。乡(镇)土地使用总面积等于乡(镇)行政界内土地总面积减去乡界内的外单位飞地面积,加上乡(镇)界外本乡(镇)的飞地面积。

(3) 农村土地利用现状一级分类面积按权属性质统计汇总。依据农村调查确定的国家所有(G)、集体所有(J)土地性质,按表10-6统计土地利用现状一级分类面积,国家所有(G)土地面积+集体所有(J)土地面积应等于行政区域土地总面积。

表10-6 农村土地利用现状一级分类面积按权属性质汇总表

单位:公顷(0.00)、亩(0.0) 第 页共 页

行政区域		合计	国家所有(G)	集体所有(J)	其中									
					耕地(01)			园地(02)			林地(03)			草地(04)
名称	代码				小计	国家所有(G)	集体所有(J)	小计	国家所有(G)	集体所有(J)	小计	国家所有(G)	集体所有(J)	…

填表人: 填表日期: 检查人: 检查日期:

续表10-6 农村土地利用现状一级分类面积按权属性质汇总表

单位:公顷(0.00)、亩(0.0) 第 页共 页

其中											
城镇村及工矿用地(20)			交通运输用地(10)			水域及水利设施用地(11)			其他土地(12)		
小计	国家所有(G)	集体所有(J)	小计	国家所有(G)	集体所有(J)	小计	国家所有(G)	集体所有(J)	小计	国家所有(G)	集体所有(J)

填表人: 填表日期: 检查人: 检查日期:

2. 村、乡、县行政界内分类面积汇总

在村、乡、县三级分类面积汇总中,以村级行政界内的分类面积汇总为基础。乡(镇)行政界内土地总面积及各分类面积等于各村的界内分类面积与各村界内其他用地单位分类面积之和。县土地总面积及各分类面积则由各乡(镇)的土地总面积及各分类面积汇总而来。汇总统计内容包括:农村土地利用现状、飞入地、海岛土地利用现状的一级、二级分类面积汇总统计,及耕地坡度分级面积统计汇总和基本农田情况统计。

(1) 农村土地利用现状一级、二级分类面积统计。农村土地调查完成外业调查和数据建库后,对调查的土地利用现状分类数据进行统计,按表10-7和表10-8分别统计农村土地利用现状一级、二级分类面积。土地利用现状分类面积统计数据和分类按权属性质统计数

据对《土地利用现状分类》中05、06、07、08、09一级类和103、121二级类进行归并，分别按城市、建制镇、村庄、采矿用地、风景名胜及特殊用地5个单一地类统计。

表10-7 农村土地利用现状一级分类面积汇总表

单位：公顷(0.00)、亩(0.0)第 页共 页

行政区域		行政区域总面积	耕地(01)	园地(02)	林地(03)	草地(04)	城镇村及工矿用地(20)	交通运输用地(10)	水域及水利设施用地(11)	其他土地(12)
名称	代码									

表10-8 农村土地利用现状二级分类面积汇总表

单位：公顷(0.00)、亩(0.0)第 页共 页

行政区域		耕地(01)	其中			园地(02)	其中		
名称	代码		水田(011)	水浇地(012)	旱地(013)		果园(021)	茶园(022)	其他园地(023)

汇总时，行政区域总面积应等于省或县下达的相应行政区域控制面积。各一级分类面积之和应等于行政区域控制面积。

(2) 飞入地一级、二级分类面积统计。按行政辖区界线，统计辖区界线范围内相邻行政辖区的飞入土地，按飞入地单位名称分别对飞入地土地利用现状一级、二级分类面积进行统计。“飞入地一级分类面积汇总表”的样式与表10-7和表10-8相同，只是表的前面几列有所不同，将行政区域栏改为所在行政区域，并增加所属行政区域名称和代码栏，以及将行政区域总面积改为飞入地面积。

(3) 海岛土地利用现状一级、二级分类面积汇总统计。沿海的县(市、区)要对海岛土地利用现状面积进行统计，应以岛为单位进行统计汇总。“海岛土地利用现状一级分类面积汇总表”的样式与表10-7和表10-8相同，在行政区域栏后增加海岛名称和面积栏，删除行政区域总面积栏。

(4) 耕地坡度分级面积统计汇总。根据外业调查确定梯田和坡地类型，应用DEM生成坡度图，计算不同类型、不同坡度级的耕地面积。坡度≤2°的为平地，在坡度>2°耕地中，结合外业调查将耕地再分为梯田和坡地，按表10-9中坡度级，用表10-10汇总耕地坡度分级面积。

表10-9 耕地坡度分级及代码

坡度分级	≤2°	2°～6°	6°～15°	15°～25°	25°
坡度级代码	Ⅰ	Ⅱ	Ⅲ	Ⅳ	Ⅴ

表 10-10 耕地坡度分级面积汇总表

单位：公顷(0.00)、亩(0.0)

行政区域		耕地面积	平地	梯田及坡地面积												
			≤2°	2°～6°			6°～15°			15°～25°			>25°			
名称	代码		面积	合计	梯田	坡地	合计	梯田	坡地	合计	梯田	坡地	合计	梯田	坡地	

填表人： 填表日期： 检查人： 检查日期：

(5) 基本农田情况统计。将基本农田数据层与地类图斑层叠加，计算基本农田地块中各土地利用地类的面积，由此得到划定的基本农田面积和基本农田地块所包含地类，以及各地类面积。按表 10-11 进行统计，其他地类是指基本农田图中划定的基本农田地块中耕地以外地类；表中耕地面积与其他地类面积之和等于合计，即划定的基本农田面积。

表 10-11 基本农田情况统计表

单位：公顷(0.00)、亩(0.0)

行政区域		合计	耕地				其他地类							
名称	代码		小计	水田(011)	水浇地(012)	旱地(013)	小计	园地(02)	林地(03)	草地(04)	城镇村及工矿用地(20)	交通运输用地(10)	水域及水利设施用地(11)	其他土地(12)

填表人： 填表日期： 检查人： 检查日期：

第四节 城镇土地面积量算

城镇土地面积量算是指对城市、建制镇内部、独立工矿区、农村居民地等内部的各类土地进行的面积量算、统计与汇总工作，是获取宗地面积和土地分类面积的重要步骤。与农村土地比较而言，城镇范围较小，因此，面积量算主要为水平面积量算，包括宗地面积、地类面积、宗地内建筑占地面积、建筑面积量算与面积统计汇总。城镇土地面积量算应遵循“先整体后局部，分级控制，逐级测算，地块检核，比例平差，逐级汇总”的原则。

一、面积量算基本要求

（一）量算范围要求

城镇土地面积量算、统计与汇总的范围应与农村土地调查确定的城镇范围相一致。城镇土地调查是将农村土地调查中按单一地类图斑处理的城镇区域(即城市、建制镇、村庄、采矿用地、风景名胜及特殊用地或其他独立建设用地图斑)，按《土地利用现状分类》进行的细化调查。面积量算时,这些区域的范围和面积,应与农村土地调查确定的单一图斑范围和面积相一致。

(二) 面积量算要求

(1) 城镇地籍测量有解析法和图解法之分,不同方法为测算面积提供了不同的基础条件。城市土地应主要采用坐标解析法量算面积,其他区域依测量方法亦可采用图解法。

(2) 解析法面积量算以解析街坊面积为基本控制;图解法面积量算以图幅理论面积为首级控制量算街坊面积,以图幅内各街坊面积为二级控制量算宗地面积。

(3) 采用解析法量算面积必须独立两次计算进行检核。采用图解法量算街坊面积时,要求在聚酯薄膜原图上量算(当采用其他材料的图纸时,必须考虑图纸变形的影响并给予改正),凡地块面积在图上小于 $5cm^2$ 时,不宜采用求积仪量算。无论采用何种方法量算面积,均应独立进行两次量算。图上量算时,两次量算的较差在限差内的取中数作为量算值。

(4) 面积量算单位为平方米(m^2),计算取值到小数后一位。

(三) 量算精度要求

(1) 解析法独立两次面积计算数值应相等,否则应查找原因重新计算。

(2) 在地籍铅笔原图上量算面积时,两次量算的较差应满足下式:

$$\Delta P \leqslant 0.0003M\sqrt{P}$$

式中:P 为量算面积,单位为平方米;M 为地籍铅笔原图比例尺分母。

(3) 以街坊为基本控制的,各宗地面积和与总街坊面积的相对误差应小于1/200。以图幅内街坊为二级控制的,其相对误差不得大于1/100。

(4) 以图幅理论面积为首级控制的,图幅内各街坊及其他区块面积之和与图幅理论面积的相对误差小于1/400。

(四) 土地面积分摊

共用宗内,各自使用的土地有明显范围的,先划分各自使用界线,并计算其面积,剩余部分按建筑面积分摊;没有明显界线的,按建筑面积分别分摊建筑占地面积和共用面积。一宗地内不同用途的房屋分摊土地面积。

(五) 平差方法

具体平差计算方法与农村土地调查面积量算平差计算方法相同,见本章第三节。

二、控制面积量算

控制是相对的,二级被一级控制,同时又对下一级起控制作用。控制级别越高,精度要求就越高,量算方法也应尽可能用精度较高的方法。

(一) 控制范围

《规程》要求城镇地籍调查的范围应与农村土地调查的范围相衔接避免重漏。因此,城镇土地面积量算的总控制范围就是农村土地调查确定的各类城镇图斑的范围和面积数据,其控制范围边界和图斑面积数据可直接从农村土地调查成果中获得。

我国城市市区内部土地按行政管理级别和范围依次分为区、街道、街坊、宗地四个层级；县级市或县城建制镇内部土地依次分为街道、街坊、宗地三个层级。因此，区级行政境界范围控制街道面积，街道境界范围控制街坊面积，街坊范围控制宗地面积量算。

（二）控制与平差原则

（1）采用解析法量算面积的，用街坊面积作为基本控制。全解析法或部分解析法测定界址点坐标的，以坐标解析法求出街坊面积控制街坊内宗地面积量算，当各宗地面积之和与街坊面积的差值小于允许范围时，将闭合差按面积比例分配。但边长丈量数据可以不改，完全用实测数据计算的规则图形和全解析界址点(即表 8-2 中的一类界址点)坐标计算的宗地面积不参加平差。

（2）采用图解法量算面积的，图面量算采用二级控制。①以图幅理论面积控制图幅内各街坊及其他区块面积，当闭合差在允许范围时，按比例配赋给图幅内各街坊及其他区块。②用平差后的各街坊面积去控制街坊内各宗地面积，当闭合差在允许范围时，按面积比例分配给各宗地。但边长丈量数据可以不改，完全采用丈量数据计算的宗地面积不参加平差。

（三）控制面积测算

由上可知，城镇土地面积量算的控制面积有两种：图幅面积和街坊面积。

1. 图幅面积测算

（1）图幅理论面积计算。城镇地籍图图幅有两种，正方形和矩形分幅，其图幅大小均是固定的，可以根据不同比例尺和图廓边的理论尺寸，直接计算其图幅的理论面积。正方形图幅理论面积为 $50\times50\times M^2\times10^{-2}\times10^{-2}(\mathrm{m}^2)$，矩形图幅理论面积为 $40\times50\times M^2\times10^{-2}\times10^{-2}(\mathrm{m}^2)$。式中 M 为图幅比例尺分母。

（2）图幅实际面积测算。当图纸为聚酯薄膜，其伸缩变形较小时，可以直接引用图幅的理论面积；否则应在图纸上量取图廓尺寸与对角线长度，然后组成两组不同的三角形，根据三角形面积公式，计算其面积(要进行图纸形变改正)。两组结果可以起检核作用。具体量测时可以利用格网尺量至 0.1mm。同理，将图上面积根据比例尺换算为实地面积。

2. 街坊面积测算

（1）用解析法测算街坊面积。用解析法实测街坊各拐点的坐标，组成一个闭合多边形，利用公式(10-6)或公式(10-7)计算出街坊面积，以此面积直接控制街坊内各宗地及其他地块面积。

（2）用图解法测算图幅内街坊面积。可采用求积仪法或沙维奇法。其作业过程如下。①以图幅为单位，用求积仪法或其他方法，在图上量测出图幅内各街坊及其他区块的面积。②求其闭合差。将图幅内各街坊及其他区块面积相加，与图幅理论面积比较，求出面积闭合差。③当相对闭合差小于 0.0025 时，将不符值配赋到各街坊及其他区块面积中。④检核。平差配赋后各街坊及其他区块面积之和，应与图幅理论面积相等。

三、宗地与地类面积量算

城镇宗地和地类面积量算根据所采用的地籍测量(或勘丈)的解析法、部分解析法和图解法三种方法可分别采用不同面积量算方法。

（一）实测坐标解析法

当宗地或地类界址点均为全解析法实测坐标时，利用公式（10-6）或公式（10-7）计算面积，不参与平差。

（二）部分解析法

当宗地或地类界址点为采用间接法解析法测算的坐标时，同样利用公式（10-6）或公式（10-7）计算各宗地或地类面积，但应参与以街坊面积为基本控制的面积平差。当各宗地面积之和与街坊总面积之相对误差小于1/200时，将误差按面积比例分配到各宗地（但用全解析实测坐标数据计算的地块不参与平差计算），得出平差后的各宗地面积。

（三）图解法面积量算

用图幅内平差后的街坊面积作为图解量算各宗地面积的二级控制，当相对误差不大于1/100时，将闭合差按比例分配给各宗地，得出平差后的宗地面积。但边长丈量数据可以不改。完全采用丈量数据计算宗地的面积可以不参加平差。

四、城镇宗地面积测算项目

（一）独立宗地面积测算的项目及关系

独立宗地面积测算的项目包括用地面积，即宗地面积；建筑占地面积，即基底面积；其他面积，指宗地内基底面积以外的面积。以上各项的关系是：

用地面积 = 基底面积 + 其他面积

（二）组合宗地面积测算的项目及关系

组合宗地面积测算的项目包括共有使用权面积，即宗地总面积；权利人用地面积，即各权利人应拥有的土地面积；分摊基底面积，即各权利人应分摊到的基底面积；分摊共用面积，即各权利人应分摊到的除基底面积以外的土地面积；其他面积，如自购花园面积等。以上各项的关系是：

权利人用地面积 = 分摊基底面积 + 分摊共用面积 + 权利人的其他面积

（三）土地面积分摊原则

（1）各权利人在获得房地产时已签订了合约，明确各权利人应拥有的房地产份额或面积的，登记时则按合约明确的份额或面积计算各权利人的用地面积。

（2）原没有明确各权利人的用地面积，则以各权利人拥有的房屋建筑面积按比例分摊土地面积。分摊时先分摊基底面积，然后再分摊公共面积。

（四）土地面积分摊方法

（1）分摊基底面积（建筑占地面积）的计算式：

$$分摊基底面积=\frac{本栋基底面积}{本栋建筑面积}\times 权利人建筑面积$$

（2）分摊共用面积的计算式：

$$分摊共用面积=\frac{共用使用权面积-宗地总基底面积}{宗地总建筑面积}\times 权利人建筑面积$$

当共用使用权宗地中部分权利人拥有自购花园时，则在计算分摊共用面积时须使用下式：

$$分摊共用面积=\frac{共有使用权面积-宗地总基底面积-自购花园总面积}{宗地总建筑面积}\times 权利人的建筑面积$$

（五）宗地内土地分类面积的计算及分摊

一宗地中若具有不同土地类别且没有按类别划分宗地的，如需计算土地分类面积，可以从地籍图、房地产现状图或宗地图上图解测算并按建筑面积分摊，各类用地面积之和应等于总用地面积。

当一宗地按用途批准建设时，对于为主要用途服务的配套设施用地可不分类计算。例如住宅用地里的小花园、绿化地、通行道路等，工业用地里的道路、绿化地、职工食堂及单身宿舍等。

当只有一个权利人的宗地内房屋的用途不同时，如地面上能划清界限，则按上述方法处理，否则，按不同用途的房屋的建筑面积分摊土地面积，如综合性大楼（多为商业、办公、住宅混合型大楼），分摊方法同前。

五、城镇土地面积统计汇总

（一）城镇土地统计

在城镇土地调查的基础上，以县为单位，对城镇土地调查获取的土地利用分类和权属性质进行统计，统计内容包括以下两点。

（1）城镇土地利用现状一级、二级分类面积统计。城镇土地调查完成外业权属调查、地籍测量和数据建库后，对调查的土地利用现状分类数据进行统计，按表10-12和表10-13分别统计城镇土地利用现状一级、二级分类面积。统计结果，城镇土地调查各地类面积应等于城镇调查区控制面积。

（2）城镇土地利用现状一级分类面积按权属性质统计。依据城镇调查确定的国家所有(G)、集体所有(J)土地性质，按表10-14统计土地利用现状一级分类面积，国家所有(G)土地面积＋集体所有(J)土地面积应等于城镇调查区控制面积。

（二）城镇土地汇总

城镇土地面积汇总包括宗地面积汇总和城镇土地分类面积汇总。宗地面积汇总以街道为单位，按街坊的次序进行；同一街坊内按先宗地、后地块的方式，依其编号的次序进行编列汇总，形成以街道为单位的宗地面积汇总表。城镇土地分类面积汇总以街坊为单位，按土地利用类别进行，由街坊开始，逐级汇总统计街道的城镇土地分类面积，形成城镇土地分类面积统计表，见表10-12、表10-13和表10-14。

表 10-12 城镇土地利用现状一级分类面积汇总表

单位：公顷(0.00)、亩(0.0)第　页共　页

行政区域		行政区域总面积	耕地(01)	园地(02)	林地(03)	草地(04)	商服用地(05)	工矿仓储用地(06)	住宅用地(07)	公共管理与公共服务用地(08)	特殊用地(09)	交通运输用地(10)	水域及水利设施用地(11)	其他土地(12)
名称	代码													

填表人：　　填表日期：　　检查人：　　检查日期：

表 10-13 土地利用现状二级分类面积汇总表

单位：公顷(0.00)、亩(0.0)第　页共　页

行政区域		…	商服用地(05)	其中				工矿仓储用地(06)	其中			…
名称	代码			批发零售用地(051)	住宿餐饮用地(052)	商务金融用地(053)	商务金融用地(054)		工业用地(061)	采矿用地(062)	仓储用地(063)	

填表人：　　填表日期：　　检查人：　　检查日期：

表 10-14　城镇土地利用现状一级分类面积按权属性质汇总表

单位：公顷(0.00)、亩(0.0)第　页共　页

行政区域		合计	国家所有(G)	集体所有(J)	其　中												
					耕地(01)			园地(02)			林地(03)			…	商服用地(05)		
名称	代码				小计	国家所有(G)	集体所有(J)	小计	国家所有(G)	集体所有(J)	小计	国家所有(G)	集体所有(J)	…	小计	国家所有(G)	集体所有(J)

填表人：　　　　填表日期：　　　　检查人：　　　　检查日期：

表 10-14(续)　城镇土地利用现状一级分类面积按权属性质汇总表

工矿仓储用地(06)			住宅用地(07)			公共管理与公共服务用地(08)			特殊用地(09)			交通运输用地(10)			…	其他用地(12)		
小计	国家所有(G)	集体所有(J)	小计	国家所有(G)	集体所有(J)	小计	国家所有(G)	集体所有(J)	小计	国家所有(G)	集体所有(J)	小计	国家所有(G)	集体所有(J)	…	小计	国家所有(G)	集体所有(J)

汇总的原则是在已开展城镇地籍调查工作的基础上，本着重点突出、确保质量的原则，充分利用建成的城镇地籍信息系统，进行有关数据的汇总、统计和分析。

(1) 统计汇总报表类型。面积计算与汇总的结果均以表格形式提供，报表类型包括界址点成果表、宗地面积计算表、宗地面积汇总表、地类面积统计表。①宗地面积计算表。一个宗地一个宗地地输出，内容包括界址点号、坐标、边长，以及宗地的建筑占地面积、建筑面积、建筑密度和建筑容积率。输出范围为宗地、街坊。②宗地面积汇总表。内容包括地籍号、地类代码、面积。输出范围：街坊、街道。③地类面积统计表。内容包括输出范围内按城镇土地分类统计的各类面积及汇总结果。输出范围为街坊、街道、区。

(2) 汇总要求。①汇总时点为初始城镇地籍调查完成时或某一现状时点。②基本汇总单元以县级市(区)、县城所在地的建制镇为基本汇总单元，并逐级汇总。③建成区范围的界定。土地利用现状调查和变更调查调绘为城市、建制镇的图斑范围内的所有土地为城镇建成区范围。

(3) 汇总内容。①汇总城镇土地利用现状数据。②汇总城镇土地使用权类型。③编写城镇土地利用分析报告。④城镇专项统计：建筑占地、建筑密度、建筑容积率、工业用地、基础设施用地、金融商业服务用地、开发园区用地、房地产用地数据统计。城镇土地利用强度的几个衡量指标：城镇容积率＝建筑总面积/建成区总面积；城镇建筑容积率＝建筑总面积/建筑占地总面积；城镇建筑密度＝建筑占地总面积/建成区总面积。⑤闲置土地面积统计。⑥违法用地面积统计。

复习与思考

1. 何谓土地面积量算、求积图斑、求积线、图斑地类面积？
2. 土地面积量算的基本原则是什么？试述农村土地面积量算的原则。
3. 土地面积量算与统计的基本要求有哪些？
4. 什么是解析法面积测算？常用的方法有哪些？
5. 什么是图解法面积测算？常用的方法有哪些？
6. 土地面积测算有哪几项改算？试述改算的基本原理。
7. 试述农村土地面积量算的基本步骤。
8. 试述控制面积量算的步骤与原理。
9. 试述农村土地碎步面积量算步骤与原理。
10. 何谓城镇土地面积量算？与农村比较有何特点？
11. 试述只有一个权利人的宗地应计算土地面积的项目和关系。
12. 试述共有使用权宗地应计算土地面积的项目和关系。
13. 试述共有使用权宗地面积计算中，分摊土地面积的原则和方法。
14. 简述用图解法测算“村”面积的基本步骤。

第十一章

变更地籍调查

第一节 概 述

变更地籍调查是指在完成初始地籍调查之后，针对土地所有权和使用权的主体和客体及权利义务发生变化的日常性地籍调查。变更地籍调查的目的是查清宗地发生变更的合法性，以及变更后的位置、权属、界址、数量和用途等基本情况，满足变更土地登记的需要。通过变更地籍调查，不仅可以使地籍资料保持现势性，还可以使地籍成果提高精度、逐步完善地籍内容。变更地籍调查包括变更权属调查和变更地籍测量。

一、变更地籍调查的作用与特点

初始地籍建立后，随着社会经济的发展，土地被更细致地划分，建筑物越来越多，用途发生不断地变化，以房地产为主题的经济活动，如房地产的继承、转让、抵押等，更加频繁，因此，要求地籍管理者必须及时做出反应，掌握地籍信息变更情况，以维护社会秩序、保障经济活动正常运行。初始地籍就像初生的婴儿，需要通过变更地籍不断汲取营养，才能健康成长。因此，变更地籍是地籍的生命所在，也是地籍得以存在几千年的理由。在德国，有近200年的完整的地籍记录，现已毫无遗漏地覆盖了全部国土，地籍记录的最小地块只有几平方米，在两次世界大战中，他们的地籍资料仍得到有效的保护。可以说，地籍为德国的经济发展做出了重要的贡献。

(一) 变更地籍调查作用

变更地籍调查除为满足初始登记和变更登记的要求而进行正常的地籍调查外，还必须不断地消除初始地籍资料中的错误，这也是初始地籍建立后一段时间内地籍变更工作的一部分，因此变更地籍调查是保持地籍资料现势性的重要手段。除此而外，其作用还在于：可使实地界址点点位逐步得到认真的检查、补置、更正；使地籍资料中的文字部分，逐步得到核实、更正、补充；可逐步消除初始地籍中可能存在的差错；可提高地籍测量成果的质量，随着地籍变更,逐步用高精度的变更测量成果替代原有精度较低的成果,使地籍资料跟上社会经济的发展,满足新的需求。

（二）变更地籍调查的特点

变更地籍调查与初始地籍调查的地理基础、内容、技术方法和原则是一样的。但和初始权属调查(是在某一时期内对整个行政区范围内整区域整街坊的调查)不同,变更地籍调查是在某一宗地土地使用者提出变更土地登记或初始土地登记申请后,调查人员在较短的时间内及时进行的调查。它是国土资源管理部门的日常性调查工作,其特点表现如下。

(1) 目标分散,发生频繁,调查范围小。地籍变更工作是在初始地籍信息系统建立之后进行的,是日常地籍工作的一个组成部分,因此,不同于初始地籍时的统一调查,而是局部的宗地在统一调查完成后进行的变动,调查和测绘的范围是特定的待变动或已变动的宗地。

(2) 政策性强,精度要求高。初始地籍信息系统的建立,在系统精度、成本、工期等诸因素的综合考虑下,虽然满足了建立地籍信息系统的精度要求,但从整体上讲,系统的精度不均匀、不够高。地籍变更则要求精确地测算出变更后宗地的各界址点坐标和面积,所要求的测绘技术和方法都要比统一调查时的要高,有利于逐步提高地籍管理系统的整体精度。

(3) 变更同步,手续连续。进行了变更测量后,与本宗地有关的表、卡、册、证、图均需进行变更。

(4) 任务紧急。土地权利人在提出变更申请后,往往就要求立刻着手实施组织工作。同时,由于目标明确,一般在进行了地籍调查之后,如果四邻关系清楚,就可展开相应的测绘工作。才能满足使用者的要求。

由此可见,变更地籍调查是地籍管理的一项日常性工作。与初始地籍调查不同,变更权属调查与变更地籍测量通常由同一个外业组一次性完成。

二、变更地籍调查种类

根据宗地界址变化情况变更地籍调查可分为如下 4 种类型。

（一）界址未发生变化的宗地的变更调查

包括只发生了土地使用者、土地用途等改变、因行政区划变化引起宗地档案变更等。如：转移、抵押、继承、交换、收回土地使用权；违法宗地经处理后的变更；宗地内地物、地貌的改变等；如新建建筑物、拆迁建筑物、改变建筑物的用途及房屋的翻新、加层、扩建、修缮；精确测量界址点的坐标和宗地的面积。这通常是为了转让、抵押等土地经济活动的需要；土地权利人名称、宗地位置名称、土地利用类别、土地等级等的变更；宗地所属行政管理区的区划变动,即县市区、街道(地籍区)、街坊(地籍子区)、乡镇等边界和名称的变动；宗地编号和房地产登记册上编号的改变。

（二）界址发生变化的宗地的变更调查

包括宗地合并、分割及边界调整等。如：征用集体土地；城市改造拆迁；划拨、出让、转让国有土地使用权,包括宗地分割转让和整宗土地转让；土地权属界址调整、土地整理后的宗地重划；宗地的边界因冲积作用或泛滥而发生的变化等；由于各种原因引起的宗地分割和合并。

（三）新增宗地的变更调查

指针对某一街坊内新增加的宗地或城镇范围向外延伸新增加的地籍街坊或街道中有关宗地开展的地籍变更调查。

（四）旧城改造中变化宗地的变更调查

指针对由原区域宗地拆迁后变成一宗地，建成后又分割为若干宗地等开展的地籍调查。

三、变更地籍调查的程序

变更地籍调查的技术、方法与初始地籍调查基本相同，其工作程序也类似。主要包括：地籍变更申请、准备工作、检查与审核、变更权属调查、变更地籍测量、地籍图修测等。

（一）地籍变更申请

地籍变更申请一般有两种情况：一是间接来自于社会的申请；二是来自于国土管理部门的日常业务申请。间接地籍变更申请是指土地管理部门接到房地产权利人提出的申请或法院提出的申请后，根据申请报告由国土管理部门的业务科室向地籍变更业务部门提出地籍变更申请。土地管理部门的业务科室在日常工作中经常会产生新的地籍信息，例如监察大队、地政部门、征地部门等，这些业务科室应向地籍变更业务主管部门提出地籍变更申请。

（二）准备工作

地籍变更的资料通常由变更清单、变更证明书和测量文件组成。为此，准备工作包括资料、数据、表格准备、测量器材准备和发送变更地籍调查通知书等内容。

（三）检查与审核

指对变更原因、变更内容、原始资料与实地情况等的合法性或一致性的检查与审核，以及实地界址点的检查与恢复工作。

（四）变更权属调查

变更权属调查是指调查人员接收经土地登记人员初审的变更土地登记或初始土地登记申请文件后，对宗地权属状况及界址进行的调查，包括土地权属或地类发生变更的宗地的边界、四至、地号、使用者、用地类型等权属变更情况的调查。

（五）变更地籍测量

变更地籍测量是在接受变更权属调查移交的资料后，测量变更后的土地权属界线、位置、宗地内部地物地类变化，并计算面积、绘制宗地图、修编地籍图，为变更土地登记或设定土地登记提供依据。变更地籍测量在变更权属调查基础上进行，变更地籍测量的技术、方法与初始地籍测量相同。

（六）地籍图的修测

即在原有地籍图的基础上，标绘变更权属界址点，修测新增的地物并编绘地籍图、量算面积、填写土地登记调查表等，为换发土地证做好准备。

第二节　变更权属调查

变更权属调查是变更地籍调查的重要内容。变更权属调查是指调查人员接到经土地登记人员初审的变更土地登记或初始土地登记申请文件后，对宗地权属状况及界址情况进行的调查。变更权属调查的基本单元是宗地。其工作步骤为：查询变更土地登记或初始土地登记申请文件、发送变更地籍调查通知书、宗地权属状况调查、界址变更调查与界址标志设定、填写变更地籍调查表、勘丈或修改宗地草图、填写变更权属调查记事及调查员意见、权属调查文件资料的移交。

一、准备工作

（一）资料、器材准备

（1）资料。变更土地登记申请书、本宗地及相邻宗地地籍档案有关部分的复制件，包括原地籍调查表、宗地草图。

（2）数据。本宗地附近测量控制点及界址点成果（坐标、点之记或点位说明、控制点网图）。必要的变更数据的准备（如分割放样元素的计算）。

（3）表格。变更地籍调查通知书、法人代表身份证明书及指界委托书、变更地籍调查记事表或地籍调查表。

（4）器材。调查工具、文具、仪器等。

（二）发送变更地籍调查通知书

根据变更土地登记申请，发送变更地籍调查通知书。如属界址发生变更的，应通知申请者预先在实地新增的界址点上设立界标。

变更地籍调查通知书的形式如下：

变更地籍调查通知书

根据你（或单位）提交的变更土地登记或房地产登记申请书，特定于__月__日__时到现场进行变更地籍调查。请你（单位或户主）届时派代表到现场共同确认变更界址。如属申请分割界址或自然变更界址的，请预先在变更的界址点处设立界址标志。

国土管理机关盖章

年　月　日

二、检查与审核

在开展变更地籍调查过程中，应着重检查和核实以下内容，若有不符的，必须在调查记事栏中记录清楚，遇到疑难或重大事件时，留待以后调查研究处理，有了处理结果再修改地籍资料。主要检查内容如下：

(1) 检查本宗地及邻宗地指界人的身份。

(2) 检查变更原因是否与变更申请书上填写的原因相一致。

(3) 审核变更申请内容的合法性，如宗地分割、合并，改变用途是否符合有关要求等。

(4) 检查原地籍资料中的内容是否与实地一致。如权属主情况、土地坐落四至、实际土地用途、建筑物构筑物及其他附着物等的资料与实际的一致性。

三、宗地权属状况变更调查

宗地变更权属状况调查与初始权属状况调查的方法基本相同。宗地变更权属状况调查的类型主要有征收集体土地，划拨国有土地，出让、转让国有土地使用权，继承土地使用权，交换土地使用权，收回国有土地使用权，承包集体或国有土地使用权，土地分割，土地合并，土地权利人更名，城市改造拆迁，土地权属界址调整，以及土地他项权利的变更，如抵押、出租等。

宗地权属状况变更调查时，调查人员携带变更土地登记或初始土地登记申请书、本宗地及相邻宗地地籍档案的复印件、地籍调查表等，按约定时间到达现场，现场调查核实宗地的土地使用权的合法性及权利状况、初步调查变更的行为及过程是否符合法律规定，并现场将调查结果填写到地籍调查表上，在原地籍调查表变更处加盖“变更”印章。

(一) 国有土地使用权类型变更时的宗地权属状况调查

国有土地使用权分为划拨国有建设用地使用权、出让国有土地使用权、国家作价出资(入股)国有土地使用权、国家租赁国有土地使用权、国家授权经营国有建设用地使用权等5种类型。土地使用权类型变更是指在土地初始登记或变更登记后，土地使用者改变土地使用权类型的行为。

国有土地使用权类型变更有以下4种情况：即，划拨国有建设用地使用权分别变更为出让国有土地使用权、国家作价出资(入股)国有土地使用权、国家租赁国有土地使用权、国家授权经营国有建设用地使用权。即划拨国有建设用地使用权变更为上述另外4种国有建设用地使用权类型。

对于上述土地使用权类型的变更，调查人员在接到土地使用权类型变更申请书后，须实地调查核实宗地的划拨国有土地使用权是否登记，以及登记的面积、土地用途等内容(若未进行登记应调查其权属来源的合法性及其权源证明材料)；审核土地使用权类型变更的行为及过程是否符合法律规定；核实土地权属来源证明材料是否齐全、合法及与实际情况是否一致；核实有关国有土地使用权合(出让、入股、租赁合同，经营管理)合同或授权书和县级以上政府及有关管理部门的批准文件等，并实地调查核实面积、用途与合同规定的是否一致，核实具有资质的中介机构的地价评估报告；然后，现场将调查核实结果、有关文件名称、文号及批准日期等填写到地籍调查表上。

（二）土地使用权转让变更时的宗地权属状况调查

土地使用权转让是指土地使用者将土地使用权再转移的行为，包括出售、交换和赠与。调查人员现场调查核实宗地的国有土地使用权是否登记、登记的面积、用途、使用期限、终止日期、共有使用权状况、权属争议情况、地上建筑物及构筑物等内容，并依据《中华人民共和国土地管理法》、《中华人民共和国城镇国有土地使用权出让和转让暂行条例》等法律法规，调查土地使用权转让手续、行为及过程是否符合法律规定，调查核实国有土地使用权的面积与用途与《转让合同》规定的是否一致，调查受让方土地使用者名称、单位性质、上级主管部门、法定代表人等，初步核实土地权属来源证明材料是否齐全、合法及是否与实际情况一致，并将调查核实结果填写到地籍调查表上。

土地使用权转让后改变土地用途时，调查人员还应按土地用途变更的要求进行调查。

1. 划拨国有建设用地使用权转让变更调查

(1) 以划拨方式取得土地使用权的，转让房地产时，应当按照国务院规定，报有批准权的人民政府审批，准予转让的，应当由受让方办理土地使用权出让手续，并依照国家有关规定缴纳土地使用权出让金。

(2) 调查人员应核实土地使用者是否为公司（企业）等经济组织或个人、是否领有国有土地使用证、是否具有合法的地上物及附着物产权证明、是否签订土地使用权出让合同并提交土地使用权出让金。

(3) 申请人应提交的权属来源证明材料有：原《国有土地使用证》；《转让合同》；《国有土地使用权出让合同》；国有土地使用权出让金缴纳凭证；《房屋所有权证》等地上附着物产权证明；其他证明文件。

(4) 因住房制度改革出售公有住房引起的划拨国有建设用地使用权变更时，申请人应提交的权属来源证明材料有：公房出售批准文件；原《国有土地使用证》；《房屋所有权证》（权利人为购房职工）；售房单位和购房职工签订的售房合同；其他证明文件。

2. 出让、国家作价出资（入股）、国家租赁和国家授权经营国有建设用地使用权转让变更调查

(1) 出让国有土地使用权再转让时，应现场调查核实土地使用者是否按《国有土地使用权出让合同》规定的期限和条件投资开发及利用。外商投资开发经营成片土地的，应现场调查核实开发企业是否按《国有土地使用权出让合同》规定的条件和成片开发规划的要求投资开发土地。

(2) 国家作价出资（入股）、国家租赁国有土地使用权转让时，应现场调查核实转让是否符合《国有土地使用权作价出资（入股）合同》、《国有土地使用权租赁合同》的规定，国家作价出资（入股）、国家租赁国有土地使用者对地块的投资是否达到合同的约定。

(3) 国家授权经营国有土地使用者一般不得向集团公司以外的单位和个人转让土地。

(4) 出让、国家作价出资（入股）、国家租赁和国家授权经营国有建设用地使用权转让时，申请人应提交的权属来源证明材料有：原《国有土地使用证》；《转让合同》；转让地块投

资证明或商品房预售登记备案材料；《房屋所有权证》等地上附着物产权证明；土地税费交纳证明文件；其他证明文件。以入股方式转让的，还应提交《入股合同》。单位合并、分立和企业兼并的，还应提交合同及上级主管部门批准文件。处分抵押财产的，还应提交处分抵押财产有关证明文件。交换和赠与的，还应提交交换和赠与的有关证明文件。

（三）土地用途变更时的宗地权属状况调查

土地用途的变更是指土地使用者在征得出让方同意，并经土地管理部门和城市规划部门批准，依照《城镇国有土地使用权出让和转让暂行条例》的有关规定，重新签订土地使用权出让合同，调整土地使用权出让金后，改变土地使用权出让合同规定的土地用途。

在接到土地权利人的土地用途变更申请书后，调查人员应首先查阅核实宗地的国有土地使用权是否登记、登记的面积、土地用途、使用期限、终止日期、共有使用权状况、权属争议情况、地上建筑物及附着物等内容，调查国有土地使用权土地用途改变手续的行为及过程是否符合法律规定，初步核实土地权属来源证明材料是否齐全、合法及与实际情况是否一致，将调查核实结果、《国有土地使用权出让合同》签订日期及文号、批准文件名称文号及批准日期等填写到地籍调查表上。

土地用途变更时，申请人应提交的权属来源证明材料有：《国有土地使用证》；《房屋所有权证》等地上附着物产权证明；批准文件；《国有土地使用权出让合同》；国有土地使用权出让金缴纳凭证；其他证明文件。

（四）土地使用者名称及地址变更时的宗地权属状况调查

土地使用者名称变更是指在土地权属不发生转移的条件下因土地权利人名称或姓名的改变而进行的变更。地址变更是指在土地权属不发生转移的条件下因土地权利人住址的改变而进行的变更。

在接到土地权利人的名称及地址变更申请书后，调查人员应对土地使用者名称或土地坐落进行调查，核对变更申请书的内容与原土地登记的内容是否一致，核对有关部门下发的土地权利人名称更名的文件或土地坐落改变的文件，初步核实土地权属来源证明材料是否齐全、合法及是否与实际情况一致，将调查核实结果、有关文件名称、文号及批准日期等填写到地籍调查表上。

土地使用者名称及地址变更时，申请人应提交的权属来源证明材料有：《国有土地使用证》；《房屋所有权证》等地上附着物产权证明；其他证明文件。

名称变更的其他证明文件有：自然人名称变更的，申请人应提交户籍部门的姓名变更证明文件；法人或其他组织名称变更的，申请人应提交工商行政管理部门或主管部门的名称变更批准文件。

地址变更的其他证明文件有：申请人为自然人的，申请人应提交由户籍部门开具的地址变更证明文件或户籍部门开出的能够证明其地址变更的有效证件；申请人为企业法人或其他组织的，申请人应提交由工商行政管理部门或主管部门开具的地址变更证明文件或更址登记后的《企业法人营业执照》；申请人为机关法和其他事业单位的，申请人应提交该机关、单位的更址声明或更址通知书。

（五）土地他项权利设定登记时的宗地权属状况调查

土地他项权利设定登记是在土地使用权初始土地登记或设定登记以后对一宗土地上新确认的土地他项权利进行的登记。土地他项权利设定登记可分为两种类型：土地使用权抵押权设定登记、土地使用权出租权设定登记等。

1. 土地使用权抵押权设定登记时的宗地权属状况调查

土地使用权抵押是土地使用权人把土地使用权作为担保财产以保证自己或第三人履行债务的行为。

土地使用者以划拨土地使用权抵押的，应有土地管理部门确认的抵押宗地的土地使用权出让金额证明；土地使用者以房屋及其占有范围内的土地使用权抵押的，应有房屋所有权证；土地使用者以共有土地使用权抵押的，应有共有人同意的证明；抵押人为股份制企业的，应经企业董事会同意。抵押贷款终止期限不得超过土地使用权出让终止期限。

土地使用权抵押权设定登记宗地权属状况调查时，调查人员应依据《中华人民共和国城市房地产管理法》、原国家土地管理局下发的《关于土地使用权抵押登记有关问题的通知》及《划拨土地使用权管理暂行办法》等法规，初步调查土地使用权抵押手续、行为及过程是否符合法律规定。调查人员应首先核实宗地的国有土地使用权是否登记、登记的面积、土地使用权类型、土地用途、使用期限、终止日期等内容，现场核实抵押合同规定抵押的房产及土地与实地的一致性，实地调查核实国有土地使用权的用途与抵押合同规定的用途是否一致，调查抵押权人名称，调查抵押权利顺序。初步核实土地使用权抵押权设定登记时申请人提交的土地权属来源证明材料是否齐全、合法及是否与实际情况一致。

调查结束后，将调查核实结果、具有土地估价资格的中介机构的地价评估报告名称及文号、抵押土地面积、抵押贷款金额、抵押贷款期限等情况填写到地籍调查表上。以划拨土地使用权抵押的，还应将土地管理部门确认的抵押宗地的土地使用权出让金额的证明填写到地籍调查表上；以房屋及其占有范围内的土地使用权抵押的，还应将《房屋所有权证》编号填写到地籍调查表上。

土地使用权抵押权设定登记时，申请人提交的权属来源证明材料有：土地使用证；主合同和抵押合同；土地估价报告；下列其他相关文件①以划拨土地使用权抵押的，提交土地行政主管部门批准的抵押文件和处置时应交付的土地出让金数额；②抵押人为股份制企业的，提交董事会同意抵押证明；③以共有土地使用权抵押的，提交其他共有人同意抵押证明；④以房屋及其占有范围内的土地使用权抵押的，提交《房屋所有权证》。

2. 土地使用权出租权设定登记时的宗地权属状况调查

土地使用权出租是指土地使用者作为出租人，将土地使用权或土地使用权随同地上建筑物、其他附着物租赁给承租人使用，由承租人向出租人支付租金的行为。

划拨土地使用权出租，应经市、县人民政府批准后，方可出租土地使用权。承租人需要改变土地使用权规定的内容（如：改变土地用途），必须征得出租人同意，并按规定的审批权限，经土地管理部门和城市规划部门批准，重新签订土地使用权出让合同，调整土地使用权出让金后方可承租。

土地使用权出租权设定登记宗地权属状况调查时，调查人员应依据《中华人民共和国城市房地产管理法》、原国家土地管理局下发的关于《划拨土地使用权管理暂行办法》等法规，初步调查土地使用权出租手续的行为及过程是否符合法律规定。调查人员应首先查阅核实宗地的国有土地使用权是否登记、登记的面积、土地使用权类型、土地用途、使用期限、终止日期等内容。核实租赁合同规定租赁的房产及土地是否与实地一致，调查核实国有土地使用权的用途与租赁合同规定的用途是否一致，调查承租人名称，初步核实土地使用权出租权设定登记时申请人提交的土地权属来源证明材料是否齐全、合法及是否与实际情况一致。

调查结束后，将调查核实结果填写到地籍调查表上。承租人需要改变土地使用权规定的土地用途的，还应将土地管理部门和城市规划部门批准文件的名称及文号、《国有土地使用权出让合同》签订日期和文号及出让金额等内容填写到地籍调查表上。

土地使用权出租权设定登记时，申请人提交的权属来源证明材料有：《国有土地使用证》;《出租合同》;有关部门认证的出租地块开发投资证明；其他证明文件；下列其他相关文件①以划拨土地使用权出租的，还应提交划拨土地使用权出租批准文件；②承租人需要改变土地用途的，还应提交出租人同意的证明、土地管理部门和城市规划部门的批准文件、《国有土地使用权出让合同》及出让金交纳证明；③以房屋及其占有范围内的土地使用权出租的，还应提交《房屋所有权证》。

第三节　变更地籍测量

变更地籍测量是为确定变更后的土地权属界址、宗地形状、面积及使用情况而进行的测绘工作。变更地籍测量在变更权属调查基础上进行。变更地籍测量包括界址未发生变化宗地的变更地籍测量、界址发生变化宗地的变更地籍测量及新增宗地的变更地籍测量三种。在工作程序上，界址发生变化和界址未发生变化的宗地变更地籍测量可分两步进行，一是检查原界址点、线的位置；二是进行变更测量。

一、界址发生变化的宗地变更地籍测量

对界址点、界址线发生变化的，在增设新的界址点前，利用原宗地草图的勘丈数据及界址点坐标，检查原界标是否移动。如原界标丢失，则用原测量数据恢复界标，但变更后是废弃的界址点则可不恢复。

（一）原界址点有坐标成果

1. 界址点检查

这项工作主要是利用地籍调查表中的界址标志和宗地草图来进行。检查内容包括：界标是否完好，复量各勘丈值，检查它们与原勘丈值是否相符。然后针对不同情况进行分别处理。

(1) 界址点标志丢失。如果界址点标志丢失，则应利用其坐标放样其原始位置，再用宗地草图上的勘丈值检查，在取得有关指界人同意后埋设新界标；如果放样结果与原勘丈值检查结果不符，则应查明原因后处理；如果发生分歧，则不应急于做出结论，宜按“有争论界址”处理，即设立临时标志、丈量有关数据、记载各权利人的主张。如果各方对所记录的内容

无异议，则签名盖章。

（2）界址点标志存在。若检查界址点与邻近界址点间或与邻近地物点间的距离与原记录不符，则应分析原因，针对具体情况予以处理：如果原勘丈数据错误明显，则可依法修改；如果检查值与原勘丈值的差值超限，经分析如是由于原勘丈值精度低造成的，则可用红线划去原数据，填写新数据；不超限，则保留原数据；如分析结果是标石有所移动，则应使标石复位。

2. 变更测量

（1）分割宗地及调整边界时，可按预先准备好的放样数据，测设新界址点的位置，设立界标；也可在相关各方同意的情况下，先设置界标，然后用解析法测量界标的坐标。在变更地籍调查表（包括宗地草图）中注明做出的修改。

（2）合并宗地及边界调整时，要销毁不再需要的界标，并在原地籍调查表（包括宗地草图）复制件中，用红笔划去有关点或线。

（二）原界址点没有坐标成果

1. 检查界址点

（1）界址点标志丢失。如界址点标志丢失，可利用宗地草图上的原栓距及相邻界址点间距、相邻地物点关系距离等，在实地恢复界址点点位，设立新界标。

（2）界址点标志存在。如检查勘丈值与原勘丈值不符时，应分析判明原因，然后针对不同情况予以处理。如原勘丈值明显有错、原勘丈值精度低、标石有所移动等，应给予相应的处理（参见上述）。也可先实测全部界址点坐标，然后进行界址变更。

界址点检测精度与适用范围见表11-1。

表 11-1　界址点间距及界址点与邻近地物点间距允许误差

类别	勘丈检查精度/cm	原勘丈值精度/cm	检查距离与原勘丈距离较差允许误差(cm)	适用范围
	中误差	中误差		
一	±5	±5	±14	街坊外围界址点及街坊内明显的界址点
二	±7.5	±15	±18	街坊内部隐蔽的界址点及村庄内部界址点

2. 变更测量

（1）宗地分割或边界调整时，可按预先准备好的放样数据，测设界址点的位置后，埋设标志，也可以在有关方面同意的前提下先埋设界标，再测量界址点的坐标。

（2）宗地合并及边界调整时，要销毁作废的界标，并在界址资料中做出相应的修改。

（3）用解析法测量本宗地所有界址点的坐标，并以此为基础，更新本宗地所有的界址资料，包括地籍调查表（含宗地草图）界址点资料、界址图、宗地面积以及宗地图。

二、界址未发生变化的宗地变更地籍测量

界址未发生变化宗地的地籍变更一般不需要到实地进行变更地籍测量，可在室内依据

变更土地登记申请书进行地籍变更。

不需要到实地进行变更地籍测量的地籍变更情况有：继承土地使用权、交换土地使用权、整宗地转让国有土地使用权、收回国有土地使用权、违法宗地经处理后的变更、土地权利人更名、土地利用类别和土地等级的变更、行政管理区（县、乡、镇）和地籍管理区名称的改变、宗地编号和土地登记册上编号的改变、宗地所属地区的区划的变动、宗地位置名称的改变等情况。

（一）界址点的检查

对没有发生界址点、界址线变化的，一般不需要检查界址点位，若需重新测量宗地界址点的解析坐标，应根据原勘丈资料检查界标是否移动。检查包括界址点点位检查及用原勘丈值检查界址标志是否移动，具体内容与“界址发生变化的宗地变更地籍测量”相同。

（二）变更测量

若需进行界址测量，应采用高精度仪器，实测宗地界址点坐标。如土地权利人或国家行政管理部门要求对原宗地进行精确测量界址点坐标或精确测算宗地面积时，应实地采用解析法重新进行地籍测量，并利用新变更地籍测量成果取代原成果。

三、新增宗地的变更地籍测量

新增宗地属初始地籍调查未建立宗地档案的地块。新增宗地的地籍变更应按《城镇地籍调查规程》的要求进行变更地籍测量。新增宗地的地籍测量应采用解析法。若新增宗地已进行建设用地勘测定界且成果符合《土地勘测定界规程》的要求，应充分利用勘测定界成果进行地籍测量。新增宗地工程竣工后，可利用勘测定界图编绘宗地图和地籍图，也可以直接测绘宗地图和地籍图。

第四节　地籍资料变更与成果资料审核入库

变更地籍调查过程中，必须对有关地籍资料作相应的变更。变更地籍资料应做到各种资料之间相关内容的一致性，变更以后，不应使本宗地的图表、卡、册、证之间，相邻宗地之间，对于共同的边界描述，以及宗地四邻等内容产生矛盾。

地籍资料的变更应遵循用精度高的资料取代精度低的资料、用现势性好的资料取代陈旧的资料这一原则，考虑到变更地籍资料的规范性、有序性要求。

一、地籍编号变更

在长期的地籍管理过程中，一个宗地号对应着唯一的一个宗地。宗地合并、分割、边界调整时，宗地形状会改变，这时宗地必须赋以新号，旧宗地号将作为历史，不复再用，新宗地赋予新号。

（一）对界址未发生变化的宗地

界址未发生变化的宗地，其地籍号不变更，宗地界址点号也不变更。但因行政区划变化而引起宗地档案变更的，其地籍号须变更，变更程序是：①用变更后的街道、街坊编号取代原街道、街坊编号，在原街道、街坊编号上加盖"变更"字样印章，填写新的街道、街坊编号，将宗地档案汇编于新的街道街坊档案，在原街道街坊档案中注明宗地档案去向；②取消原宗地编号，在原宗地编号上加盖"变更"字样印章，在新的街坊宗地最大编号后按顺序续编宗地号；③取消原宗地界址点号，按新地籍街坊界址点编号原则，编界址点号，并在原宗地界址点编号上加盖"变更"字样印章。

（二）对界址发生变化的宗地

(1) 宗地号变更。无论宗地分割或合并，原宗地号一律不得再用。①宗地分割：分割后的各宗地，以原编号加支号顺序排列，如 18 号宗地分割成三块宗地，分割后的编号分别为 18-1，18-2，18-3；如 18-2 号宗地再分割成两个宗地，则编号为 18-4，18-5。②宗地合并：几个宗地合并后的宗地号，以原宗地号中的最小宗地号加支号表示，如 18-4 号宗地与 10 号宗地合并，则编号为 10-1；如 18-5 号宗地与 25 号宗地合并，则编号为 18-6。

(2) 界址点号变更。因界址发生变化，需要新增界址点的，新增界址点按宗地所在街坊界址点编号原则编号，其他界址点编号不变。因界址发生变化，需要废除的界址点，取消废除界址点号，永不再用，并在原宗地界址点编号上加盖"变更"字样印章。

（三）对于新增宗地

新增宗地地籍号的变更分两种情况：若新增宗地划归原街道、街坊内，其宗地号须在原街道、街坊内宗地最大宗地号后续编；新增界址点按原街坊编号原则编号。若新增宗地属新增街道、街坊，其宗地号、界址点号须按《城镇地籍调查规程》的规定编号，新增街道、街坊编号须在调查区最大街道、街坊号后续编。

（四）对旧城改造中变化的宗地

旧城改造后新宗地号的编号按宗地合并分割的编号原则，用原来的宗地号加支号作为新宗地号，界址点号按本街坊编号原则编号。

二、地籍调查表变更

（一）对界址未发生变化的宗地

对于界址未发生变化的宗地，地籍调查表的变更直接在原地籍调查表上进行。在原地籍调查表内变更部分加盖"变更"字样印章，将新变更内容填写在变更地籍调查记事表内。需要到实地调查的，若发现原测距离精度低或量算错误，须在原地籍调查表和宗地草图的复制件上用红线划去错误数据，注记检测距离，并与重新绘制的宗地草图一起归档，注明原因。当地籍调查表同一项内容变更超过两次时，应重新填制地籍调查表，在原地籍调查表封面及变更部分加盖“变更”字样的印章，与重新填制的地籍调查表一起归档。

（二）对界址发生变化的宗地

对新形成的宗地须按变更情况填写地籍调查表。在原地籍调查表封面加盖“变更”字样印章，并注明变更原因及新的宗地号；根据实地调查情况，按《城镇地籍调查规程》有关规定，以新形成的宗地为单位填写地籍调查表；对新增设的界址点、界址线须严格履行指界、签字盖章手续；对没有发生变化的界址点、界址线，不需重新签字盖章，但在备注栏内须注记原地籍调查表号，并说明原因，同一界址点变更前后的编号如果不一致，还应注明原界址点号；将原使用人、土地坐落、地籍号及变更主要原因在说明栏内注明。

三、宗地草图变更

宗地草图必须现场重新绘制，并在原宗地草图上加盖“变更”字样印章。在原宗地草图复制件上以红色标注变化部分，废弃的界址点、界址线打上“×”，变化的数据用单红线划去。新增的界址点用红色界址点符号表示，界址线用红实线表示，注明相应的实测距离。原宗地草图复制件归到原宗地档案中，新形成的宗地草图归到相应的宗地档案中。

四、地籍图变更

采用数字法测绘地籍图的变更，数字地籍图应随宗地变更而随时更改，但要保留历史上每一时期的数字地籍图原状。为保证地籍图的现势性，一宗地变更两次或全图变更数量超过 1/3 时，应重新绘制二底图。当一幅图内或一个街坊宗地变更面积超过 1/2 时，应对该图幅或街坊进行基本地籍图的更新测量。

五、宗地图变更

宗地图是土地证书的附图，变更地籍测量时，无论变更宗地界址是否发生变化，都应依据变更后的地籍图或宗地草图，按《城镇地籍调查规程》有关规定重新绘制宗地图。原宗地图不得划改，应加盖“变更”字样印章保存。当变更涉及邻宗地但不影响该邻宗地的权属、界址、范围时，邻宗地的宗地图无须重新制作。

六、宗地面积变更

变更地籍测量时，宗地面积变更应在充分利用原成果资料的基础上，采取高精度代替低精度的原则，即用精度较高的面积值取代精度低的面积值。属原面积计算有误的，在确认重新量算的面积值正确后，须以新面积值取代原面积值。面积量算精度要求见表 11-2。

通常变更测量时用解析法测量界址点的坐标，所以可以用解析坐标计算新的宗地面积。用新的较精确的宗地面积取代旧的精度较低的面积值，由此而引起的街坊内宗地面积之和与街坊面积的不符合值可不作处理，统计也按新面积值进行。如果新旧面积精度相当，且差值在限值之内，则仍保留原面积。宗地合并时，合并后的宗地面积应与原几宗地面积之和相等；宗地分割时，分割后的几宗地面积之和应等原宗地面积，闭合差按比例配赋，边界调整时，调整后的两宗地面积之和不变，闭合差按比例配赋。

表 11-2　面积量算精度指标

宗地面积/m^2	较差限差/m^2	宗地面积/m^2	较差限差/m^2
0～100	2	1000～2000	7
100～500	3	＞2000	＜1/300(相对误差)
500～1000	5		

七、其他资料变更

（一）界址点坐标册变更

对界址点坐标册中已废弃的界址点坐标用红色笔划掉，在相应位置加盖“变更”字样印章，新增加的界址点坐标加在坐标册中。

如果原地籍资料中没有该点的坐标，则新测的坐标直接作为重要的地籍资料保存备用；如果旧坐标值精度较低，则用新坐标取代原有资料；如果新测绘标值与原坐标值的差数在限差之内，则保留原坐标值，新测资料归档保存。

（二）面积汇总与统计变更

在以街道为单位的宗地面积汇总表内，划掉发生变更的宗地面积数，并加盖“变更”字样印章，将新增加的宗地面积加在表内。

根据本地实际情况，设一定时间段，依据变更后的街道“宗地面积汇总表”，变更城镇土地分类面积汇总表。

（三）相邻宗地变更

由于变化宗地地籍要素的变更引起相邻宗地地籍要素变化的，相邻宗地需进行相应变更（如相邻宗地形状未变，而在原界址边上增减界点或相邻宗地他项权利变化等）。如变化宗地的变更只引起相邻宗地四至变化，而相邻宗地其他地籍要素未变的，相邻宗地四至状况可暂不做变更。

八、对初始地籍资料错误的更正

在日常工作中，如发现原地籍资料有错误，应对原调查成果进行更正，并注明更正原因、日期、经手人，归入宗地档案。有关资料的更正参照相应种类变更的要求执行。

（一）地籍编号错误的更正

对地籍编号重复的，按新增宗地编号方法重新编号；对地籍编号其他错误，查明原因，更正错误。原地籍号编号正确的，不得因其他资料的更正而变更原地籍号。

（二）界址点、界址线确权错误的更正

如果界址点、界址线确权时有误，应重新进行调查，按《城镇地籍调查规程》要求填写地籍调查表，绘制宗地草图，并更正有关图件。

（三）界址点坐标测量错误的更正

如发现界址点坐标测量有误，应重新测量界址点坐标，用正确坐标值改正错误坐标值，并更正有关图件、数据。

（四）宗地面积错误的更正

由于界址点、界址线错误或由于量算错误而引起的宗地面积错误应进行更正，并对原地籍调查有关资料进行更正。

由于本宗地错误而引起邻宗地界址点、界址线或宗地面积错误的，邻宗地的地籍资料也应按以上原则进行更正。

九、变更地籍调查结果审核

变更地籍调查完成后，审核人对变更地籍调查结果进行全面审核。结果核实无误，在意见栏填写合格；否则填写不合格，并指出错误所在及处理意见。审核者签字盖章。

十、变更地籍调查成果资料入库

随着我国土地二调的全面完成，国内多数城市已建立了城镇地籍信息系统，并在日常地籍管理工作中发挥着重要的作用，在变更地籍调查结束后，应立即将变更资料通过所用的地籍信息系统软件录入地籍信息系统中的变更系统数据库，以保证地籍信息系统中资料的现势性。被变更的宗地资料则会自动进入地籍信息系统中的历史库，并能实现历史的回放。

如上所述，宗地变更可分为宗地属性变更、图形变更、图形与属性同时变更。对于单纯的宗地属性变更，非常方便，在地籍信息系统中调出宗地的资料（包括地籍调查表、审批表、登记卡、归户卡、土地证等），根据外业变更地籍调查的成果修改相应的表格，重新进行登记、审批、发证等。发证后在地籍信息系统中保留本宗地新的资料，旧资料自动入历史库。

对于城市的旧城改造、连片建设用地开发、道路拓宽等情况，要涉及大量宗地的变更，而且大都是图形与属性同时变，具体作业步骤是：

(1) 首先确定变更范围，从地籍信息系统的数据库中查询出该范围内的所有宗地（包括地物），形成图形文件和对应的属性文件，输出数字地图（供野外变更地籍调查时数字法测图采用）或模拟（纸质）地图（供野外变更地籍调查时模拟法测图采用）；

(2) 野外实地测量，由地籍信息系统所提供的软件完成对变更范围内的宗地和地物的删除或修改，添加新的宗地和地物，形成新的数字地图（包括属性信息）或模拟地图；

(3) 对新测的数字地图，由软件逐个宗地完成对宗地图形与属性的一致性和完整性检

查和修改；

(4) 将变更的数据进行试入库，并对入库后的数据与库中相关的数据自动进行一致性检查，如宗地的四至关系是否正确等；

(5) 如果检查出错误，软件系统会自动给出检查报告，并指出错误的情况，然后再进行人工修改(一般是属性输错或宗地的界址点输错等)；试入库检查正确后，进行变更宗地的登记、发证等，并将变更后的宗地资料入库，将变更前的宗地及内部的地物(空间信息和属性信息)写入地籍信息系统的历史数据库。在将变更前的宗地写入历史数据库时，只写入被变更的宗地(而不是将一个街坊或图幅内的所有宗地写入历史库)，并自动建立起历史宗地与现状宗地的关系，一起写入历史库。

第五节　界址恢复与鉴定

一、界址的恢复

实地界址点位置设置界标后，界标可能因人为的或自然的因素发生位移或遭到破坏，为保护土地产所有者或使用者的合法权益，须及时地对界标位置进行恢复。

初始地籍调查后，表示界址点位置的资料和数据一般有：界址点坐标、地籍调查表记载的界址点标石类型、宗地草图上界址点的点之记、地籍图、宗地图等。对一个界址点，以上数据可能都存在，也可能只存在某一种数据。可根据实地界址点位移或破坏情况和已有的界址点数据及所要求的界址点放样精度、仪器设备来选择不同的界址点放样方法。

恢复界址点的放样方法一般有直角坐标法、极坐标法、角度交会法、距离交会法。这几种方法其实也是测定界址点的方法，因此测定界址点位置和界址点放样是互逆的两个过程。不管用哪种方法，都可归纳为两种已知数据的放样，即已知长度直线的放样和已知角度的放样。

(一) 已知长度直线的放样

这里的已知长度是指界址点与周围各类点间的距离，具体情况有：界址点与界址点间的距离；界址点与周围相邻明显地物点间的距离；界址点与邻近控制点间的距离。

这些已知长度可以通过坐标反算得到，也可以从宗地草图或宗地图上得到，并且这些距离都是水平距离。实地作业时，可以用测距仪或鉴定过的钢尺量出已知直线的长度，作业过程中应考虑仪器设备的系统误差，从而使放样更加精确。

(二) 已知角度的放样

已知角度通常都是水平角。在界址点放样工作中，如用极坐标法或角度交会法放样，才需计算出已知角度，此时已知角度一般是指界址点和控制点连线与控制点和定向点之间连线的夹角。设界址点坐标(X_P, Y_P)，放样测站点为(X_A, Y_A)，定向点为(X_B, Y_B)，则

$$\alpha_{AB} = \arctan\left(\frac{Y_B - Y_A}{X_B - X_A}\right) \quad \alpha_{AP} = \arctan\left(\frac{Y_P - Y_A}{X_P - X_A}\right)$$

此时放样角度为$\beta=\alpha_{AP}-\alpha_{AB}$。把经纬仪架设在测站上，瞄准定向方向并使经纬仪读数置零，然后顺时针转动经纬仪的读数等于β，移动目标，使经纬仪十字丝中心与目标重合即可。点位的放样技术和方法见工程测量教材的有关内容。

二、界址的鉴定

依据地籍资料（原地籍图或界址点坐标成果）与实地鉴定土地界址是否正确的测量作业，称为界址鉴定（简称鉴界）。界址鉴定工作通常是在实地界址存在问题，或者双方有争议时进行。

问题界址点如有坐标成果，且临近还有控制点时，则可参照坐标放样的方法予以测设鉴定。如无坐标成果，则可在现场附近找到其他的明显界址点，应以其暂代控制点，据以鉴定。否则，需要重新施测控制点，测绘附近的地籍现状图，再参照原有地籍图与邻近地物或界址点的相关位置、面积大小等加以综合判定。重新测绘附近的地籍图时，最好选择与旧图相同的比例尺并用聚酯薄膜测图，这样可以直接套合在旧图上加以对比审查。

正常的鉴定测量作业程序如下。

（一）准备工作

(1) 调用地籍原图、表、册。

(2) 精确量出原图图廓长度，与理论值比较是否相符，否则应计算其伸缩率，以作为边长、面积改正的依据。

(3) 复制鉴定附近的宗地界线。原图上如有控制点或明确界址点（愈多愈好），尤其要细心转绘。

(4) 图上精确量定复制部分界线长度，并注记于复制图相应各边上。

（二）实地施测

(1) 依据复制图上的控制点或明确的界址点位，判定图与实地相符正确无误后，如点位距被鉴定的界址处很近且鉴定范围很小，即在该点安置仪器测量。

(2) 如所找到的控制点（或明确界址点）距现场太远或鉴定范围较大，应在等级控制点间按正规作业方法补测导线，以适应鉴界测量的需要。

(3) 用光电测设法、支距法或其他点位测设方法，将要鉴定的界址点的复制图上位置测设于实地，并用鉴界测量结果计算面积，核对无误后，报请土地主管部门审核备案。

第六节　土地分割测量

一、概述

（一）土地分割测量的含义

土地分割测量（也称土地划分测量）是一种确定新的地块边界的测量作业。土地分割测量是土地管理工作中一项重要的工作内容，必须依法进行，在得到有关主管部门的批准和业主的同意后，才能重新划定地块的界线。通常遇到以下情况时需要进行土地分割测量。

(1) 用地范围的调整或相邻地块间的界线调整。

(2) 城市规划的实施和按规划选址。

(3) 土地整理后的地块或宗地的重划。

(4) 因规划的实施或其他原因引起的地块或宗地内包含几种地价而需要明确界线的。

(5) 地块或宗地需要根据新的用途划分出新的地块或宗地。

(6) 由于不在上述之列的原因引起的土地分割或重划。

(二) 土地分割的方法

土地分割测量中确定分割点的方法可以归纳为图解法和解析法。所谓图解法土地分割，是指从图纸上图解相关数据计算土地分割元素的方法；所谓解析法土地分割，是指利用设计值或实地量测得到的数据计算土地分割元素的方法。这两种方法在实际工作中，可以单独使用，也可根据具体情况结合使用，即用于土地分割元素计算的数据既有图解的，也有解析的。但不论图解法还是解析法，均可采用几何法分割和数值法分割，以适应不同条件的分割业务。

新地块的边界在土地分割测量时，可以在实地临时用篱笆或由参加者以简单的方式标出，例如离建筑物和其他边界的距离，与道路平行并相隔一定的距离等。有时新的地块边界线是由给定的面积条件或图形条件，采用几何法或数值法分割计算出相应的土地分割元素后，再实地标定的。

(三) 土地分割测量程序

土地分割测量的程序为准备工作、实地调查检核、土地分割测量。

(1) 准备工作。一般包括资料收集和土地分割测量原图的编制。收集的资料应包括申请文件、审批文件，相关的地籍(形)图、宗地图，以及已有的桩位放样图件和坐标册等。根据所收集的资料，在满足给定的图形和面积条件下，定出分割点的位置，绘制出土地分割测量原图，以备分割测量时使用。

(2) 实地调查检核。土地分割测量的外业工作离不开检核、复测或对被划分地块的周围边界进行调查。具体方法见本章第三节。

(3) 土地分割测量。在实地作业时，全面征求土地权属主的意见，充分利用岩石、树桩、田埂、荆棘、篱笆等标示被划分地块的周围边界。否则，须在实地埋设界桩。具体施测方法见本章第五节。

二、几何法分割

几何法土地分割，是指依据有关的边、角元素和面积值，利用数学公式，求得地块分割点位置的方法。土地分割的图形条件和面积条件不同，分割点的计算方法也不同。在下面的公式推导过程中，如无特殊说明，则 F 代表整个地块的面积，f 代表预定分割面积，P 及其下标代表三角形或多边形的面积，后面将不再重述。

（一）三角形宗地分割

(1) 过三角形一边的定点 P，作一条直线，分割为预定面积 f。

如图 11-1 所示，自定点 P 作 $PD \perp AC$，并量出 PD，则 $PD \times AQ = 2f$，所以

$$AQ = \frac{2f}{PD} \tag{11-1}$$

若 $\angle A$ 为已知数据或用经纬仪测得，则

$$AQ = \frac{2f}{AP\sin A} \tag{11-1a}$$

即得分割点 Q 的位置。

(2) 过三角形一顶点 B 作一条直线，分割为预定面积 f。

如图 11-2 所示，$\triangle ABC$ 与 $\triangle DBC$ 为两同高三角形，其面积分别为 F 与 f。如果已知 $\triangle ABC$ 的底边 AC，则：$P_{ABC}:P_{DBC} = AC:DC = F:f$，所以

$$DC = AC \times \frac{f}{F} \tag{11-2}$$

如果已知 $\triangle ABC$ 的高 BE，则 $DCBE/2 = f$，所以

$$DC = \frac{2f}{F} \tag{11-2a}$$

即得分割点 D 的位置。

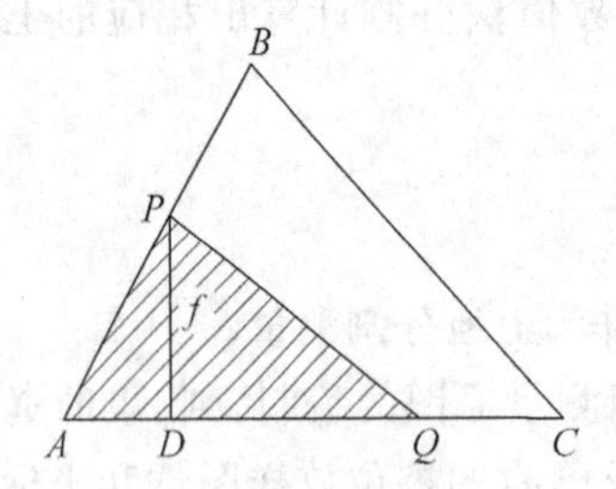

图 11-1 过边上定点分割三角形

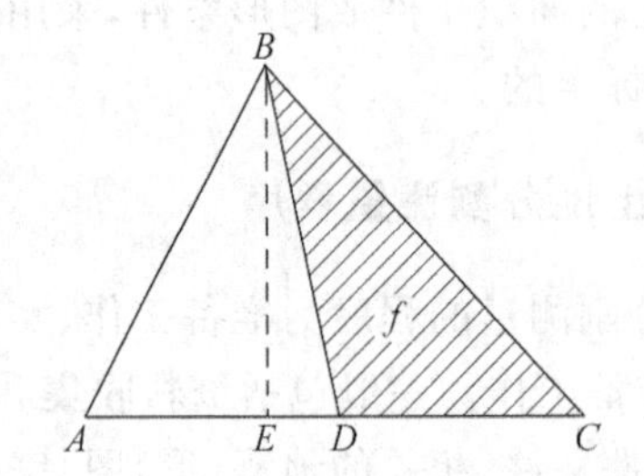

图 11-2 过顶点分割三角形

(3) 分割线平行于一边(AC)，分割为预定面积 f。

如图 11-3 所示，根据两相似三角形面积比，等于相应边平方的比。则

$$P_{ABC}:P_{PBQ} = AC^2:PQ^2 = AB^2:PB^2 = BC^2:BQ^2 = F:f$$

即

$$PB = AB\sqrt{\frac{f}{F}} \quad BQ = BC\sqrt{\frac{f}{F}} \tag{11-3}$$

其中，B 为已知顶点，则根据 PB、BQ 即可求得分割点 P、Q 的位置。

(4) 分割线与一边正交，分割为预定面积 f。

如图 11-4 所示，作 $BD \perp AC$，则 $\triangle BDC$ 与 $\triangle PQC$ 相似，$PQ:BD = CQ:CD$，所以

$$PQ = \frac{BD \times CQ}{CD}$$

但 $PQ \times CQ = 2f$，则 $\dfrac{BD \times CQ^2}{CD} = 2f$，即

$$CQ = \sqrt{\frac{2f \times CD}{BD}} \tag{11-4}$$

自 C 量 CQ，作 $PQ \perp AC$，则 PQ 为所求分割线，并是以 $PQ \times CQ = 2f$ 核验的。

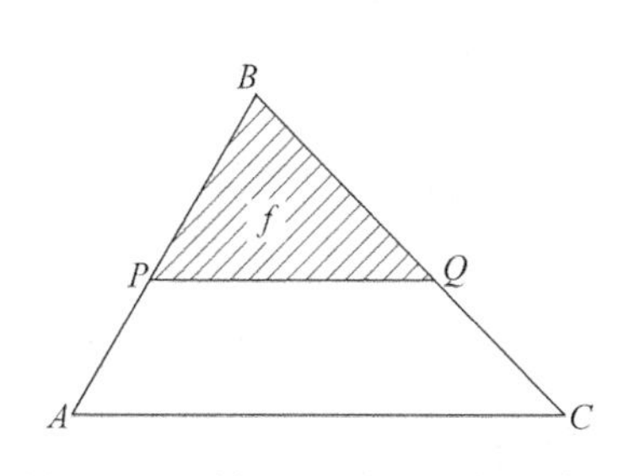

图 11-3　平行于一边的三角形分割

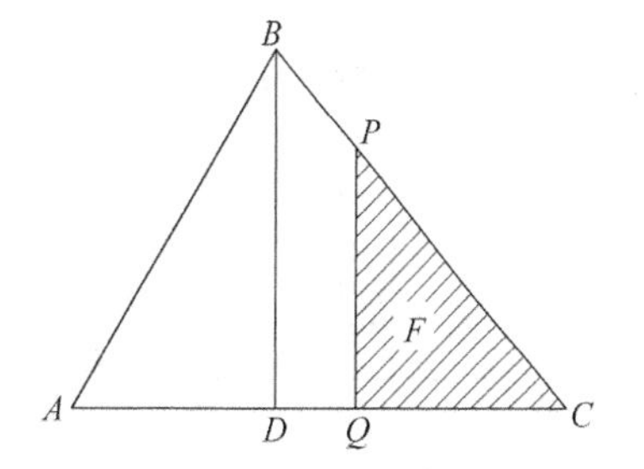

图 11-4　与一边正交的三角形分割

（二）梯形宗地的平行分割

分割线应平行底边，分割为预定面积 f。分割方法有垂线法与比例法。

1. 垂线法

如图 11-5 所示，延长 AB、DC 相交于 E，作 $BG \parallel CD$，$BI \perp AD$，$EH \perp AD$，则 $AG:BI = AD:EH$，又 $AG = AD - BC$，所以

$$EH = \frac{BI \times AD}{AD - BC} \tag{11-5}$$

又

$$P_{EDA} = F = \frac{AD \times EH}{2} \tag{11-6}$$

$$P_{EAD} - P_{APQD} = P_{EPQ} = F - f$$

但

$$P_{EPQ} : P_{EAD} = EK^2 : EH^2$$

$$EK^2 = \frac{P_{EPQ} \times EH^2}{P_{EAD}} = \frac{F - f}{F} \times EH^2$$

即

$$EK = EH\sqrt{1 - \frac{f}{F}}$$

所以

$$h = EH - EK = EH\left(1 - \sqrt{1 - \frac{f}{F}}\right) \tag{11-7}$$

由式(11-5)与式(11-6)求得 EH 及 F 后代入上式可得分割出之梯形的高 h，则 P、Q 即可确定了。

2. 比例法

如图 11-6 所示，已知原梯形上底为 L_0，下底为 L_n，高为 h，分割梯形上底为 L_1，下底为 L_n，高为 h_1，其中 L_1 平行于 L_n，试求分割点 P、Q 的位置。

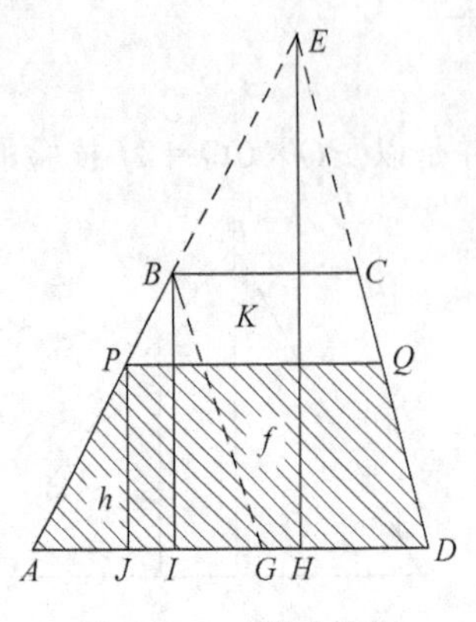

图 11-5　垂线法分割

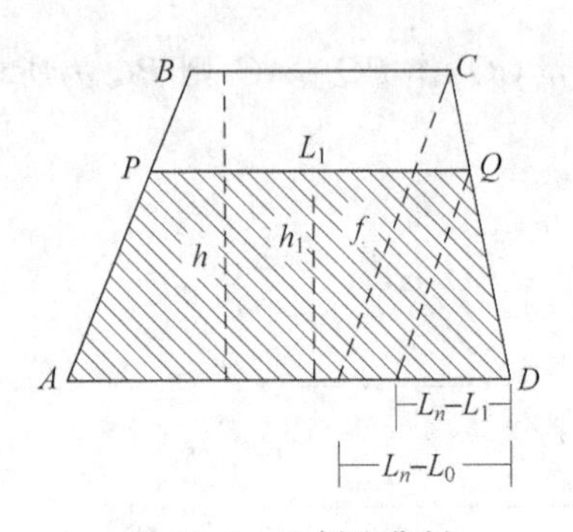

图 11-6　比例法分割

分割梯形与原梯形面积的比：

$$M=\frac{f}{F}=\frac{(L_1+L_n)h_1}{(L_0+L_n)h} \tag{11-8}$$

分割梯形与原梯形侧边边长的比：

$$m=\frac{AP}{AB}=\frac{DQ}{DC}=\frac{h_1}{h}=\frac{(L_n-L_1)}{(L_n-L_0)} \tag{11-9}$$

以式(11-9)代入式(11-8)，则

$$M=\frac{f}{F}=\frac{(L_n^2-L_1^2)}{(L_n^2-L_0^2)}$$

即

$$L_1=\sqrt{L_n^2-M(L_n^2-L_0^2)} \tag{11-10}$$

将 L_1 代入式(11-9)，可求得 m，同时可知

$$h_1=m\times h \quad AP=m\times AB \quad DQ=m\times DC \tag{11-11}$$

AP、DQ 既已求得，则分割线自可定出。如未量测 AB、CD，仅量测 h，则可用 h_1 决定 PQ 的位置。PQ 既定，则可用下式来检核：

$$2f=(L_1+L_n)h_1 \tag{11-12}$$

如欲将一梯形平行分割为数个梯形时，因 f 值不同，由此计算的 L_1 也不同，导致 m 也不相同，此时分割点 P,Q 的位置将随之而移动。

（三）任意四边形的分割

(1) 分割线过四边形一边上任一定点，分割为预定面积 f。

如图 11-7 所示，连接 PD，并计算△PAD 的面积设为 F，如 $f>F$，则以△PQD 补足。Q 点定位法如下：过 P 作 $PE\perp CD$，今 $f-F=P_{PQD}=\frac{1}{2}DQ\cdot PE$，所以

$$DQ=\frac{2(f-F)}{PE} \tag{11-13}$$

如 $f<F$，可依三角形土地分割中，过三角形的一个顶点作一条直线，分割为预定面积 f 的方法处理。

(2) 分割线平行于四边形一边,分割面积预定为 f。

如图 11-8 所示,过 B 作 $BE /\!/ AD$,计算$\triangle BCE$ 的面积,设为 F。如图 11-8(a)所示,$f>F$,则分割线应在四边形 $ABED$ 内,可依梯形的平行分割法,求出分割线 PQ 的位置。

如图 11-8(b)所示,$f<F$,则分割线在$\triangle BCE$ 内,可按三角形分割线平行于底边的方法加以分割。

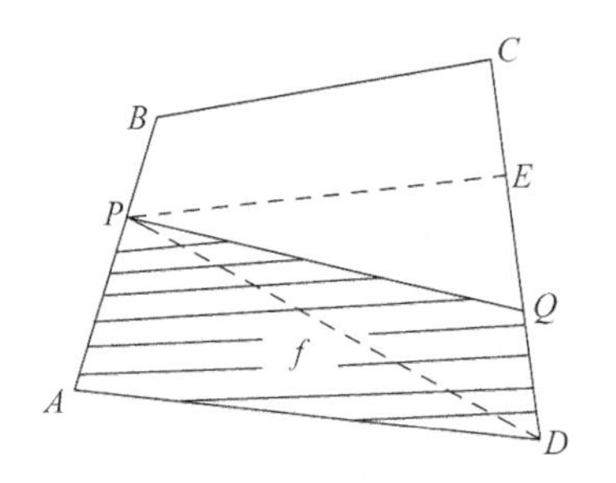

图 11-7 过四边形一边上定点分割面积

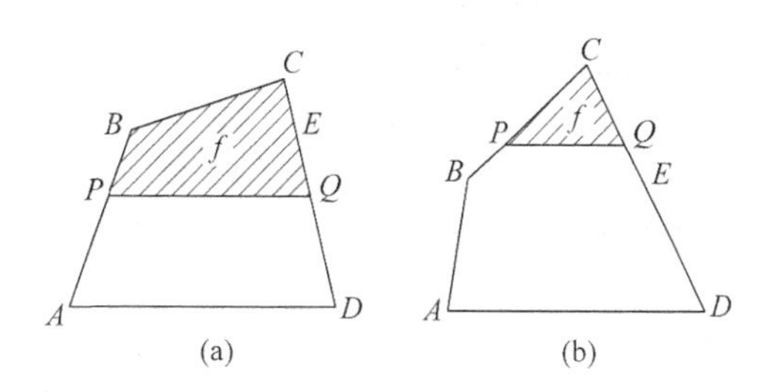

图 11-8 四边形的平行分割

(四) 地价不等的土地分割

如图 11-9 所示,已知$\triangle ABC$ 的总面积为 F,其中$\triangle BAD$ 与$\triangle BCD$ 的地价单价分别为 U 与 V。则$\triangle ABC$ 的总地价

$$W = P_{BAD} \cdot U + P_{BCD} \cdot V$$

今欲将$\triangle ABC$ 分割 BPQ,分割线 $PQ /\!/ AC$,面积设为 f,则分割面积$\triangle BPQ$ 的地价

$$w = P_{BPE} \cdot U + P_{BQE} \cdot V$$

由图可知:$\dfrac{BP}{BA}=\dfrac{BQ}{BC}=\dfrac{PQ}{AC}=\dfrac{h_1}{h}=m$

但 $PQ \cdot h_1=2f \quad AC \cdot h=2F$

则$\dfrac{f}{F}=\dfrac{PQ}{AC}\times\dfrac{h_1}{h}= m^2$或 $m =\sqrt{\dfrac{f}{F}}$

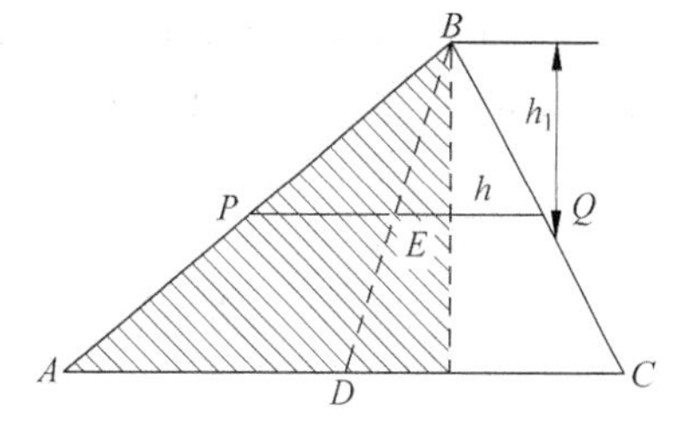

图 11-9 地价不等的土地分割

今因需按地价分割(即分割其总价应等于预定的 w),故应以地价代替面积,从而得下式:

$$m = \sqrt{\frac{w}{W}} = \sqrt{\frac{w}{P_{BAD} \times U + P_{BCD} \times V}} = \sqrt{\frac{2w}{(AD \times U + CD \times V)h}} \qquad (11\text{-}14)$$

依式(11-14)算得 m 后,再依下式求得分割面积的边长与高:

$$BP = m \times BA \quad PE = m \times AD \quad BQ = m \times BC \qquad (11\text{-}15)$$
$$h_1 = m \times h \qquad QE = m \times CD$$

从而决定 P、Q 的点位,并以下式核验:

$$2w = (PE \times U + QE \times V)h_1 \qquad (11\text{-}16)$$

三、数值法土地分割

数值法土地分割,是指以地块的界址点坐标作为分割面积的依据,利用数学公式,求得

分割点坐标的方法。这种方法精度较高，且可长久保存，常用于地域较大及地价较高的地块划分。

已知任意四边形 $ABCD$，其各角点的坐标已知，四边形的总面积为 F，现有一直线分割四边形 $ABCD$，如图 11-10 所示，与 AB 边的交点为分割点 P，与 CD 边的交点为分割点 Q，已知 $APQD$ 的面积为 f，求分割点 P、Q 的坐标(X_P, Y_P)、(X_Q, Y_Q)。

由上面列出的条件可得到两个三点共线方程。

A、P、B 点的共线方程为

$$\frac{Y_P - Y_A}{X_P - X_A} = \frac{Y_B - Y_A}{X_B - X_A} \tag{11-17}$$

C、Q、D 点的共线方程为

$$\frac{Y_Q - Y_C}{X_Q - X_C} = \frac{Y_D - Y_C}{X_D - X_C} \tag{11-18}$$

又分割面积 f 为已知，则可依据各角点坐标列出面积公式：

$$2f = \sum_{i=1}^{n} (X_i + X_{i+1})(Y_{i+1} - Y_i) \tag{11-19}$$

其中，i 为测量坐标系中，图形按顺时针方向所编点号，$i=1,2,3,\cdots,n$，本例中的 1,2,3,4 对应 A,B,C,D。

上述三个方程不能解求 4 个未知数，必须再给出一个已知条件并列出方程与上述三个方程构成方程组，从而结算出 P、Q 点的坐标。现分述如下。

(1) 当 P、Q 两点所在的直线过一定点 K（见图 11-11），已知 K 点的坐标为(X_K, Y_K)，此时，有 P、K、Q 三点共线方程：

$$\frac{Y_K - Y_P}{X_K - X_P} = \frac{Y_Q - Y_P}{X_Q - X_P} \tag{11-20}$$

联立方程(11-17)、方程(11-18)、方程(11-19)、方程(11-20)，即可求得 P 和 Q 点的坐标。

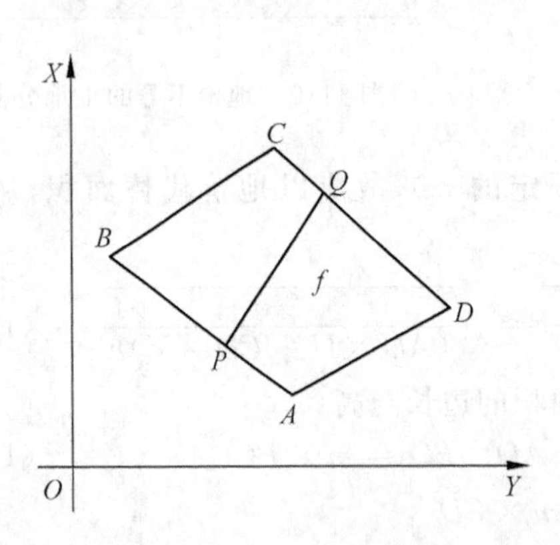

图 11-10 四边形分割图示

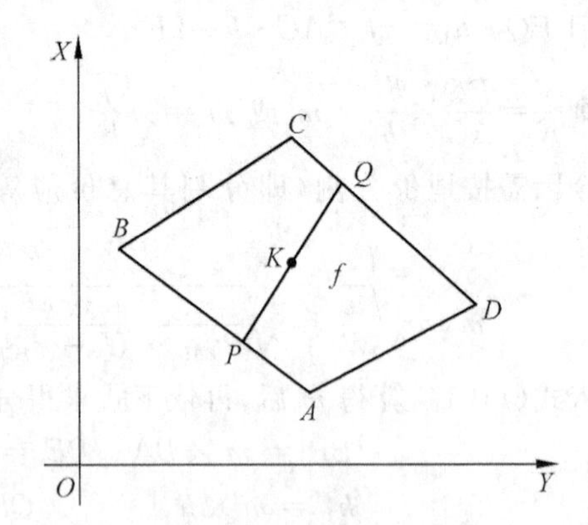

图 11-11 过定点分割图示

如果 K 点在 AB 边上，则 K 点与 P 点重合，联立方程(11-18)和方程(11-19)，即可求得 P 和 Q 点的坐标。

如果 K 点在 CD 边上，则 K 点与 Q 点重合，联立方程(11-17)和方程(11-19)，即可求得 P 和 Q 点的坐标。

(2) 当 PQ 平行多边形一边时，即已知 PQ 所在的直线方程的斜率。如图 11-12 所示，$PQ /\!/ AD$，则 $K_{PQ}=K_{AD}$，所以

$$\frac{Y_Q-Y_P}{X_Q-X_P}=\frac{Y_D-Y_A}{X_D-X_A} \tag{11-21}$$

联立方程(11-17)、方程(11-18)、方程(11-19)、方程(11-21)，即可求得 P 和 Q 点的坐标。

(3) 当 PQ 垂直于多边形一边时，即已知 PQ 所在的直线方程的斜率。如图 11-13 所示，$PQ\perp AB$，则 $K_{PQ}=\frac{1}{K_{AB}}$，所以

$$\frac{Y_Q-Y_P}{X_Q-X_P}=\frac{X_B-X_A}{Y_B-Y_A} \tag{11-22}$$

联立方程(11-17)、方程(11-18)、方程(11-19)、方程(11-22)，即可求得 P 和 Q 点的坐标。

上述结论适用于不同形状地块的土地分割计算，包括三角形、四边形以及多边形地块。

运用数值法进行土地分割计算时，应注意如下几个问题。

(1) 坐标系的转换：上述方程组是在测量坐标系中给出的。当所给出的坐标系为数学坐标系或施工坐标系时，应先将坐标系转换为测量坐标系。

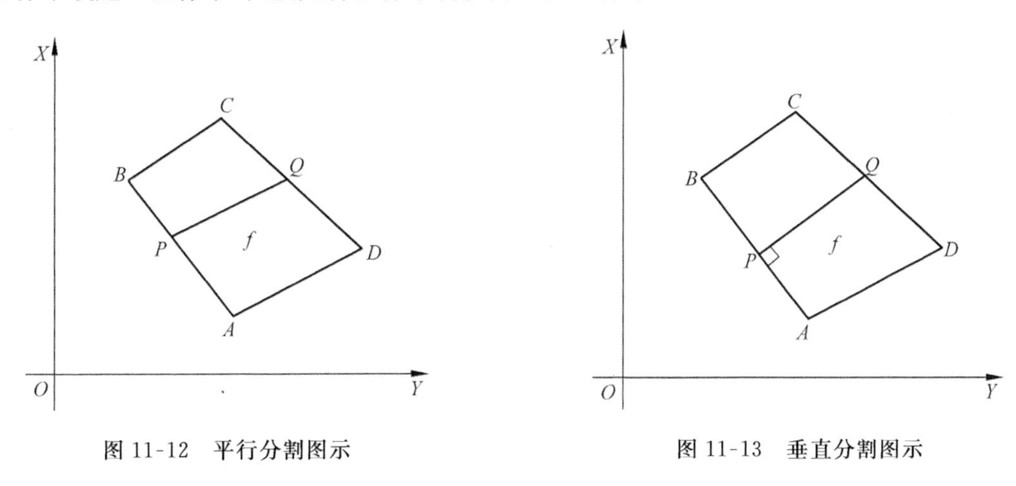

图 11-12　平行分割图示　　图 11-13　垂直分割图示

(2) 点的编号顺序：由于方程组中含有坐标法面积公式，此时需注意点的编号顺序应为顺时针，以保证面积值为正。如果采用逆时针编号，则应取绝对值。

(3) 当地块边数较多时，可将其划分为几个简单图形分别计算。若无法定出分割点 P、Q 所在的边，则可将邻近边的直线方程尽皆列出，分别参与方程组的计算，并依据面积条件进行取舍，以求得最终的分割点坐标。

土地分割及界线调整的案例很多，每个案例条件各不相同，只要灵活应用上述方程组，并做到具体问题具体分析，则对于一般的分割业务均能应付自如。

复习与思考

1. 什么是变更地籍调查？试述其作用和特点。
2. 开展变更地籍调查过程中应着重检查与核实哪些内容？

3. 国有土地使用权有哪几种类型？其变更情况有哪几种？应调查核实哪些内容？
4. 变更地籍调查前，主要应做哪些准备工作？
5. 宗地界址发生变化时，如何进行界址点的检查与处理？
6. 界址发生变化的宗地其宗地号如何变更？举例说明。
7. 试述变更地籍调查成果资料入库的作业步骤。
8. 恢复界址点的放样方法主要有哪些？实际作业时，主要包括哪些工作？
9. 什么是界址点的鉴定？试述鉴定测量的作业程序。
10. 什么是土地分割测量？何种情况下需要进行土地分割测量？
11. 土地分割测量采用什么方法？
12. 什么是几何法土地分割？什么是数值法土地分割？试述各自的适用范围。

第十二章

基本农田调查

第一节 概　　述

一、基本农田概念

（一）基本农田与基本农田保护区

所谓基本农田是指根据一定时期人口和社会经济发展对农产品的需求，以及对建设用地的预测，根据土地利用总体规划而确定的长期不得占用的耕地。应该说，基本农田是为了满足一定时期人口和社会经济发展对农产品的需求而必须确保的耕地最低需求量。基本农田是耕地的一部分，而且是高产优质的那一部分耕地，并非所有的耕地都是基本农田。一般来说，划入基本农田保护区的耕地都是基本农田。

基本农田保护区是指为对基本农田实行特殊保护而依据土地利用总体规划和依照法定程序确定的特定保护区域。在基本农田保护区内划定的具体的基本农田地块称之为基本农田保护片（块）。在基本农田保护片（块）界线范围内的土地利用地类图斑称为基本农田图斑。

（二）基本农田的保护区的划分

根据土地利用总体规划，下列耕地划入基本农田保护区：①经国务院有关主管部门或者县级以上地方人民政府批准确定的粮、棉、油生产基地内的耕地；②有良好的水利与水土保持设施的耕地，正在实施改造计划及可以改造的中、低产田；③蔬菜生产基地；④农业科研、教学试验田；⑤国务院应当划入基本农田保护区的其他耕地。

各省、自治区、直辖市划定的基本农田应当占本行政区域耕地的80%以上。

基本农田保护区以乡（镇）为单位划区定界，由县级人民政府土地行政主管部门会同同级农业行政主管部门组织实施。划定的基本农田保护区，由县级人民政府设立保护标志，予以公告，由县级人民政府土地行政主管部门建立档案，并抄送同级农业行政主管部门。任何单位和个人不得破坏或者擅自改变基本农田保护区的保护标志。基本农田保护区划区定界后，由省、自治区、直辖市人民政府组织土地行政主管部门和农业行政主管部门验收确认，或者由省、自治区人民政府授权设区的市、自治州人民政府组织土地行政主管部门和农业行政主管部门验收确认。

（三）基本农田保护

基本农田保护主要包括基本农田数量保护和基本农田质量保护两方面。

1. 基本农田数量保护

(1) 基本农田保护区依法划定后，任何单位和个人不得改变或占用。国家能源、交通、水利、军事设施等重点建设项目选址确实无法避开基本农田保护区，需要占用的，必须经国务院批准。

(2) 经国务院批准占用基本农田的，当地人民政府按照国务院的批准文件修改土地利用总体规划，并补充划入数量和质量相当的基本农田。占用单位按照占多少、垦多少的原则，负责开垦与所占基本农田的数量与质量相当的耕地；没有条件开垦或者开垦的耕地不符合要求的，按规定缴纳耕地开垦费，专款用于开垦新的耕地。

(3) 禁止任何单位和个人在基本农田保护区内建窑、建房、建坟、挖砂、采石、采矿、取土、堆放固体废弃物。禁止任何单位和个人闲置、荒芜基本农田。经批准占用的基本农田，满一年未使用而又可耕种的，由原耕种的单位或个人恢复耕种，也可由用地的单位组织耕种；一年以上未动工建设的，按有关规定缴纳闲置费；连续两年未使用的，无偿收回土地使用权，重新划入基本农田保护区。承包经营的基本农田连续两年弃耕抛荒的，可终止承包合同，收回发包的基本农田。

2. 基本农田质量保护

(1) 利用基本农田从事农业生产的单位和个人必须保持和培肥地力。国家提倡和鼓励农业生产者对其经营的基本农田施用有机肥料，合理施用化肥和农药。

(2) 县级人民政府根据当地实际情况制定基本农田地力分等定级办法，由农业行政主管部门会同土地行政主管部门组织实施，对基本农田地力分等定级，并建立档案，农村集体经济组织或者村民委员会定期评定基本农田地力等级。县级以上地方各级人民政府农业行政主管部门逐步建立基本农田地力与施肥效益长期定位监测网点，定期向本级人民政府提出基本农田地力变化状况报告以及相应的地力保护措施。

(3) 凡是向基本农田保护区提供肥料或城市垃圾、污泥的，必须符合国家有关标准，因发生事故或者其他突然性事件，造成或者可能造成基本农田环境污染事故的，当事人必须立即采取措施处理，并向当地环境保护行政主管部门和农业行政主管部门报告，接受调查处理。

（四）基本农田调查

基本农田调查是在农村土地调查基础上，依据土地利用总体规划，按照基本农田保护区(块)划定和调整资料，将基本农田保护地块(区块)落实至土地利用现状图上，汇总统计基本农田的分布、面积、地类等状况，并登记上证、造册的调查工作。

二、基本农田调查目的、任务与要求

（一）基本农田调查目的

基本农田调查目是通过基本农田调查，查清基本农田位置、范围、地类、面积，掌握全国基本农田的数量及分布状况，为基本农田保护和管理提供基础资料。

（二）基本农田调查任务

基本农田调查的任务是以县级调查区域为单位，依据本地区土地利用总体规划，按照基本农田划定及补划、调整的相关资料，将基本农田保护区、基本农田保护片（块）和依法调整的基本农田地块（区块）落实到标准分幅土地利用现状图上，并在土地利用数据库中建立基本农田数据层，计算统计汇总县域各级行政区域内基本农田面积和构成基本农田的地类面积，进而，逐级汇总出地（市）级、省级和全国的基本农田面积。

（三）基本农田调查基本要求

(1) 坚持实事求是原则，保证基本农田调查成果与所提供的基本农田划定、补划和调整资料一致。

(2) 严格遵循土地调查技术规程要求，保证基本农田上图范围与基本农田划定图件相符。

(3) 基本农田划定、调整和补划等资料要与土地利用总体规划资料相一致，并经基本农田划定部门审核确认后方可采用。

三、基本农田调查的基本原则

（一）客观性与统一性原则

坚持实事求是的调查原则，严格遵循全国土地调查技术规程的要求，保证基本农田地块与所提供的基本农田划定、调整和补划资料一致。

（二）合法性与继承性原则

全面收集资料，基本农田划定与调整等资料应具有法律效应，基本农田划定与调整等资料应经基本农田划定部门的审核确认后方可采用。

（三）规范性与准确性原则

基本农田上图应规范，符合相应的上图程序要求。图上标绘的基本农田应准确，保证图件、数据和实地三者一致。

四、基本农田调查的组织机构

基本农田调查以县级调查区域为单位,成立基本农田调查工作领导小组和执行小组。领导小组由主管副市长任组长,成员由国土资源局组织规划、耕地保护、地籍管理等相关部门,以及协作单位人员组成。执行小组一般通过招标形式确认有相应资质的单位组成,并下设调查技术组、资料核查组、综合管理组等,如图 12-1 所示。

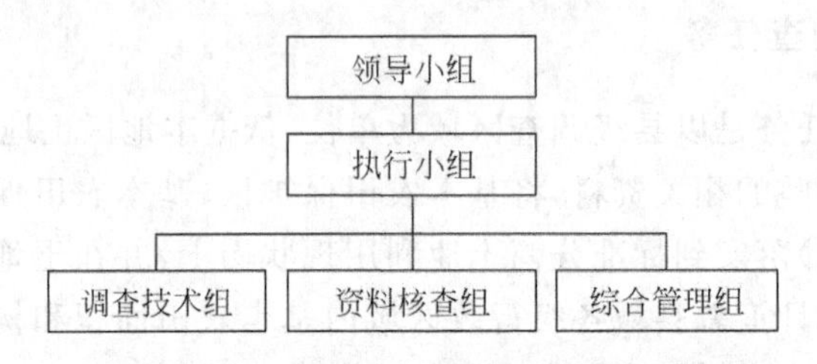

图 12-1 基本农田调查组织结构图

调查技术组主要负责基本农田有关文件及图件等资料的收集、图件的矢量化、基本农田数据入库和统计汇总等具体技术工作。资料核查组主要负责基本农田上图有关文件和图件等资料核查及最终入库结果检查工作。综合管理组主要负责协调日常工作。

五、基本农田调查程序

(一) 资料收集与整理

充分收集基本农田相关资料,并对资料进行整理。

(二) 调查上图

将基本农田保护片(块)等相关信息落实到分幅土地利用现状图上,确定基本农田图斑。并依据相关标准和规范,检查基本农田要素层的数据格式、属性结构、上图精度等是否符合要求。

(三) 基本农田认定

由基本农田规划、划定等相关部门共同检查基本农田片(块)的位置、界线、分布是否与基本农田划定及调整资料相一致。

(四) 图件编制与数据汇总

编制基本农田分布图,并进行面积统计和逐级汇总。

(五) 检查验收

由调查领导小组办公室组织相关人员,对最终形成的基本农田图件、数据成果进行检查验收。

第二节　调查资料的收集与整理

一、资料收集

（一）资料内容

(1) 土地利用总体规划资料。包括省、地（市）、县、乡级土地利用总体规划图和土地利用总体规划文本及说明。

(2) 基本农田划定资料。分为图件资料、表格资料、文字资料等方面基本农田相关资。

① 图件资料图(纸质或电子形式)。包括县级、乡级基本农田划定的相关图件。如：基本农田保护区(片)图。包括县级基本农田保护区图(1∶10 000～1∶100 000)和乡(镇)级基本农田保护区(片)图(1∶5000～1∶25 000)；基本农田划定图件；基本农田调整图件。

② 表格资料。包括基本农田面积汇总表、基本农田保护片(块)登记表、一般农田地块登记表、基本农田保护区规划修正对照表等基本农田划定档案。

③ 文字资料。包括基本农田划定的相关文字资料。

④ 基本农田补划、调整和涉及占用基本农田的建设用地资料。包括有批准权限的批准机关，依据相关法律法规所批准的文件及相关图件等资料。

(3) 基本农田调整档案。主要有 5 种：

① 规划实施以来乡(镇)规划调整涉及基本农田调整的图件、调整方案及相应市级以上人民政府同意调整的批文；

② 规划实施以来经省级以上人民政府批准的集体土地征用、征收，集体农用地转为国有所涉及基本农田调整的图件、调整方案及相应批文；

③ 规划实施以来历次土地市场清理整顿、土地违法用地处理，经省级以上人民政府批准同意占用涉及基本农田调整的图件、调整方案及相应批文；

④ 灾毁耕地经省级以上人民政府确认，涉及基本农田调整的图件及确认批文；

⑤ 其他与基本农田调整相关图件，资料及经原规划审批机关批准或省级以上人民政府批准调整的文件。

(4) 其他资料。其他相关资料及档案主要有：

① 建设用地占用基本农田项目的报批材料及批准文件和与基本农田有关的生态退耕及灾毁资料；

② 基本农田保护区土地利用统计台账和基本农田保护区土地利用年度变更资料；

③ 涉及基本农田保护区的土地利用统计台账及其年度变更资料；

④ 历次基本农田检查形成的相关文字、图件资料等。

（二）资料要求

(1) 基本农田划定图件应有基本农田片(块)信息；

(2) 基本农田规划、补划、调整图件与相应批准文件表述一致；

(3) 基本农田补划、调整的地块标绘清晰；

(4) 图件上要素内容应完整；

(5) 相邻乡(镇)的基本农田划定图件基本接边；

(6) 电子图件应说明其坐标系统、投影、有无拓扑关系等情况。

二、资料整理

(一) 资料选用

在进行资料分析的基础上，依据以下原则对资料进行选用。

(1) 必须收集基本农田保护区(片)资料，若没有图件资料，需要基本农田划定部门协助补充；

(2) 优先选择乡(镇)级基本农田保护规划图件资料，在乡(镇)级基本农田保护规划图件资料缺失的情况下，采用县级基本农田保护图件资料，并需要基本农田划定部门协助，补充地块资料；

(3) 如采用乡(镇)级基本农田保护区(片)图件，若该保护区(片)落实到了基本农田保护地块，则可直接利用，若没有落实到地块，需要基本农田划定部门协助，补充地块资料；

(4) 图件、文本应尽量搜集并使用电子数据，尤其是基本农田划定与调整图件。

(二) 资料核查

对于选用的图件资料，需要向基本农田划定部门对资料进行核实，为实现资料可利用性，应满足以下要求。

• 图件资料应满足：

(1) 基本农田保护区(片)图件资料都应落实到地块；

(2) 基本农田调整图件与相应批文描述一致；

(3) 图件资料应与实地相一致；

(4) 对于纸质图件，还需满足以下要求①基本农田划定图件保存完整、图上内容应与图例基本一致，基本农田调整的地块标绘清晰，纸制图件的标绘区域不存在褶皱情况；②相邻乡(镇)的基本农田划定图件应该可以基本接边，不存在遗漏图斑情况；

(5) 电子图件图件，还需满足以下要求 ①电子数据系统库或符号库应正确无误；②电子数据的坐标系统，拓扑关系等情况做出明确确认。

• 文档资料应满足：

(1) 合法性，基本农田保护档案资料应具有法律效应；

(2) 必备性，基本农田保护档案资料应尽量齐全，至少应有基本农田划定档案；

(3) 现势性，基本农田保护档案应与实地相一致。

(三) 资料整理

(1) 基本农田划定图件资料必须落实到片(块)，若没有片(块)资料，应由基本农田划定部门补充完善。

(2) 有乡级基本农田划定图件资料的，必须用乡级基本农田划定图件资料，在乡级基本农田划定图件资料缺失情况下，应参照县级基本农田划定图件资料，由基本农田划定部门确定基本农田保护片(块)位置和界线，补充基本农田划定资料。

(3) 基本农田规划、划定图件，应优先选用电子数据，并确保其合法性。

(四) 资料补充

(1) 如果选用资料不满足资料可用性要求的应重新搜集或者实地调查。应由县级土地主管部门会同农业部门进行补划工作，在实地调查过程中一般需要通过外业实地调绘、核实转绘，逐地块，转绘到已有的土地利用现状图上，勾绘出基本农田保护区范围，并填写相关表册，补齐基本农田资料，并经主管部门核准后转入内业。

(2) 对于图件中存在的其他问题应通过基本农田划定以及国土资源管理部门予以解决。

第三节　基本农田调查上图

一、上图内容

基本农田上图内容包括以下几个方面。

(1) 建立基本农田要素层。在土地利用数据库中建立基本农田保护片(块)层和基本农田图斑层，其属性结构表 12-1 至表 12-4。

(2) 基本农田落实上图。将基本农田保护片(块)落实至土地利用现状图上，反映出调查区域内基本农田的分布状况。

(3) 基本农田面积统计。统计汇总出调查区域内基本农田的面积和基本农田图斑地类面积。

(4) 基本农田图件编制。编制标准分幅基本农田分布图及县级、乡级基本农田分布图。

二、上图方法

(一) 基本农田要素属性数据

在土地利用数据库中建立基本农田保护片(块)层和基本农田图斑层，其属性数据主要是按照《土地利用数据库标准》要求规定的属性结构表逐项进行采集。

1. 基本农田保护区属性结构

表 12-1　基本农田保护区属性结构描述表(属性表名：JBNTBHQ)

序号	字段名称	字段代码	字段类型	字段长度	小数位数	值域	备注
1	标识码	BSM	Int	10		＞0	
2	要素代码	YSDM	Char	10		2005010100	
3	保护区编号	BHQBH	Char	11		见本表注	
4	基本农田面积	JBNTMJ	Float	15	2	＞0	单位：平方米

注：保护区编号为县以上行政区划代码＋乡级代码＋保护区次序码(2位流水代码)。县以上行政区划代码为6位数字码，乡级代码为3位数字码。

2. 基本农田保护片属性结构

表 12-2 基本农田保护片属性结构描述表（属性表名：JBNTBHP）

序号	字段名称	字段代码	字段类型	字段长度	小数位数	值域	备注
1	标识码	BSM	Int	10		＞0	
2	要素代码	YSDM	Char	10		2005010200	
3	保护片编号	BHPBH	Char	14		见本表注	
4	基本农田面积	JBNTMJ	Float	15	2	＞0	单位：平方米

注：保护片编号为县以上行政区划代码＋乡级代码＋村级代码＋保护片次序码(2 位流水代码)。县以上行政区划代码为 6 位数字码，乡级代码为 3 位数字码，村级代码为 3 位数字码。

3. 基本农田保护块属性结构

表 12-3 基本农田保护块属性结构描述表（属性表名：JBNTBHK）

序号	字段名称	字段代码	字段类型	字段长度	小数位数	值域	备注
1	标识码	BSM	Int	10		＞0	
2	要素代码	YSDM	Char	10		2005010300	
3	保护块编号	BHKBH	Char	16		见本表注	
4	基本农田面积	JBNTMJ	Float	15	2	＞0	单位：平方米

注：保护块编号为县以上行政区划代码＋乡级代码＋村级代码＋保护块次序码(4 位流水代码)。县以上行政区划代码为 6 位数字码，乡级代码为 3 位数字码，村级代码为 3 位数字码。

4. 基本农田图斑属性结构

表 12-4 基本农田图斑属性结构表(属性表名：JBNTBHTB)

序号	字段名称	字段代码	字段类型	字段长度	小数位数	值域	是否必填	备注
1	标识码	BSM	Int	10		＞0	是	见本表注 1
2	要素代码	YSDM	Char	10		见本表注 1	是	
3	基本农田图斑编号	JBNTTBBH	Char	18		非空	是	见本表注 3
4	图斑编号	TBBH	Char	8		非空	是	见本表注 4
5	地类编码	DLBM	Char	4		见本表注 5	是	
6	地类名称	DLMC	Char	60		见本表注 5	是	
7	权属性质	QSXZ	Char	3		见《土地利用数据库标准》表 34	是	
8	权属单位代码	QSDWDM	Char	19		见本表注 6	是	
9	权属单位名称	QSDWMC	Char	60		非空	是	
10	坐落单位代码	ZLDWDM	Char	19		见本表注 6	是	
11	坐落单位名称	ZLDWMC	Char	60		非空	是	
12	耕地类型	GDLX	Char	2		见本表注 7	否	
13	扣除类型	KCLX	Char	2		见本表注 8	否	
14	扣除地类编码	KCDLBM	Char	4		见本表注 5	否	
15	扣除地类系数	TKXS	Float	5	2	＞0	否	见本表注 8

续表

序号	字段名称	字段代码	字段类型	字段长度	小数位数	值域	是否必填	备注
16	线状地物面积	XZDWMJ	Float	15	2	≥0	否	单位：平方米 见本表注 9
17	零星地物面积	LXDWMJ	Float	15	2	≥0	否	单位：平方米
18	扣除地类面积	TKMJ	Float	15	2	≥0	否	单位：平方米 见本表注 10
19	基本农田图斑面积	TBMJ	Float	15	2	>0	是	单位：平方米 见本表注 11
20	基本农田图斑地类面积	TBDLMJ	Float	15	2	≥0	是	单位：平方米 见本表注 12

注 1：标识码字段属性值由计算机自动生成；要素代码字段属性值在《土地利用数据库标准》的基础上扩展，“基本农田图斑”要素代码值为“205010400”。

2：序号 3～11 字段属性值从土地利用数据库中地类图斑层提取；若地类图斑界线与基本农田保护片(块)界线重合，序号 12～20 字段属性值由计算机根据空间位置关系从土地利用数据库中地类图斑层直接提取；若基本农田保护片(块)界线分割地类图斑，被分割的图斑序号 12～20 字段属性值通过分割处理，重新计算后生成。

3：基本农田图斑编号由“保护片(块)编号＋基本农田图斑号(2 位数字顺序码)”组成，二位数字码，以保护片(块)为单位，按从上到下，从左到右的顺序编号。

4：图斑编号为土地利用数据库中地类图斑层中的图斑编号，不另行编号。

5：地类编码和名称按《土地利用现状分类》执行。

6：权属单位代码和坐落单位代码到村民小组级，权属单位代码和坐落单位代码为 19 位数字顺序码，组成包括县级以上(含县级)行政区划代码为 6 位数字顺序码，乡(镇)行政区划代码为 3 位数字顺序码，村为 3 位数字顺序码，村民小组级编码为 7 位数字顺序码，由“基本编码(4 位数字顺序码)＋支号(3 位数字顺序码)”组成；使用村民小组级基本编码最大号递增编码的，数据库中的支号(后 3 位码)仍然要补齐“000”；坐落单位代码指该基本农田图斑实际坐落单位的代码，当该基本农田图斑为飞入地时，实际坐落单位的代码不同于权属单位的代码。

7：当地类为梯田耕地时，耕地类型填写 T。

8：扣除类型指按田坎系数(TK)、按比例扣除的散列式其他非耕地系数(FG)或耕地系数(GD)。

9：线状地物面积指该基本农田图斑内所有线状地物的面积总和。

10：扣除地类面积：当扣除类型为 TK 时，扣除地类面积表示扣除的田坎面积；当扣除类型不为 TK 时，扣除地类面积表示按比例扣除的散列式其他地类面积。

11：基本农田图斑面积指用经过核定的基本农田图斑多边形边界内部所有地类的面积(如基本农田图斑含岛、孔，则扣除岛、孔的面积)。

12：基本农田图斑地类面积 ＝ 基本农田图斑面积－扣除地类面积－线状地物面积－零星地物面积；即为基本农田面积。

5. 属性数据采集技术要求

(1) 基本农田属性数据采集应以数据源为依据按照《土地利用数据库标准》要求进行，如数据源无此内容，应作相应说明；

(2) 基本农田属性数据采集应保证与基本农田图形数据的逻辑一致性；

(3) 基本农田面积字段填写系统自动计算面积；

(4) 数据结构和编码方法符合相关标准的要求；

(5) 属性值应保证正确无误。

(二) 基本农田保护片(块)层图形数据采集

采集基本农田保护片(块)界线和属性有矢量化扫描套合法、判读转绘法和数据转换套合法三种方法。

1. 矢量化扫描套合法(技术流程见图 12-2)

将纸质的基本农田划定、补划、调整图件扫描矢量化后,与数据库中的土地利用地类图斑层套合,将基本农田保护片(块)界线落实到土地利用现状图上,确定基本农田位置、范围、地类的方法。

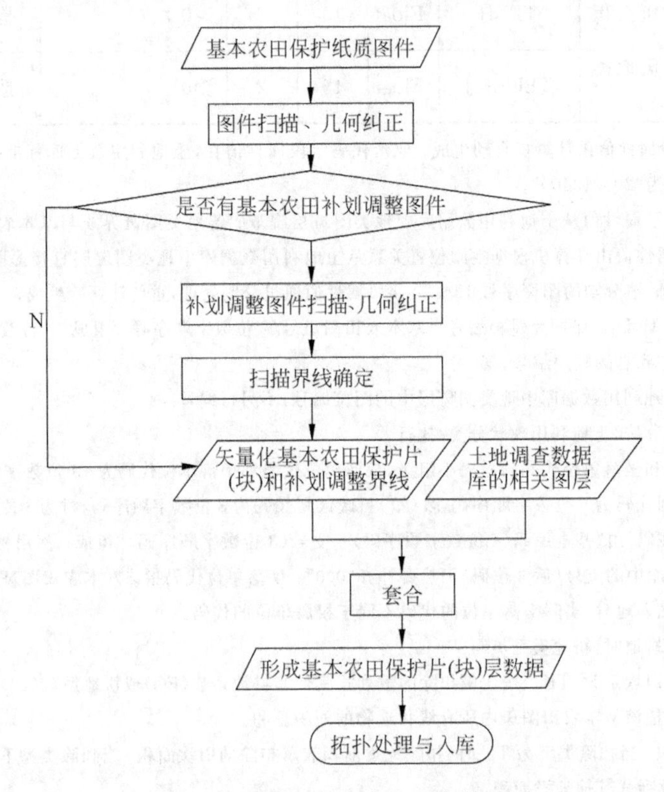

图 12-2 扫描矢量化套合法技术流程

(1) 若有乡(镇)级基本农田保护区(片),或者县级基本农田保护区图件,野外采集控制点或以新近土地调查形成的土地利用现状图为基础,对扫描图件进行几何纠正;

(2) 若扫描纠正后图件落实到了基本农田保护地块的,则以新的土地调查数据库中提取的乡(镇)界线作为矢量化外围控制范围,逐地块地进行矢量化;

(3) 扫描纠正后图件落实到了基本农田保护片的,则以新的土地调查数据库中提取的乡(镇)界线作为矢量化外围控制范围,矢量化基本农田保护片界线,并在基本农田划定的相关部门指导下实地调查,将相关部门确认后的保护地块勾绘在基本农田保护片上;

(4) 若有基本农田调整资料,则在以(2)或(3)形式获取的基本农田保护块界线基础上,采集基本农田地块调整界线,并对划定及调整界线进行综合处理,最终获取基本农田保护块界线;

(5) 将基本农田保护块界线与土地利用数据库中数据进行套合检查处理，形成准确的基本农田保护块界线，并根据《土地利用数据库标准》的编号规则对保护块进行编号，生成面状基本农田保护块数据；

(6) 对采集的保护块进行拓扑处理，并对不满足拓扑要求的数据进行修改。

2. 判读转绘法

将基本农田划定、补划、调整资料上的保护片(块)界线，目视转绘在土地利用现状图或调查底图上，确定基本农田位置、范围、地类的方法。技术流程见图 12-3。

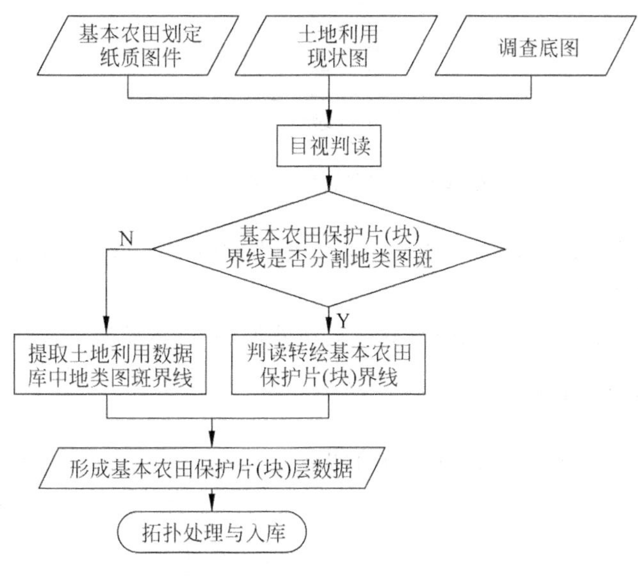

图 12-3　判读转绘法技术流程

(1) 依据基本农田划定、补划、调整图件上的基本农田保护片(块)界线，目视判读标绘在土地利用现状图或调查底图的相应位置上，从数据库中提取相关地类图斑界线作为基本农田保护片(块)界线。

(2) 按照要求，对提取的基本农田保护片(块)，逐一输入属性数据或利用数据库软件集中录入属性数据后，通过关键字段连接到图形上。

(3) 对基本农田保护片(块)层数据进行拓扑处理，对不满足拓扑要求的进行修改。

3. 数据转换套合法

基本农田划定、补划、调整资料为电子图件时，通过数据转换，与数据库中地类图斑层套合，将基本农田保护片(块)界线落实到数据库中的土地利用现状图上，确定基本农田位置、范围、地类的方法。技术流程见图 12-4。

(1) 根据土地调查数据库相关要求，先进行数据格式、数学基础、数据精度、现势性等方面的检查；

(2) 若数据格式与土地利用数据库中的不一致，进行格式转换；

(3) 若其坐标系统为 1980 西安坐标系，可以直接提取其边界作为基本农田调整数据，坐标系统不一致的，进行坐标转换；

(4) 若其投影方式不是高斯-克吕格，进行投影转换；

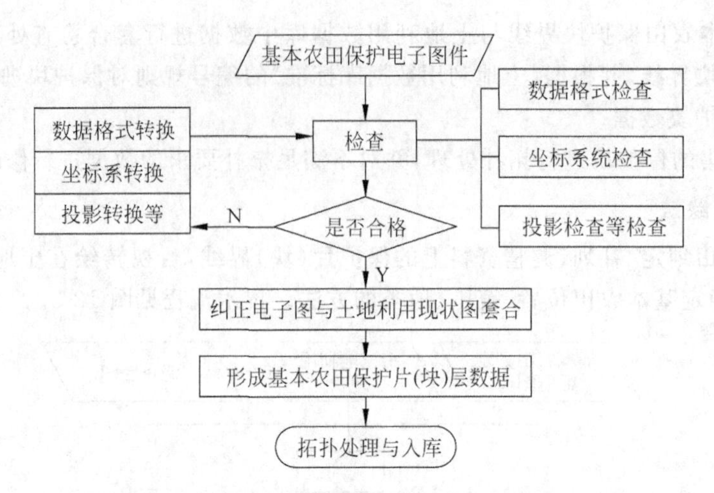

图 12-4 数据转换套合法技术流程

(5) 将电子形式的保护块与土地利用数据库中的数据进行套合检查处理，并按照相应的处理方法进行修改；

(6) 对采集的保护区、片、块、图斑进行拓扑处理，并对不满足拓扑要求的进行修改。

（三）基本农田图斑层

由基本农田保护片(块)层与数据库中的地类图斑层叠加提取获得。技术流程如图 12-5 所示。

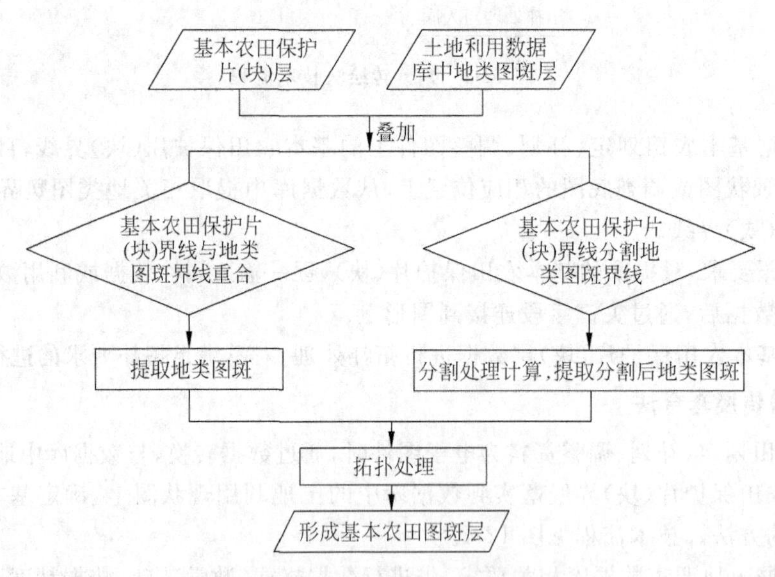

图 12-5 基本农田图斑层提取技术流程

(1) 当基本农田保护片(块)界线与地类图斑界线重合时，直接提取地类图斑数据作为基本农田图斑层中数据。

(2) 当基本农田保护片(块)界线分割地类图斑时，提取并计算分割后落在基本农田保护片(块)界线范围内的地类图斑中相关数据，作为基本农田图斑层中的数据。

(3) 按照表 12-4 的要求，添加基本农田图斑层属性数据。

(4) 对基本农田图斑层数据进行拓扑处理，对不满足拓扑要求的进行修改。

(四) 套合要求

(1) 对于有基本农田补划、调整资料的，以补划、调整资料为依据，将该基本农田保护片(块)原有的划定界线删除，以补划、调整界线作为基本农田保护片(块)界线。

(2) 基本农田保护片(块)与数据库中地类图斑的空间位置、形状一致，在数据库中直接提取地类图斑界线作为基本农田保护片(块)界线。

(3) 基本农田保护片(块)与数据库中地类图斑的空间位置、形状基本一致，只是由于纠正、数据转换等技术处理造成的界线位移，以土地利用数据库中相应地类图斑界线作为基本农田保护片(块)界线。

(4) 基本农田保护片(块)与数据库中地类图斑的空间位置基本一致，但有部分地类图斑界线不一致，经有关部门处理认定后，以划定时的界线作为基本农田保护片(块)界线。

(5) 基本农田保护片(块)与数据库中地类图斑的空间位置、形状不一致，应由相关部门确定基本农田保护片(块)界线。

(五) 基本农田块界线确定原则

1. 保护块划定界线采集原则

以上一轮土地利用总体规划、乡(镇)土地利用总体规划图或者乡(镇)基本农田保护图确定的基本农田保护区图为依据，采集基本农田保护块界线。保护块的划定边界的采集依据如下。

(1) 基本农田保护块可跨道路、沟渠(为农业生产服务设施)等，不跨行政界。保护片、块要尽量集中，一般不含其他类型用地(不包括为农业生产服务设施的用地)。

(2) 基本农田保护区(片)图是进行基本农田保护块界线勾绘的依据，基本农田保护区规划图件和基本农田保护登记卡作为矢量化的参考和基本农田保护责任单位、责任人和基本农田质量判定的主要依据。

(3) 基本农田保护块界线与土地利用现状图斑界线出现套合不一致的情况时，需要进行界线调整。界线调整时需要经过上级土地行政主管部门的合法认可。

2. 保护块调整界线采集原则

对于有基本农田调整资料的，根据调整原因，选择采集调整地块边界的依据，从而确定基本农田调整地块的边界。调整地块边界的采集依据如下。

(1) 因建设占用而调整的基本农田地块，根据相关批准文件和占用补划材料，将占用、补划基本农田的地块如实标绘在现状图上。

(2) 因生态退耕而调整的基本农田地块，以国家生态退耕数据为准，确定退耕范围，从而确定调整后基本农田保护块界线。

(3) 因农业结构调整而调整的基本农田地块，以调整后的数据为准，确定调整范围，从而确定调整后基本农田保护块界线。

(4) 因自然灾害而调整的基本农田地块，以有关管理部门的有效文件为准，确定自然灾害地块范围，从而确定调整后基本农田保护块界线。

(5) 因其他原因造成基本农田减少的，根据相关批准文件和材料，如实标绘在土地利用现状图上。

(6) 土地开发整理项目经过验收新增的耕地，单独划入基本农田保护区的(不是作为建设占用补划或其他情况补划的)，可以按照项目增加的耕地范围如实标绘。

(7) 其他途径新划入的基本农田，可以根据相关批准文件和材料，将新增耕地范围如实标绘。

(8) 无论基本农田减少或增加情况，都应有相关的批准文件作为采集依据，并采集基本农田变化原因和批准文号，作为基本农田要素层属性数据的数据源。

3. 保护块划定界线及调整界线处理原则

(1) 对于调整界线落实到地块的，将该地块的划定界线删除，以调整界线作为现状基本农田保护地块界线。

(2) 对于调整界线未落实到地块，只有调整比例的，需要在基本农田调整部门的确认下，将比例数落实在保护地块上，将原划定的地块界线删除，以调整界线作为现状基本农田保护地块界线。

4. 保护块界线套合修改原则

(1) 对于基本农田数据的比例尺小于土地利用现状数据，而使得基本农田保护块界线不合要求的，可以根据两者的套合精度来选择修改方法。A. 当基本农田地块数据与土地利用现状数据库中图斑的空间位置、形状、地类基本一致，只是由于纠正、投影转换导致了位移的，其处理方法为直接从土地利用现状数据库中提取图斑作为基本农田保护块数据。B. 农田保护块数据与土地利用现状数据库中图斑的空间位置基本一致，但图斑有部分边界形状、地类发生变化。其处理方法是从土地利用现状数据库中提取相同或吻合的图斑边界部分，与原基本农田块的边界进行结合，重新生成新的基本农田保护块。C. 当基本农田地块包含多个土地利用图斑或与土地利用图斑界线位移不超过 1mm 时，以土地利用图斑界线为依据，调整基本农田地块与土地利用图斑一致。D. 当基本农田保护块界线与土地利用图斑界线位移超过 1mm 时，依据现势性强的基本农田保护档案对基本农田保护界线进行相应的调整，并进行外业核实。

(2) 对于基本农田数据的比例尺大于或者等于土地利用现状数据，而使得基本农田保护块界线与土地利用图斑界线相差较大或者出现明显不符的情况(如图斑形状、地类都不相符)，需要当地土地管理部门一起到实地进行核实，以便最终确定基本农田的准确界线，形成准确的基本农田数据。

(3) 部分基本农田规划图上权属界线与土地利用现状数据库中权属界线走向不一致，导致基本农田的位置和形状对应关系不正确，应当随同有关部门外业实地进行核实。

(六) 图形数据采集技术要求

对图形数据的采集过程中的图件扫描、图件校正、矢量化、数据转换、数据拓扑等方面有如下技术要求。

(1) 图件扫描。①采用滚筒式 A0 幅面灰度扫描仪扫描；②检查基本农田规划图件是否干净、整洁，有无严重折痕，线划、注记是否清楚；③根据图件介质和图内要素的不同情况确定合适的扫描方式和扫描参数，扫描分辨率不低于300dpi；④当图幅尺寸大于扫描窗口尺寸须分块扫描时，同时应在基本农田规划图上绘出分块标志；⑤为避免扫描影像的歪斜失真，扫描时应注意保持扫描送纸的水平，基本农田规划图件与水平线的角度不宜超过0.2°；⑥检查扫描后影像清晰度、扫描参数、影像数据格式和信息文件的正确性，并记录检查结果，不合格影像应视情况重新扫描。

(2) 图件校正。①选择基本农田保护区(片)图的有效范围(指基本农田保护块的最大范围)进行校正；②以土地利用现状图为基础时，选择现状图上明显的地物点或者行政界线的拐点作为控制点对扫描的基本农田图件进行纠正，控制点应均匀分布在图幅内，纠正后的控制点绝对误差不超过0.1mm；③当矢量化底图图件变形误差超限时，应适当增加控制点数量，以保证纠正精度；④控制点的选取应在图件放大2～3倍的条件下完成；⑤纠正后的基本农田图件，其图廓边长实际尺寸与理论尺寸之差不得大于±0.2mm，对角线实际尺寸与理论尺寸之差不得大于±0.3mm，公里网连线实际尺寸与理论尺寸之差不得大于±0.1mm；⑥将图廓点、公里格网点、控制点等坐标按检索条件在屏幕上显示，与理论值套合检查纠正精度，记录检查结果，不合格影像应重新纠正。

(3) 矢量化。①根据《土地利用数据库标准》，以行政村为单位从左到右、从上至下顺序编号，逐基本农田保护块进行矢量化，编号原则按照《土地利用数据库标准》执行；②对于矢量化外围控制范围界线(从土地调查数据库中提取的乡(镇)界线)与基本农田划定图件中乡(镇)界线不一致的，以提取的乡(镇)界线为准，超出该界线的不予矢量化，空白区域的可以参考相邻乡(镇)基本农田划定图件进行矢量化；③基本农田划定扫描图件需在放大2～3倍的条件下，勾绘基本农田保护块界线，要求矢量化的线划数据与扫描图图斑界线位移小于0.2mm；④在矢量化的过程中，要进行节点捕捉，不能出现悬挂点；公共边线或具有多重属性要素只能矢量化一次，将公共边拷贝到相应数据层中，如河流、主要道路、居民点、权属界线没有发生变化的应将这些作为界线复制获得基本农田保护界线，不进行重复采集；⑤数据采集、编辑时应保证线条光滑，严格相接，不得有多余悬线，要素不得自相交和重复数字化，有方向性的要素其数字化方向正确，需连通的地物保持连通，各层数据间关系处理正确；⑥基本农田界线跨土地利用现状图图斑的情况采集基本农田保护界线时应采集基本农田图件上保护界线的中心线；⑦基本农田保护地块面状要素由线要素经过拓扑处理而形成，线状要素上点的密度以几何形状不失真为原则，点的密度应随着曲率的增大而增加；⑧对基本农田数据源有问题的，如基本农田图件编号明显错误的、基本农田图件上图颜色出现错误的等，应做好工作记录，汇总后报告技术负责人，并与相关部门协商提出解决问题的方案；⑨所有数据层在完成最后的编辑、修改后，数据结构应符合建立拓扑关系的要求；⑩所有相邻图幅应做接边处理，图幅接边前，所有数据层应先与本幅图的理论内图廓线相接，然后进行图幅之间的接边，不同比例尺数据接边以高精度的矢量和属性要素为接边依据；⑪矢量数据接边的同时要注意保持与属性数据的一致性、线划和与它同位置的多边形边界的接边一致性等问题。

(4) 数据转换。①在进行数据转换时，首先要对数据格式、数学基础、数据精度、现势性等方面进行检查，从而确定数据转换时所需要进行的工作内容。②在进行数据格式转换时，需要满足以下要求：空间实体无丢失；空间实体位置无偏移；空间实体的几何精度符合要求；空间实体属性内容无缺失。③由于原始基本农田的电子形式的数据都是北京 54 坐标系下的，而第二次土地调查以来的成果都是基于西安 80 坐标系的，因此，采用数据转换的方法来采集数据时，需要进行坐标转换，并使其满足以下要求：1∶50 000 比例尺数据采集4 个内图廓点和至少 25 个均匀分布的公里格网点作为坐标变换控制点。1∶5000～1∶10 000 比例尺数据采集 4 个内图廓点和至少 5 个均匀分布的公里格网点作为坐标变换控制点。④在进行数据投影转换时，统一为同一中央经线。根据数据跨带的情况，可以选择任意中央经线方法或投影主带方法进行换带处理。

(5) 数据拓扑要求。①检查点、线、面之间的相互关系，对接边处理后的矢量数据进行拓扑处理，建立拓扑结构；②各层数据无线段自相交、两线相交、线段打折、碎片多边形、悬挂点或伪节点等图形错误；③数据拓扑关系正确，面状区域闭合，各相邻实体的空间关系可通过完整的拓扑结构描述；④公共边线或同一目标具有两个或两个以上类型特征时，应保证位置的一致性。

三、存档资料采集

存档资料采集内容主要有基本农田保护责任书、基本农田划定及调整资料、建设用地占用基本农田项目的报批材料及批准文件等相关文档资料，存储数据格式为 *.tif 文件。

采集方法为对需要采集的存档资料，直接采用扫描仪、数码相机等设备进行扫描或拍照，生成存档数据文件。

存档资料采集技术要求是：①分辨率不低于 300dpi，图像清晰、不粘连；②色彩统一、RGB 值正确；③与原资料内容完全一致；④存储格式为 *.tif；⑤需要有说明文件，附加说明文件内容无错漏。

第四节　基本农田认定与数据检查入库

基本农田认定主要是对图上经过检查合格的基本农田保护片(块)的位置、范围进行法定认可。由土地调查办组织有关土地利用规划、耕地保护等基本农田划定部门对调查上图后图上基本农田的位置、界线、范围、分布进行认定，认定通过后方可进行图件编制与数据统计汇总，未通过认定的需要重新进行资料收集与整理、调查上图等工作。

数据入库前首先要对经过认定的数据质量进行检查，检查内容主要包括矢量数据几何精度和拓扑检查、属性数据完整性和正确性检查、图形和属性数据一致性检查、接边精度和完整性检查等，检查合格的数据方可入库。

一、认定依据与原则

(一) 认定依据

(1) 政策法规依据。主要是国家有关耕地保护和基本农田保护的法律、行政法规和有关规范性文件；各省(区、市)有关耕地保护和基本农田保护的地方性法规及规章。

(2) 规划划定依据。主要是各省、地(市)、县、乡级土地利用总体规划和基本农田保护区规划及基本农田划定图件。

(3) 相关审批文件。主要为基本农田占用补划、规划调整过程中的审批文件。

(二) 认定原则

基本农田调查应按照面积不减少、质量有提高布局总体稳定的总要求，遵循以下原则。

(1) 依法依规，规范认定。依据有关法律法规、现行规划实施情况和新一轮规划目标任务，对现状基本农田进行局部调整，严禁随意调减耕地保有量和基本农田保护面积，严禁擅自调整基本农田布局。

(2) 确保数量，提升质量。以上级下达的基本农田保有量为控制指标。划定后的基本农田数量不得低于上一级规划下达的基本农田保护面积指标，划定的基本农田质量相对于上轮规划有所提高。

(3) 稳定布局，明确条件。国家和地方人民政府确定的粮、油生产基地内的耕地，集中连片、有良好水利与水土保持设施的耕地，交通沿线、城镇工矿、集镇村庄周边的耕地，蔬菜生产基地，水浇地、川旱地、梯田等高等别耕地，土地开发整理复垦新增的优质耕地，应当优先划为基本农田。

二、认定方法与程序

(一) 认定方法

(1) 对已有基本农田分布图件的，充分利用其成果，通过扫描、纠正、套合，将重叠区域的耕地图斑划定为基本农田。

(2) 对现有基本农田面积大于下达的基本农田保有量的，也可以按“先劣后优”顺序调整。①低等别、质量较差，不宜农作，以及生态脆弱地区、水土流失严重的基本农田。②地形坡度大于25°或易受自然灾害损毁的基本农田。③因农业结构调整，退耕还林还草成为园地、林地、草地或已被规划为退耕还林范围的基本农田。④零星破碎、区位偏僻，不宜管理的基本农田。⑤因损毁、采矿塌陷和污染严重难以恢复、不宜农作的基本农田。

(3) 对新一轮土地利用总体规划确定的交通、能源、水力等基础设施用地和城市、乡镇、中心村、新农村建设和工业园区用地，在确保新一轮规划基本农田保护指标的前提下，合理划定规划期内的一般农田范围。

(4) 对耕地面积增加较多的，可以多划定一定比例的基本农田，用于规划期内补划不易确定具体位置和范围的建设项目占用基本农田，包括难以确定用地范围的交通、能源、水力等线型工程用地。

(二) 认定程序

(1) 基本农田调查上图，以土地调查成果为基础，在土地利用数据库中建立基本农田保护片(快)层和基本农田图斑层。

(2) 基本农田的划定由县(区)级政府国土行政主管部门组织实施。

(3) 县区级基本农田划定成果,由省级国土主管部门验收确认。

三、数据检查

由于数据采集和录入过程中不可避免地会产生误差,因此,在数据采集、录入完成后,要进行编辑处理,目的是为了消除数据中的错误行数据重组,保证整个数据的正确。入库前数据检核处理主要包括以下检查内容。

(一) 数据空间分层、格式和数学基础检查

依据《土地利用数据库标准》要求,检查基本农田数据的分层是否正确、数据文件命名、数据是否齐全、数据格式、数学基础是否符合数据库标准要求。

(二) 图上内容检查

主要检查基本农田上图内容是否遗漏,是否符合要求;检查基本农田保护片(块)是否与提供的基本农田划定、补划和调整资料一致。

(三) 属性数据结构检查

检查属性文件是否建立,属性结构是否齐全,各要素层属性结构是否符合标准要求。属性值的正确性检查主要内容包括字符合法性检查、非空性检查等。具体为,检查基本农田保护片(块)层和基本农田图斑层的属性数据结构是否符合《规程》规定的《基本农田要素属性结构表》的要求;基本农田保护片(块)层和基本农田图斑层的属性值是否正确。

(四) 图形数据逻辑一致性检查

逻辑一致性检查是指拓扑关系检查。检查内容包括:拓扑关系是否存在,多边形是否闭合,是否仅有一个标识码,是否有线段自相交、两线相交、线段打折、公共边重复、悬挂点或伪节点、碎片多边形等。具体为,检查基本农田保护片(块)层和基本农田图斑层的拓扑关系是否正确;检查基本农田保护片(块)层和基本农田图斑层的图形数据与属性数据是否一致。

(五) 图形数据位置精度检查

在屏幕上将检测要素逐一显示或绘出要素全要素图(或分要素图)与矢量化原图对照,目视抽样检查各要素分层是否正确或遗漏、位置精度是否符合要求、多边形是否闭合。

四、数据入库

依据《土地调查技术规程》(TD/T 1014—2007)及《土地利用数据库标准》,向数据库管理系统中输入各种参数,同时建立数据字典、数据索引,将经过质量检查合格的图形数据和属性数据转入数据库,完成数据入库工作。

数据检查入库技术要求如下。

(1) 数据质量检查。基本农田数据的逻辑一致性；基本农田数据分层和文件命名的规范性；基本农田保护块上图的完整性，编号的正确性；基本农田保护块与地类图斑之间的拓扑关系；基本农田保护块属性数据的完整性、准确性。

(2) 数据入库。矢量数据分层入库；入库前必须经过数据确认，保证质量合格。

第五节　图件编制与数据汇总

一、图件编制

在基本农田数据入库后，根据基本农田图件编制的要求(基本农田的图式、图例)，以同级土地利用现状图为底图，保留同级土地利用现状图的内容，增加基本农田保护块范围界线、基本农田编号、基本农田图例等内容，编制不同行政级别(乡、县)基本农田分布图件，包括基本农田保护现状分布图、标准分幅基本农田现状图、基本农田挂图。

(一) 编制内容

将数据库中的行政区界线层、地类图斑层、线状地物层与基本农田片(块)层和基本农田图斑层叠加，形成基本农田分布图。基本农田分布图的编制包括：标准分幅基本农田分布图和县级、乡(镇)级基本农田分布图(各地可根据需要自行编制)。

(二) 编制要求

(1) 各级基本农田分布图的比例尺与同级土地利用现状图的比例尺一致。

(2) 标准分幅基本农田分布图的图名标注"基本农田分布图"和"图幅号"("图幅号"注在下面)；县级、乡级基本农田分布图的图名统一规定为：××县(乡)基本农田分布图。

(3) 以土地利用现状图为底层数据，保留地类符号、地类图斑界线，对地类图斑层不赋色，形成土地利用现状素图，图例参见《第二次全国土地调查技术规程》、地类参见国标《土地利用现状分类》。

(4) 基本农田各要素层图例按《基本农田图式图例》要求表示，基本农田保护片(块)编号注记形式为 JA，J 表示基本农田，A 表示基本农田保护片(块)编号；基本农田图斑编号注记形式为 J $\frac{a}{c}$，a 表示基本农田图斑编号(只显示后 9 位，即：3 位村级代码＋4 位保护片(块)号＋2 位基本农田图斑号)，a 下的 c 表示地类编码，基本农田地类图斑界线的表示与土地利用地类图斑界线一致。

(5) 基本农田保护片(块)范围以外的地类图斑，不赋色，保留土地利用现状图中相关要素。

(6) 图幅右下角注明主要资料来源和时间、数学基础、编制时间。

二、数据汇总

在土地利用现状数据库中，将基本农田要素层与地类图斑要素层叠加，逐图斑计算乡

(镇)、县级基本农田保护区内各地类面积和基本农田面积，根据划定和调整后的基本农田地块与土地利用数据库中的地类，计算基本农田地块中各地类的面积，调整前后基本农田面积和土地利用类型按照“基本农田情况统计表”进行数据统计。

(一) 面积统计

以基本农田保护片(块)为单位，利用基本农田图斑层中“基本农田图斑地类面积”字段属性值，计算基本农田保护片(块)范围内各基本农田图斑的地类面积，填写“基本农田调查统计表”。

(二) 逐级汇总

按照县、地(市)、省、全国逐级进行，汇总基本农田面积，填写“基本农田调查汇总表”。

三、数据汇总技术要求

(一) 图件编制要求

(1) 基本农田保护现状分布图制作。①各级基本农田分布图的比例尺与同级土地利用现状图的比例尺一致；②基本农田保护范围内的地类用符号和专题色表示，其他地类用符号表示；③注释式样为黑体，正体，6.0；颜色为红色(R 255，G 0，B 0)；④注释形式为 JA－B，其含义是 J 表示为基本农田，A 为基本农田保护块所在乡级代码＋村级代码，B 为基本农田保护地块次序码，保护地块次序码以行政村为单位，从左到右、自上而下，由 1 开始顺序编号；⑤基本农田要素图例参见《基本农田上图图例》，其他要素图例参见《第二次全国土地调查技术规程》，线型采用直线，线宽为 1mm。

(2) 标准分幅基本农田现状图编制。①在土地利用现状图数据库中添加基本农田保护图斑界线；②基本农田保护图斑界线放至在图斑层上方，其他线状要素的下方，标准分幅上方统一标注“××县(区)基本农田保护现状图”；③其他要素的表示形式与土地利用现状图制作要求相同。

(3) 基本农田挂图制作。县、乡(镇)级基本农田挂图除添加基本农田保护图斑界线和基本农田注释外，其他要素与土地利用现状挂图基本一致。

(二) 数据汇总要求

基本农田的面积统计是依据基本农田保护档案资料来进行的，如果实地中基本农田已发生变化，但没有相应的基本农田调整的法定证明材料，该变化图斑仍然作为基本农田面积进行统计，并在“基本农田情况统计表”中对应的地类下如实地填写面积值。

第六节　基本农田调查成果检查验收

基本农田调查成果检查验收由土地调查办组织耕地保护、规划、地籍管理等相关门人员，按照全国土地调查相关成果检查验收要求，对基本农田调查的最终图件、数据成果进行检查验收。

一、基本农田调查成果

基本农田调查成果包括：数据库、图件、表格及调查报告4个方面。

(1) 数据库。指基本农田保护片(块)层和基本农田图斑层。

(2) 汇总表。指基本农田调查统计汇总表。

(3) 图件。包括标准分幅基本农田分布图和县、乡级基本农田分布图。

(4) 文字报告。是根据基本农田调查上图结果，结合相关资料信息，编写的基本农田分析报告，对基本农田的分布、数量、地类状况等进行综合分析。

文字报告参考提纲如下。

一、概况：1、自然社会经济概况(包括地理位置、面积、人口、经济状况等内容)；2、资料收集情况(包括电子介质或纸质的图件、表格、文字)。

二、基本农田调查上图过程：1、工作准备；2、方案设计；3、数据采集与整理；4、调查上图；5、基本农田认定；6、图件编制与数据汇总；7、检查验收。

三、基本农田调查保障措施：1、组织形式；2、质量控制管理。

四、基本农田调查主要成果：1、数据成果；2、表格成果；3、图件成果；4、文字报告。

五、成果分析：1、基本农田的面积及构成基本农田的地类状况；2、基本农田调查上图汇总数据与划定数据对比分析。

六、存在问题及处理：基本农田调查上图工作中出现的问题以及解决的方法。

二、成果质量评价

成果质量评价从数据、图件、表格及调查报告编写4个方面来评价。成果质量评价指标见表12-5。

表12-5　基本农田调查成果质量评价指标表

名　称	检查内容	质量控制指标要求
数据检查	基本要求	文件命名、数据格式等符合《土地利用数据库标准》要求
	数学精度	平面坐标符合《土地利用数据库标准》要求； 图内各要素与影像套合，明显界线与DOM上同名地物的移位不得大于图上0.2mm； 接边精度要求：明显对应要素间距离小于图上0.6mm、不明显对应要素间距离小于图上2.0mm
	属性精度	要素分类与代码的正确性 要素属性值的正确性 属性项类型的完备性 数据分层的正确及完整性 注记的正确性
	逻辑一致性	无拓扑错误、多边形闭合、节点匹配
	完备性	各要素正确、完备、无遗漏或重复现象；注记无遗漏

续表

名　　称	检查内容	质量控制指标要求
统计表格检查	表格种类	成果中有“第二次全国土地调查基本农田情况汇总表”
	表格格式	格式为.xls
	表格内容	内容齐全、数值准确无误
图件编制检查	检查图件数量	数量齐全，无丢漏
	图件比例尺	符合本规定要求
	图内要素的描述	符合《第二次全国土地调查技术规程》及本规定
	图外要素的描述	符合《第二次全国土地调查技术规程》及本规定
文字报告检查	报告完整性	报告结构完整
	报告的要点	描述准确、观点明确
	报告的内容	内容齐全，格式规范，逻辑清楚

（一）数据

数据成果质量主要看：数据层是否齐全，要素完整；数据命名是否正确，格式符合要求；数学基础是否符合要求；基本农田保护块的几何特征是否为面状；基本农田保护块拓扑关系是否正确；基本农田保护块是否无图形错误和丢漏，明显要素位置精度不超过图上0.2mm；相邻图幅是否自然接边，逻辑无缝，同时其属性和拓扑关系保持一致；基本农田保护块属性数据正确无误；100%检查基本农田地块是否与提供的基本农田划定、调整和补划资料一致；基本农田上图精度是否符合要求；基本农田保护块编号是否符合要求。

（二）表格

表格成果质量主要检查：表格的格式是否符合要求；表格内容是否错误；表格内容是否缺项(空白)；表格的统计关系是否正确。

（三）图件

图件成果质量主要检查基本农田专题图的比例尺是否恰当；检查图件内容是否完整，表示是否正确，要素之间的关系处理是否合理；检查图幅整饰是否完整、规范，图面是否清晰易读。

（四）调查报告

调查报告的质量主要看：报告中是否涵盖了基本农田的数量、质量、分布和保护状况；检查报告是否以基本农田资料为基本资料，广泛收集相关资料，对成果进行了分析，符合实际情况；工作报告、技术报告等报告文件内容丰富、描述准确、逻辑清楚。

三、成果质量评分

根据成果质量的要求确定扣分标准，成果扣分标准见表12-6。

表 12-6　基本农田调查成果扣分标准表

项目名称	内容(每出现一次记错一个)	扣分
数据	文件命名有误,不符合《土地利用数据库标准》要求	4
	数据格式不符合要求	3
	空间定位参考系统错误	5
	基本农田保护块几何图形不接边或属性不接边	2
	基本农田保护块属性结构有误或有遗漏	3
	基本农田保护块属性数据值漏	2
	基本农田保护块属性值错	1
	基本农田保护块要素未封闭	3
	基本农田保护块要素无标识点或不只一个标识点	4
	基本农田保护块的拓扑关系不正确	3
	出现悬挂节点、节点匹配精度超限	2
	同一要素重复输入	2
	要素间关系不合理	2
	有向要素方向有误	2
统计表格	表格的格式不符合要求	3
	表格内容错误	3
	表格内容缺项(空白)	2
	表格的统计关系不正确	3
	与原始资料对比分析,其中任一对比分析出现较大差异	3
图件编制	比例尺是不正确	3
	图幅数量不齐全,有丢漏	5
	图内缺少某一类要素或某一大类要素不全	4
	图内要素描述错误或图式及要素颜色、图案、线型与《第二次全国土地调查技术规程》及本规定不一致	2
	图外要素描述错误或缺检查人、审核人、修改人、时间等要素	1
	基本农田保护块不闭合、存在逻辑错误或点位精度不满足要求、或其他要素有误	3
	图内要素注记不全或有误	2
	点要素存在点位移、逻辑错误或出现跑线	1
	图幅接边有误	1
	图上数学要素有误	1
文字报告	文档资料不全或不符合要求	4
	报告内容缺漏,逻辑不清楚	3
	选择的技术路线不符合标准	3
	工作总结逻辑不清	2
	报告格式不符合规范要求	1
	报告数据不准确	2

四、成果质量评定

基于数据、图件、表格及调查报告编写 4 个部分,质量评定结果分为优秀、良好、合格、不合格 4 等。总分在 95 分(含 95 分)以上为优秀,总分在 85 分(含 85 分)至 95 分之间为良好,总分在 75 分(含 75 分)至 85 分为合格,总分低于 75 分为不合格。

复习与思考

1. 什么是基本农田、基本农田保护区和基本农田调查?
2. 根据土地利用规划哪些耕地应划入基本农田保护区?
3. 如何保护基本农田的数量和质量?
4. 基本农田调查的目的、任务与要求是什么?
5. 简述基本农田调查的程序。
6. 简述基本农田上图的工作内容。
7. 试述基本农田上图的数据转换套合法。
8. 试述基本农田上图进行数据转换的技术要求。
9. 试述基本农田认定的方法和程序。
10. 基本农田调查数据入库前数据检核处理包括哪些检查内容?
11. 简述基本农田调查成果。

第十三章

地籍数据库与管理信息系统

第一节　地籍数据库

一、地籍数据库的定义

地籍数据库是地籍数据的集合，实现对具有一定地理要素特征的相关地籍数据集合的统一管理，地籍数据间紧密联系共同反映现实世界中某一区域内综合信息或专题信息间的联系，主要应用于地籍空间数据处理和分析。

地籍数据库的建成将为城市规划、城市存量土地的利用、清理城市土地隐形市场、土地转让等城市土地管理提供详实准确可靠的基础资料，为土地变更调查、城镇土地利用总体规划、土地开发复垦和建设用地等工作提供技术服务。

二、地籍数据的组织方式

对于地籍数据而言，合理的分层、分块处理能提高工作效率，便于数据分析、统计、查询并且有良好的可扩展性和伸缩性。

（一）地籍数据的分层

GIS 对数据的分层主要是依据其空间特征和属性特征进行分类的，见表 13-1。

表 13-1　图层以及其内容

图层名称	图层内容
行政区层	以乡镇为单位进行存储、管理，包括行政区范围以及变化信息
土地所有权宗地层	以农村集体所有土地为单位进行存储、管理，包括宗地界限及变化信息
土地使用权宗地层	存储和管理以宗地为单位的地理单元，包括权属界限、坐落及变化信息
土地利用图斑层	存储和管理土地利用类型、界限，及变化信息

这种分层方法严格遵循了土地自上而下的隶属关系，呈现出金字塔式的结构，满足多尺度表达地籍信息的要求。

（二）地籍数据的分块

地籍数据的数据量巨大，主要涉及土地使用权层和土地利用现状层的数据及其变更数据。对这些数据不但要分层组织，还必须分块组织，以保证系统高效运行。

乡、镇和街道是我国最低的一级政府，一般将数据量较大的土地所有权宗地层、土地使用权宗地层和图斑层数据，按照乡镇、城镇（街道）和独立的工矿为地理单元分块进行存储、处理。

三、地籍数据库的设计

（一）地籍空间数据的逻辑预处理

地籍空间数据的逻辑预处理包括按空间数据的规范和标准处理，空间数据的规范和标准包括空间数据的分类和编码标准以及元数据标准等，其中分类的目的是为了便于计算机存储、编码和检索空间数据；编码是将分类的结果用一种易于被计算机和人识别的符号体系表示出来；元数据是描述空间数据集的内容、质量、表示方式、空间参考、管理方式，以及数据集的其他特征，是空间数据交换的基础。

（二）地籍实体属性信息的设计

地籍实体属性信息的设计就是确定地籍实体应该具有哪些属性信息，根据土地管理的要求和特点，设计地籍实体的属性信息。

地籍实体中，除图斑和宗地外，还有零星地物、线状地物、界址点和界址线 4 种地籍实体。零星地物是某种地类图斑中所含有的，因调查底图比例尺太小不能用最小图斑所表示的异种地类。线状地物也是因调查底图比例尺太小，而用单线形式所表示的河流、铁路、林带及固定的沟、渠、路等。这两种实体的信息可另设两个图层进行存储、管理。界址点是指宗地权属界线的转折点，即拐点，它是标定宗地权属界线的重要标志。在进行宗地权属调查时，界址点是由宗地相邻双方指界人在现场共同认定的。确认的界址点上要设置界标，进行编号，并精确测定其位置，以便日后界标被破坏时，能用测量方法准确地在实地恢复权属界址。界址线是指宗地四周的权属界线，即界址点连线构成的折线或曲线。在权属调查时，沿明显界标物（如围墙、篱笆等）的界址线，应标明其位置，如界标物的中心、外侧或内侧。

1. 零星地物的属性设计

零星地类的属性信息参照界址点模型设计为：地类代码，地类名称，权属性质，隶属单位，单位代码，所在图幅，隶属图斑，X 坐标值，Y 坐标值，创建时间，消亡时间。

2. 线状地物的属性设计

线状地物的属性信息参照宗地的模型，由拐点库和线状地物库来管理，将线状地物的位置及其与拐点间的拓扑关系隐含在拐点表之中；拐点信息包括拐点号、所属线状地物号、X 坐标值、Y 坐标值、上一个点号；线状地物的属性信息为线状地物编号，地类代码，地类名称，线状地物长度，线状地物宽度，线状地物面积，线状地物名称，权属单位，权属性质，偏移参数，扣除系数，有效状态。

3. 界址点属性设计

界址点是土地权属界线的转折连接点，在地籍测绘中用以确定土地权属界地面位置。界址点的属性有：界址点名称，地籍区号，地籍子区号，X 坐标，Y 坐标，界址点空间索引，界址点空间数据，界标类别，界标物类别，有效状态。

4. 界址线属性设计

界址线是相邻界址点的连线，包含各个地籍调查区之间的界线，界址线的属性设计为界址线编号，宗地号，起点，终点，左宗地，右宗地，有效状态。

（三）地籍数据库的物理结构设计

地籍空间数据库最终要存储在物理设备上。为一个给定的逻辑数据模型选取一个最适合的物理结构（存储结构与存取方法）的过程，就是数据库的物理设计。

1. 物理结构分析

确定数据的存储结构：确定数据库存储结构时要综合考虑存取时间、存储空间利用率和维护代价三方面的因素。这三个方面常常是相互矛盾的，例如消除一切冗余数据虽然能够节约存储空间，但往往会导致检索代价的增加，因此必须进行权衡，选择一个折中方案。

设计数据的存取路径：在关系数据库中，选择存取路径主要是指确定如何建立索引，包括主键和主索引的创建，建立单索引还是组合索引，建立多少个为合适，是否建立聚集索引等。

确定数据的存放位置：为了提高系统性能，数据应该根据应用情况将易变部分与稳定部分、经常存取部分和存取频率较低部分分开存放。

确定系统配置：DBMS（Database Management System）产品一般都提供了一些存储分配参数，供设计人员和数据库管理员对数据库进行物理优化。初始情况下，系统都为这些变量赋予了合理的缺省值。但是这些值不一定适合每一种应用环境，在进行物理设计时，需要重新对这些变量赋值以改善系统的性能。

对物理结构进行评价，评价的重点是时间和空间效率：数据库物理设计需要对时间效率、空间效率、维护代价和各种用户要求进行权衡，其结果可以产生多种方案，数据库设计人员必须对这些方案进行细致的评价，从中选择一个较优的方案作为数据库的物理结构。评价数据库的方法完全依赖于所选用的DBMS，主要是从定量估算各种方案的存储空间、存取时间和维护代价入手，对估算结果进行权衡、比较，选择出一个较优的、合理的物理结构。

2. 物理结构设计

其中主要包括以下内容。

（1）总体结构设计。整个地籍数据库用一个数据库管理，其中的数据表分6个类：宗地类、权属类、图斑类、基础信息类、地籍业务管理类和元数据类，在管理时采用在表名称前加前缀类型来区分不同的类型数据库表。

（2）宗地类数据表设计。宗地类数据类主要用来存储行政区、城区、街道、街坊等区划要素数据。

(3) 权属类数据表主要存储与宗地相关的数据。宗地数据用于记录宗地的位置、界线、权属、数量、用途,以及办理宗地业务的管理信息等,包括图形数据和属性数据。宗地数据与地形图数据叠加,可生成地籍图和宗地地图。

(4) 图斑类数据表存储地类图斑、地类晃、线状地物和零星地物等地类要素数据。

(5) 基础信息类数据表主要存储测量控制点、地物、地貌等地形数据。

(6) 地籍业务管理表存储地籍业务审批流程所需的各种数据。

(7) 元数据库。

元数据是描述数据的数据。在地籍空间数据中,元数据是说明数据的内容、质量、状况和其他有关特征的背景信息。元数据库用于数据库的管理,可以避免数据的重复,通过元数据建立的逻辑数据索引可以高效查询检索数据库中任何物理存储的数据。地籍空间数据库中的元数据库主要存储和管理数学基础、编码编号规则、空间定位精度、几何数据精度、属性数据精度、时域数据精度、逻辑一致性、完整程度和数据的处理过程,各种数据取值范围等描述性数据。元数据(尤其是空间数据的元数据)主要由系统应用程序调用和用于系统的数据交换。

(四) 地籍数据库的功能设计

1. 地籍信息的检索

按一定条件对空间实体的图形数据和属性数据进行查询检索。主要完成土地利用现状查询、土地变更查询、证件年审查询、图件查询等项目的查询。①图属互查,按已有地籍单元空间查询,例如行政区、街道、街坊以及宗地查询;②自定义范围,包括输入点坐标以及直接在图上圈画范围,按缓冲区查询,包括点、线、面的缓冲区分析,按指定空间范围进行查询,包括输入点坐标与在地图窗口直接勾画多边形。

2. 地籍信息的输出

主要完成报表输出、地籍图输出、宗地图输出、文件等输出。输出种类主要包括:①图幅输出,按照常见标准或者国家标准设置图幅输出的功能,只要输入相应的信息,系统就可以自动生成比例尺、图廓等;②辖区输出,输入辖区的范围,并输出辖区图;③裁剪输出,满足用户的任意裁剪输出;④专题地图的输出;⑤属性信息的输出。

第二节 地籍数据库标准

我国城镇地籍信息系统建设起步较早,目前许多城市已经建立城镇地籍信息系统,并被广泛应用于城镇土地资源的日常管理,为城市建设和发展提供了基础保障。同时,我国农村地籍信息系统的建设随着新一轮国土资源大调查工作的部署,“数字国土工程”以及“土地资源调查与监测”等工程项目的部署和实施,正在全国大范围开展起来。

基础地籍数据是地籍信息系统的核心,是建立现代地籍工作的基础。目前,我国用于城镇地籍和农村地籍的基础数据库分别为“城镇地籍数据库”和“土地利用数据库”。土地利用数据库系统是农村地籍管理信息化建设中核心的软件系统,主要用于土地利用现状数据的采集、处理、管理和应用。目前，采用专业软件进行地籍调查，并已建立管理功能完善的城镇地籍数据库的市县目前已超过 600 个。另有相当一部分地区建立完成了数字地籍图。同时，许多经济实力雄厚的省、市已经开展省级和地市级地籍数据库的建设工作。

我国农村地籍数据主要以土地利用数据为基础。1999 年“数字国土”工程在全国全面启动。截至 2005 年 6 月，全国已有 1000 个县（市）列为国家试点，开展建库工作。在国家试点以外，各地也结合土地变更调查和图件更新开展数据库建设工作。目前，全国还有 366 个县（市）已按国家统一标准和规范，自行开展了县（市）级土地利用数据库建设工作。通过国家和省级验收的数据库共有 686 个，已经完成的有 290 个，正在进行的 362 个。同时，全国还有浙江、辽宁、山东、广东等省（市、区）正在启动全覆盖土地利用数据库建设工作，土地利用数据库建设已经走向全面普及的道路。2007 年我国全面开展第二次全国土地调查，为规范土地利用数据库和城镇地籍数据库建设工作，2007 年底国土资源部发布了《土地利用数据库标准》（TD_T 1016—2007）和《城镇地籍数据库标准》（TD_T 1015—2007）。

一、地籍数据库标准

2007 年我国全面开展第二次全国土地调查，为规范土地利用数据库和城镇地籍数据库建设工作，2007 年底国土资源部发布了《土地利用数据库标准》（TD_T 1016—2007）和《城镇地籍数据库标准》（TD_T 1015—2007）。

（一）适用范围

《土地利用数据库标准》：适用于土地利用数据库建设与数据交换。该标准规定了土地利用数据库的内容、要素分类代码、数据分层、数据文件命名规则、图形数据与属性数据的结构、数据交换格式和元数据等。

《城镇地籍数据库标准》：适用于城镇地籍数据库建设及数据交换。该标准规定了城镇地籍数据库的内容、要素分类代码、数据分层、数据文件命名规则、图形和属性数据的结构、数据交换格式和元数据等。

（二）术语和定义

标准对有关术语进行了如下定义。

（1）要素 feature：真实世界现象的抽象[GB/T 17798—1999，3.8 要素]。

（2）类 class：具有共同特性和关系的一组要素的集合。

（3）层 layer：具有相同应用特性的类的集合。

（4）标识码 identification code：对某一要素个体进行唯一标识的代码。

（5）土地利用 land use：人类通过一定的活动，利用土地的属性来满足自己需要的过程[GB/T 19231—2003，4.1.1 土地利用]。

（6）地籍 cadastre：记载宗地的权利人、土地权利性质及来源、权属界址、面积、用途、质量等级、价值和土地使用条件等土地登记要素的簿册[GB/T 19231—2003，8.3.1 地籍]。

（7）矢量数据 vector data：用 x，y（或 x，y，z）坐标表示地图图形或地理实体的位置和形状的数据 [GB/T 16820—1997，5.18 矢量数据]。

(8) 栅格数据 Raster data：按照栅格单元的行和列排列的有不同“灰度值”的像片数据[GB/T 16820—1997,5.19 栅格数据]。

(9) 图形数据 Graphic data：表示地理物体的位置、形态、大小和分布特征以及几何类型的数据 [GB/T 16820—1997,5.20 图形数据]。

(10) 属性数据 Attribute data：描述地理实体质量和数量特征的数据 [GB/T 16820—1997,5.20 属性数据]。

(11) 元数据 metadata：关于数据的数据，用于描述数据的内容、覆盖范围、质量、管理方式、数据的所有者、数据的提供方式等有关的信息[TD/T 1016—2003,3.3 元数据]。

(三) 要素分类与编码

数据库要素分类大类采用面分类法，小类以下采用线分类法。根据分类编码通用原则，将数据库要素依次按大类、小类、一级类、二级类、三级类和四级类划分，要素代码采用十位数字层次码组成，其结构如下：

XX	*XX*	*XX*	*XX*	*X*	*X*
大类码	小类码	一级类要素码	二级类要素码	三级类要素码	四级类要素码

(1) 大类码为专业代码，设定为二位数字码，其中：基础地理专业码为 10，土地专业码为 20；小类码为业务代码，设定为二位数字码，空位以 0 补齐；土地利用的业务代码为 01，土地利用遥感监测的业务代码为 02，土地权属的业务代码为 06；一至四级类码为要素分类代码，其中一级类码为二位数字码、二级类码为二位数字码、三级类码为一位数字码、四级类码为一位数字码，空位以 0 补齐。

(2) 基础地理要素的一级类码、二级类码、三级类码和四级类码引用《基础地理信息要素分类与代码》(GB/T 13923－2006)中的基础地理要素代码结构与代码。

(3) 各要素类中如含有“其他”类，则该类代码直接设为“9”或“99”。

土地利用数据库(TDLY)与城镇地籍数据库(CZDJ)各类要素的代码与名称描述见表 13-2。数据库标准对要素细化的属性值代码，如控制点类型代码、标石类型代码、界线类型代码等也有规定。如界线类型代码见表 13-3，其他详见数据库标准。

表 13-2　要素代码与名称描述表

要素代码	要素名称	说明
1000000000	基础地理信息要素	
1000100000	定位基础	
1000110000	测量控制点	
1000110408	数字正射影像图纠正控制点	《基础地理信息要素分类与代码》(GB/T 13923－2006)的扩展

续表

要素代码	要素名称	说　明
1000119000	测量控制点注记	
1000600000	境界与政区	
1000600100	行政区	《基础地理信息要素分类与代码》(GB/T 13923—2006)的扩展
1000600200	行政区界线	《基础地理信息要素分类与代码》(GB/T 13923—2006)的扩展
1000609000	行政区注记	《基础地理信息要素分类与代码》(GB/T 13923—2006)的扩展
1000700000	地貌	
1000710000	等高线	
1000720000	高程注记点	
1000780000	坡度图	《基础地理信息要素分类与代码》(GB/T 13923—2006)的扩展 TDLY
1000310000	居民地	CZDJ
1000310300	房屋	CZDJ
2000000000	土地信息要素	
2001000000	土地利用要素	
2001010000	地类图斑要素	
2001010100	地类图斑	
2001010200	地类图斑注记	
2001020000	线状地物要素	
2001020100	线状地物	
2001020200	线状地物注记	
2001030000	零星地物要素	TDLY
2001030100	零星地物	TDLY
2001030200	零星地物注记	TDLY
2001040000	地类界线	
2002030000	栅格要素	
2002030100	数字航空摄影影像	
2002030101	数字航空正射影像图	
2002030200	数字航天遥感影像	
2002030201	数字航天正射影像图	
2002030300	数字栅格地图	
2002030400	数字高程模型	
2002039900	其他栅格数据	
2005000000	基本农田要素	TDLY
2005010000	基本农田保护区域	TDLY
2005010100	基本农田保护区	TDLY
2005010200	基本农田保护片	TDLY
2005010300	基本农田保护块	TDLY
2006000000	土地权属要素	
2006010000	宗地要素	
2006010100	宗地	
2006010200	宗地注记	
2006020000	界址线要素	

续表

要素代码	要素名称	说明
2006020100	界址线	
2006020200	界址线注记	
2006030000	界址点要素	
2006030100	界址点	
2006030200	界址点注记	
2099000000	其他要素	
2099010000	开发园区	TDLY
2099020000	开发园区注记	TDLY

注1：本表的基础地理信息要素第5位至第10位代码参考《基础地理信息要素分类与代码》(GB/T 13923－2006)。

2：行政区、行政区界线与行政区注记要素参考《基础地理信息要素分类与代码》(GB/T 13923－2006)的结构进行扩充，各级行政区的信息使用行政区与行政区界线属性表描述。

表 13-3　界线类型代码表

代码	界线类型
250200	海岸线
250201	大潮平均高潮线
250202	零米等深线
250203	江河入海口陆海分界线
620200	国界
630200	省、自治区、直辖市界
640200	地区、自治州、地级市界
650200	县、区、旗、县级市界
660200	街道、乡、(镇)界
670402	开发区、保税区界
670500	村界

二、数据库结构定义

(一) 空间要素分层

空间要素采用分层的方法进行组织管理，层名称及各层要素见表13-4。

表 13-4　层名称及各层要素

序号	层名	层要素	几何特征	属性表名	约束条件	说明
1	定位基础	测量控制点	Point	CLKZD	O	
		数字正射影像图纠正控制点	Point	JZKZD	O	TDLY
		测量控制点注记	Annotation	ZJ	O	
2	行政区划	行政区	Polygon	XZQ	M	
		行政区界线	Line	XZQJX	M	
		行政要素注记	Annotation	ZJ	O	

续表

序号	层名	层要素	几何特征	属性表名	约束条件	说明
3	地貌	等高线	Line	DGX	O	
		高程注记点	Point	GCZJD	O	
		坡度图	Polygon	PDT	M	
4	土地利用	地类图斑	Polygon	DLTB	M	
		线状地物	Line	XZDW	M	
		零星地物	Point	LXDW	O	
		地类界线	Line	DLJX	M	
		土地利用要素注记	Annotation	ZJ	O	
5	土地权属	宗地	Polygon	ZD	M	
		宗地注记	Annotation	ZJ	O	
		界址线	Line	JZX	M	
		界址线注记	Annotation	ZJ	O	
		界址点	Point	JZD	M	
		界址点注记	Annotation	ZJ	O	
6	基本农田	基本农田保护区	Polygon	JBNTBHQ	M	TDLY
		基本农田保护片	Polygon	JBNTBHP	O	TDLY
		基本农田保护块	Polygon	JBNTBHK	M	TDLY
		基本农田注记	Annotation	ZJ	O	TDLY
7	栅格数据	数字正射影像图	Image	SGSJ	M	
		数字栅格地图	Image	SGSJ	O	
		数字高程模型	Image /Tin	SGSJ	M	
		其他栅格数据	Image	SGSJ	O	
8	其他	开发园区	Polygon	KFYQ	O	TDLY

注：约束条件取值，M(必选)、O(可选)。

（二）空间要素属性结构

土地利用与城镇地籍数据库标准对表13-2中的所有空间要素的属性结构都做了规定。如宗地属性结构描述见表13-5，界址点属性结构描述见表13-6，其他空间要素的属性结构详见有关数据库标准，在此不再赘述。

表13-5　宗地属性结构描述表（属性表名：ZD）

序号	字段名称	字段代码	字段类型	字段长度	小数位数	值域	约束条件	备注
1	标识码	BSM	Int	10		>0	M	
2	要素代码	YSDM	Char	10			M	
3	地籍号	DJH	Char	19		非空	M	见本表注1
4	宗地四至	ZDSZ	Char	200		非空	O	
5	权属单位代码	QSDWDM	Char	19			M	
6	坐落单位代码	ZLDWDM	Char	19			M	
7	权属性质	QSXZ	Char	2			M	
8	土地使用权类型	TDSYQLX	Char	2			O	
9	土地用途	TDYT	Char	4			M	

续表

序号	字段名称	字段代码	字段类型	字段长度	小数位数	值域	约束条件	备注
10	实测面积	SCMJ	Float	15	2	>0	M	单位：平方米
11	发证面积	FZMJ	Float	15	2	>0	O	单位：平方米

注1：地籍号为19位数字顺序码，组成包括县级以上(含县级)行政区划代码为6位数字顺序码，街道|乡(镇)行政区划代码为3位数字顺序码，街坊|村为3位数字顺序码，宗地号为7位数字顺序码。其中，宗地号由“基本宗地号(4位数字顺序码)＋宗地支号(3位数字顺序码)”组成，宗地支号从“001”开始顺序编号，若无宗地支号，则使用“000”补齐。

2：土地用途按《土地利用现状分类》GB/T 21010—2007执行，填写本宗地内主要用途的二级类编码。

3：宗地的权利人、权属来源证明、权属调查、注册登记、他项权利等信息用扩展属性表描述，其扩展属性表结构描述表见表15-表19；扩展属性表的标识码应与本表中对应的标识码保持完全一致，如：某一宗地的标识码为“1001”，则其对应的所有扩展属性表中的标识码也必须为“1001”。

表13-6　界址点属性结构描述表（属性表名：JZD）

序号	字段名称	字段代码	字段类型	字段长度	小数位数	值域	约束条件	备注
1	标识码	BSM	Int	10		>0	M	
2	要素代码	YSDM	Char	10			M	
3	界址点号	JZDH	Char	10		非空	M	
4	界标类型	JBLX	Char	2			M	
5	界址点类型	JZDLX	Char	2			M	

（三）数据交换内容与格式

1. 数据交换内容

数据库需要交换的数据内容包括所有矢量、栅格数据和元数据，交换数据文件以目录方式存储，一个交换单元(标准分幅或行政区)一个目录。

全部矢量数据存放在名称为“矢量数据”目录中，内容包括矢量数据、扫描影像及多媒体数据、数据字典和元数据。各层矢量数据存放在一个VCT文件中，以Varbin类型存储的扫描影像及多媒体数据，直接将原数据以目录方式(名称为“扫描影像及多媒体数据”)复制到“矢量数据”目录中。本标准没有规定但数据库数据字典中包含的相关内容(如权属单位代码字典)以Access数据库文件方式交换到“矢量数据”目录中。元数据存放在名称为“元数据”目录中。

全部栅格数据存放在名称为“栅格数据”目录中。一类栅格数据存储一个子目录，内容包括栅格数据本身、附加信息文件、栅格数据元数据。栅格数据属性表SGSJ以Access数据库文件方式交换到“栅格数据”目录中。

2. 数据交换格式

(1) 矢量数据交换格式。矢量数据交换格式利用《地球空间数据交换格式》(GB/T 17798)描述，由六部分组成：第一部分为文件头；第二部分为层类型参数；第三部分为属性数据结构；第四部分为几何图形数据；第五部分为注记；第六部分为属性数据。

(2) 影像数据交换格式。交换的影像数据内容包含两个文件。其中，影像数据文件：采用国际工业标准的无压缩tiff格式。附加信息文件：影像上的空间定位以及像素的地面分辨率等信息以纯文本格式另写一个附加文件。

(3) 格网数据交换格式。格网的值是该格网的要素类型编码或高程，数据文件包含两部分：文件头和数据体。格网数据的存储采取从北到南，从西到东的顺序，并以纯文本存储内容和格式。

(4) 元数据交换格式。元数据交换采用 xml 格式。元数据依据《国土资源信息核心元数据标准》(TD/T 1016—2003)。

栅格数据元数据采用《基础地理信息数字产品元数据》(CH/T 1007)描述。

三、数据交换文件命名规则

(一) 标准图幅城镇地籍数据交换文件命名规则

地籍标准图幅数据文件命名规则直接引用 GB/T 13989—92《国家基本比例尺地形图分幅和编号》的相关规定或采用图幅左角坐标值。采用图幅左角坐标值作为图幅命名规则，应将小数部分扩大成整数，先描述 *X* 坐标，再描述 *Y* 坐标，*X* 坐标和 *Y* 坐标的位数应相等。

以标准图幅为基础的土地利用数据交换文件命名规则如下。

XX	*XX*	*X*	*XXXX*	*X*	*XX*	*XXX*	*XXX*	*XXX*	. *XXX*
专业代码	业务代码	比例尺代码	年代时间	1∶100万图幅行号	1∶100万图幅列号	图幅行号	图幅列号	特征码	扩展文件名

命名规则说明：

(1) 主文件名采用 21 位字母数字型代码，行列号位数不足者前面补零，扩展文件名因文件格式不同而不同，矢量数据为 vct，数字正射影像图为 img，数字栅格地图为 ras，数字高程模型为 dem，元数据为 xml，附加信息文件和头文件为 txt；

(2) 比例尺代码见表 13-7。

表 13-7 比例尺代码表

比例尺	1∶2000	1∶5000	1∶10 000	1∶25 000	1∶50 000	1∶100 000	1∶250 000	1∶500 000
代 码	I	H	G	F	E	D	C	B

(二) 以行政区划为基础的城镇地籍数据文件命名规则

以行政区划为基础的地籍数据文件命名采用如下规则。

命名规则说明：

(1) 主文件名采用 21 位字母数字型代码，行列号位数不足者前面补零，扩展文件名因文件格式不同而不同，矢量数据为 vct，数字正射影像图为 img，数字栅格地图为 ras，数字高

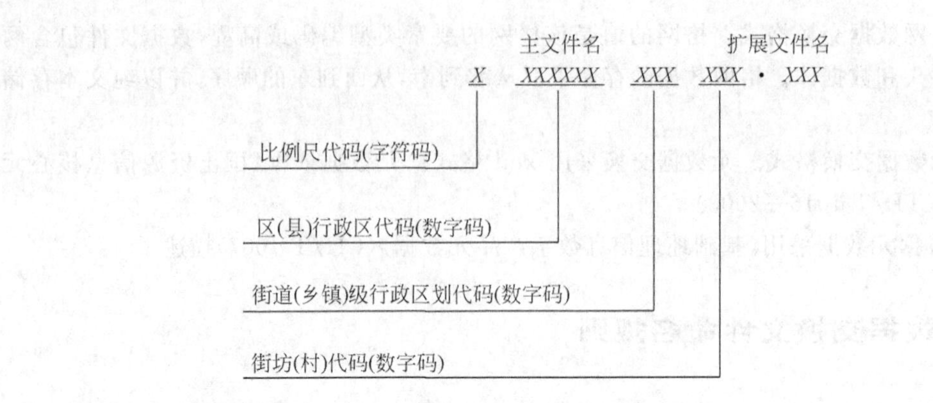

程模型为 dem,元数据为 xml,附加信息文件和头文件为 txt;

(2) 比例尺代码采用一位字符码,比例尺代码表见表 13-8。

表 13-8 比例尺代码表

比例尺	1∶500	1∶1000	1∶2000
代码	K	J	I

第三节 地籍管理信息系统

一、地籍管理信息系统概述

(一) 地籍管理信息系统的定义

地籍管理信息系统是一个以计算机和现代信息技术为基础,以宗地为核心实体,运用 GIS 理论和方法,执行地籍信息的输入、存储、检索、处理、综合分析、辅助决策,以及成果输出的信息系统,英文名称为 Cadastral Management Information System,简称 CMIS。它可以确保地籍管理工作高效、持续、协调地运行,为土地管理的现代化提供坚实的数据基础和优质高效的技术支持。同传统的地籍管理相比,地籍管理信息系统具有高效率、高效益和高质量等优点。

从 20 世纪 90 年代初期到今天,我国土地管理部门并存着两个信息系统:一个叫“土地利用调查信息系统”,一个叫“地籍管理信息系统”。国土资源部软件测评时也是这样划分的。这个“土地利用调查信息系统”只做农村范围的土地调查和统计工作,叫它农村土地调查统计信息系统(Land Survey and Statistics Information System of Rural,RLSSIS) 更确切些。“地籍管理信息系统”只做城镇范围的土地调查和登记工作,这里暂且叫它城镇土地调查登记信息系统(Land Survey and Register Information System of Urban,ULSRIS)。

(二) 地籍管理信息系统建设的目的、意义

(1) 管理地籍信息的需要,用管理信息系统代替手工工作,完成图形数据、属性数据的修改、变更登记、日常统计,显示出高效率、高质量和高效益等优越性。

（2）提高决策水平，加快决策速度。

（3）实现快速动态监测。

（4）地籍信息社会化的需求。

（三）地籍管理信息系统的特点

（1）地籍管理信息系统职能齐全，信息量大，包含了地籍调查、土地登记、土地统计、信息服务等关于地籍工作的重要职能。它的数据结构复杂，既有地形图、地籍图等几何数据，又有文字报表等非图形数据。

（2）地籍管理信息系统是许多学科高新技术的结晶，涉及测绘技术、数据库技术、地理分析技术、计算机技术、网络技术等，这些技术使得地籍管理更加科学、有效。

（3）地籍管理信息系统功能强大，有很广的服务面。具有强大的查询、空间分析、数据统计等功能，可以为单位与个人提供信息服务，同时能够实现数据的网络共享，为网络化服务打下坚实基础。

（4）地籍管理信息系统操作简单，设计规范，具有较强的现势性、高效性和连续性，适合地籍管理日常化的特点。

（四）地籍管理信息系统的技术要求

（1）空间图数关系：图形与属性的连接是开发地籍管理信息系统的关键技术（有关系模型、层次模型、网络模型，以及面向对象模型）。

（2）统计分析：采用矢量和栅格两种技术完成统计工作。

（3）报表输出：通过数据库中提取数据可以制作各种输出表格。

（五）地籍信息管理系统的功能

（1）数据采集功能。数据包括几何数据、属性数据和管理数据；采集方式有手扶跟踪数字化、图纸扫描数字化、测量仪器及外部数据文件接口和键盘输入矢量数据。

（2）图形处理功能。图形数据在输入后，需要对图形进行显示、查询、编辑、修改、管理等工作。

（3）制图功能。为用户提供矢量图、栅格图、全要素图和各种专题图。

（4）属性数据的管理。对于属性数据一般都采用表格表示，在信息系统中可以采用关系型数据库管理系统（Relationship Data Base Management System，RDBMS）来管理。

（5）空间查询功能。根据属性查图形、SQL查询、从属性表直接查询目标对象、根据图形查属性、空间关系查询。

（6）空间分析功能。可进行叠置分析、缓冲分析、空间几何分析、地学分析。

二、地籍管理信息系统设计的基本构架

（一）地籍管理信息系统的体系结构

地籍管理信息系统采用三层的体系结构，即在逻辑上将系统划分为：数据层、逻辑层、

应用层。数据层主要是实现地籍数据和空间数据的高效存储和管理；逻辑层负责地籍管理系统业务逻辑的实现，如空间数据存取、表现和操作等；应用层主要是对地籍管理系统的核心业务进行支持，实现地籍管理数据库的具体应用。三层结构之间相互联系的同时又相互独立，三个层次通过两个链路相互关联，同时用户的请求只涉及应用层，这样就可以减轻程序服务器和数据服务器的负担，提高系统运行的速度和效率。如果其中的一个层次出现问题，只要对相应的层次进行处理，这样避免了错误出现的机率，系统升级也变得更加简单。通过三层结构的划分，可以有效地提高系统的可维护性与可扩展性，保证系统安全稳定的运行。

（二）地籍管理信息系统的需求分析

需求分析是系统开发的一个重点，也是一个难点。地籍管理信息系统作为一个专业性很强的应用，对需求分析的要求也是特别的高。

系统的需求主要从功能管理、易用性、安全性几个方面进行分析。在系统功能管理上，要能够完成查询、统计、图形操作、土地登记流程、表单打印等重要的功能；在易用性方面要设计出美观的用户界面、快捷键操作，以及帮助和提示等人性化操作；在安全性方面要着重考虑网络安全、硬件安全，以及数据库安全的重要方面。

三、地籍管理信息系统的设计

（一）地籍管理信息系统建立的原则

为实现土地管理的科学化、规范化，必须建立一个功能完善的土地资源和资产数据库，同时建立一个城镇管理信息系统进行数据管理。系统主要遵循以下基本原则。

（1）实用性。实用性是影响系统运行效果和生命力的最重要因素，最大程度地满足用户的需要，是系统建立的根本目标。

（2）先进性。考虑到系统的长远、稳定的运行，在系统的设计过程中，必须采用先进的技术，选用先进的软件平台，使软件能够结构合理，功能齐全，更新简易，操作简单。

（3）可扩展性。除了保证基础数据的稳定以外，必须能够适应新的记录的增加，系统应能够满足不同阶段、不同应用需求，以及为未来地籍信息社会化和政务系统服务。

（4）安全性原则。系统应设置使用权限做到“谁管理，谁负责”，对于重要文件应考虑加密，良好的备份功能在关键时刻也能起到重要的作用。

（5）易用性。系统设计的目的是“复杂问题简单化”，能够使用户迅速掌握，这是系统开发者所追求的重要目标之一。

（二）地籍管理信息系统的组成

地籍管理信息系统主要由地籍调查子系统、土地调查子系统、土地登记与统计子系统等组成。

（1）地籍调查子系统。地籍调查子系统的主要功能是初始地籍调查成果建库和日常变更地籍调查动态的管理，系统涉及与地籍测量外业测绘数据交换的接口，根据来源数据自动生成地籍图件。

(2) 土地调查子系统。土地调查子系统对土地利用调查的资料进行处理,并依据变更调查数据及时对数据库内容进行修改,保证土地资源数据的现势性和准确性。该系统具有较强的对图形和属性数据管理、综合分析的能力,并为其他系统提供图件资料。

(3) 土地登记与统计子系统。土地登记子系统是对国有土地使用权、集体土地所有权、集体土地使用权和土地他项权利的初始登记、变更登记、各级统计实现的全程管理。登记统计中的有关表格、卡片、证书可以自动生成与输出,并提供多种方式的查询功能。

(三) 地籍管理信息系统的功能设计

地籍管理信息系统的主界面由标题栏、菜单栏、工具栏、状态栏,以及工作区几个部分组成,菜单栏主要由数据采集模块、土地登记模块、信息查询模块、统计输出模块、档案管理模块,以及数据维护模块组成,每个模块都有各自的下拉子菜单。

(1) 数据采集模块。数据采集模块主要是用来完成对基础地理信息数据进行采集、整理的,它包括矢量数据采集、栅格数据采集、属性数据采集和元数据采集 4 种,其中矢量数据采集是系统数据采集的主要功能。基础地理信息数据库包括空间数据库和非空间数据库,而空间数据库主要有矢量数据跟栅格数据组成,非空间数据库主要包括统计表格、报告文本、扫描文件和其他数据等。

(2) 土地登记模块。土地登记模块是为了完成土地登记申请等工作程序,以及完成有关地籍信息的输入、编辑、查询、分析等任务,按照土地登记的工作流程来进行设计的,适应土地登记工作的特点、具有不同时态数据的管理和监控能力、全局监控能力,以及数据的安全保护等能力。

结合土地部门的实际工作情况,基本工作流程可分为:初始登记、变更登记、抵押登记、查封登记、他项权登记、注销登记等,各流程又分别分为不同的步骤。业务流管理就是控制业务办理在流程定义的步骤间流转办理。

(3) 信息查询模块。在地籍管理信息系统中,地籍信息主要包括宗地空间信息、属性信息及附着物等基本信息,地籍信息的查询是地籍信息系统中使用最为频繁的功能模块,不仅土地部门业务人员办理业务过程中需要不断地查询,同时它也是地籍管理信息系统向公众提供服务的窗口。信息查询模块主要完成对地籍调查数据和统计数据的查询任务,可以查询土地现状图、土地统计台账及其他统计图件与成果数据。该系统提供了多种查询的手段与方法,根据地籍业务的特点及内容,可分为当前宗地信息查询、特定宗地号信息查询、条件查询、空属交互查询等方式。

① 当前宗地属性信息查询。用户如果要查询当前宗地的有关资料,包括宗地的标识码、要素代码、地籍号、宗地四至、通信地址、土地坐落、权属性质、使用权类型、土地用途、实测面积、发证面积、建筑容积率、建筑密度、土地级别、申报地价、取得价格。

② 特定宗地号的信息查询。可以输入单个条件进行指定查询,也可输入多个条件进行组合查询,默认的是进行地籍号的查询,执行完毕,经自动定位到查询得到的第一个宗地。其中,“地籍号”查询也支持模糊查询,这样当查询结果为空时,程序将尽量返回与查询条件最接近的地籍号。

③ 条件查询。使用条件查询模块可以任意组合查询条件,灵活、方便地查出符合条件

的宗地和土地使用者，包括SQL查询、空间查询、系统的插叙选项和宗地号、分宗号、土地坐落、所在图号、土地使用者通信地址等，系统同时具有模糊查询和历史查询的功能。

④ 空属交互查询。空属交互查询分为：根据空间信息查属性和根据属性信息查空间信息两种情况。由于本系统采用的是空间/属性信息的一体化存储，因此两种查询方式没有本质的区别，都是对关系数据库的操作，都通过SQL语言来实现，只是用户给定查询条件的方式不同。

(4) 统计输出模块。

① 土地统计分析：对土地数量、利用状况、土地结构、权属状态的区域分布特征、动态变化规律及其内在联系，以及发展趋势进行统计、分析、研究，以便于及时发现土地利用、土地权属、土地开发、土地管理等方面中新的问题，为加强宏观调控、科学决策，及时正确制定政策、法规、指令计划等提供依据，从而充分发挥土地统计资料的作用。

② 土地现状分类面积汇总：对土地利用现状数据的图斑属性，线状地物属性和零星地类属性按照土地分类面积进行属性计算，按照土地坐落进行分类面积的累计，并以行政区划来汇总全省土地利用现状地类信息，得到土地现状分类面积汇总表。

③ 土地权属状况汇总：以土地权属数据为基础，按照不同的权属性质的分类进行数据的记录，其中，国有权属性质包括划拨国有土地使用权、出让国有土地使用权等，集体权属性质包括镇集体所有、村集体所有等，并按照行政区划对记录的数据分别进行累计，汇总全省地籍专题权属信息，得到土地权属状况汇总表。

④ 图件的输出：相应图件的输出也是地籍信息系统必备的功能，系统设计了标准图幅的地籍图、宗地图的输出。

⑤ 文件的输出：文件的输出是系统提供的向外系统提供信息交流的接口，主要有图形文件的输出和属性数据的输出两大部分。

(5) 档案管理模块。由于以前的地籍资料基本都是纸质文件，容易损坏和遗失，通过数据采集模块将不同类型的数据进行采集，然后在档案管理模块中进行集中存放。档案管理模块的主要功能就是对已登记的图表、数据、资料等进行分类存放、统一管理，以保证土地使用的连续性，也为以后查询提供方便，同时该模块还提供多种方式、多种索引的快速查询。

(6) 系统维护模块。系统维护模块是系统管理员为了保证系统的正常运行而对系统进行必要的修改。系统维护主要包括：数据备份、数据字典维护、数据库更新和历史数据的入库几部分功能。

四、地籍管理信息系统的评价准则

(一) 地籍管理信息系统的数据必须齐全、精确、合理、符合实况、保持现势，并保存历史数据，其中尤其重要的是数据必须合理

1. 齐全性要求

(1) 范围齐全：空间数据，特别是矢量数据，必须覆盖全域。

(2) 要素齐全：必须包括登记业务数据、工作流程数据和矢量数据，其中，矢量数据必须包括区划、权属和地类要素；地形要素除房屋外，可酌情选取。

(3) 要素的类齐全：如地类要素必须包括地类块、地类界和线状地物(零星地物可酌情选取)。

(4) 要素的个体齐全：如地类块图层必须铺满地类图斑。

(5) 关系表齐全：空间数据和非空间数据的关系表必须齐全；关系表中的字段必须齐全。

(6) 非空约束：非空约束字段取值不得为空，如地类图斑表的编号、地类代码、解析面积、获取日期等字段的取值不得为空。

2. 精确性要求

(1) 各级控制点必须符合国标控制测量规范的精度要求。

(2) 区划、权属、地类、地形各要素的测点精度必须符合国标地形测量规范的精度要求。

(3) 宗地界址点测点精度必须符合土地或测绘行业测量规范对界址点的精度要求。

(4) 境界调查、权属界调查、地类调绘和土地等级调查必须符合土地调查规范要求。

(5) 面积计算采用双精度实型数，计算过程中要取足够的小数位。

3. 合理性要求

主要是指：在地籍信息管理系统的登记业务数据、工作流程数据、栅格数据和矢量数据等数据集之间，以及各个数据集的内部，必须都有严谨的逻辑关系。其中，要特别强调面积检验的重要性，这不仅因为面积是土地的基本度量，更主要的是借助面积检验，可以全面、严密、自动、高效地检查矢量数据库的总体质量。

4. 符合实况

地籍信息管理系统的数据要尽可能符合实地状况，这就要加强外业调查培训，仔细检查外业成果(权属调查表、调绘底图、调绘手簿等)，对矢量数据成果与外业成果要认真一一核对。

5. 保持现势

地籍管理信息变化频繁，如宗地信息(权利人、范围、利用、坐落等)变更，建设用地增减，农业结构调整，土地整理，区划调整等。必须使数据库始终保持现势，方能实施有效管理。

6. 保存历史

地籍信息管理系统数据库要保存历史信息，历史信息为解决土地纠纷提供依据，还可用作时序分析。

(二) 地籍管理信息系统的功能应该实用、丰富、准确、稳健

1. 实用性

地籍管理信息系统必须能最大限度地取代手工常规操作，有效地进行城乡机助土地调查、登记和统计工作。

2. 丰富性

(1) 在机助土地登记方面：除了设定登记、变更登记、注销登记、抵押登记、查封登记、注销抵押登记等外，还能进行商品房复核验收、土地证书年检和国有划拨土地抵押审批等

工作。

(2) 在机助查询统计方面：内容上除了对宗地信息、权利人信息、土地证书信息、归户卡信息的查询统计外，还能进行土地类型信息、土地权属性质信息、土地等级信息、土地登记进度信息和工作流程信息等的查询统计。方式上除了简单查询统计、图形属性交互查询统计、多条件查询统计、模糊查询统计、嵌套查询统计、历史回溯查询统计外，还能进行自定义查询统计、固定范围查询统计和动态范围查询统计等。

(3) 在系统防护方面：除了查错、容错、并发处理等功能外，还要具备恢复、备份、抗干扰、预防突发事件、权限管理、日志管理和安全保密等功能。

(4) 在日常变更方面：除了能进行属性变更，宗地和地类块的分割、合并和划归，增删点、线、面个体等较简单的变更外，还能够进行区划调整，撤村建居，城区扩展，街巷、道路或河渠的拓宽、拉直或延伸，旧城改造，大片征地和规划红线调整等复杂变更。

3. 准确性

以矢量数据的变更功能为例，必须做到各级区域、地类块和宗地等相关图层紧密结合一起，连动地自动完成变更操作。地块(地类块，宗地)的编号和面积取值必须自动生成，不得手工输入，变更后的现势数据和变更前的历史数据都要自动符合层间共线、剖分、拓扑和面积检验要求。

4. 稳健性

地籍信息管理系统要在运行中不出现死机或其他故障。

(三) 用户视角的评价准则

这类评价准则也适用于地籍信息管理系统，它首先强调实用性。此外，它要求：系统界面友好，操作简便。当业务或机构设置变动时，系统能随同作灵活调整，系统的建设和维护成本相对较低等。

第四节　三维地籍综述

随着三维空间数据库、三维空间信息技术研究的不断深入，并与地籍管理结合，产生了三维地籍的概念，亦成为地籍管理的必然发展方向。三维地籍中三维空间实体的相互关系主要通过三维空间模型来实现，在二维地籍的情况下，要实现三维情况的登记，只能在登记中增加三维描述。而三维地籍图可以直观、真实地描述现实世界中土地权利的分割情况。图 13-1a 是在同一地块中，在垂直向上包括 V_1、V_2、V_3、V_4 4 个权利实体。在二维地籍中，该地块将表示为由 V_1、V_2、V_3、V_4 4 个权利人共用的共用宗地。而在三维地籍中，可以在三维空间中将地块划分为 4 个不同的三维权利实体，分别归属 4 个不同的权利人。图 13-1b 包括地上的私人宗地和地下的道路用地两种用地类型，在传统的地籍管理模式中，很难明确表示这种复杂的用地类型，而在三维地籍管理模式中，可以借助三维地籍模型，清楚地看到道路穿过了宗地的地下空间，从而非常明确表示土地的详细使用状况。

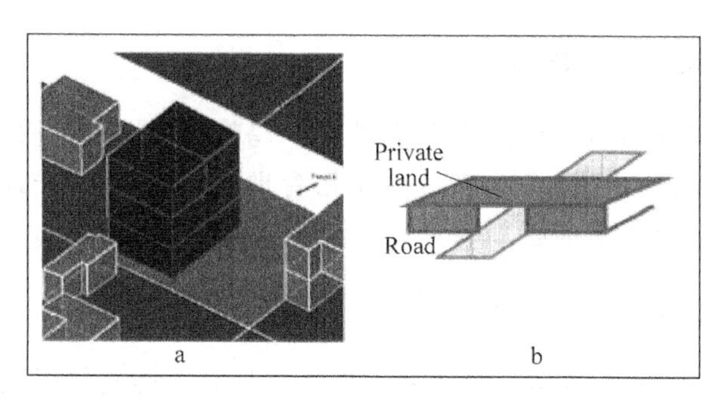

图 13-1　地籍数据表示

一、三维地籍的内容

目前,国内大部分地籍管理信息系统主要采用二维平面方式进行地籍数据的表达和管理,无法直观、全面、真实地表达地籍状况,也就急需研究三维地籍管理模式,以建立三维地籍模型与空间数据库,尤其在权属数据方面,由于三维权属对象的不断增加和更新,也就需要探讨一种崭新的三维地籍登记的解决方案。这也就涉及三维地籍法律对象与三维自然对象的定义,以及其在三维地籍中的登记方法和需要建立的模型。从三维地籍的概念可以看出,三维地籍的基本内容包括地籍权属界面、界址线、界址点、宗地属性、三维空间关系等。主要涉及的内容包括以下几个方面。

(一) 三维地籍相关的法律法规

虽然我国相关法律规定了土地使用者的权利,保障了土地使用权和相邻权等他项权利,有效维护了土地利用者和使用者的合法权益。但是在土地的三维利用中,地籍的权利空间、相邻关系等都发生了重大变化,现有法律体系未能完全保障土地利用者和使用者的三维空间中的合法权益,所以要从法律角度对三维地籍中的权利进行重新界定。

(二) 三维产权登记

由于三维空间里的地籍概念、土地使用权利范围等都有了很大变化,这也就要求管理部门在进行三维产权登记时,需要重新规定登记的实体内容和权属内容。

(三) 三维空间实体及其数据模型

依据法律对三维地籍的界定和三维产权登记内容,从现实世界角度出发,审定三维地籍所涉及的空间实体及其类型,并对不同类型的实体设计不同的数据模型,以便使用计算机语言表达三维地籍实体。

(四) 三维地籍数据库技术

主要研究如何利用已有成熟的数据库管理系统来建立三维地籍数据库,进而利用三维地籍数据库安全、高效、可靠地管理三维地籍数据。

（五）二维地籍到三维地籍的过渡

尽管三维地籍管理模式是未来地籍管理的主要趋势，但是现有的传统二维空间中的管理模式及数据，如何平滑、无损地过渡到三维地籍管理模式中，是三维地籍研究的一个重要内容，亦是该领域的一个技术难点。

（六）三维地籍空间关系表达与运算

三维地籍有其自身特点，所以空间关系的表达与计算不能直接引用现有的空间关系理论与方法，必须依据其自身特点，对现有空间关系表达与计算方法进行扩展或修改，研究一套适合三维地籍管理特点的三维空间关系表达与计算模型。

（七）三维地籍的可视化与管理软件

为了直观地显示三维地籍实体，三维地籍可视化技术也就成为三维地籍管理中一个非常重要的手段。三维地籍的管理软件是三维地籍系统为用户使用提供的用户接口，用户通过该软件对三维地籍数据进行操作、管理、分析等。作为三维地籍管理的一个重要内容，三维地籍登记的解决方案主要如下。

(1) 完全的三维地籍登记：通过引入三维财产权的概念，将三维空间细分为没有交叠或重叠的三维实体(或三维小块)，也就是将地下、地上和地表划分为若干个财产层，并分别进行登记。

(2) 混合方案：在传统二维地籍登记模式的基础上，通过登记三维自然物体，进而完成三维地籍的权属登记，也就形成了一种二维地块与三维物体的混合方案。对于一个三维建筑物，其平面设计是二维的，通过对三维自然物体的登记，从而将三维财产权(三维地籍)得到了体现。

(3) 现行地籍登记体系中增加三维注释：在保留二维地籍管理模式的基础上，加上外部注释表明三维状况，或者在传统地籍登记中增加三维描述。这种描述可以是模拟形式的，也可以是数字形式的。权属信息储存在数据库里，三维自然物体的投影轮廓登记在地籍图中，这些方法适用于地下和地上空间利用情形。总之，三维地籍的研究内容主要包括权属数据管理和空间数据管理，完全的三维地籍需要对所有地籍对象重新登记、调查与测绘，其数据获取工作将会花费很大的人力、物力与财力。因此在建立三维地籍数据库时，应当充分利用已有的二维权属登记信息、二维影像、矢量数据，作为三维地籍数据库建设的主要数据来源，并适当补充三维地籍中必需的而二维地籍中缺少的信息和内容，从而可以节省大量的工作量。

二、三维地籍实体类型及特征

经过多年发展，二维空间实体和三维空间实体的类型均有了较为成熟的定义，美国国家标准和技术研究所(National Institute of Standards and Technology，NIST)、开放地理信息系统协会(Open GIS Consortium，OGC)对空间实体类型及数据模型进行了明确定义。在二维空间中，空间实体类型包括为点、线、面三种，三维空间实体类型在二维空间实体类型的基础上，增加了“体”空间实体类型，图 13-2 给出了 4 种基本的三维空间实体类型表示。

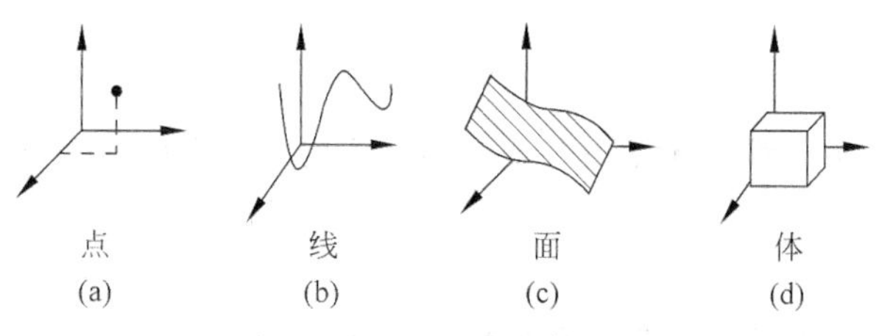

图 13-2 三维空间实体类型

地籍管理涉及市政用地、建筑用地、居民用地、储备用地等多种用地类型，各种用地又包含很多种地物，如居民住房、公共建筑、市政设施、人防设施等。在二维地籍管理模式中，宗地被简单抽象为带有权属等属性的封闭二维多边形（面），所以二维地籍所涉及的实体类型包括点、线、面三种。而在三维地籍管理模式中，宗地被抽象为带有权属等属性的封闭三维实体，实体类型和内容均发生了变化，实体类型非常复杂、多样。三维地籍的基本实体类型仍可以分为点、线、面、体 4 种，三维地籍中所包含的各种空间实体类型及其详细划分见表 13-9。

表 13-9 三维地籍空间实体类型

类型	实体	定义	示例
点状	点状地物	由一组三维坐标定义在三维空间中的点状地物	树、电杆、水井、消防栓、道路交叉点
	结点	用来表示线段的空间位置及拓扑关系的点	界址点、弧段拐点
线状	拓扑弧段	具有起点和终点、方向、不分叉、不相交以及有左右多边形的线段	地类界限、境界线、宗地线
	无拓扑弧段	简单的无起点和终点、方向等特征的无分叉线段	等高线
	线状地物	由一条或若干条拓扑围成的	道路、地下管线、电力线、通信线
面状	拓扑面片	由一条或者若干条拓扑弧段围成的封闭区域，由弧段方向定义面片方向，具有左右体目标	宗地权属界面
	面状地物	由一个或者若干个面片组成的实体目标，或者由数字模型表示的实体目标	地块、草地、水域、建筑物
	数字表面模型（DSM）	用网络或者 TIN 模型表示的面状目标，具有任意投影方向	三维景观中的地形表面
体状	体状地物	由一个或者若干个面片组成的体状空间实体，或者数字立体模型表示的空间实体	三维宗地、建筑物
	数字立体模型	用三维格网或者不规则四面体格网（TEM）表示的体状目标，具有任意投影方向	地下建筑

三维地籍是在传统地籍的概念中引入了三维产权（空间产权）的概念，三维产权是指将一定的三维空间划分为没有交叉和重叠的三维权利实体。三维权利实体的特征包括以下

内容。

（一）封闭性

即三维权利实体在三维空间是由若干个面围成的封闭实体，它的边界是权属界面。

（二）同一性

即同一个三维权利实体是依据权利属性划分的，同一三维权利实体内部土地利用类别、质量和时态等属性是一致的。

（三）与地面非依附性

即三维权利实体与地面没有依附关系，可以和地面相离、相交或相切。从以上分析，可以看出，三维地籍与二维地籍的不同在于以下 4 方面。

(1) 三维地籍建立的基础是三维空间上的权利实体，它的三维边界是明确的，在空间上是连续的；而二维地籍建立的基础是二维平面上的宗地，在平面上具有明确的边界，在三维空间中没有明确的边界。

(2) 三维地籍登记的权利是一个封闭的实体，二维地籍中登记的权利包括从地表到地心和地表以上的所有空间。

(3) 三维地籍记载了封闭的权利实体所有的三维空间信息和属性信息，而二维地籍记载的主要是宗地二维平面的空间信息和属性信息，对三维信息的记载有限。

(4) 三维地籍可以准确地反映出土地利用的空间分布情况，二维地籍在土地利用的空间分布上存在着不足。

第五节　地籍管理信息系统主要开发平台简介

随着电子技术、计算机技术、数据库技术、空间信息技术，特别是地理信息系统技术的发展和逐步成熟，国内外对地籍管理信息系统的研究以及开发都进入了一个崭新的阶段，已经成功地建立起了许多地籍管理信息系统，并且投入运行和使用，地籍管理日益向数字化、计算机化的方向发展。2004 年以来，以“国家地籍数据库的建设”作为其中重要内容的“金土工程”项目的启动，推动了我国地籍管理信息系统的研究与建设，到 2010 年以全国土地二调的全面完成为标志，我国地籍管理信息系统与土地调查数据库已步入全面成熟应用阶段。

目前，通过国土资源部测试并推荐的各款软件多数以 ArcGIS 为开发平台，少数在 MapGIS 或 SuperMap 软件平台开发完成。

一、ArcGIS 软件体系结构

（一）ArcGIS 软件简介

ArcGIS 是 ESRI(Environmental Systems Research Institute，美国环境系统研究所公

司)推出的一条为不同需求层次用户提供的全面的、可伸缩的 GIS 产品线和解决方案。是世界上应用广泛的 GIS 软件之一。ArcGIS 是一个可伸缩的 GIS 平台,可以运行在桌面端、服务器端和移动设备上。它包含了一套建设完整 GIS 系统的应用软件,这些软件可以互相独立或集成配合使用,为不同需求的用户提供完善的解决之道。它由数据、数据服务器 ArcSDE,以及 4 个应用基础框架(桌面软件 Desktop、服务器 GIS、嵌入式 GIS 和移动 GIS)组成,如图 13-3 所示。

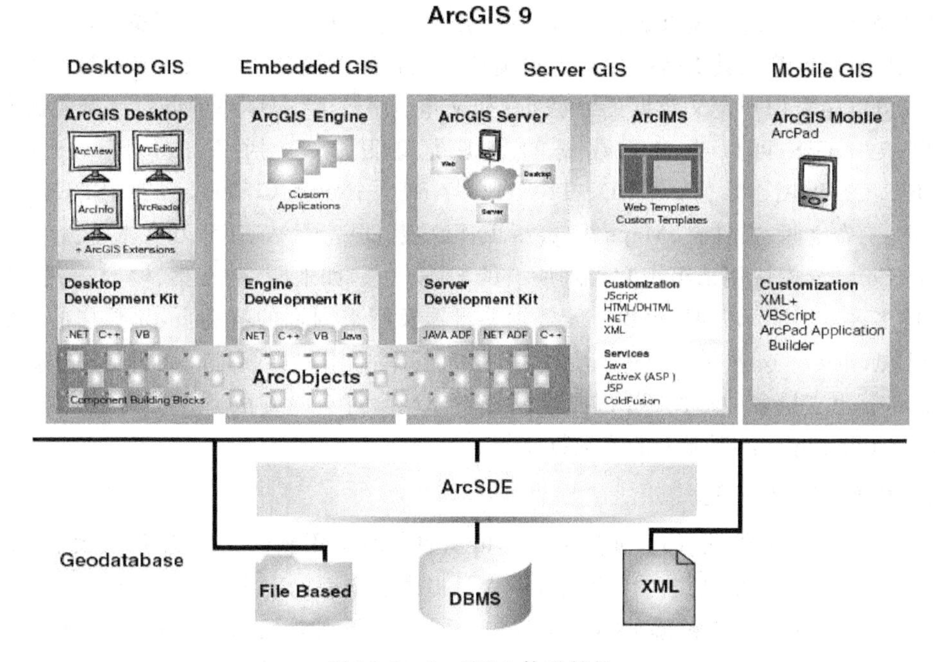

图 13-3　ArcGIS 9 体系结构

从图 13-3 中可以看出,其最下部分是数据层,包括存储在文件或是数据库中的数据及以 xml 形式存在的数据。这些数据都可以通过数据服务器 ArcSDE 来给应用层面的软件体系提供 GIS 系统所需要的数据。ArcGIS 9 应用程序又可以分为 4 个部分:桌面软件 Desktop、服务器 GIS、嵌入式 GIS 和移动 GIS。谈到应用软件,不得不提的是 ArcObjects 组件。ArcObjects 组件是一套共享的 GIS 组件,其包含了大量的可编程组件,用户可以利用这些组件迅速搭建一个新的 GIS 应用系统。

20 世纪 90 年代以来 ESRI 在全面整合了 GIS 与数据库、软件工程、人工智能、网络技术及其他多方面的计算机主流技术之后,成功地推出了代表 GIS 最高技术水平的全系列 ArcGIS 产品。

(二) ArcGIS 9 软件特色

ArcGIS 9 是 ESRI 发布的功能比较强大而又完善的版本。ArcGIS 9 的一个主要目标是与现有的 ArcGIS 8.3 平台的功能及数据模型完全兼容,使得最终用户和开发商可以很方便地对系统进行升级,同时在软件稳定性、测试、空间数据库伸缩性和栅格处理的性能方面作了改进,提供强大的跨平台支持能力,包括 Windows、UNIX 和 Linux 平台,这为用户提供了更加灵活的配置选择。

1. 制图编辑的高度一体化

在ArcGIS中,ArcMap提供了一体化的完整地图绘制、显示、编辑和输出的集成环境。相对于以往所有的GIS软件,ArcMap不仅可以按照要素属性编辑和表现图形,也可直接绘制和生成要素数据;可以在数据视图按照特定的符号浏览地理要素,同时也可在版面视图生成打印输出地图;有全面的地图符号、线形、填充和字体库,支持多种输出格式;可自动生成坐标格网或经纬网,能够进行多种方式的地图标注,具有强大的制图编辑功能。

ArcGIS可以管理其支持的所有数据类型的元数据,可以建立自身支持的数据类型和元数据,也可以建立用户定义数据的元数据(如文本、CAD、脚本),并可以对元数据进行编辑和浏览。ArcGIS可以建立元数据的数据类型很多,包括ArcInfo Coverage、ESRI Shapefile、CAD图、影像、GRID、TIN、PC ARC \ INFO Coverage、ArcSDE、Personal ArcSDE、工作空间、文件夹、Maps、Layers、INFO表、DBASE表、工程和文本等。

ArcCatalog模块用来组织和管理所有的GIS信息,如地图、数据集、模型、元数据、服务等,支持多种常用的元数据,提供了元数据编辑器及用来浏览的特性页,元数据的存储采用了XML标准,对这些数据可以使用所有的管理操作(如复制、删除和重命名等)。ArcCatalog也支持多种特性页,它提供了查看XML的不同方法。在更高版本的ArcGIS中,ArcCatalog将提供更强大的元数据支持。

2. 灵活的定制与开发

ArcGIS 9的Desktop部分通过一系列可视的GIS应用操作界面,满足了大多数终端用户的需求,同时,也为更高级的用户和开发人员提供了全面的客户化定制功能。

ArcMap提供了多个被添加到界面上的不同工具条来对数据进行编辑和操作,用户也可以创建添加自定义的工具。ArcCatalog和ArcMap的基础是Microsoft公司的组件对象模型(Component Object Model,COM),所以可以说ArcGIS是完全COM化的,对于需要对ArcGIS进行结构定制和功能扩展的高级开发人员来说,这是非常有吸引力的。任何COM兼容的编程语言,如Visual C++、Delphi,或者Visual J++都能用来定制和扩展ArcGIS。

ArcGIS还提供了工业标准的VBA(Visual Basic for Application),用于所有的脚本编程和定制工作。ArcMap和ArcCatalog这两个模块的VBA编辑器,可以让用户编写定制的脚本,并作为宏来运行和保存、添加到界面上的命令按钮里。

ArcGIS 9的新功能3D Analyst是ArcGIS 8的扩展模块,主要提供空间数据的三维显示功能。在ArcGIS 9中,三维模块有很大进步,且在已有的3D Analyst的基础上第一次推出全球3D可视化功能,并将模块整合为新的桌面应用平台ArcGlobe。该平台具有与ArcScene相似的地图交互工具,可以与任何在三维地球表面有地理坐标的空间数据进行叠加显示。

ArcGIS 9特别增强了栅格数据的存储、管理、查询和可视化能力,可以管理上百个GB到TB数量级的栅格数据,允许其有属性,并可与矢量数据一起存储并成为空间数据库的一个重要组成部分。

ArcGIS 9还推出了一种标准、开放的空间数据库格式。它直接利用XML Schema形式,提供了对包括矢量、栅格、测量度量值和拓扑在内的所有空间数据类型的访问。在以前版本中,例如数据集合并等高级空间处理功能一般由 ArcInfo Workstation 或 XML 完成,现在这些功能都可以在 ArcGIS 9 桌面端实现。

(三) ArcGIS 在土地利用变化中应用

对土地利用变化进行分析的主要任务在于分析土地利用情况,制定土地利用方案,统计规划,指导未来具体建设活动对土地进行空间上、功能上的合理利用,协调生态系统内各个子系统之间的运作优化系统总体结构,提高抵御外界不良干扰的能力,以保持其平衡稳定的最佳状态,尊重空间价值与生物生产价值的内在的有机整体性,并根据固有规律合理地安排土地的利用行为及其时序,是一项综合性措施,是有机整合人与自然的纽带。

借用 ArcGIS 进行土地利用情况分析,可以对土地利用现状进行统计,发现一些土地不合理利用给生态环境,人类与自然生存带来的严重影响,总结造成土地利用发展趋势的原因,寻求拯救环境,保持人与自然和谐发展的解决办法,为土地的合理利用制定适宜的规划政策。

1. 作业流程

(1) 选用带有控制点的地籍图。地籍图具有国家基本图的特性。在地籍图集合中,我国现在主要测绘制作的有:城镇地籍图、宗地图、农村居民地地籍图、土地利用现状图、土地所有权属图等。地籍图上应表示的内容,一部分可通过实地调查得到,如街道名称、单位名称、门牌号、河流、湖泊名称等,而另一部分内容则要通过测量得到,如界址位置、建筑物、构筑物等。

(2) CAD→ArcGIS 的数据转换。选用 CAD to Shapefile 软件将用 Cass 软件绘制的地籍图转为 Shapefile 格式文件。

——在 ArcGIS 环境下,借用 ArcToolBox 软件中 Import to coverage 的 Shapefile to coverage 将 Line 的 Shapefile 格式转为 Coverage 格式。

——在 ArcToolBox 软件中选用 Topoly 中的 clean 操作,由 Line 拟合出 Polygon。

——采用 ArcToolBox 软件中的 Export from Coverage 操作,将(2)中生成的 Polygon 重新转化为 Shapefile 格式,在 ArcMap 中打开,即出现 Area 属性值,即可制作统计图、统计报告。

2. 制作统计图

ArcGIS 空间数据都有相应的属性表(Table),统计图形可以比属性表格更加直观地显示空间要素的统计特征和要素之间的相互关系,所以在任何 GIS 软件中,都必定包含有一定的统计制图功能。ArcMap 系统同时提供了制作二维(2D)统计图和三维(3D)统计图的功能,可以完成面状统计图(Area)、柱状统计图(Bar/Column)、线状统计图(Line)、饼状统计图(Pie)、散状统计图(Scatter)、冒泡统计图(Bubble)、玫瑰统计图(Polar)和域值统计图(High-Low-Close)等,每一种又包含若干子类,分别应用于不同专业领域或不同数据类型。由属性表数据制作的统计图形,可以加载到输出地图版面中,使输出地图内容更加完整,为用途者传输更多的信息量。

3. 制作统计报告

ArcMap 统计报告(Report)是根据空间数据的属性字段进行统计生成的表格结果。统计报告可以简单明了地表达空间数据本身的统计特征,并反映空间数据之间的相互关系。

统计报告一旦生成,就可以根据需要插入到输出地图或保存到文件或转换为其他格式进行分发。ArcMap 系统提供了两种不同类型的统计报告:表格统计报告(Tabular Report)与列排统计报告(Columnar Report)。表格的列代表属性数据的字段;列排统计报告则是以竖行的形式排列属性数据的字段名称及其数值。无论哪类统计报告,都可以放置标题、页码、报告日期、背景图像等报告要素,而且可以随时设置组成统计报告各要素(Report Elements)的字体、颜色、大小等参数。

4. 关键技术及应用

基于 ArcGIS 进行土地利用分析的关键技术在于 CAD 格式地籍图到 ArcGIS 图形数据格式的转换,Cass 成图和选择适宜的地籍图作为 ArcGIS 土地利用分析的前期准备工作也具有极其重要的意义。目前大部分地籍测量工程仍然采用 CAD 软件(包括在 CAD 基础上开发的 CASS 软件)成图,但 CAD 对 GIS 数据的存储存在着弊端,且 ArcGIS 软件功能强大,对数据库管理、图形编辑方面的优势更能满足土地利用迅速发展趋势的要求,该技术为土地利用的决策、规划等提供了更直观、便利的手段。对现有土地利用状况进行统计、分析,把握土地利用变化趋势,是保持良好生态环境,维持人类与自然平衡的有力手段。ArcGIS 则为土地利用分析提供了一个更加方便有效的平台。

利用 ArcGIS 对土地利用情况进行统计的过程中,只要研究地区的数据资料齐全,且是 ArcGIS 支持的数据格式,统计图、统计报告的制作就较为简单,针对地区的土地利用情况制作出适合本地区土地利用发展的方案,进而制定出土地利用过程中应该遵循的原则和应该选择的策略路线,指导未来的土地的开发利用。

二、MapInfo 软件体系结构

(一) MapInfo 简介

MapInfo 是美国 MapInfo 公司的桌面地理信息系统软件,是一种数据可视化、信息地图化的桌面解决方案。它依据地图及其应用的概念、采用办公自动化的操作、集成多种数据库数据、融合计算机地图方法、使用地理数据库技术、加入了地理信息系统分析功能,形成了极具实用价值的、可以为各行各业所用的大众化小型软件系统。

(二) Mapinfo 功能

MapInfo 是个功能强大,操作简便的桌面地图信息系统,具有图形输入与编辑、图形查询与显示、数据库操作、空间分析和图形输出等基本操作。采用菜单驱动图形用户界面的方式,为用户提供了 5 种工具条(主工具条、绘图工具条、常用工具条、ODBC Open Database Connectivity 工具条和 MapBasic 工具条)。用户通过菜单条上的命令或工具条上的按钮进入到对话状态。提供的查看表窗口有:地图窗口、浏览窗口、统计窗口及帮助输出设计的布局窗口,并可将输出结果方便地输出到打印机或绘图仪。

1. 强大的图形表达、处理功能

MapInfo 作为一种功能强大的图形软件,利用点、线、区域等多种图形元素,及丰富的地图符号、文本类型、线型、填充模式和颜色等表现类型,可详尽、直观、形象地完成电子地图数据的显示。同时 MapInfo 对于位图文件(如 gif、tif、pcx、bmp、tga 等多种格式的位图文件)和卫片(SPOT)、航片、照片等栅格图像,也可以进行屏幕显示,根据实际需要还可以对其进行矢量化。此外,dxf 格式(AutoCAD 和其他 CAD 软件包的图形/数据交换格式)的数据文件,也可以直接运用于 MapInfo 当中。在图形处理方面,它提供了功能强大的编图工具箱,用户可以对各种图形元素任意进行增加、删除、修改等基本编辑操作。

2. 实用的关系型数据库功能

MapInfo 具有动态连接的关系型数据库的功能。MapInfo 可以直接读取 DBase、FoxBase、Clipper、Lotus1-2-3、Microsoft Excel 及 ASCII 文件。在客户\服务器(Client\server)的网格环境中,通过 SQL DATALINK 数据连接软件包提供的 QELIB、ODBC 接口,可以同远程服务器连接,直接读取 Sybase、Oracle、INGRES、DB/2 DataBase Manager、SQLBase、Netware SQL、XDB 等十几种大型数据库中的数据信息。MapInfo 还可以将数据文件及图形目标的图形属性转换成 mif、mid 格式的 ASCII 文件,供其他用户使用。MapInfo 可以运用地理编码(GeoCode)的功能,根据各数据点的地理坐标或空间地址(如省市、街区、楼层、房间等),将数据库的数据与其在地图上相对应的图形元素一一对应。通过完成数据库与图形的有机结合,实现在图形的基础上对数据库进行操作。

3. 灵活的数据查询分析功能

MapInfo 的精华是其分析查询功能,即它能够精确地在屏幕上查询、分析与其相应的地理数据库信息。面对大量的数据,仅对其进行数学统计就已经是一项非常繁重的工作,更何况进行精确的分类、查询和判断分析。对于相对比较简单的分析查询,MapInfo 提供了对象(Object)查询工具、区域(包括矩形、圆形和多边形的区域)查询工具、缓冲区(Buffer)查询和一些常用的逻辑与数据的分析查询函数,用户随时可运用灵活的查询工具(Info tools)或运用函数建立表达式(Expression)的方式完成,而对较复杂的分析查询,则可通过运行 MapBasic 编写的查询程序命令来实现。

4. 多样化的数据可视表达方式

MapInfo 采用了地图(Map)、浏览表格(Browser)及直观图(Graph)等三种不同的方式对数据库内容进行描述,这三种视图均可动态连接。当用户改变某一张视图的数据时,其他视图会实时自动地作相应的变化。对于信息数据和查询分析的结果,MapInfo 还可以采用专题图(ThematicMap)的显示方式,它以柱状图(Bar chart)、圆饼图(Pie chart)、点密度图(DotDensity)、区块图(Ranges)、数量分级图(Graduated)等多种显示模式,运用用户自定义的颜色、填充模式、图形图例等图形显示类型,直观、生动地把数据和分析查询结果显示在屏幕上,便于用户迅速地了解和判断有关的信息数据和查询结果。

5. 功能强大的系统开发工具

MapInfo 系统软件提供 MapBasic 作为与 MapInfo 配套的开发工具。用户使用 MapBasic,可以设计、建立符合自己特点和要求的纯用户化的应用系统。作为一种结构化语言,MapBasic 提供了 380 多种函数和命令语句,既简洁明了、易于学习,又具有强大的功能,可以完成用户的各种需求。与传统的 GIS 软件相比较,良好的软件集成环境和面向对象及事件驱动的编程思想,都是 MapBasic 的优点。针对各类用户的不同需求,用 MapBasic 可以迅速地制定出用户特需的菜单、按钮盒或对话框等,用户不仅可以修改标准的 MI 菜单，而且可在原菜单条上增加新的菜单项。使用 MapBasic，用户可方便、准确地绘制经、纬度线，避免手工绘制的枯燥，以及可能引起的误差，也可以设计各种新的图形符号。

6. 方便灵活的图形输入输出功能

对于图形的输入和输出，MapInfo 也提供了强有力的支持。使用 MapInfo 软件可处理通过扫描仪、数字化仪输入的数据信息。如果利用美国 DTC 公司（Digitizer Technology Company）所生产的 VTI（Virtual Table Interface）接口软件，MapInfo 可与当前国际流行的 Summagraphics、Calcomp 等 200 多种数字化仪连接。利用其相应的硬件支撑平台，MapInfo 在灵活地调整了版面内容及其间的相对比例之后，可以通过彩色绘图仪、打印机输出任意比例的图形、电子表格、图表及图例或直接将窗口中显示的矢量地图转成 bmp 文件或 Metafile 文件。

7. 支持多种硬件操作平台

MapInfo 能够支持多种硬件操作平台及适应较低的工作环境。MapInfo MapBasic 有可用于 DOS，Windows 3.1，Windows 95，Windows NT Tm，Macintosh，Sun 和 Hp 等多种硬件平台的版本，而且用 MapBasic 编写的程序可以运行于任意一种硬件平台之上。用户可以根据自己的实际要求和经济承受能力选用适当的产品。

8. 快速、准确的 GPS 连接能力

MapInfo 提供了良好的地图环境，为 GPS 提供了相应的控制显示技术，使 GPS 跟踪目标能实时地、准确地显示在当前地图中，并显示当前跟踪目标的经纬度。

9. 高精度的地图数据产品

MapInfo 还提供有全球范围可分为十几个图层的地理图形的矢量数据产品，其中主要包括人文地理、行政区划、公路交通、人口统计、自然资源等方面的内容。局部地区的数据可达到街区一级的精度。有了这些数据产品，用户就可以直接与自己的数据库连接，实现数据库内容的可视化管理。

三、ArcGIS 在土地调查后期制图中的应用

在第二次全国土地调查农村土地调查工作的后期，以 ArcGIS 9.2 为平台开发的数据库创建及管理软件在专题图件的制作上有着方便、快捷的优点。下面我们以陕西镇安县1∶10 000 土地利用现状图为实例来介绍 ArcGIS 在后期专题图件的制作中的应用。

（一）地图制作流程

地图制作的流程分为对原始数据进行裁切、建立新工程文件、添加相应数据层、对数据层进行图像符号化处理、图面的编辑及整饰和保存出图这 6 步工作。流程图如图 13-4 所示。其中，建立新工程文件完成之后可以建立以此为基础的模板。在以后的工作中可调

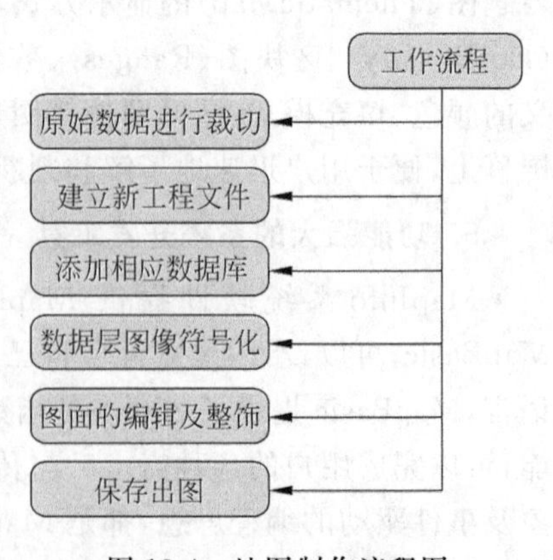

图 13-4　地图制作流程图

用此模板，从而避免重复劳动，加快工作进程。

（二）数据的裁切

切出来。需要裁切的图层有各级政府驻地、行政区界线、地类图斑、线状地物，这将使用到 Toolbox 下 Analysis Tools 中的 Clip 工具 。在 Input Features 中选择需要裁切的图层，如地类图图斑，在 Clip Features 中选择裁切的依据，如标注分幅图的图幅框，在 Output Features Class 中选择输出的路径，如 D: \土地裁切示例，并可在 Toolbox 中批量裁切。

（三）建立新工程

在 ArcGIS 下建立一个新工程文件，并依据《陕西省第二次土地调查实施细则》中的相关规定设者纸张大小，添加图框、标题、图例及比例尺。

（四）添加图层

向新建的工程文件中添加已裁切好的数据层，按照点、线、面的顺序进行排列，便于后期修改和调整。

（五）图像符号化

图像符号化就是利用矢量文件中的属性字段在图面表达时将不同的要素以不同的符号表现出来。地类图斑的符号化如图 13-5 所示，包含 Line Fill Symbol，Simple Fill Symbol，Maker Fill Symbol，Single Maker Fill Symbol Class 以上 4 种填充方式，分别对应不同的地类填充。设置好的图层可以保存为 Lyr 图层文件被其他图幅的相同图层所引用。但在图斑符号化过程中仍存在以下问题：图斑形状大小不一，填充后过疏或过密；特殊地类如公路、铁路、采矿用地由于形状狭长，符号无法填充；填充符号与图斑边界线压盖，出现不完整符号等。这时就用到制图表达来解决以上问题。

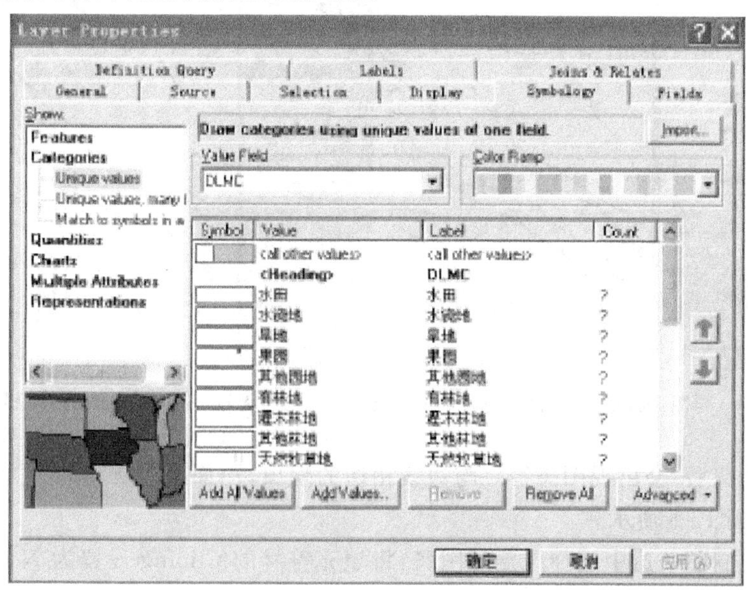

图 13-5　图像符号化

制图表达简单来说就是一种智能化符号，其作用就是解决以前制图方面的难题。同时也是一种储存模型，把符号信息储存在 Geodatabase 中，以达到重复使用和共享的目的。制图表达是一个要素类的属性，它储存了要素的符号化的信息。采用制图表达的目的是生产更好的地图，解决地图符号化难题。

制图表达的生成：在所需生成制图表达的图层上单击鼠标右键，在弹出的对话框中选择 Convert Smlbology to Representation 即可。

制图表达的调整可在 Representations 窗口中完成。可以分不同的要素进行调整，包括填充符号的大小、样式、间距，图斑线条的粗细、颜色、样式等。

同样要素的图斑，经过制图表达调整之后的较美观整洁。对于面积较小、符号无法填充的图斑，可采用新建一个要素规则，添加一个点，点的 Method 选择为 Polygon Center(多边形中心)，Cliping 设置为 No Cliping(不与图斑边线相切)，如图 13-6 和图 13-7 所示。对于面积较小、符号无法填充的图斑均可采用以上方式解决，使图斑符号不缺不漏，做到图面美观整洁。

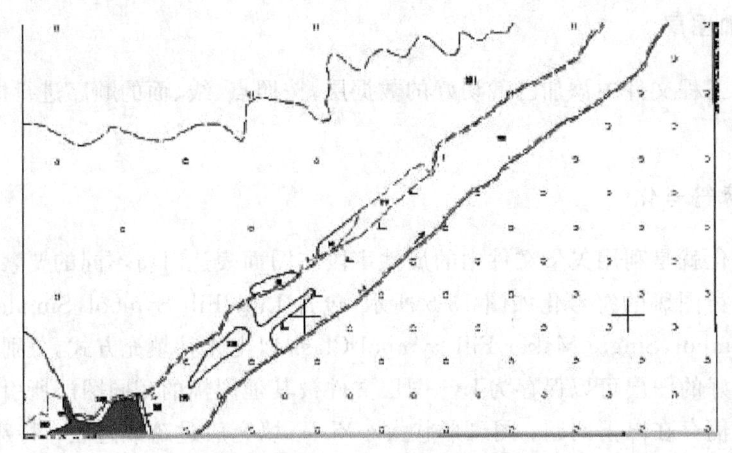

图 13-6 同要素图斑使用制图表达调整符号疏密之后的效果对比

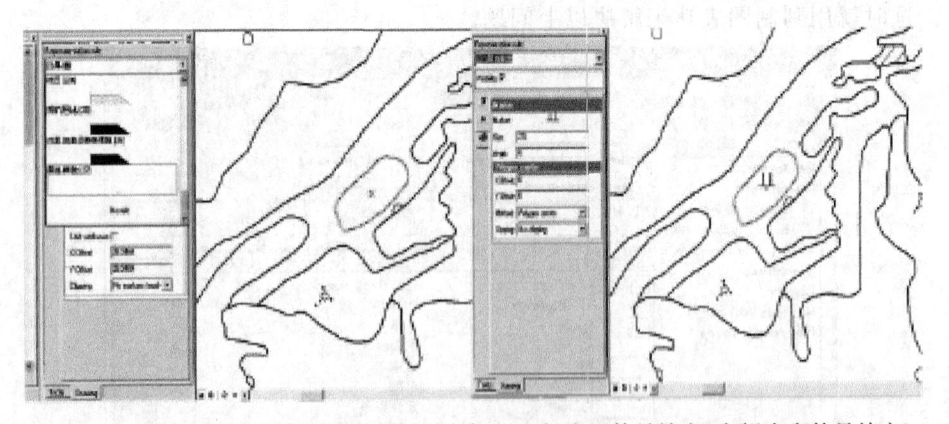

图 13-7 同图斑设置不同的规则后的不同效果(左侧为无符号填充，右侧为有符号填充)

符号填充完后，会出现图斑符号与边线相切的现象，图面表现为符号表示不完整，影响图面美观，如图 13-8 所示。

此问题在制图表达中选择压盖的图斑，将填充符号的 Cliping 设置为 No makers touch boundary 即可解决，如图 13-9 所示。

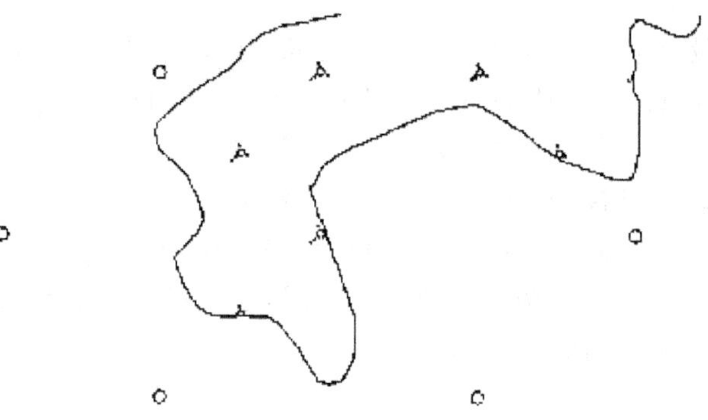

图 13-8　图斑符号与边线相切效果图

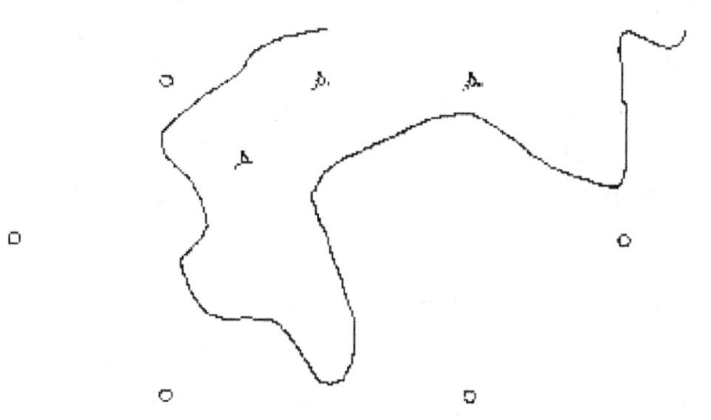

图 13-9　调整后无符号与边界相切效果图

至此，就解决了前面所说的图斑符号化后所产生的问题。

（六）编辑与整饰

对于 1∶10 000 土地利用现状图的编辑与整饰主要是在内、外图廓之间加注境界、权属界两侧的隶属注记和内图廓中各矢量要素相应的注记内、外图廓之间境界、权属界的隶属注记以手工添加为主，可适当使用由其他数据库管理软件（如苍穹土地利用管理信息系统）生成的自动注记，但仍需手动调整，如图 13-10 所示。

图 13-10　手动调整效果图

内图廓中各矢量要素相应的标注可由 ArcGIS 的 Lable Features 功能自动生成。对于同时需要标注多个属性字段的要素，可在 Lables 中的 Expression 中进行调整。多个属性字段可用“&”号连接，如果需要换行可使用语句 vbNewLine，对于自动生成的标注，若对其放置位置不满意，可使用 Convert Lables to Annotation 工具将标注转换为注记并手工调整其位置，并加注引线标示其对应图斑，最终效果如图 13-11 所示。

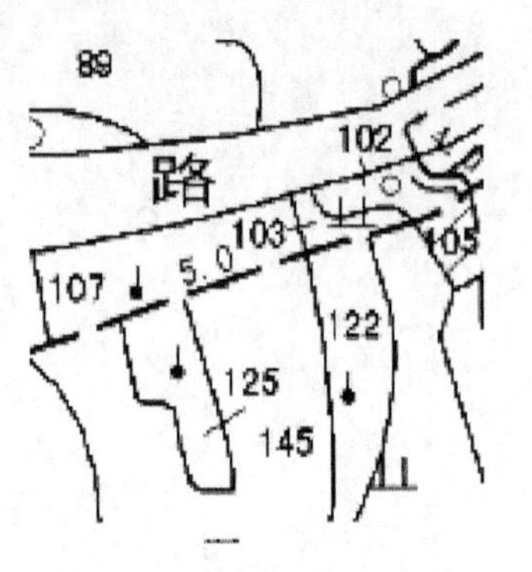

图 13-11　图形编辑与整饰最终效果图

（七）保存出图

在保存工程文件时需要将 File 下 Document Properties 中的 Data Source Options 设置为 Store relative path names to data sources，即将文件的保存路径设置为相对路径。这样不会在提交数据时因文件储存路径的不同而造成工程无法打开或丢失的现象。亦可利用 Export Map 功能导出图片格式，方便打印。最终成图效果如图 13-12 所示。

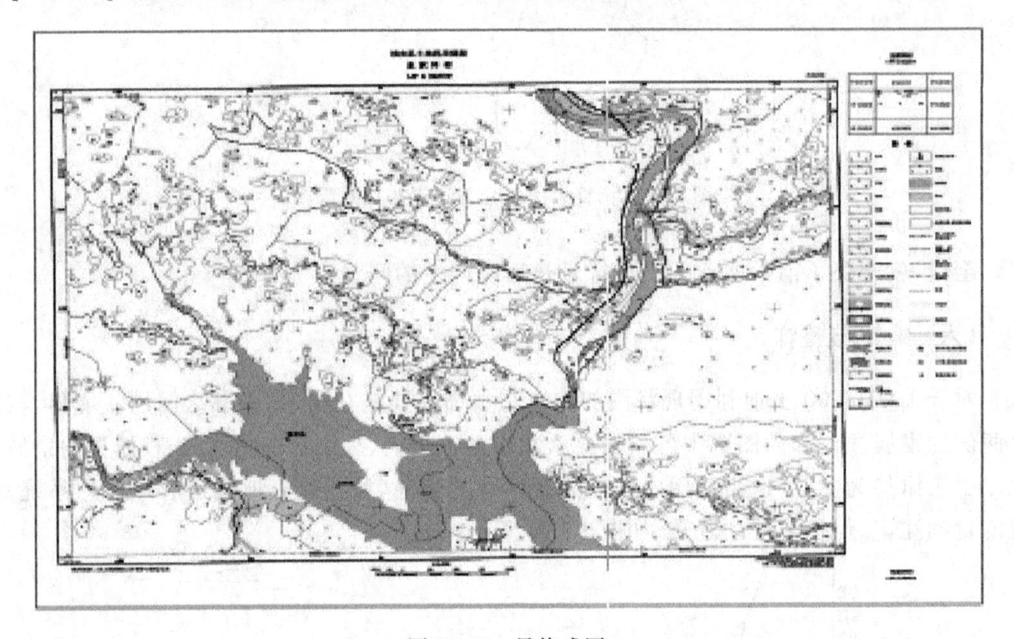

图 13-12　最终成图

从上面的例子我们可以看出：ArcGIS 不光是在空间数据的采集、处理和分析方面具有强大的功能，通过不断地更新，它在后期图件的制作中也有良好的功效。

四、MapInfo 在土地整理中的应用

土地整理是按照土地利用总体规划或城市规划所确定的目标和用途，采取行政、经济、法律、工程技术手段，对土地利用状况进行调整改造、综合整治，以提高土地利用率和产出率，改善生产、生活条件的过程，其根本的任务是形成合理、高效、集约的土地利用结构，增

加有效耕地面积，提高土地利用效率。以河南省濮阳县柳屯镇为例，探讨了 MapInfo 在土地整理中的应用。

（一）项目区概况

濮阳县位于河南省东北部，黄河下游北岸，南和东南与山东省东明、菏泽、鄄城隔河相望；东与东北与范县及山东的莘县毗邻；北与西北倚濮阳市区，西和西南与内黄、滑县、长垣接壤。属黄河冲积平原，地势低洼平坦，为暖温带大陆性季风气候，四季分明，雨热同期。项目区位于濮阳县东北部的柳屯镇，地面较为平坦开阔，土层深厚疏松，土壤肥沃，适宜耕作。此次土地整理涉及柳屯镇的黄庙、虎山寨、小寨、枣科、这河寨、渡母寺、曲六店和土岑头 8 个行政村，成片分布，北至濮台公路，南到金堤，东至土岭头村，西至韩没岸村，土地整理项目区总面积为 698.45hm^2。

（二）技术路线

1. 项目区土地利用现状图的制作

(1) 资料准备。土地整理是一项复杂的工作，需要综合考虑的信息较多，涉及土地利用现状、地形地貌、气候、土壤、水文及水文地质等多方面信息。首先通过资料收集、实地调查，以及详细的资料分析，得到土地整理的自然和经济状况方面的资料，重点是要得到土地利用现状图和地形图。

(2) 图形、属性数据采集。图形、属性数据采集是数字化成图过程的重要阶段。MapInfo 提供了强大的数字化数据采集功能，利用点、线、区域等多种图形元素，以及丰富的地图符号、文本类型、线型、填充模式和颜色等表现类型，可形象、直观、详尽地完成电子地图数据的显示。研究数据采集主要是对现有土地利用图扫描后矢量化，数据存入 MapInfo 的表中，再进行编辑、输出，其基本过程见图 13-13。

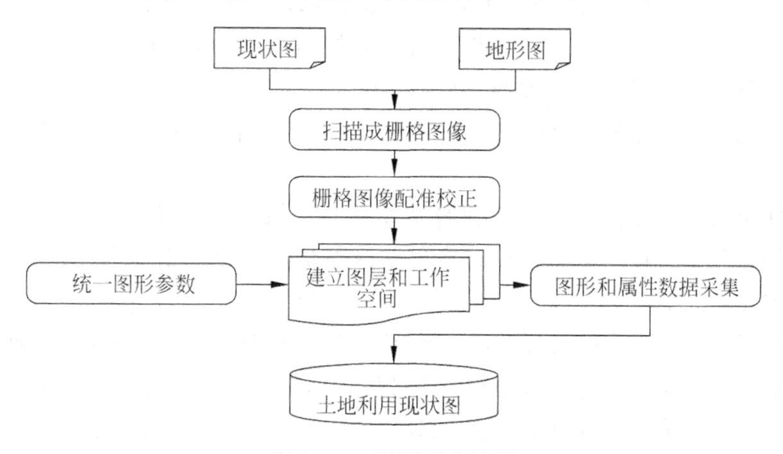

图 13-13　数据采集流程

(3) 整饰成图。检查矢量化后图形，添加图例、图名、比例尺、指北针等地图要素，使地图符合规范，更加美观。经过以上操作，即可生成项目区土地利用现状图(见图 13-14)。

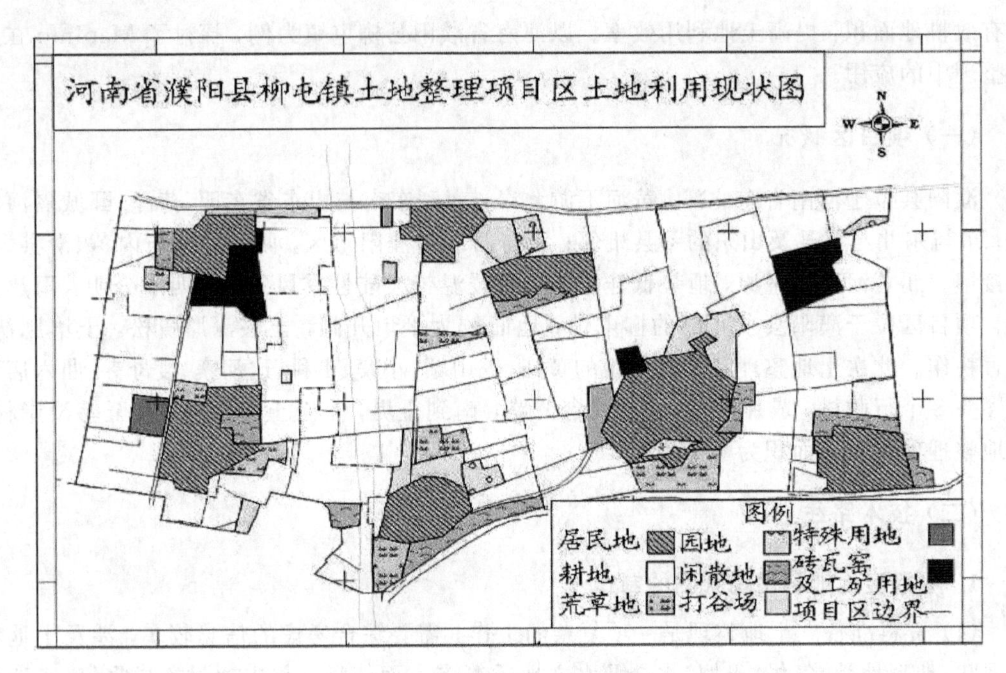

图 13-14 项目土地利用现状

2. 项目区土地整理规划设计

在土地整理规划设计中，应用 MapInfo 的制图功能方便地对土地利用现状图进行操作，规划方案能够快速、直观地展现出来。另外，在规划设计中，对数据的正确统计和计算会影响规划设计的效果和以后的施工进展，以及经费的使用情况。MapInfo 的数据统计功能可以根据字段名对不同的区域(Polygon)和线段(Line)进行统计，其数据可以生成与 Excel 相转换的格式，便于数据计算。MapInfo 的图层显示还可同时观察、对比不同图层上规划前后土地利用的变化情况。在对规划设计进行复核调整时，规划设计人员可利用 MapInfo 生成的电子地图对最终成果进行复核调整，操作简单易行。

(1) 规划标准：项目区规划依照地形坡度大小，比较平坦地区要达到田成方，路成框、林成行、渠成网的总体标准要求。

(2) 总体布局：以排水沟渠、田间道路和机耕路、农田防护林网围成的标准田块为基本单元，相对均匀分布。项目区各条道路主要从农村居民点呈放射状分别向东、西、南、北各方向引入，连接各居民点。

(3) 工程规划：以标准田块(200m * 300m) 面积约 6hm² 为主设计田块面积。灌溉系统：经过实地勘察，咨询水利部门专家，项目区内有第一濮清南干渠穿过，有丰富的地表水资源，因此，决定采用渠道引水自流灌溉。排水系统：项目区内排水主要是退水于第二濮清南干渠。项目区内排水沟系分为干沟、支沟、斗沟和农沟 4 级。道路工程：项目区支路设计路面宽度 4.5 m，高出地面 0.5m，主要和农村居民点以及原有道路相衔接；田间路设计路面宽度 3m，高出地面 0.3m，主要是用于各田块与外界的沟通；生产路设计路面 1.5m，高出地面 0.3m，与标准田块配套布局。防护林工程：项目区内营建农田防护林网，呈方格状分布，树距 4 m，树种选择三倍体毛白杨、刺槐和泡桐。参考相关规划标准步骤和方法，得到项目区土地整理规化图 13-15。

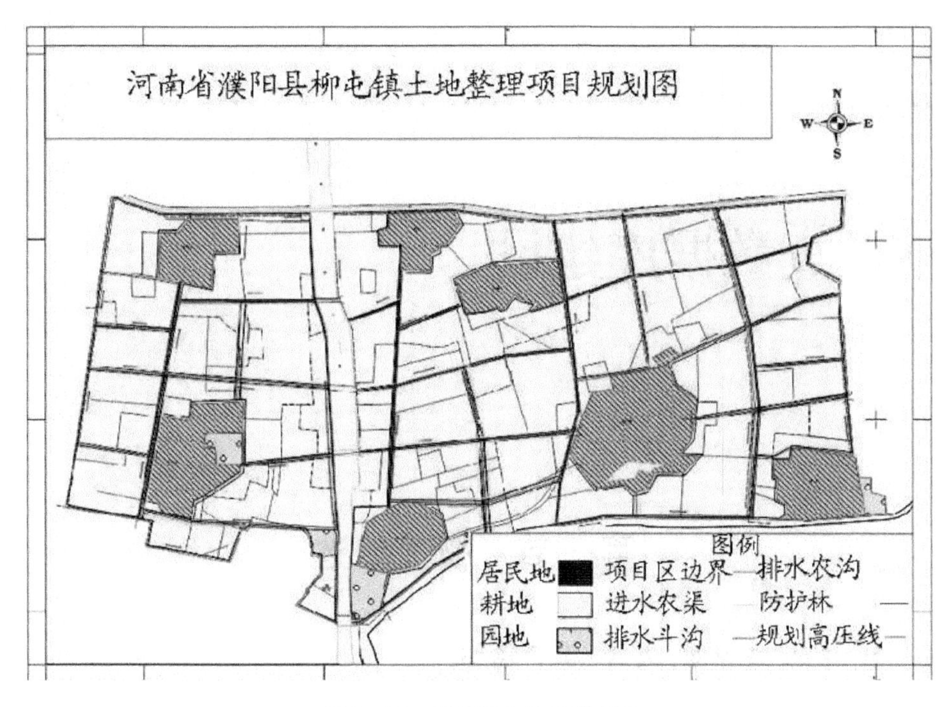

图 13-15　项目区土地整理规划

在土地整理项目中，传统的手工操作进行的以纸为介质的存储管理、数据的查询、统计与更新已难以适应经济社会飞速发展的要求。运用先进的计算机技术来提高管理的效率、质量和科学性已成为必然。通过 MapInfo 在濮阳县柳屯镇土地整理项目中的成功应用可以看出，在 MapInfo 支持下，结合土地整理的特点及要求，可以对土地整理规划编制和实施过程中的数据进行采集、编辑、组织、管理、输出及更新，为高质量、高效率、高水平地完成土地开发整理规划的编制、项目管理和实施监测工作提供了可靠的保证。

复习与思考

1. 什么是地籍数据库？什么是地籍管理信息系统？
2. 地籍数据库中地籍数据是如何组织的？
3. 地籍数据库中有哪些地籍实体？线状地物属性是如何设计的？
4. 简述地籍数据库的功能。
5. 试述土地利用数据库要素与编码规则。
6. 土地利用数据库是如何进行空间要素分层的？
7. 地籍管理信息系统的特点是什么？
8. 简述地籍管理信息系统的功能。
9. 试述地籍管理信息系统的评价准则。
10. 举例说明三维地籍的概念。

第十四章

土地调查数据库建设

第一节　概　　述

一、土地调查数据库建设的概念

土地调查数据库是国土资源数据库的最重要组成部分，是土地管理工作的基础，高质量的土地数据库与管理系统建设是土地管理信息系统安全、高效运转的前提。土地调查数据库建设的目的在于，建立集影像、图形、地类、面积、权属和基本农田、后备资源等各类土地利用现状信息为一体的土地调查数据库及管理系统，建立规范化、信息化、城乡一体化的土地管理与服务体系，为实现高效、准确的动态国土资源管理工作奠定基础，为土地用途管制、农用地转用和农业产业结构调整提供依据，为城市建设发展、土地利用总体规划修编及制订土地利用计划提供依据。

（一）我国土地调查数据库及管理系统总体架构

我国土地调查数据库及管理系统，纵向涵盖国家、省、市、县四级国土资源管理部门，横向包括土地调查基础业务工作，其总体框架如图 14-1 和图 14-2 所示。

1. 土地调查数据库

土地调查数据库根据土地管理信息系统以及国家规范与标准，将具有不同属性或特征的要素区别开来，从逻辑上将空间数据组织为不同的信息层，为数据采集、存储、管理、查询和共享提供依据。在数据库的设计中，根据空间图形表达形式将地理实体分为点、线、面三大类进行要素的特征描述。土地利用数据库内容包括基础地理要素、土地利用要素、土地权属要素、基本农田要素、栅格要素、其他要素等。

2. 土地调查数据分中心

土地调查数据分中心是土地调查数据体系的重要组成部分，是国土资源数据中心的逻辑分节点，其主要作用是接收、处理、存储、管理和分发来自本级数据获取与处理系统和上下

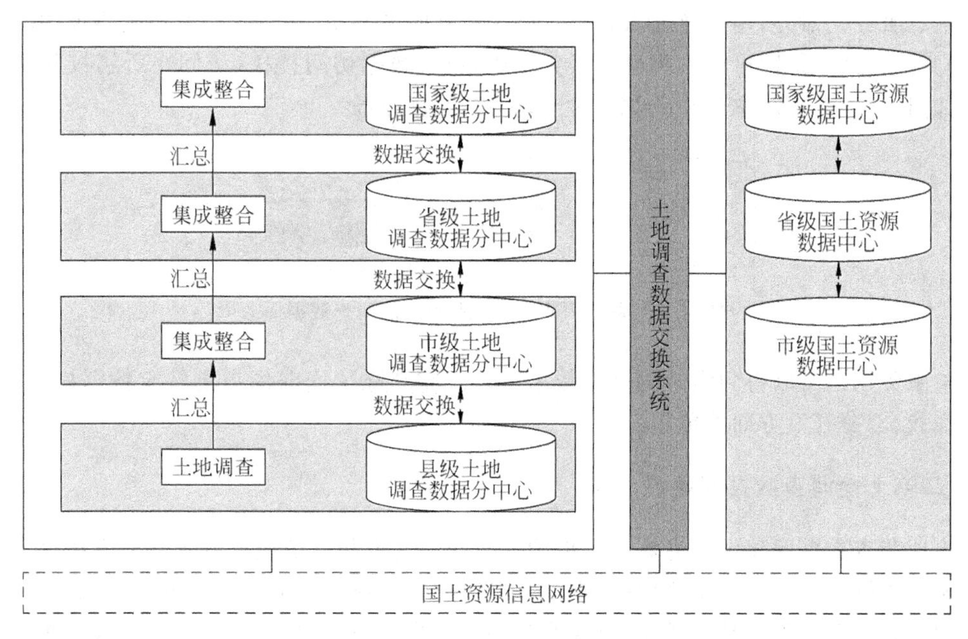

图 14-1　总体框架纵向结构

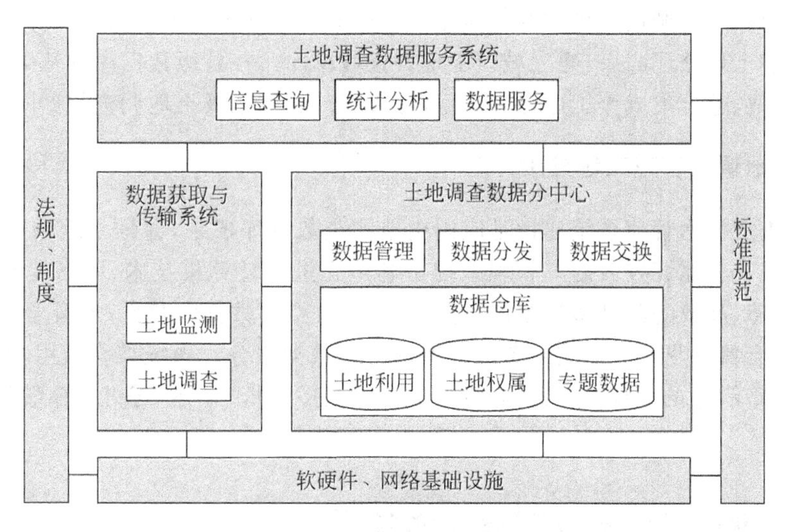

图 14-2　总体框架横向结构

级分中心的土地调查数据。土地基础分中心建设要与本级国土资源数据中心建设在框架结构上保持一致。土地调查数据分中心的主要内容包括机房设施、软硬件网络设施、平台软件(操作系统、数据库平台、GIS 平台等)、安全设施、土地调查数据仓库、土地调查数据库管理系统、土地调查数据交换系统等内容。

3. 土地调查数据服务系统

土地调查数据服务系统由对内和对外数据(信息)服务两部分构成,分别运行在国土资源政务网与国际互联网之上。数据分中心对内,通过本级国土资源信息广域网向本级国土资源管理部门(国土资源数据中心)提供相关土地调查数据共享、综合统计分析、数据分类查询等信息服务。对外,用户通过 Internet 登录数据服务网站访问系统,在得到系统访问授权(用户身份验证)后,即可进入相应的服务系统,通过数据访问授权,访问在所属权限内的数据。如图 14-3 所示为基于 WebGIS 的土地调查数据服务。

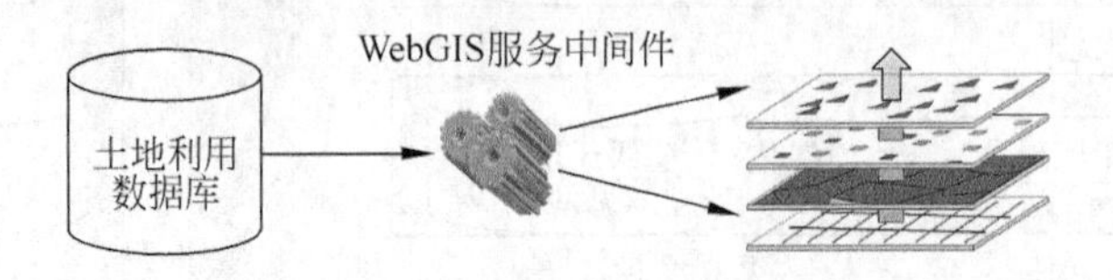

图 14-3 基于 WebGIS 技术的土地调查数据服务

被服务用户可以得到实时的空间数据服务。它消除了面向用户的特定数据格式转换、数据加载、部分开发方面的负担。

(二) 土地调查数据库建设

土地调查数据库建设分为农村土地调查数据库建设和城镇地籍调查数据库建设。农村土地调查数据库建设依据相关标准、规范,以现势性的航空、航天遥感数据,制作数字正射影像图数据;以正射影像图为基础,结合外业调查成果,采集土地利用和土地权属数据;以基本农田划定和调整资料为基础,采集基本农田数据;以上述各数据为基础,建立一体化的农村土地调查数据库。城镇地籍调查数据库建设以县(区、市)为单位,根据城镇地籍测量、城镇地籍调查和土地登记成果,建立城镇土地调查数据库。在县级数据库的基础上,通过格式转换、数据抽取、整合集成等工序,形成市(地)级、省级、国家级土地调查数据库。

(三) 土地调查管理系统建设

土地调查数据库管理系统建设是应用土地调查数据库成果,保证土地调查成果日常更新维护的基础。土地调查数据库管理系统是利用先进的计算机技术、网络技术、GIS 技术,建设准确、动态、高效的共享型地籍信息数据库,实现空间数据库共享,为国土资源、建设、规划、管理和社会各行业提供优质和高效的地理空间数据服务。系统综合运用 GIS 等先进技术,实现对地籍信息的采集、录入、处理、存储、查询、分析、显示、输出、信息更新、维护等功能。

二、土地调查数据库建设技术依据

(一) 技术规范

土地调查数据库建设按《土地调查数据库建设技术规范》(国务院第二次全国土地调查领导小组办公室二〇〇七年十二月,以下简称《规范》)组织实施。《规范》对数据库总体设计、准备工作、数据采集与处理、数据入库、质量控制、数据成果要求、数据库更新、数据库管理功能,以及土地调查数据库安全管理与维护等提出了详细要求与规范。

(二) 数据库标准

为确保国土资源数据库建设的规范化、标准化,实现数据共享,土地调查数据库按照我国国土资源行业管理标准：《土地利用数据库标准》(TD/T 1016—2007)、《城镇地籍数据库标准》(TD/T 1015—2007)和《基本农田数据库标准》(TD/T 1019—2009)进行设计。各标准均规定了相应数据库的内容、要素分类代码、数据分层、数据文件命名规则、图形数据与属性数据的结构、数据交换格式和元数据等，并适用于相应数据库的建设与数据交换。

三、技术路线、技术方法与主要环节

（一）数据库建设技术路线

土地调查数据库建设技术路线可分为四个阶段。一、建库准备：包括建库方案制订、人员准备、软硬件准备、管理制度建立、数据源准备等。二、数据采集与处理：包括基础地理、土地利用、土地权属、基本农田、栅格等各要素的采集、编辑、处理和检查等。三、数据入库：包括矢量数据、栅格数据、属性数据，以及各元数据等的检查和入库。四、成果汇交：包括数据成果、文字成果、图件成果和表格成果的汇交。土地调查数据库建设流程见图 14-4。

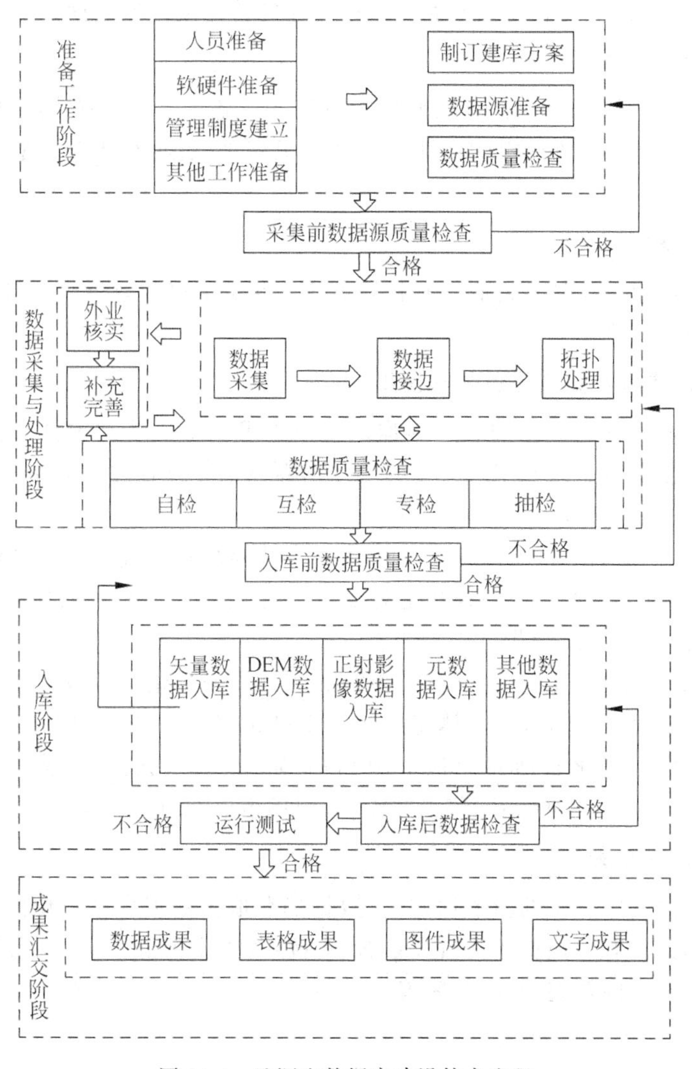

图 14-4　地调查数据库建设技术流程

(二) 数据采集主要技术方法

1. 图形数据(矢量数据)采集方法

DOM矢量化:当图形数据采集的来源和依据是现势性较强的DOM数据时,可直接进行矢量化。采集时参考以往详查、变更调查或更新调查的图件,在放大的影像数据的基础上进行内业判读与解译。

扫描矢量化:当图形数据采集的来源和依据是聚酯薄膜或纸介质图件时,采用扫描矢量化的方法。先将图件扫描生成数字栅格图(扫描影像图),然后使用矢量化软件对扫描影像图数据进行屏幕矢量化。

矢量数据转换:当数据源为矢量数据时,应先进行数据格式、数学基础和数据精度的检查,然后进行数据转换和相应处理。

外业电子数据采集:当数据源是由GPS、全站仪或PDA(Personal Digital Assistant)等外业设备采集的电子数据时,可直接导入点位坐标串数据、数字线划图(DLG)或外业采集的GIS数据,并按手簿记录内容以影像为基础补充完善相关图形数据。

2. 属性数据采集方法

有三种形式:逐个图形直接录入属性数据(即手工输入);编制软件集中录入属性数据(即分析计算);利用原有数据库的属性数据及相关资料,直接导入录入数字形式属性数据(直接导入)。

3. 存档文件输入

对需要保存的审批文件、合同,以及权属调查中相关的确权登记等资料,直接用扫描仪、数码相机等设备形成影像文件存档。

4. 基础地理信息及栅格信息数据采集

栅格数据来源于统一提供的正射影像图、DEM等。定位基础数据来自于实测控制点等。行政区划数据来自于国家统一下发的民政勘界成果。地貌数据来源于测绘部门提供的高程数据、等高线等或自行采集的地貌数据。

(1) DRG(Digital Raster Graphic)采集主要有转换法和扫描法。转换法是将矢量数据经符号化后转换为DRG数据;扫描法是对纸介质图件进行扫描、栅格编辑、图幅定向、几何纠正等工艺处理生成DRG数据。

(2) DEM采集主要有数字摄影测量和地形图扫描矢量化两种方法。数字摄影测量是对摄影资料进行扫描、影像定向、立体建模、DEM获取、人机交互编辑等工艺流程生成DEM数据;地形图扫描矢量化是通过对地形图扫描、定向、矢量化编辑、高程赋值、构建TIN(Triangulated Irregular Network)等工艺流程,内插生成DEM数据。

5. 元数据采集方法

对数据采集过程中产生的新数据,其元数据的获取由数据生产单位同时提供;对数据采集过程中使用的已有元数据的资料及数据,应按照《国土资源信息核心元数据标准》要求对其元数据进行相应的补充、修改及完善。

（三）主要数据采集与处理环节

以下列出了建库过程中的重要环节，根据实际情况各环节的先后次序可删减或调整。对数据建库流程的设计没有具体规定，在满足数据建库各项工作内容和质量要求的前提下，可自行设计。

(1) DOM矢量化采集与处理环节包括分层矢量化、分幅数据接边、数据拓扑处理、属性数据采集、数据检查与入库。

(2) 扫描矢量化采集与处理环节有图件扫描（如外业调查底图、基本农田保护图件等）、几何纠正、分层矢量化、分幅数据接边、数据拓扑处理、属性数据采集、数据检查与入库。

(3) 矢量数据转换与处理环节有数据格式转换、数据检查、制订数据处理方案、数据处理。

（四）数据采集原则

数据采集应遵循以下原则。

(1) 现势性原则。在数据采集与处理过程中，根据数据源的类型、时点、介质等方面的具体情况，优先选择符合《建库规程》及《数据库标准》要求、具有较强现势性的数据和资料作为采集数据源。

(2) 合理继承的原则。为了充分利用前次土地调查、土地利用更新调查、变更地籍调查等调查成果，对已有的数据和资料，经过合法性、真实性、精度、现势性等方面的核实和认定后，对其进行相应的处理，合理继承可用数据和资料。

(3) 简便易行的原则。在数据采集与处理过程中，根据各自的具体情况，选择简单易行的技术流程和处理方法，提高数据采集的工作效率。

（五）质量控制原则

(1) 统一标准原则：数据建库中数据内容、分层、结构、质量要求等要严格依据《规程》、《数据库标准》和《建库规范》的规定。

(2) 过程控制原则：要对数据采集、数据入库等过程中的每一重要环节进行检查控制与记录，以免环节出错造成误差传递、累加等，同时要保证建库过程的可逆性。

(3) 持续改进原则：应遵循持续改进原则，使其贯穿数据采集、检查、入库等各环节，不断优化各环节的数据，保障数据质量。

(4) 质量评定原则：对数据库数据进行质量评定，及时、准确地掌握数据的质量状况，及时发现建库中存在的问题，保证数据建库成果的质量。

第二节　农村土地调查数据库建设

一、数据库结构与管理系统设计

（一）数据库体系结构

农村土地调查数据库建设即是建立国家、省、市（地）、县四级数据库，包括基础地理、土地利用、土地权属、基本农田等内容，集影像、图形、属性、文档等数据于一体的，互联共享的农村土地调查数据库及管理系统。其中县级农村土地调查数据库是农村土地调查数据库体系的基础，通过外业调查、数据加工处理、数据库建设而成；市(地)、省、国家级土地调查数据库以县级数据库为基础集成整合而成。农村土地调查数据库体系结构见图 14-5。

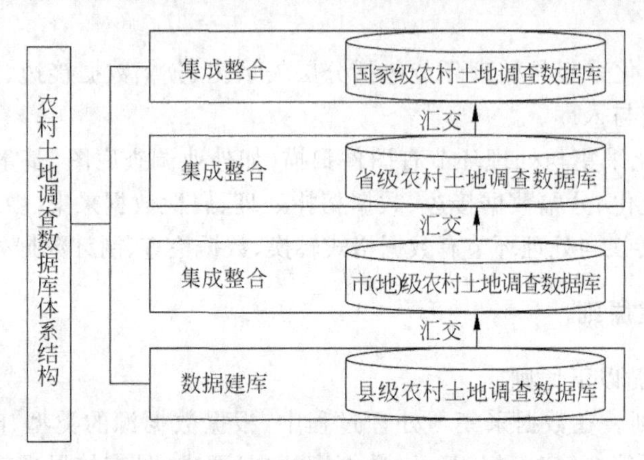

图 14-5　农村土地调查数据库体系结构

(二) 数据库逻辑结构

农村土地调查数据库由主体数据库和元数据组成。主体数据库由空间数据库、非空间数据库组成；元数据由矢量数据元数据、DOM 元数据和数字高程模型(DEM)元数据等组成。农村土地调查数据库逻辑结构见图 14-6。

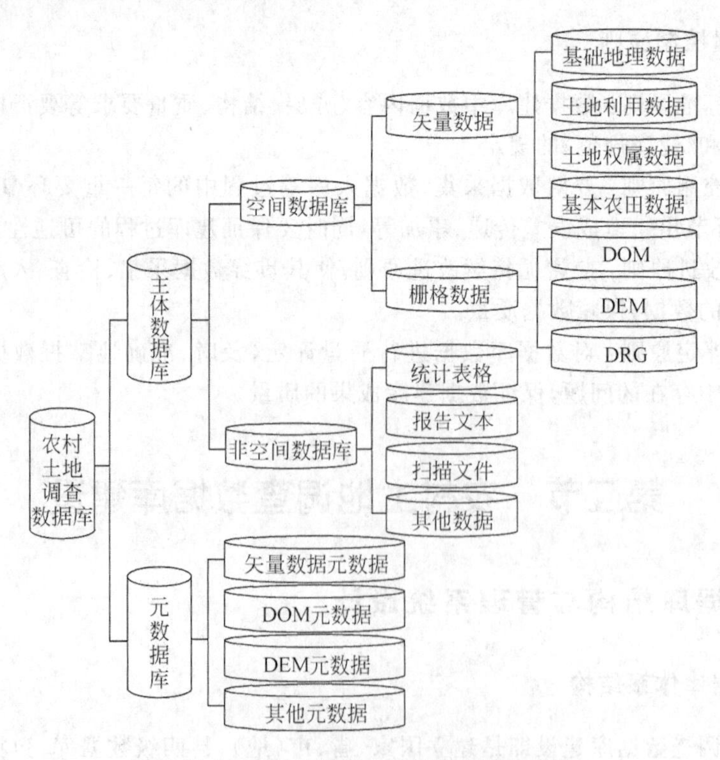

图 14-6　农村土地调查数据库逻辑结构图

（三）管理系统设计

数据库管理系统设计包括总体结构设计、功能模块设计、系统外部接口设计、数据结构和数据库设计、界面设计等内容，系统设计要按照先进性、高效运行、建库与更新有机结合等原则进行。

二、数据库内容、分层与数据字典

（一）数据库内容

农村土地调查数据库内容主要包括：基础地理信息数据、土地利用数据、土地权属数据、基本农田数据、栅格数据、表格、文本等其他数据，具体内容如下。

(1) 基础地理信息数据：包括测量控制点、行政区、行政区界线、等高线、高程注记点、坡度图等。

(2) 土地利用数据：包括地类图斑、线状地物、零星地物(可选)、地类界线等。

(3) 土地权属数据：包括宗地、界址线、界址点等。

(4) 基本农田数据：包括基本农田保护片、基本农田保护块等。

(5) 栅格数据：包括 DOM、DEM、DRG 和其他栅格数据。

(6) 元数据：包括矢量数据元数据、DOM 元数据、DEM 元数据等。

(7) 其他数据：包括开发园区数据等。

（二）数据库分层

空间要素采用分层的方法进行组织管理。根据数据库内容和空间要素的逻辑一致性进行空间要素数据分层，空间要素采用分层的方法进行组织管理，各层名称及各层要素的命名及定义参见第十三章表 13-4 的相关内容。

（三）数据字典

在农村土地调查数据库管理系统中除了土地利用现状数据库中的数据以外，还有很多非应用数据，比如数据项的类型和长度、数据编码、数据文件命名、数据值的定义等，它们都是整个系统的重要组成部分。因此，为了更规范、更高效率地管理和维护数据库，需要用数据字典将这些非应用数据规范地组织存储起来。

数据字典是描述数据的信息的集合，是对系统中所有使用数据元素的定义的集合。数据字典的内容一般包括：数据项、数据结构、数据流、数据存储和加工过程。其作用是对系统中数据做出详尽的描述，提供对数据库数据的集中管理。

归纳起来，数据字典的功能包括以下几方面：①描述数据库系统的所有对象，如属性、实体、纪录类型、数据项、用户标识、口令、物理文件名及其位置、文件组织方法等；②描述数据库系统各种对象之间的交叉联系，如哪个用户使用哪个子模式，哪个纪录分配在哪个区域，存储在哪个物理设备上；③登记所有对象在不同场合，不同视图中的名称对照表；④描述模式，子模式和物理模式的改动情况。

依据《土地利用数据库标准》定义的相关属性字段名、值域以及数据描述等建立农村土地调查数据库运行所必需的数据字典。主要包括地类编码、行政区和权属单位等数据字典。

三、基本要求与技术指标

（一）数学基础

坐标系：采用“1980 年西安坐标系”；高程基准：采用“1985 国家高程基准”；地图投影：采用“高斯-克吕格投影”；分带方式：1∶2000 标准分幅图按 1.5°分带(可任意选择中央子午线)，1∶5000、1∶10 000 标准分幅图按 3°分带，1∶50 000 标准分幅图按 6°分带。

（二）分幅和编号

采用国家基本比例尺地形图的分幅和编号，具体参见《国家基本比例尺地形图分幅和编号》。

（三）土地利用分类

土地利用分类采用《土地利用现状分类》(GB/T 21010—2007)，按《规程》中的规定对《土地利用现状分类》中 05、06、07、08、09 一级类和 103、121 二级类进行归并。根据实际情况，可在全国统一的二级地类基础上，根据从属关系续分三级类，并进行编码排列，但不能打乱全国统一的编码排序及其所代表的地类及含义。

（四）数据交换格式

数据库交换格式采用《土地利用数据库标准》规定的数据格式。

（五）数据组织

在横向上，数据要组织成逻辑上无缝的一个整体。在纵向上，各种数据要在空间坐标定位的基础上进行相互叠加和套合。在物理存储上可以把连续的实体分离到不同的存储空间和存储单元中进行存储。

四、准备工作

建库准备工作包括建库方案制订、人员准备、软硬件准备、管理制度建立、数据源准备等。

（一）方案制订与人员安排

根据实际情况制订数据库建设方案，要明确数据库建设的目标任务、方法、技术路线、组织管理、进度安排等内容，但其相关内容不得与《全国土地调查数据库》相抵触。数据库建设方案应报上一级主管部门备案。建库人员主要包括项目负责人、技术负责人、专业质量检查员和作业员等。

（1）项目负责人负责项目的组织管理工作：检查进度、协调关系，研究解决问题；审核最终成果，签发成果文件。

（2）技术负责人负责项目的技术管理工作。编制实施方案，管理各技术环节，监督执行质量管理制度；组织开展建库工作成果自检，对最终成果质量负责；熟悉建库技术方法和标准要求，掌握测绘学和制图学知识，了解 GIS 技术和相关专业知识。

（3）专业质量检查员主要负责实施质量管理制度。参与制订建库实施方案和质量管理制度，负责实施质量管理制度，对审核内容质量负责；熟悉土地利用数据库建设的技术方法、标准要求和质量管理要求，掌握专业检查技术知识。

（4）作业员负责具体的建库工作。在技术负责人组织下完成工作，熟练掌握数据库建设各关键环节作业要求。

（二）软硬件准备

1. 软件准备

软件准备主要包括操作系统、GIS 软件、数据库管理软件等，应在经国土资源部测试通过的数据采集与处理软件和数据库管理系统范围内选择。选择时应考虑以下几个方面。

（1）软件的适应性与完备性：所选软件应满足土地调查数据采集与管理的需要，并具有一定的通用性和针对性。

（2）与硬件的兼容性：所选软件应能够适应当前各种主流的计算机类型和外部设备。

（3）与其他软件的接口能力：所选软件应能够与当前各种主流的计算机软件和工具软件相互连接、相互支持。

（4）模型化能力：主要指地理信息系统（GIS）软件要具有建立数学模型的能力，以便制订土地管理方面的辅助决策模型。

（5）二次开发能力：主要指地理信息系统（GIS）基础软件要具备二次开发的能力，以满足土地管理等各方面应用的需要。

（6）数据交换能力：能够按照《土地利用数据库标准》规定的交换格式交换数据，同时能够和主流的 GIS 系统进行数据交换。

（7）用户界面的友好性：所选软件应界面简单，操作灵活、方便。

2. 硬件准备

当数据库在局域网中运行时，硬件平台应包括网络设备（如服务器、机柜、交换机、网络集线器、调制解调器、光纤线路、网络线路、UPS 电源等）、计算机、数据输入输出设备（如数字化仪、扫描仪、绘图仪、打印机等）、数据储存设备（如磁盘、光盘等）等。

当数据库在单机环境下运行时，硬件平台应包括计算机、数据输入输出设备（如数字化仪、扫描仪、绘图仪、打印机等）、数据储存设备（如磁盘、光盘等）等。

硬件选择应考虑以下几方面内容：硬件的性能必须能够满足图形数据的编辑与显示；与其他硬件的兼容性，各种硬件设备可以协同工作；与软件的兼容性，要兼容操作系统、数据库软件和其他应用软件。

（三）管理制度建立

建库单位应建立培训、记录、报告、协商、安全、控制等方面的管理制度，以保证数据库成果质量。

（1）培训制度：建库单位对具体建库人员进行建库内容、流程、方法和质量要求等方面的技术培训。

（2）作业记录制度：对建库过程各环节的作业情况进行记录。

（3）作业问题报告制度：对作业过程中的重要问题实行报告制度，及时向技术负责人报告作业中遇到的问题，提出解决办法。

（4）重大问题协商解决制度：对建库过程中的重大问题及时与相应土地调查机构协商解决，填写重大问题协商解决处理情况记录表。

（5）数据安全制度：对数据库建设过程中重要的过程数据和质量控制记录必须保存，以保证数据可追溯查询。同时建立数据安全保密制度，设立专门的安全保密机构，制定相应的安全保密技术措施，确保数据安全。

（6）质量控制制度：对建库过程实行全过程质量控制，主要包括数据库建设方案质量控制、数据源质量控制、数据采集质量控制、数据入库质量控制、数据库成果质量检查和验收等。

（四）数据源准备

数据源准备工作主要任务是准备数据源并对资料的质量进行检查与处理。

1. 数据源资料

数据源包括调查底图及调查界线资料、已有的土地调查成果资料、土地利用资料、基本农田资料、专项调查资料、DEM 资料及除以上资料以外的其他相关数据和资料。

（1）调查底图、界线与控制面积资料。要采用统一下发的调查底图，采用统一下发的国界、省界、市界、县界等行政区界线和沿海滩涂界线及海岛界线，采用统一下发的各行政辖区控制面积。

（2）土地权属资料：以往调查编制的权属界线图；以往调查签订的《土地权属界线协议书》、《土地权属界线争议原由书》等；县级（含）以上人民政府确定国有土地、集体土地的登记资料；政府最新划定、调整、处理争议权属界线的图件、说明及有关文件等确权材料；集体土地登记发证资料；土地的征用、划拨、出让、转让等相关资料；建设用地审批文件等资料。

（3）土地利用资料：已有的土地利用数据库、土地利用图、调查手簿、外业调查底图、田坎系数测算原始资料等资料。

（4）基本农田资料：根据数据库建设的有关要求，向有关部门收集确认后的基本农田区块（地块）的图件、数据等资料，同时收集基本农田规划、划定、调整与补划的相关文件或资料等。

（5）专项调查资料：主要包括行业分类、开发园区、工业用地、房地产开发、基础设施建设等相关资料。

（6）DEM 资料：主要包括覆盖调查区域的 DEM 数据。

（7）外业调查资料：包括农村土地调查记录手簿、外业调查工作底图、田坎系数测算表、变更调查外业记录表、控制点数据、土地权属调查表等。

2. 数据源要求

(1) 统一性要求。要求对上级统一下发的数据资料,不得更改,必须与其保持一致,如有问题确需要修改,应及时报上级单位批准。

(2) 合法性要求。要求数据源必须采用审查验收合格的资料和数据；土地权属、基本农田等有关资料须保证其合法性；对每一标准分幅图建立图历簿；要填写数据源说明表,当数据源为数字形式时,还要填写数字形式数据源数据说明表；对其他数据源的来源须作说明,并提交相应证明文件。

3. 质量要求

(1) 采集图件质量要求：采用国家统一下发的DOM作为数据采集的基础数据源,其成果要求及检查内容参见《土地调查底图生产技术规定》。其他采集图件质量要求：数学基础、覆盖范围等符合《规程》要求；精度满足《规程》和本规范的规定；相邻图幅自然接边,图斑界线闭合,各种注记标注清楚；行政区划要素和定位基础要素位置准确,各种标注齐全。

(2) 农村土地调查记录手簿。要求调查手簿内容须符合填写说明,逻辑一致性检查正确,其记录项能与对应图形要素信息正确关联,同时要求资料完整,且具有法律效力。

(3) 其他数据源质量。要求其他数据源资料格式符合《土地利用数据库标准》,且满足建库要求,其数据精度符合要求。

4. 数据源处理原则

(1) 合法性原则：在数据源处理检查的过程中,要求土地利用、土地权属、基本农田、DOM、DEM等数据必须具有法律依据或通过检查验收合格。

(2) 真实性原则：在数据和资料合法的前提下,对数据源数据和资料的处理和检查必须有充分可靠的依据。

(3) 严格检查的原则：在数据源数据和资料处理检查的过程中,指派专人对数据源数据和资料的质量进行严格检查,并按照数据质量要求做好详细记录备案,以备查阅。

(4) 优先选择电子数据的原则：根据数据源数据和资料处理的难易程度,在保证其合法性、现势性和真实性的前提下,优先选择易处理的电子数据,以提高数据采集效率。

五、数据采集与处理

数据采集是土地调查数据库建设的重要环节,各要素数据采集包括基础地理要素、土地利用要素、土地权属要素、基本农田要素和其他要素。其中基础地理要素包括测量控制点、行政区、行政区界线、等高线和等高注记点、坡度图等。

(一) 数据采集与处理的原则

农村土地调查数据采集与处理须遵循以下原则。

(1) DOM数据是外业调查和内业处理的基础依据,一般地物数据采集的原则是外业调查成果确定相对位置和地类等属性信息,内业放大DOM根据影像特征确定准确地物边界。

(2) 外业调查前,可先依据DOM数据的影像特征对各要素进行矢量化,该矢量化成果经外业调查,标绘调查信息后,可以直接进行编辑处理。

（3）外业调查前，可以 DOM 为基础，叠加矢量或栅格形式的原有土地利用图，产生的复合数字地图产品称为数字影像专题图。数字影像专题图可以辅助外业调查，但内业数据采集仍应以 DOM 影像特征为依据进行，原有土地利用图上的地物边界一般仅作为参考。

（4）原有土地利用图上的权属界线经外业核实后，应根据界线协议书和界线描述等资料，结合 DOM 进行调整，确保权属界线与相应地物的逻辑一致性。

（5）行政区、海岛、滩涂和江河湖泊常水位等界线要素的采集，应以上级调查主管部门下发的资料和数据为依据。

（6）补测地物和基本农田要素矢量化采集，应以分幅外业调查底图、基本农田保护图件等扫描影像图数据为基础或直接输入 GPS 等数字化设备采集的补测信息。

当同一要素有不同来源，并发生矛盾时，应核对有关资料，讨论确定要素矛盾处理方案。

（二）图件扫描

根据图件介质和图内要素的不同情况确定合适的扫描方式和扫描参数；为避免扫描影像的歪斜失真，扫描时应注意保持扫描送纸的水平；扫描影像图应清晰，能正确辨别图内要素，分辨率不低于 300dpi；扫描影像图数据应存储为国际工业标准无压缩的 tiff 格式文件；检查影像清晰度、扫描参数、影像数据格式和信息文件的正确性，并记录检查结果，不合格影像应视情况重新扫描。

（三）几何纠正

采集已知控制点（内图廓点和 5 个以上均匀分布的公里格网点）的栅格坐标，根据原图与扫描变形的大小与特征采用不同的几何纠正方法，使用软件功能将栅格坐标转换为高斯平面直角坐标。

采集已知控制点时，应在放大状态使光标对准栅格影像的点位中心；纠正后的扫描影像图，其图廓点和公里格网交点坐标与理论值的偏差不大于 0.15mm（图面值）；将图廓点、公里格网点按检索条件在屏幕上显示，与理论值套合检查纠正精度，记录检查结果，不合格影像应重新纠正。影像文件采用 geotiff（带 tfw 头文件）格式存储，文件命名采用《土地利用数据库标准》要求。

（四）分层矢量化

根据矢量化底图影像（DOM 和扫描影像图数据），参照农村土地调查记录手簿，进行人机交互矢量化，分层采集权属界线、地类图斑界线和线状地物等，具体要求如下。

（1）确定不同要素的分层编码、线型、颜色和代码等。

（2）点状要素的矢量化应采集影像的几何中心，线状要素的矢量化应采集影像中心线；

（3）公共边线或具有多重属性的线状要素（如某线状要素既是公路又是行政界线）只能矢量化一次，拷贝到相应数据层中。

（4）图内各要素与影像套合，明显界线与 DOM 或扫描影像图上同名地物的移位不得大于图上 0.2mm。

（5）对于数据源质量问题，例如相邻的多边形未封闭、界线不清等，要求作业员作好工作记录，汇总后报告技术负责人，并与相应土地管理部门协商提出解决问题的方案。

(6) 在屏幕上将检测要素逐一显示或绘出要素全要素图(或分要素图)与地理要素分类代码表和矢量化底图对照,目视抽样检查各要素分层是否正确或遗漏、位置精度是否符合要求、多边形是否闭合,目视全面检查行政区划(权属)要素是否正确,形成检查记录。

(7) 将全要素数字线划图与 DOM 或扫描影像图打印输出作为检查图,并由质量检查员检查,将检查到的错误标注在检查图上,及时交还作业员修改。在检查图上应有作业员和检查员的签名。检查中发现严重错误或检查结果错误率超过 30%的图幅,应要求作业员返工。

(五) 分幅数据接边

对分幅采集的矢量数据进行接边处理。图形数据接边的同时要注意保持与属性数据的一致性,线划和与它同位置的多边形边界的接边一致性问题。当相邻图幅图廓线两侧明显对应要素间距离小于图上 0.6mm,不明显对应要素间距离小于图上 2.0mm 时,可直接按照影像接边,否则应实地核实后接边。接边后图廓线两侧相同要素的图形、属性数据保持一致。不同比例尺数据接边以高精度的图形和属性要素为接边依据。在进行数据接边处理环节前,应由专业质量检查员分幅数据进行检查确认,未经检查确认的数据不得进行接边处理。

(六) 数据拓扑处理

检查点、线、面之间的相互关系,对接边处理后的分幅矢量数据进行拓扑处理,建立拓扑结构。

(七) 属性数据采集

根据数据库建设方案设计的属性数据采集方法进行属性数据的采集。

(1) 数据结构和编码方法应符合《土地利用数据库标准》的要求;

(2) 属性数据采集应保证与图形数据的逻辑一致性,并应以数据源为依据进行,《土地利用数据库标准》规定的非空项不允许为空;

(3) 利用软件集中录入属性数据和直接录入数字形式属性数据,应对数据进行逻辑一致性检查和汇总检查,并结合图形数据检查标识码的有效性;

(4) 通过属性值特征检查属性值的正确性,主要内容包括字符合法性检查、非空性检查、频度检查、范围检查等;

(5) 采用输出检查图的方式将主标识码和地类面积等重要的属性数据标注在图上,由专业质量检查员检查属性值的正确性;

(6) 专业质量检查员检查分幅、行政区、权属区的面积汇总数据的正确性,对误差超限的数据应责成作业员自查。

(八) 相关文件扫描

对纸质申请书、调查表、审批表、土地证,以及权属来源证明文件等重要的法律文件进行扫描,并以 tiff 格式保存。

六、数据检查与入库

数据入库主要是数据质量检查和数据入库两个环节。数据入库前要检查采集数据的质量,检查合格的数据方可入库。数据检查主要包括对矢量数据、属性数据、图形数据、接边等的检查;数据入库主要包括矢量数据、DEM数据、DOM数据、元数据等数据的入库。最后进行系统运行测试。具体数据检查入库流程见图14-7。

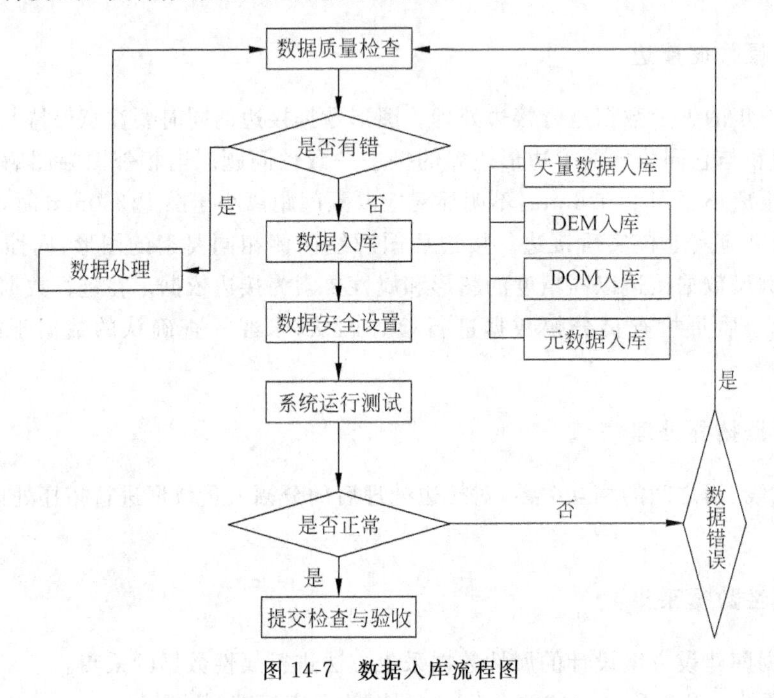

图14-7 数据入库流程图

(一)数据检查

数据入库前要对所采集的数据进行全面质量检查,并对检查出的错误进行改正。数据检查与更正是数据建库中至关重要的环节。首先,依据《土地利用数据库标准》、《规程》等相关标准确定检查项,主要为矢量数据几何精度和拓扑检查、属性数据完整性和正确性检查、图形和属性数据一致性检查、接边精度与完整性检查等;其次,基于上述检查项,定制检查内容,配置相应的参数,详见表14-1农村土地调查数据库检查内容表;然后,按照定制的内容,系统自动实现批量检查,也可采用人机交互的方式对重点内容进行检查,对发现的错误及时修正;最后,自动生成或手工编写检查报告,检查与更正工作结束。

(二)数据入库

首先,根据不同的数据库管理系统,要对数据库进行参数设置。参数设置主要包括计算面积、计算单位、小数位数等。然后,针对不同的数据源进行数据入库。包括矢量数据入库、DEM数据入库、正射影像数据入库、元数据入库。各类数据入库一般都要经过数据检查、参数输入、数据组织、数据入库4步,其中,矢量数据入库还要有多尺度空间数据连接设置,而元数据则只需要数据检查和数据入库两步。

表 14-1　农村土地调查数据库检查内容表

检查项	检查内容	要　求	描　述
矢量数据几何精度和拓扑检查	数学基础	数学基础符合相关标准要求	平面坐标系和高程基准符合《规程》
	几何精度	几何精度满足本次建库的要求	要求图内各要素与扫描影像数据吻合,无图形错误和丢漏现象,明显地物与影像偏差不大于图上0.2mm
	完整性	地理范围覆盖无缺失、多余	地理覆盖范围无缺失
		要素层齐全	指标准中要求必选要素图层为必须保留图层,可选要素图层是否保留根据当地实际情况确定; 每个要素层的图式、图例必须符合《每二次全国土地调查技术规定》的要求
		每个要素层内容完整、不包括其他要素	
		每个要素层的几何特征、图式、图例表达正确、完整	
	拓扑关系	面拓扑关系正确	无多边形不闭合等拓扑错误
		线拓扑关系正确	无自相关、无悬挂线等拓扑错误
		面面拓扑关系正确	包括地类图斑、宗地是行政区的严格剖分,基本农田保护区、片、块、图斑存在上级是下级的严格拼接的关系等
		面线拓扑关系正确	包括行政区界线是行政区的边界,地类界线是地类图斑的界线等关系
		面点拓扑关系正确	包括零星地物在某图斑内等关系
		线点拓扑关系正确	包括界址点必须在界址线上等关系
属性数据的完整性和正确性检查	完整性 正确性	属性数据无缺失	指标准中规定的不允许为空值的不能为空等
		属性数据正确无误	包括行政区中行政区划代码必须唯一;行政区代码、名称与标准一致;地类编码、界址类型代码等必须是标准和规程中规定的值,不能为其他值等
属性数据的完整性和正确性检查	逻辑一致性	计算的图斑面积与控制面积一致	用控制面积检核图斑面积
		各要素属性的逻辑关系正确	指各要素层属性之间的逻辑关系应与标准和规程中规定的一致
		不同要素层之间的逻辑关系正确	指不同要素层之间的逻辑关系应满足要求。如各级行政区中图斑的面积之和与行政区面积相等
图形和属性的一致性检查	图形要素与属性表记录对应关系检查 面状图层一致性检查 点状图层一致性检查 线状图层一致性检查	图形要素必须与属性表记录对应	指某一图斑在属性中必能找到其属性记录,属性中某一记录必能找到其图斑
		面状图层面积一致性满足要求	面状图层多边形的面积与属性表中的面积一致
		点状图层坐标一致性满足要求	点状图层的坐标与属性表中的坐标一致
		线状图层长度一致性满足要求	线状图层线的长度与属性表中的长度一致
接边完整性检查	各个图幅是否进行了接边处理 接边质量检查	每个图幅必须进行接边	不存在不进行接边的图幅
		接边质量满足要求	相邻图形完美结合,不存在缝隙和重叠现象

数据入库一般步骤及内容如下：

(1) 数据检查：数据入库前，对数据进行质量检查和处理，并记录检查结果，对质量检查不合格的数据应予以返工，质量检查合格的数据方可入库。

(2) 参数输入：根据数据内容和参数设置要求，向管理系统输入各种参数。

(3) 数据组织：对数据进行组织，建立索引库等。

(4) 数据入库：各数据可分层或分图幅或分区域入库，也可批量入库。

(5) 多尺度空间数据连接设置：对于多尺度空间数据库应设置连接参数，便于不同比例数据的显示。

农村土地调查数据库数据入库的主要环节如下：

(1) 根据《土地利用数据库标准》要求，建立元数据库、数据字典和数据索引。

(2) 将经过质量检查合格的图形和属性数据转入应用数据库，生成土地利用、土地权属要素；将影像、测量控制点、DEM，以及行政界线等基础地理信息、栅格信息数据导入应用数据库，生成基础地理信息要素。

(3) 将基本农田保护区片块矢量数据与土地利用要素相结合，生成基本农田要素。

(4) 数据库管理系统和数据库的融合与集成。

(5) 数据库系统试运行测试，编写数据库试运行情况报告，技术负责人签字认可。

(三) 系统运行测试

数据入库完成后，对系统要进行全面的测试，并对测试出现的问题进行全面分析和处理。具体测试内容及要求主要表现在：系统运行无死机现象；系统能对数据库中数据层进行组合查询，且数据结构正确；系统能对数据进行汇总统计并输出标准表格；系统能按要求输出标准分幅图件、统计表格等。

七、成果汇交

(一) 成果内容与要求

县级农村土地调查数据库成果包括数据成果、文字成果、图件成果和表格成果，这些成果的内容及要求应符合《规程》和《土地利用数据库标准》的有关规定。

(1) 数据成果。上交的数据成果即是县级农村土地调查数据库(原格式数据、《土地利用数据库标准》规定的交换格式数据)。

要求数据成果必选图层齐全，基础地理、土地利用、土地权属、基本农田等要素完整；矢量数据、属性数据、栅格数据和元数据命名正确，格式内容符合要求；数学基础符合《规程》要求；面、线、面面、面线、线线、面点、线点等图形要素拓扑关系正确；图内各要素与扫描影像数据吻合，无图形错误和丢漏，明显要素位置精度不超过图上 0.2mm；相邻图幅自然接边，逻辑无缝，同时其属性和拓扑关系保持一致；地类图斑面积之和与控制面积保持一致；各要素属性数据正确无误；各要素层之间的逻辑关系正确；图形要素与属性表记录对应关系正确。

(2) 文字成果。包括工作报告、技术报告和自检报告、土地调查数据衔接分析报告和图历簿、自检记录表和作业情况记载表等。

要求图历簿填写正确、内容完整；质量控制文档齐全,包括作业情况记录表、数据源质量检查表等；工作报告、技术报告和土地利用数据衔接分析报告内容丰富、描述准确、逻辑清楚。

(3) 图件成果。包括标准分幅土地利用现状图、土地利用挂图、基本农田分布图、耕地坡度分级图等专题图、图幅理论面积与控制面积接合图表。

要求标准分幅土地利用现状图必须与原始调查图件比例尺、内容一致,图内要素齐全,图外要素齐全,图内、外要素的颜色、图案、线型等表示符合《规程》要求,各标准分幅图必须具备图历簿。

要求土地利用挂图比例尺恰当,内容完整、正确,要素之间的关系处理合理；要素的选取指标符合要求,综合取舍能反映调查区域的土地利用分布规律；图幅整饰完整、规范,图面清晰易读、美观。

要求基本农田分布图、耕地坡度分级等专题图的比例尺恰当,内容完整,表示正确,要素之间关系合理；图幅整饰完整、规范,图面清晰易读。

要求图幅理论面积与控制面积接合图表覆盖整个调查区域、内容完整准确；界内纵向累加值之和与横向累加值之和相等,为界内总面积,与下发的控制面积相等；在破图幅中,行政区界线内外控制面积之和,等于该图幅的图幅理论面积。

(4) 表格成果,包括土地调查分类面积汇总表(含土地利用现状一级分类面积汇总表、土地利用现状二级分类面积汇总表、土地利用现状一级分类面积按权属性质汇总表)；农村土地调查分类面积汇总表(含农村土地利用现状一级分类面积汇总表、农村土地利用现状二级分类面积汇总表、农村土地利用现状一级分类面积按权属性质汇总表)；耕地坡度分级面积汇总表；基本农田情况统计表；土地利用现状变更平衡表、一览表等变更数据。

对表格成果要求一是表格格式符合要求,数据正确；二是表内、表间数据逻辑关系正确。

(二) 成果质量评定

农村土地调查数据库的成果种类繁多,其成果质量评价分为直接质量评价和间接质量评价。直接质量评价对数据集通过全面检测或抽样检测方式进行质量评价,又称验收度量；间接质量评价是通过对数据源、数据采集过程、数据入库过程等过程数据和信息的检查评价,从而对成果数据集进行质量评价,又称预估度量。

农村土地调查数据库成果需按照表 14-2 规定的质量元素要求进行数据质量直接评价；按照表 14-3 规定的评价元素要求进行数据质量间接评价。

表 14-2 农村土地调查数据库数据质量元素

一级质量元素	二级质量元素
基本要求	文件名称、数据格式、数据组织
数学精度	数学基础、平面精度、高程精度、接边精度、格网精度
属性精度	要素分类与代码的正确性、要素属性值的正确性、属性项类型的完备性、数据分层的正确及完整性、注记的正确性
逻辑一致性	拓扑关系的正确性、多边形闭合、节点匹配
完备性	要素的完备性(DLG)、注记完备性(DLG)
现势性	数据获取或更新时间
汇总表格质量	表格完整性、表格数据正确性
图件质量	比例尺正确性、内容正确性、图内要素完整性 图外要素完整性、图式图例正确性
附件质量	文档资料的正确、完整性,元数据的正确、完整性

表 14-3 农村土地调查数据库数据评价元素

	间接评价元素	直接评价元素(质量元素)
数据源质量	图形(像)数据质量	数学精度、现势性
	属性数据质量	属性精度、现势性、完备性
数据采集过程质量	扫描处理 数字化质量 拓扑分析质量	数学精度、属性精度 逻辑一致性、完备性
数据入库过程质量	汇总表格质量	汇总表格质量
	计算误差	数学精度
	其他	基本要求、附件质量

评价方法的选择上,应以直接质量评价方法为主,以间接质量评价方法为辅。采用直接质量评价方法对数据集进行质量评价后,可不再使用间接质量评价方法;采用间接方法进行质量评价的,在正式提交成果时,还应使用直接评价方法进行质量评价。

采用任何一种质量评价方法都可采用统一的评价指标进行成果质量评价。农村土地调查数据库成果质量评价指标见表 14-4。

表 14-4 农村土地调查数据库成果质量评价指标

一级质量元素	二级质量元素	质量评价指标
基本要求	文件名称、数据格式、数据组织、数据字典	文件命名、数据格式等符合《土地利用数据库标准》要求
数学精度	数学基础 套合精度 平面精度 接边精度 高程精度 格网间距	平面坐标和高程基准符合本规范要求; 图内各要素与影像套合,明显界线与 DOM 上同名地物的移位不得大于图上 0.2mm; 高程精度、DEM 格网间距应满足测绘要求

续表

一级质量元素	二级质量元素	质量评价指标
属性精度(DLG)	要素分类与代码的正确性 要素属性值的正确性 属性项类型的完备性 数据分层的正确及完整性 注记的正确性	要素分类与代码、数据分层符合《土地利用数据库标准》的规定,属性值正确、完整,注记、图式图例符合《规程》的要求,内容正确
逻辑一致性(DLG)	拓扑关系的正确性 多边形闭合 节点匹配	无拓扑错误、多边形闭合、节点匹配
完备性	要素的完备性(DLG) 注记完整性(DLG)	各要素正确、完备、无遗漏或重复现象;注记无遗漏
现势性	更新时间	统一时间定为2009年10月31日
汇总表格质量	表格完整性、表格数据正确性	表格种类齐全,格式符合要求,数据正确;统计汇总表格式符合要求,数据逻辑一致性关系正确
图件质量	比例尺正确性 内容正确性图内要素完整性 图外要素完整性 整饰规范性	图件完整、图名图号正确,图式图例符合要求,图内、图外要素完整正确,注记完整正确
附件质量	文档资料的正确、完整性 元数据的正确、完整性	文档资料数量齐全,格式符合要求,内容描述准确,逻辑清晰;元数据正确完整

成果质量评定又分为单项成果质量评定和综合评定。根据缺陷分类对单项成果进行评价,单项成果缺陷分为严重缺陷、重缺陷和轻缺陷三类。缺陷分类表见表14-5。缺陷扣分值标准是:严重缺陷的扣分值为42分;重缺陷的扣分值为10分;轻缺陷的扣分值为2分。采用百分制表征单位产品的质量水平,采用缺陷扣分法综合计算单位产品得分。单位产品质量评价等级的划分为三级:得80~100分者为优良品;得60~79分者为合格品;得0~59分者为不合格品。

表14-5 农村土地调查数据库缺陷分类表

质量元素	严重缺陷	重缺陷	轻缺陷
基本要求	1. 数据文件不齐全 2. 文件命名有误或数据格式不符合《土地利用数据库标准》要求		
数学精度	1. DRG数据不清晰,不能够准确区分图内各要素 2. 图廓点、控制点坐标值与理论值不符 3. 空间定位参考系统错误	1. 地物点平面位置误差超限,一处计为一个 2. 行政区及权属几何图形不接边或属性不接边	1. 要素几何图形不接边或属性不接边一处计为一个 2. 不属于前两类缺陷的问题
属性精度	1. 要素属性结构有误或有遗漏	1. 属性数据错、漏	1. 属性值错

续表

质量元素	严重缺陷	重缺陷	轻缺陷
逻辑一致性	1. 数据拓扑关系未建立或建立错误	1. 面状要素未封闭二处计为一个 2. 面状要素无标识点或不止一个标识点二处计为一个 3. 行政区要素层中有碎片多边形 4. 数据层间的拓扑关系不正确五处计为一个	1. 出现悬挂节点、节点匹配精度超限等五处计为一个 2. 同一要素重复输入 3. 要素间关系不合理 4. 有向要素方向有误 5. 线划错误打断
完备性	1. 行政区划界线有遗漏	1. 行政区及权属要素有错漏 2. 乡级以上地名错或漏 3. 作为图名的图内注记错、漏	1. 一般要素漏三处计为一个 2. 一般注记错或漏 3. 不属于前两类缺陷的问题
现势性	1. 现势性不符合要求	1. 数据未进行更新	1. 数据更新程度不够
汇总表格质量	1. 表格数据不完整 2. 表格结构不符合要求	1. 表格数据一处不正确计为一个 2. 表格逻辑关系一处不正确计为一个	不属于前两类缺陷的问题
图件质量	1. 图件不完整 2. 首末公里网线或图廓点经纬度注记错漏 3. 图名、图号错、漏	1. 图式图例不符合要求 2. 比例尺不正确 3. 图内缺少某一大类要素 4. 重要要素如行政区、权属要素等线划、符号颜色、规格不符合要求	1. 图廓内外整饰有错漏 2. 一般要素线划、符号颜色、规格不符合要求 3. 注记压盖重要地物 4. 不属于前两类缺陷的问题
附件质量	1. 技术报告、工作报告等附件不齐全	1. 报告格式不符合要求	1. 元数据文件中漏或错信息二项计为一个 2. 技术报告、工作报告和成果分析报告过于简单，逻辑不清楚 3. 不属于前两类缺陷的问题

根据数据库单项成果质量评价的结果，综合确定农村土地调查数据库成果的总体质量，评价标准是：数据、文字、图件、表格四项成果质量评价均为优良，则总体质量评价为优良。有一项成果评定为合格，其他成果评定为优良或合格的，则总体为合格；有一项成果评定为不合格的，则总体评价为不合格。

第三节 城镇土地调查数据库建设

城镇土地调查数据库建设任务是在城市建成区和县城所在地建制镇建成区范围内，建立包括土地利用、土地权属、基础地理等内容，集影像、图形、属性和文档于一体的城镇地籍数据库及管理系统。

以1∶500、1∶1000或1∶2000城镇土地调查图形、图像成果为数据源，采用电子数据的抽取、转换、装载（Extraction-Transformation-Loading，ETL）工艺或辅助屏幕数字化工艺，建立满足一定拓扑规则的城镇土地调查图形数据库；以城镇土地权属调查、登记发证和建设用地审批的非图形资料为数据源，建立城镇土地调查属性数据库；为保持图形数据和属性数据的逻辑一致性，将两者相互挂接为城镇土地调查数据库。

一、数据库逻辑结构、内容及分层

（一）逻辑结构

城镇土地调查数据库由主体数据库和元数据库组成。主体数据库由空间数据库、非空间数据库组成；与农村土地调查数据库相区别的是，空间数据库的矢量数据为基本地理、土地利用和土地权属数据，而没有基本农田数据。元数据库构成与农村土地调查数据库相同。城镇土地调查数据库逻辑结构参考本章第二节图14-6。

（二）城镇土地调查数据库内容

基础地理信息数据：包括测量控制点、行政区划、等高线、房屋等。

土地权属数据：包括宗地、界址线、界址点等。

土地利用数据：包括地类图斑、地类界线、线状地物等。

栅格数据：包括DEM、DOM、DRG和其他栅格数据。

元数据：包括矢量数据元数据、DOM元数据、DEM元数据等。

表格、报告文本、扫描文件等其他数据。

建库单位应根据《城镇土地调查数据库标准》要求进行数据库结构设计，对属性数据结构表等内容可进行扩充。

（三）城镇土地调查数据库分层

城镇地籍数据库对空间要素采用分层的方法进行组织管理，根据数据库内容和空间要素的逻辑一致性进行数据分层，共6层，分别是：定位基础、行政区划、地貌、土地权属、土地利用和栅格数据。层名称及各层要素参加见第十三章表13-3。

二、基本要求及技术指标

（一）数学基础

平面坐标系：优先选择“1980西安坐标”，特殊情况可选择“1954北京坐标系”或地方坐标系，但应确定与“1980西安坐标”之间的转换参数。

高程基准：首先选择国家推荐使用的“1985国家高程基准”，特殊情况可以选择“上海吴淞高程系”或其他高程系，但应确定与“1985国家高程基准”的转换参数。

地图投影：采用“高斯-克吕格投影”。

比例尺：城镇土地调查数据库宜采用 1∶500 比例尺。

分带方式：按 1.5°分带(可任意选择中央子午线)。

(二) 分幅和编号

按纵横坐标格网线进行矩形分幅，即采用矩形分幅与编号的方法。图幅的编号采用坐标编号法。由图幅西南角纵坐标 X 与横坐标 Y 组成编号，1∶2000、1∶1000 取至 0.1km，1∶500 取至 0.01km。

(三) 土地利用分类

土地利用分类采用《土地利用现状分类》。根据实际情况，可在全国统一的二级地类基础上，根据从属关系续分三级类，并进行编码排列，但不能打乱全国统一的编码排序及其所代表的地类及含义。

(四) 数据交换格式

数据库交换格式采用《城镇地籍数据库标准》规定的数据格式。

(五) 数据组织

在横向上，数据要组织成逻辑上无缝的一个整体；在纵向上，各种数据通过空间坐标定位，相互叠加和套合。

在物理存储上可以把连续的实体分离到不同的存储空间和存储单元中进行存储。

三、城镇土地调查数据库建设主要步骤

城镇土地调查数据库建设主要分为建库准备、数据采集与处理、数据入库和成果形成 4 个阶段。建库技术流程可参考图 14-4(本章第一节)。《规范》对建库流程的设计未作具体规定，可根据已有基础资料的不同，制定符合本地实际的建库流程，但应满足数据建库各项工作内容和质量要求。如图 14-8 所示，给出了已建城镇地籍数据库和未建城镇地籍数据库两种情况建库的主要环节。

四、数据源准备

建库准备阶段包括建库方案制订、人员准备、软硬件准备、管理制度建立、数据源准备等工作。其中，方案制订对县(市)级调查而言，可根据实际情况，制订本地区的城镇土地调查数据库建设方案，主要包括数据库建设的目标任务、方法、技术路线、组织管理、进度安排等内容，其相关内容不得与《规范》相抵触。城镇土地调查数据库建设方案应报上一级主管部门备案。

人员准备、软硬件准备、管理制度建立等工作参见本章第二节，在此不再赘述。

下面重点介绍城镇土地调查数据库建设数据源准备方面的内容。

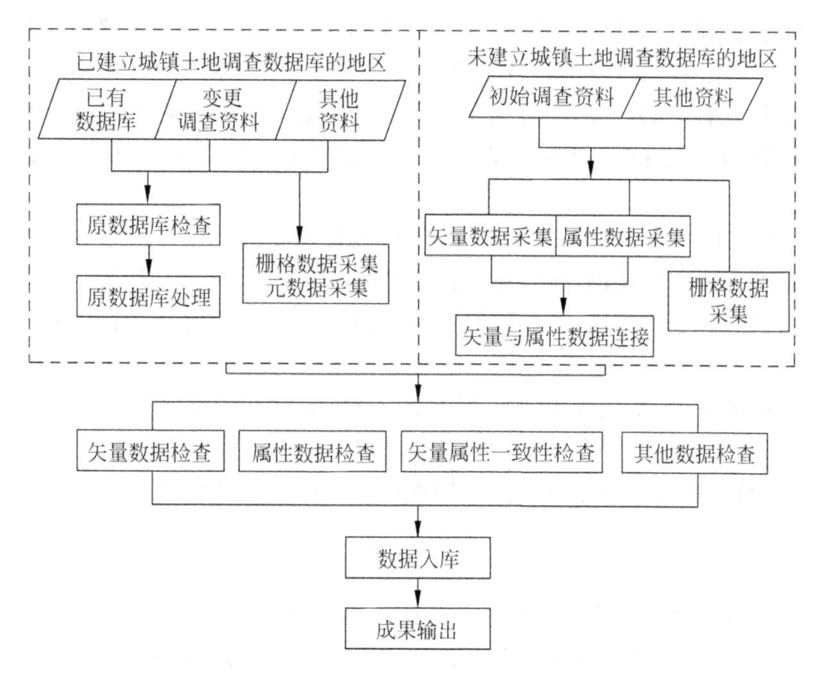

图 14-8 城镇土地调查数据库建设主要环节图

（一）数据源内容

数据源准备应选择验收通过的城镇初始土地调查调查成果资料、初始登记成果资料、日常变更土地调查调查成果资料及变更登记成果资料，以及已有的数字化资料、已有的城镇土地调查数据库作为建库数据源。城镇土地土地数据库数据源分为原始资料、变更资料和辅助资料三类。

(1) 原始资料：包括 1∶500 或 1∶1000 等大比例尺模拟或数字地籍图；城镇土地边界及地籍图幅结合表；野外测量的控制点、界址点坐标及勘丈数据；面积量算表；以街道为单位总地面积汇总表；城镇土地分类面积统计表；土地登记申请书；土地登记审批表；地籍调查表；土地登记簿(卡)；土地归户册(卡)；地籍调查技术报告；地籍调查检查验收报告。

(2) 变更资料：包括变更图件、变更地籍调查表、变更登记审批表等变更登记资料。

(3) 辅助资料：包括其他图件资料，如街坊图、宗地图、相关地形图、航空、航天等高分辨率遥感影像图、调查工作底图等；相关测量数据资料，如宗地草图、测量控制网、控制点和界址点平差计算资料等；相关法律资料，如数据格式协议及其他协议、审批文件、合同、各种历史资料、宗地档案等；专项调查资料，包括土地征用出让转让、土地利用总体规划、城市总体规划、城市控制性详细规划、城市统计年鉴、开发区资料、房地产用地统计资料、人口、社会经济统计等相关资料。

（二）数据源质量要求

主要针对资料内容、精度、现势性、加工难易程度及对扫描图件和文档形式等的要求。

(1) 资料内容要求：原始资料要内容详尽、完整。资料精度：满足有关规程及日常管理要求，坐标系统可以转换，原图清晰且变形小，文档资料准确。资料现势性：变更地籍调查资料完整、变更登记及时，具有很好的现势性。资料加工难易程度：图件和表格资料宜选取容易处理的原始资料，优先选用符合或易于转换为国家标准或行业标准格式的现有电子数据资料。图件资料介质选择：图形资料优先选择变形小的聚酯薄膜介质的，其次选择纸介质的资料。

(2) 扫描图件的要求：应尽量采用基于聚酯薄膜的铅笔原图或着墨二底图。如果没有或缺损聚酯薄膜图或图件陈旧，也可采用图面清晰、变形较小的纸质图件。所有图件的图廓边长和对角线的实际长度与理论尺寸的较差不应超过 1.5mm，对较差超限的图幅要重新进行实际测绘。

(3) 文档资料形式：优先选择数字形式的资料，非数字的次之。开展初始地籍调查的单位，应按建库相关标准及规范进行并提供数字成果资料。野外采集测量控制点、界址点应严格应遵照《全球定位系统城市测量技术规程》和《城市测量规范》要求。

（三）数据源质量检查与处理

(1) 图件检查与处理：了解图纸精度及变形情况，检查图廓长宽及对角线长度，以便做好图纸的校正与配准；了解图面质量，检查图上各种要素。改正存在的逻辑错误，如宗地不闭合等。添补不完整的划线，如被注记符号等压盖而间断的线划。检查图幅接边情况，及时处理发现的问题，并在图历簿中做好记录，对图面上的各种注记进行标示，包括图内外各种注记。如文字注记、地类注记、水系注记、道路注记、地形注记、图廓注记等，判读图面上各类要素并进行分类，为图像矢量化打好基础。

(2) 界址点数据检查与处理：对原始的界址点成果表及其他测量成果认真核对，对照地籍图进行检查，确定坐标处理数据是否有遗漏或错误。对于界址点的电子文档数据，应检查其格式、精度等，确保数据的转换。

(3) 宗地表格检查与处理：对宗地属性数据进行检查，包括宗地的申请书、地籍调查表、审批表、土地登记卡、归户卡等，检查表格的规范性、完整性和质量，检查资料是否有丢漏，并对照地籍图进行对应关系检查，对错误进行处理。

(4) 电子文档数据转换：如果建库资料是电子文档形式，可通过《城镇地籍数据标准》中规定的数据交换格式进行转换，也可以利用国内或国外 GIS 的转换程序进行转换。对数据项的项名、类型、字长等定义进行调整，对数据记录格式进行转换等。对于属性数据，需对照相应图形数据，有的还需进行坐标系投影转换。

(5) 建立图历簿：对每一幅图建立图历簿(见附录 I)，记录图件的数学基础、预处理记载、数据采集情况、重大问题说明及处理意见等。

(6) 资料档案管理：编制建库资料清单，对建库资料的种类、数量、质量等进行统一列表，以便进行资料交接和管理。

五、数据采集与处理

城镇土地调查数据库数据采集方法与农村土地调查数据库相似。有矢量数据采集、属性数据采集、栅格数据的采集、元数据采集、各要素数据采集。其中，属性数据、元数据与各要素数据的采集与第二节农村土地调查数据库建设中的相同。城镇土地调查数据库的数据采集方式选择根据已建立城镇土地调查数据库的地区和未建立城镇土地调查数据库的地区有所不同。

城镇数据库建设除方案设计和资料收集与处理环节外,还有如下主要步骤：分别是数据库方案设计；资料收集整理及处理；地籍图扫描及校正；地籍图数字化；坐标变换；图幅接边与编辑修改；图形拓扑关系建立与检查；属性数据录入；图数挂接；质量控制；数据库建立；成果整理、图件表格输出及报告编写。

（一）地籍图扫描与校正

(1) 扫描方式：对于薄膜图及单色图,可采用黑白二值方式扫描,对于彩色图及图面质量较差的图件,可采用灰度或彩色方式扫描。

(2) 图像存储方式：采用 tiff 或 bmp 等栅格方式进行图像存储,对扫描图像的格式采 geotiff 格式进行图像存储。

(3) 扫描图像要求：影像清晰,能正确区分图内要素。分辨率不小于 300dpi；图像变形较小,图廓水平线倾角较小,易于图像校正。扫描后的图像必须经过图像校正方可进入矢量化阶段,对于大比例尺地籍图,一般采用 4 个内图廓点进行纠正。对图纸质量较差或图像变形较大的情况,应适当增加校正控制点,纠正后的图廓点、坐标格网与理论值的偏差不应大于 0.1mm。

（二）地籍图数字化

(1) 数字化方式：①全站仪等测量数据编辑录入,扫描图像矢量化；②现有数据文件转换；③手扶数字仪数字化。

(2) 图形数字化前的准备：①认真读图,了解图面要素及其表示的基本规律；②参照《城镇地籍数据库标准》,掌握图面要素的编号及编码方法；③做好数据分层；④为加快数字化建库,对图上要素进行适当标注和勾划等。

(3) 控制点、界址点的数字化,野外采集数据转入。①外业全站仪、GPS 采集,计算控制点、界址点坐标,导入转换成图。②坐标文件转换：将控制点、界址点坐标成果表录入,建立坐标文件或原始的电子文档,经过数据转换成图。③测量数据编辑：将外业测量数据,如测量草图中的边长、角度等,按其测量方法计算坐标,编辑成图。④图像矢量化：依据扫描校正后的图像,在屏幕上进行控制点和界址点的矢量化。⑤数字化仪数字化,利用手扶数字化仪,对地籍图中的控制点、界址点进行数字化。

(4) 解析法录入。①解析法适用范围及要求是：对分割的宗地,分割点在原界址线上时,可分别测量申请者埋设的界标距两界址点距离后,计算分割点坐标或按分段长度,展绘分割点于图上；分割点在宗地内部时,依申请者埋设的分割界桩测量分割点的坐标或根据与相关地物的关系距离确定分割点位。②对于与界址点测量相关的主要地物(如主要建筑物、围墙角点),有解析坐标的应通过坐标数据录入、坐标文件转入或测量数据编辑等方法输入。

(5) 非解析法要素录入。对于非解析法要素,采用屏幕图像矢量化或手扶数字化仪数字化方式,并按分类编码分层采集。①点状要素采集：如独立的地形地物符号,应先依据地籍调查和地形图方式定义符号库,然后逐个采集符号在图上的定位点,须保证符号定位点的精度。②线状地物要素采集:包括依比例尺或半依比例尺要素,如道路、水系、行政界线、等高线、地类界、围墙、栅栏、铁丝网等。③若面状要素由线状要素形成多边形,要求严格封闭。④各种注记的采集:如街坊号、宗地号、使用者名称、行政注记、道路注记、水系注记、地名注记等按定位点采集。

(三) 数字化精度要求

(1) 对输入的图形数据应与原图、扫描图像进行对照检查,以防止输入的错漏。

(2) 解析法录入的控制点、界址点及主要地物点等,其数字化误差仅为计算误差,没有误差损失。

(3) 若采用图解法录入控制点、界址点及主要地物点,其数字化误差不得大于图上0.1mm,其他地形地物点不得大于图上0.2mm。

(4) 线状要素数字化的跑线误差最大不得超过图上0.25mm。

具有解析法与图解法或不同精度的同名点,原则是低精度服从高精度。

(四) 坐标系变换

对采用不同坐标系需要进行坐标系变换的图件数据,按要求进行坐标变换。

(五) 图幅接边

(1) 接边原则。分幅输入的矢量数据须进行图幅接边,通过同时移动相邻同名要素实现要素对接。对于直线型要素接边,以两边端点为基准直接连线;对于曲线型要素接边,通过同时移动两近端点重新进行曲线拟合。对处于接边带的宗地应按宗地图或宗地草图进行处理。

(2) 接边要求。①当相邻图幅同名要素间距小于图上1mm时,允许直接进行图幅拼接。②当相邻图幅同名要素间距大于图上1mm时,应先检查原因后进行拼接。③在初步完成图幅接边后,质量检查员应进行接边检查,包括线状要素逻辑检查、面状要素逻辑检查、与原图对比检查等。

(六) 拓扑关系建立

对宗地、街坊、街道、行政界和建筑物建立图形点、线、面间拓扑关系,并对图形的数据结构进行检查,为进行空间分析提供条件。

(七) 属性数据录入

按登记结果直接录入:采用审批表、按登记结果直接录入。土地登记表等表格逐宗地录入,建立地籍属性数据库。完成后,应对录入工作检查签字。

对登记过程进行录入:按初始土地登记工作流程录入,包括土地登记申请、权属调查、宗地勘丈、初审、审核、公告、批准、注册、缮证、颁证等资料的输入。完成后,应对输入工作检查签字。

（八）图数挂接

对照图形逐一进行属性数据挂接，建立图形与属性的一一对应关系。应用批处理方式进行属性挂接的，应做好图数对应检查。

六、数据入库

数据入库前要检查采集数据的质量，检查合格的数据方可入库。数据检查主要包括矢量数据几何精度和拓扑检查、属性数据完整性和正确性检查、图形和属性数据一致性检查、接边精度和完整性检查等；数据入库主要包括矢量数据、DEM数据、DOM数据、元数据等数据入库。最后进行系统运行测试。具体流程见图14-9。

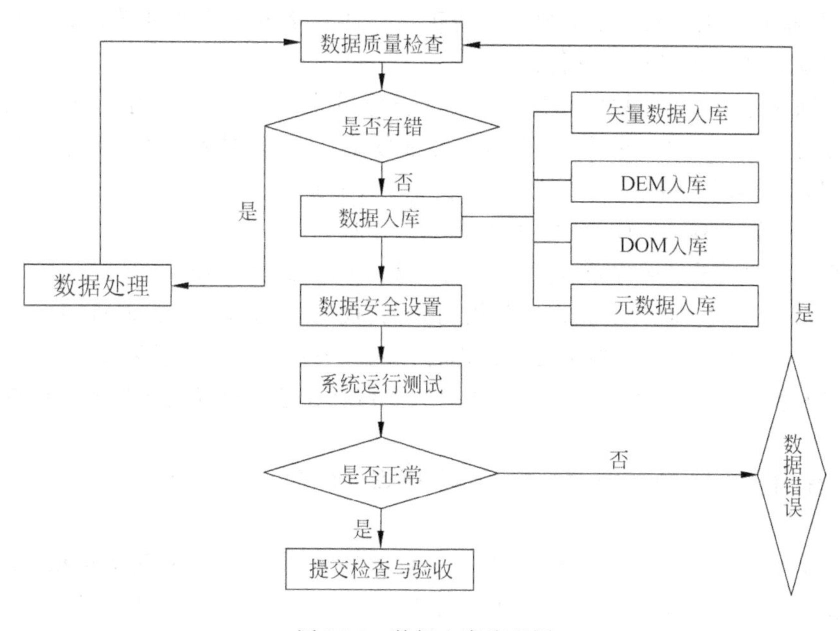

图14-9　数据入库流程图

七、成果形成

数据库成果主要包括数据成果，具体是指城镇土地调查数据库（原格式数据、《城镇土地调查数据库标准》规定的交换格式数据）；文字成果，具体是指工作报告、技术报告和自检报告，图历簿、自检记录表和作业情况记载表等；图件成果，具体是指标准分幅土地调查图，宗地图、街坊图等专题图，分幅索引图；表格成果，具体是指以街坊为单位宗地面积汇总表，城镇土地利用现状分类统计汇总表，城镇土地利用强度表，城镇土地使用权类型汇总表，房地产、金融服务业、工业、开发园区、基础设施等专项用地调查统计汇总表。

第四节 土地调查数据库的检查、安全管理与维护

一、数据检查

对修改完成后的数据以区为单位进行100%的检查。数据的检查内容主要有以下几方面。

(1) 要素位置的精度检查：线型、符号采集的位置必须正确，不跑线(图上0.1mm以内)。按中心点、中心线数字化的要素，其位置必须准确。共边元素必须严格捕捉节点。不同层的公共边必须完全重合。

(2) 属性检查：按属性表规定对采集地类及权属的属性进行检查，看属性值是否漏赋或赋值错误，检查各项要素所赋的属性项的正确性，以及编码位数的正确性。所有属性数据必须通过系统提供的工具逐个进行检查。

(3) 数据完整性检查：数据完整性主要检查分层的完整性、实体类型的完整、属性数据的完整性及注记的完整性，各要素的采集不得有缺漏、错误和重复采集。检查面状地类是否闭合，线状地类及权属界线是否连续，属性数据是否完整，注记是否完整等。

(4) 逻辑一致性检查：检查相关属性值是否矛盾。

(5) 要素关系检查：确保重要要素之间关系正确并忠实调绘原图，层与层间不得出现整体平移，权属界线与面状地类、宗地与权属界线、权属界线与权属界址点的连接关系是否正确，应严格按照数据采集的技术要求处理各种地类关系。确保要素拓朴关系正确。

通过各项数据检查修改完善后形成符合国家数据库建设标准的农村土地调查数据库。

二、土地调查数据库的安全管理与维护

土地调查数据库的安全很重要，它是国土资源的规划、建设与利用的依据，所以要妥善保护。土地调查数据库的安全包括数据库物理实体的安全、数据库的逻辑安全、数据访问权限控制、数据备份与媒体安全。数据库的逻辑安全包括：软件安全、数据字典的安全、数据安全，以及访问的权限控制。

应确保数据库硬件及软件安全可靠。土地调查数据库的数据要具有安全性，要确保数据不被破坏。一旦数据被破坏，要能够及时恢复。土地调查数据库，要有足够的保密措施，保证数据不被窃取和流失。要进行日常维护与数据整理，保证数据库管理系统的高效运行。系统运行功能不应随系统的硬件、软件和网络的变化而改变系统的兼容性。要进行数据备份，数据备份应明确规定数据备份的周期、方法、存储媒体、存放环境等管理制度及要求。

首先，要建立安全保密机构，制定相应的管理制度。其内容主要包括技术文档管理、数据安全与保密制度、数据库的物理运行环境管理制度、数据库用户管理制度、数据库日志管理制度、数据备份制度、对建库承担单位的保密规定，以及其他规章制度。

其次，要注意数据库的安全。数据库的安全包括数据库物理实体的安全、数据库的逻辑安全、数据访问权限控制、数据备份与媒体安全。

最后要注意数据库的维护，数据库的维护主要包括软件维护与升级、硬件维护与升级、数据库结构和数据字典的维护、数据维护。

复习与思考

1. 试述我国土地调查数据库及管理系统总体架构。
2. 何谓土地调查数据库建设？
3. 试述土地调查数据库建设的主要步骤。
4. 试述数据库建设的技术路线。
5. 简述农村土地调查数据库的内容及分层。
6. 试述数据库建设数据采集的主要技术方法。
7. 试述数据库建设的质量控制原则。
8. 简述土地调查数据库建设的准备工作。
9. 简述城镇地籍数据库的内容及分层。
10. 农村土地调查数据入库前的质量检查包括哪些方面？
11. 试述土地调查数据库数据入库的基本步骤。
12. 试述城镇数据库建设数据源质量检查与处理的内容。
13. 土地调查数据库的安全包括哪几方面？如何进行安全管理与维护？

第十五章

土地利用动态遥感监测

第一节　遥感概述

一、遥感概述

(一) 遥感概念

遥感，即遥远的感知，从广义上说是泛指从远处探测、感知物体或事物的技术。具体来讲，遥感是指不直接接触物体本身，从远处通过仪器(传感器)探测和接受来自目标物体的信息(如电场、磁场、电磁波、地震波等信息)，经过信息传输、加工处理及分析解译，识别物体和现象的属性及其空间分布等特征与变化规律的理论和技术。

狭义的遥感是指对地观测，即从空中和地面的不同工作平台上(如高塔、气球、飞机、火箭、人造卫星)通过传感器，对地球表面地物的电磁波反射或发射信息进行探测，并经传输、处理和判读分析，对地球的资源与环境进行探测和监督的综合性技术。与广义遥感相比，狭义遥感概念强调对地物反射、发射和散射电磁波特性的记录、表达和应用。当前，遥感形成了一个从地面到空中乃至外层空间，从数据收集、信息处理到判读分析和应用的综合体系，能够对全球进行多层次、多角度、多领域的观测，成为获取地球资源与环境信息的重要手段。

(二) 遥感观测对象及其特征

遥感的观测对象主要是地球表层的各类地物，也包括大气、海洋和地下矿藏中不同成分。地球表层各类地物都具有两种特征，一是空间几何特征，一是物理、化学、生物的属性特征。

(三) 遥感技术的特点与优势

遥感技术是 20 世纪 60 年代起迅速发展起来的一门综合性探测技术。从以飞机为主要运载工具的航空遥感，到以人造地球卫星、宇宙飞船和航天飞机为运载工具的航天遥感，大大地扩展了人们的观测视野及观测领域，形成了对地球资源和环境进行星-空-地监测的立体观测体系。遥感技术发展速度之快与应用广度之宽是始料不及的。仅经过短短 30 多年的发展，遥感技术已广泛应用于城市规划、资源勘查、环境保护、全球变化、土地监测，农业、林业以及军事等多个领域，并且应用的深度和广度仍在不断地拓展。究其原因，在于遥感具有客观性、时效性、宏观性与综合性、经济性的特点。

二、遥感技术系统

（一）空间信息获取系统

遥感技术的空间信息采集系统主要包括遥感平台和传感器两部分。遥感平台是传感器的载体并为传感器提供工作环境，如飞机、人造地球卫星、宇宙飞船、航天飞机等。遥感平台的运行状况直接影响传感器的工作性能和信息获取的精确性。传感器是收集、记录被测目标的特征信息（电磁辐射效应）并发送至地面接收站的设备。传感器是整个遥感技术系统的核心，体现着一个国家遥感技术的发展水平。

（二）地面接收和预处理系统

航空遥感获取的信息可以直接送回地面进行处理。航天遥感获取的信息一般都是以无线数字信号的形式，实时或非实时地发送并被地面接收站接收和预处理。预处理的主要作用是对信息所含有的噪声和误差进行辐射校正和几何校正、图像的分幅和注记等。

（三）地面实况调查系统

这一系统主要包括空间遥感信息获取前所进行的地物波谱特征（地物反射及发射辐射的电磁特性）的测量和在空间遥感信息获取的同时所进行的与遥感目的有关的各种遥测数据（如环境和气象等）的采集。前者是为遥感器的设计和遥感信息的分析应用提供依据，后者主要用于图像校正。

（四）信息分析和应用系统

分析应用系统是应应用目的而采取的各种技术，主要包括遥感信息源的选择、应用处理技术、专题信息提取技术、制图技术、参数量算和数据统计技术等内容。其中遥感信息源的选择技术是指根据用户的需求目的、任务、内容、时间和条件（经济、技术、设备等），在已有的各种遥感信息源的情况下，选购其中一种或多种信息时必须考虑的。

三、遥感主要应用领域

(1) 外层空间遥感：利用太空火箭、人造卫星、人造行星和宇宙飞船等航天运载工具，对外层空间进行的遥感探测。在不久的将来外层空间遥感将会取得丰硕的成果。

(2) 大气遥感：探测仪器不和大气介质直接接触，在一定距离之外，感知大气的物理状态、化学成分及其随时空的变化，这样的探测技术与方法称大气遥感。

(3) 海洋遥感：海洋遥感以海洋和海岸带作为研究与监测对象，其内容涉及海洋学多个领域，如利用遥感技术监测海洋的环流、表面温度、风系统、波浪、生物活动等。卫星海洋遥感已成为海洋科学的新兴分支。在未来几年，中国将发射一系列海洋卫星，实现对中国及周边海域甚至全球海洋的遥感动态监测。

(4) 陆地遥感：陆地遥感是遥感技术应用最早、应用范围最为广阔深入的一个方面。陆地遥感主要为资源与环境遥感。

(5) 军事遥感：遥感技术是现代战争"制高点"。侦察卫星从太空轨道上对目标实施侦察、监视或跟踪，以搜集地面、海洋或空中目标军事情报。

四、遥感技术发展与展望

(一) 遥感技术发展简史

"遥感"一词最早是由美国海军研究局的 Evelyn. L. Pruitt 于 1960 年提出的，1961 年在美国国家科学院(National Academy of Sciences)和国家研究理事会(Nation Research Council)的资助下，密歇根大学(University of Michigan)召开了"环境遥感国际讨论会"，此后，遥感作为一门新兴的独立学科，在世界范围内获得了飞速的发展。

但是遥感学科的技术积累和酝酿却经历了几百年的历史和发展，总体上可以分为以下 4 个阶段。

- 无记录的地面遥感阶段(1608—1838 年)：1608 年到 1609 年，科学望远镜的出现，开辟了远距离观测目标的先河。
- 有记录的地面遥感阶段(1839—1857 年)：对探测目标的记录和成像始于摄影技术的发明，并与望远镜相结合发展成为远距离摄影。1839 年达盖尔(Daguarre)和尼普斯(Nieoce)成功地拍摄到了世界上第一张相片，以及 1849 年法国人艾米·劳塞达特(Aime Laussedat)制定了摄影测量计划，成为有目的的有记录的地面遥感发展阶段的标志。
- 空中摄影测量阶段(1858—1956 年)：1858 年和 1860 年分别从气球上拍摄到的法国巴黎鸟瞰相片和美国波士顿市的照片，以及 1903 年利用飞鸽携带微型相机的空间摄影实验，为后来的实用化航空摄影遥感打下了基础。航空遥感真正实用化是从 1903 年飞机的出现开始的。1913 年维也纳国际摄影测量学会议的召开，促进了航空遥感技术的地学和军事应用，并成为第一、二次世界大战中军事侦察的重要手段。二战以后，各国学者和应用人员对航空遥感的方法和理论进行了总结，成立了一些专业的国际学术团体，出版了一系列著作。这些均对遥感发展成为独立的科学在理论上和应用上作了充分的准备，奠定了良好的基础。
- 航天遥感阶段(1957 年至今)：1957 年第一颗人造卫星的成功发射，标志着人类从空间对地观测和探索宇宙奥秘进入了新纪元。此时，航空遥感已完全进入了实用化和业务化的阶段，并还在不断地发展。1960 年，美国成功发射了 TIROS-1 和 NOAA-1 卫星，标志着人类从航天器上对地进行长期观测的开始。

（二）遥感技术发展趋势

在过去的一个世纪里，尤其是20世纪60年代以来，随着计算机技术、空间技术和信息技术的发展，遥感技术使人类实现了从空中和太空来观测和感知人类赖以生存的地球的理想，并取得了良好的经济效益和社会效益。当前，遥感技术系统的发展，主要有如下几个趋势。

（1）多平台多传感器航空航天遥感数据获取技术趋向"三高"——高空间分辨率、高光谱分辨率和高时相分辨率，向雷达卫星遥感及小卫星遥感方向发展从空中和太空观测地球获取影像是过去一个世纪的重大成果之一。2001年卫星遥感的空间分辨率从IKONOS的1m进一步提高到Quickbird的0.62m，高光谱分辨率已达到5～6nm，时间分辨率的提高主要依赖于小卫星技术的发展，通过合理分布的小卫星星座和传感器的大角度倾斜可以以1～3d的周期获得感兴趣地区的遥感影像。

（2）航空航天遥感对地定位趋向于不依赖地面控制确定成像目标的实地位置是遥感测量的主要任务之一。在已成功用于生产的全自动化GPS空中三角测量的基础上，利用DGPS(Differential Globe Position System)和INS(Inertia Navigation System)惯性导航系统的组合，可形成航空/航天影像传感器的位置与姿态自动测量和稳定装置，从而可实现定点遥感成像和无地面控制的高精度对地直接定位。

（3）遥感数据的计算机处理更趋向自动化和智能化从影像数据中自动提取地物目标，解决它的属性和语义是摄影测量与遥感的另一大任务。在已取得影像匹配成果的基础上，影像目标的自动识别技术主要集中在影像融合技术上，基于统计和基于结构的目标识别与分类，处理的对象既包括高分辨率影像，也更加注意到了高光谱影像。

（4）利用多时相影像数据自动发现地表覆盖的变化趋向实时化利用遥感影像，自动进行变化监测关系到我国的经济建设和国防建设。过去人工方法投入大、周期长。随着各类空间数据库的建立和大量新的影像数据源的出现，实时自动变化检测已成为研究的一个热点。我国学者正进行影像目标三维重建与变化检测的整合研究，实现三维变化检测和自动更新。

（5）遥感技术在构建"数字地球"、"数字中国"和"数字省市"中正在发挥愈来愈大的作用，并且在"3S"(RS,GPS和GIS)技术的集成方面更趋完善。

（6）全定量化遥感方法将走向实用。从遥感科学的本质讲，通过对地球表层（包括岩石圈、水圈、大气圈和生物圈4大圈层）的遥感，其目的是获得有关地物目标的几何与物理特性，所以需要有全定量化遥感方法进行反演。几何方程是显式表示的数学方程，而物理方程一直是隐式的。但随着对成像机理、地物波谱反射特征、大气模型、气溶胶研究的深入和数据的积累，以及多角度、多传感器、高光谱及雷达卫星遥感技术的成熟，相信在21世纪，全定量化遥感方法将逐步走向实用，遥感基础理论研究将迈步走上新的台阶。

第二节　土地利用动态监测

一、土地利用动态监测概念

为了确保土地利用能向合理、高效的方向发展，必须充分应用包括地面调查、统计分析和遥感监测在内的各种有效手段，对土地利用的发展变化及时加以调查分析，掌握其变化趋势。

土地利用动态监测就是对土地资源和利用状况的信息持续收集调查，开展系统分析的科学手段和工作。具体来说土地利用动态监测是指运用遥感和其他现代科学技术手段，以土地详查数据和图件作为本底资料，对土地利用的动态变化进行的连续调查观测并全面系统地反映和分析的科学方法。土地利用动态监测是国土资源大调查的重要组成部分，是国土资源管理的重要手段和有效措施。监测内容可以包括由自然或人的因素引起的土地的任何变化。土地动态监测是为完成土地管理任务服务的。

土地利用动态监测具有监测成果的多样性、监测体系的层次性、技术要求的区域性、技术手段的综合性等特点。土地利用动态监测体系由变更调查、遥感监测、统计报表制度、专项调查及土地管理信息系统等构成。变更调查及遥感监测是土地利用动态监测体系的主要手段。

二、土地利用动态监测的目的和作用

（一）土地利用动态监测目的

土地利用动态监测目的包括：①复核土地变更调查数据；②为配合土地执法检查提供技术支持；③为监测城市土地利用规模发展的状况提供资料；④检查土地利用规划执行情况；⑤检查年度土地利用执行情况。

（二）土地利用动态监测的作用

土地利用动态监测的作用包括：①保持土地利用有关数据的现势性，保证信息能不断得到更新；②通过动态分析，揭示土地利用变化的规律，为宏观管理提供依据；③能够反映规划实施状况，为规划信息系统及时反馈创造条件；④对一些重点指标进行定时监控，设置预警界线，为政府制订有效政策与措施提供服务；⑤及时发现违反土地管理法规的行为，为土地监察提供目标和依据等。

三、土地利用动态监测内容与基本方法

（一）主要监测内容

(1) 土地资源状况：主要监测土地数量、利用状况变化，特别是耕地资源状况的变化和基本农田保护区状况。

(2) 土地利用状况：主要是对土地的利用过程和效果进行监测。及时掌握土地利用动态变化，监测土地利用行为是土地监察的重要方面。

(3) 土地权属状况：主要是对土地权属状况的动态变化进行监测，及时了解、掌握。

(4) 土地条件状况：土地利用与其环境条件密切相关，土地条件的变化必然导致土地利用发生相应的变化，应及时掌握土地条件的变化。

(5) 土地质量、等级和价格状况：土地等级反映土地质量，土地质量是土地利用的基础

也是价格形成的重要依据。土地质量动态变化同样是土地监察的任务之一。

(二) 监测基本方法

常用的土地利用动态监测的方法有：①土地变更调查技术；②土地利用动态遥感监测技术；③实地调查和统计报表；④土地信息系统技术；⑤专项定点监测。

四、土地利用动态监测分析

在监测报告中，一般要对监测内容进行分析，分析的主要内容如下。

(一) 地类变更分析

主要对土地总面积变化进行分析，对耕地、园地等各类土地面积变动进行分析。在各地类在变更中，变更涉及的具体指标包括增减面积，实际增减面积(即减去同地类之间变化的面积)，净增减面积，变化量占同地类总面积的比重等。

(二) 权属变更分析

该分析应具体落实到地类的变化，但其前提是权属性质的变化。包括国有土地、集体土地的所有权、使用权的变化，土地纠纷调解情况。

(三) 耕地变化动态分析

耕地动态变化分析不仅要较详细地反映耕地减少的原因和耕地增加的来源，而且要分析减少原因的合理性和增加耕地的力度。这些分析不能单独从数量上作比较分析，应根据地区特点做出分析，为以后土地管理提供有价值的意见。

(四) 土地利用结构变化分析

土地利用结构变化反映了土地资源在人类利用行为干预下土地利用的发展趋势。依据地域差异规律，正确选择当地土地资源利用方向是社会经济发展中研究的重要课题。结构变化分析的重要指标是各类用地结构中所占的比重。

(五) 土地动态监测分析的新发展

随着 20 世纪 70 年代以气候动态监测为开端，大批的地学、生物学、经济学等诸多领域的学者投入到对全球变化及其影响的研究工作中。随着研究的进展，作为引起全球变化的两大基本人类因素之一的土地利用与土地覆盖变化在全球变化中所发挥的作用，引起人们极大的关注，对其研究也进入到了一个新的阶段。在土地利用和土地覆盖变化研究中已经采用了多种模拟方法。许多土地利用模拟模型选用统计方法来分析空间数据，如在 CLUE 模型和 GEOMOD 中使用统计方法来分析栅格空间数据，这些方法是把研究区细分为许多栅格单元，用一系列自然和社会经济变量来描述，通过回归分析选取一系列变量来定量地描述土地利用格局变化。这些变量就是所谓的土地利用变化的驱动力。

第三节 土地利用变更调查

一、土地利用变更调查的概念

土地利用变更调查是指在完成土地利用现状调查和建立初始地籍后,国家每年对土地权属和土地用途发生变化的土地进行连续调查、全面更新土地用地资料的过程,是土地动态监测体系的重要手段。

在我国,土地利用变更调查工作是每年一度必须完成的一项指令任务,其目的是在变更调查期内,及时准确地对辖区内土地权属、土地利用的变化情况调查清楚,并对原有的土地利用资料,包括图、表、簿、证等作相应的变更,以保持土地利用和权属状况的现势性,保持土地信息资料的准确性、完整性和科学性。

二、土地利用变更调查的任务

(1) 基础延续:土地利用变更调查是土地利用现状调查的延续。

(2) 更新资料:是变更调查的核心任务。

(3) 纠错改错:在实际使用或监察中发现错误、改正也是变更调查的任务。

(4) 补遗工作:调查中难免存在遗漏的情况,变更调查肩负着补遗的任务。

三、土地利用变更调查的内容

(1) 地类的变化:指土地的用途或利用方式发生了变化,包括建设用地和非建设用地之间的转换,也包括农业用地内部结构的调整和非农用地内部类别之间的变化,同时也包括未利用地开发及灾毁造成的地类变化。

(2) 图斑的变化:土地利用变化十分普遍,行政界线和权属范围的变动、地类的变化,通常是以土地界线的推移来实现的。图斑的变化常常伴随着地类、权属、境界的变化。

(3) 权属的变迁:土地的交易,争议地的调整与解决,征地、土地的开发与整理变化必然导致土地权属发生变化,如权属单位的合并、兼并、分割造成的权属变化。

(4) 行政境界调整:从发展区域经济和管理的需要出发,会作适当的调整。

(5) 飞地,争议地的调整:飞地的解决(消除),必须通过变更调查给予反映。

(6) 单位更名的变化:更名虽然不一定牵涉地类、面积、界线的变动,但必须在变更调查中及时进行更正。

四、土地利用变更调查的步骤与要求

土地变更调查的整个工作体系包括组织准备、土地变更调查(包含外业调绘、内业处理、检查与验收)、逐级汇总、全国汇总几部分(见图 15-1)。具体分述如下。

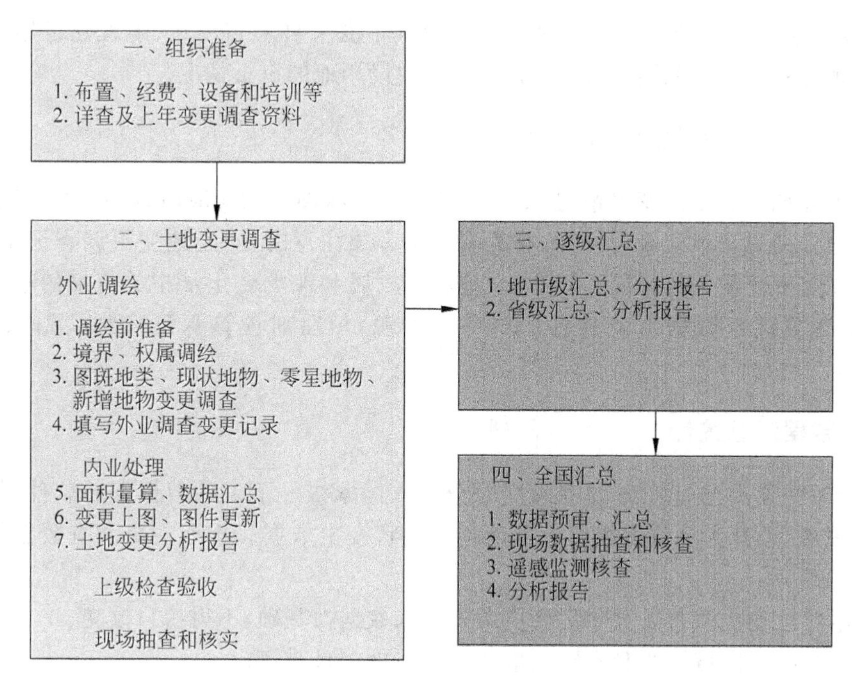

图 15-1　土地利用变更调查流程图

（一）准备工作

包括制订方案、准备资料、准备表格、技术培训等工作。

（二）实地调查

以本年度实地变化现状为准进行变更调查，主要调查土地利用地类和权属变化状况、新增建设用地情况、耕地增减的来源去向，以及新增建设用地审批等情况。

(1) 土地利用地类和权属变化状况调查。实地查清本年度土地利用地类变化和土地权属变化情况；认真调查荒山造林、种草情况(主要是未利用地变为林地、牧草地)。

(2) 新增建设用地情况。按国标《土地利用现状分类》的城镇村及工矿用地，查清本年度新增建设用地的变化情况；对新增建设用地中城市(201)、建制镇(202)、农村居民点(203)、独立工矿(204)，细化调查到属于《土地利用现状分类》中一级地类商服用地(05)、工矿仓储用地(06)、住宅用地(07)公共管理与公共服务用地(08)、交通运输用地(10)中二级类街巷(103)中的一类或几类。

细化调查的图斑不需在土地变更调查工作底图上标绘，可在《土地变更调查记录表》草图上标绘清楚。但细化调查的分类面积之和必须等于土地变更调查《土地利用现状分类》的图斑面积。

根据《土地利用现状分类》对新增建设用地的一、二级地类进行细化调查的面积数据，只用于本年度土地变更调查的数据汇总分析，不作为下一年度土地变更调查的基础数据。下一年度土地变更调查，以本年度土地变更调查分类面积数据为基础进行变更。

(3) 耕地增减的来源去向，以及新增建设用地审批等情况调查。查清本年度新增耕地的来源情况；查清本年度耕地减少情况；查清本年度来自未利用地、闲置建设用地的新增园地中可视为补充耕地的园地情况；查清新增建设用地的审批情况。

（三）填写《土地变更调查记录表》

根据外业调查的土地变更情况，更新土地利用现状图上的相应内容，同时计算土地的面积，填写《土地变更调查记录表》中的有关内容。必须注意的是《土地变更调查记录表》包含所有变更图斑变化的具体情况，是记录土地利用权属和地类变化及相关信息的唯一原始资料，是土地变更调查数据汇总软件的唯一数据源，填写时应该保证实地、图件、数据"三统一"。

（四）数据汇总统计

将《土地变更调查记录表》地类变更部分录入国家统一下发的数据汇总软件，作为各项成果的数据源，以县为单位逐级汇总土地利用现状变更数据。土地变更调查数据汇总统计应遵循以下原则：

(1) 本年度变更调查以上年度变更调查年末数据为基础，不得擅自改变；

(2) 省级行政区域界线和省级土地总面积不得擅自改变；

(3) 图斑发生合并、分割变更时，应保持总面积不变。

五、上报的成果

变更调查应上报的成果包括：①省（区、市）的土地变更一览表、县逐级汇总的土地利用现状变更表、分县逐级汇总的建设用地变更汇总表；②（区、市）分县逐级汇总的新增建设用地汇总表、（区、市）分县逐级汇总的可调整地类汇总表、分县逐级汇总的土地开发复垦整理、结构调整、生态退耕等情况汇总表；③各项成果表利用汇总软件由计算机自动生成；④已建设项目变更汇总表；⑤各省（区、市）土地利用变化情况分析报告（含电子文档格式软盘）。

六、土地变更调查数据库更新技术概述

随着GPS、RS、GIS三者技术水准的不断提高，新技术在土地变更调查中的应用越来越广泛，使土地调查数据更新工作变得越来越简便。

（一）"3S"技术与传统土地调查数据更新工作的衔接

土地调查数据更新的源头是土地变更调查，它为土地调查数据更新提供基础数据，所以，数据更新问题不仅仅是程序算法问题，而是一个整体流程梳理的问题，土地调查数据能否有效更新的关键在于建立起一套可行的数据更新模式，实现数据的实时、准确、有效的更新。

传统土地变更大体可分为三个阶段：第一阶段为前期准备阶段，包括变更证据的收集，以及土地变更调查外业工作底图、表格和测量工具的准备；第二阶段为外业调查阶段，应用测量技术和调查基础资料，将境界、土地权属界线、线状地物和变更图斑补测到土地变更调

查工作底图上并加以图斑属性注记,同时填写土地利用现状变更调查记录表;第三阶段是成果整理阶段,即内业进行图斑变更、面积量算、统计汇总和编绘成图。

目前长线阵CCD(Charge-coupled Device)成像扫描仪可达到1～2m的空间分辨率,小卫星群计划的推行,可以实现每3～5天对地表重复一次采样,其中IKONOS(空间分辨率1m),QuickBird(空间分辨率0.61m)等卫星遥感影像达到了航片精度,完全满足1∶1万比例尺地形测图和土地利用图更新。与土地利用基础图件或地形图相比,遥感影像提供了丰富的实地景观,有利于外业补测控制点的选择;正射遥感影像可靠的地理坐标基础,避免了土地变更调查工作底图地理坐标退化问题;遥感数据与土地利用基础图件融合影像(套合),为室内判读提取变更图斑提供了丰富的光谱特征和清晰的纹理特征,以及地类边界等信息,可以识别大部分地类图斑变化。PDA性能的不断提高、专用操作系统功能的增强、满足精度要求的微型GPS接收机的出现、适合野外要求的应用软件开发及相应标准的逐步成熟,解决了土地变更调查数据采集全过程数字化问题,空间分析模型、时空数据库和网络技术的发展,实现了农村土地调查数据库的即时更新和不同行政区域间大范围数据的无缝集成。

因此,在遥感与GPS技术的支持下,传统土地变更调查依赖外业实地调绘可部分发展为全数字化室内变更信息计算机处理,传统依靠光学机械仪器和纸质地形图的室内转绘成图可被依靠数字地形模型和全数字微分纠正系统的数字正射影像制作所取代,外业调绘和内业转绘、清绘的传统外业补测模式可被GPS-PDA一次成图、全数字化作业模式所替代,传统卡片式管理和纸质图件可被时空数据库所替代。传统土地变更调查与“3S”技术的衔接关系见图15-2。

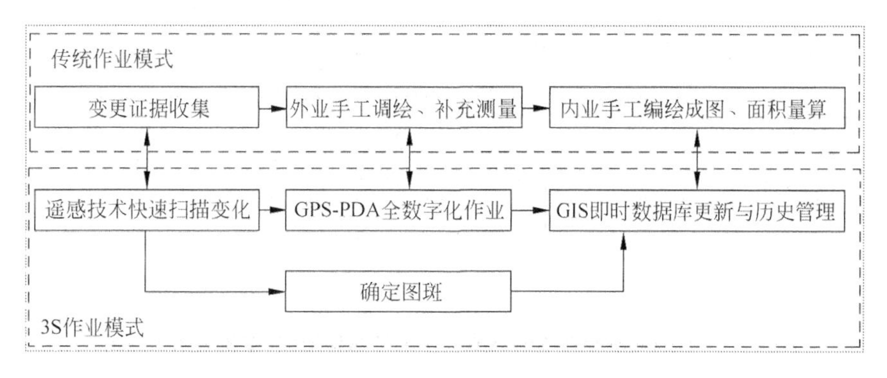

图15-2 传统土地变更调查与“3S”技术的衔接关系图

(二) 土地调查数据更新技术集成系统分析

土地调查数据更新是一个系统工程,涉及外业调查更新与内业数据更新两大部分,从技术的角度,土地调查数据的更新需要以下技术的支持。

(1) 正射遥感影像图制作技术。根据调查区域、调查比例尺和调查对象确定遥感数据源及其组合,在数字高程模型(DEM)的支持下,以农村土地调查数据库、数字栅格土地利用现状图(LU扫描影像图)、数字栅格地形图(扫描影像图)或GPS测量控制点作为纠正基准,进行正射纠正,经镶嵌、多传感器影像融合、标准分幅和图廓整饰,形成最终数字影像产品，作为变更调查外业工作底图和变更信息扫描的基准影像。该过程精度指标严格按照《1∶1万航空(卫星)数字正射影像技术规范》进行控制。

(2) 变更信息解译技术。将正射遥感影像与农村土地调查数据库或数字栅格土地利用现状图进行融合，在遥感影像样本库的支持下，辅助应用土地利用资料，快速扫描定位变更信息，分析提取信息类型，空间位置满足精度要求、属性能确定的图斑导入农村土地调查数据库，直接参与变更，其他类型图斑进入 GPS-PDA 外业数据采集系统。

(3) 外业信息采集技术。以 GPS-PDA 技术为主体，根据作业区域，建立基准站和 WGS (World Geodetic System)坐标系与当地土地利用现状图坐标系的坐标转换参数，利用移动站获取边界信息和属性信息，界线清晰的图斑仅采集地类属性，界线不清的图斑采集地类边界或部分边界弧段或特征点。该过程精度指标要严格按照《土地变更规程(试行)》《土地详查规程》中补测、透绘、转绘等地类控制指标，GPS 测量控制指标。

(4) 数据交换技术。将"3S"系统各环节紧密集成，系统间的结果数据、辅助数据相互交换流通是必须解决的关键技术。交换格式选择原则为：数据格式开放性，数据格式的权威性，数据格式的简单性等，一方面要求保证系统内部间的流动，另一方面要与其他信息平台实现数据共享。

在这些技术的支持下，有效集成作业程序，可以大大减轻数据更新的工作量，图 15-3 是土地调查数据更新技术体系框图。

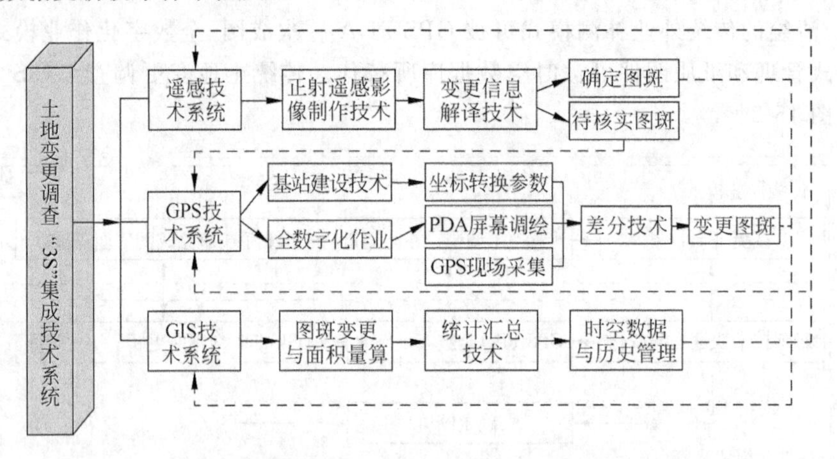

图 15-3 土地调查数据更新集成技术系统总体框图(虚线表示数据流)

(三) "3S"技术土地调查数据更新模式在土地调查中的应用

快速、准确提取土地利用现状及其动态变化数据，对保障我国资源安全、粮食安全、生态安全，保持社会稳定，促进国民经济平稳、快速、健康发展等具有重要意义。通过"天上看，地上查，网上管"等手段严格土地管理，"3S"技术系统依靠数字化、信息化的特点，具有作业速度快、精度高等优势，对土地调查中的数据更新将发挥重要作用，主要体现在以下几个方面。

(1) 有助于土地利用情况判别，增加了数据准确程度。现代遥感平台提供的米级甚至亚米级的影像数据，完全满足 1∶1万、1∶5000 和 1∶2000 土地利用现状调查精度要求，室内判读可确定 80%～90%图斑的地类属性和边界范围；GPS 测量具有全天候作业、测点间无需通视、操作简便和精度高等特点，GPS 与 PDA 的组合可快速采集室内无法确定图斑的属性信息或空间信息，同时在正射遥感影像图的支持下，可快速定位采集各类界线，如基本农田保护区界线、建成区界线等；GPS测量数据和遥感数据均以数字方式存储，可以直接输入GIS系统成图，避免了传统方法中多次调绘、转绘、清绘带来的误差累积；与传统成图方式相比，GIS可以方便、快捷进行空间分析、综合、提取和修改，成图周期短、成本低。通过“3S”技术的支持，不仅可以精确判定土地类型，而且对土地权属、土地质量和生态环境情况提供更加精准的数据支持。可以说，“3S”技术的应用为土地调查数据更新打下了坚实的数据基础。

(2) 日常土地调查数据变更。运用遥感可以主动发现土地利用变化信息，提取变化地块界线，而传统方法只能被动地获取变更证据，存在少报和漏报的情况，影响了变更的客观性和现势性。此外，调查或执法人员通过车载系统及附属的PDA设备可对土地进行全面动态巡查，监督、检查土地利用总体规划、土地利用年度计划、基本农田保护等执行情况，做到及时发现、及时上报、及时处理问题，减少多次到现场勘查的工作量，抑制土地不合理利用和土地违法行为。

第四节　土地利用动态遥感监测

一、基于遥感的土地利用动态监测

随着土地利用变化日趋频繁，利用常规的、传统的监测手段难以满足快速、准确监测土地资源变化的要求。

利用遥感技术可以在短时期内完成全国范围的土地利用调查，从而极大地提高土地使用动态监测的工作效率和精度。随着遥感信息源的改善、高光谱分辨率和高空间分辨率遥感数据的不断更新，以及遥感数据定量分析技术的不断进步和地理信息系统技术的发展，应用遥感方法进行大比例尺土地使用动态监测已经成为现实可行的方法。遥感技术以其观察范围广、效率高、成本低等特点已成为土地利用动态监测的核心技术，基于遥感的土地利用动态监测方法正得到广泛的运用。

土地利用动态遥感监测(Remote Sensing Dynamic Monitoring)是应用遥感技术，监测土地利用及其动态变化的一种方法。指以遥感手段为技术依托，对土地资源和土地利用实施宏观动态监测，及时发现实地发生的变化，并作出相应的分析。土地利用动态遥感监测以土地变更调查的数据及图件为基础，运用遥感图像处理与识别技术，从遥感图像上提取变化信息从而达到对耕地等土地利用变化情况定期监测的目的。土地利用动态遥感监测主要是对耕地及建设用地等的土地利用变化情况进行及时的、直接的、客观的定期监测，核查土地利用总体规划及年度用地计划的执行情况，并重点检查每年土地变更调查汇总数据，为国家或地区宏观决策提供比较可靠、准确的土地利用变化情况，并对违法或涉嫌违法用地的地区及其他特定目标等进行快速的日常监测，从而为违法用地的查处，以及突发事件的处理提供依据。

与其他监测手段相比，遥感监测具有速度快、精度高、范围广等特点，并且能为国土资源管理工作提供基于事实影像的、可精确测量的、可作为基础信息的土地利用动态监测结果。近年来，随着遥感技术的不断发展，影像分辨率的不断提高，以及计算机技术和信息处理技术的不断增强，土地利用动态遥感监测技术不断完善并得到越来越广泛的应用。现阶段，土地利用遥感动态监测的方法主要可分为像元间比较变化信息提取法和分类后比较法，以及与新技术的集成方法。

我国从第二次全国土地调查开始，遥感监测已纳入土地管理业务化运行体系，成为土地资源管理工作中不可或缺的一部分。

二、土地利用动态遥感监测流程

土地利用动态遥感监测的主要思路是：对多源数据（包括多时相、多源遥感）进行纠正、配准、融合等预处理，通过图像处理和影像判读来确定变化属性及进行统计分析，结合人工判读目视解译，发现和提取土地利用的变化信息，实地核查并建立土地利用动态监测数据库。根据本思路所形成的土地利用动态监测系统的技术框图如图 15-4 所示。

（一）多源数据的选取

根据地籍管理所具有的连贯性、系统性、高精度等特点并结合当前遥感数据的具体情况，目前对数据源的选取主要采用的是美国的 Landsat TM 和法国的 SPOT 这两种卫星数据。此外，为提高监测精度，还要结合使用已有的地形图、土地利用调查图等图件资料，注意收集当地的人文、地质、作物生长信息；为实现对重点区域进行监测的需要，还要借助航片或更高分辨率卫星影像数据资料。

（二）遥感影像预处理

多源数据的预处理包括辐射校正、影像增强、几何校正、影像配准、镶嵌及影像融合等工作。数据预处理能减小非变化因素的干扰，增强影像的可判读性，有效地提高监测的精度。

在确定数据源并选择图像质量好的遥感影像后，开始对这些影像进行预处理。处理的流程如图 15-4 所示。

1. 遥感图像的几何校正和配准

在遥感图像形成过程中，由于传感器高度和姿势角变化、大气散射、地球曲率、地球自转、地形起伏等诸多因素的影响，图像存在一定的几何畸变和辐射失真现象，使用前必须消除。当我们拿到遥感影像时，首先要先进行辐射校正和几何粗校正，然后进行以地面控制点为依据的几何精校正和配准。几何精校正是利用地面控制点对由各种随机因素引起的遥感图像进行几何畸变的校正。

在几何精校正过程中涉及几何位置变换和图像灰度重采样两方面。可以以地形图等为基准，在遥感图像上均匀选取控制点，为使图像在校正过程中不致过分扭曲，成图主要采用二次多项式变换（公式 15-1），利用最邻近法对图像进行重采样。所有图像的投影坐标系都采用高斯-克吕格投影和北京坐标系，保证 TM 图像的投影坐标系和龙海市地形图及土地利用现状图一致，实现遥感与地理信息系统的集成。

$$\begin{cases} X = F_x(u,v) = \sum_{i=0}^{n}\sum_{j=0}^{n-i} a_{ij}u^i v^i \\ Y = F_y(u,v) = \sum_{i=0}^{n}\sum_{j=0}^{n-i} b_{ij}u^i v^i \end{cases} \tag{15-1}$$

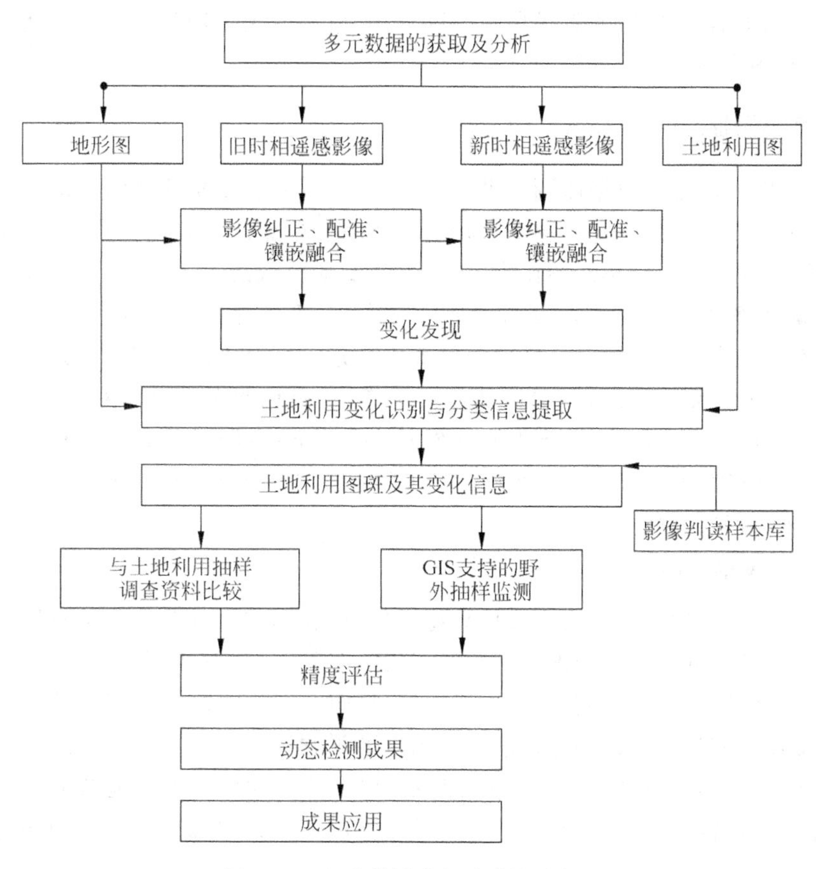

图 15-4 土地利用动态遥感监测流程

其中：(X,Y)为待校正图像上的像元坐标 F_x，F_y，为重采样校正畸变函数，(u,v)为校正图像空间中每个待输出像元点的位置，a_{ij}，b_{ij} 为待定系数，是利用地面控制点的待校正图像坐标和参考坐标系中的坐标(如地形图中的坐标)按最小二乘法求解的多项式系数，n 为多项式的阶数，n 取 2 即为二阶多项式方程。对不同时相遥感图像的几何校正可分为两类：一类是图像与图像之间的相对纠正，又称图像配准；另一类是图像坐标转变为某种地图投影的绝对纠正，或对图像进行编码。

2. 遥感图像镶嵌

数字影像的镶嵌是将两幅或多幅数字影像(它们有可能是在不同的摄影条件下获取的)拼接在一起，构成一幅整体图像的技术过程。不同时相遥感图像进行镶嵌的主要困难是：在获取时间不同的相邻图像上，对季节变化十分敏感的植被、耕地等地物的色调和形态都会有所不同，随着时间推移而发生自然变迁的地物(如沙丘移动、滩涂扩张、河流改道等)，以及人类活动造成的人文标志(农田、道路、被砍伐或种植的林地等)变化，也都会造成相邻图像在色调、纹理乃至地物内容上的变化。而这一系列变化必然造成相邻图像在色调上的不统一和纹理上的不连续，致使它们在镶嵌时往往会出现明显的接缝。在相关软件的功能支持下，分别实现不同时相影像的镶嵌，镶嵌后的各期图像必须进行色调匹配，以保证图像整体色调的基本一致，以及接缝线的尽可能消除，应用羽化技术以获得最佳镶嵌效果。在经过处理后，接缝线几乎消失，镶嵌的效果良好，可以用于后续的图像增强和分类。所有的后续处理均是在镶嵌图像的基础上进行的。

3. 图像数据提取

为确保多时相的遥感数据监测结果具有空间可比性，必须从两个时相图像中切割出相同的研究区域。我们利用数字化技术在相应的软件上对现有的土地利用现状图的行政边界线进行矢量化，并把此矢量化的图作为底图，绘制要求区域的边界，然后进行面积赋值并保存，转换为栅格格式后运用掩膜从配准好的不同时相的遥感影像上剪切下来。例如在 ArcMap 软件上的具体方法为：①在 ArcMap 中新建一个 Polygon（多边形）属性的 SHP 图层，以沽源县行政区划图为底图，绘制沽源县边界，进行面积赋值并保存；②通过 ERDAS IMAGINE 中的 Vector-To-Raster 将矢量数据转换成 img 栅格数据，并保存为 mask. img；③以 mask. img 作为 Mask（掩膜），运用 Mask 功能将沽源县从配准好的不同时相的遥感影像上切割下来，分别保存。

4. 遥感图像增强处理

传感器获取的遥感图像含有大量地物特征信息，在图像上这些特征信息以灰度形式表现出来，当地物特征间表现的灰度差很小时，目视判读就无法辨认，图像增强处理是数字图像处理中最基本的方法之一，其目的在于突出图像中有用的信息，扩大不同图像特征之间的差别，从而提高对图像的解译和分析能力。图像的增强处理方法有很多，如线性拉伸、各种变换（如 K-L 变换，K-T 变换、HIS 变换，以及空间域到频率域变换）、滤波处理、密度分割、直方图调整，以及各种彩色合成技术等。图像增强的实质是增强感兴趣的地物与周围地物图像间的反差。

图像增强是一种“相对”的概念，增强效果的好坏，除了与算法本身的优劣有一定关系外，还与图像数据有直接关系，由于评价图像增强质量好坏往往凭观察者的主观而定，并没有通用的定量判据，本文主要采用以下几种视觉效果比较好、计算相对简单、合乎应用要求的图像增强方法。

线性拉伸是增强处理中最常用的一种方式。它通过线性拉伸方程把原图像较窄的亮度范围拉伸到指定范围或整个动态范围，分为局部拉伸或分段拉伸。通过线性拉伸使图像的亮度范围扩大，可以提高图像间对比度和清晰度，突出图像的细节部分，易于判读各种地物。式 15-2 和图 15-5 列出了线性拉伸的公式和示意图。

$$\frac{X_a - b_1}{b_2 - b_1} = \frac{X_a - a_1}{a_2 - a_2} \rightarrow X_b = \frac{b_2 - b_1}{a_2 - a_1}(X_a - a_1) + b_1$$
$$(X_a \in [a_1, a_2]$$
$$X_b \in [b_1, b_2]) \tag{15-2}$$

其中 a_1，a_2 为 a 波段（X_a 轴）最小、最大灰度值，增强后表示在 X_b 轴上，b_1，b_2 为最小、最大值（一般取 0～255）。

（三）变化信息提取及变化类型确定

变化信息是指在确定的时间段内，土地利用发生变化的位置、范围、大小和类型。进行变化信息提取时，要对两个时相的遥感影像作点对点的直接运算，经变化特征的发现、分类

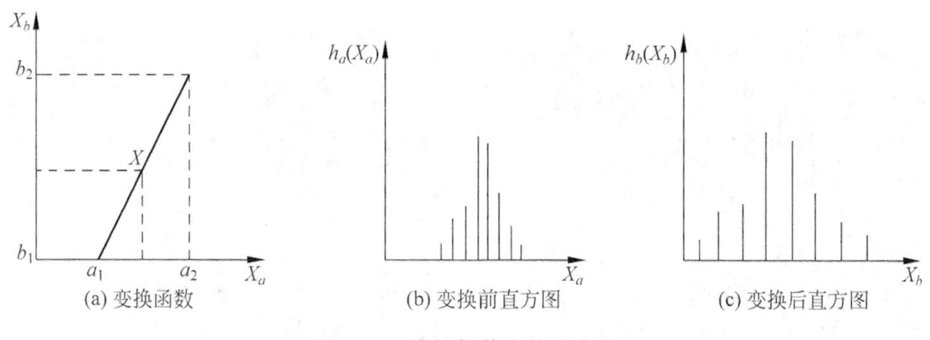

图 15-5　线性拉伸变换示意图

处理，以及人工辅助判读解译，获取土地利用的变化位置、范围，确定变化的类型。

（四）外业核查

若在变化信息提取之后进行土地变更调查，可以根据变化信息提取的结果缩小核查的范围，减少野外土地变更调查的工作量，而核查的结果可以提高遥感监测的精度；若在变化信息提取之前已经有土地变更调查资料，则可根据调查资料定性指导、定量判读，支持并确认变化信息提取结果。内外业相互验证，从而提高遥感监测的精度和可靠性。

（五）变化信息后处理

外业核查提供了土地利用变化的准确信息。在核查的基础上，再借助有关统计资料和专题资料，对变化信息进行后处理，归并小图斑，辅助解决原内业工作中的困难问题。

（六）监测精度评定

利用实地外业核查以及监测的变化图斑数据，对内外业变化监测的差异记录核实并进行统计分析及精度评定，最终的监测成果为管理提供可靠的基础资料和技术保障。图 15-6 和图 15-7 为土地利用动态遥感监测实例。

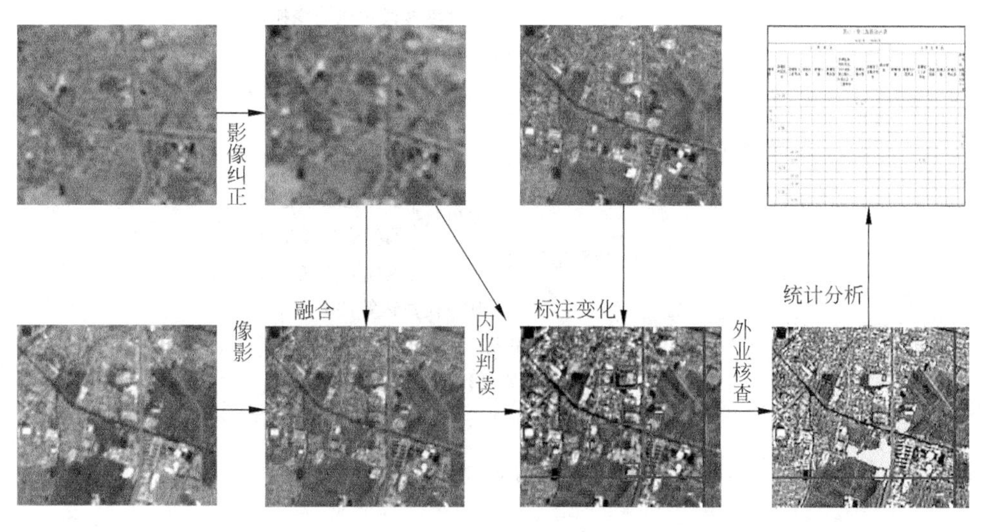

图 15-6　土地利用动态遥感监测流程

图 15-7　土地利用遥感监测图

三、遥感动态监测关键技术与方法

实现遥感监测土地利用变化一般有两种方法，即分类后比较法和光谱直接比较法（即上述的像元间比较变化信息提取法）。后者直接利用多时相、多元遥感数据的光谱特征差异来寻找变化，通过图像处理和影像判读来确定变化属性并进行统计分析，确定土地利用变化类型信息，这样就大大减少了对变化区域作分类时作业人员的工作量，有效地提高了监测精度。而且也能够确定土地利用变化的位置，能灵敏地探测出像元级的土地变化，同时也尽量避免了分类过程中引入虚假的变化类型，具体的分类见图 15-8。

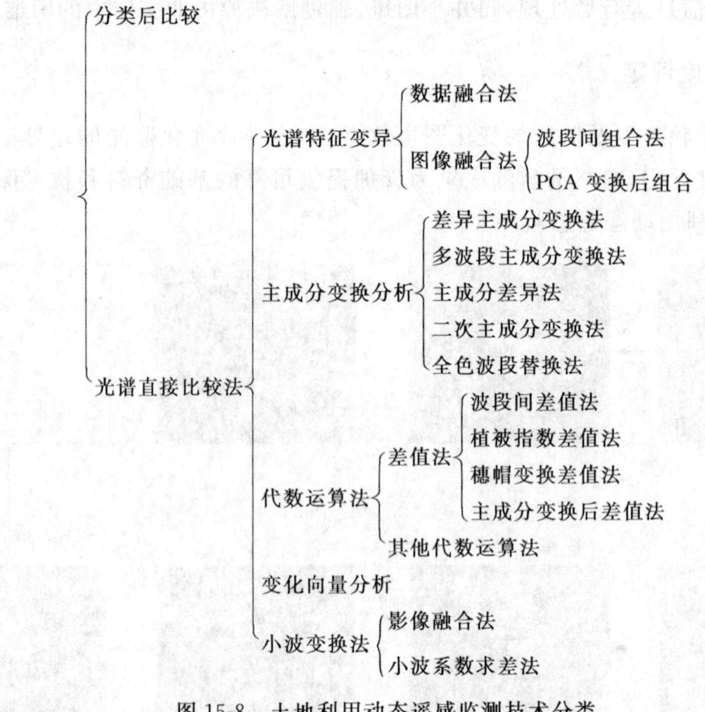

图 15-8　土地利用动态遥感监测技术分类

（一）分类后比较法

分类后比较法是对多时相、多源遥感数据进行分析并作纠正、配准、融合等预处理，然后利用处理结果进行计算机自动分类和人工判读目视解译，得到各时相的土地利用分类结果，比较分类结果便可发现土地利用中的变化位置和变化类型。这种方法的优点是可以进行分类结果来制作辅助更新土地利用数据数据库，可以回避图像系列的季相要保持一致的条件，以及图像间辐射校正、匹配等问题。缺点在于作土地利用分类时工作量较大，分类精度不高，而且由于要对不同时相影像都作分类处理，所以在进行比较确定土地利用变化时已经积累了两次的分类误差，难以获得令人满意的结果。

（二）光谱特征变异法

将前后时相的影像或衍生的波段进行融合、组合时，若地物发生了变化，对应区域的光谱就会发生变异，与周围地物的光谱失去协调性，恰巧这种错误信息是土地利用发生变化的部分。两个时段土地利用特征的变化信息，是一种集中在光谱、空间、时间上的变化特征，称之为“变异特征”。但该方法的效率受到监测区地物光谱特性的限制，容易丢失小图斑。光谱特征变异法一般指基于数据融合的光谱特征变异。由于将不同时相的遥感影像进行组合显示时，也能自动发现变化信息，而且变化信息的发现原理和前者一致，因此将光谱特征变异法的概念进行了拓展，将影像组合法也归入光谱特征变异法之中。

1. 数据融合法

运用多源数据的融合技术，将不同时相的来自不同传感器的遥感数据进行融合，是使变化区域呈现特殊的影像特征的一种方法。同一地物反映在前后时相影像上的光谱信息是一一对应的，将二者融合时，所有不变的特征信息的融合结果是一种优势互补融合；而地物发生了变化处的信息特征融合实际上是一种信息的错误融合，融合后的影像上就会出现光谱突变（变异），并与周围地物在光谱上失去协调性。

用于影像融合的方法主要有 LAB 变换、HSI 变换、线性复合与乘积运算、比值运算、Brovey 变换、高通滤波变换和主成分变换（PCA 等方法）。

2. 影像组合法

影像组合法也称作假彩色合成法，它是将前后时相影像的原始波段或衍生波段组合在一起，分别赋予红、绿、蓝三色，可以高亮度地显示出变化后的土地利用变化信息。

(1) 波段间组合。将前后两时相多光谱（或全色影像）图像组合为一个图像文件，从中选择三个图层分别赋予红、绿、蓝三色进行假彩色显示，其中，选出的三个图层可以不是同一时相的。由于土地利用发生了变化，变化处的光谱信息与其他地方的会不一致，从而发生光谱特征变异。

如前一时相的 TMI、2 波段与后一时相 TMI 波段的组合；前后时相的 SPOT 全色影像的组合；前一时相的 TMI、二波段与后一时相的 SPOT 全色影像的组合等，均可以探测出变化信息。由于不同波段对地物的敏感程度不一致，不同的波段组合得到的结果会存在一定的差异。

(2) 主成分变换后波段间组合。将前后时相的多光谱影像进行主成分变换，并组合成一个影像文件,然后从中选择三个图层分别赋予红、绿、蓝三色进行假彩色显示,其中,选出的三个图层不能是同一时相的。这样可以得到比波段间组合效果更好的变化信息。

(三) 主成分变换法

主成分变换是基于变量之间的相互关系,在尽量不丢失信息的前提下利用线性变换的方法实现数据压缩。主成分变化主要用于:数据压缩(去相关),图像增强,在光谱特征空间中突出物理意义显著的指数(如亮度、绿度、湿度等),监测地表覆盖物的动态变化。一般图像的线性变换可表示为:

$$Y = TX \tag{15-3}$$

式中,X 是待变换图像的数据矩阵;Y 是变换后的数据矩阵;T 为变换矩阵。若 T 是正交矩阵,并且由待变换图像的数据矩阵的协方差矩阵 C 的特征向量所组成,则此变换称为主成分变换,变换后的数据矩阵的每一行矢量为主成分变换的一个主分量。根据主成分变换的定义,多光谱影像主成分变换的过程概括如下:

(1) 由多光谱影像(m 个波段,每个波段 n 个像素)的数据矩阵 X(矩阵中的每一行表示一个波段的图像)计算它的协方差矩阵 C。

$$X = \begin{bmatrix} x_{11} & x_{12} & \cdots & x_{1n} \\ x_{21} & x_{22} & \cdots & x_{2n} \\ \vdots & \vdots & \ddots & \vdots \\ x_{m1} & x_{m2} & \cdots & x_{mn} \end{bmatrix} \quad C = \begin{bmatrix} \sigma_{11}^2 & \sigma_{12}^2 & \cdots & \sigma_{1n}^2 \\ \sigma_{21}^2 & \sigma_{22}^2 & \cdots & \sigma_{2n}^2 \\ \vdots & \vdots & \ddots & \vdots \\ \sigma_{m1}^2 & \sigma_{m2}^2 & \cdots & \sigma_{mn}^2 \end{bmatrix} \tag{15-4}$$

式中,σ_{ij}^2 是影像的方差,$\sigma_{ij}^2 = \frac{1}{n}\sum_{i=0}^{n-1}(x_{i,j} - \overline{x_i})(x_{j,i} - \overline{x_j})$;$\overline{x_i} = \frac{1}{n}\sum_{i=0}^{n-1} x_{i,j}$ 是影像第 i 波段的灰度均值。

(2) 计算协方差矩阵 C 的特征值与特征向量 U,并组成变换矩阵 T,具体如下:

由特征方程 $|\lambda I - C| = 0$ 求出特征值 $\lambda_i\,(i=1,2,\cdots,m)$,将其按从小到大的顺序排列,再解方程 $(\lambda_i I - C)U = 0$(I 为单位矩阵),求出各特征值对应的单位特征向量 U_i 即 $U_i = [U_{1i}, U_{2i}, \cdots, U_{mi}]^{\mathrm{T}}$。

若以各特征向量为列构成矩阵 U,即:$U = [U_1, U_2, \cdots, U_m]$,$U$ 矩阵的转置矩阵即为主成分变换的系数矩阵 T。

(3)由主成分变换的具体表达式 $Y = U^{\mathrm{T}} * X = TX$,获得主分量变换后的新矩阵 Y,矩阵中得每一行向量 $Y_i = [y_{i1}, y_{i2}, \cdots, y_{im}]^{\mathrm{T}}$ 为主成分变换后的一个主分量,其中第一主分量(对应于最大方差)包含了绝大部分信息,第二主分量次之,只要取前面少数几个主分量就可以包含原始变量(波段)中的绝大部分信息。由于地物在不同波长波段的显著特征不一致,因此,通过对影像进行主成分变换,可以降低影像“同物异谱,同谱异物”的影响。

主成分变换在变换前后总的方差保持不变,即变换前后信息量保持不变;其次,从相关的一组变量(波段)中产生一组不相关的变量(主分量),这一特征可以从几何意义上加以理解,主成分变换实质上是完成了一次坐标系的旋转(如图 15-9 所示),使第一主分量轴沿着光谱特征空间中点集延伸的最大方向(即拥有最大方差),第二主分量轴沿着点集的次大沿申方向(即拥有次大的方差),依此类推,N 个主分量轴构成的坐标系对应于由特征向量组成的一个基。点集向各主分量轴投影,便可得到对应的主分量图像。因此,一幅主分量图像中包含了比一幅原始波段内容丰富的信息，起到图像增强作用；另一方面，在多光谱影像处理中，可以用少数几个正交的主分量作为新的数据通道，代替相关性较大的多个原始波段，从而起到降维和数据压缩的作用。

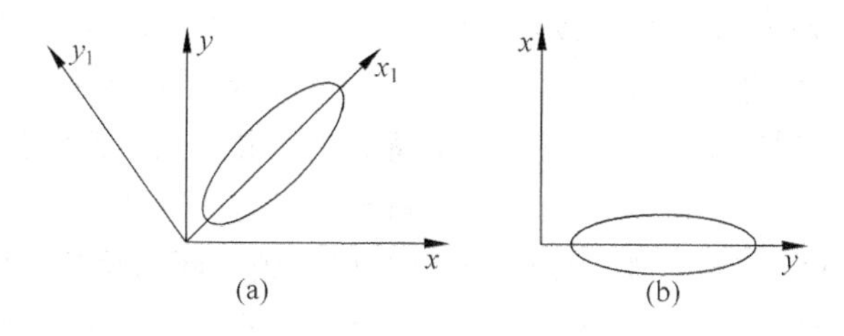

图 15-9　主成分变换示意图

根据主成分法变换具体操作的不同，该方法又有以下几种方式。

① 差异主成分法

差异主成分法是先对影像作相差取绝对值处理，得到一个差值影像，显然，这个影像里集中了原两时相影像中绝大部分的变化信息，而滤除了影像中相同的背景部分，在此基础上，再对差值影像进行主成分变换。

对两影像求差时，相减的对应波段的波谱特征应一致，或接近，否则，会影响变化信息检测精度。如 TM 多光谱与 SPOT5 全色融合影像和 SPOT5 多光谱影像进行差异主成分变换时，就需要从融合影像中选择可以和 SPOT5 多光谱影像相匹配的波段进行数据处理。

由主成分变换的特性知道，变换结果的第一分量集中了影像的主要信息，而其他分量则反映了波段的差异信息。因此，差值影像进行主成分变换后的第一分量应该集中了该影像的主要信息，即原两时相影像的主要差异信息，这个分量可以被认为是变化信息而被提取出来。

② 多波段主成分变换法

多波段主成分变换法是将前后时相的多光谱影像，或者多光谱影像与全色影像组合成一个影像文件，再对其进行主成分变换。由于变换结果前几个分量上集中了两个影像的主要信息，而后几个分量则反映了两影像的差别信息，因此可以选取后几个分量进行假彩色显示以突出变化信息。

③ 主成分差异法

主成分差异法是先对不同时相多光谱影像进行主成分变换，然后对变换结果作差值，取差值的绝对值为处理结果。虽然在对不同时相多光谱影像分别进行主成分变换时前面的主分量集中了多光谱影像的主要信息，但所需的变化信息不一定在前面主分量对应的差值图像中，后面分量的差值有时也能够突出反映原始影像的变化信息。

④ 全色波段替换法

将多光谱影像进行主成分变换，将另一时相的全色替换其中的第一主成分，组合显示可看出变化信息，然后再将上面结果进行逆变换，也可显示变化信息。

（四）代数运算法

1. 图像差值法

区域土地利用方式若发生了变化，前后时相影像对应区域的像素灰度将存在差异。将两时相的遥感影像按波段逐像元相减，可生成一幅新的代表两个时相间光谱变化的差值图像。采用差值法自动发现变化信息包括两个主要步骤。

首先，选择合适的差值计算波段或波段组合。差值计算不仅应考虑影像的原始波段，还应包括各主分量、NDVI 等比值型指数在内的各种“衍生”波段。然而，依靠人为经验进行定性分析，选择符合变化信息提取要求的差值计算波段，仍是目前普遍采用的方法。

其次，确定差值图像变化阈值。确定变化阈值的意义是从差值图像中界定出变化像元。现阶段的研究普遍认为，差值图像变化阈值的确定是通过人机交互选择最佳经验性数值的过程，该过程一般贯穿室内与野外工作的全过程，以达到不断调整校正变化阈值的目的。值得注意的是，差值图像中不同类型的土地利用变化像元的灰度值统计特征并不相同，甚至相差很大，因此，确定差值图像变化阈值不可能是简单的差值图像整体灰度值统计问题。

差值图像中像元的灰度值 C 如果满足公式(15-5)，即被视为变化像元。

$$|C-M| \geqslant T * STD \tag{15-5}$$

式中，M，STD 分别为差值图像灰度值统计均值和标准离散值，T 为变化阈值。由于受辐射因素的影响，单纯相减所得的变化模板中肯定会含有大量的假变化信息和噪声信息，要从这些信息中提取出真正的变化是个比较困难的问题。此外，由于异物同谱现象的存在，许多真正的变化信息也会因为相减而被漏掉，从而影响了最终变化信息的获得，本方法的优势是处理速度快。

图像差值法运算有以下几种方式。

(1) 前后时相波段间直接求差，波段的选择非常关键，不过波段间直接求差效果较差，信息丢失严重，所得结果与原始影像的成像效果有极大关系。

(2) 植被指数(NDVI)差值法，植被指数差值法只对植被的变化信息敏感，侧重于对植被覆盖的变化探测，对其他土地利用变化探测效果差。

(3) 穗帽变换(K-T 变换)差值法，穗帽变换差值法侧重于土壤、植被的变化探测。

(4) 主成分变换后差值法。主成分变换后求差法与前面提到的主成分差异法原理不一致，后者是直接求差再组合成假彩色影像，前者是将各自的第一主分量求差，根据设置的阈值检测出变化信息。

2. 其他代数运算法

在分析前后时相影像光谱特征的基础上，还可以对影像再进行加、乘、除运算，或者加减乘除的联合运算，以达到自动发现变化信息的目的。

(五) 变化向量分析法

变化向量分析是将像元的波段灰度以向量表示(大小、角度)，同一像元在不同时间上状态变化以向量迁移表示，即对不同时间向量进行差值运算，得到每个像元的变化值(大小、角度)，称为变化向量。

设时相 t_1，t_2 图像的像元灰度级矢量分别为 $G=(g_1,g_2,\cdots,g_k)^{\mathrm{T}}$ 和 $H=(h_1,h_2,\cdots,h_k)^{\mathrm{T}}$，则变化向量为

$$\Delta G = G - H$$

变化强度为

$$\| G \| = \sqrt{(g_1 - h_1)^2 + (g_2 - h_2)^2 + \cdots + (g_k - h_k)^2} \tag{15-6}$$

变化向量的角度一般用方向余弦表示：

设 $X(x_1, x_2, x_3, x_4, x_5, x_6,)$ 为一包含 6 个波段的光谱变化向量，其模为

$$| X = \sqrt{x_1^2 + x_2^2 + x_3^2 + x_4^2 + x_5^2 + x_6^2} | \tag{15-7}$$

各波段与光谱亮度轴的夹角为 $(\theta_1, \theta_2, \theta_3, \theta_4, \theta_5, \theta_6)$，其计算方法如下：

$$\cos\theta_1 = \frac{x_1}{| X |}(i = 1,2,3,4,5,6) \tag{15-8}$$

可由新向量 $Z=(\cos\theta_1, \cos\theta_2, \cos\theta_3, \cos\theta_4, \cos\theta_5, \cos\theta_6)$ 在方向余弦构成的空中唯一地确定一点。

若 $\| G \|$ 大于设置的阈值，则确定是变化了的像元，然后根据向量 Z 与特征点的接近程度确定其所属类型。

该方法优点是利用了所有波段包含的信息，同时可以用变化向量的方向来刻画变化类型，有明确的物理意义。但单靠变化向量在空间上的方向还不足以确定土地利用变化的类型，而且，该方法对数据质量要求高，缺乏高效的阈值确定方法，随着波段的增加，类型判断难度加大，限制了该方法的有效使用。

复习与思考

1. 何为遥感技术？
2. 遥感观测对象及其特征是什么？
3. 遥感技术有哪些应用领域？
4. 试述遥感技术系统的构成。
5. 土地利用动态监测的含义是什么？
6. 土地利用动态监测的目的和作用是什么？
7. 试述土地利用动态监测的内容和基本方法。
8. 试述土地利用动态监测分析的主要内容。
9. 何谓土地利用变更调查？
10. 试述土地利用变更调查的步骤与要求。
11. 试述土地利用动态遥感监测的含义及其特点。
12. 遥感监测关键技术有哪些？
13. 试述土地利用动态遥感监测的技术流程。

第十六章

城镇地籍调查成果的应用

第一节　概　述

一、地籍调查成果的特性

我们知道,现代多用途地籍是以宗地作为空间信息的最小载体,以准确性、现势性为特点,以多用途功能为目标的。因此,地籍调查成果具有显著的空间特征,有丰富的属性描述,有强烈的时态性。正是由于地籍调查成果的这些特性,我们可以借助数学分析技术,对其进行空间数据分析,从而准确地判断和描绘某一事物在空间上的分布和运动规律。比如,中小学、医院、消防站在行政辖区的分布,住宅用地、工业用地在空间上的分布和发展趋势等。从广义的角度看,所有存在于或发生在地面上的信息,都具有空间性,如某个单位或区域的人口、性别、年龄,某个企业的产值、产量、利润等,如果把这些信息与地籍信息的载体(宗地或地块)通过标识符相连接,那么,同样也可以分析、描述这些事物在空间上的分布和运动规律。因此说,地籍调查成果可以广泛地应用于各个领域。

此外,由于变更地籍调查保证了地籍调查成果的现势性和时态性,因此,通过对时态数据的统计分析,可以掌握某一事物在时间上的分布和运动规律;而属性数据与图形数据的相互对应,使地籍调查成果的应用更直观、更形象,便于决策部门使用。随着科技发展和社会进步,相关信息源的不断增加,地籍管理的手段更加先进,管理的效率越来越高,地籍的应用将越来越广阔,越来越深入。

二、地籍调查成果的应用方式

从应用方式上看,地籍调查成果的应用有直接应用和间接应用两种方式。

(一)直接应用

地籍调查成果的直接应用是指需要应用的部门从地籍管理部门依照法律程序获取没有

加工过的地籍信息为自己所用。直接应用主要发生在地籍工作和土地管理的行政过程中，应用的方法主要是查询、检索、统计。

直接应用地籍信息调查成果的业务部门有土地登记、地政管理、征地拆迁、土地税费的征收、测绘、土地监察、建筑设计管理、基层管理站所等，这些业务在应用地籍信息的同时，往往产生新的地籍信息。

（二）间接应用

间接应用有两种方式：其一，指对地籍调查成果加工后才能应用；其二，指在地籍基本调查成果的基础上附加其他信息的背景式应用。

1. 地籍调查成果加工后应用

此时，需要对地籍调查成果进行数理统计分析和空间分析，通过制作各种表册和图件或图形后加以运用，运用的部门主要有国家级、省级、市级、区县级的行政决策部门等，包括土地利用规划的编制、城市规划，尤其是详细规划和工程规划的编制、土地供应计划的编制、房地产市场管理等。

所谓数理统计分析是指对土地及其附着物的数量、质量、分布、利用和地权状况进行统计、调查、汇总并提供统计分析报告和统计资料。

所谓空间分析是指把地籍信息的查询、统计结果结合地籍图形制作成所需要图件的理论、技术和方法，如城镇土地利用现状图、城镇土地建筑密度图、城镇土地建筑容积率图、城镇土地利用潜力分布图、城镇土地利用性质调整分布图、权属地籍图、房地产产权登记图、违法用地图、工业布局现状图、商业服务业布局现状图、文教卫生设施现状图、道路交通网络图等。空间分析技术可提供任意时间点、任意时间段的用色彩表达的上述图件，用于研究土地权属、用途、质量等方面在地域空间上的分布规律和运动趋势。

本章三、四节介绍的城镇土地利用现状调查与潜力评价就是典型的对地籍调查成果进行加工后的应用。

2. 地籍调查成果的背景式应用

地籍调查成果的背景式应用是指需要在地籍调查成果的基础上附加其他信息的背景式应用。应用的部门主要有消防队、公安局、水利局、供电局、环保局、科研部门、高等院校等。

地籍在空间上是由宗地边界线构成的连续的全覆盖网状系统，这个网状系统把附着在地面上的所有有形的事物和部分无形的事物（如土地价值等）都归属在相应的宗地上。由于这种宗地设立是与权利人联系在一起的，所以又往往是我们常说的“一个单位”、“一个住宅区”、“一户人家”、“一个工厂”等。现代地籍用特定的标识（宗地号）来管理这些信息，因此，用户无论查询文档还是图件都比传统的手段要方便得多，先进得多。

现代多用途地籍为地面附着物的信息提供了最小载体（宗地）和标识符（宗地号），所以只要应用部门把自己所关心的有关空间数据按照地籍信息管理的方式和方法对应起来，就可以在地籍背景的支持下进行灵活应用。

三、城镇土地利用潜力的概念

“潜力”一词的含义是“事物现状与可达到的最佳状态之间的差距”。因此，土地利用潜力的实质可理解为，土地利用现状与最优利用状态之间的差距。城镇土地利用潜力的概念可分为广义和狭义两种内含。

广义而言，城镇土地利用的优劣涉及社会、经济和环境三大层面。城镇土地的利用潜力大小是指通过改变存量土地的用途和生产要素结构，使城镇的社会、经济、环境综合效益可以实现提升的幅度。因此，对潜力的衡量不能仅仅限于"经济潜力"的度量，还要兼顾城市的可持续发展和人民生活环境质量提高。鉴于此，城镇土地利用潜力的广义定义应为：在某一发展时期，城镇建成区所能利用的三维空间范围内，从城镇社会、经济、环境的整体特点出发，在现存土地总量不变的前提下，通过土地利用的调整所能增加的城镇土地的经济效益、生态环境效益和社会心理效益等综合效益。

狭义而言，城市社会经济体系是个复杂的巨系统，作为各项活动承载体的土地运行也充满了不确定性、复杂性甚至矛盾性。因此，在土地评价的系统中，城镇土地利用评价应该更关注"土地"本身的属性和运行特点，从土地利用的主要影响因素"土地利用结构"和"土地利用强度"着手，研究这些因素变动对城镇土地利用潜力所产生的影响。因此，可以把狭义的城镇土地利用潜力定义为：在某一发展时期，城镇建成区所能利用的三维空间范围内，从城镇土地利用的经济效益特征出发，主要通过调整存量土地的结构和强度，在现存土地总量不变的前提下使土地利用经济价值达到更(最)优状态。

在以实际应用为目的的土地评价中，城镇土地的利用应该划分不同的空间层次。研究范围大小不同，适用的概念内涵也有所区别。在相对宏观的空间层次上，社会、经济和环境的影响比较综合，也相对容易度量，可以选用广义的土地利用潜力概念。在相对微观的空间层次上，人们对居住城市的满意度、城市生态环境的合理度、土地利用的可持续性等综合的社会、环境问题难以度量和比较。因此，微观层次的研究适宜采用狭义的概念作为现实评价工作的指导，以满足可操作性和现实性的要求。

四、城镇土地利用现状调查与潜力评价

城镇土地利用现状调查与潜力评价工作主要包括城镇土地利用现状调查、城镇土地利用现状分析和城镇土地利用潜力评价三部分内容。通过城镇土地利用现状调查和变更调查工作，查清并汇总城镇各类土地利用现状及分布状况，掌握城镇建成区土地利用现状，找出土地利用中存在的问题，提出合理化建议和解决方法。

通过城镇土地利用现状分析，在充分利用城镇地籍调查成果基础上，查清城镇内部闲置土地状况、建筑密度、建筑容积率等状况，分析评价土地利用的集约化程度，确定土地利用的潜力指标体系，为进一步开展潜力分析和评价提供定性、定量的基础和依据，为进行土地利用现状分析、土地利用动态变化分析、土地开发利用程度分析和土地综合评价提供依据，为土地审批和制定可持续发展的土地利用政策提供科学依据。

土地利用潜力按土地利用程度和挖潜改造方向，可将城市土地分为：无容量土地、容量完全损失土地、未利用的土地、低度利用的土地、合理利用的土地、过度利用的土地等。通过城镇土地利用潜力评价，充分利用城镇地籍调查成果基础数据，对城镇土地利用数量结构和空间结构进行空间统计、汇总和分析，在找出上述土地的数量、结构、强度及空间分布规律的基础上，提出城镇土地利用潜力和开发、保护方向，以调查研究的成果指导日常土地管理工

作，总结调查经验，进一步完善市区地籍调查及变更地籍调查成果。

第二节　地籍调查成果在城市建设与管理中的应用

我国改革开放以来，城市面貌日新月异，城市管理的难度不断增大。由于城市建设和管理都离不开土地及其附着物，而地籍调查成果准确及时地记录了每一宗地的位置、权属、现状及相关数据等基本信息，所以，科学高效地运用这些精确现势性资料，就可以做到高起点规划，高标准建议和高效能管理。

一、地籍调查成果为城市规划服务

一个城市的规划可分为若干层次或若干阶段，目前通常的划分有总体规划、分区规划和小区详细蓝图。一个好的规划依赖于有关土地及其附着物的详尽、准确、多时态、多层面的空间信息。数字地籍调查成果在空间上全覆盖地记载了每一块土地及其附着物的不同时期的各种基本要素，它们正是进行城市规划所需要的基础资料。

有了数字地籍调查成果的支持，城市规划的合理性、科学性和可操作性会大幅度提高，严肃性和权威性将得到加强。以往许多规划，弹性不足而刚性有余，其主要原因就是规划编制时没有系统的连贯的准确的地籍资料。如旧城区改造规划时，通过查阅地籍资料，我们就能准确知道拆迁对象的土地是如何取得的、年期多长、地价多少、有多少建筑面积、建造成本等详尽的资料，因而规划方案的选择就有了可行性，规划效率也会大大提高。

通过借助地籍管理信息对辖区内所有地籍信息的全面深入的分析研究，我们可得到编制规划时所关心的以下 6 方面内容：

(1) 城市现阶段的发展形态与结构，城市的功能布局现状。

(2) 商业服务业、工业仓储和居住等各类城市用地的数量、比例，以及空间分布现状和历史变迁过程。

(3) 城市对外交通系统的布局，以及车站、铁路枢纽、港口、机场等主要交通设施的现状和规模；城市内部交通道路结构的空间布局现状与存在的问题。

(4) 城市给水、排水、供电、电信、燃气、供热等市政公共设施的配置现状及历史变迁情况。

(5) 城市公共配套设施，如学校、幼儿园、肉菜市场、医疗卫生设施、文化娱乐设施、体育设施、教育设施。

(6) 地价评估图和相关数据。

以上地籍调查成果提供的多种信息，有助于确定合理的规划指标，使规划内容既有超前预测性，又能符合实际情况，使得编制的规划切实可行。

在规划实施阶段，地籍调查成果因其有现势性可以随时知道项目是否按规划要求进行建设，准确地监察违章建筑、违法用地的现实情况，并进行及时处理。同时，地籍调查成果也为城市规划的修编工作提供依据。规划本身是一种对未来的预测、设想，当这种设想变为现实时，其是否合理、科学就可以通过分析地籍资料来判定。

二、地籍调查成果为土地管理服务

准确的地籍资料在土地使用税费的征收、征地拆迁、地价政策的制定、国有土地的出让与转让管理和土地开发管理等地政管理工作中有着举足轻重的作用。

根据地籍调查成果，可以对辖区内的土地利用情况系统全面把握，为正确地制订土地使用税费标准体系提供准确的依据；具体是，根据宗地的位置、面积、用途、土地级别等信息，结合制定的税率或收费标准及有关法律法规，使土地税费的征收额度更趋合理和透明，土地税费的征收范围也更加明确，使征收工作得以顺利开展。

对于具体的征地拆迁项目，可充分利用地籍调查成果提供的涉及拆迁范围内的所有宗地的基本情况，包括土地及其附属物的位置、权利人、数量、质量等，从而大大减少野外踏勘的工作量，并使征地拆迁赔偿的数额确定有准确的依据，使征地拆迁补偿工作得以顺利进行。

充分利用和研究地籍资料，我们可以正确地制定与政府产业政策匹配的地价政策，为土地的出让、转让、招标、拍卖提供土地价格或价值上的技术支持。

随着我国土地使用制度改革的不断深化，土地作为资产的功能，逐渐为人们所认识。土地作为生产资料的一部分逐渐进入市场，交易日渐活跃，但在规范的房地产市场后面，隐形的房地产市场仍然存在，不少的划拨土地使用权和集体所有制非农建设用地自发地进入市场，非法土地买卖、非法集资建房和非法合作建房屡禁不止，时有发生。在这种私下的土地交易中，本应归国家的收益，几乎全部被土地使用者或买卖双方——部门、单位或个人所侵吞，给国家造成巨大的经济损失，这实质就是国有土地资产的流失。运用地籍资料，科学评估和显化国有土地价值，正确地处理土地资产的收益分配，从而合理地实现土地的经济价值，避免国有土地资产的流失。特别是对股份制改造和资产重组等经济活动，一定要根据地籍资料依法处理国有土地资产，才能确保国有土地制定与政府产业政策匹配的地价政策，为土地的出让、转让、招标、拍卖提供土地价格或价值上的技术支持。

自我国各地实行国有土地有偿有期使用制度以来，由于种种原因，土地使用权出让合同的执行情况却不十分明朗，存在有签订合同后不按合同规定时间动工、竣工的，有未按期履行合同缴交地价款的，更有私下转让国有土地的。土地使用权转让合同和出让合同一经签订，就成为地籍记载的对象。通过日常地籍工作，加强对这些合同的跟踪和监督，必将更加规范土地使用权的出让和转让，使土地使用权出让合同管理落到实处。

在制订土地开发供应计划时，根据地籍调查成果可以很方便地统计出历年各类用地的变化规律、开发状态，在此基础上结合当时、当地的产业政策和城市总体规划，就可以制订出合理的、科学的土地开发供应计划，从而强化政府对土地市场的调控能力，达到土地资源的优化配置及合理利用的目的。

三、地籍调查成果为房地产管理服务

由于地籍调查是在国家有关规程指导下并依照一定程序进行的政府行政技术行为，所建立的地籍既有准确性、现势性，又具有法律意义，连贯的地籍又记载了宗地的历史变迁，所以，地籍调查成果能为以土地及其附着物为主体的产权活动提供有力的支持，能有效地避免权利纠纷。

房地产产籍是地籍的一个组成部分，它对房地产产权的认定是必不可少的依据，因此，地籍资料可以用于房地产登记，使房地产的合法使用者和拥有者在法律上得到保护。同时，房地产权依法登记后产生的产籍，如登记时间，法律权力状态等，又可返回到地籍资料构成中，实现地籍更广泛的应用。

在城镇地区，由于历史原因，在我国现阶段社会公众的法治意识不强和经济利益的驱动下，盲目开发土地、非法占地、违章建筑、集体土地非法用作非农建设用地等现象时有发生。对此，我们可以对地籍调查成果进行全面的分析，找出产生违法用地和违章建筑的空间分布，为处理违法用地和违章建筑提供直观的、有说服力的事实，也为进一步完善现行的土地、规划、房地产等方面的法律法规提供可靠的依据。

房地产市场的管理是政府工作的一个主要内容，其有序、健康的发展，是社会稳定、经济繁荣的保证。政府为了能使房地产管理政策的出台既要时机恰当，又要力度得当，在政策出台之前就必须进行大量的调查研究，收集尽量多的准确、现势的资料供决策时参考。

地籍调查成果恰恰能快速地为这类决策提供详尽的资料。通过现代管理技术，利用地籍调查成果，可以很方便地列出或统计出各类房地产(工业、住宅、商业、办公等)的基本情况，如房地产的名称、开发商名称、地址、联系电话、联系人、坐落位置、占地面积、建筑面积、用地取得方式、缴交地价数目、结构、层数、分栋分户情况等；再到开发商处收集预售(销售)资料，如起价、销售进度、利润水平等，在此基础上根据需要进行各种叠加分析，剔除一些人为的因素，判断市场中各类房地产的走势。

比如住宅是高档销售情况好还是低档销售情况好，是高层、别墅还是低层，是复式还是单元式，是套房还是单身公寓等。通过统计，可以很容易地得出准确的年度或历年各类房地产的土地出让情况、年度竣工面积和进入市场的份额、销售情况和积压程度。据此，可以检讨土地供应计划，结合对下年度各类房地产市场走势的研判，就可以使下年度的土地供应计划制定得更切合实际，达到政府调控市场的目的。

除了调整土地供应计划以外，政府可以根据综合分析的结果，采取各种针对性的政策。如调整土地增值费的收取标准，限制或发展中介机构，调整按揭成数与年期，调整预售批准条件，允许或限制楼花买卖等。也可以采用买房入户政策，确定入户指标与建筑面积限额的多少，可以起到调整各类房地产开发数量的目的。

对于房地产开发商，地籍调查成果能为之提供许多有价值的参考资料。众所周知，开发一个项目其市场定位很重要，定位于高档还是中、低档，服务范围有多大，周围的配套情况如何，起价多少等，这是每个房地产开发商都必须作出的决策，通常需花费大量的人力、物力和财力去研究这个问题，并经常为得不到完整、准确、现势性强的资料而苦恼。现在，通过多用途地籍的帮助，这项工作将大大改善。房地产开发商借助现代管理技术，可以方便地从地籍信息数据库中调出：

——本项目所在区域周围一定范围内(自定)所有商品房项目的基本情况，包括项目名称、位置、开发商名称、结构、面积、户型等，再通过其他渠道收集其销售情况。

——行政区域内与本项目定位相同或相近的所有项目的基本情况。

有了上面这些数据，再做些调查分析，如市场潜在购买力的调查等。开发商可以比较容易地作出决策，为项目的开发成功奠定决定性的基础。

四、地籍调查成果为城市各项管理事业服务

由于地籍提供了一个能描述事物的地理参考系统，准确地表述了各宗地及宗地上各要素在空间上的相互关系。宗地是城市空间的最小组成单元，也是地籍信息的基本载体，城市的环境保护、市政设施、治安与消防管理，以及人口与产业管理等各项城市管理的资料数据也可以用宗地作为基本载体。只要我们将城市管理信息与地籍信息有机结合，借助现代信息处理技术，地籍调查成果就能高效地准确地为城市各项管理事业服务。

比如市政建设方面，可以准确获得管线通过的所有宗地及其附属物的情况。从而可确定最佳设计方案或施工方案。这对高压走廊、微波通道、道路选线等也同样适用。可以为公安、消防部门选择最佳的到达现场的路线等。这些方面的应用具有广阔的前景。

五、地籍调查成果为决策服务

地籍调查成果的决策作用在于能提供多层次、多要素、多时态的空间信息，以及能提供各种以空间为定位基础的统计数据，有了这些基础资料，政府各行政管理部门就可作出科学、合理的判断和决策。随着相关信息的不断增加，地籍调查成果的决策服务领域除了上述的土地管理、房地产管理及城市管理外，地籍调查成果的决策应用面将会不断扩大。社会投资者应用地籍调查成果，能使企业及个人投资经营决策既有广度又有深度，减少失误，实现合理投资。

第三节　城镇土地利用现状与潜力调查

一、主要任务与工作内容

（一）主要任务

城镇土地利用现状与潜力调查的主要任务是在城镇地籍调查及城镇变更调查的基础上，对已有城镇地籍调查成果进行整理、补充完善；对城镇土地利用现状、各类用地分布状况、城镇闲置土地状况、建筑密度、建筑容积率等土地利用状况进行分析；编制相应的城镇土地利用现状图及闲置地调查图。通过分析研究，找出城镇土地利用中存在的问题，确定城镇土地利用的潜力。在此基础上制定挖掘城镇土地利用潜力的措施，为城镇土地资源的规划、管理、保护和合理利用提供依据。

（二）主要工作内容

城镇土地利用现状及潜力调查主要包括如下工作内容。

(1) 进行城镇地籍调查成果调查与更新。通过整理地籍调查和用地状况的相关资料，

编制城镇土地利用现状及潜力调查技术方案，以城镇地籍调查及城镇变更地籍调查技术规程为依据，增加调查的内容及深度，对已有城镇地籍调查成果进行变更调查与更新。

(2) 以城镇闲置地、可进行旧城改造等整理、挖潜的土地为重点，开展城镇土地利用状况调查。包括城镇土地利用类型、城镇闲置地状况、建筑容积率、建筑密度等土地利用状况的调查与分析。

(3) 城镇建设用地调查与分析。调查城镇用地范围界线、数量、质量及分布，查清国有建设用地使用权和集体土地建设用地使用权的权属界线、界址位置、用途、面积及权属状况；以城镇地籍调查及城镇变更地籍调查为基础，结合土地出让、划拨、旧城改造城市规划等资料，对城镇建设用地进行分区、分类调查统计和分析。

(4) 在地籍图缩编基础上，编绘城镇土地利用现状图、城镇闲置土地及土地利用潜力评价图。

(三) 主要调查成果

城镇土地利用现状与潜力调查将形成系列调查成果，主要包括城镇土地利用现状图、城镇土地建筑密度图、城镇土地建筑容积率图、城镇土地利用潜力分类分布图、城镇土地利用性质调整分布图、城镇土地利用现状及潜力调查工作报告及技术报告、城镇土地利用现状及潜力调查技术方案、城镇土地利用现状及潜力调查研究报告等。

这些调查成果空间上全覆盖地记载了每一块土地及其附着物的不同历史时期的各种基本要素，为编制城市规划和城市各项管理事业提供了系统的连贯的准确的地籍资料，在土地使用税费的征收、征地拆迁、地价政策制定、国有土地出让与转让管理和土地开发管理等地政管理工作中将发挥重要作用。

二、资料收集

(一) 城镇地籍调查及城镇变更调查的成果资料

应收集的城镇地籍调查及城镇变更调查的成果主要包括：覆盖评价区域的分幅地籍图、地籍调查宗地档案资料(地籍调查表、宗地草图、宗地图、权属材料等)、地籍数据库(权属信息及图形信息)、土地登记档案资料、城镇土地统计资料、初始地籍调查文字报告等。

(二) 土地利用现状调查资料

如城镇地籍调查及城镇变更调查的成果不能覆盖整个评价区域，应收集农村土地调查及土地利用变更调查成果资料作为补充，主要包括：评价区域的分幅土地利用现状调查图、正射影像图、地块档案、土地统计台账、乡村边界图、乡镇及农村居民点地籍图、村组土地利用现状图、调绘片、面积量算图、(村)镇土地利用现状图、权属界线协议书、土地调查数据库、水利电力及林业铁路通信等权属分布图等。

(三) 其他资料

为了综合分析土地潜力，建立正确的全面的土地调查评价体系，还应收集以下资料：城市土地定级估价成果资料、历年来酌征地材料、土地出让转让资料、土地利用总体规划、城市总体规划、城市控制性详细规划、城市统计年鉴、地域环境质量综合评价、社会经济统计资料、工业企业统计资料、街道人口数据等相关资料。

三、资料整理与衔接

（一）资料分析与检查

资料收集以后，应按城镇土地利用现状与潜力调查评价工作要求进行细致的分析和检查。如城镇地籍调查的成果是否覆盖整个评价区域，城镇变更地籍调查是否及时更新，地籍图是否标注建筑物楼层，地形地籍要素是否为现状等。通过分析检查，对产生的问题可采取如下解决措施。

（1）当城镇地籍调查的成果不能覆盖整个评价区域时，应收集土地利用现状调查及土地利用现状变更调查成果资料作为补充。

（2）因土地利用现状调查图与城镇地籍图的比例尺不同，利用土地利用现状调查成果时，应统一两图比例尺接边。

（3）当城镇变更地籍调查未及时更新或地形地籍要素与现状不符时，应及时进行变更地籍调查，对地籍图进行修补测，更新地形信息和相应的权属信息，并对图形数据与相应的属性数据进行整理。

（4）当地籍图未标注建筑物楼层时，修测范围内的通过修补测来解决，修测范围外的，在数据处理时对照原图，根据房屋的形状，参考周围的状况判定房屋的楼层，对于面积较大的房屋通过查看影像资料或实地踏勘来确定。

（二）资料的衔接

收集的专题资料与现有数据的衔接是资料使用的关键，必须进行必要的整理、转换，以便进一步的综合分析和利用。

（1）对于图形专题资料，应将图像数据转换为矢量数据。

（2）对于可落到图上的数据资料，将其连接到现有图件或中间分析成果上，以便进一步的分析利用。

四、城镇土地利用现状调查

（一）城镇土地利用现状调查

调查工作一般分两步进行，首先，调查确定研究区域内每一块土地的用途，即土地利用结构；其次，调查确定研究区域内每一栋房屋的建筑占地面积和楼层数，即土地利用强度。通过两者的结合，完整的表现城镇土地利用现状情况。全部工作通过 GIS 空间分析和统计完成。

（二）城镇宗地权属信息处理

城镇地籍调查数据的权属信息是以街坊为单位进行调查成图的。为此，城镇地籍调查数据的权属信息处理方式是：首先将权属图转成地理信息系统的文本交换文件，其中，权属界线作为地块界线转出，宗地的用途代码作为地块的地类代码转出。

（三）农村土地权属信息处理

农村土地利用现状调查数据的权属信息是以村为单位成图的。为此，农村土地调查数据的权属信息处理方式是：首先将权属图、地类图转成地理信息系统的文本交换文件，其中，权属及地类界线作为地块界线转出，在地理信息系统上将地块界线和地类代码分别转入同一个数据集，地类代码在地理信息系统里重新自动建立属性连接，然后将数据集研究区域以外的地块全部切除，使每一个地块形成完整的多边形。

五、专题图制作

在城镇土地利用现状数据统计分析的基础上，研究、采用适当的专题制图方法，准确、清楚地表现出研究区域整体的城镇土地利用现状空间分布特征。重点放在网格大小的确定及用聚类分析划分专题地图表示级别上。

（一）土地利用结构专题制图制作

（1）将土地用途归并至一级类。土地利用结构专题图是用处理得到的城镇地类数据直接输出成图，来表现土地利用结构的。但在数据量大、制图范围广的情况下，如果图斑太小，图面会表现不清楚，影响总体的效果，因此，应将土地用途归并到一级类。

（2）应用网格制图方法。将研究区域划定一张固定大小的网格，用网格内面积最大的地块地类表示网格的地类，形成市区土地利用结构数据。这样可以忽略掉面积较小的地类块，更好地反映土地利用结构宏观上的空间分布特征。这种方法在客观上起到了制图综合的作用，同时可以方便地结合其他专题数据进行叠加分析和综合评价。

（3）网格规格选择。网格制图的关键是选择适当的网格大小，它决定了空间分布特征总体的图面表现效果。网格规格应根据制图区域的大小以及最小图斑面积来确定。一般来说，网格太小则起不到综合的作用，太大又会忽略掉较大的图斑，产生特征失真。最好选择两种以上能被标准分幅的 1∶500 地籍图图幅边长整除的网格，形成比较方便，在边缘也不会出现半个网格问题，分析所形成土地利用结构专题地图的成图效果，最终选用能起到综合作用且局部未产生变形的网格制作土地利用结构专题地图。

（二）土地利用强度专题制图

土地利用强度是指土地资源利用的效率，单位用地面积的投资强度。土地利用强度可以通过一定区域内的平均建筑容积率和平均建筑密度来反映。因此，同样要选择合适的制图单元和制图方法，否则不能准确反映土地利用强度的空间分布特征。具体可以考虑宗地法或网格法两种专题制图方法。

（1）宗地法。该法以宗地为制图单元，确定每一宗地的建筑容积率和建筑密度，划分制图级别，进行专题制图。城镇地类图是以宗地为地块单位成图的，因此，可以用地类图与房屋界线数据进行叠加，经统计得到每个地块的平均建筑容积率和平均建筑密度，然后划定制图分级级别进行制图。

级别的划定可按照数值的自然划分、等图斑面积之和,以及等图斑个数等方法来划分。这种制图方法比较直观,形成的图件与实地也比较一致,但宗地的大小悬殊,会出现高层建筑的小宗地形成很高的容积率,虽然它所在小区的平均容积率并没有超过规划控制,但这种方法得到的结果与常规意义的土地利用强度有一定的区别。

(2) 网格法。与土地利用结构专题制图类似,用网格法制作反映土地利用强度的专题地图。选择两种以上能被标准分幅的 1∶500 地籍图图幅边长整除的网格,然后与房屋数据叠加,统计得到每个网格的平均建筑容积率和平均建筑密度,划定级别后进行制图。分析所形成的土地利用结构强度专题地图,选用能反映土地利用强度信息且局部未产生变形的网格,最后制作完成土地利用强度专题地图。

(3) 制图级别划分。一般采用聚类分析来划分制图级别。首先绘制建筑容积率和建筑密度的直方图,根据它们的数量分布特征,利用聚类分析结果划分土地利用强度级别,作为专题制图的表示级别。

六、城镇土地利用现状分析

按土地利用程度和挖潜改造方向,可将城市土地分为:无容量土地、容量完全损失土地、未利用的土地、低度利用的土地、合理利用的土地、过度利用的土地等。在城镇土地利用现状调查基础上,通过对城镇土地利用数量结构和空间结构进行空间统计、汇总和分析,查清城镇内部上述土地的数量、结构、强度及空间分布规律,分析评价市区土地利用的集约化程度,确定目前市区土地利用的潜力指标体系。建立并完善城镇地籍信息系统,获取土地利用现状数据、土地利用动态变化数据、城镇土地利用潜力分析数据等,为进一步开展潜力分析和评价提供定性、定量的基础和依据。为土地审批和制订可持续发展的土地利用政策提供科学依据。

第四节 城镇土地利用潜力评价

一、城镇土地利用潜力评价的目的与意义

我国城镇土地资源紧缺,利用效率却相对低下,通过对城镇土地利用潜力的客观评价,促进城镇土地充分、合理、有效的利用;为城镇相关职能部门“摸清家底,追踪变化”的目标服务;为决策和职能部门开展政策制定、规划编制等宏观管理和日常事务性工作提供理论上可靠、实践中易用的城镇土地利用潜力评价成果;为促进城镇健康、协调、可持续发展提供依据。城镇土地利用潜力评价的意义如下。

(一) 为城镇土地资源的调控提供依据

我国城镇土地的供给主要是通过土地利用总体规划分配的指标确定的,其主要依据是城镇人口增加对新增用地的需求。对通过挖潜之后可节约多少存量土地缺乏研究,结果是

城镇用地规模仍沿用老的标准；土地开发仍然走低水平外延拓展的道路。通过城镇土地利用潜力评价体系，调控部门在制订用地标准时，视角将更全面，这有助于制定出更符合我国实际情况的用地标准和供地指标。

（二）为科学的规划编制与管理提供支持

土地利用潜力评价除了揭示城镇总体土地使用潜力之外，还可进一步分析居住用地、工业用地和商服用地的使用潜力及空间分布。规划部门可以借助研究结果进行规划编制工作，充分利用有限的土地资源，优化城镇用地结构和空间形态，最大限度地发挥土地的社会、经济和环境效益。

（三）有利于丰富市场信息，健全市场功能

市场调控是土地管理的一个基本途径，但市场功能的有效发挥必须有真实、丰富的信息作支持，否则市场就会失灵，甚至因为错误的信息或信息不全面而引导土地利用行为向错误的方向发展。土地市场的基本信息是价格信息，但仅有价格信息还不够。价格只能说明土地的供求关系和价值实现，而不能充分说明真实的利用状况，城镇土地利用潜力评价正好填补了这方面的空白。此外，在我国，并不是所有的城镇土地都已进入了市场，一部分未进入市场的城镇土地在市场价格信息中无法得到反映，把这部分土地的利用潜力信息纳入市场信息体系，将不仅使市场信号机制更全面、有效，也将有助于将这部分土地展现在投资者面前，引导投资者的投资方向，使之尽早进入市场。

（四）为制订合理的税、费政策提供依据，促进土地集约利用

税费政策是调节用地关系、引导用地行为的重要手段。根据城镇土地利用潜力评价成果，可以制定区别性的税费政策。对于利用效率低下或过度利用的土地，要强化其持有成本，降低其流通成本，鼓励其向合理利用的方向流转；而对于已达到合理利用状态的土地，应降低其持有成本，提高流转成本。这样将促使所有土地最终向集约利用状态逼近，实现城镇土地的均衡利用和价值回归。

二、城镇土地利用潜力评价的前提假设、技术路线与方法

（一）前提假设

1. 土地利用潜力评价不能完全将城市规划作为“蓝图”

在城镇土地利用这个复杂的动态系统中，几乎不可能找到理论上的最优值。因此，我国部分城市选用城市规划界定的指标作为“最优值”。当现状用地性质与规划不符时，则通过变更用地性质挖掘潜力；当现状用地强度与规划限制不符时，则通过调整强度挖掘潜力。这种将城市规划摆在“最优值”的地位，根据用地现状与规划条件的差异而判断是否有潜力可挖的方法是值得商榷的。实际上，城镇土地利用潜力评价的目的之一就是为城市规划服务，通过判断城镇建设用地的潜力差异为今后的规划调整提供依据。同时，城市规划也可以为土地利用提供参照。

实事求是而言，我国部分城市的规划并不能完全代表城市发展的科学方向，更不能将详细的控制性指标作为合理的代表。而且部分城市的规划没有及时更新，部分城市尚无近期的城市总体规划。因此，城镇土地利用潜力评价与城市规划成果是互为依据的关系，不可简单将城市规划限制值与现状值比较而得到潜力值。

2. 在布局结构上承认现状用地分布的基本合理性

城市用地的现状布局和利用既暗含着一定的经济学规律，也在很大程度上表现出历史的随机性和路径依赖。例如，北京这个超大城市之所以坐落在今天的位置，整个城市呈现规则的方格网状，北城和东城地价较高且布局紧凑，南城相对松散等情况不能仅仅由经济学或者任何一门科学来解释，其形成和演变具有极大的偶然性和随机性。但是总体而言，应该承认北京城的土地形成今天的利用形式是基本合理的。尤其经过近十几年来的改革和调整，我国城镇土地利用的整体趋势是越来越符合经济规律，越来越合理化。

因此，在土地潜力评价过程中应当尊重现状，承认城镇用地总体布局的基本合理性，只是其中的部分内容与其他大部分用地情况有冲突和矛盾。故在由土地利用布局结构不妥而导致的土地利用潜力中，寻找那些典型的不合理用地才是关键任务。

（二）技术路线

采用由原因到结果、由投入到产出的分析思路，从因果关系出发，运用多因素综合评定方法，通过广泛调查和细致研究，筛选对城市土地利用潜力影响最重要的因素，并落实在空间体系上，划分评价单元，建立评价指标体系，设计评价模型，测算各单元的潜力情况，并最终划分潜力等级和类型，从而直观体现评价各单元的潜力状况，为进一步的挖潜工作奠定基础。

评价的总体思路可具体描述为：充分挖掘现有的数据内容，以容积率、建筑密度、土地闲置率和基础设施完善度等地籍及其他土地利用测绘资料为主，以统计年鉴等资料为辅，通过“两个模型、三个尺度”逐步深入探索城镇土地利用的特征。其中，两个模型是指协调度模型和多因素综合评价模型；三个尺度是指宏观尺度、中观尺度和微观尺度。这一评价体系的逻辑结构如图 16-1 所示。具体概念如下。

(1) 协调度模型：利用系统科学中的协调度模型进行城市土地利用的潜力评价研究，对城市土地利用的经济、社会和环境效益进行综合衡量和测算。从城市土地利用系统的特点着眼，建立适用于城市土地利用系统研究的功效函数和协调度函数，模型由经济效益、社会效益和环境效益三个子系统的各类序参量指标体系的协调度和潜力度两个计算公式构成。通过该模型对城镇土地利用潜力进行分析和评价。

(2) 多因素综合评价模型：多因素进行城镇土地利用潜力评价是一种比较典型的综合评价。采用多因素综合评定的思想，通过广泛的调查和细致的研究，找到对城镇土地利用潜力影响最重要的因素，对其进行分解并建立指标体系，设计评价模型，衡量城镇土地利用的现状与理想状态之间的差距并据此划分潜力等级。

(3) 宏观尺度：宏观层面上，可以通过对城镇土地利用进行横向和纵向的比较，得到城镇土地利用的全局性信息。

① 城市间横向比较：即类似规模、等级、性质城市间的横向对比。目的是初步掌握某城镇土地利用在同类城镇群体中所处的水平，对该城镇土地未来的发展潜力作出大致判断。

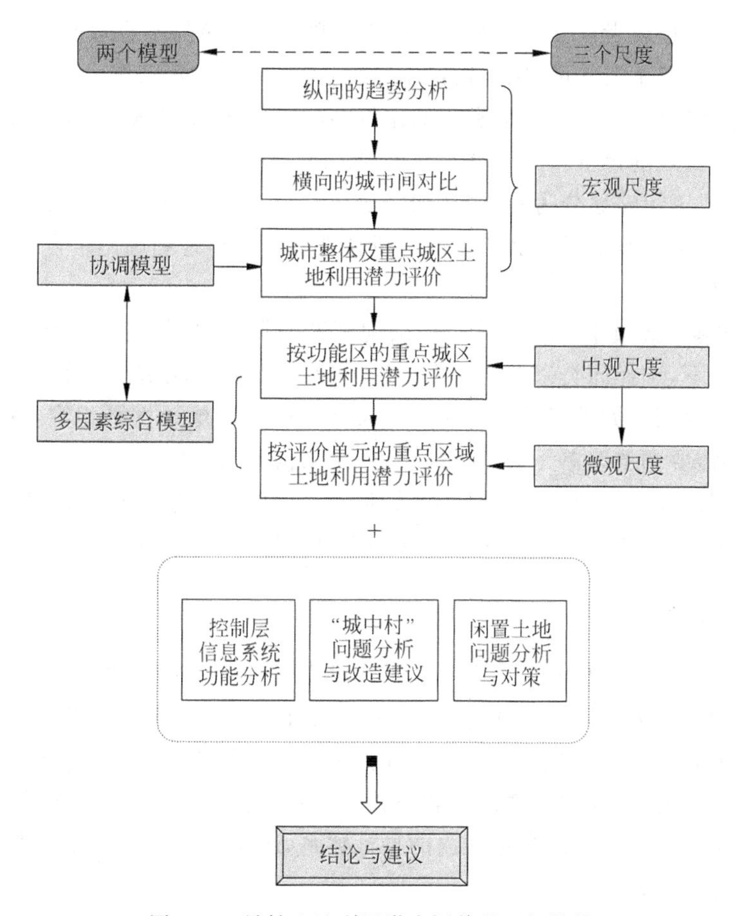

图 16-1　城镇土地利用潜力评价的逻辑结构

使用的指标有：城镇总体容积率、建筑密度、地均产出、地均城市道路面积、绿化率、几种主要用地的结构比例、闲置土地比例等。

② 纵向比较：即将城镇土地利用现状水平与历史情况进行时间轴向的比较。目的是通过城镇社会经济发展与土地利用之间的关系变化揭示该城镇土地利用的变化趋势。选择的衡量指标包括：若干年来的地均人口数量、地均 GDP(Gross Domestic Product)、总体绿化率等。

在横向和纵向的比较基础上，利用协调度模型进行城市建成区和重点城区的土地利用潜力评价，以便在宏观尺度上进行土地利用状况的整体把握。在这一尺度上，对城市整体或某个区进行广义的土地利用潜力评价，应用协调度模型计算土地利用潜力值，以及经济效益潜力度、社会效益潜力度、环境效益潜力度。这一尺度上的土地利用潜力评价旨在综合评价大区域上的土地利用潜力状况，度量大区域内土地利用的潜力值。

(4) 中观尺度：土地利用结构包括比例和布局两部分。其中，各种土地的比例结构是基于相对大范围而言的。例如，可以谈论一个城市、一个区县的土地利用比例结构是否合理，并指出调整的方向和趋势；但若在一宗地、一个街坊的尺度上谈论土地利用的比例则显得十分荒谬。相反，各类型土地的布局合理性则在小尺度内界定才有指导意义，在大尺度区域内就失去了应用价值。例如，可以指出某严重污染的工厂布局在居住区内不合理，必须将土地用途改变为居住或者商业；但如果仅仅指出整个区的布局不合理而不明确究竟哪个地块或者哪个街区布局不妥的话，则显得过于笼统，无法指导实际工作。

因此，在中观尺度上，进行土地利用的比例结构分析更有实际意义，而布局合理性的判断则应该在更为微观的评价单元中进行。在该层面上，具体操作方法是：根据用地性质的异同，将城市建成区粗略划分为若干个"功能区片"，从功能区内的用地性质是否协调，基础设施是否完备，生态环境状况优劣等方面分析各功能区的土地利用是否合理，进而提出相应调整的对策建议。

(5) 微观尺度：经过中观尺度的比例结构判断与调整，区域的整体布局已经基本趋于合理。在此前提下，选择同类宗地合并而得的评价单元，根据城市土地布局的相容性判断某单元的位置是否恰当。如果某单元与相邻的大部分单元用地属性不相容，或者与控制层的属性不相称，则需要调整该单元的用地性质，作出结构上的改变。

在结构合理的前提下，结合 GIS 数据库进行每个单元的强度指标运算，得到每个评价单元的利用强度大小，并据此进行潜力等级的划分。提出调整的对策。

（三）评价方法

(1) 协调度潜力评价方法。协调度潜力评价方法用于宏观尺度的潜力分析，例如对于研究对象为城镇的整体或区县。此时，可利用系统科学中的协调度模型进行城市土地利用的潜力评价研究，对城市土地利用的经济、社会和环境效益进行综合衡量和测算。从城市土地利用系统的特点着眼，建立功效函数和协调度函数，建立一套包括经济效益、社会效益和环境效益三个子系统的各类序参量在内的指标体系，运用协调度和潜力度计算公式，对城市土地利用潜力进行分析和评价。

(2) 多因素综合评价方法。用多因素进行城镇土地利用潜力评价是一种比较典型的综合评价。虽然方法比较典型，但是在具体的计算模型选择上，可进行大胆实践。一般来说，常见的综合评价方法都是与平均值有关的，例如，加权算术平均、加权几何平均、算术平均与几何平均联合使用等方法。其中，加权算术平均是比较常见的，例如，城镇土地分等定级等土地评价都选用了该方法。然而，以加权平均法为代表的算术平均方法弱点是：受个别极端值的影响非常敏感。而几何平均只有各种性质均增长时，几何平均值才会增大，受极端值的影响不大。例如，被广泛接受的 ASHA(American Social Health Association)指标(美国社会卫生组织评价经济发展基本需要程度的指标)定义就是：

$$\text{ASHA 指标} = \frac{\text{就业率} \times \text{识字率} \times \dfrac{\text{平均期望寿命}}{70} \times \text{人均 GNP 增长率}}{\text{人口出生率} \times \text{婴儿死亡率}}$$

算术平均与几何平均联合使用的方法则结合了上述两种办法的优点，为综合评价提高了较宽的选择范围。例如，西方国家的经济业绩指数 EPI(Enterprise Information Portal)的定义就采用了该方法：

$$\text{EPI} = \frac{\text{实际 GNP 增长率}}{\text{通货膨胀} + \text{失业率}}$$

总体而言，算术平均、几何平均及综合二者的算法各有优点，但是考虑到几何平均受极端值的影响不大的特点，因此，倾向于根据具体数据情况采用后两种办法。

三、城镇土地利用潜力评价的指标体系

(一) 一般性评价指标体系

根据所确定的城镇土地潜力分析评价的核心概念和总体思路,依据指标体系设计原则,有适用于大多数城市的一般性评价指标体系。

一般性的宏观土地利用潜力分析指标体系(见表16-1)适用于对城镇土地利用潜力宏观尺度的一般性比较分析。例如,对城镇土地利用潜力进行横向对比和纵向比较分析可以采用该表的指标体系。

表16-1　一般性的宏观土地利用潜力分析指标体系

类　型		指　标
土地利用强度	资本集约程度	土地闲置率(%)
		平均容积率(无量纲)
		平均建筑密度(%)
		地均GDP(万元/m^2)
	人口集中程度	人口密度(人/km^2)
土地利用结构	土地利用比例结构	居住用地占全市建设用地的比重(%)
		商业用地占全市建设用地的比重(%)
		工业用地占全市建设用地的比重(%)
		绿地率(%)
		道路广场用地占全市建设用地的比重(%)
	土地利用布局结构	一二级土地占评价区面积比重(%)
		一二级地价区中工业仓储用地的比重(%)
		工业、居住交错型用地占评价区面积的比重(%)
土地利用趋势		城市人口与用地增长弹性系数(无量纲)
		全市GDP总额与用地增长弹性系数(无量纲)

一般性的宏观土地利用协调度模型评价指标体系(见表16-2)适用于对城镇土地利用潜力宏观尺度的协调度模型进行评价。例如,对城镇土地利用潜力进行宏观评价可以采用该表所示的指标体系。

一般性的中观尺度土地利用潜力分析指标体系(见表16-3)适用于将城镇土地划分为工业、商服、居住及其他类型的功能区的中观尺度后,针对不同类型的功能区选用不同指标进行评价分析。

微观的潜力评价也应与中观层次一样,划分工业、商服、居住和其他等类型,从布局、比例结构和利用强度上予以衡量,指标的选取与中观层面有很大的相似性。但是,依据选取的面积大小不同,指标的最后选定也应有所取舍。如若直接选用宗地作为微观评价单元,则各类用地比重等指标就不具备意义;若选用街坊作为评价单元,则这些比重指标就十分必要。因此,具体的指标设计还应结合评价区的特点而定。

总体而言,上述指标的选择很大程度上是一般化的,实际应用中可能有具体的变化,且由于部分数据可能难以获取等原因,具体的分析评价中必须进行适当的增添和删除。

表 16-2 一般性的宏观土地利用协调度模型评价指标体系

评价对象	子系统分类	序参量类型	序参量指标 *
城市土地利用系统	经济效益子系统	土地产出量	地均 GDP
			地均工业增加值
			地均社会消费品零售额
		土地投入程度	地均劳动力数
			地均固定资产投资额
		用地结构合理程度	居住百分比
			工矿百分比
			商服百分比
			公共用地比例
			闲置百分比
			未利用比例
			工矿与居住相邻的混合度
		用地强度	容积率
			建筑密度
			人口密度
	社会效益子系统	市政设施水平	道路面密度
			道路线密度
			人均道路面积
			每万人拥有公共交通车辆
			人均拥有城市维护建设资金
			用水普及率
			人均日生活用水量
			排水管道密度
			燃气普及率
		公共服务水平	每万人普通中学学校数
			每万人小学学校数
			每万人幼儿园数
			每万人医院个数
			每万人医院床位数
			每万人医生数
	环境效益子系统	绿化和景观营造	绿化覆盖率
			建成区绿地率
			人均公共绿地面积
		市容环境卫生	道路清扫保洁面积所占比重
			生活垃圾无害化处理率
			万人拥有公厕数量
			粪便处理率
		环境保护和污染控制	总悬浮颗粒年日均值
			二氧化硫年日均值
			可吸入颗粒物
			河涌生化耗氧量
			工业废水处理率
			区域环境噪声
			交通噪声
			建成区噪声达标覆盖率

表 16-3　一般性的中观土地利用潜力分析指标体系

类型		指标
工业型功能区	土地利用强度	土地闲置率(%)
		建筑容积率(无量纲)
		建筑密度(%)
		单位用地年利税额(万元/m^2)
		单位用地固定资产投资额(万元/m^2)
	土地利用结构	工业用地的比重(%)
		绿地率(%)
		道路广场用地比重(%)
商服型功能区	土地利用强度	土地闲置率(%)
		建筑容积率(无量纲)
		建筑密度(%)
		单位用地年利税额(万元/m^2)
		地均人流量(人/小时·m^2)
	土地利用结构	商业用地的比重(%)
		绿地率(%)
		道路广场用地比重(%)
居住型功能区	土地利用强度	土地闲置率(%)
		建筑容积率(无量纲)
		建筑密度(%)
		人均公共绿地面积(m^2/人)
		人口密度(人/km^2)
	土地利用结构	居住用地的比重(%)
		绿地率(%)
		道路广场用地比重(%)
其他型功能区	土地利用强度	土地闲置率(%)
		建筑容积率(无量纲)
		建筑密度(%)
		人口密度(人/km^2)
	土地利用结构	绿地率(%)
		道路广场用地比重(%)

（二）标准值的确定

城镇土地利用本身就充满了复杂性和不确定性，所谓的标准值或合理值更是难以衡量和确定，甚至有学者认为城镇土地利用根本就无法找到真正的“标准”和“合理”状态。因此，在实际工作中，标准值的确定必须是在充分把握城镇土地合理利用内涵的基础上，一方面参考当今国内外同类发达城市的平均水平，并正视国内外相关城市经济实力与发展水平的差距，另一方面参考城市规划、国家和地方建设法规的要求，在充分结合评价对象城市特点的基础上，具体情况具体设计。

四、城市土地利用结构合理性的主要指标

城市土地利用结构合理性的主要指标有，城市土地利用数量结构指标、城市土地利用空间结构指标、城市土地利用强度指标等。

（一）城市土地利用数量结构指标

我国1990年颁布的《城市用地分类与规划建设用地标准》规定，在编制和修订城市总体规划时，居住、工业、道路广场和绿地4大类主要用地占建设用地的比例为：居住用地20%～32%，工业用地15%～25%，道路广场用地8%～15%，绿地8%～15%。这4类用地综合占建设用地比例宜为60%～75%，大城市工业用地占建设用地比例宜取规定的下限，风景旅游城市及绿化条件好的城市，其绿地占建设用地的比例可大于15%。

标准规定了居住、工业、道路广场和绿地4大类用地的人均单项指标：人均居住用地18～28m^2，人均工业用地10～25 m^2，人均道路广场用地7～15m^2，人均绿地大于9m^2，人均公共绿地大于7m^2。大城市人均工业用地指标宜采取下限。

（二）城市土地利用空间结构指标

研究城市土地利用空间分布结构时，将城镇分为中心区、内城区、过渡区、外围区（由内至外）4个区域。

（三）城市土地利用强度指标

一般而言，城市土地的利用强度可以用城市的平均建筑密度和平均建筑容积率来表示。各类用地由于其类别不同、用途不同，因此土地的利用强度也有差别。通过对城镇地籍调查成果统计分析，得到商业金融、住宅、工业仓储、市政、公共建筑、交通、水域、特殊、农业及其他用地的平均建筑密度和平均建筑容积率，与城市规划比较来判断城市土地利用强度的合理性。

五、城市土地利用结构合理性的统计分析

（一）技术路线与方法

根据分析和评价要求，充分利用城镇地籍调查成果基础数据，有目的地进行空间统计、汇总和分析，发现土地利用现状的数量、结构、强度等的空间分布规律，为进一步开展潜力分析和评价提供定性、定量的基础和依据。综合土地利用现状和城市规划、土地利用总体规划、社会经济、人口、环境等数据，考虑经济容积率、城市规划强制因子和规划调整等因素，从结构的合理性考虑空间和数量结构的调整，从强度的合理性考虑纵向潜力的拓展，从未利用土地和城市规划要求考虑横向潜力拓展，进而得出土地的综合潜力。

（二）统计分析内容

根据调查工作的要求，选取城镇范围内的区域作为调查的工作区，区域内人口密集程

度、经济发展状况、城市改造、建设频繁度应具有一定的代表意义和研究意义。

土地利用现状与结构合理性分析主要包括以下几个方面的内容：总体情况和用地构成情况的分析、分类人均指标比较分析、中心区土地利用结构比较分析、土地利用空间结构比较分析，在此基础上提出结构调整方向。下面以广州市为例介绍城镇土地利用结构比较分析和城市土地利用强度比较分析。

1. 城镇土地利用结构比较分析

土地利用结构比较主要是从人均建设用地和各类建设用地构成两方面分析，从而考察城镇土地利用结构上的合理性。表 16-4 列出了 2002 年广州、北京、天津、上海、苏州 5 个城市的各项指标。

表 16-4(a)　5 城市人均建设用地分类比较　（单位：平方米/人）

	人均建设用地面积	人均居住用地面积	人均工业用地面积	人均公共设施用地面积	人均道路广场用地面积
广州	94.80	29.94	23.29	7.15	7.23
北京	109.82	34.81	17.14	14.56	14.25
天津	73.68	18.97	17.28	7.20	6.85
上海	143.64	58.38	37.02	9.27	5.71
苏州	76.73	22.06	26.00	4.84	8.42
规划标准	—	18～28	10～25	—	7～15

表 16-4(b)　5 城市各类建设用地构成比较　（单位：%）

	居住用地比重	公共设施用地比重	工业用地比重	道路广场用地比重
广州	31.58	7.54	24.56	7.62
北京	31.70	13.26	15.61	12.97
天津	25.74	9.77	23.45	9.30
上海	40.65	6.46	25.78	3.98
苏州	28.75	6.31	33.88	10.97
规划标准	20～32	—	15～25	8～15

如果将规划标准看做是城镇土地利用的合理结构，那么表 16-4(a)中的各项数值显示用地指标最接近合理数值的是广州市、天津市和苏州市；而由表 16-4(b)中数据可以看出，广州市和天津市的土地利用结构也最为接近合理数值。

基于表中数据可以认为广州市当时的用地结构已经比较合理。但人均居住用地面积仍略高于规划标准，在保证人均住宅面积的同时，可以通过提高住宅建筑的平均层数、适当减少占地面积大、开发强度低的住宅开发项目用地的供应等措施，来降低这一数值。此外，作为一个大城市，人均工业用地面积应当尽量取规划标准数值的下限，因此，广州市的工业用地面积可以适当调低或向周边地区转移，而公共设施用地面积可适当提高，从而使城镇土地利用结构更为合理。

2. 城镇土地利用强度比较分析

能够较好地反映城镇土地利用强度的指标包括人口密度、土地闲置率、容积率、建筑密度、平均层数等。然而，由于现实统计数据的缺乏，这些指标的计算数值大部分均难以获得。

因此，除了保留市区人口密度和建成区综合容积率这两项指标外，使用市区地均GDP、市区岗位密度、客流密度和货流密度等指标补充作为比较城镇土地利用强度的参考要素，如表16-5所示。

表16-5 6城镇土地利用强度比较

城市名称	市区人口密度（人/km²）	建成区综合容积率	市区地均GDP（万元/km²）	市区岗位密度（人/km²）	客流密度（万人次/km²）	货流密度（万吨/km²）
广州	1570	0.43	7343.67	80.70	53.10	6.72
北京	2099	0.53	2502.81	113.39	96.05	6.80
天津	831	0.39	2452.52	13.46	8.45	4.12
上海	1959	0.53	10089.21	38.51	42.79	8.69
苏州	975	—	4406.98	5.91	11.57	3.35
深圳	6541	—	11579.43	60.84	—	—

首先，由表中数据可以看出，深圳的市区人口密度远远高于其他几个城市，而广州的市区人口密度则比北京、上海略小，这三个城市处于第二个阶梯，天津和苏州的市区人口密度则处于第三个阶梯。说明从土地的人口承载力方面比较，广州市的土地利用仍然具备再上一个台阶的潜力。同时，广州的市区岗位密度仅次于北京，居第二位，一方面说明广州市目前的就业环境建设比较好，另一方面也说明尚有一定的提高空间，从而能够保证在对土地的人口承载力挖潜的同时提供相应的就业机会。

其次，从建成区综合容积率来看，广州低于北京、上海，略高于天津。当年我国城市平均容积率约为0.33，而广东省各城市平均容积率为0.45，这说明广州市的建成区综合容积率虽然高于全国水平，但仍然有待提高。目前广州市部分旧城区的建筑密度尽管很高，但是由于建筑楼层较低，单位面积的建筑容纳量也较小；而新城区则由于建筑密度低，往往容积率更低。这两方面的因素是导致城市容积率偏低的主要原因。

最后，从客流和货流密度来看，广州与北京和上海各有伯仲，这三个城市都是全国和区域级的交通枢纽，因此客货流的集散最为频繁。北京作为全国首都，客流密度居于各城市之首与其地位相符，广州市能够紧随其后说明在这方面广州的土地利用强度已经相当高。而广州和上海同为大港口，并且分别拥有珠江三角洲和长江三角洲两大腹地，广州的货流密度却比上海低四分之一左右，这说明在承载货流方面广州市土地利用尚有很大的挖潜空间。当然，上海作为河港、海港、国际空港三者结合的重要枢纽，同时考虑到广州附近还有深圳、香港两大货运枢纽的竞争，要赶超上海的水平难度比较大。

总的说来，广州市土地利用强度在几大城市中处于中上水平，仍有一定的发展潜力和提升空间。如果与国外发达国家的大城市相比，潜力空间可能还会更大。

3. 城市设施环境建设水平比较分析

在本研究技术路线所确定的宏观分析指标中，基础设施和生态环境两部分的指标结合起来可以看作是对城市设施水平和环境建设的考察。其中，道路线密度和面密度可以反映出城镇土地利用中交通设施的建设水平，同时也是城市中各点间通达性的体现；绿地率和人均公共绿地面积则可以反映城镇土地利用的环境效益；而排水管道密度则可以从一个方面说明城市市政设施水平。由于统计资料的限制，不同指标的统计口径略有差别，但并不影响城市间的横向比较。由此选用的各项指标及对应数据如表16-6所示。

表16-6 6城市设施环境建设水平比较(2002年)

城市名称	市辖区路网密度(km/km^2)	建成区路网密度(km/km^2)	市辖区道路面密度(km^2/km^2)	建成区绿地率(%)	人均公共绿地面积(m^2)	排水管道密度(km/km^2)
广州	1.20	8.03	3.18	28.67	8.59	6.13
北京	1.20	5.22	2.02	40.82	10.08	5.91
天津	0.55	8.92	0.32	19.22	5.63	19.44
上海	1.47	17.4	1.99	26.89	6.11	7.28
苏州	0.72	9.63	0.57	31.20	6.80	11.23
深圳	5.03	10.63	2.06	39.30	14.90	15.19

从交通设施的三项指标来看,广州市的道路设施水平比较高,虽然建成区路网密度比除北京外的4个城市都低,但是广州市市辖区范围内的道路面密度是6个城市中最高的,这说明广州市的道路平均路面宽度较大,高等级道路所占比例与其余几个城市相比较高。

从生态环境指标水平来看,北京市和深圳市最高,其次是广州市和苏州市。北京市作为全国的首都,文化古迹较多,公共绿地也较多,生态环境基础好,整体水平明显高于其他城市。同时由于20世纪末严重的沙尘暴和大气污染等问题,以及绿色奥运口号的提出,北京市更加关注环境问题,因此北京市近些年在提高城市绿化面积和环境质量上做了大量工作。深圳市作为改革开放后迅速发展起来的新兴城市,建设起点较高,因此城市环境建设水平也比较高。而广州和上海、天津、苏州一样,都是建设历史较长的城市,与深圳相比在旧城改造和城中村改造方面都有更大的实施难度,与北京相比又不可能得到相当的政府财政支持,因此广州市目前的绿化和环境水平可以说是相当不错的。北京2008年举办奥运会,上海2010年举办世界博览会,广州2010年将要举办亚运会,因此,广州市还需要加大环境整治和旧城改造的力度,增加公共绿地面积,从而使得城市形象进一步提升,也使得城镇土地利用在实现环境效益方面的潜力得到进一步挖掘。

(三)土地利用现状与结构合理性评价

从总体土地利用情况、分行政区和综合区土地利用情况、用地结构等方面分析市区土地利用状况;从经济发展、自然地理环境、交通建设、政策与规划控制、产业结构调整、居民的生活需求等方面阐述市区用地扩展过程和土地利用集约度演变;从土地利用的数量结构、空间结构分析市区土地利用结构特征和存在问题,指出土地利用结构优化和调整方向,并给出具体的措施;根据土地利用的总体状况、分类与分区评价、聚类分析结果、人口密度等方面因素,从平均建筑密度和平均建筑容积率两方面分析和评价市区土地利用强度。

复习与思考

1. 概述地籍调查成果的特性。
2. 何谓地籍调查成果的直接应用?

3. 何谓地籍调查成果的间接应用?
4. 试述城镇土地利用潜力的概念。
5. 试述城镇土地利用现状调查与潜力评价工作的内容。
6. 地籍调查成果为城市规划服务体现在哪些方面?
7. 地籍调查成果为土地管理服务体现在哪些方面?
8. 地籍调查成果为房地产管理服务体现在哪些方面?
9. 地籍调查成果为决策体现是如何体现的?
10. 概述城镇土地利用潜力评价的目的和意义。
11. 概述城镇土地利用潜力评价的技术路线与方法。
12. 试述一般性的宏观土地利用潜力分析指标体系构成。
13. 概述镇土地利用现状及潜力调查主要工作内容。
14. 试述土地利用结构专题图的制作过程。
15. 试述土地利用强度专题图的制作方法。
16. 试述城市土地利用结构合理性的统计分析的技术路线。

主要参考文献

[1] 国家土地局. 城镇地籍调查规程. 北京：地质出版社，1993

[2] 国土资源部，《第二次全国土地调查技术规程》TD/T 1014—2007

[3] 国土资源部，《土地利用现状分类》GB/T21010—2007，2007

[4] 国土资源部，《城镇地籍数据库标准》TD/T 1015—2007

[5] 国土资源部，《土地利用数据库标准》TD/T 1016—2007

[6] 国土资源部，《第二次全国土地调查基本农田调查技术规程》TD/T 1017—2008

[7] 国土资源部，《第二次全国土地调查成果检查验收办法》，2007

[8] 国务院二调办，《第二次全国土地调查数据库建设技术规范》，2007

[9] 陆红生. 土地管理学总论. 北京：中国农业出版社，2002

[10] 赵祖宏等. 土地管理概论. 北京：中国农业大学出版社，1994

[11] 林增杰，严星，谭峻. 地籍管理. 北京：中国人民大学出版社，2000

[12] 詹长根. 地籍测量学. 武汉：武汉大学出版社，2010

[13] 国家质量技术监督局. 全球定位系统(GPS)测量规范. 北京：中国标准出版社，2001

[14] 中华人民共和国建设部. 全球定位系统城市测量技术规程. 北京：中国建筑工业出版社，1997

[15] 中华人民共和国建设部. 城市测量规范. 北京：中国建筑工业出版社，1999

[16] 张绍良，顾和和. 土地管理与地籍测量. 徐州：中国矿业大学出版社，2003

[17] 国土资源部地籍管理司，中国土地勘测规划院. 城镇地籍调查教材. 2003

[18] 乔仰文，赵刚等. 数字地籍测量. 沈阳：东北大学出版社，2004

[19] 国家测绘局. 地籍测绘规范 CH 5002—94. 北京：中国林业出版社，1995

[20] 杨晓明，王军德，时东玉. 数字测图(内外业一体化). 北京：测绘出版社，2001

[21] 宋其友，杨喜敏等. 土地信息学. 北京：测绘出版社，1997

[22] 宋伟东，张永彬等. 数字测图原理与应用. 北京：教育科学出版社，2000

[23] 潘正风，杨正尧. 数字测图原理与方法. 武汉：武汉大学出版社，2002

[24] 固土资源部，第二次全国土地调查培训教材(第六稿、第七稿)，北京：国土资源部，2007

[25] 章书寿，孙在宏等. 地籍测量与地籍测量学. 北京：测绘出版社，2008

[26] 叶公强. 地籍管理. 北京：农业大学出版社，2002

[27] 永州市第二次土地调查培训讲义，湖南：永州市国土资源局，2007

[28] 大连市第二次土地调查实施方案，大连：大连市国土资源局，2007

[29] 徐州市区第二城镇土地调查技术设计书，徐州：徐州国土资源局，2007

[30] 山东省城镇地籍调查技术方案，济南：山东省国土资源厅，2010

[31] 广州市城镇土地利用现状调查与潜力分析研究报告，广州：广州市国土资源和房屋管理局，2005

[32] 大连九成测绘企业集团，《第二次土地调查技术实施细则(基本农田调查)》，2008

[33] 曹爱民，张忠. "3S"技术在城镇土地调查与潜力评价中的应用，地理空间信息，2010(1)

[34] 王辉，李艳等. "3S"技术及其在土地资源管理中的应用，现代农业科技，2009(21)

[35] 张 峰，冯 静. "3S"技术在土地利用更新调查工作中的综合应用探讨，资源环境与工程，2006(6)

[36] 张凯选，高小六，陈飞. 宗地的封闭性检查，计算机系统应用，2010(7)

[37] 朱善美，张凯选，纪秀霞. 宗地图的自动分割，矿山测量，2009(1)

[38] 吕晓燕，赵刚. 利用 DLG 数据建立 SuperMap GIS 数据库方法研究，测绘科学，增刊，2010(8)

[39] 基于遥感的土地利用变换监测及其信息自动提取[D]. 硕士学位论文，冯德俊，2011

[40] 赵泉华，宋伟东，鲍勇. 基于分形纹理的 BP 神经网络遥感影像分类[J]. 仪器仪表学报，增刊，2007(8)

[41] 梅安新. 遥感导论[M]. 北京：高等教育出版社，2011

[42] 谭峻，林增杰. 地籍管理[M]. 北京：中国人民大学出版社，2011

[43] 鲍勇. GPS/GLONASS组合定位在矿山测量中的应用展望，有色金属，2009(11)

[44] Zhao Quanhua, Song Weidong. Multi-scale uncertainty assessment for classification of remote sensing image. IEEE GRSS/ISPRS, 2009. 5

[45] Zhao Quanhua, Song Weidong, Bao Yong. Land Cover Classification by Improved Fuzzy C-Mean Classifier. "Mapping without the sun" —Techniques and Applications of Optical and SAR Imagery Fusion. 2007. 9

[46] Remote Sensing Image Classification based on Multiple Classifiers Fusion. The 3rd International Congress on Image and Signal Processing (CISP10), 2010. 10

[47] BaoYong, The benchmark stability analysis of GPS deformation monitoring network in the mining area, ISM, 2010